Arno Damberger

C/C++ Werkzeugkasten

Aus dem Bereich Programmierung
und Softwareentwicklung

Programmierhandbuch Visual C++
von Martin Aupperle

dBASE/xBASE-Toolbox für Turbo Pascal
von Martin Kern

SuperVGA
von Arthur Burda

C/C++ Werkzeugkasten
von Arno Damberger

Systemnahe Programmierung mit Borland Pascal
von Christian Baumgarten

Windows Power-Programmierung
von Michael Schumann

Die TurboVision zu Turbo Pascal 7.0
von Arnulf Wallrabe

Systemprogrammierung OS/2 2.x
von Frank Eckgold

Vieweg

Arno Damberger

C/C++
Werkzeugkasten

Anwendungen, Hardwareschnittstellen
und Tools für professionelle Programmierer

Die Deutsche Bibliothek - CIP-Einheitsaufnahme

Damberger, Arno:
C-, C++-Werkzeugkasten : Anwendungen,
Hardwareschnittstellen und Tools für professionelle
Programmierer / Arno Damberger. - Braunschweig ; Wiesbaden
: Vieweg, 1994

ISBN 978-3-322-83068-5   ISBN 978-3-322-83067-8 (eBook)
DOI 10.1007/978-3-322-83067-8

Gedruckt auf säurefreiem Papier

Vorwort

Dieses Buch ist als Funktionssammlung und Nachschlagewerk für den Softwarepraktiker gedacht. Mit Hilfe der vorgestellten Theorien und Praktiken kann es sowohl als Quelle für innovative Entwicklungsaufgaben, wie auch als Führer zum Selbststudium für den Hobbyprogrammierer dienen. Um auf die übliche Vielzahl von Zusatzliteratur verzichten zu können, werden im Buch alle Wissensgrundzüge vermittelt, die notwendig sind, um die vorgestellten Programmbeispiele verstehen und weiterentwickeln zu können. Dieser Vorsatz erfordert die Diskussion eines breitgefächerten Wissensgebietes. Dem Leser werden neben der klassischen „C"- und objektorientierten „C^{++}"-Programmierung die Hardwarekomponenten des PCs, die Datenübertragung, wichtige Elemente des DOS-Betriebssystems und noch vieles mehr erläutert. Die zuletztgenannten Punkte werden dabei in einem Rahmen abgehandelt, der für die Verständlichkeit der Programmdiskussionen notwendig ist.

Seit über acht Jahren programmiere ich beruflich, wie auch im privaten Bereich in allen gängigen Programmiersprachen. In dieser Zeit habe ich mich auf die heute wohl gängigste Hochsprache „C" bzw. „C^{++}" spezialisiert. Durch das zusätzliche Studium von Programmierhandbüchern und Fachzeitschriften realisierte ich eine Fülle von teilweise komplexen Programmodulen, die ich Ihnen in überarbeiteter Form in diesem Buch näher bringen möchte. Die Programmpalette behandelt praktisch den gesamten PC-Hardwarebereich und wurde ausschließlich mit den Entwicklungswerkzeugen der Firma „BORLAND" realisiert.

Die Angaben, Listings und Programme aus diesem Buch wurden sorgfältig überprüft und auf mehreren Rechnersystemen getestet. Trotzdem ist es nicht auszuschließen, daß sich im Text Fehler eingeschlichen haben oder sich die Programmanwendungen auf Ihrer Rechnerhardware anders verhalten, als auf den Testobjekten. Für entsprechende Hinweise bin ich Ihnen dankbar; diese können an den Verlag weitergegeben werden.

An dieser Stelle möchte ich es nicht versäumen, meiner Frau Marion für Ihr tatkräftiges Engagement zu danken. Sie stand mir während der gesamten Erstellungsphase bei allen Korrekturarbeiten mit Rat und Tat zur Seite stand.

Mein besonderer Dank gebührt auch meinen beiden Freunden...

...   Norbert Böhm, alias „Nobbi", für die aufreibenden Lektoratsarbeiten; nicht zu vergessen „Design und Farbe".

...   Willi Kallmeier, alias „Kalli", für die spektakulären Hardwarerealisierungen und dem Quellcode-TÜV.

Widmen möchte ich dieses Buch meiner Frau Marion und meinen beiden Kindern Ramona und Tobias, da sie den wichtigsten Stellenwert in meinem Leben haben.

Arno Damberger, Juni 1994

Wie man dieses Buch am besten benutzt

Das vorliegende Buch besteht aus vier Kapiteln. In den ersten beiden Kapiteln werden Grundlagen zur Soft- und Hardware vorgestellt; das dritte Kapitel repräsentiert den Schwerpunkt, die Softwareanwendungen des Buches. Die in diesem Kapitel vorgestellten Programme sind an keine bestimmte Reihenfolge gebunden und können getrennt voneinander bearbeitet werden. Das vierte Kapitel beinhaltet ein umfangreiches Softwareprojekt, welches viele aus dem im dritten Kapitel vorgestellten Funktionen beinhaltet. Haben Sie im Soft- und Hardwarebereich noch wenig Erfahrung, sollten Sie eine systematische Vorgehensweise, beginnend vom Kapitel 1, vorziehen.

Kapitel 1 gibt eine Einführung in wichtige softwaretechnische Grundbegriffe. Es werden u. a. die Themenbereiche der strukturierten Programmentwicklung, die Grundlagen der objektorientierten Programmierung und die Unterschiede zwischen der klassischen „C"- und objektorientierten „C^{++}"-Programmierung, in kurzer prägnanter Form vorgestellt. Lesern, die noch wenig Kenntnisse in der Softwareentwicklung bzw. im objektorientierten Ansatz besitzen, wird empfohlen, dieses Kapitel zuerst zu behandeln.

Kapitel 2 beschreibt alle Hardwarekomponenten, die für die Programmentwicklung im dritten Kapitel erforderlich sind. Um die Verständlichkeit der diskutierten Hardware zu erleichtern, gehen die Ausführungen in diesem Kapitel teilweise über den minimalen Grundsatz hinaus. Die Palette der dargestellten Hardware beinhaltet die Komponenten Tastatur, PC-Speicher, Schnittstellen, Sprachaufnahmehardware, VGA-Grafikkarte und die PC-Maus.

Kapitel 3 liefert dem Leser das erforderliche Know-how zur Programmierung von modernen Personal-Computern und peripheren Geräten auf unterster Programmierebene. Durch den modularen Progammaufbau dienen die

Softwaremodule als Quelle für die Entwicklung eigener professioneller Applikationen. Neben der Softwareschnittstelle zu vielen PC-Komponenten werden auch brandaktuelle Themen, wie Sprachausgabe und Grafikbearbeitung, diskutiert. Besonderer Wert wird auf die Gegenüberstellung von klassischer „C"- und objektorientierter „C++"-Programmierung gelegt. So beinhaltet jedes Unterkapitel einen Programmablauf, der mit den beiden unterschiedlichen Programmiertechniken softwaretechnisch behandelt wird. Alle Programmbeispiele werden auf Modulebene ausführlich dokumentiert und durch eine Vielzahl von Flußdiagrammen illustriert. Als Hardwarekonfiguration wird ein Standard-AT-Rechner mit der nachfolgend aufgeführten Konfiguration vorausgesetzt:

⇨ AT-Rechner mit mind. 80286-Prozessor

⇨ Mindestens 400 KByte freien Arbeitsspeicher

⇨ MF-II-Tastatur

⇨ Festplattenlaufwerk

⇨ Mindestens ein Diskettenlaufwerk 5¼-Zoll (1,2MB) oder 3½-Zoll (1,44MB)

⇨ VGA-Garfikkarte mit VGA-Farbbildschirm

⇨ Maus

⇨ DOS 3.2 oder höher

⇨ „BORLAND-Entwicklungswerkzeug" TURBO C 2.0, BORLAND ++ 3.1 oder BORLAND C++ 4.0

Kapitel 4   stellt ein komplettes PC-Spielprogramm im Grafikmodus dar, dessen Quellcode vollständig offengelegt ist. In dieser Applikation finden zahlreiche, im Buch diskutierte Funktionen Verwendung. Dadurch hat der interessierte Leser neben dem Spielspaß die Möglichkeit, die hardwarenahe Programmierung in einem umfangreichen Programmprojekt zu analysieren.

Im Buch benutzte Symbole und Konventionen

 Durch dieses Symbol werden wichtige Informationen gekennzeichnet. Im dritten Kapitel „Software-Anwendungen" kennzeichnet es besonders wichtige Funktionen. Hierbei handelt es sich um Kernfunktionen, die den eigentlichen Programminhalt realisieren.

 Dieses Symbol weist auf Funktionen innerhalb von Header-Dateien hin. Mit diesem Hinweis wird dem Leser verdeutlicht, daß alle genannten Funktionen nicht im aktuellen Quelltext vorhanden sind, sondern sich in den ins Programm eingebundenen Headerdateien befinden.

 Der „Smiley" kennzeichnet Beispiele. Alle im Buch aufgeführten Beispiele werden durch dieses Symbol eingeleitet. Dadurch ist dem Leser ein schneller Zugriff auf die im Text verwiesenen Beispiele möglich.

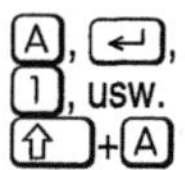 Sind zu irgendeinem Zeitpunkt auf der Tastatur entsprechende Eingaben zu tätigen, so werden diese durch die symbolischen Tastenbezeichnungen im Buch angegeben. Ist die gleichzeitige Betätigung mehrerer Tasten erforderlich, so werden die einzelnen Tasten durch das Zeichen „+" miteinander verbunden.

> Alle bisher und weiter unten genannten Produktnamen sind in der Regel geschützte Markenzeichen der entsprechenden Firmen. Im folgenden wird nicht mehr gesondert darauf hingewiesen; es sei aber weiterhin um Beachtung gebeten.

I Inhaltsverzeichnis

1	**Software-Grundlagen**	**1**
	1.1 Strukturierte Programmanalyse	2
	Lasten- / Pflichtenheft	2
	Programmerstellung	3
	Programmtest	8
	Review	10
	1.2 Programmaufbau	10
	1.3 Wichtige Software-Elemente und Konventionen	20
	Programme und Funktionen	20
	Pseudo-Registervariablen	21
	BIOS- und MS-DOS Interruptaufrufe	24
	Video-/Grafikbearbeitung	27
	1.4 Grundbegriffe der objektorientierten Programmierung	30
	1.5 Unterschiede zwischen C und C^{++}	37
	1.6 Die neue Version „BORLAND C^{++} 4.0"	48
2	**Hardware-Grundlagen**	**51**
	2.1 Tastaturbearbeitung	52
	Der lange Weg vom Tastendruck bis zum Programm	53
	Die unterschiedlichen AT-Tastaturen	54
	Tasten-Kodierung	55
	Neue BIOS-Funktionen für die MF-II-Tastatur	60
	Tastatur-Puffer	61
	2.2 PC-Speicherverwaltung	63
	Konventioneller Speicher	65
	UMB-Speicher:	68
	HMA-Speicher	70
	XMS-Speicher	71
	EMS-Speicher	71
	2.3 Die parallele und serielle Schnittstelle im PC	74
	Die parallele Schnittstelle	74
	Die serielle Schnittstelle	81

2.4   Sprachaufnahmehardware...89
       Deltamodulation...90
       Sprachbearbeitungsmodell nach dem
       „Delta-Modulations"-Prinzip...92
       Sprachaufnahme-Hardware...94
       Sprachaufnahme- und -wiedergabe-Hardware...............96
       Abschlußbetrachtung..98
2.5   Die VGA-Grafikkarte...98
       Der Bildschirmspeicher (VIDEO-RAM) im
       Adreßraum des PCs...99
       Der VGA-Bildspeicher im Textmodus...........................100
       Der VGA-Bildspeicher im Grafikmodus........................103
       Die VGA-Farbbehandlung...105
2.6   Die PC-Maus..106
       Maus-Funktionsprinzip..107

3   Software-Anwendungen...**111**
3.1   Tastatur-Bearbeitung..112
       3.1.1 Bestimmen von Tastaturcodes in
              klassischer „C"-Konvention...................................113
       3.1.2 Eingabe einer Pfad-Angabe in
              klassischer „C"-Konvention...................................122
       3.1.3 Eingabe einer Pfad-Angabe in
              objektorientierter Konvention..............................136
3.2   Dateioperationen..142
       3.2.1 Dateibearbeitung in klassischer „C"-Konvention....143
       3.2.2 Dateioperationen in objektorientierter
              Konvention...159
3.3   Datum und Uhrzeit...166
       3.3.1 Datum- und Zeitbearbeitung in
              klassischer „C"-Konvention...................................167
       3.3.2 Datum- und Zeitbearbeitung in
              objektorientierter Konvention..............................176
3.4   Speicher-Bearbeitung...179
       3.4.1 Speicherbearbeitung in
              klassischer „C"-Konvention...................................180
       3.4.2 Speicherbearbeitung in
              objektorientierter Konvention..............................192
3.5   Speichereditor...196
       3.5.1 Speichereditor in klassischer „C"-Konvention........197
       3.5.2 Speichereditor in objektorientierter Konvention....210

3.6 Rechnerkonfiguration 214
   3.6.1 PC-Konfiguration in klassischer „C"-Konvention....214
   3.6.2 Rechnerkonfiguration in objektorientierter Form...230
3.7 Interruptbehandlung 233
   3.7.1 Umlenken des TIMER-Hardware-Interrupts in
       klassischer „C"- Konvention...................................234
   3.7.2 Installation eines neuen CRITICAL-ERROR-
       Handlers in klassischer „C"-Konvention 241
   3.7.3 Installation eines neuen CRITICAL-ERROR-
       Handlers in objektorientierter Konvention 253
3.8 Laufwerksbearbeitung 257
   3.8.1 Laufwerksbearbeitung in
       klassischer „C"-Konvention....................................257
   3.8.2 Laufwerksbearbeitung in
       objektorientierter Konvention 280
3.9 Druckerbearbeitung..283
   3.9.1 Druckertest in klassischer „C"-Konvention............284
   3.9.2 Druckertest in objektorientierter Konvention.........293
3.10 Sprachausgabe über den PC-Lautsprecher 296
   3.10.1 Allgemein...296
   3.10.2 Sprachbearbeitung in
       klassischer „C"-Konvention....................................300
   3.10.3 Sprachbearbeitung in
       objektorientierter Konvention................................316
3.11 Sprachausgabe über den Sound-Blaster........................322
   3.11.1 Sound-Blaster-Pro Grundlagen............................322
   3.11.2 Sprachausgabe in klassischer „C"-Konvention 328
   3.11.3 Sprachausgabe in objektorientierter Form...........343
3.12 VGA-Grafikkarten-Bearbeitung 346
   3.12.1 Farbbearbeitung in klassischer „C"-Konvention...349
   3.12.2 Zeichengeneratorbearbeitung in
       klassischer „C"-Konvention 387
   3.12.3 Lesen der VGA-Statusinformationen in
       klassischer „C"-Konvention 410
   3.12.4 Mehrere Bildseiten im Textmodus in
       klassischer „C"-Konvention 420
   3.12.5 Farbbearbeitung in
       objektorientierter Konvention................................428
3.13 Maus-Bearbeitung..431
   3.13.1 Mausbearbeitung in klassischer „C"-Konvention..435

3.13.2 Mausbearbeitung in
       objektorientierter Konvention 469
3.14 PCX-Grafiken 472
     3.14.1 Allgemein 473
     3.14.2 PCX-Grafikausgabe in
            klassischer „C"-Konvention 480
     3.14.3 PCX-SHOW in klassischer „C"-Konvention 508
     3.14.4 PCX-Grafikausgabe in
            objektorientierter Konvention 521
3.15 TSR-Programme 523
     3.15.1 Allgemein 524
     3.15.2 Erster TSR-Virenspaß in
            klassischer „C"-Konvention 530
     3.15.3 Zweiter TSR-Virenspaß in
            klassischer „C"-Konvention 547
     3.15.4 Dritter TSR-Virenspaß in
            klassischer „C"-Konvention 551
     3.15.5 TSR-Virenspaß in objektorientierter Konvention .. 565

4 **Das professionelle Spielprogramm** 569
   4.1 Die Spielidee 570
        Spielbeschreibung 571
   4.2 Hardwarevoraussetzung und Programminstallation 573
        Systemvoraussetzungen 573
        Programminstallation 573
   4.3 Der Spielablauf 575
        Programmstart 575
        Namenseingabe 577
        Menü „Standardeinstellungen" 579
        Menü „NEUE STANDARDEINSTELLUNGEN" 582
        Labyrinthaufbau per Zufallsgenerator 584
        Der Spielbildschirm 585
        Die Bearbeitungsroutinen der Statuszeilen-Tasten 588
        Besonderheiten beim Programmablauf 594
   4.4 Die Programmdateien 598

5   ANHANG 605
ANHANG A - Die CD-ROM zum Buch 606
ANHANG B - Das Installationsprogramm 612
ANHANG C - Funktionen und Klassen der Headerdateien 618
ANHANG D - Die ASCII-Zeichensatztabelle 622
ANHANG E - Die Interruptvektor-Tabelle 625
ANHANG F - Der VGA-BIOS-Variablenbereich.....................628
ANHANG G - Die im Buch eingesetzten BIOS-CALLS............630

Sachwortverzeichnis 643

1 Software-Grundlagen

Damit der Computer das tut, was Du willst und nicht, was Du programmiert hast, folgen im Kapitel 1 einige Grundlagen zur Software-Erstellung.

1.1   Strukturierte Programmanalyse

Bei der Neuerstellung eines Softwareprojekts sind neben der Erstellung des Quellcodes wichtige Vorarbeiten zu leisten. Gerade in der Projektionsphase, d.h. vor der Realisierung des Programmcodes, entstehen schwerwiegende Fehler. Die Einhaltung einer strukturierten Vorgehensweise ist dem Programmierer bei allen Softwareprojekten, auch bei kleineren Vorhaben, stets zu empfehlen. Bei industriell gefertigter Software wird heutzutage eine strikte Einhaltung bestimmter Software-Erstellungsprozesse von überwachenden Behörden vorgeschrieben und dementsprechend kontrolliert. Bei der Einhaltung der weiter unten diskutierten Software-Erstellungs-Schritte ist es auch dem Anfänger möglich, eine modular aufgebaute, portable, gut dokumentierte Software zu erstellen. Die nachfolgende Aufzählung zeigt die wichtigsten Kenngrößen bzw. Entwicklungsstufen eines Softwareprojekts in chronologischer Folge:

⇨ Lasten-/Pflichtenheft

⇨ Programmerstellung

⇨ Programmtest

⇨ Review

Lasten- / Pflichtenheft

Im industriellen Software-Erstellungsprozeß legt das vom Auftraggeber erstellte Lastenheft die fachliche Aufgabenstellung fest. Alle vom Kunden gewünschten Softwareanforderungen werden in ihrer Gesamtheit definiert. Das vom Softwarehersteller anzufertigende Pflichtenheft repräsentiert die fachliche Umsetzung des Lastenhefts. Dieses Dokument beschreibt, wie die Software zu realisieren ist. Alle Anforderungen an die Soft- und Hardware werden hier festgehalten. Bei privaten Software-Projekten werden vom Programmierer bzw. Projektverwalter beide Dokumente zu einem Pflichtenheft zusammengefaßt.

Stichpunktartiger Auszug aus dem Lastenheft:

⇨ Thema, Ersteller und Version des Lastenhefts

⇨ Definition aller gewünschten Funktionen

⇨ Definition der Systemumgebung (Hardware, Software)

⇨ Gewünschte Schnittstellen

⇨ Ein- und Ausgaben

⇨ Qualifikationsvorgaben für den Software-Anwender

Stichpunktartiger Auszug aus dem Pflichtenheft:

⇨ Thema, Ersteller und Version des Pflichtenhefts

⇨ Konkretisieren der Soft- und Hardwareumgebung

⇨ Ausführliche Beschreibung aller Benutzerschnittstellen

   (Bildschirmmasken, Ein-/Ausgaben, Fehlermeldungen, usw.)

⇨ Abstraktion des Programmaufbaus

   (Modulübersicht, Flußdiagramme)

⇨ Diverse Punkte

   (Installationshinweise, Konfiguration, Bedienung, usw.)

Die Aufzählung der unterschiedlichen Inhalte beider Dokumente erscheint auf den ersten Blick relativ umfangreich. Die Praxis zeigt jedoch, daß nur die konsequente Einhaltung aller genannten Punkte, eine effiziente, überschaubare und änderungsfreundliche Software-Erstellung ermöglicht.

Programmerstellung

Das gesamte Programmprojekt ist stets modular aufzubauen. Alle Module (Funktionen) werden in übersichtlicher, strukturierter Form realisiert. Die einzelnen Programmschritte müssen ohne Einschränkungen nachvollziehbar sein. Für wichtige Einzelmodule und das Hauptprogramm sind vom Programmierer vor der eigentlichen Software-Erstellung Flußdiagramme anzulegen.

Flußdiagramme: Ein Flußdiagramm zeigt in übersichtlicher, teilweise abstrahierter Form, die einzelnen Programmabläufe auf. In den Bildern 1.1 bis 1.4 werden die in der Tabelle 1.1 aufgezeigten Schleifen- und „SWITCH"-Anweisungen in Form von Flußdiagramm-Beispielen dargestellt.

Tabelle 1.1:
Übersicht der
dargestellten
Flußdiagramme

Flußdiagramm in Abbildung	„C"-Anweisung
Bild 1.1	IF-Schleife
Bild 1.2	DO-WHILE-Schleife
Bild 1.3	FOR-Schleife
Bild 1.4	SWITCH-Anweisung

Bild 1.1:
Flußdiagramm
einer
„IF"-Schleife

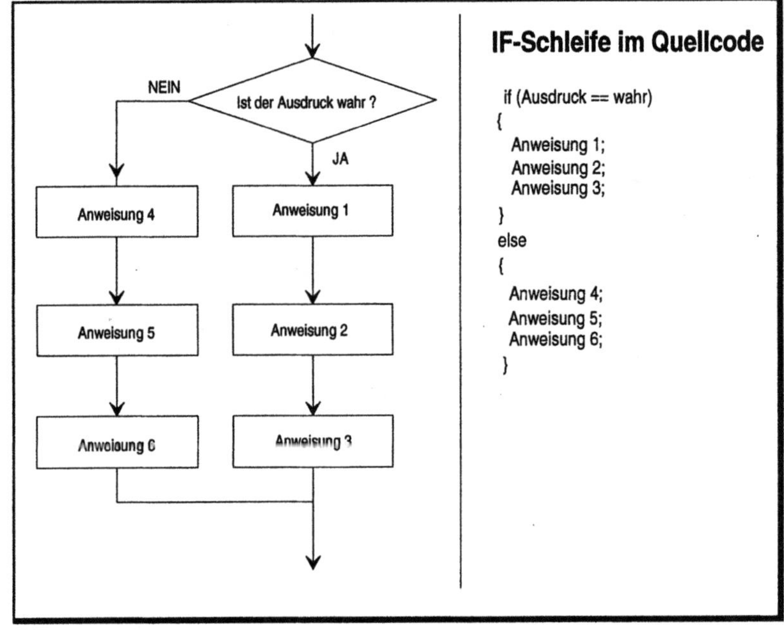

Bild 1.2:
Flußdiagramm
der
„DO-WHILE"-
Schleife

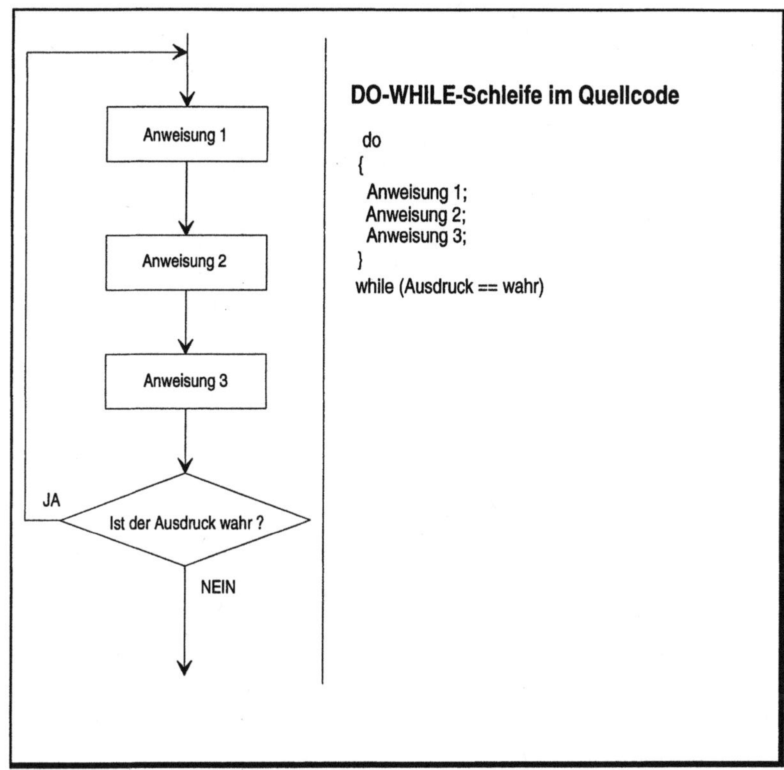

Über die vier in den Flußdiagrammen aufgezeigten, elementaren Standard-Schleifen- und „SWITCH"-Anweisungen können nahezu alle „C"-Programmelemente realisiert werden. Die Flußdiagramme ermöglichen dem Programmierer eine übersichtliche, fehlerfreie Software-Erstellung, welche auch bei zukünftigen Programmänderungen hilfreich eingesetzt werden kann. Heutzutage stehen dem Programmierer zur Flußdiagrammerstellung zahlreiche Hilfsmittel, wie beispielsweise „ABC FLOW CHARTER" von MICROGRAFX unter WINDOWS, zur Verfügung. Mit derartigen Programmen wird dem Ersteller die umfangreiche und zeitintensive Zeichenarbeit abgenommen.

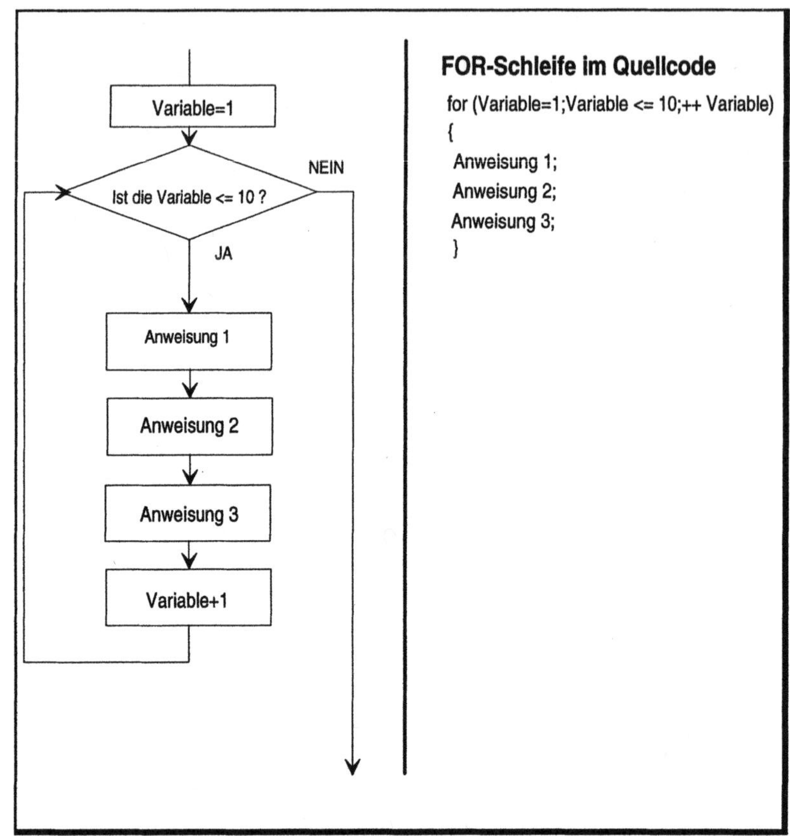

Bild 1.3:
Flußdiagramm einer „FOR"-Schleife

Im Kapitel 3 „Software-Anwendungen" werden zu jedem Programm für die wichtigsten Funktionen bzw. das jeweilige Hauptprogramm entsprechende Flußdiagramme zur Verfügung gestellt. Anhand der Diagramme wird dem Leser die Verständlichkeit der teilweise komplexen Programmstrukturen erleichtert.

Bild 1.4:
Flußdiagramm
der „SWITCH"-
Anweisung

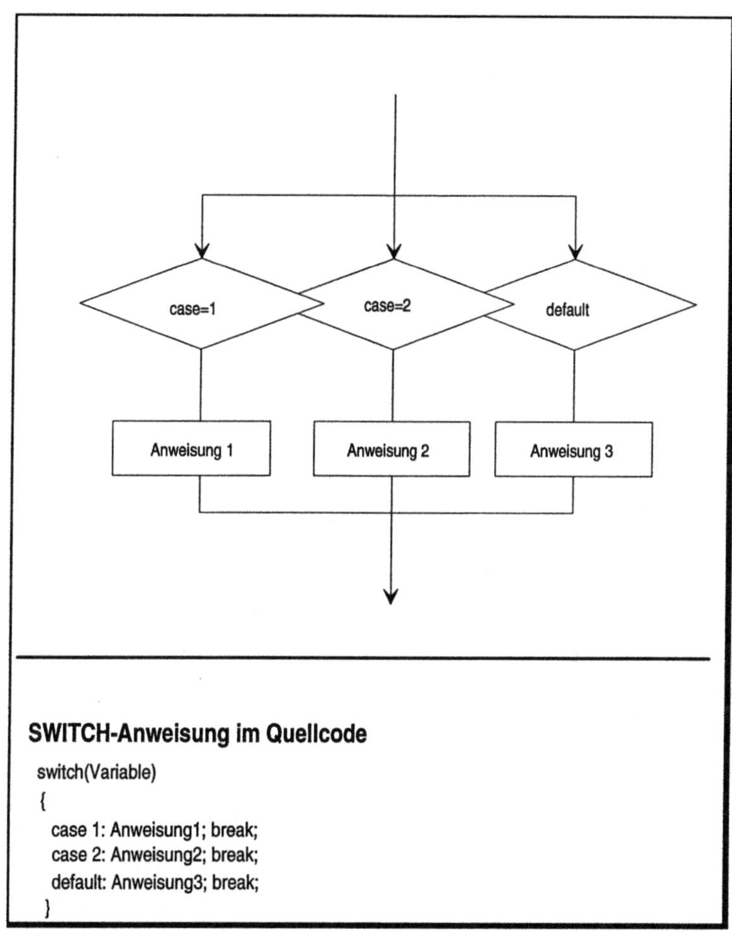

SWITCH-Anweisung im Quellcode

```
switch(Variable)
 {
   case 1: Anweisung1; break;
   case 2: Anweisung2; break;
   default: Anweisung3; break;
 }
```

Modul/Funktion: Die Größe eines Moduls sollte wegen der Übersichtlichkeit zwei DIN A4 Seiten nicht überschreiten. Jedes Funktionsmodul ist, wie im folgenden Programmauszug dargestellt, mit einem Modulkopf zu versehen.

```
/*********************************************************************/
/* Funktion: char * file_schreiben(char *acSuchen, char *acSchreiben */
/*                                  char *acdatei)                    */
/*                                                                   */
/* Thema: In einem ASCII-Textfile wird nach einer bestimmten Zeichen- */
/*        folge gesucht. Ist diese Zeichenfolge gefunden worden, wird */
/*        der darauffolgende Dateieintrag mit dem Inhalt von "acSchrei-*/
/*        ben "überschrieben                                          */
/*                                                                   */
/* Übergabeparameter: *acSuchen:    der zu suchende String            */
/*                    *acSchreiben: der zu schreibende String         */
/*                    *acdatei:     Dateiname der zu öffnenden Datei   */
/*                                                                   */
/* Rückgabeparameter: -1: Fehler                                      */
/*                     0: alles OK                                    */
/*                                                                   */
/* Änderungsdatum:     28.07.1993                                    */
/*********************************************************************/
```

Der Modulkopf soll folgende Inhalte aufzeigen:

⇨ Modul- bzw. Funktionsname: Angabe des Funktionsnamens mit allen Über- und Rückgabeparametern

⇨ Thema: Der Programminhalt des Moduls wird in wenigen, prägnanten Sätzen dargestellt

⇨ Übergabeparameter: Alle an das Modul übergebenen Parameter werden mit deren Namen und einer kurzen Beschreibung aufgeführt

⇨ Rückgabeparameter: Ein von der Funktion zurückgegebener Wert ist mit dessen Typbezeichnung und Namen anzugeben

⇨ Änderungsdatum: Jede Moduländerung ist mit einer Datumsangabe und einer kurzen Änderungsbeschreibung im Modulkopf einzutragen

Alle Programmteile sind in strukturierter Form zu erstellen. Häufig benötigte Module werden in einer Headerdatei bzw. Funktionslibrary abgelegt, die zum jeweiligen Programm gebunden wird. Desweiteren sollte der Programmierer auf den Einsatz von Programmier-Tools nicht verzichten. Es ist oft kostengünstiger, eine fertige Software in das Programmprojekt einzubinden, als diese über zeitraubende Programmiertätigkeiten selbst zu erstellen.

Programmtest

Die erstellte Software ist ausführlichst zu testen. Dabei unterscheidet man zwischen:

⇨ Modultest

⇨ Systemtest

Modultest: Alle Einzelmodule müssen bereits direkt nach deren Fertigstellung im Software-Entwicklungsstadium ausgetestet werden. Dadurch kann in den meisten Fällen auf später anfallende, zeitraubende Änderungen verzichtet werden. Der Modultest ist vom jeweiligen Programmierer selbst durchzuführen.

Systemtest: Unter dem Systemtest versteht man die Überprüfung von kompletten Teil- bzw. Gesamtprogrammen. Alle funktionsfähigen Einzelmodule wurden bereits zu einer Gesamtprogrammstruktur gebunden. Der Systemtest ist nach Möglichkeit von einem am Softwareprojekt Nichtbeteiligten durchzuführen. so können Folge- und Wiederholungsfehler weitgehend ausgeschlossen werden.

In den einzelnen Testphasen sind unerwartete Ereignisse (Fehler) in die nachfolgenden Klassifizierungen einzustufen:

⇨ Schwer: Eine Freigabe des Moduls bzw. des Gesamtprogramms ist nicht zulässig. Die getestete Software ist grundsätzlich in Frage zu stellen. Das Programmprojekt ist in der Projektierung neu zu formulieren.

⇨ Mittel: Eine Freigabe des Moduls bzw. des Gesamtprogramms ist nicht zulässig. Da es sich jedoch nur um einen speziellen Fehler in einer Funktion handelt, ist ein weiteres Testen möglich.

⇨ Leicht: Die Freigabe der Programmpassage ist erlaubt. Es handelt sich hierbei um keinen systemrelevanten Fehler. Der Fehler ist beispielsweise in einer Bildausgabe oder im Druckformat vorhanden.

Die verschiedenen Tests können nach dem in Bild 1.5 aufgezeigten Testplan protokolliert werden. Der Vorteil dieser Unterlage besteht in einer übersichtlichen, standardisierten Unterlage.

Bild 1.5:
Testprotokoll

Software-Testprotokoll			Seitenzahl:
Modul-/Programmname:		Version:	Lfd. Seitennr:
getestete Option	erwartetes Ereignis	eingetroffenes Ereignis	Freigabe (J/N) Bemerkung

Nach dem Testen sind etwaige, beseitigte Fehler einer erneuten Überprüfung zu unterziehen. Alle aufgetretenen Fehler müssen in einer Fehlerübersicht aufgezeichnet werden. Dadurch können zu einem späteren Zeitpunkt auftretende Unregelmäßigkeiten im Programmablauf eventuell leichter lokalisiert und beseitigt werden.

Review

Unter einem „Review" versteht man eine Überprüfung des gesamten Software-Projekts nach dessen Fertigstellung. Alle am Projekt beteiligten Personen überprüfen die Unterlagen wie Pflichtenheft, Quellcode, Testpläne und natürlich die Software selbst. Werden Abweichungen bzw. Fehler festgestellt, werden diese in das „Review"-Protokoll eingetragen. Je nach der Klassifizierung der aufgetretenen Mängel ist eine entsprechende Fehlerbeseitigung notwendig. In einfachen Fällen sind nur kleinere Änderungen der Dokumentation oder des Quellcodes notwendig. In schwerwiegen-den Fällen ist auch eine Sperrung bzw. der Verwurf des gesamten Software-Projekts möglich.

An dieser Stelle sei noch einmal darauf hingewiesen, alle diskutierten Analyse- und Software-Erstellungsmaßnahmen sollten auch bei kleineren Softwareprojekten berücksichtigt werden. Der dafür aufgebrachte Zeitaufwand wird durch eine gut dokumentierte, fehlerfreie Software kompensiert.

1.2 Programmaufbau

Ein in „C-/C^{++}" realisiertes Programm ist im Quelltext immer nach einem bestimmten Schema aufgebaut. Abhängig, ob der Quelltext im klassischen „C" bzw. in objektorientierter Form realisiert wird, setzt sich ein Programm aus den nachfolgend aufgeführten Programmelementen zusammen. Dabei müssen jedoch nicht zwingend alle Elemente vorhanden sein.

Deklarationsteil:

⇨ Programmkopf

⇨ INCLUDE-Dateien

⇨ DEFINE-Anweisungen

⇨ Programmglobale Variablen

⇨ Externe und interne Funktionsprototypen

⇨ Klassendeklarationen ❶

Programm-/Funktionsteil

⇨ Klassenmethoden ❶

⇨ Hauptprogramm (main()-Funktion)

⇨ Funktionen

❶: Nur bei objektorientierten Programmen („C^{++}")

Im folgenden werden alle genannten Programmelemente der Reihe nach kurz beleuchtet. Nach der jeweiligen Beschreibung folgt jeweils ein praxisorientiertes Beispiel anhand eines Programmauszugs aus den im dritten Kapitel „Software-Anwendungen" vorge-stellten Programmbeispielen.

Programmkopf

Der Programmkopf setzt sich aus den nachfolgend aufgeführten Elementen zusammen:

⇨ Programmname

⇨ Speichermodell: Benutztes Speichermodell, in dem das entsprechende Programm übersetzt (compiliert) wird

⇨ Thema: Stichpunktartige, prägnante Beschreibung des Programminhalts

⇨ Autor: Name des Programmierers

⇨ Erstellungsdatum: Datum der ersten, ursprünglichen Programmerstellung

⇨ Änderungsdatum: Datum, an dem Programmänderungen durchgeführt wurden. Unter diesem Punkt werden auch alle Änderungen in kurzer Form erläutert.

```
/********************************************************************/
/* Programm: sprache2.cpp                                           */
/*                                                                  */
/* Speichermodell: LARGE                                            */
/*                                                                  */
/* Thema: Aufnahme von Sprachsequenzen über selbstgefertigte Hardware. */
/*        Ablegen der Sprachinformation in einer Datei. Wiedergabe der */
/*        aufgenommenen Sprache über den normalen PC-Lautsprecher.  */
/*                                                                  */
/* Autor: Arno Damberger                                            */
/*                                                                  */
/* Erstellungsdatum: 06.09.1993                                     */
/*                                                                  */
/* Änderungsdatum:   28.01.1994                                     */
/********************************************************************/
```

INCLUDE-Dateien

Die Programm-Entwicklungswerkzeuge von „BORLAND" verfügen über mehrere Bibliotheken (Librarys), in denen für die unterschiedlichsten Bearbeitungsanforderungen eine Vielzahl von Funktionen im Objektcode bereitstehen. Die Bibliotheken werden beim „LINK"-Prozeß zum eigentlichen Programm gebunden. Neben diesen Bibliotheken gibt es noch die sogenannten „INCLUDE"- bzw. „HEADER"-Dateien. Diese Dateien beinhalten die Variablen, Konstanten und Funktionsprototypen für die Bibliotheks-Funktionen. Jedes „C-/C^{++}"-Programm, das eine Funktion aus einer Bibliothek verwendet, muß die zugehörige Headerdatei in den Quellcode einbinden. Die Datei-Einbindung erfolgt über die Präprozessor-Anweisung „#include". Die „HEADER"- bzw. „INCLUDE"-Dateien können aber auch Funktionen im Quelltext beinhalten, die durch die „#include"-Anweisung zum Programm gebunden werden. Dadurch ist es möglich, Funktionen eines bestimmten Aufgabenbereiches in einer Datei zu zentralisieren. Diese Methode wird auch im Kapitel 3, „Software-Anwendungen", angewandt. In diesem Buch werden die in der Tabelle 1.2 aufgeführten Headerdateien eingesetzt. Duch die „#include"-Anweisung werden alle in der entsprechenden „HEADER"-Datei vorhandenen Variaben, Konstanten und Funktionen in ein Programm eingebunden und sind dadurch sofort verfügbar. Eine ausführliche Beschreibung aller in diesen Dateien enthaltenen Funktionen erfolgt in den Programmbeispielen im dritten Kapitel. Im Anhang finden Sie eine Übersicht der „HEADER"-Funktionen mit einem Seitenverweis zur Funktionsbeschreibung im Kapitel 3 an entsprechender Stelle. Eine „IN-CLUDE"-Datei ist durch das Suffix „.h" ersichtlich. Die Datei kann auf zwei unterschiedliche Varianten ins Programm eingeladen werden:

Tabelle 1.2:
Übersicht der im Buch realisierten „HEADER"-Dateien

HEADER-Datei im klassischen „C"	HEADER-Datei in objektorientierter Form	Anwendungsbereich / Einsatzgebiet
buch.h	buch_cpp.h	Universell einsetzbare Funktionen
vga.h	vga_cpp.h	Graphikbearbeitung
maus.h	maus_cpp.h	Mausbearbeitung
pcx.h	pcx_cpp.h	PCX-Grafik-Datei-Bearbeitung

❑ **#include <Dateiname.h>**

Der Compiler lädt die „BORLAND"-Standarddatei „Dateiname.h"
in den Quellcode ein. Alle Standarddateien werden in der
„BORLAND"-Entwicklungsumgebung durch eine Pfadangabe selektiert.

❑ **#include "Dateiname.h"**

Der Compiler bindet die selbsterstellte „HEADER"-Datei „Datei-
name.h" ins Programm ein. Die Datei muß sich im aktuellen
Programmverzeichnis befinden.

```
/*****************************************************************/
/* INCLUDE-DATEIEN                                             */
#include <stdio.h>      /* HEADER-Standarddatei unter BORLAND   */
#include "buch_cpp.h"   /* Selbsterstellte HEADER-Datei         */
/*****************************************************************/
```

DEFINE-Anweisungen

Über die Präprozessoranweisung „#define" ist es in „C-/C++" möglich, konstanten Größen einen Namen zu vergeben. Neben der
leichteren Lesbarkeit des Quellcodes erzielt der Programmierer
durch den Einsatz von symbolischen Konstanten auch leichter ab-
änderbare Programme. So kann z.B. die Bildschirm-Segmentadresse
oder die maximale Länge eines Feldes am Programmanfang in einer
symbolischen Konstanten abgelegt werden. Ändern sich irgend-
wann die oben genannten Größen, so hat der Programmierer nur
die zwei Konstanten an einer einzigen Stelle im Programmcode an-
zupassen. Symbolische Konstanten werden ausschließlich in Großbuchstaben angegeben, um diese leichter von den Variablennamen
unterscheiden zu können.

```
/*****************************************************************/
/* DEFINE-ANWEISUNGEN                                          */
#define BILD_SEGMENT_ADRESSE    0xB000 /* Hexadezimale Adresse   */
#define MAXLAENGE               30000  /* Maximale Feldlänge     */
/*****************************************************************/
```

Programmglobale Variablen

Globale Variablen sind im ganzen Programm bekannt und werden
außerhalb der Funktionen, meistens am Programmanfang, deklariert. Auf globale Variablen kann in jedem Ausdruck zugegriffen
werden, unabhängig davon, in welcher Programm-Funktion dieser
Ausdruck zur Anwendung kommt. Besteht ein Programmprojekt aus

mehreren Einzelmodulen, so können die globalen Variablen in den unterschiedlichen Modulen mit dem Bezeichner „extern" deklariert werden. Programmglobale Variablen sollten sparsam eingesetzt werden, da hier das Prinzip der Datenkapselung unterlaufen wird. Innnerhalb größerer Programmprojekte können sogenannte „Seiteneffekte" auftreten. Darunter versteht der Informatiker ein unkontrolliertes Werteverhalten der entsprechenden globalen Variablen.

Das Gegenstück zu den globalen Variablen sind die lokalen Variablen. In der „C"-Literatur werden diese auch als „automatic"-Variablen bezeichnet. Ihr Gültigkeitsbereich beschränkt sich auf den Funktionsblock, in dem sie deklariert werden. Nachdem die Funktion verlassen wird, geht der Wert der globalen Variablen verloren.

Neben den bereits genannten Variablentypen gibt es noch die „static"-Variablen. Sie unterscheiden sich von den globalen Variablen dadurch, daß sie außerhalb der Funktion, in der sie deklariert wurden, nicht bekannt sind. Andererseits werden jedoch ihre Werte zwischen zwei Funktionsaufrufen nicht geändert und bleiben dadurch erhalten.

```
/********************************************************************/
/* PROGRAMMGLOBALE-VARIABLE                                         */
/* Die folgende Variable wurde in einem anderen Programmodul deklariert */
extern iSegmentadresse
unsigned char acBuffer[MAXLAENGE]; /* Maximale Länge des Buffer-Feldes  */
/********************************************************************/
```

Externe und Interne Funktionsprototypen

Unter dem Funktionsprototypen einer Funktion versteht man den Funktionskopf in der Form:

Rückgabetyp Funktionsname(Argument-Typ 1, ..., Argument-Typ n)

Vor dem eigentlichen Funktionsteil werden in einem „C-/C^{++}"-Programm alle Funktionsprototypen der programmintern- und extern deklarierten Funktionen aufgeführt. Bei der Programmintegration von selbstdefinierten Header-Dateien sollten auch die Funktionsprototypen der im Programm benützten Header-Funktionen aufgeführt werden. Diese Funktionen müssen jedoch nur als Kommentar angegeben werden, da die zugehörigen Funktionsprototypen bereits in der Headerdatei deklariert wurden. Mit Hilfe der Funktionsprototypen ist auch in „C-/C^{++}" eine ähnlich strikte Typenüberprüfung wie in „PASCAL" möglich. Typenkonflikte, sowie die Übergabe einer falschen Anzahl von Funktionsparametern werden somit praktisch ausgeschlossen. Mit diesem Hilfsmittel wird ein erster Schritt für eine fehlerfreie Programmabarbeitung realisiert.

```
/*******************************************************************/
/* FUNKTIONPROTOTYPEN                                            */

/* Externe Funktionen aus dem Assemblermodul 'sprache.asm'      */
extern void LAUT_AUS(int,char*,int,int);
extern LAUT_EIN(int,char*,int,int);

/* Programminterne Funktionen                                   */
void falsche_argumente(void);                                  */
void menue(void);
int test(void);
void aufnahme(int iSpeed, int iEingabeport);
void wiedergabe(int iAusgabe_speed, int iAusgabe_port);

/* Funktionen aus der Headerdatei "BUCH.H".                     */
/* des Compilers mit sich bringen.                              */
/* cursor_aus(void);                                            */
/* cursor_ein(void);                                            */
/* tastatur_loeschen(void);                                     */
/* fuellen(chat cZeichen, int iFarbe, int iWiederholen);        */
/* ende(void);                                                  */
/* fehler_ende(void);                                           */
/*******************************************************************/
```

Klassendeklarationen

Nach dem Funktionsprototypen-Block erfolgt in objektorientierten Programmen die Deklaration aller programminternen Klassen. Alle deklarierten Klassen sind mit einem entsprechenden Klassenkopf zu versehen.

```
/*******************************************************************/
/* DEFINITION DER KLASSE: MENUE                                 */
/*                                                              */
/* Thema: Erstellen einer Menümaske und  Verwalten des gesamten Pro-  */
/*        grammablaufes                                         */
/*******************************************************************/
class menue : private divers {
public:
 constream window,window1,window2,window3,window4;
 fstream FDatei;
 unsigned int iZaehler,iLaenge;
 int iEingabe_port,iEingabe_speed,iAusgabe_port,iAusgabe_speed;
 int iTaste_word, iTaste_low_byte,iTest;
public:
 menue(char *argv[]);
 ~menue(void){;};
 void falsche_argumente(void);
 void ablauf(void);
 int test(void);
 void aufnahme(void);
 void wiedergabe(void);
};
/*******************************************************************/
```

Es folgen weitere Klassendeklarationen ....

Deklaration aller Klassenmethoden

Bei objektorientierten Programmen werden nach dem Klassendeklarations-Block der Reihe nach alle Klassenmethoden (Memberfunktionen) realisiert. Die Memberfunktionen der entsprechenden Klasse werden wegen der Übersichtlichkeit durch einen kurzen Kommentar-Hinweis im Quellcode eingeleitet. Die Klassenmethoden erhalten ebenfalls den weiter oben beschriebenen Funktionskopf.

```
/**********************************************************************/
/* Es folgen die Memberfunktionen der Klasse: MENUE                 */
/**********************************************************************/


/**********************************************************************/
/* Klassenfunktion: KONSTRUKTOR                                     */
/* void menue :: menue(void)                                        */
/*                                                                  */
/* Thema: Beschreiben einiger PRIVATE-Variablen mit entsprechenden  */
/*        Werten.                                                   */
/*                                                                  */
/* Übergabeparameter: keine                                         */
/*                                                                  */
/* Rückgabeparameter: keiner                                        */
/*                                                                  */
/* Änderungsdatum:    27.08.1993                                    */
/**********************************************************************/

void menue :: menue(char *argv[])
{
/* Definieren einiger Bildausgabestreams                            */
window.window(1,1,80,25);
window1.window(10,1,70,4);
window2.window(7,8,78,22);
window3.window(6,7,76,21);
window4.window(1,25,80,25);
/* Die Programm-Aufrufargumente werden in globale Variablen abgelegt   */
iEingabe_port =atoi(argv[1]);
iEingabe_speed=atoi(argv[2]);
iAusgabe_port =atoi(argv[3]);
iAusgabe_speed=atoi(argv[4]);
}
/********************************************************************/


Es folgen weitere Memberfunktionen der Klasse „MENUE" ............


/**********************************************************************/
/* Es folgen die Memberfunktionen der Klasse: ABLAUF               */
/**********************************************************************/

Im Anschluß werden alle Memberfunktionen der Klasse „ABLAUF" deklariert
...................
```

Hauptprogramm (main()-Funktion)

Alle „C-/C^{++}“-Programme bestehen aus einer oder mehreren Funktionen bzw. Modulen. Dabei muß die Funktion „main()“ genau einmal definiert sein. Die Position dieser Funktion im Quellcode spielt eine untergeordnete Rolle. Die meisten „C“-Programmierer stellen die Funktion an den Programmanfang. Bei einem guten Programmierstil gliedert die „main()“-Funktion die Programmieraufgabe, d.h., es werden nur Funktionsaufrufe durchgeführt. Dadurch nimmt die „main()“-Funktion üblicherweise nur wenige Programmzeilen ein.

Die „main()“-Funktion ist die erste Funktion, die beim Programmstart aktiviert wird. Ihr können durch den Startcode des Programms die drei folgenden Parameter übergeben werden:

⇨ argc:

⇨ argv[ ]

⇨ envp[ ]

Die ersten beiden Parameter „argc“ und „argv[ ]“ sind für den Programmierer von besonderer Bedeutung.

❑ **argc (argument-count):** Gibt die Anzahl der Programmübergabeparameter von „argv[ ]“ an

❑ **argv[ ] (argument-vektor)**: Repräsentiert ein Feld aus Zeichenstrings

argv[0]: Enthält ab der DOS-Version 3.0 den vollen Programmnamen, einschließlich aller Pfadangaben

argv[1]: Enthält den ersten Programm-Aufrufparameter

argv[2] bis argv[n]: Enthalten die weiteren Programmaufrufparameter

❑ **envp[ ]:** Repräsentiert ebenfalls ein Feld aus Stringzeichen. Die Feldinhalte spiegeln die Einträge der DOS-„Environment“-Tabelle wieder

Beispiel: Ein Programmaufruf von **sprache1 888 20 889 20** ⏎

beschreibt die Programmparameter in nachfolgender Form:

⇨ argc=5

⇨ argv[0]="sprache1.exe"

⇨ argv[1]="888"

⇨ argv[2]="20"

⇨ argv[3]="889"

⇨ argv[4]="20"

```
/********************************************************************/
/* HAUPTPROGRAMM                                                    */
void main(int argc, char *argv[])
{
menue programm(argv);
/* Anzahl der Übergabeparameter testen                             */
if(argc < 5) programm.falsche_argumente();
programm.ablauf(); /* Hauptmenü aktivieren                         */
}
/********************************************************************/
```

Deklaration aller Funktionen

Das letzte Programmelement stellt sich in Form aller Funktionsde-
klarationen dar. Der Reihe nach werden alle programminternen
Funktionen deklariert. Wie bereits weiter oben erläutert, ist jedem
Modul ein Funktionskopf voranzustellen. Desweiteren sollte eine
Funktion die Größe zweier DIN A4 Seiten nicht überschreiten. In
den Funktionen selbst sind alle wichtigen Programmanweisungen
mit einem kurzen, prägnanten Kommentar zu versehen. Die Funkti-
onskörper von verschachtelten Schleifenanweisungen sind durch
Einrückungen kenntlich zu machen. Eine strukturierte Programmierung wird als selbstverständlich vorausgesetzt.

```
/**********************************************************************/
/* Funktion: void falsche_argumente(void)                           */
/*                                                                  */
/* Thema: Wurden beim Programmstart keine 4 Argumente übergeben, wird */
/* das Programm mit der Ausgabe einer Fehlermeldung abgebrochen. Dabei */
/* werden alle Attribute des ursprünglich installierten Textmodus wieder*/
/* restauriert.                                                     */
/*                                                                  */
/* Übergabeparameter: keine                                         */
/*                                                                  */
/* Rückgabeparameter: keiner                                        */
/*                                                                  */
/* Änderungsdatum:    06.09.1993                                    */
/**********************************************************************/
void falsche_argumente(void)
{
cursor_ein(); /* Cursor sichtbarschalten                           */
/* Bildschirmattribute setzen                                      */
textbackground(BLACK);
textcolor(LIGHTGRAY);
window(1,1,80,25);
clrscr(); /* Bildschirm löschen                                    */
/* Zuletzinstallierten Textmode restaurieren                       */
textmode(LASTMODE);
```

```
/* Ausgabe der Fehlermeldung                                              */
printf("! PROGRAMM WURDE MIT FALSCHEN ARGUMENTEN AUFGERUFEN !\n\r\n");
printf("richtiger Programmaufruf:    sprache1 X1 X2 X3 X4\n\r\n");
printf("X1: Adresse des Eingabeports (Parallelen Schnittstelle\n\r");
printf("                            0279H/0379H/03BDH\n\r");
printf("X2: Eingabegeschwindigkeit   (Integerwert \n\r");
printf("X3: Adresse des Ausgabeports (PC-Lautsprecher: 0x61)\n\r");
printf("X4: Ausgabegeschwindigkeit   (Integerwert \n\r\n\r");
printf("ALLE Argumente als INTEGER-Werte eingeben\n\r");
exit(-1);
}
/**********************************************************************/
```

Im Anschluß erfolgt noch einmal eine kurze, schematische Auflistung aller möglicher Programm-Elemente.

```
/**********************************************************************/
/* Programmkopf                                                       */
/* .....                                                              */
/**********************************************************************/


/**********************************************************************/
/* INCLUDE-Anweisungen                                                */
 #include <Name.h>
 #include "Name.h"
....
/**********************************************************************/


/**********************************************************************/
/* DEFINE-Anweisungen                                                 */
#define NAME   20
.....
/**********************************************************************/


/**********************************************************************/
/* Programmglobale Variablen                                          */
extern float Name1,.....;
int  Name2,.....;
.....
/**********************************************************************/


/**********************************************************************/
/* KLASSENDEKLARATIONEN   ①                                          */
class Name_1
{
.....
}
.....
class Name_n
{
.....
}
/**********************************************************************/


/**********************************************************************/
/* Es folgen die Memberfunktionen der Klasse "Name_1" ①              */
Typ Name_1 :: Funktionsname(Argumente,...)
{
.....
}
.....
```

```
Typ Name_1 :: Funktionsname(Argumente,...)
{
.....
}/****************************************************************/

/****************************************************************/
/* Es folgen die Memberfunktionen der Klasse "Name_n"  ①          */
Typ Name_n :: Funktionsname(Argumente,...)
{
.....
}
.....
Typ Name_n :: Funktionsname(Argumente,...)
{
.....
}
/****************************************************************/

/****************************************************************/
/* HAUPTPROGRAMM                                                */
Typ main(Argumente,...)
{
.....
}
/****************************************************************/

/****************************************************************/
/* FUNKTIONSBLOCK                                               */
Typ Funktion_1(Argumente,...)
{
.....
}
.....
Typ Funktion_2(Argumente,...)
{
.....
}
/****************************************************************/
```

①: Diese Programmelemente treffen nur bei objektorientierter Programmierung („C^{++}") zu.

1.3 Wichtige Software-Elemente und Konventionen

Dieses Kapitel beschreibt wichtige Software-Elemente und Konventionen, welche im Kapitel 3 „Software-Anwendungen" Verwendung finden.

Programme und Funktionen

Alle Programmbeispiele aus dem Kapitel 3.1 wurden im Speichermodell „COMPACT" realisiert. Die Verwendung eines anderen Speichermodells ist im jeweiligen Programmkopf gekennzeichnet.

Unwichtige Programmteile, wie beispielsweise längere Bildschirm-ausgaben über die Funktion „printf()", werden in den Programm-auszügen aus Platzgründen weggelassen. Die gekürzten Quellcode-passagen werden durch die Zeichenfolge „......" gekennzeichnet.

Im Quellcode definierte „Dummy"-Anweisungen sind programm-technisch nicht relevant. Diese Anweisungen unterdrücken lediglich Compiler-Warnungen. Als Beispiel sei an dieser Stelle eine lokale Hilfsvariable „iTest" genannt, deren Wert keinem anderen Objekt zugewiesen wird. Durch die Anweisung „iTest=iTest" kann eine Compiler-Warnung ausgeschlossen werden.

Durch dieses Symbol werden im Kapitel 3 besonders wichtige Funktionen gekennzeichnet. Hierbei handelt es sich um Kern-funktionen, die den eigentlichen Programminhalt realisieren.

Dieses Symbol weist auf Funktionen innerhalb von Header-Dateien hin. Mit diesem Hinweis wird dem Leser verdeutlicht, daß alle ge-nannten Funktionen nicht im aktuellen Quelltext vorhanden sind.

Pseudo-Registervariablen

Ein Prozessor eines AT-kompatiblen Rechners arbeitet auf Hard-wareebene mit verschiedenen Registern, die im Prinzip als Spei-cherzellen organisiert sind. Jedes Register umfaßt einen 16-Bit-Speicherbereich, der als Variable vom Typ „unsigned int" (Werte-bereich 0..65535) oder als LOW- und HIGH-Anteil in zwei Varia-blen vom Typ „unsigned char" (Wertebereich 0..255) ein-gesetzt werden kann. Jedes Register hat, wie in Tabelle 1.3 dargestellt, ei-nen speziellen Namen.

Tabelle 1.3:
Prozessor-
Register

Register-name	Aufspaltung in LOW- und HIGH-Anteil möglich	Verwendungszweck
AX	JA; AH und AL	Diese Register sind allge-meine Arbeitsregister, in denen der Prozessor Zwi-schenergebnisse ablegt.
BX	JA; BH und BL	
CX	JA; CH und CL	
DX	JA; DH und DL	
SP	NEIN	STACK-Pointer
BP	NEIN	BASE-Pointer
SI	NEIN	Indexregister

<table>
<tr><td rowspan="3">Tabelle 1.3:
Fortsetzung</td><td>Register-

name</td><td>Aufspaltung in LOW- und
HIGH-Anteil möglich</td><td>Verwendungszweck</td></tr>
</table>

Register- name	Aufspaltung in LOW- und HIGH-Anteil möglich	Verwendungszweck
DI	NEIN	Indexregister
DS	NEIN	Datensegmentadresse
ES	NEIN	Extra-Segment
SS	NEIN	Stack-Segment
CS	NEIN	Code-Segment

Die 16-Bit-Arbeitsregister AX, BX, CX und DX können jeweils in einen 8-Bit LOW- und HIGH-Anteil aufgespalten werden. Dabei repräsentieren die Bits 0-7 den LOW- und die Bits 8-15 den HIGH-Anteil der jeweiligen 16-Bit-Variablen.

In „C-/C^{++}" ist es nun möglich, über sogenannte Pseudo-Registervariablen die oben genannten Prozessor-Register direkt zu beschreiben bzw. zu lesen. Der Programmierer muß sich dazu nicht auf der sonst üblichen Ebene der Maschinensprache befinden. Die Entwicklungswerkzeuge unter „BORLAND" stellen die folgenden Elemente zur Registerbearbeitung zur Verfügung:

⇨ REGPACK:

⇨ BYTEREGISTER:

⇨ WORDREGISTER:

⇨ REGS:

REGPACK: Dies ist eine in „BORLAND" vordefinierte Struktur von 16-Bit-Werten zur Verwaltung der 16-Bit-Prozessor-Register AX, BX, CX, DX, BP, SI, DI, DS, ES und der Flags.

```
/*******************************************************************/
/* Vordefinierte BORLAND-Struktur REGPACK                        */
struct REGPACK {
  unsigned int r_ax, r_bx, r_cx, r_dx, r_bp, r_si, r_di, r_ds, r_es, r_flags;
};
/*******************************************************************/
```

BYTEREGS: Über die „BORLAND"-Struktur „BYTEREGS" ist es möglich, in „C-/C^{++}"-Programmen direkt auf die 8-Bit-Arbeitsregister AL, AH, BH, BL, CH, CL, DH, DL zuzugreifen.

```
/***************************************************************************/
/* Vordefinierte BORLAND-Struktur BYTEREGS                              */
struct BYTEREGS {
 unsigned char  ah, al, bh, bl, ch, cl, dh, dl;
};
/***************************************************************************/
```

WORDREGS: Mit Hilfe der „BORLAND"-Struktur „WORDREGS" lassen sich die 16-Bit-Prozessor-Register AX, BX, CX, DX, SI, DI und FLAGS ansprechen.

```
/***************************************************************************/
/* Vordefinierte BORLAND-Struktur WORDREGS                              */
struct WORDREGS {
 unsigned int  ax, bx, cx, dx, si, di, flags;
};
/***************************************************************************/
```

REGS: Die in „BORLAND" definierte UNION repräsentiert die beiden Strukturen „BYTEREGS" und „WORDREGS".

```
/***************************************************************************/
/* Vordefinierte BORLAND-UNION REGS                                     */
union REGS {
 struct  WORDRESGS  x;
 struct  BYTEREGS   y;
};
/***************************************************************************/
```

Das Einsatzgebiet dieser Pseudo-Registervariablen liegt hauptsächlich, wie weiter unten diskutiert, in der Bearbeitung von BIOS- und DOS-Interruptaufrufen. Aber auch zum Zusammensetzen und Trennen von 4-stelligen hexadezimalen Zahlen können die Strukturelemente von „BYTEREGS" bzw. „REGS" herangezogen werden.

Beispiel: Die hexadezimale Zahl „FFA7H" ist in ihren LOW- und HIGH- Anteil aufzuspalten.

```
/*********************** Programmauszug ***************************/
union REGS Regsister;
int iLow, iHigh;

Register.x.ax=0xFFA7; /* 4-stellige Hexzahl                      */
iLow=Register.h.ah;   /* Low-Anteil der Hexzahl                  */
iHigh=Register.h.ah;  /* High-Anteil der Hexzahl                 */
/*********************** Programmauszug ***************************/
```

Beispiel: Das Low-Byte „E0H" und das High-Byte „A7H" sind zu einer 4-stelligen hexadezimalen Zahl zusammenzufügen.

```
/************************** Programmauszug ****************************/
union REGS Regsister;
unsigned int iLow, iHigh, iHexzahl;

Register.h.al=0xE0;     /* Low-Anteil mit dem Wert E0H beschreiben    */
Register.h.ah=0xA7;     /* High-Anteil mit dem Wert AAH beschreiben   */
iHexzahl=Register.x.ax /* iHexzahl enthält nun den 4-stelligen Hexwert */
/************************** Programmauszug ****************************/
```

BIOS- und MS-DOS Interruptaufrufe

Jeder AT-kompatible Rechner enthält ein sogenanntes „BIOS" in Form von PROM- bzw. EPROM-Bausteinen. Dieses „BIOS" (Basic-Input-/Output-System) stellt grundlegende Funktionen zur Verfügung, die ein Programm benötigt, um mit der PC-Hardware bzw. der angeschlossenen Peripherie zu kommunizieren. Das „BIOS" sorgt quasi für eine Kompatibilität der einzelnen Hardware-Komponenten. Dies bedeutet wiederum für den Programmierer, daß er über das „BIOS" eine standardisierte Schnittstelle, für nahezu alle Hardwarekomponenten, erhält. Auch das Betriebssystem MS-DOS stellt über die Datei „MSDOS.SYS" dem Programmierer zahlreiche standardisierte Funktionen zur Verfügung. Alle über das „BIOS" realisierten Funktionen werden mit größtmöglicher Wahrscheinlichkeit auf unterschiedlichen Rechnertypen laufen. Dies bedeutet einen weiteren Schritt für eine fehlerfreie, saubere Programmerstellung.

Die „BIOS"-Funktionen werden über das Interrupt-Verfahren aufgerufen. Da nicht jeder Funktion ein eigener Interrupt zugewiesen werden kann, wurden verschiedene, zusammengehörende Funktionen einem Interrupt zugeordnet. Die Tabelle 1.4 zeigt die wichtigsten Interrupts mit den dazugehörigen Aufgabenbereichen.

Tabelle 1.4: BIOS- und DOS-Interruptnummern

Interrupt	Bearbeitung
10H	Video-/Grafik-Karte
11H	PC-Konfiguration
12H	Feststellen der RAM-Speichergröße
13H	Disketten-/Festplattenbearbeitung
14H	Serielle Schnittstelle

Tabelle 1.4:
Fortsetzung

Interrupt	Bearbeitung
15H	Erweiterte AT-Funktionen
16H	Tastatur
17H	Parallele Schnittstelle
1Ah	Datum und Uhrzeit
21H	MS-DOS Funktionen

Damit im „BIOS" die einzelnen Funktionen selektiert werden können, müssen vor dem jeweiligen Interruptaufruf verschiedene Prozessor-Register geladen werden. Dabei wird im Register „AH" die jeweilige „BIOS"-Funktionsnummer eingetragen. Im Anhang finden sie eine Übersicht aller im Buch diskutierten Interruptaufrufe, einschließlich der zugehörigen Registerinhalte. Auch für den Interruptaufruf stellt „BORLAND" diverse Routinen zur Verfügung. Die drei wichtigsten Vertreter dieser Art sind:

⇨ void intr(int Int_num. struct REGPACK *Register)

⇨ int int86(int Int_num, union REGS *Ein_reg, union REGS *Aus_reg)

⇨ int int86x(int Int_num, union REGS *Ein_reg, union REGS *Aus_reg, struct SREGS *Seg_reg)

Bedeutung der Übergabeparameter:

Int_num: Nummer des BIOS-Interrupts

Register: Alle zum Interruptaufruf notwendigen Registerwerte; Prozessor-Registerinhalte nach dem Interruptaufruf

Ein_reg: Alle zum Interruptaufruf notwendigen Registerwerte

Seg_reg: Alle zum Interruptaufruf notwendigen Segment-Register

Aus_reg: Registerinhalte nach dem Interruptaufruf

Die Funktion "intr()" führt den im Parameter „Int_num" angegebenen BIOS-Interrupt aus. Die Pseudo-Registervariablen von „Register" dienen sowohl als Ein- wie auch als Ausgabe-Register. Der Unterschied zwischen den beiden Funktionen „int86()" und „int86x()" besteht darin, daß bei der Funktion „int86x()" zusätzlich die Segment-Register „DS" und „ES" berücksichtigt werden. Jeder

BIOS-Interruptaufruf besteht aus den folgenden zwei bzw. drei Ablaufschritten:

⇨ Setzen der notwendigen Prozessor-Register

⇨ BIOS-Interruptaufruf

⇨ Falls notwendig, Auslesen bestimmter Prozessor-Register

Die Arbeitsweise der beiden Interrupt-Funktionen wird in den folgenden Beispielen aufgezeigt.

Beispiel zu „int86()": Der Cursor im Textmodus wird neudefiniert und dadurch sichtbar geschalten. Diese Aktion wird über den Video-Interrupt 10H realisiert. Dabei werden in den Prozessor-Registern folgende Werte benötigt:

Eingabe-Register:

⇨ Register AH: BIOS-Funktionsnummer=1

⇨ Register CH: Beginn des Cursors in der Zeichenbox (bei VGA Werte von 1-16)

⇨ Register CL: Ende des Cursors in der Zeichenbox

Ausgabe-Register:

⇨ Keine

```
/************************* Programmauszug ***************************/
union REGS Register;

Register.h.ah=1;  /* BIOS-Funktionsnummer                         */
Register.h.ch=12; /* Start des Cursors in der Zeichenbox          */
Register.h.cl=13; /* Ende des Cursors in der Zeichenbox           */
int86(0x10,&Register,&Register); /* Video-Interruptaufruf         */
/******************************************************************/
```

Beispiel zu int86x(): Die Adresse des standardisierten ROM-Zeichensatzes „8*16" soll bestimmt werden. Der Segmentanteil wird in der Variablen „uiSegment_rom_8*16" und der Offsetanteil in der Variablen „uiOffset_rom_8*16" abgelegt. Die gewünschte Aktion wird wieder über den Video-Interrupt 10H realisiert. Die Prozessor-Register müssen wie folgt beschrieben werden:

Eingabe-Register:

⇨ Register AH: Funktionsnummer=11H (Zeichensatz)

⇨ Register AL: Unterfunktionsnummer=30H (Zeichensatz lesen)

⇨ Register BH: Zeichensatzwahl=6 (Zeichensatz „8*16") Ausgabe-Register:

⇨ Register ES: Segment-Adresse der Zeichensatztabelle
⇨ Register BP: Offset-Adresse der Zeichensatztabelle

```
/*********************** Programmauszug ****************************/
struct REGPACK Aregister;
union REGS Sregister:
unsigned int uiOffset_rom_8*16, uiSegment_rom_8*16;

Register.h.ah=0x11; /* BIOS-Funktionsnummer                      */
Register.h.al=0x30; /* BIOS-Unterfunktionsnummer                 */
Aregister.r_ax=Register.x.ax; /* Zusammensetzen des 16-Bit Werts */
Register.h.bl=0;  /* nicht relevant                              */
Register.h.bh=6;  /* Wert für den ROM-Zeichensatz "8*16"         */
Aregister.r_bx=Register.x.bx; /* Zusammensetzen des 16-Bit Werts */
intr(0x10,&Aregister); /* Video-Interruptaufruf                  */
uiSegment_rom_8*16=Aregister.r_es; /* ROM-Zeichensatz-Segmentadresse  */
uiOffset_rom_8*16=Aregister.r_bx;  /* ROM-Zeichensatz-Offsetadresse   */
/*****************************************************************/
```

Video-/Grafikbearbeitung

Dieser Punkt beschreibt einige Besonderheiten bzw. programm-
technische Hintergründe zur Bildbearbeitung unter „BORLAND".
Grundsätzlich unterscheidet man in der Bildbearbeitung zwischen
dem Text- und dem Grafikmodus.

Textmodus: Im Textmodus können nur Zeichen, deren Punktmuster in einer festdefinierten Zeichenbox abgelegt sind, am Bildschirm ausgegeben werden. Der Bildspeicher ist dabei in 25 Zeilen
mit jeweils 20 bzw. 40 Spalten unterteilt. Der Bildspeicher enthält
für jedes Zeichen zwei aufeinanderfolgende Bytes, den ASCII-Code
des Zeichens und ein Attributbyte, über das die Zeichen- und Hintergrundfarbe festgelegt werden kann. Die Umsetzung der gespeicherten ASCII-Zeichencodes in Punktmuster, zur Zeichendarstellung, erfolgt durch die Hardware auf der VGA-Karte.

Grafikmodus: Im Grafikmodus wird der Bildspeicher in einzelne
Bildpunkte (Pixel) unterteilt. Bei einer farbigen Darstellung werden
für einen Bildpunkt, je nach Farbenzahl, mehrere Bits benötigt. In
den 16-Farbenmodi sind zur Darstellung eines Pixels 4 Bits notwendig. Die Organisation des Bildspeichers ist vom installierten Videomodus abhängig. Im Gegensatz zum Textmodus erfolgt die Umsetzung der im Bildspeicher abgelegten Pixel-Informationen nicht
mehr über die VGA-Hardware, sondern über die Software. Der Programmierer kann nun direkt über das VGA-BIOS oder über die von
„BORLAND" zur Verfügung stehenden Funktionen im Grafikmodus

seine Anwendungen erstellen. Entscheidet man sich für die „BORLAND"-Grafikfunktionen, so müssen spezielle Grafik-(NAME.BGI) und Zeichensatztreiber (NAME.CHR) dem Programm bereitgestellt werden.

Integration der Grafik- und Zeichensatztreiber:

Die Integration der Grafik- und Zeichensatztreiber in das entsprechende Programm kann grundsätzlich auf zwei unterschiedliche Arten stattfinden:

⇨ Treiber über externe Dateien einbinden

⇨ Treiber direkt in das Programm einbinden

Externe Treiber-Dateien: Die von „BORLAND" für den Grafikmodus bereitgestellten Grafik- und Zeichensatztreiber existieren als externe Dateien (NAME.BGI und NAME.CHR). Finden nun innerhalb des Programms zur Laufzeit über entsprechende Funktionen Grafikbearbeitungen statt, so werden die Treiber vom Laufwerk direkt auf den HEAP des Programms geladen. Der Vorteil dieser Variante besteht darin, daß immer nur der Teil des Treibers bzw. Zeichensatzes Programmspeicher belegt, der auch tatsächlich benötigt wird. Die Nachteile: Sowohl die Installation des Grafikmodus, sowie alle Zeichensatzwechsel erfordern zeitraubende Laufwerkszugriffe und setzen die entsprechenden Dateien voraus. Eine auf Diskette abgelegte Software muß also alle benötigten Treiber auf dem Datenträger als externe Dateien enthalten.

Programminterne Treiber: Die Grafik- und Zeichensatztreiber können aber auch direkt in das Programm integriert werden. Die Aufnahme eines Grafik- bzw. Zeichensatztreibers besteht grundsätzlich aus den drei nachfolgend aufgeführten Schritten. Eine ausführliche Beschreibung zu diesem Thema finden Sie in Ihren „BORLAND"-Unterlagen an entsprechender Stelle.

⇨ Konvertierung der benötigten Treiber-Dateien (NAME.BGI bzw. NAME.CHR) in eine Objektdatei (Name.OBJ). Die Konvertierung erfolgt über das von „BORLAND" bereitgestellte Programm „BGIOBJ.EXE"

⇨ Integration der konvertierten Objektdatei in die Standard-Grafikbibliothek „GRAPHICS.LIB". Das Einbinden erfolgt über das von „BORLAND" bereitgestellte Programm „TLIB.EXE"

⇨ Registrierung der eingebundenen Treiber im Programm über die Funktionen „registerbgidriver(..)" und „registerbgifont(..)".

Farbdarstellung im Text- und Grafikmodus:

Textmodus: Über das bereits weiter oben erwähnte Attributbyte lassen sich im Textmodus die Zeichen- (Vordergrund) und Hintergrundfarbe der darzustellenden Zeichen definieren. Bit 0 bis 3 dieses Bytes bestimmen die Zeichen- und Bit 4 bis 7 die Hintergundfarbe. Es stehen also jeweils 4 Bits zur Verfügung, mit denen 16 unterschiedliche Farben selektiert werden können. Für den Hintergrund reduziert sich jedoch die Auswahl auf 8 Farben, da das Bit 7 des Attributbytes für die Darstellung blinkender Zeichen eingesetzt wird. Auf einer VGA-Karte mit einem angeschlossenen analogen Farbmonitor lassen sich im Textmodus die in Tabelle 1.5 aufgeführten Zeichen- und Hintergrundfarben darstellen.

Tabelle 1.5:
Zeichen- und Hintergrundfarben im Textmodus

Farbnummer	Zeichenfarbe	Hintergrundfarbe
0	Schwarz	Schwarz
1	Blau	Blau
2	Grün	Grün
3	Türkis	Türkis
4	Rot	Rot
5	Magenta	Magenta
6	Braun	Braun
7	Hellgrau	Hellgrau
8	Dunkelgrau	Schwarz / blinkend
9	Hellblau	Blau / blinkend
10	Hellgrün	Grün / blinkend
11	Helltürkis	Türkis / blinkend
12	Hellrot	Rot / blinkend
13	Hellmagenta	Magenta / blinkend
14	Gelb	Braun / blinkend
15	Weiß	Hellgrau / blinkend

Das gesamte Attributbyte setzt sich auf folgende Weise zusammen:

Attributbyte = Zeichenfarbe+16*Hintergrundfarbe

1.4 Grundbegriffe der objektorientierten Programmierung

Die objektorientierte Programmierung fand ihren Ursprung bereits in den 70er Jahren. Diese Programmiertechnik erfordert gegenüber dem klassischen „C"-Ansatz eine andere Denkweise. Beim objektorientierten Ansatz stehen nicht mehr wie bisher die Funktionen eines Programms im Vordergrund, sondern dessen Datentypen. Durch diesen datenorientierten Entwurf lassen sich die Programmentwicklungszeiten trastisch verkürzen. Weitere Vorteile bestehen in der Wiederverwendbarkeit von Programmteilen, sowie der Reduzierung der Programmkomplexität. Dieses Kapitel stellt keine Einführung in die objektorientierte Programmierung (OOP) dar, sondern soll eine kurze Zusammenfassung der wichtigsten OOP-Begriffe aufzeigen. Alle in Tabelle 1.6 aufgeführten Begriffe werden im Anschluß kurz beleuchtet.

Tabelle 1.6:
Grundbegriffe der objektorientierten Programmierung

OOP-Begriffe	Kurze Erläuterung
Klasse	Abstrakter Datentyp (Daten und Funktionen)
Objekt	Objekt mit eigenem Speicherplatz
Instanz	Andere Bezeichnung für Objekt
Inkarnation	Andere Bezeichnung für Instanz
Member	Komponente eines Objekts (Daten, Funktion oder ein weiteres Objekt)
Feature	Andere Bezeichnung für Member
Methode	Andere Bezeichnung einer Klassen-Funktion
Nachricht	Kommunikation zwischen Objekten
Datenkapselung	Bestimmte Daten oder Funktionen können nur innerhalb des Objekts angesprochen werden
Vererbung	Eigenschaften eines Objekts (Daten und Funktionen) können an andere Objekte übertragen werden
Basisklasse	Vererbende Klasse

Klasse: Die Klasse beschreibt einen abstrakten Datentyp, der sich aus Variablen, Funktionen und anderen Klassenvariablen zusammensetzen kann. Desweiteren werden alle Zugriffsmöglichkeiten

(Kapselung) auf die in der Klasse enthaltenen Daten und Funktionen deklariert. Somit stellt die Klasse quasi ein vorgegebenes Muster einer Daten- und Funktionsstruktur dar. Aus diesem Muster können beliebig viele Klassenvariablen (Objekte) definiert werden. Das Muster der Klasse kann an andere Klassen vererbt werden. Die Deklaration einer Klasse im „C^{++}"-Quellcode stellt sich folgendermaßen dar:

```
/****************** Deklaration einer Klasse ************************/
class <Name> {
public:
 <Funktion_1()>;
 .....
 <Funktion_n();
protected:
<Variablen>;
private:
<Variablen;
}
/*****************************************************************/
```

Um die Forderung der Datenkapselung (Information-Hiding) zu erfüllen, wird über den neuen Klassentyp „class" ein Zugriff auf den Datenbereich (Variablen) nur noch über die Klassenfunktionen (Methoden) zugelassen. Die Klassenbestandteile lassen sich in drei grundlegende Bereiche einteilen:

⇨ public: Auf „public"-Features kann im gesamten Programm zugegriffen werden

⇨ protected: „protected"-Members sind in der Klasse selbst und in abgeleiteten Klassen zugänglich. Ein direkter Zugriff von Programmseite aus ist nicht möglich

⇨ private: Auf „private"-Features darf nur innerhalb der Klasse selbst zugegriffen werden. Ein direkter Zugriff von Programmseite aus ist nicht möglich

Somit haben nur die Klassenfunktionen (Features) Zugriff auf die Daten und andere Klassenfunktionen in den „private"- und „protected"-Bereichen. Bei einer Vererbung der Klasse kann auf den „protected"-Bereich auch von den dortigen Klassenfunktionen zugegriffen werden.

Member/Features: Unter diesen Begriffen versteht man die Elemente einer Klasse. Diese setzen sich aus dem Datenbereich in Form von Variablen und dem Anweisungsteil durch seine Funktionen zusammen. Im Datenbereich können auch weitere Klassen enthalten sein.

Methoden: Mit dem Begriff Methode bezeichnet der Informatiker eine Klassen-Funktion. Die Klassen werden im Quellcode über den Klassennamen und den Funktionsnamen, getrennt durch das Zeichen „::", wie eine gewöhnliche Funktion deklariert.

Beispiel: void <Klassenname>::<Funktionsname>(.....)

      { Anweisungen; }

Neben den gewöhlichen Methoden besitzt jede Klasse die zwei speziellen Funktionen:

⇨ Konstruktor

⇨ Destruktor

Konstruktor: Der Konstruktor ist eine Klassenfunktion mit dem gleichen Namen der Klasse. Er hat keinen Typ und liefert kein Funktionsergebnis zurück. Über einen Konstruktor können u.a. Speicher allokiert bzw. die gekapselten Daten einer Klasse mit definierten Werten beschrieben werden.

Beispiel: <Klassenname>::<Klassenname>(...);

Destruktor: Über den Destruktor können u.a. allokierte Speicherbereiche vor dem Beenden der Klasse wieder freigegeben werden. Auch er besitzt keinen Typ und liefert kein Funktionsergebnis zurück.

Beispiel: ~<Klassenname>::<Klassenname>();

Datenkapselung: Die Datenkapselung (Information-Hiding) ist eine der wichtigsten Anforderungen der objektorientierten Programmierung. Darunter versteht man die Absicherung gegenüber unerlaubten Datenzugriffen. Alle gekapselten Daten können nur über die Methoden der deklarierten Klasse selbst bzw. einer vererbten Klasse angesprochen und dadurch auch manipuliert werden.

Objekt: Die konkrete Ausprägung einer Klasse nennt der Informatiker Objekt bzw. Instanz oder auch Inkarnation. Dabei wird einer Variablen anhand der Klassendeklaration ein entsprechend großer Speicher bereitgestellt. Das Objekt ist dadurch zur Programmlaufzeit bekannt. Wie bereits weiter oben erläutert wurde, können je nach vorhandener Speichergröße beliebig viele Instanzen einer Klasse erzeugt werden. Die Abbildung 1.6 verdeutlicht die Zusammenhänge von Klasse, Objekt, und Instanzierung.

Bild 1.6:
Zusammen-
hang zwischen
Klasse und
Objekten

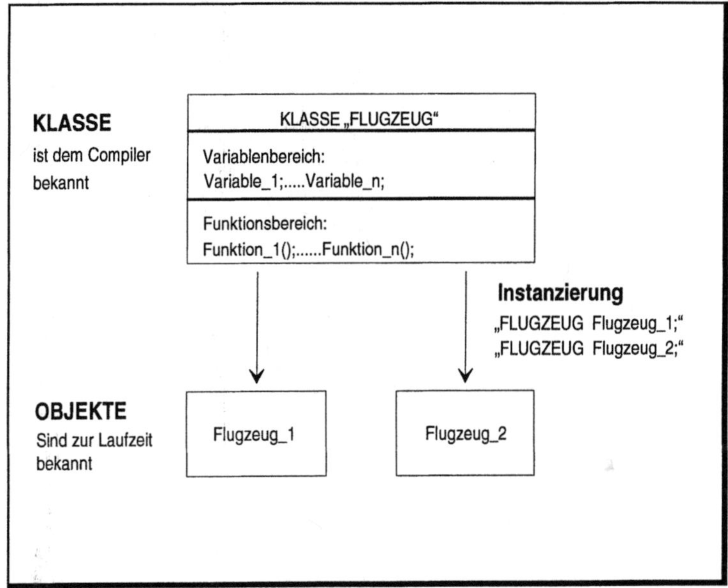

Nachricht: Über Nachrichten können Informationen an ein Objekt gesendet werden. Auch der Informationsaustausch unter den Objekten selbst wird über diese Art der Kommunikation realisiert. Oftmals ist es erst zur Programmlaufzeit bekannt, an welches Objekt eine entsprechende Nachricht gerichtet ist. In „C^{++}" werden Nachrichten über den Aufruf der Methoden realisiert. Der Nachrichteninhalt wird dabei über die Methoden-Übergabeparameter der betreffenden Klasse übermittelt. Der Nachrichteninhalt kann dabei vom Compiler fest zugeordnet werden, oder aber zur Laufzeit dynamisch über Zeiger bestimmt werden. Die Abbildung 1.7 zeigt den Zusammenhang zwischen einer Nachricht, Methode und gekapselten Daten auf. Der Aufruf einer Methode erfolgt über den Objekt- und Funktionsnamen, getrennt durch den Punktoperator:

<Objektname>.<Funktionsname>(...);

Bild 1.7:
Nachrichten-
austausch an
Objekten

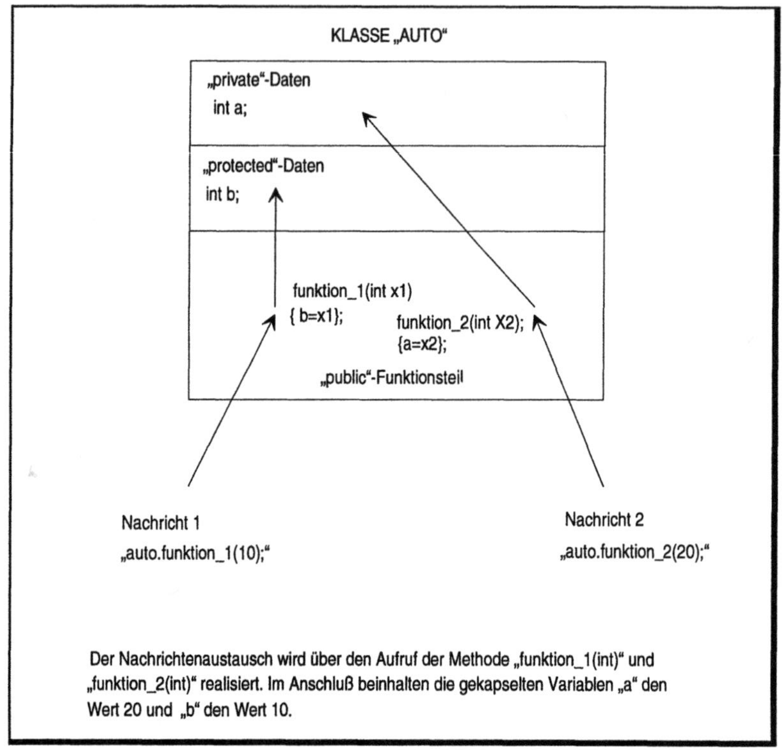

Vererbung/Basisklasse: Durch Vererbung können alle Eigenschaften einer oder mehrerer Klassen einer anderen Klasse zur Verfügung gestellt werden. Dabei bezeichnet man die zu vererbende Klasse als „Basisklasse" und die erbende Klasse als „abgeleitete Klasse". Eine „Basisklasse" kann „private" oder „public" vererbt werden. Die Integration der „Basisklasse" muß in der „abgeleiteten Klasse" nicht noch einmal getestet werden. Durch diese Eigenschaft entstehen überschaubare, fehlerfreie Programmabläufe. Die Vererbungs-Deklaration im Programm erfolgt nach dem Klassennamen.

Beispiel: Der Klasse „NAME_3" werden die Klasse „NAME_1" „private" und die Klasse „NAME_2" „public" vererbt. Der zugehörige Programmauszug gestaltet sich folgendermaßen:

```
/************************* Programmauszug *************************/
class NAME_3 : private NAME_1, pubblic NAME_2 {
public:
........ /* Funktionen                                        */
private:
```

```
....... /* Variablen                                                       */
prodected:
....... /* Variablen                                                       */
}
/*********************************************************************/
```

Die Abbildungen 1.8 und 1.9 verdeutlichen die Zugriffsmöglichkeiten innerhalb der einzelnen Vererbungshirarchien. Dabei werden die beiden möglichen Vererbungsvarianten „private" und „public" vorgestellt. Eine „protected"-Vererbung ist nicht möglich.

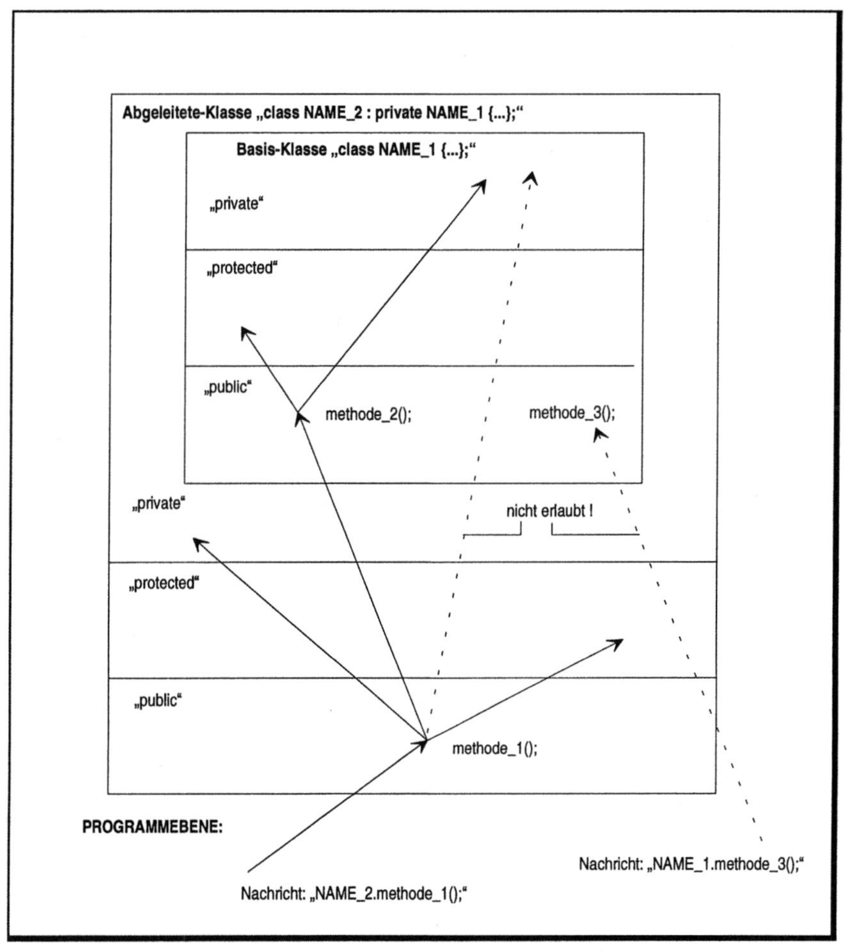

Bild 1.8: „private"-Vererbung

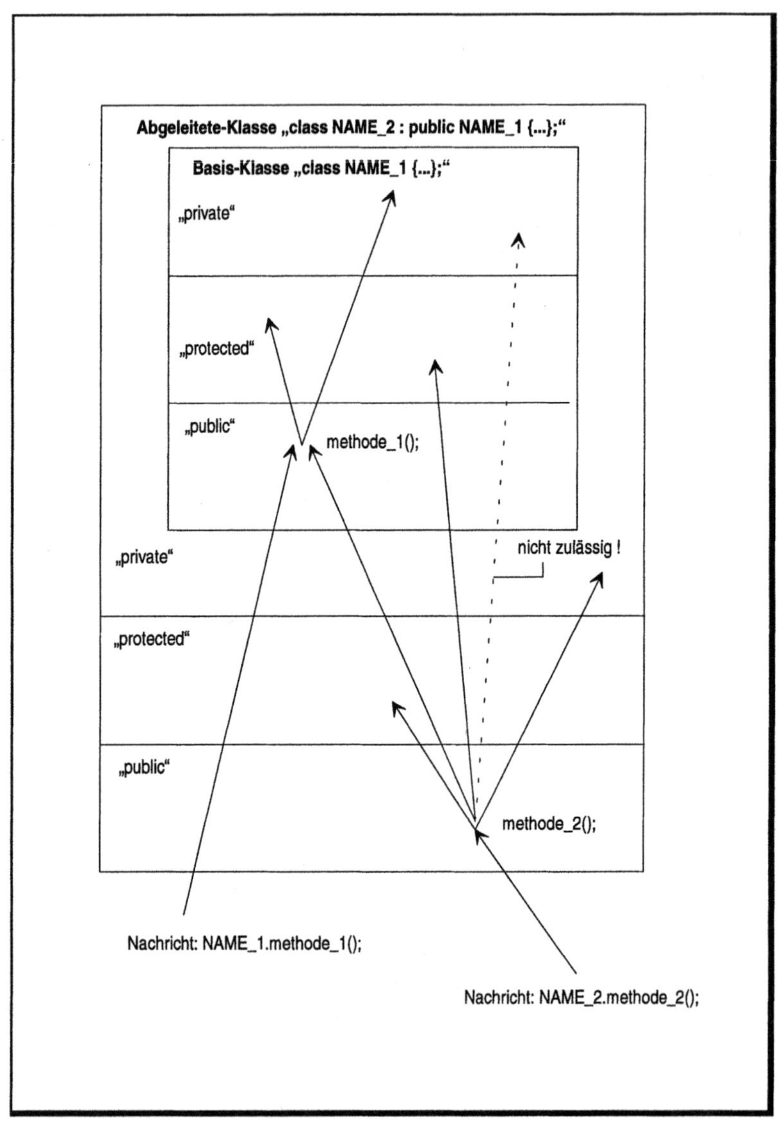

Bild 1.9:

„public"-Vererbung

Virtuelle Basisklasse: Wird eine Basisklasse an mehrere andere Klassen vererbt, so muß die Basisklasse bei ihrer Deklaration als „virtuelle Basisklasse" definiert werden. Durch diesen Vorgang wird trotz der Mehrfachvererbung nur eine Instanz der zu vererbenden Klasse erzeugt und dadurch Mehrdeutigkeiten ausgeschlossen.

Grafik-Konventionen: Im Kapitel 3 „Software-Anwendungen" wird zu jedem objektorientierten Programm eine Vererbungshirarchie in graphischer Form bereitgestellt. Bild 1.10 vermittelt einen Überblick aller in den Diagrammen enthaltener Vererbungskonventionen.

Bild 1.10:
Graphische
Vererbungs-
konventionen

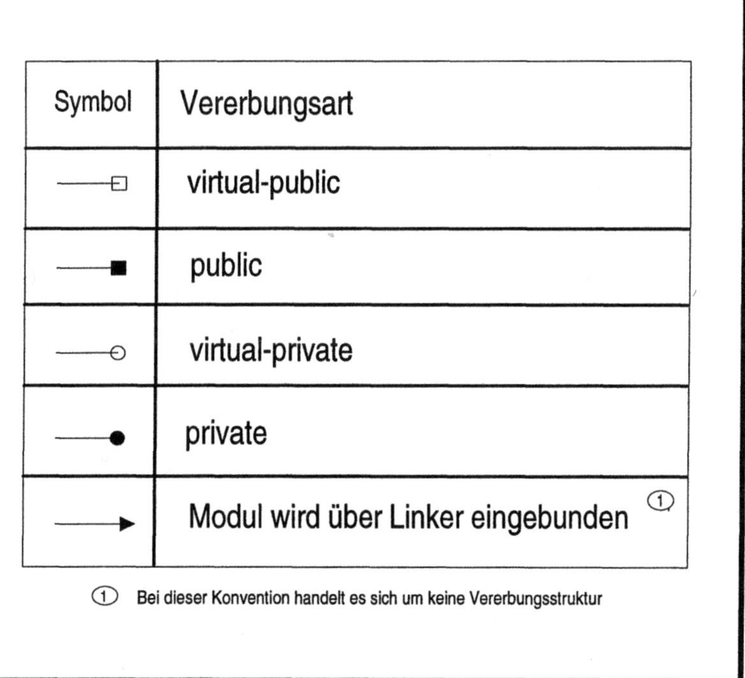

1.5   Unterschiede zwischen C und C++

Das Kapitel 1.5 zeigt die grundlegenden Unterschiede zwischen klassischen „C"- und objektorientierten „C++"-Programmen auf. Die Erläuterungen beschränken sich nicht nur auf die Unterschiede der Sprache selbst, sondern gehen teilweise auch auf „BORLAND" spe-

zifische Merkmale ein. Desweiteren werden einige Erläuterungen zu
den Programmausführungen in Kapitel 3 „Software-Anwendungen"
gegeben. Die Diskussion der unterschiedlichen Programmstrukturen
erfolgt ohne Einhaltung einer besonderen Reihenfolge und gliedert
sich wie folgt:

⇨ Kommentare im Quellcode

⇨ Abstrakte Datentypen

⇨ Funktionsnamen (Überladen von Funktionen)

⇨ Einbinden externer Funktionen (Namensergänzung)

⇨ Standard-Ein-/ Ausgabefunktionen

⇨ Dateibearbeitung

⇨ Speicherbearbeitung

⇨ Fenster (Windows) im Textmodus

⇨ Selbsterstellte Interruptroutinen

⇨ Erläuterungen zu den selbstdeklarierten Header-Dateien aus dem
  Kapitel 3.1 „Software-Anwendungen"

⇨ Projektdateien

Kommentare im Quellcode: Zu den im klassischen „C" üblichen
Kommentarzeichen gibt es in C^{++} eine weitere Kommentarmög-
lichkeit für den Rest einer Zeile.

⇨ Klassisches „C":

```
/* Dies ist eine Kommentarzeile                            */
```

⇨ Objektorientiertes „C++":

```
// Dies ist eine Kommentarzeile
```

Abstrakte Datentypen: Während man im klassischen „C" als Sam-
melbegriff nur von Daten oder Funktionen spricht, gehören zum
objektorientierten Ansatz die abstrakten Datentypen, eine Kombination aus Daten und Funktionen in einem Gebilde. Bei den abstrakten Datentypen steht nicht mehr die funktionelle Denkweise im
Vordergrund, sondern die Daten mit ihren zum Bearbeiten notwendigen Funktionen. Im konkreten Fall wird im objektorientierten „C^{++}" ein abstrakter Datentyp durch eine Klasse realisiert.

```
/********************** Programmauszug ***************************/
/* Deklaration eines abstrakten Datentyps durch eine Klasse         */
class name_1{
private:                                          // Datenbereich
 int iVariable_1, iVariable_2;
protected:                                        // Datenbereich
 int iVariable_3;
public:                                           // Funktionsbereich
 name1(void);  // Konstruktor
 ~name1(void); // Destruktor
 void funktion_1(void);
 .....
 void funktion_n(void)
}
/****************************************************************/
```

Funktionsnamen: Im klassischen „C" können Funktionsnamen innerhalb eines Programmprojekts nur einmal vergeben werden. In „C++" ist bei einer einheitlichen Aufgabenstellung die Deklaration mehrerer gleicher Funktionsnamen möglich. Das Unterscheidungskriterium stellen die Funktions-Übergabeparameter dar. Diese Mehrfachverwendung von gleichen Funktionsnamen nennt man „Überladen von Funktionen".

Beispiel: Mehrfachvergabe von Funktionsnamen in „C++"

```
/****************************************************************/
/* Funktion addition() für die Addition zweier Integer-Zahlen    */
int  addition(int iZahl_1, iZahl_2)
{
int iSumme;

iSumme=iZahl_1+iZahl2;
return(iSumme)
}
/****************************************************************/

/****************************************************************/
/* Funktion addition() für die Addition zweier Double-Zahlen     */
double  addition(double dZahl_1, dZahl_2)
{
double iSumme;

iSumme=iZahl_1+iZahl2;
return(iSumme)
}
/****************************************************************/
```

Einbinden externer Funktionen:

Nach dem ein „C++"-Modul compiliert worden ist, erzeugt der Compiler Funktionsnamen, welche die Funktions-Übergabeparameter (Aufrufargumente) in verschlüsselter Form enthalten. Diesen

Vorgang bezeichnet man als Namensergänzung. Notwendig geworden ist dieser Ablauf wegen den weiter oben beschriebenen überladenen Funktionen. Die überladenen, gleichnamigen Funktionen erleichtern zwar die Lesbarkeit des Quellcodes, der Linker hingegen fordert eindeutige Namen. Um diese Forderungen des Linkers zu erfüllen, werden die Über- und Rückgabeparameter durch die Namensergänzung in den Funktionsnamen codiert.

Bei Programmen im klassischen „C" ist keine Namensergänzung vorhanden. Möchte man nun ein „C^{++}"-Modul mit einem „C"-Modul verbinden, muß dem Compiler mitgeteilt werden, daß er die Namensergänzung beim „C"-Modul nicht durchführen soll. Dieser Ablauf wird durch den Bezeichner „extern "C"" erreicht.

Beispiel: Die im klassischen „C" realisierte Funktion „funktion_1()" soll in ein „C++" Programm eingebunden werden, dabei ist die Namensergänzung nicht durchzuführen.

```
/***********************************************************************/
extern "C" void funktion_1(void);
/***********************************************************************/
```

Beispiel: Die Deklaration „extern "C"" kann auch auf einen Funktionsblock angewandt werden.

```
/***********************************************************************/
extern "C"
{
 void funktion_1(void);
 int funktion_1(char, int);
 void funktion_1(int);
 char * funktion_1(char, char);
}
/***********************************************************************/
```

Standard Ein-/Ausgabefunktionen: Im klassischen „C" werden für die Ein-/Ausgaben über die Standardperipherie (Tastatur und Bildschirm) zahlreiche Funktionen (printf(), cprintf(), getc(), gets(), getchar(), scanf(), printf(), usw.), die teilweise typabhängig sind, bereitgestellt. Im objektorientierten Ansatz erfolgt die Ein-/Ausgabe über die Operatoren „>>" und „<<", die in der Stream-Klasse „iostream.h" definiert sind. In der Stream-Klasse sind bereits für alle Grunddatentypen die entsprechenden Operatoren definiert. Desweiteren sind keine Pointer, wie etwa bei „scanf()", zu verwenden, da ausnahmslos Referenzen übergeben werden. Die Formatierung der objektorientierten Ein-/Ausgaben kann durch eine Vielzahl von Formatierungs-Flags bzw. Manipulatoren beeinflußt werden. Nähere

Informationen finden Sie in Ihrem Handbuch zum jeweiligen „BORLAND"-Produkt.

Beispiel: Ein-/Ausgabe über die Tastatur bzw. den Bildschirm im klassischen „C".

```c
/******************** Programmauszug ********************************/
#include <stdin.h>

void main(void)
{
char cZeichen;
int iZahl;

/* Es folgt eine Eingabe eines Zeichens über die Tastatur            */
cZeichen=getc(stdin);
/* Es folgt die Eingabe einer Integer-Zahl über die Tastatur         */
fscanf(stdin, "%i", &iZahl);
/* Das eingelesene Zeichen wird am Bildschirm ausgegeben             */
printf("Das eingelesene Zeichen ist: %c\n",cZeichen);
/* Die eingelesene Zeichenkette wird am Bildschirm ausgegeben        */
printf("Die eingelesene Zahl ist: %i\n",iZahl);
}
/**********************************************************************/
```

Beispiel einer Standard-Ein-/Ausgabe im objektorientierten Ansatz:

```c
/******************** Programmauszug ********************************/
#include <iostream.h>

void main(void)
{
char cZeichen;
int iZahl;

// Es folgt eine Eingabe eines Zeichens über die Tastatur
cin >> cZeichen;
// Es folgt die Eingabe einer Integer-Zahl über die Tastatur
cin >> iZahl;
// Das eingelesene Zeichen wird am Bildschirm ausgegeben
cout << "Das eingelesene Zeichen ist: " << cZeichen << "\n";
// Die eingelesene Zahl wird am Bildschirm ausgegeben
cout << "Die eingelesene Zahl ist: " << iZahl << "\n";
}
/******************** Programmauszug ********************************/
```

Dateibearbeitung: Die einfachste Kommunikationsmöglichkeit mit Dateien stellen sogenannte Streams (Datenströme) dar. Unter einem Stream versteht der Informatiker ein logisches Konstrukt zur bidirektionalen Datenübertragung zwischen einem Programm und einer Datei. Eine komplette Dateibearbeitung besteht in „C", wie auch in „C++", aus den vier nachfolgend aufgeführten Ablaufschritten:

⇨ Deklaration einer Streamvariablen

⇨ Zuordnung der Streamvariablen zur gewünschten Datei

⇨ Schreiben bzw. Lesen von Dateieinträgen

⇨ Schließen der Datei bzw. der Streamvariablen

Die oben aufgeführten Ablaufschritte unterscheiden sich in den beiden Programmiertechniken jedoch grundlegend in der programmtechnischen Ausführung.

Beispiel einer Dateibearbeitung im klassischen „C":

```c
/****************** Programmauszug *********************************/
#include <stdio.h>

void main(void)
{
FILE *FDatei; /* Deklaration der Streamvariablen "FDatei"           */
char acLesen[80];

/* Date "datei.txt" zum Lesen (r) und schreiben (w) öffnen          */
FDatei=fopen("datei.txt","r+w") ;
/* Lesen eines Strings aus der Datei "datei.txt" in Variable acLesen[]  */
fscanf(FDatei,"%s",&acLesen);
/* Schreiben des Strings "Neuer_Eintrag" in die Date "datei.txt"        */
fprintf(FDatei,"%s","Neuer_Eintrag");
fclose(FDatei); /* Schließen der Datei "datei.txt"                  */
}
/**************************************************************************/
```

Beispiel einer Dateibearbeitung in objektorientierter Form. Dabei werden zur Datei-Ein-/Ausgabe die weiter oben beschriebenen Streamoperatoren „<<" und „>>" eingesetzt.

```c
/****************** Programmauszug *********************************/
#include <fstream.h>

void main(void)
{
fstream FDatei; // Deklaration der Streamvariablen "FDatei"
char acLesen[80];

// Date "datei.txt" zum Lesen (ios::in) und schreiben (ios::out) öffnen
FDatei.open("datei.txt",ios::in | ios:out) ;
// Lesen eines Strings aus der Datei "datei.txt" in Variable acLesen[]
FDatei >> acLesen;
// Schreiben des Strings "Neuer_Eintrag" in die Date "datei.txt"
FDatei << "Neuer_Eintrag";
FDatei.close; // Schließen der Datei "datei.txt"
}
/****************************************************************************/
```

Speicherbearbeitung: Die objektorientierte Programmierung stellt die neuen Klassen-Methoden „new" und „delete" für das Allokieren und Freigeben von dynamischem Speicherplatz auf dem Heap zur Verfügung. Beim Allokieren von Speicherplatz über die Methode „new" wird der gewünschte Typ und optional die Anzahl angegeben. Dabei ist kein „Cast", wie bei der klassischen Funktion „malloc()", notwendig.

Klassisches Beispiel zum Allokieren und Freigeben von dynamischem Speicher:

```
/****************** Programmauszug *********************************/
#include <alloc.h.h>

void main(void)
{
char *acString; /* Zeiger auf Char-Variable                         */

/* Der Variablen "acString" wird ein dynamischer Speicherplatz von  */
/* 50 Bytes zugewiesen                                              */
acString=(char)malloc(50);
....
/* Der allokierte Speicher wird wieder freigegeben                  */
free(acString);
}
/******************************************************************/
```

Beispiel für dynamische Speicherbearbeitung in objektorientierter Form:

```
/****************** Programmauszug *********************************/
void main(void)
{
char *acString; /* Zeiger auf Char-Variable                         */

/* Der Variablen "acString" wird ein dynamischer Speicherplatz von  */
/* 50 Bytes zugewiesen                                              */
acString=new char[50];
....
/* Der allokierte Speicher wird wieder freigegeben                  */
delete acString;
}
/******************************************************************/
```

Fenster (Windows) im Textmodus: Die Entwicklungswerkzeuge unter „BORLAND" ermöglichen für die Textmodi im klassischen „C", wie auch im objektorientierten „C++", die Definition und Bearbeitung von Fensterbereichen. Innerhalb dieser Fensterbereiche ist es möglich, die Zeichen frei zu positionieren, sowie die Zeichen- und

Hintergrundfarbe in den jeweils installierten Farben individuell zu bestimmen. Alle Koordinatenangaben beziehen sich auf den Fensterursprung (rechte, obere Fensterecke). Im klassischen „C" erfolgt die Fensterbearbeitung über Funktionen aus der Headerdatei „buch.h". Im objektorientierten Ansatz werden die Fensterbereiche über Bildausgabe-Streams realisiert. Alle dazu erforderlichen Klassen-Methoden sind in der Streamklasse „constream" definiert und werden dem Programm über die Headerdatei „constream.h" bereitgestellt.

Beispiel zur Verwaltung von Fensterbereichen im klassischen „C":

```
/****************** Programmauszug ********************************/
include <conio.h> /* Bildschirm-Funktionen für Textmodi            */

void main(void)
{

/* Bearbeitung des ersten Fensterbereichs                         */
window(1,1,80,25);    /* Definition eines Fensterbereichs          */
textbackground(LIGHTGRAY); /* Hintergrundfarbe Hellgrau setzen     */
clrscr(); /* aktuelles Fenster mit Hintergrundfarbe auffüllen      */
/* Hintergrundfarbe Hellgrau und Zeichenfarbe Blau setzen          */
textattr((LIGHTGRAY << 4) | BLUE);
gotoxy(1,5); /* Cursor innerhalb des Fensterbereichs positionieren */
/* Formatierte Textausgabe im Fensterbereich 1                     */
cprintf("Dies ist ein Probetext für das Fenster 1\n");

/* Bearbeitung des zweiten Fensterbereichs                         */
window(10,10,50,30);
textbackground(RED); /* Hintergrundfarbe Rot setzen                */
clrscr();   /* aktuelles Fenster mit Hintergrundfarbe auffüllen    */
/* Hintergrundfarbe Rot und Zeichenfarbe Gelb setzen               */
textattr((RED << 4) | YELLOW);
gotoxy(1,2); /* Cursor innerhalb des Fensterbereichs positionieren */
/* Formatierte Textausgabe im Fensterbereich 1                     */
cprintf("Dies ist ein Probetext für das Fenster 2\n");
}
/****************************************************************/
```

Objektorientierter Ansatz zur Verwaltung von Fensterbereichen. Ist bei „C++"-Programmen der Cursor innerhalb eines Fensterbereichs ausgeschalten und im Anschluß ein neuer Fensterbereich geöffnet, so wird der Cursor automatisch wieder sichtbar geschalten.

```
/****************** Programmauszug ********************************/
include <constream.h> // Stream-Klasse

void main(void)
{
constream window_1, window_2; // Objekte vom Typ constream

window_1.window(1,1,80,25);    // Definition eines Fensterbereichs
```

```
window_2.window(10,10,50,30); // Definition eines Fensterbereichs

/* Bearbeitung des ersten Fensterbereichs                              */

window_1 << setbk(LIGHTGRAY); // Hintergrundfarbe Hellgrau setzen
window_1.clrscr(); // Fenster mit Hintergrundfarbe auffüllen
// Hintergrundfarbe Hellgrau und Zeichenfarbe Blau setzen
window_1 << seattr((LIGHTGRAY << 4) | BLUE);
window_1 << setxy(1,5); // Cursor innerhalb des Fensterbereichs positionieren
// Textausgabe im Fensterbereich 1
window_1 << "Dies ist ein Probetext für das Fenster 1\n";

/* Bearbeitung des zweiten Fensterbereichs                             */
window_2 << setbk(RED); // Hintergrundfarbe Rot setzen
window_2.clrscr();   // Fenster mit Hintergrunsfarbe auffüllen
// Hintergrundfarbe Rot und Zeichenfarbe Gelb setzen
window_2 << seattr((RED << 4) | YELLOW);
window_2 << setxy(1,2); // Cursor innerhalb des Fensterbereichs positionieren
// Textausgabe im Fensterbereich 1
window_2 << "Dies ist ein Probetext für das Fenster 2\n";
}
/*****************************************************************************/
```

BIOS-Interruptaufrufe: Bei der Installation von eigenen Interrupt-routinen (Interrupt-Handler) gibt es, wie in Tabelle 1.7 dargestellt, lediglich im Deklarationsteil der betreffenden Routinen Unter-schiede.

Tabelle 1.7: Unterschiede bei den Interruptfunktionen zwischen „C" und „C++"

Klassisches „C"	Objektorientiertes „C++"
void interrupt <Name>(void);	void interrupt <Name>(...);

Erläuterungen zu den selbsdeklarierten Header-Dateien aus dem Kapitel 3.1 „Software-Anwendungen": Die speziellen objektorientierten Elemente der selbstdeklarierten Klassen-Headerdateien aus dem Kapitel 3.1 werden nur bei deren ersten Auftreten ausführlich diskutiert. Alle Methoden aus diesen Klassen-Dateien entsprechen den namensgleichen Funktionen der klassisch realisierten Headerdateien. Die Tabelle 1.8 zeigt die Gegenüberstellung der im Bearbeitungsablauf gleichen „C"- und „C++"- Header-Dateien.

	HEADER-Datei im klassischen „C"	HEADER-Datei in objektorientierter Form	Anwendungsbereich Einsatzgebiet
Tabelle 1.8: Übersicht der im Buch realisierten „HEADER"-Dateien	buch.h	buch_cpp.h	Universell einsetzbare Funktionen
	vga.h	vga_cpp.h	Grafikbearbeitung
	maus.h	maus_cpp.h	Mausbearbeitung
	pcx.h	pcx_cpp.h	PCX-Datei-Bearbeitung

Projektdateien: Setzt sich ein Programm aus mehreren Einzelmodulen zusammen, so ist zur Erstellung der ausführbaren EXE-Datei eine Prokjektdatei erforderlich. Die Einzelmodule des Programmprojekts können sich aus „C"-, „C++"-, „OBJ"- bzw. „ASM"-Dateien zusammensetzen. Bei der Erzeugung einer Projekdatei gibt es unter den verschiedenen „BORLAND"-Entwicklungswerkzeugen gravierende Unterschiede. Im Anschluß werden die Erstellung einer Projektdatei für den klassischen Ansatz unter „TURBO C 2.0" und die objektorientierte Variante unter „BORLAND C^{++} 3.1" vorgestellt. Für weitere Informationen lesen Sie bitte in zugehörigen „BORLAND"-Unterlagen an entsprechender Stelle nach.

Projektdatei unter „TURBO C 2.0": Im Entwicklungswerkzeug „TURBO C 2.0" werden alle zum Projekt gehörenden Programmodule in die Projektdatei eingetragen. Diese Datei stellt eine gewöhnliche ASCII-Datei dar, die innerhalb der Entwicklungsumgebung von „TURBO C 2.0" erstellt werden kann. Die Pfadangaben der eingetragenen Module können in der Projektdatei bzw. in der Entwicklungsumgebung eingetragen werden.

Beispiel: Wie in Abbildung 1.11 dargestellt, wird eine Projektdatei mit den beiden Programmodulen „sprache1.c" und „sprache.obj" erstellt. Beide Module befinden sich im aktuellen Programmverzeichnis.

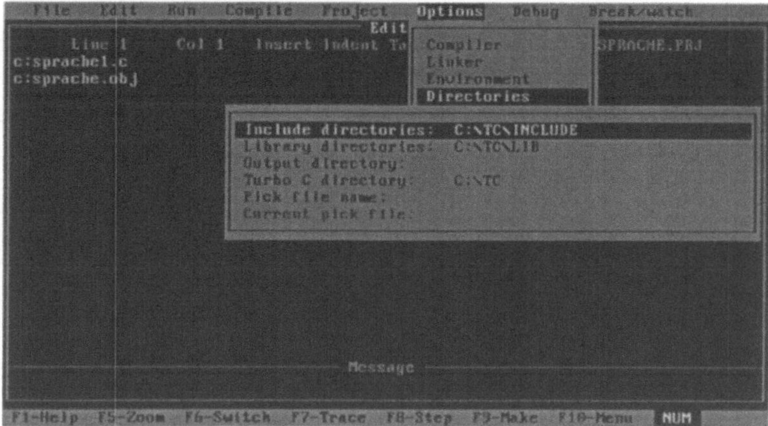

Bild 1.11:
Projektdatei
unter „TURBO
C 2.0"

Projektdatei unter „BORLAND C++ 3.1": Bei einer unter „BORLAND C++ 3.1" erstellten Projektdatei handelt es sich nicht mehr um eine ASCII-Textdatei, sondern um eine komprimierte, ver-schlüsselte Datei. Diese Datei muß innerhalb der Entwicklungs-umgebung unter dem Hauptpunkt „Projekt" interaktiv mit der Maus erstellt werden. Die Reihenfolge der Dateierstellung gliedert sich wie folgt auf:

⇨ In der Entwicklungsumgebung das „Projekt"-Menü anwählen

⇨ Im „Projekt"-Menü den Punkt „Open Projekt" selektieren. Es wird das Fenster „Open Projekt File" geöffnet

⇨ In diesem Fenster den neuen Projekt-Namen eingeben

⇨ Mit dem Punkt „Add Item" bzw. dem Aktionsschalter „Add" im unteren Bildschirmbereich können nun der Reihe nach alle Programmodule, mit deren Pfadangabe, in die Projektdatei aufgenommen werden

Beispiel: Wie in Abbildung 1.12 dargestellt, wird eine Projekt-Datei mit den Programmodulen „sprache1.c" und „sprache.obj" erstellt. Beide Module befinden sich im aktuellen Programmverzeichnis.

Bild 1.12:
Projektdatei
unter
„BORLAND
C++ 3.1"

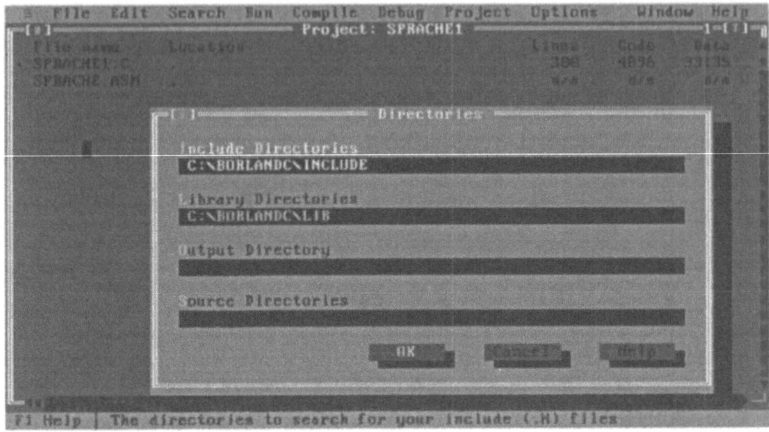

1.6 Die neue Version „BORLAND C++ 4.0"

Das Kapitel 1.6 stellt keine Einführung in das neue Entwicklungswerkzeug „BORLAND C++ 4.0" dar, es werden vielmehr einige Tips zur Programmbearbeitung der im Buch enthaltenen Programme aufgezeigt. Auch wenn sich die neue „BORLAND"-Version als reine WINDOWS-Anwendung präsentiert, können weiterhin DOS-Programme entwickelt und bearbeitet werden. Alle im Kapitel 3.1 „Software-Anwendungen" diskutierten Programme wurden auf der neuen Version „C++ 4.0" getestet. Bis auf das objektorientiert ausgerichtete Programm „maus2.cpp" aus dem Kapitel 3.13 „Mausbearbeitung" traten keine Probleme beim Compilieren und Linken der Programme auf. Bei diesem Programm ist unter „C++ 4.0" das Speichermodell „LARGE" erforderlich, für das jedoch die bereits kompilierten Maushandler „maus*.obj" nicht ausgelegt sind. Abhilfe schafft hier das im Bearbeitungsablauf identisch aufgebaute Programmprojekt „maus1.exe()", welches fehlerfrei über den Compiler und Linker läuft. Im Anschluß werden die nachfolgend aufgeführten Punkte kurz erläutert.

⇨ Besonderheiten zum Grafikmodus

⇨ Compilieren und Linken von „C-/C++"-Modulen

⇨ Erstellung und Bearbeitung von Projektdateien

Besonderheiten bei der Grafikbearbeitung: Ein wichtiger Punkt ist bei der Bearbeitung der im Grafikmodus ausgelegten Programme im Kapitel 3.12 „VGA-Bearbeitung" zu beachten. Wie weiter oben beschrieben, werden die zur Programmausführung erforderlichen Grafik- und Zeichensatztreiber in die Standardbibliothek „graphics.lib" eingebunden. Dieser Vorgang ist selbstverständlich auch unter „C++ 4.0" durchzuführen.

Desweiteren ist bei der Bearbeitung der einzelnen Grafik-Anwendungen bei den entsprechenden Bearbeitungsoptionen der Schalter „BGI" (Borland-Grafik-Interface) zu aktivieren.

Compilieren und Linken von „C-/C++"-Modulen: Für den schnellen Einstieg zur Bearbeitung von DOS-Programmen folgt eine kurze Beschreibung der notwendigen Schritte für das Compilieren und Linken unter „C++ 4.0".

⇨ Unter WINDOWS das Entwicklungswerkzeug „C++ 4.0" starten

⇨ Das Menü „Datei" öffnen

⇨ Im Menü „Datei" den Punkt „Datei öffnen" wählen. Es erscheint das Fenster „Datei Öffnen"

⇨ Im Fenster „Datei Öffnen" das gewünschte Verzeichnis wählen

⇨ Im entsprechenden Verzeichnis die gewünschte Datei selektieren. Die Datei wird in ein Datei-Fenster geladen

⇨ Im Datei-Fenster die rechte Maustaste drücken. Ein weiteres Fenster wird geöffnet

⇨ In diesem Fenster den Punkt „Target Expert" wählen. Das Fenster „Target Expert" wird geöffnet

⇨ Im Fenster „Target Expert" unter dem Punkt „Plattform" die Einstellung „DOS-Standard" treffen

⇨ Weiterhin im Fenster „Target Expert" unter dem Punkt „Speichermodell" das benötigte Speichermodell selektieren

⇨ Bei Programmanwendungen für den Grafikmodus den Button „BGI" drücken

⇨ Alle Einstellungen durch Drücken des „OK"-Buttons bestätigen

⇨ Das Menü „Debug" wählen

⇨ Im Menü „Debug" den Punkt „Ausführen" selektieren. Nun wird das Programm compiliert und gelinkt. Falls keine Fehler während dieser Prozesse auftreten, erfolgt die sofortige Programmausführung

Erstellung und Bearbeitung von Projektdateien: Die nachfolgende Auflistung zeigt die notwendigen Schritte auf.

⇨ Unter WINDOWS das Entwicklungswerkzeug „C^{++} 4.0" starten

⇨ Das Menü „Projekt" öffnen. Es wird das Fenster „Datei Öffnen" geöffnet

⇨ Im Menü „Projekt" den Punkt „Neues Projekt" anwählen. Es wird das Fenster „Neues Projekt" geöffnet

⇨ Im Fenster „Neues Projekt" unter dem Punkt „Plattform" die Einstellung „DOS-Standard" selektieren

⇨ Im gleichen Fenster unter dem Punkt „Speichermodell" das notwendige Speichermodell auswählen

⇨ Bei Programmanwendungen für den Grafikmodus den Button „BGI" drücken

⇨ Über das Menü „Weitere" im selben Fenster kann man zwischen „C" und „C++"-Modulen wählen

⇨ Zum Schluß werden im Fenster „Neues Projekt" im Eingabefeld „Projektpfad und Name" der Dateiname einschließlich der gesamten Pfadangabe eingetragen

⇨ Nachdem im Fenster „Neues Projekt" alle Einstellungen getroffen wurden, erfolgt durch Drücken des „OK"-Buttons der Rücksprung zum Hauptmenü

⇨ Mit dem Button „Dateien in Projektliste aufnehmen"  können im Anschluß alle Programmodule in die Projektdatei eingetragen werden

⇨ Das Compilieren und Linken erfolgt im Menü „Projekt" durch Anwahl des Punkts „Projekt neu compilieren"

2   Hardware-Grundlagen

Damit Dich die hardwarenahe Programmierung im Kapitel 3 nicht zur Verzweiflung bringt, folgt in diesem Kapitel eine kurze Beschreibung aller benötigten Hardware-Komponenten.

2.1   Tastaturbearbeitung

Die Tastatur ist über eine intelligente Schnittstelle mit dem AT-kompatiblen Rechner verbunden. Dabei verwaltet ein in der Tastatur befindlicher Mikroprozessor alle Tastenbetätigungen. Im AT-Rechner befindet sich auf der Gegenseite ein Tastaturkontroller („Keyboardcontroller"). Er empfängt alle Zeicheninformationen der gedrückten bzw. losgelassenen Tasten, löst den BIOS-Interrupt IRQ1 aus und übergibt zu guterletzt die Tasteninformation an die CPU. Im Bild 2.1 wird die erforderliche Hardware zur Anschaltung der Tastatur an den PC dargestellt. Verbunden wird die Tastatur mit dem PC über ein fünfpoliges Kabel. Die Abbildung 2.2 zeigt die Pinbelegung des Tastatursteckers.

Bild 2.1:
Verbindungs-
aufbau zwi-
schen Tastatur
und PC

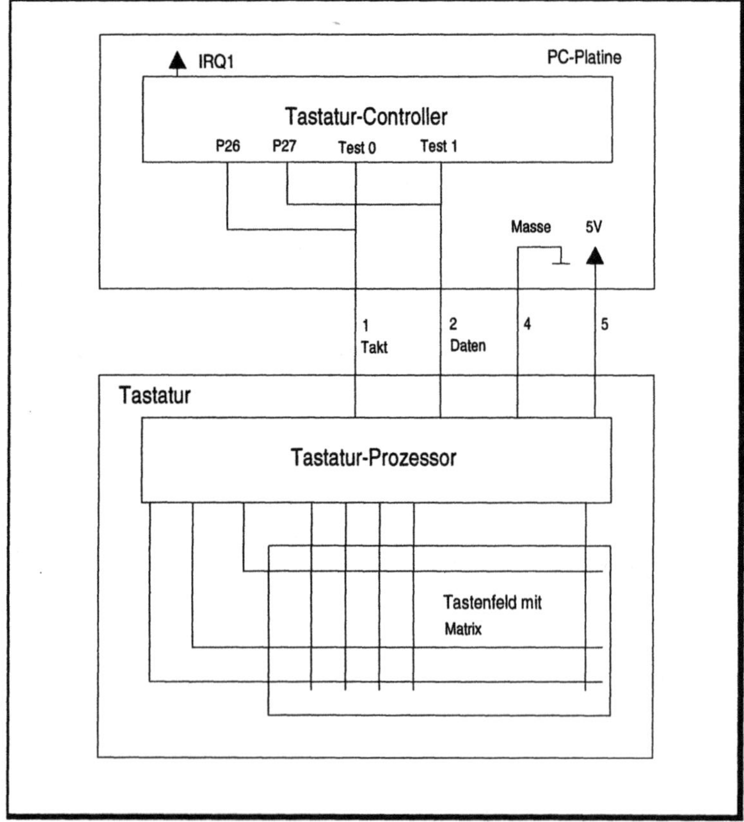

Bild 2.2:
Tastatur-
stecker-
belegung

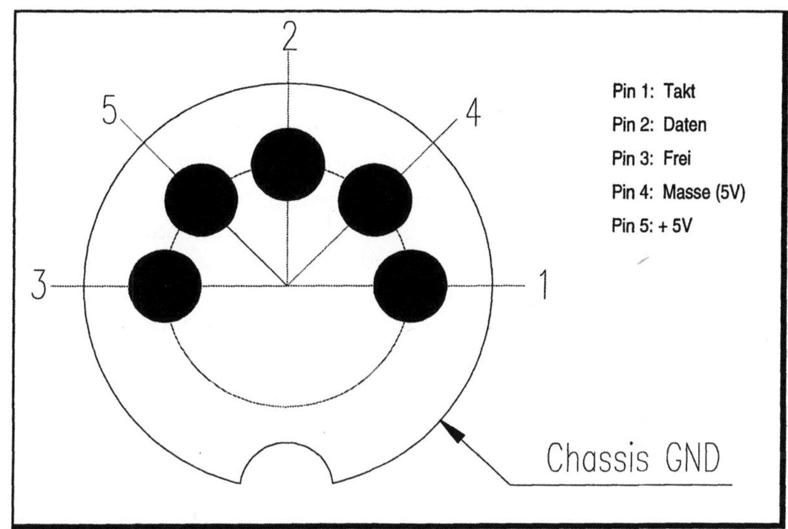

Der lange Weg vom Tastendruck bis zum Programm

SCAN-CODE: Nachdem der Anwender eine Taste drückt, wird in der Tastatur über eine Matrix ein elektrisches Signal erzeugt. Der Tastaturprozessor wandelt dieses Signal in eine Tastennummer, den sogenannten „SCAN-Code", um. Der „SCAN-Code" einer gedrückten Taste steht in keinem Zusammenhang zum Zeichen auf der Taste. Er stellt lediglich eine Tastennummer dar, aus der die zugehörige Zeicheninformation gewonnen werden muß. Der ermittelte „SCAN-Code" wird an den Tastaturkontroller im AT-Rechner übertragen.

Make- und Break-Codes: Der oben genannte „SCAN-Code" wird nicht nur beim Drücken, sondern auch beim Loslassen einer Taste erzeugt. Durch diese wichtige Festlegung ist es möglich, das gleichzeitige Drücken mehrerer Tasten zu erkennen. Ohne dieses Verfahren könnten keine Großbuchstaben oder wichtige Tastenkombinationen, wie der Warmstart „Strg+Alt+Entf", eingegeben werden. Um nun die „SCAN-Codes" einer gedrückten und einer losgelassenen Taste zu unterscheiden, wurden neue Definitionen eingeführt. Bei einer gedrückten Taste erzeugt der Tastaturkontroller im PC einen „MAKE-Code" und beim Loslassen der Taste den „BREAK-Code". Der Wert des „BREAK-Codes" entspricht dem „MAKE-Code", nur mit einem zusätzlich gesetzten Bit 7. Durch diese Festlegung ergeben sich drei wichtige Zusammenhänge:

⇨ Die „BREAK-Codes" haben immer einen Wert größer als 127.

⇨ Der Wertebereich der „MAKE-Codes" liegt zwischen 0 und 127

⇨ Eine PC-Tastatur kann maximal 128 Tasten aufnehmen. Bei einer größeren Tastenanzahl würden sich die Wertebereiche der „MAKE- und BREAK-Codes" überlappen

Tastatur-Interruptanforderung: Nach der Generierung der „MAKE- und BREAK-Codes" stellt der Tastaturkontroller an der Portadresse 60H, bei einer vollständigen Zeicheneingabe, wieder den „SCAN-Code" der gedrückten Taste, bzw. Tastenkombination, zur Verfügung. Im Anschluß löst der Tastaturkontroller den Hardware-Interrupt „IRQ1" aus. Dieses führt wiederum zum Aufruf des BIOS-Tastaturinterrupts 9H. Der vom Tastaturinterrupt über die Portadresse 60H gelesene „SCAN-Code" wird in den genormten „Erweiterten-ASCII-Code" umgewandelt. Diese Zeichenkonvention ist notwendig, da die unterschiedlichen Tastaturen mit verschiedenen „SCAN-Code-Tabellen" arbeiten. Der so bestimmte „ASCII-Code" wird aber nicht direkt an das aktuelle Programm übertragen, sondern in den Tastaturpuffer eingetragen. Im Anschluß kann das Anwenderprogramm die Taste aus dem Tastaturpuffer lesen und weiter bearbeiten. Für diese Aktion stellt das BIOS über den Interruptaufruf 16H bzw. die entsprechenden Hochsprachen-Funktionen diverse Routinen zur Verfügung.

Tastaturanpassung: Der BIOS-Tastaturinterrupt 9H wird meistens durch einen neuen Tastatur-Handler ersetzt. Notwendig wird diese Maßnahme, da die meisten BIOS-Tastatur-Handler nur den amerikanischen Zeichensatz verwalten, der keine deutschen Umlaute wie Ä, Ö, Ü, sowie ß zuläßt. Ab der DOS-Version 3.3 wird dieser neue Tastatur-Handler durch das Programm „keyb.com" realisiert. Über diesen Handler kann die Tastaturbelegung für nahezu alle Länder konfiguriert werden. An dieser Stelle ist auch die unter Punkt „SCAN-Code" getroffene Aussage „Der SCAN-Code steht in keinem Zusammenhang zum Zeichen auf der Taste" zu verstehen. Die eigentliche Tasteninformation wird also über den entsprechenden Tastatur-Handler erzeugt.

Die unterschiedlichen AT-Tastaturen

Die Entwicklung des AT-Rechners brachte den damals neuen Standard der AT-Tastatur, auch „MF-I" genannt, auf den Markt. Sie besitzt 84 Tasten und erhielt gegenüber der älteren XT-Tastatur große Tasten für Ü und die beiden ⇧-Tasten. Nachfolgerin der „MF-I"-

Tastatur ist die „MF-II"-Tastatur, die heutzutage den Standard unter den AT-Tastaturen eingenommen hat. Bezogen auf ihre Vorgängerin, weist diese Tastatur die folgenden Neuerungen auf:

⇨ Ein zusätzlicher Tastenblock mit den Cursor-Tasten wurde integriert. Dieser Block kann nun leichter zur Eingabe von Zahlen benutzt werden

⇨ Drei neue LED´s zeigen den Zustand der Umschalttasten [Num-Lock], [Caps-Lock] und [Scoll-Lock] an

⇨ Alle Funktionstasten liegen im oberen Tastaturbereich

⇨ Die Taste [Alt] wurde links neben die Taste [⎯⎯] verlagert

⇨ Die Funktionstasten [F11] und [F12] wurden neu hinzugefügt

⇨ Die Taste [AltGr] wurde neu hinzugefügt, deren Betätigung dem gleichzeitigen Drücken der Tasten [Alt] und [Strg] entspricht

Bei der „MF-II"-Tastatur unterscheiden sich die europäische und amerikanische Ausführung. Die europäische Ausführung mit 102 Tasten besitzt gegenüber der amerikanischen Ausführung mit 101 Tasten eine Taste mehr. Diese zusätzliche Taste repräsentiert die Operatoren „>" sowie „<" und befindet sich neben der linken [⇧]-Taste. Die Abbildung 2.3 zeigt die „MF-II"-Tastaturen mit den zugehörigen „SCAN-Codes" (Kästchen innerhalb der Tasten).

Bild 2.3:
Die MF-II-Tastatur

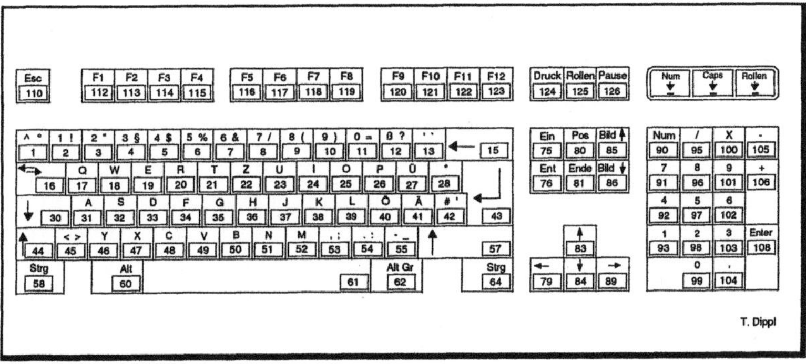

Tasten-Kodierung

ASCII-Zeichencode: Wie bereits erwähnt, kann ein Anwenderprogramm über den BIOS-Interrupt 16H bzw. über eine Hochsprachenfunktion die Tasteninformation aus dem Tastaturpuffer lesen. Diese Tasteninformation setzt sich immer aus einem Zwei-Byte-Wert zusammen. Bei einem Zeichen aus dem „ASCII-Zeichensatz" wird dabei im LOW-Byte der „ASCII-Zeichencode" und im HIGH-Byte der zugehörige „SCAN-Code" der gedrückten Taste abgelegt. Wie Tabelle 2.1 zeigt, werden in der ASCII-Zeichensatztabelle 256 Zeichen geführt. Die ersten 32 Zeichen stellen nicht sichtbare Steuerzeichen dar. Ihre Bedeutung ist in Tabelle 2.2 aufgezeigt. Die fett dargestellten Zeichen stellen für die Tastaturbearbeitung wichtige Tasten dar.

Tabelle 2.1:
Die ersten 128 Zeichen der ASCII-Zeichensatztabelle

Dez.	Hex.	Char.	Dez.	Hex.	Char.	Dez.	Hex.	Char.	Dez.	Hex.	Char.
0	0	NUL	32	20	SP	64	40	@	96	60	`
1	1	SOH	33	21	!	65	41	A	97	61	a
2	2	SRX	34	22	"	66	42	B	98	62	b
3	3	ETX	35	23	#	67	43	C	99	63	c
4	4	EOT	36	24	$	68	44	D	100	64	d
5	5	ENO	37	25	%	69	45	E	101	65	e
6	6	ACK	38	26	&	70	46	F	102	66	f
7	7	BEL	39	27	'	71	47	G	103	67	g
8	8	BS	40	28	(	72	48	H	104	68	h
9	9	HT	41	29	)	73	49	I	105	69	i
10	A	LF	42	2A	*	74	4A	I	106	6A	i
11	B	VT	43	2B	+	75	4B	K	107	6B	k
12	C	FF	44	2C	,	76	4C	L	108	6C	l
13	D	CR	45	2D	-	77	4D	M	109	6D	m
14	E	SO	46	2E	.	78	4E	N	110	6E	n
15	F	SI	47	2F	/	79	4F	O	111	6F	o
16	10	DLE	48	30	0	80	50	P	112	70	p
17	11	DC1	49	31	1	81	51	Q	113	71	q
18	12	DC2	50	32	2	82	52	R	114	72	r
19	13	DC3	51	33	3	83	53	S	115	73	s
20	14	DC4	52	34	4	84	54	T	116	74	t
21	15	NAK	53	35	5	85	55	U	117	75	u
22	16	SYN	54	36	6	86	56	V	118	76	v
23	17	ETB	55	37	7	87	57	W	119	77	w
24	18	CAN	56	38	8	88	58	X	120	78	x
25	19	EM	57	39	9	89	59	Y	121	79	v
26	1A	SUB	58	3A	:	90	5A	Z	122	7A	z
27	1B	ESC	59	3B	:	91	5B	[	123	7B	{
28	1C	FS	60	3C	<	92	5C	\	124	7C	I
29	1D	GS	61	3D	=	93	5D	]	125	7D	}
30	1E	RS	62	3E	>	94	5E	^	126	7E	~
31	1F	US	63	3F	?	95	5F	_	127	7F	DEL

Dez.	Hex.	Char.	Dez.	Hex.	Char.	Dez.	Hex.	Char.	Dez.	Hex.	Char.
128	80	Ç	160	A0	á	192	C0	└	224	E0	α
129	81	ü	161	A1	í	193	C1	┴	225	E1	β
130	82	é	162	A2	ó	194	C2	┬	226	E2	Γ
131	83	â	163	A3	ú	195	C3	├	227	E3	Π
132	84	ä	164	A4	ñ	196	C4	─	228	E4	Σ
133	85	à	165	A5	Ñ	197	C5	┼	229	E5	σ
134	86	å	166	A5	ª	198	C6	╞	230	E6	γ
135	87	ç	167	A7	º	199	C7	╟	231	E7	τ
136	88	ê	168	A8	¿	200	C8	╚	232	E8	Φ
137	89	ë	169	A9	⌐	201	C9	╔	233	E9	θ
138	8A	è	170	AA	¬	202	CA	╩	234	EA	Ω
139	8B	ï	171	AB	½	203	CB	╦	235	EB	δ
140	8C	î	172	AC	¼	204	CC	╠	236	EC	∞
141	8D	ì	173	AD	¡	205	CD	═	237	ED	$\varnothing$
142	8E	Ä	174	AE	<<	206	CE	╬	238	EE	$\in$
143	8F	Å	175	AF	>>	207	CF	╧	239	EF	$\cap$
144	90	É	176	B3	░	208	D0	╨	240	F0	$\equiv$
145	91	æ	177	B1	▒	209	D1	╤	241	F1	$\pm$
146	92	Æ	178	B2	▓	210	D2	╥	242	F2	$\geq$
147	93	ô	179	B3	│	211	D3	╙	243	F3	$\leq$
148	94	ö	180	B4	┤	212	D4	╘	244	F4	$\lceil$
149	95	ò	181	B5	╡	213	D5	╒	245	F5	$\rfloor$
150	96	û	182	B6	╢	214	D6	╓	246	F6	$\div$
151	97	ù	183	B7	╖	215	D7	╫	247	F7	$\approx$
152	98	ÿ	184	B8	╕	216	D8	╪	248	F8	•
153	99	Ö	185	B9	╣	217	D9	┘	249	F9	●
154	9A	Ü	186	BA	║	218	DA	┌	250	FA	·
155	9B	¢	187	BB	╗	219	DB	█	251	FB	$\sqrt{}$
156	9C	£	188	BC	╝	220	DC	▄	252	FC	η
157	9D	¥	189	BD	╜	221	DD	▌	253	FD	2
158	9E	₧	190	BE	╛	222	DE	▐	254	FE	■
159	9F	ƒ	191	BF	┐	223	DF	▀	255	FF	

Tabelle 2..1:

Die zweiten 128 Zeichen der ASCII-Zeichensatztabelle

Dez.	Hex.	Char.	Bedeutung
0	0	NUL	Null. Nichts
1	1	SOH	Kopfzeilenbeginn
2	2	SRX	Textanfangszeichen
3	3	ETX	Textendezeichen
4	4	EOT	Ende der Übertragung
5	5	ENO	Aufforderung zur DUE
6	6	ACK	Positive Rückmeldung
7	7	BEL	Klingelzeichen
8	**8**	**BS**	**Rückwärtsschritt**
9	**9**	**HT**	**Horizontaler Tabulator**
10	**A**	**LF**	**Zeilenvorschub**
11	B	VT	Vertikaler Tabulator
12	C	FF	Seitenvorschub
13	**D**	**CR**	**Wagenrücklauf**
14	E	SO	Dauerumschaltungszeichen
15	F	SI	Rückschaltungszeichen
16	10	DLE	DUE-Umschaltung
17	11	DC1	Gerätesteuerzeichen 1
18	12	DC2	Gerätesteuerzeichen 2
19	13	DC3	Gerätesteuerzeichen 3
20	14	DC4	Gerätesteuerzeichen 4
21	15	NAK	Negative Rückmeldung
22	16	SYN	Synchronisierung
23	17	ETB	Ende des DUE-Blocks
24	18	CAN	Ungültig
25	19	EM	Ende der Aufzeichnung
26	1A	SUB	Substitution
27	**1B**	**ESC**	**Umschaltung**
28	1C	FS	Hauptgruppentrennzeichen
29	1D	GS	Gruppentrennzeichen
30	1E	RS	Untergruppentrennzeichen
31	1F	US	Teilgruppentrennzeichen
32	20	SP	Leerzeichen
127	7F	DEL	Loeschen

Tabelle 2.2:

Die Steuerzeichen der ASCII-Zeichensatztabelle

Erweiterter Tastatur-Code: Der BIOS-Interrupt 16H bzw. die entsprechenden Hochsprachen-Funktionen zur Tastaturbearbeitung liefern neben dem „ASCII-Code" auch den sogenannten „Erweiterten Tastatur-Code" zurück. Wie in der ASCII-Tabelle ersichtlich, befinden sich in den 256 ASCII-Zeichen keine Cursor- bzw. Funktionstasten. Diese Tasteninformationen werden nach einem anderen Konzept erzeugt. Beim „Erweiterten Tastaturcode" wird im LOW-Byte des Tastaturpuffers immer der Wert „0" eingetragen. Das HIGH-Byte enthält den „SCAN-Code" der gedrückten Taste. Durch diese Kodierung stehen weitere 256 Zeichen-Codes zur Verfügung, von denen aber bei den AT-Tastaturen nicht alle benötigt werden. Tabelle 2.3 zeigt die wichtigsten Tasten des „Erweiterten Tastaturcodes".

Tabelle 2.3:
Auszug aus dem „Erweiterten Tastencode"

SCAN-Code HEX DEZ	Gedrückte Taste	SCAN-Code HEX DEZ	Gedrückte Taste
3B 59	[F1]	47 71	[Pos 1]
3C 60	[F2]	48 72	[↑]
3D 61	[F3]	49 73	[Bild ↑]
3E 62	[F4]	4B 75	[←]
3F 63	[F5]	4D 77	[→]
40 64	[F6]	50 80	[↓]
41 65	[F7]	51 81	[Bild ↓]
42 66	[F8]	52 82	[Einfg]
43 67	[F9]	53 83	[Entf]
44 68	[F10]		

Unkodierte Tasten: Die in Tabelle 2.4 aufgeführten Tasten erzeugen keine Tastatur-Codes und können dadurch nicht über das BIOS bzw. entsprechende Hochsprachen-Funktionen abgefragt werden. Diese Tastenbetätigungen lösen bestimmte Hardware-Interrupts aus, die wiederum diverse BIOS-Funktionen aktivieren.

Tabelle 2.4:
Unkodierte Tasten

Taste	Bedeutung
[Druck] bzw. [PrtSc]	Bildschirminhalt (Textmodus) am Drucker ausgeben
[Pause]	Das System wird gestoppt
[Strg]+[Break]	Abbruch des aktuellen Programms und Rücksprung zu DOS

Tastaturstatus: Über den BIOS-Interrupt 16H bzw. den entsprechenden Hochsprachen-Funktionen ist es weiterhin möglich, den Zustand der sogenannten Umschalttasten und -modi zu bestimmen. Die Umschalttasten werden nur als Tastenkombination in Verbindung mit einer zusätzlich gedrückten Taste benützt. Über die betreffende Umschalttasten-Auswertfunktion wird das Tastatur-Status-Byte gelesen, das nach Tabelle 2.5 kodiert ist.

Tabelle 2.5:
Tastatur-
Statusbyte der
Umschalttasten

Bit-Position	Bedeutung
0	Bit=1 ⇨ Rechte [Shift-Taste] gedrückt
1	Bit=1 ⇨ Linke [Shift-Taste] gedrückt
2	Bit=1 ⇨ [Ctrl-Taste] gedrückt
3	Bit=1 ⇨ [Alt-Taste] gedrückt
4	Bit=1 ⇨ Scroll-Modus ist eingeschalten
5	Bit=1 ⇨ Num-Modus ist eingeschalten
6	Bit=1 ⇨ Caps-Modus ist eingeschalten
7	Bit=1 ⇨ Insert-Modus ist eingeschalten

Neue BIOS-Funktionen für die MF-II-Tastatur

Alle bisher diskutierten Tastaturabfragen und Tasturcodes beziehen sich auf die ältere MF-I Tastatur. Die Einführung der MF-II-Tastatur erforderte neue Funktionen für die Erzeugung der Tastatur-Codes der zusätzlich integrierten Tasten. Ab der DOS-Version 3.3 werden diese Funktionen bereits im Tastatur-Treiber „keyb.com" bereitgestellt. Leider werden die neuen Tastaturcodes nicht von den Entwicklungswerkzeugen „TURBO C" und „BORLAND C++ 3.1" unterstützt. Der Programmierer ist auf den Einsatz des BIOS-Tastatur-Interrupts mit den neuen Funktionen „10H, 11H und 12H" angewiesen. Für nähere Informationen lesen Sie bitte in der BIOS-Interruptbeschreibung im Anhang nach. Die Tabelle 2.6 zeigt einen Überblick der erweiterten Tasten und Tastenkombinationen der MF-II-Tastatur.

Tabelle 2.6:
Neue Tasten-
codes der MF-II
Tastatur

Code / HEX HIGH / LOW		Gedrückte Taste	Code / HEX HIGH / LOW		Gedrückte Taste
85	00	F11	51	E0	Bild ↓
86	00	F12	52	E0	Einfg
47	E0	Pos 1	53	E0	Entf
48	E0	↑	E0	2F	[/]
49	E0	Bild ↑	37	2A	[*]
4B	E0	←	4A	2D	–
4D	E0	→	4E	2B	+
4F	E0	Ende	E0	0D	↵
50	E0	↓			

Neben den neuen Tastaturcodes stellt die neue Funktion 12H des BIOS-Tastaturhandlers das in Tabelle 2.7 dargestellte „Erweiterte Tastatur-Status-Byte" zur Verfügung.

Tabelle 2.7:
Erweitertes-
Tastatur-
Statusbyte

Bit-Position	Bedeutung
0	Bit=1 ⇨ [Ctrl-Taste] gedrückt
1	Bit=1 ⇨ [Alt-Taste] gedrückt
2	Bit=1 ⇨ [SysReq-Taste] gedrückt
3	Bit=1 ⇨ Pausenmodus ist eingeschalten
4	Bit=1 ⇨ [BREAK-Taste] ist gedrückt
5	Bit=1 ⇨ [Num-Taste] ist gedrückt
6	Bit=1 ⇨ [Caps-Taste] ist gedrückt
7	Bit=1 ⇨ [Insert-Taste] ist gedrückt

Tastatur-Puffer

Der Tastatur-Puffer im PC ist, wie in Abbildung 2.4 dargestellt, als Ringpuffer organisiert. Er wird durch die drei nachfolgend aufgeführten Zeiger im BIOS-Variablen-Bereich verwaltet:

⇨ Ältester Eintrag: Zeiger an der BIOS-Adresse 0040H:001AH

⇨ Neuester Eintrag: Zeiger an der BIOS-Adresse 0040H:001CH

⇨ Pufferanfang: Zeiger an der BIOS-Adresse 0040H:001EH

Der üblicherweise 32-Byte große Tastaturpuffer beginnt ab Adresse
0040H:001EH und endet gewöhnlich an der Adresse 0040H:003DH.
Da, wie bereits weiter oben erläutert, jeder Tastatureintrag aus zwei
Bytes besteht, können im Puffer 16 Zeichen zwischengespeichert
werden. Die Adresse des nächsten, zu lesenden Zeichens befindet
sich im Zeiger an der Adresse 0040H:001AH. Nachdem das Zeichen
gelesen wurde, positioniert das System den Zeiger um zwei Bytes in
Richtung Pufferende. Beim Betätigen einer Taste wird die Zeicheninformation an der Zeigerposition, welche sich in der Adresse
040H:001CH befindet, abgelegt. Im Anschluß wird auch dieser Zeiger um zwei Bytes in Richtung Pufferende bewegt. Befinden sich an
den Adressen 0040H:001AH und 0040H:001CH die gleichen Zeiger-
inhalte, so bedeutet dies, daß der Tastaturpuffer leer ist.

Bei einem Zeichen aus dem ASCII-Zeichensatz befindet sich im ersten Byte (LOW-Byte) des Tastaturpuffers der „ASCII-Code" und im
zweiten Byte (HIGH-Byte) der „SCAN-Code" des Zeichens. Bei einem Zeichen aus dem erweiterten Zeichensatz ist das LOW-Byte
immer „0" und das HIGH-Byte beinhaltet den „SCAN-Code" der gedrückten Taste.

Bild 2.4:
Der Tastatur-
puffer

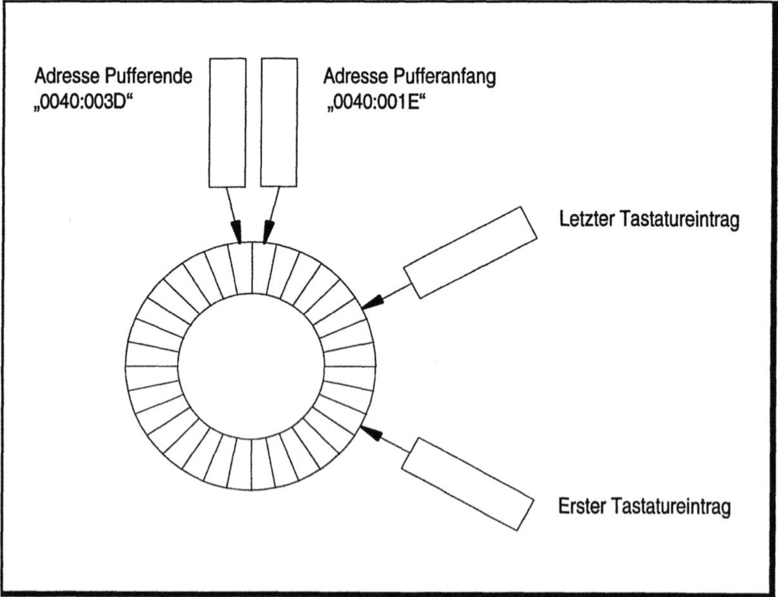

Die in diesem Kapitel vorgestellten Code-Klassifizierungen werden zum besseren Verständnis in der Tabelle 2.8 gegenübergestellt. Für den Programmierer sind nur die „ASCII-", „SCAN-" und „Erweiterten Tastencodes" von Interesse. Alle diese Tastaturcodes können mit dem Programm „tast1.exe" aus dem dritten Kapitel „Software-Anwendungen" in komfortabler Form bestimmt werden.

Tabelle 2.8:
Übersicht der unterschiedlichen Code-Klassifizierungen

Code-Klassifizierung	Bedeutung
SCAN-Code	Tastennummer: Jeder Taste ist eine spezielle, fortlaufende Nummer zugeordnet
MAKE-Code	Bei der Betätigung einer Taste erzeugt der Tastaturprozessor einen tastenspezifischen „MAKE-Code"
BRAKE-Code	Beim Loslassen einer Taste erzeugt der Tastaturprozessor einen tastenspezifischen „BREAK-Code"
ASCII-Zeichencode	Bei ASCII-Zeichen erzeugt der Tastatur-Handler aus dem „SCAN-Code" den für das Zeichen genormten „ASCII-Code". Der ASCII-Zeichencode wird dabei im LOW-Byte des Tastaturpuffers abgelegt. Das HIGH-Byte enthält den „SCAN-Code" der gedrückten Taste
Erweiterter Tastaturcode	Die Funktions- und Cursortasten befinden sich nicht im ASCII-Zeichensatz. Bei diesen Zeichen wird im LOW-Byte des Tastaturpuffers immer der Wert „0" und im HIGH-Byte der „SCAN-Code" der betätigten Taste abgelegt. Diese Konvention nennt man „Erweiterten Tastaturcode"

2.2   PC-Speicherverwaltung

Die Größe und Aufteilung des Arbeitsspeichers unter DOS ist für den PC-XT geschaffen. Dieser historische Rahmen wird im Kern, bezüglich der Programm-Kompatibilität, auch von modernen AT-Rechnern nicht verletzt. Der PC-XT konnte maximal 1 MByte Speicher verwalten.

Bild 2.5:
Speicher-
organisation
beim
80386/80486
PC

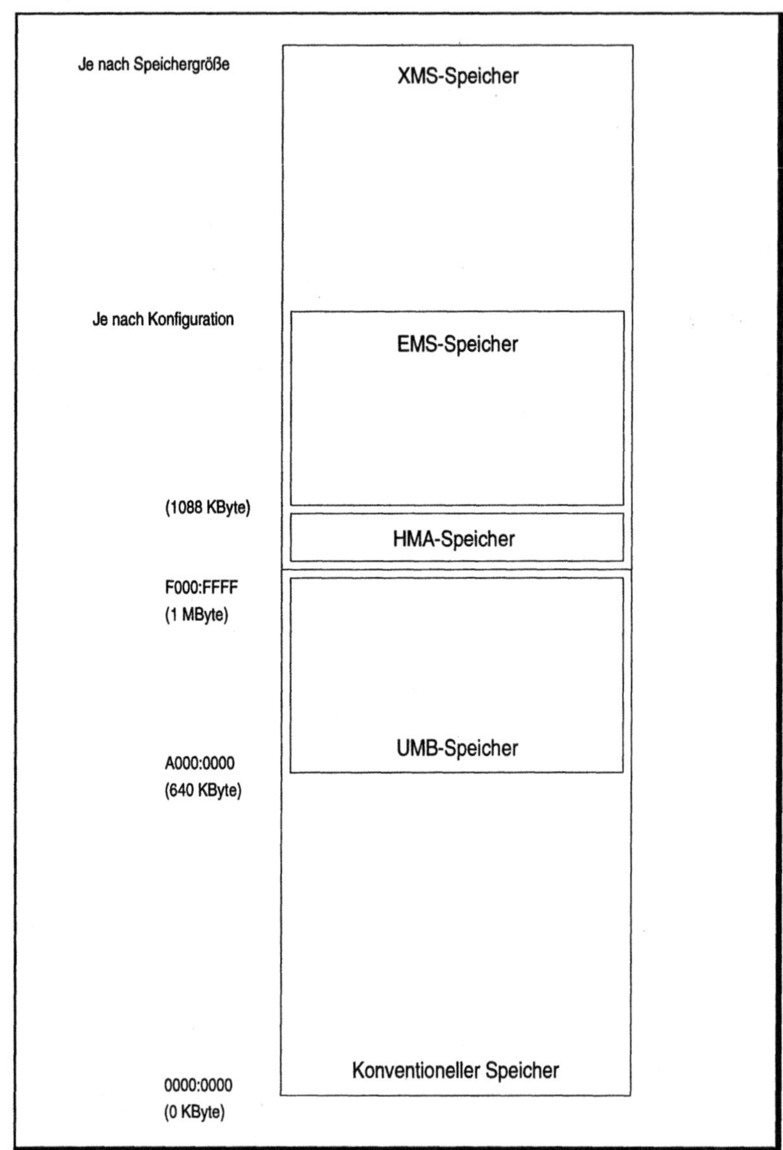

Im Lauf der letzten Jahre forderte jedoch eine kontinuierlich wach-
sende Soft- und Hardwarekomplexität immer größere Speicherre-
sourcen im PC. Durch die Bereitstellung einer entsprechenden

Hardware und den dazugehörigen Treibern stehen heutzutage in einem 80386- bzw. 80486-Rechner der in Abbildung 2.5 aufgezeigte Speicheraufbau zur Verfügung. Diese auf den ersten Eindruck chaotisch aufgebaute Speicherorganisation ist natürlich historisch bedingt. Basierend auf der Speicherverwaltung beim PC-XT wurde in den letzten Jahren die verfügbare Speichergröße immer wieder durch neue Hardwarekonzepte und besonders durch den Einsatz von Speichererweiterungtreibern vergrößert. Aus heutiger Sicht setzt sich der PC-Speicherbereich aus den nachfolgend aufgeführten Komponenten zusammen:

⇨ Konventioneller Speicher

⇨ UMB-Speicher

⇨ HMA-Speicher

⇨ XMS-Speicher

⇨ EMS-Speicher

Konventioneller Speicher

Der konventionelle Speicher, der oft auch als RAM-Arbeitsspeicher benannt wird, ist seit dem PC-XT und den ersten DOS-Versionen vorhanden. Seine maximale Größe beträgt 640 KByte. Dieser Speicherbereich ist für die Anwenderprogramme und die meisten im PC zu verwaltenden Daten zuständig. Das auf Diskette bzw. Festplatte abgelegte Programm wird zur Ausführung in den konventionellen Speicher geladen. Da auch das Betriebssystem und einige speicherresidente Treiber einen Teil des Arbeitsspeichers belegen, kann sich die für eine Anwendung zur Verfügung stehende Speicherkapazität beträchtlich verringern. Aus diesem Grund versuchten die Entwickler, einen Teil des DOS-Betriebssystems und viele der speicherresidenten Treiber in andere, neue Speicherbereiche zu verschieben, um den konventionellen Speicher so groß wie möglich zu halten. Die Abbildung 2.6 zeigt den schon beim PC-XT vorhandenen 1 MByte- Speicherbereich, der sich in die beiden Hauptbereiche konventioneller und UMB-Speicher unterteilt.

Bild 2.6:
Das erste
MByte im Spei-
cher des
AT-PCs

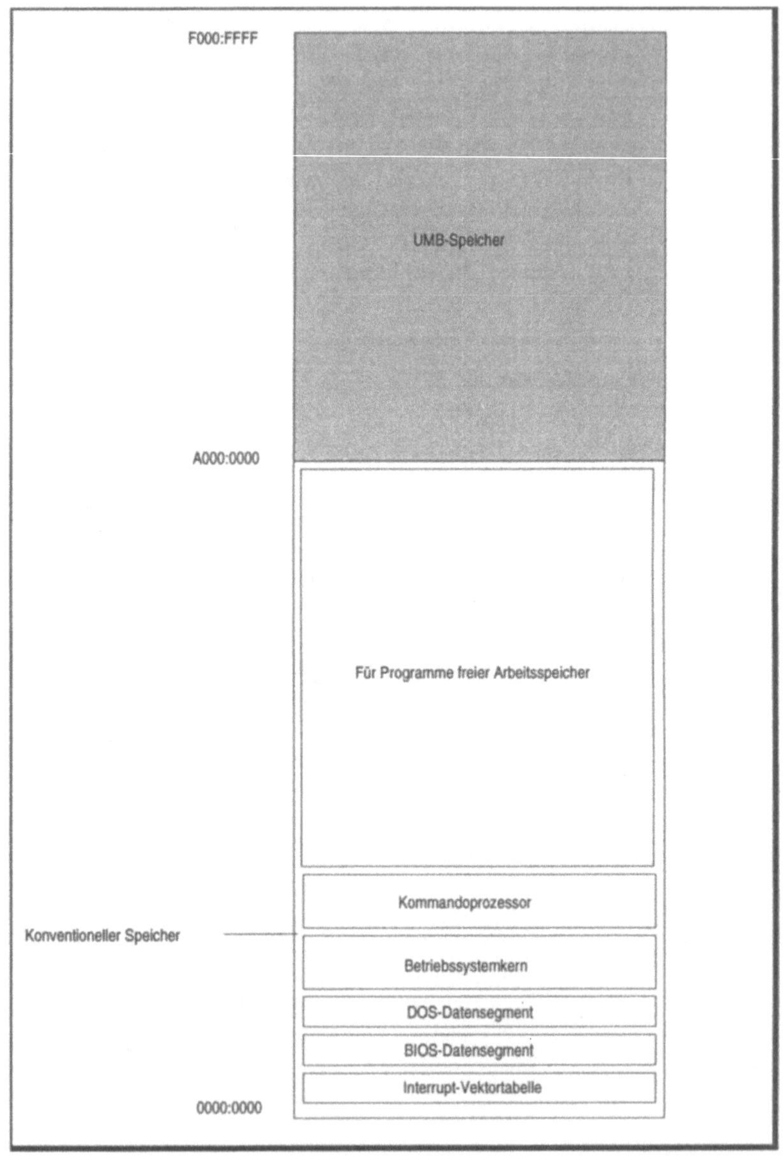

Es folgt eine kurze Beleuchtung aller im konventionellen Speicherbereich enthaltenen Komponenten.

Interruptvektortabelle (IVT): Das Betriebssystem DOS und das ROM-BIOS stellen den Anwenderprogrammen grundlegende Funktionen (Interruptfunktionen bzw. BIOS-CALLS) zur Verfügung. All diese Funktionen werden über sogenannte Interrupts aufgerufen. Die Funktionen können, je nach eingesetztem BIOS und Betriebssystem, an beliebiger Position im Speicher liegen und sind deshalb von PC zu PC verschieden. Aus diesem Grund enthält die Interrupt-Vektortabelle die Adressen der einzelnen Funktionen. Mit den 256 Adressangaben können demnach 256 Funktionen verwaltet werden. Eine komplette Adresse setzt sich aus 4 Bytes (Segment- und Offsetanteil) zusammen. Aus diesen Berechnungsgrundlagen ergibt sich für die Interrupt-Vektortabelle eine Größe von 1024 Bytes. Die Tabelle liegt bei jedem PC am Anfang des Speichers und kann nicht zur Entlastung des konventionellen Speichers verschoben werden.

BIOS-Datensegment: Das BIOS befindet sich in einem PROM- bzw. EPROM-Baustein. Bei diesen Bausteinen handelt es sich um Festwertspeicher, welche keine variablen Daten aufnehmen können. Jedes BIOS benötigt jedoch einen Datenbereich, auf den in lesender und schreibender Form zugegriffen werden kann. Bei diesen Daten handelt es sich beispielsweise um die Basisadressen der Schnittstellen, Videoinformationen, Systemkonfigurationsangaben, usw. Der BIOS-Datenbereich befindet sich direkt hinter der Interrupt-Vektortabelle und ist in seiner Position nicht verschiebbar.

DOS-Datensegment: Ähnlich wie beim BIOS benötigt auch das Betriebssystem einen veränderbaren Datenbereich. Die darin abgelegten Daten repräsentieren wichtige Informationen und sind daher für den Programmierer von großem Interesse. Dieser Datenbereich kann in seiner Lage nicht verändert werden und bietet somit für den konventionellen Speicher keine Entlastungsmöglichkeit.

Betriebssystemkern: Der Betriebssystemkern beinhaltet die versteckten Systemprogramme „IO.SYS" und „MSDOS.SYS". Das Programm „IO.SYS" stellt eine Erweiterung zum ROM-BIOS dar. Es beinhaltet hauptsächlich Treiber für die elementaren Ein-/ Ausgabefunktionen. Bei dem Programm „MSDOS.SYS" handelt es sich um den eigentlichen Kern von MS-DOS. Er übernimmt die Verwaltung der Dateien und Komponenten auf logischer Ebene. Der Betriebssystemkern läßt sich ohne Probleme über eine Speicheroptimierungsmaßnahme aus dem konventionellen Speicher in einen anderen Bereich verschieben.

Der Kommandoprozessor: Der Kommandoprozessor bzw. Befehlsinterpreter ist ein Programm, das die Eingabe von Befehlen, bzw. das Starten von Programmen unter DOS ermöglicht. Der Kommandoprozessor, der in der Datei „command.com" realisiert ist, wird aus Platzgründen nur fragmentweise in den Speicher geladen. Dadurch ist er für den Anwender und für Programme immer präsent und belegt nur einen kleinen Speicherplatz. Der Kommandoprozessor kann bezüglich einer Speicheroptimierung aus dem konventionellen Speicher ausgelagert werden.

Freier Arbeitsspeicher: Im freien Arbeitsspeicher werden auszuführende Programme und deren Daten abgelegt. Durch die Dimension des freien Arbeitsspeichers wird die maximale Größe eines Programmes festgelegt. Das Ziel einer Speicheroptimierung ist es, diesen Speicherbereich so groß als möglich zu halten.

UMB-Speicher:

Der in Abbildung 2.7 dargestellte UMB-Speicherbereich (Upper Memory Block) wird auch oftmals als Adaptersegment bezeichnet. In diesem Bereich ist der Bildspeicher der VGA-Grafikkarte, sowie diverse BIOS-Programme (Zusatzhardware) untergebracht. Durch die Integration der BIOS-Programme wird der UMB-Bereich zum großen Teil fragmentiert. Die freien Speicherbereiche zwischen den BIOS-Bereichen können ab der MS-DOS Version 5.0 zur Aufnahme von Treibern, Festplattencache und speicherresidenten Programmen genutzt werden. Dadurch kann der konventionelle Speicherbereich erheblich entlastet werden, wodurch viele Anwenderprogramme in ihren Leistungsfähigkeiten gesteigert werden können. Ein wesentlicher Vorteil des UMB-Speichers ist, daß er im ersten MByte und somit im Adreßbereich des Prozessors liegt. Die Folge ist eine sehr schnelle Speicherzugriffszeit, die sich in der höheren Bearbeitungsgeschwindigkeit der Anwenderprogramme wiederspiegelt. Die Nutzung des UMB-Speichers erfordert unter MS-DOS die Installation des Treibers „EMM386.EXE". Nähere Informationen zur Treiberinstallation entnehmen Sie bitte Ihren Betriebssystemunterlagen.

Bild 2.7:
UMB-Speicher-
bereich

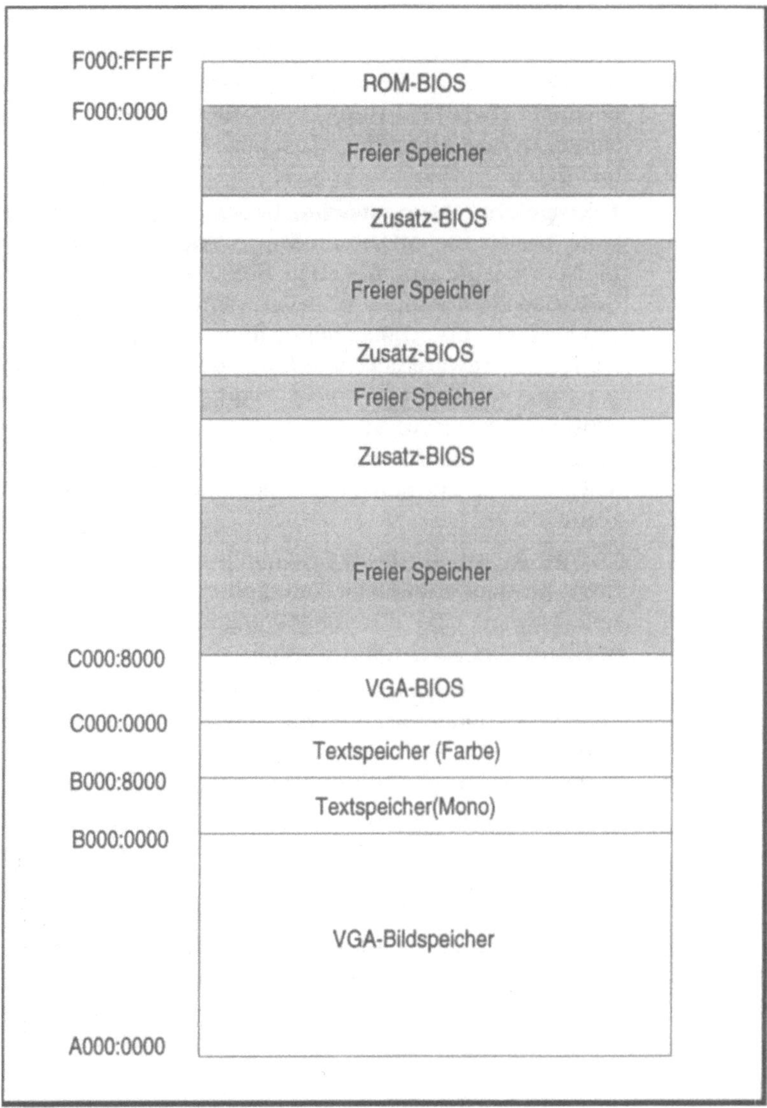

VGA-Bildspeicher: Der VGA-Bildspeicher befindet sich physikalisch auf der VGA-Grafikkarte. Eine Standard-VGA-Grafikkarte besitzt einen Bildspeicher von 256 KByte. Diese 256 KByte werden,
wie weiter unten beschrieben, in vier parallel angeordnete 64

KByte-Blöcke unterteilt. Alle vier Blöcke werden im selben Adreßbereich von „A000:000" bis „A000:FFFF" verwaltet. VGA-Grafikkarten mit einem größeren Bildspeicherbereich können über das sogenannte „Bank-Switching" bearbeitet werden. Dabei werden in den Standard-VGA-Adreßbereich jeweils Teile des Bildspeichers eingeblendet.

Textspeicher Mono/Farbe: Bei den Vorgängern zur VGA-Grafikkarte besitzt die MDA-Videokarte (Mono) einen 32 KByte großen Bildspeicher im Adreßbereich „B000:0000" bis „B000:7FFF" und der CGA-Bildadapter einen 32 KByte Bildspeicher im Adreßbereich von „B000:8000" bis „B000:FFFF". Eine auf der VGA-Grafikkarte integrierte Hardwarelogik täuscht in den Textmodi die normalerweise auf der VGA-Karte nicht vorhandenen Adreßbereiche von „B000:0000" bis „B000:FFFF" vor. Damit wird sichergestellt, daß Programme, die für die MDA- bzw. CGA-Videomodi geschrieben wurden, auch auf den VGA-Grafikkarten sicher abgearbeitet werden können.

VGA-BIOS: Auch die VGA-Grafikkarte besitzt ein eigenes VGA-BIOS, in dem zahlreiche Funktionen zur Bildbearbeitung bereitgestellt werden. Die VGA-BIOS-Funktionen können über den Video-Interrupt 10H aufgerufen werden.

Freier Arbeitsspeicher im UMB-Speicher: Wie bereits weiter oben beschrieben, können die freien Bereiche im UMB-Speicher zur Aufnahme von Treibern, Betriebssystemkern, Befehlsinterpreter und speicherresidenten Programmen genutzt werden.

ROM-BIOS: Die letzten 64 KByte im UMB-Speicher bzw. im ersten MByte des Rechners werden vom ROM-BIOS beansprucht. Das ROM-BIOS stellt, wie bereits weiter oben erläutert, über die Interrupttechnik eine standardisierte Schnittstelle zur Kommunikation mit der PC-Hardware und der angeschlossenen Peripherie zur Verfügung. Das BIOS stellt nach dem Einschalten des Rechners an der Adresse „F000:FFF0" den ersten Befehl bereit, und leitet dadurch den BOOT-Vorgang und alle weiteren Aktionen ein.

HMA-Speicher

Der HMA-Speicher (High Memory Area) wird auch als Oberer- Speicherbereich bezeichnet. Wie in Abbildung 2.5 ersichtlich, beginnt sein Bereich unmittelbar nach der 1MByte-Grenze und nimmt eine

Größe von 64 KByte ein. Damit besitzt er eine feste Position im Adreßbereich, sofern das System mehr als 1MByte Speicher verfügt. Die Speichergröße von 64 KByte ist durch die Adreßierung über die Adreßleitung A20 bedingt, mit der auf einen 64 KByte- Bereich über die 1MByte-Grenze hinaus auf den HMA zugegriffen werden kann. Die Nutzung des HMA bedarf, wie bereits beim UMB, eines speziellen Treibers. Unter MS-DOS ist der Treiber „HIMEM.SYS" einzusetzen. Der HMA-Speicher kann vom MS-DOS selbst und speziellen Programmen direkt benutzt werden.

XMS-Speicher

Der Begriff XMS steht für „Extended Memory Specification" und bedeutet Erweiterungsspeicher. Wie im Bild 2.5 aufgezeigt, versteht man unter dem XMS den Speicher oberhalb des ersten Megabytes. Innerhalb des XMS können der HMA- und der weiter unten aufgeführte EMS-Speicher integriert werden. Die Nutzung dieses Speicherbereiches unter MS-DOS erfordert wiederum die Installation des Treibers „HIMEM.SYS". Der XMS-Speicher ist ein schnell zugängiger Speicher und Dank des XMS-Treibers „HIMEM.SYS" für entsprechend ausgelegte Anwenderprogramme einfach nutzbar.

EMS-Speicher

Der EMS-Speicher (Expanded Memory Specification) wird allgemein auch als Expansionsspeicher bezeichnet. Der EMS-Speicher wurde zur ausschließlichen Speicherung von Daten konzipiert. Seinen Ursprung hatte der EMS bereits im Jahre 1985. Damals entwikkelten die Firmen Lotus, Intel und Microsoft den „LIM-Standard", um für den PC-XT einen zusätzlichen Speicher zu realisieren. Die Bezeichnung „LIM" repräsentiert die Anfangsbuchstaben der genannten Firmen. Der PC-XT konnte durch seine Hardwarevorgaben lediglich 1MByte Speicher adressieren. Mit einer Speicherzusatzkarte und einem „LIM-Treiber" war es nun möglich, über das sogenannte „Bank-Switching" maximal 32 MByte Speicher zu adressieren. Dazu wird der EMS-Speicher auf der Zusatzkarte in 16 KByte große Blökke unterteilt. Im Adaptersegment installiert der EMS-Treiber einen aus vier 16 KByte Blöcken bestehenden „Page-Frame". Ein Anwenderprogramm kann nun mittels des EMS-Treibers über den „Page-Frame" auf einen gewünschten Teil des EMS-Speichers zugreifen.

Ab einem 80386-Rechner kann der EMS-Speicher auch ohne eine teuere Speichererweiterungskarte realisiert werden. Bei diesen Rechnern wird der EMS-Speicher im XMS-Bereich integriert. Dieses Verfahren erfordert unter MS-DOS wiederum den Treiber „EMM386.EXE". Die Abbildung 2.8 verdeutlicht die Emulation von EMS-Speicher im XMS-Bereich. Über den Treiber „EMM386.EXE" wird die Position des EMS-Fensters (Page-Frame) innerhalb des UMB-Speichers, sowie die Größe des EMS-Speichers im XMS-Bereich festgelegt. Dieser preiswerten Lösung der EMS-Emulation im XMS-Bereich steht jedoch ein Geschwindigkeitsverlust bei den Anwenderprogrammen gegenüber. Aus diesem Grund sollte der EMS-Speicher heutzutage durch den in der Handhabung wesentlich einfacher zu verwaltenden XMS-Standard abgelöst werden.

Für weitere Informationen bezüglich der Handhabung und Installation der Speichererweiterungstreiber „HIMEM.SYS" und „EMM-386.EXE" lesen Sie bitte in Ihrer MS-DOS-Beschreibung an entsprechender Stelle nach.

Bild 2.8:
EMS-Speicher

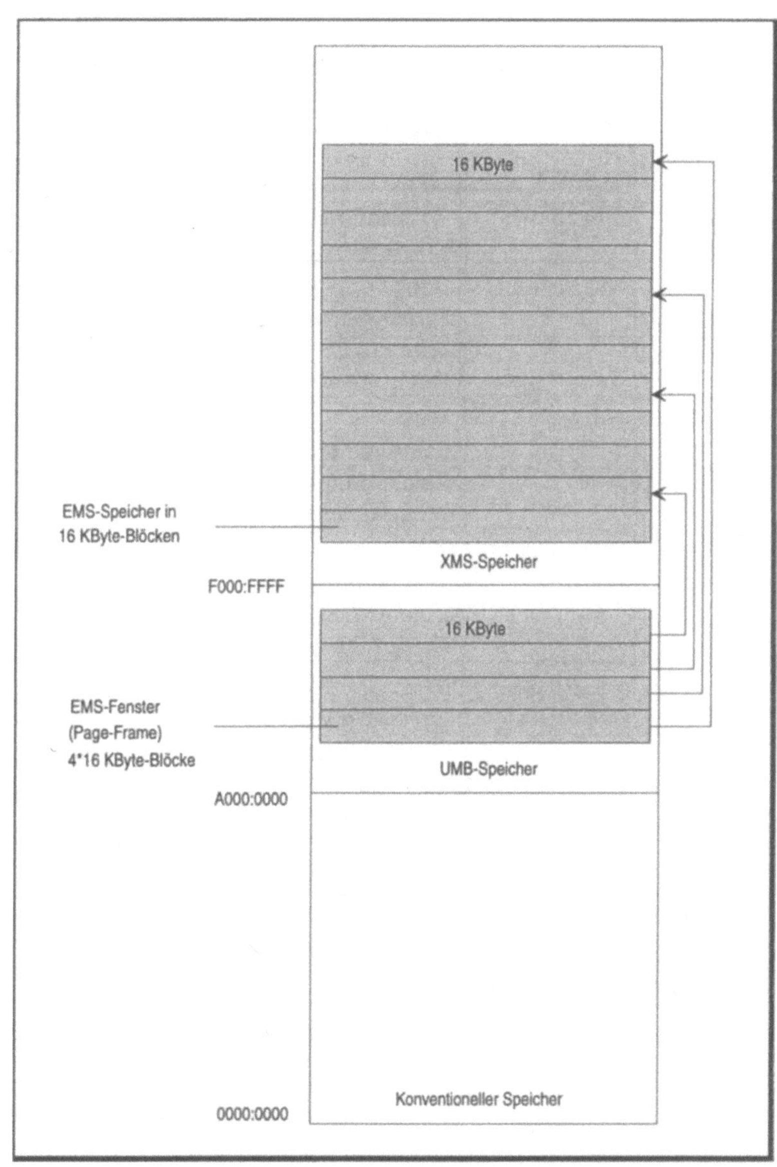

In der Literatur werden die einzelnen Speicherbereiche nicht immer mit den gleichen Bezeichnungen versehen. Die Tabelle 2.9 zeigt abschließend eine Übersicht über die unterschiedlichen Bezeichnungen der einzelnen Speicherbereiche.

Tabelle 2.9:
Bezeichnungen der einzelnen Speicherbereiche des AT-Rechners

Adreßbereich in KByte	Bezeichnungen	erforderlicher MS-DOS Treiber
0 bis 640	Conventional Memory Konventioneller-Speicher	Keiner
640 bis 1024	UMB Upper-Memory-Block Adapter-Segment Hoher-Speicherbereich	EMM386.EXE und HIMEM.SYS
> 1024	XMS Extended Memory Erweiterungsspeicher Zusatzspeicher	HIMEM.SYS
1024-1088	HMA High Memory Area Unterer Teil des Zusatzspeichers Oberer Speicherbereich	HIMEM.SYS
> 1024 eingeblendet in 640 1024	EMS Expanded Memory Expansionsspeicher Speichererweiterung	HIMEM.SYS EMM386.EXE

2.3 Die parallele und serielle Schnittstelle im PC

Bis auf die Tastatur und den Monitor erfolgt die Datenübertragung zwischen allen Ein-/Ausgabegeräte und dem PC über sogenannte Schnittstellen (Interfaces). Grundsätzlich unterscheidet man auf dem PC-Sektor zwei Datenübertragungsarten. Die parallele Datenübertragung über die parallele Schnittstelle und die sequentielle Datenübertragung über die serielle Schnittstelle.

Die parallele Schnittstelle

Bei der parallelen Datenübertragung wird jeweils ein komplettes Zeichen, d.h. 7- bzw. 8-Bit, in einem Zug übertragen. Diese Datenübertragung findet hauptsächlich zwischen dem PC und einem Drucker statt. Die parallele Schnittstelle im PC ist nach dem vom amerikanischen Druckerhersteller „Centronics" patentierten Industriestandard aufgebaut und wird deshalb auch als „Centronics"-Schnittstelle bezeichnet. Dieser Standard arbeitet mit einem TTL-Pegel, d.h. eine logische Null (LOW) wird durch 0V und eine logische Eins (HIGH) durch eine Spannung von +5V repräsentiert. Wegen des geringen Spannungsunterschieds der logischen Signalzustände darf die maximale Leitungslänge zwischen dem PC und einem Ein-/Ausgabegerät die Entfernung von 5m nicht überschreiten. Bei einer Leitungslänge von größer 0,8m müssen alle Signalleitungen abgeschirmt werden. Aus diesem Grund werden beim „Centronics"-Standard allen Signalleitungen und einigen Steuerleitungen entsprechende Masseleitungen zugeordnet. Ein AT-Rechner kann maximal 3 parallele Schnittstellen bearbeiten, wobei zwei interruptfähig (IRQ5 u. IRQ7) ausgelegt sind. In der DOS-Welt haben sich für die parellele Schnittstelle die nachfolgend aufgeführten Bezeichnungen eingebürgert:

⇨ LPT, LPT1 bis LPT3

⇨ PRN

⇨ Printer

Pinbelegung der parallelen Schnittstelle

Im PC wird die parallele Standardschnittstelle durch die in Abbildung 2.9 dargestellte 25-polige Buchse realisiert. Neben den eigentlichen Datenleitungen werden bei der parallelen Datenübertragung zahlreiche Steuerleitungen benötigt. Die Tabelle 2.10 zeigt einen Überblick aller bei der „Centronics"-Schnittstelle vorhandenen Leitungen.

Bild 2.9:
Pinbelegung
der parallelen
Schnittstelle

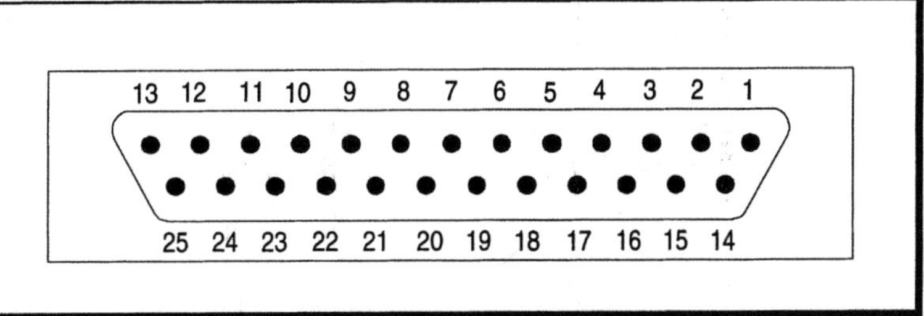

Tabelle 2.10: Leitungsbezeichnungen der parallelen Schnittstelle

Pin-Nummer	Signalbezeichnung	Kurzerklärung
1	-STROBE	Taktsignal der Übertragung
2	D0 (Data0)	Datenbit 0
3	D1 (Data1)	Datenbit 1
4	D2 (Data2)	Datenbit 2
5	D3 (Data3)	Datenbit 3
6	D4 (Data4)	Datenbit 4
7	D5 (Data5)	Datenbit 5
8	D6 (Data6)	Datenbit 6
9	D7 (Data7)	Datenbit 7
10	-ACK (Acknowledge)	Empfangsbestätigung
11	BUSY	Drucker ist beschäftigt
12	POUT (Paper Out)	Kein Papier im Drucker
13	SLCT (Select)	Betriebsbereit (ON-LINE)
14	-DXT (Auto Feed)	Automatischer Zeilenvorschub
15	-ERROR	Fehler bei Datenübertragung
16	-INIT (Initialize)	Rücksetzen des Druckers
17	SLCT (Select In)	Drucker ON-LINE schalten
18 bis 25	GND (Ground)	Masseleitungen
„-" = negative Logik		

Erläuterungen zu den Leitungen der parallelen Schnittstelle

Im folgenden wird angenommen, daß sich ein Drucker an der parallelen Schnittstelle befindet.

-Strobe: Immer, wenn der Rechner Daten an den Drucker sendet, aktiviert er für einige Mikrosekunden diese Leitung als Signal für den Drucker, daß Daten bereitstehen.

D0 bis D7: Über diese acht Datenleitungen werden die 7 bzw. 8 Bit eines Zeichens gleichzeitig übertragen.

-ACK: Sobald der Drucker die übertragenen Daten (ein Zeichen) verarbeitet hat, legt er auf diese Leitung ein LOW-Signal von einigen Mikrosekunden, um den Rechner mitzuteilen, daß neue Daten übertragen werden können.

BUSY: Während der Drucker Daten einliest bzw. ausgibt, wird die BUSY-Leitung auf HIGH gelegt.

POUT: Über diese Leitung wird dem PC mitgeteilt, daß sich im Drucker kein Papier mehr befindet. Um den Druckvorgang fortzusetzen, muß zuerst neues Papier in den Drucker eingelegt werden.

SLCT: Diese Leitung teilt dem Rechner mit, daß der Drucker ausgewählt und betriebsbereit ist.

-FDXT: Über diese Leitung kann der Zeilenvorschub am Drucker gesteuert werden. Liegt auf der Leitung ein LOW-Signal, so führt der Drucker am Ende jeder Druckzeile einen automatischen Zeilenvorschub durch. Bei einem HIGH-Leitungspegel wird die Steuerung des Zeilenvorschubs durch ein Programm bzw. den Druckertreiber übernommen.

-ERROR: Beim Eintreten eines Druckerfehlers wird diese Leitung auf LOW-Potential gelegt.

-INIT: Über diese Leitung ist es dem Rechner möglich, den Drucker neu zu initialisieren (RESET). Dazu legt der PC ein LOW-Signal von mindestens 50 Mikrosekunden auf die Leitung.

-SLCT IN: Über ein LOW-aktives Signal auf dieser Leitung erfolgt die Selektierung des Druckers.

Die Abbildung 2.10 zeigt die Übertragungsrichtung der einzelnen Leitungen einer parallelen Schnittstelle:

Bild 2.10: Übertragungsrichtung der einzelnen Leitungen einer parallelen Schnittstelle

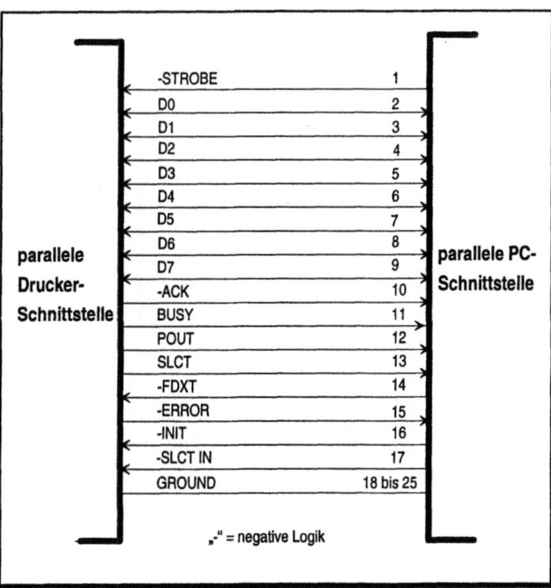

Direkte Programmierung der parallelen Schnittstelle

Wie bereits weiter oben erläutert, kann ein AT-Rechner maximal drei parallele Schnittstellen adressieren, die üblicherweise die Bezeichnungen „LPT1" bis „LPT3" führen. Ist in einem Rechner mehr als eine parallele Schnittstelle vorhanden, so erfolgt die Zuweisung der Bezeichnungen „LPT1" bis „LPT3" und der daraus resultierende Adreßbereiche durch das BIOS des Rechners. Jede Schnittstelle besitzt ein einheitliches Registerinterface, deren Register die einzelnen Leitungen der parallelen Schnittstelle wiederspiegeln. Ein Registerinterface besteht aus den folgenden drei Registern:

⇨ Datenregister

⇨ Statusregister

⇨ Steuerregister

Datenregister: Wie in Tabelle 2.11 dargestellt, repräsentiert das Datenregister die acht Datenbits, die auf die Datenleitungen D0 bis D7 gelegt und zur Gegenstelle transferiert werden sollen. Das gesamte Register kann nur beschrieben und nicht gelesen werden. Das Datenregister belegt für die Schnittstellen „LPT1" bis „LPT3" folgende I/O-Adressen:

⇨ LPT1 = 03BCH

⇨ LPT2 = 0378H

⇨ LPT3 = 0278H

Tabelle 2.11:
Datenregister der parallelen Schnittstelle

Bit-Nummer	Bedeutung	Bit-Nummer	Bedeutung
0	Datenbit 0 (Pin 2)	4	Datenbit 4 (Pin 6)
1	Datenbit 1 (Pin 3)	5	Datenbit 5 (Pin 7)
2	Datenbit 2 (Pin 4)	6	Datenbit 6 (Pin 8)
3	Datenbit 3 (Pin 5)	7	Datenbit 7 (Pin 9)

Statusregister: Über das Statusregister ist es möglich, alle Statusleitungen der parallelen Schnittstelle zu lesen. Das gesamte Register kann deshalb nur gelesen und nicht beschrieben werden. Die Tabelle 2.12 zeigt den Zusammenhang zwischen den Registerinhalten und den zugehörigen Leitungen der parallelen Schnittstelle. Das Statusregister belegt für die Schnittstellen „LPT1" bis „LPT3" folgende I/O-Adressen:

⇨ LPT1 = 03BDH

⇨ LPT2 = 0379H

⇨ LPT3 = 0279H

Tabelle 2.12:
Das Statusre-
gister der paral-
lelen Schnitt-
stelle

Bit-Nr:	Bedeutung
0	Unbelegt
1	Unbelegt
2	Unbelegt
3	-ERROR (Pin 15) 0=Fehler
4	SLCT (Pin 13) 1=Drucker ist betriebsbereit (ON-LINE)
5	PE (Pin 12) 1=Drucker hat kein Papier mehr (Paper Error)
6	-ACK (Pin 10) 0=Drucker ist für nächstes Zeichen bereit
7	-BUSY (Pin 11) 0=Drucker ist beschäftigt
„-" = Negative Logik	

Steuerregister: Das dritte Interfaceregister dient zur Steuerung des
an der Schnittstelle angeschlossenen Ein-/Ausgabegerätes. Bis auf
die Bitposition 4 repräsentieren alle Registerinhalte die Steuerleitungen der parallelen Schnittstelle. Das gesamte Register kann gelesen und beschrieben werden. Über das Bit 4 (IRQ) ist es möglich,
einen Interrupt zur Zeichenanforderung auszulösen. Sobald das
„ACK"-Signal auf LOW-Potential fällt, und das Ein-/Ausgabegerät
(Drucker) den Empfang des letzten Zeichens bestätigt, wird ein Interrupt ausgelöst. Zur Wahl stehen die Hardware-Interrupts IRQ5
und IRQ7, welche gewöhnlich auf der Schnittstellenkarte selektiert
werden können. Das gesamte Register kann gelesen und beschrieben werden. In der Tabelle 2.13 sind alle Registerinhalte des Steuer-
registers aufgeführt. Das Statusregister belegt für die Schnittstellen
„LPT1" bis „LPT3" folgende I/O-Adressen:

⇨ LPT1 = 03BEH

⇨ LPT2 = 037AH

⇨ LPT3 = 027AH

Bit-Nr:	Bedeutung
0	-STROBE (Pin 1) 0=Daten liegen auf D0 bis D7
1	FDXT (Pin 14) 1=Automatischer Zeilenvorschub
2	-INIT (Pin 16) 0=RESET am Ein-/Ausgabegerät durchführen
3	SLCT IN (Pin 17) 0=Fehler 1=Kein Fehler
4	IRQ ENABLE 1=Interrupt auslösen wenn -ACK auf LOW fällt
5	Unbelegt
6	Unbelegt
7	Unbelegt
„-" = Negative Logik	

Die Programmierung der parallelen Schnittstelle über die BIOS-Funktionen

Neben der direkten Programmierung kann die parallele Schnittstelle auch über den BIOS-Interrupt 17H bearbeitet werden. Es stehen die drei nachfolgend aufgeführten Funktionen zur Verfügung:

Funktion: Zeichen an den Drucker senden		
Aufruf: Register	AH	00H
	AL	zu sendendes Zeichen im ASCII-Code
	DX	Nummer des Druckers (0, 1 oder 2)
Rückgabe:	AH	Druckerstatus (Tabelle 2.12)

Funktion: Drucker-RESET		
Aufruf: Register	AH	01H
	DX	Nummer des Druckers (0, 1 oder 2)
Rückgabe:	AH	Druckerstatus (Tabelle 2.12)

Funktion: Druckerstatus lesen
Aufruf: Register   AH   02H
DX   Nummer des Druckers (0, 1 oder 2)
Rückgabe: AH   Druckerstatus (Tabelle 2.12)

Vor- und Nachteile der parallelen Schnittstelle

Vorteile:

☺ Hohe Übertragungsgeschwindigkeiten

☺ Einfache Übertragungsprotokolle

☺ Einfache Schnittstellenbearbeitung

Nachteile:

☹ Aufwendiges Verbindungskabel

☹ Relativ störanfällig

☹ Begrenzte Übertragungsstrecken (kleiner als 5 m)

Die serielle Schnittstelle

Bei der seriellen Datenübertragung werden die einzelnen Bits eines Zeichens zeitlich hintereinander auf nur einer Leitung übertragen. Neben den eigentlichen Datenbits werden zusätzlich Prüf- und Kontrollbits übertragen. Auf diese Weise wird der Aufwand an Übertragungsleitungen und Treiberbausteinen erheblich reduziert. Die serielle Schnittstelle im AT-Rechner ist nach der internationalen Norm RS232C konzipiert, die in Europa auch unter der Norm V.24 geführt wird. Bei diesem Industriestandard wird eine logische Null (LOW) durch einen Spannungsbereich von -3V bis -15V und eine logische Eins (HIGH) durch den Bereich von +3 bis +15V repräsentiert. Durch den großen Störspannungsabstand der logischen Potentiale (LOW und HIGH) treten weniger Störungen auf und durch die hohen Treiberspannungen von maximal ±15V ist die Datenübertragung über eine relativ große Entfernung möglich. Im AT-Rechner werden standardmäßig zwei serielle Schnittstellen unterstützt, die beide interruptfähig (IRQ3 u. IRQ4) ausgelegt sind. In der DOS-Umgebung haben sich die nachfolgend aufgeführten Begriffe für die serielle Schnittstelle eingebürgert:

⇨ COM

⇨ COM1

⇨ COM2

⇨ Seriell

⇨ Ser

Übertragungsprotokoll bei der seriellen Schnittstelle

Bei der seriellen Datenübertragung setzt sich die Übertragung eines Zeichens (Frame) aus folgenden Elementen zusammen:

⇨ Startbit

⇨ Zeichenbits

⇨ Paritätsbit (optional)

⇨ Stopbit

Startbit: Jede Zeichenübertragung wird mit einem Startbit eingeleitet.

Zeichenbits: Nach dem Startbild folgen die einzelnen Zeichenbits. Es ist eine Übertragung von 5 bis 8 Zeichenbits möglich. Die Übertragung der Zeichenbits beginnt mit dem Senden des Bits 0 (MSB).

Paritätsbit: An das Zeichen kann sich ein sogenanntes Paritätsbit anschließen. Die Aufgabe dieses Paritätsbits ist es, Fehler, die bei der Übertragung entstehen, zu lokalisieren. Man unterscheidet zwischen gerader und ungerader Parität. Bei einer geraden Parität ist die Summe der Datenbits und des Paritätsbits eine gerade Zahl. Umgekehrt ist bei einer ungeraden Parität die Summe der Datenbits und des Paritätsbits eine ungerade Zahl.

Stopbit: Das Ende einer Datenübertragung wird durch die sogenannten Stopbits signalisiert. Das Übertragungsprotokoll ermöglicht 1, 1.5 und 2 Stopbits.

Das Beispiel in Abbildung 2.11 demonstriert die Übertragung des ASCII-Zeichens „â" (131D, 10000011B) als 8 Bit Datenwert, bei gerader Parität und einem Stopbit.

Bild 2.11:
Beispiel einer
Zeichen-
übertragung

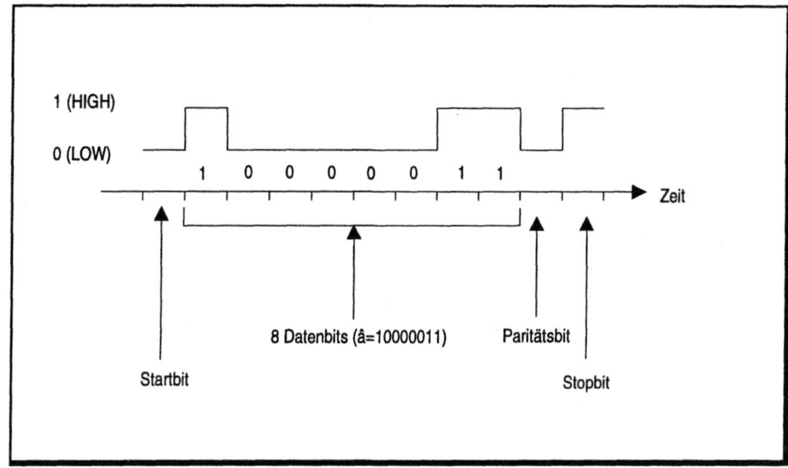

Pinbelegung der seriellen Schnittstelle

Die im AT-Rechner eingebauten seriellen Schnittstellen können sowohl als 25-polige als auch als 9-polige Stecker ausgelegt sein. Die Abbildungen 2.12 und 2.13 zeigen die 25-polige und 9-polige Steckerausführung. In den Tabellen 2.14 und 2.15 werden die zu den Steckern zugehörigen Leitungsbezeichnungen aufgeführt.

Bild 2.12:
Pinbelegung
der 25-poligen
seriellen
Schnittstelle

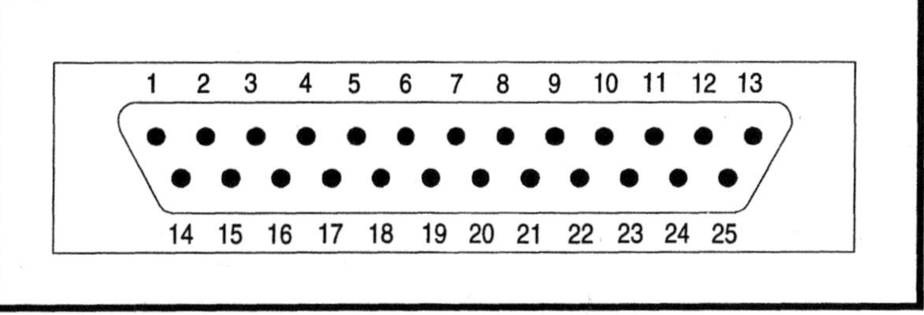

Tabelle 2.14:
Leitungsbezeichnungen
der 25-poligen
seriellen Schnittstelle

Pin-Nr:	Signalbezeichnung	Kurzerklärung
1	Unbelegt	
2	TXD (Transmit Data)	Daten-Sendeleitungen
3	RXD (Receive Data)	Daten-Empfangsleitung
4	RTS (Request To Send)	Modem ist empfangsbereit
5	CTS (Clear To Send)	Computer ist sendebereit

Tabelle 2.14:
Fortsetzung

Pin-Nr:	Signalbezeichnung	Kurzerklärung
6	DSR (Data Set Ready)	Übertragung kann beginnen
7	GND (Ground)	Masseleitung der Übertragung
8	DCD (Data Carrier Detect)	Modem meldet Übertragung
9 bis 19	Unbelegt	
20	DTR (Data Terminal Ready)	Übertragung kann beginnen
21	Unbelegt	
22	RI (Ring Indicator)	Ankommender Ruf
23 bis 25	Unbelegt	

Bild 2.13:
Pinbelegung
der 9-poligen
seriellen
Schnittstelle

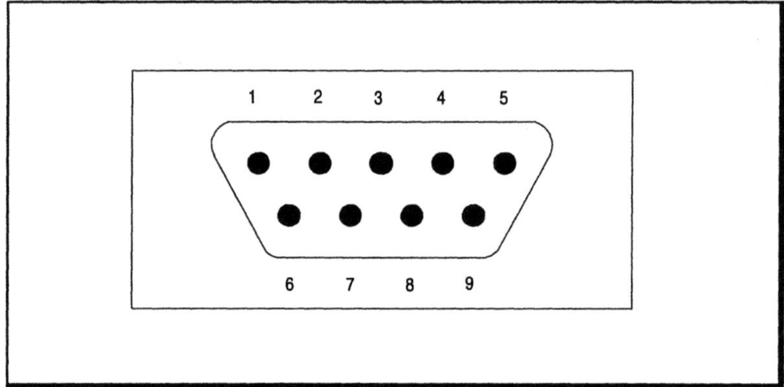

Tabelle 2.15:
Leitungs-
bezeichnungen
der parallelen
Schnittstelle

Pin-Nummer	Signalbezeichnung	Kurzerklärung
1	DCD (Data Carrier Detect)	Ein-/Ausgabegerät meldet Übertragung
2	RXD (Receive Data)	Daten-Empfangsleitung
3	TXD (Transmit Data)	Daten-Sendeleitungen
4	DTR (Data Terminal Ready)	Übertragung kann beginnen (Computer)
5	GND (Ground)	Masseleitung der Übertragung
6	DSR (Data Set Ready)	Übertragung kann beginnen (Modem)

Tabelle 2.15: Fortsetzung	Pin- Nummer	Signalbezeichnung	Kurzerklärung
	7	RTS (Request To Send)	Empfangsbereit
	8	CTS (Clear To Send)	Sendebereit
	9	RI (Ring Indicator)	Ankommender Ruf

Erläuterungen zu den Leitungen der seriellen Schnittstelle:

Bei der seriellen Datenübertragung werden neben den Datenleitungen RXT, TXD und GND noch sechs weitere Signale verwendet. Es handelt sich dabei um die Handshake-Leitungen DCD, DTR, DSR, RTS, CTS und RI. Die Aufgabe der Handshake-Leitungen ist es, eine fehlerfreie Kommunikation zwischen dem DTE (Date Terminal Equipment; im Deutschen Computer) und dem DCE (Data Communication Equipment; im Deutschen Modem) sicherzustellen. Diese Leitungen werden meistens nicht benutzt, da bei niedrigen Übertragungen keine Handshake-Überwachung zwingend notwendig ist.

Wie in Abbildung 2.14 dargestellt, gibt es beim Verbindungsaufbau von seriellen Schnittstellen nur eine einheitliche Verbindung unter den Datenleitungen. Bei den Handshake-Leitungen sind je nach Anwendungsfall unterschiedliche Verbindungsvarianten möglich.

Bild 2.14:
„NULL-Modem"-Verbindungs-aufbau der seriellen Schnitt-stelle

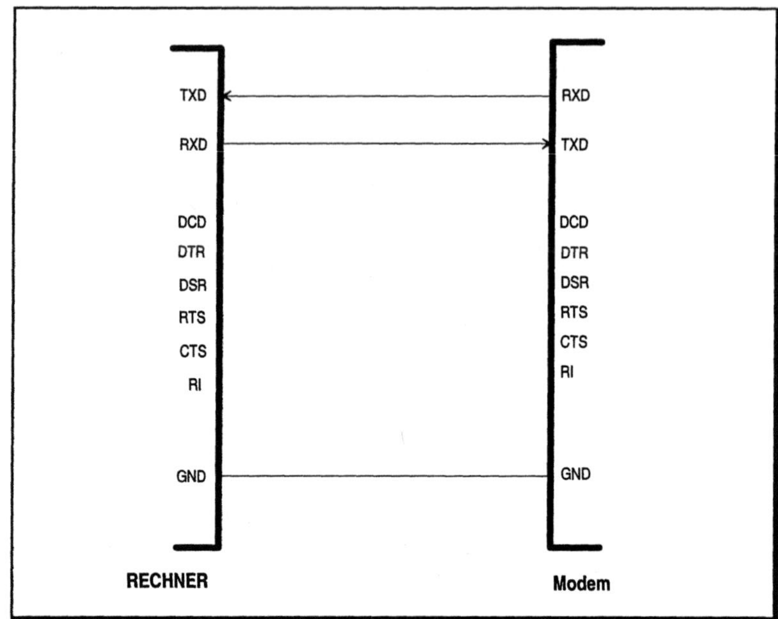

Die direkte Programmierung der seriellen Schnittstelle

Auch die seriellen Schnittstellen enthalten gleich aufgebaute Registerblöcke, deren Programmierung sich jedoch wesentlich umfangreicher und komplexer als bei den parallelen Schnittstellen gestaltet. Die Tabelle 2.16 zeigt den gesamten Registeradreßraum der beiden seriellen Schnittstellen auf.

Tabelle 2.16:
Register-adressen der seriellen Schnittstellen

Register	COM1	COM2	Zugriff	Bemerkung
Receive Buffer	3F8H	2F8H	rd	Empfangsdaten
Transmit Holding	3F8H	2F8H	wr	Sendedaten
Interrupt Enable	3F9H	2F9H	rd/wr	aktiviert d. Interrupt
Int. Identification	3FAH	2FAH	rd	Ursache für Interrupt
Line Control	3FBH	2FBH	rd/wr	Optionen für Sender u. Empfänger
Modem Control	3FCH	2FCH	rd/wr	setzt Handshake-Leitungen

Tabelle 2.16:
Fortsetzung

Register	COM1	COM2	Zugriff	Bemerkung
Modem Status	3FEH	2FEH	rd	Status der Hand-shake-Leitungen
Scratch	3FFH	2FFH	rd/wr	Nicht relevant
Divisor Latch Low	3F8H	2F8H	rd/wr	enthält den Tei-
Divisor Latch High	3F9H	2F9H	rd/wr	lerfaktor

Da die Programmbeispiele im dritten Kapitel „Softwareanwendungen" keine direkte Programmierung der seriellen Schnittstelle beinhalten und die Diskussion der Schnittstellenregister den Rahmen des Buches sprengen würde, wird auf eine detailierte Beschreibung dieser speziellen Register verzichtet.

Serielle Schnittstelle über BIOS-Funktionen programmieren

Neben der direkten Programmierung kann die serielle Schnittstelle auch über den BIOS-Interrupt 14H bearbeitet werden. Es stehen die vier nachfolgend aufgeführten Funktionen zur Verfügung:

Funktion: Serielle Schnittstelle initialisieren
Aufruf: Register AH 00H 　　　　　　　 AL　 Initialisierungsparameter (Tabelle 2.17) 　　　　　　　 DX　 Nummer der seriellen Schnittstelle
Rückgabe:　　　 AH　 Line-Status der Schnittstelle (Tabelle 2.18)

Funktion: Zeichen mit Handshake senden
Aufruf: Register AH 01H 　　　　　　　 AL　 zu sendendes Zeichen 　　　　　　　 DX　 Nummer der seriellen Schnittstelle
Rückgabe:　　　 AH　 Line-Status der Schnittstelle (Bit 7=1: Hand-shake-Zeitüberwachung überschritten)

Funktion: Zeichen mit Handshake empfangen
Aufruf:　Register AH 02H 　　　　　　　 DX　Nummer der seriellen Schnittstelle
Rückgabe:　　　 AL　 Empfangenes Zeichen 　　　　　　　 AH　 Line-Status der Schnittstelle 　　　　　　　　　　 (Bit 1,2,3,4 wie Status, Bit 7=1: Handshake-Zeitüberwachung überschritten)

<table>
<tr><td colspan="2">Funktion: Status abfragen</td></tr>
<tr><td>Aufruf: Register</td><td>AH   03H</td></tr>
<tr><td></td><td>AL   Initialisierungsparameter</td></tr>
<tr><td></td><td>DX   Nummer der seriellen Schnittstelle</td></tr>
<tr><td>Rückgabe:</td><td>AL   Modem-Status (Tabelle 2.19)</td></tr>
<tr><td></td><td>AH   Line-Status</td></tr>
</table>

Tabelle 2.17:
Initialisierungs-
parameter der
seriellen
Schnittstelle

Bit-Nr:	Bedeutung
0 1	Datenlänge: 10 = 7 Bits 11 = 8 Bits
2	Anzahl der Stop-Bits: 0 = 1 Stop-Bit 1 = 1,5 bzw. 2 Stop-Bits
3 4	Paritätsprüfung: 00 = keine 01 = ungerade 11 = gerade
5 6 7	Baud-Rate: 000 = 110 Baud 100 = 1200 Baud 001 = 150 Baud 101 = 2400 Baud 010 = 300 Baud 110 = 4800 Baud 011 = 600 Baud 111 = 9600 Baud

Tabelle 2.18:
Line-Status-
Register der
seriellen
Schnittstelle

Bit-Nr:	Bedeutung
0	Data Ready (1=Daten empfangen)
1	Overrun Error (1=Empfangsüberlauf)
2	Parity Error (1=Paritätsfehler)
3	Framing Error (1=Rahmen Fehler)
4	Break Interrupt (1=Break empfangen)
5	Transmitting Holding Register (1=Senderegister ist leer)
6	Transmitter Emty (1=Senderegister ist leer)
7	Unbelegt

	Bit-Nr:	Bedeutung
Tabelle 2.19: Modem-Status-Register der seriellen Schnittstelle	0	Delta Clear To Send (DCTS=1: CTS geändert)
	1	Delta Data Set Ready (DDSR=1: DSR geändert)
	2	Trailing Edge Ring Indicator (TERI=1: RI steigende Flanke)
	3	Delta Data Carrier Dedect (DDCD=1: DCD geändert)
	4	Clear To Send (CTS=1: CTS Pin=0 und umgekehrt)
	5	Data Set Ready (DSR=1: DSR Pin=0 und umgekehrt)
	6	Ring Indicator (RI=1: RI Pin=0 und umgekehrt)
	7	Data Carrier Dedect (DCD=1: DCD Pin=0 und umgekehrt)

Vor- und Nachteile der seriellen Schnittstelle

Vorteile:

☺ geringe Störanfälligkeit

☺ Übertragung über größere Distanzen

☺ geringe Leitungsanzahl (kostengünstig)

Nachteile:

☹ Niedrige Datenübertragungsrate

☹ Aufwendige Übertragungsprotokolle

☹ komplexe Schnittstellenprogrammierung

2.4   Sprachaufnahmehardware

In diesem Kapitel wird eine einfache Hardwareschaltung vorgestellt, mit der es möglich ist, am AT-Rechner Sprache aufzunehmen und über den internen PC-Lautsprecher gut verständlich wieder- zugeben. Neben der genannten Hardware ist zur Sprachbearbeitung die im Kapitel 3.10 „Sprachausgabe über den PC-Lautsprecher" vorgestellte Treibersoftware erforderlich. Die Sprachaufnahmehardware wird einfach am Druckerport installiert. Als Versorgungsspannung dient eine 9V Batterie bzw. ein entsprechendes Netzteil. Die Sprachsequenzen werden über ein an der Sprachaufnahmehardware angeschlossenes Mikrofon aufgezeichnet und über die Treibersoftware auf Diskette bzw. Festplatte in einer Datei abgespeichert. Ebenfalls über die Treibersoftware kann diese auf den entsprechenden Datenträger abgelegte Datei am internen PC-Lautsprecher wieder ausgegeben werden. Die beiden genannten Hard- und Software-Komponenten stellen eine kostengünstige Sprachbearbeitungsvariante für Jedermann dar. Die Grundidee dieser Sprachbearbeitung stammt aus dem Artikel „Also sprach der PC" von Wolfgang Sturm aus der Zeitschrift „c`t 8/1988.

Deltamodulation

Die meisten der heutzutage auf dem Markt befindlichen Soundkarten bedienen sich bei der Sprachaufnahme der „absoluten Digitalisierung". Dabei wird eine zu erfassende Sprachsequenz in bestimmten Zeitabständen mit einem Analog/Digital-Wandler gemessen. Jede Meßprobe wird in einen Digitalwert, der aus 8 bis 16 Bits bestehen kann, umgewandelt. Die so ermittelten digitalen Sprachsequenzwerte können wiederum über einen Digital/Analog-Wandler konvertiert und an einem Lautsprecher ausgegeben werden. Der Vorteil dieses Verfahrens stellt eine gute Klangqualität der wiederzugebenden Sprachsequenz dar. Die Nachteile dieses Verfahrens liegen in einer aufwendigen Hardware und einem enormen Speicherbedarf zur Aufnahme der digitalisierten Sprachsequenz.

Die in diesem Kapitel realisierte Sprachaufnahmehardware arbeitet nach der sogenannten „Delta-Modulation". Bei diesem Verfahren wird nur eine Aussage über den vorherigen Amplitudenwert getroffen. Über einen festen Zeittakt entscheidet eine einfache Logik, ob der aktuelle Amplitudenwert kleiner oder größer als der beim vorherigen Zeittakt gemessenen Amplitudenwert ist. Somit wird für einen gescannten Wert nur ein Bit benötigt. Diese Modulationsart nennt man „Delta-Modulation", da nur die Änderungen (delta) des Sprachsignals erfaßt werden. Natürlich muß auch bei diesem Verfahren das Abtasttheorem „Die Abtastfrequenz muß doppelt so hoch wie die höchste im Signal vorkommende Frequenz sein", eingehalten werden. Die Abbildung 2.15 zeigt den Zusammenhang zwischen einer Sprachsequenz und dem zugehörigen Deltamodulations-Signal.

Bild 2.15:
Deltamo-
dulations-Signal

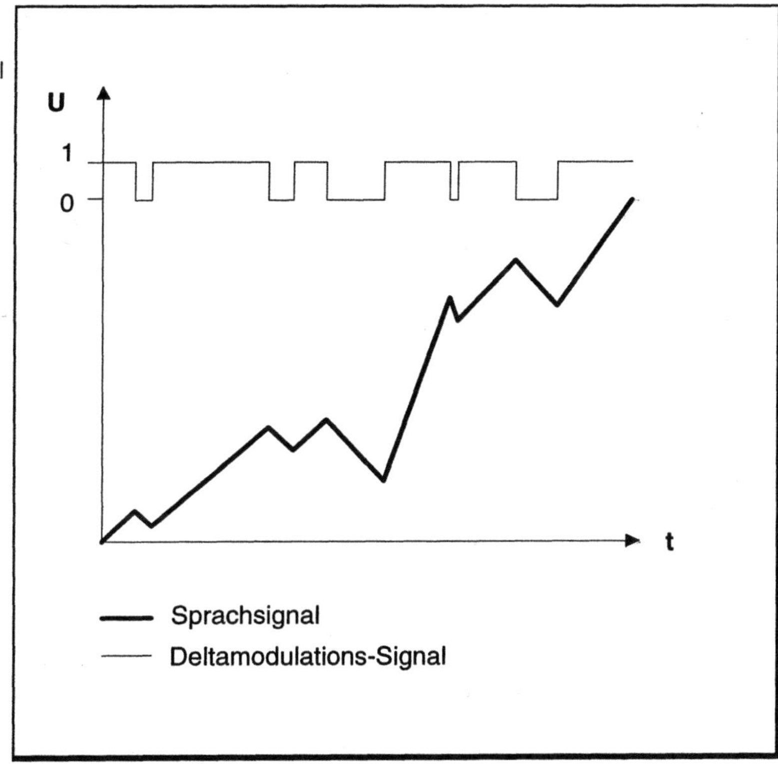

Besondere Probleme bereitet die „Delta-Modulation" bei der Übertragung hoher Frequenzen. Wie im Bild 2.16 dargestellt, ermöglichen auch Mikrofone und Lautsprecher nur die Übertragung von Signalen bis zu einer entsprechend hohen Grenzfrequenz. Ein Piezo-Lautsprecher kann besser höhere Frequenzen übertragen, da seine Membran gleichmäßig angesteuert und eine relativ geringe Masse besitzt. Der Nachteil dieser Lautsprecher ist die schlechte Übertragung der niedrigen Frequenzen, das sich in einer geringeren Lautstärke bemerkbar macht. Sollte die Wiedergabe der abgespeicherten Sprachsequenzen über den internen PC-Lautsprecher zu leise sein, so ist es möglich, auf der Sprachaufnahmehardware einen 5-Watt NF-Verstärker zu integrieren. Über diesen NF-Verstärker kann die Sprachsequenz an einem externen Lautsprecher ausgegeben werden.

Bild 2.16:
Signal-
Übertragungs-
bereiche von
Lautsprechern

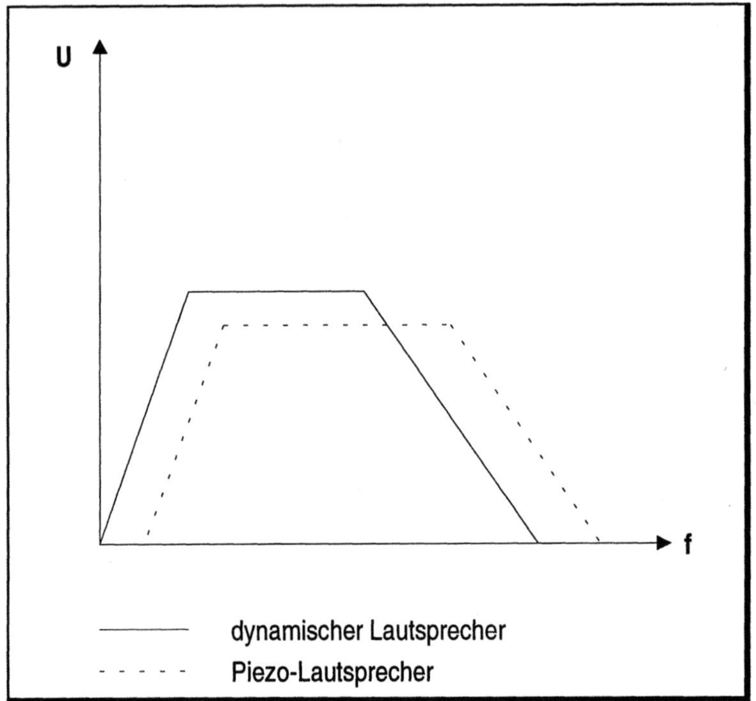

Sprachbearbeitungsmodell nach dem „Delta-Modulations"-Prinzip

Die Sprachbearbeitung läßt sich prinzipiell in die beiden nachfolgend aufgeführten Bereiche unterteilen:

⇨ Sprachaufnahme   (Bild 2.17)

⇨ Sprachwiedergabe   (Bild 2.18)

Sprachaufnahme: Bei der Sprachaufnahme werden, wie in Bild 2.17 dargestellt, die über das Mikrofon aufgenommenen Sprachsignale durch einen Tiefpaß begrenzt und verstärkt. Der eigentliche „Delta-Modulator" besteht aus einem Regelkreis. Das verstärkte Mikrofonsignal wird mit dem Ausgangssignal eines Integrators verglichen. Dieser Vergleich erzeugt das digitale Deltamodulations-Signal, welches vom Treiberprogramm in bestimmten Zeitabständen über den Druckerport in den Rechner eingelesen wird. Die Software steuert dabei eine Art Taktgenerator, der sein digitales Ausgangssignal mit dem digitalen Komparatorausgangssignal multipliziert und dabei den Speichervorgang des Deltamodulations-Signales steuert. Ein Taktpegel von „0" führt immer zu einem „0"-Pegel am Multiplizierer-Ausgang. Ein Taktpegel von „1" schaltet das Deltamodulations-Signal zum Integrator durch. Gleichzeitig wird dieses Modulations-Bit im Arbeitsspeicher abgelegt. Der Integrator wandelt das digitale Signal in ein Analogsignal um. Damit kann am Komparator der nächste Vergleich zwischen dem aktuellen Sprachsignal und dem vorherigen Sprachsignal (Integratorwert) stattfinden. Auf diese Art und Weise wird die gesamte analoge Sprachsequenz im PC-Arbeitsspeicher in digitaler Form abgelegt.

Bild 2.17:
Blockschaltbild der Sprachaufnahme

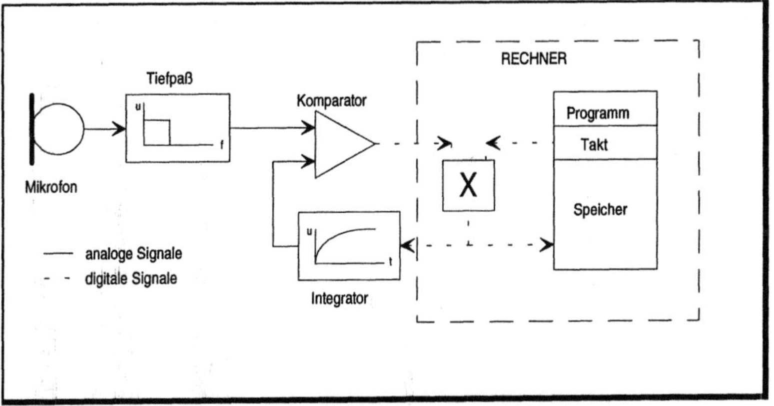

Sprachwiedergabe: Die im PC-Arbeitsspeicher abgelegte digitale Sprachsequenz wird, wie in Abbildung 2.18 dargestellt, an den internen PC-Lautsprecher oder an einen externen NF-Verstärker übertragen. Dabei werden die gespeicherten, digitalen Deltamodulations-Signale über das Treiberprogramm in einem festen Zeittakt an den internen PC-Lautsprecher übermittelt. Durch die Membranträgheit und die Gehäusedämpfung im Rechner wird der erforderliche Intergrator automatisch realisiert. Über die Abarbeitung aller gespeicherten Deltamodulations-Signale erfolgt am Lautsprecher die Ausgabe der über das Mikrofon aufgenommenen Sprachsequenz. Bei der Sprachausgabe über einen externen Lautsprecher ist eine Pegelanpassung (Integrator) der am Druckerport anstehenden digitalen

Signale notwendig. Die analog aufbereiteten Signale werden dann über einen NF-Verstärker am externen Lautsprecher ausgegeben.

Bild 2.18:
Blockschaltbild der Sprachwiedergabe

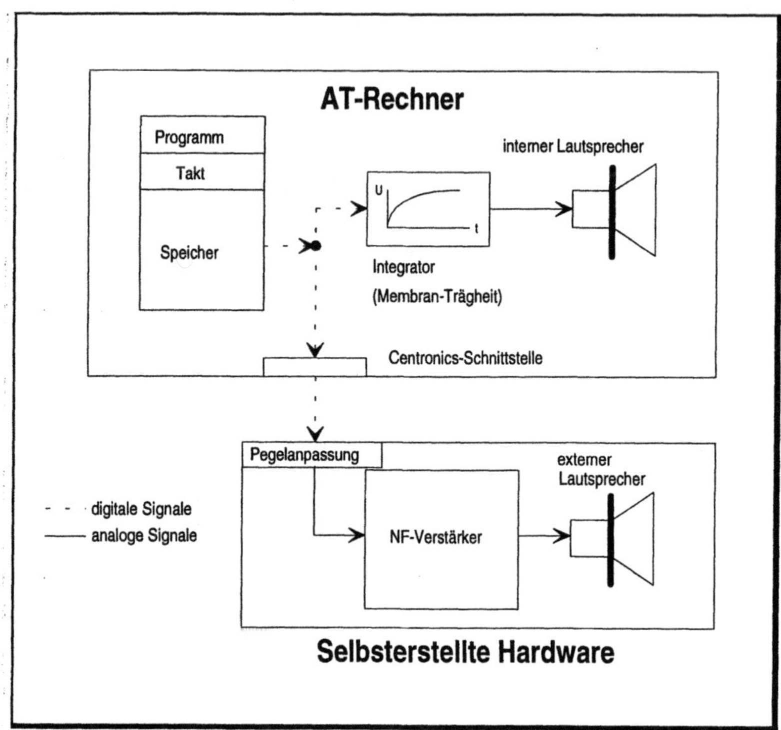

Sprachaufnahme-Hardware

Abbildung 2.19 zeigt die Sprachaufnahmehardware mit allen erforderlichen Bauteilen einschließlich der 9V-Versorgungsspannung. Diese Spannung wird über die Z-Diode D1 in die positive OP-Versorgungsspannung (7,5V) und über den Wiederstand R6 in die negative OP-Versorgungsspannung (ca. -1,5V) aufgespalten. Über den Operationsverstärker J1 wird das über die Mikrofonbuchse BU3 eingelesene Sprachsignal invertierend verstärkt. Über den Kondensator C3 im Rückkopplungszweig erfolgt die Tiefpaßbegrenzung der Sprachsequenz. Der eigentliche Komparator wird durch den invertierend geschalteten Operationsverstärker J2 realisiert. Durch den am Komparator J2 vorhandenen inneren Spannungsverlust von ca. 2V entsteht ein positives Komparatorausgangs-Signal von +5,5V (7,5V -2V). Die negative Ausgangsspannung von -2V wird durch die

Diode D2 auf ca -0,7V begrenzt. Diese Spannungspegel am Komparatorausgang realisieren die genormten digitalen TTL-Pegel der nachgeschalteten Centronics-Schnittstelle. Das über den Pin 11 der Centronics-Schnittstelle eingelesene digitale Deltamodulationssignal wird nach der Bearbeitung im Rechner am Pin 9 der gleichen Schnittstelle wieder bereitgestellt. Über den durch R5 und C4 realisierten Integrator wird das digitale Signal auf einen entsprechenden analogen Wert konvertiert und dem Komparator J2 zur Bestimmung des nächsten Deltamodulationssignals bereitgestellt. Die im Rechner abgelegten Sprachsequenzen können mit Hilfe der im Kapitel 3.10 diskutierten Programme am PC-Lautsprecher ausgegeben werden.

Bild 2.19:
Sprachauf-
nahme-
Schaltung

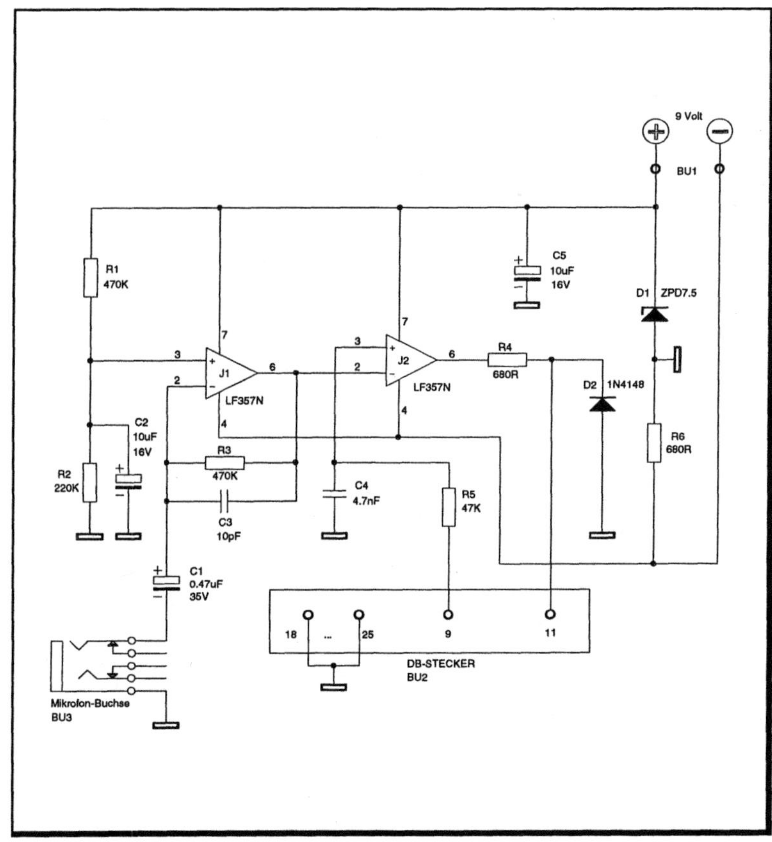

Tabelle 2.20 zeigt die Stückliste der zum Aufbau der Sprachaufnahmeschaltung erforderlichen Bauteile.

Stückliste zur Sprachaufnahmehardware	
Bauteilkennung	Bauteiltyp
J1, J2	OP LF 357N
D1	ZPD 7,5
D2	1N4148
C1	0,47 µF/35V / Elektrolyt
C2, C5	10 µF/16V / Elektrolyt
C3	10 pF / Keramik
C4	4,7 nF / Keramik
R1, R3	470 K / 0,25W
R2	220 K / 0,25W
R4, R6	680 R / 0,25W
R5	47 K / 0,25W
BU1	Stereo-Klinkenbuchse 3,5 mm/3-polig
BU2	25-poliger Centronics-Stecker
BU3	Stereo-Klinkenbuchse 3,5 mm/5-polig

Sprachaufnahme- und -wiedergabe-Hardware

Die über die „Delta-Modulation" aufgenommenen digitalen Sprachsequenzen können mit Hilfe der im Kapitel 3.10 vorgestellten Programme auch über die Centronics-Schnittstelle an einen externen Lautsprecher bzw. NF-Verstärker übertragen werden. Für diese Variante ist die in Abbildung 2.20 dargestellte Hardware vorgesehen. Neben der bereits diskutierten Sprachaufnahme ist im Schaltbild zusätzlich ein 5 Watt NF-Verstärker mit einem externen Lautsprecher integriert. Über den Schalter S1 kann zwischen Aufnahme (Stellung A) und Wiedergabe (Stellung W) gewählt werden. Mit Hilfe des im Kapitel 3.10 diskutierten Programms werden die Deltamodulations-Signale nicht zum internen PC-Lautsprecher, sondern zum Ausgabepin 3 der Centronics-Schnittstelle übertragen. Die am Pin 3 anliegenden Signale werden über die Pegelanpassung (R7, R8, C6 und C7) zum Eingang des NF-Verstärkers (P1) übertragen. Dabei werden die digitalen Signale auf analoge Pegel konvertiert. Der Öffner in der Mikrofonbuchse BU3 verhindert bei der Aufnahme eine störende Rückkopplung über den Pin 3 der Centronics-Schnittstelle zum

NF-Verstärker. Über das Poti P1 kann die Verstärkung von 0 bis 5 Watt eingestellt werden. An der Buchse BU4 ist der Anschluß eines externen Lautsprechers im Impetanzbereich von 4 bis 8 Ohm möglich.

Bild 2.20:
Sprachauf-
nahme- und -
wiedergabe-
Schaltung

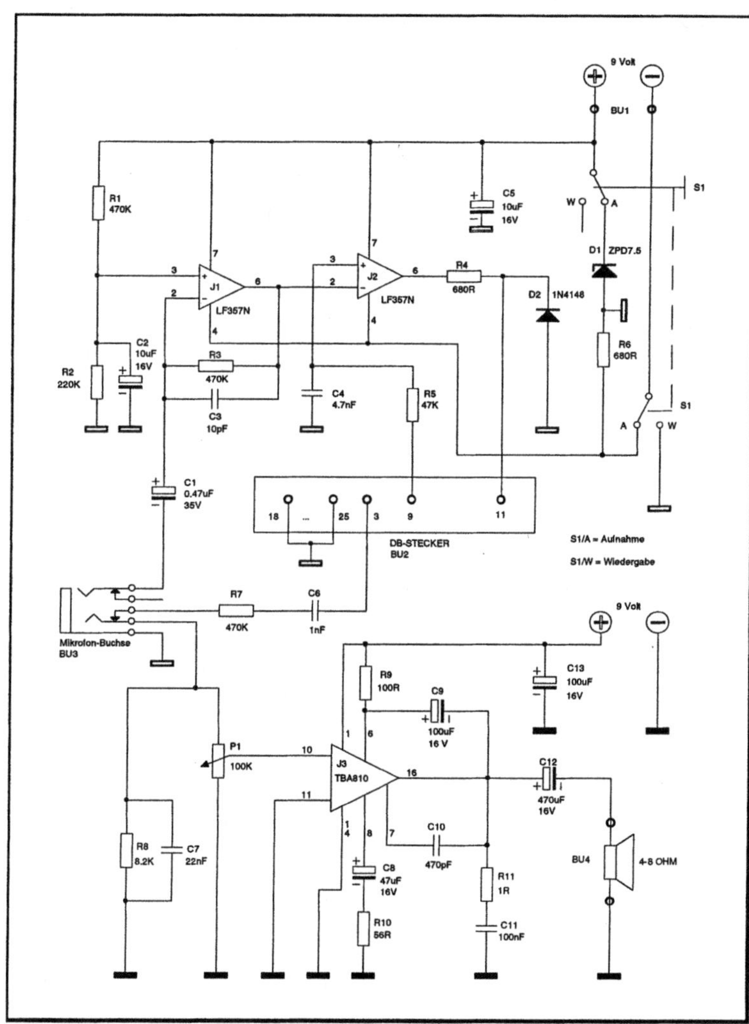

Die Tabelle 2.21 enthält die Stückliste mit allen erforderlichen Bauteilen zum Aufbau der Sprachaufnahme- und -wiedergabeschaltung.

Stückliste zur Sprachaufnahme-/wiedergabe-Hardware	
Sprachaufnahme wie Stückliste in Tabelle 2.20	
J3	NF-Verstärker TBA 810S
C6	1 nF / Keramik
C7	22 nF / Keramik
C8	47 µF/16V / Elektrolyt
C9, C13	100 µF/16V /Elektrolyt
C10	470 pF / Keramik
C11	100 nF / Keramik
C12	470 µF/16V / Elektrolyt
P1	Poti 100 K / Logarithmisch
R7	470 K / 0,25W
R8	8,2 K / 0,25W
R9	100 R / 0,25W
R10	56 R / 0,25W
R11	1 R / 0,25W
S1	Doppelter Wechselschalter
BU4	Stereo-Klinkenbuchse 3,5 mm / 3-polig

Abschlußbetrachtung

Mit Hilfe der beiden vorgestellten Sprachbearbeitungs-Schaltungen
und der im Kapitel 3.10 „Sprachausgabe über den internen PC-
Lautsprecher" diskutierten Programme ist es mit einfachen Mitteln
möglich, gut verständliche Sprachausgaberoutinen in eigene Softwareanwendungen zu integrieren. Dabei ist bei der Ausgabe der
Sprachsequenzen über den internen Lautsprecher keine Zusatzhardware erforderlich. Desweiteren beschränkt sich der zur Aufnahme der Sprachsequenzen notwendige Speicherplatz auf ein Mi-
nimum.

2.5　Die VGA-Grafikkarte

Die 1987 von IBM auf den Markt gebrachte VGA (Video Graphics
Array)-Grafikkarte ist kompatibel zu den Vorgängern MDA, CGA
und EGA. Im Gegensatz zu den älteren Grafikkarten steuert sie einen Analog-Farbmonitor an und ist damit in der Lage, Farben aus
einer Palette von 262144 Farbabstufungen zu selektieren. Diese Far-

benvielzahl kann natürlich nicht gleichzeitig zu einem Zeitpunkt dargestellt werden. Vielmehr hängt die Anzahl der gleichzeitig darstellbaren Farben vom aktivierten Videomodus und dem auf der Karte vorhandenen Bildspeicher ab. Die in diesem Kapitel diskutierten Eigenschaften der VGA-Karte beziehen sich auf den Standard mit 256 KByte-Bildspeicher. Bei diesen Karten ist im Grafik-Videomodus 13H bei einer Bildschirmauflösung von 320*200 Pixeln eine gleichzeitig darstellbare Farbanzahl von 256 Farben möglich. Leider ist diese geringe Auflösung für professionelle Anwendungen zu gering, so daß in diesem Buch ausschließlich der Grafik-Videmodus 12H mit einer Auflösung von 640*480 Pixeln bei einer gleichzeitigen Darstellung von 16 Farben Verwendung findet. Neben der Farbenvielzahl bietet die VGA-Grafikkarte gegenüber ihren Vorgängern den Vorteil, daß alle Register auf der Karte ausgelesen und beschrieben werden können. Diese wichtige Eigenschaft ist besonders bei modernen Multitasking-Systemen erforderlich, bei denen bei einem Wechsel der parallel ablaufenden Programme alle Zustände der Grafikkarte abgespeichert und zu einem späteren Zeitpunkt wieder restauriert werden müssen.

Der Bildschirmspeicher (VIDEO-RAM) im Adreßraum des PCs

Wie bereits im Kapitel 2.2 „PC-Speicherverwaltung" diskutiert wurde, stehen für den Bildspeicher im PC-Adreßraum die zwei Speicherbereiche „A000:0000 bis A000:FFFF" und „B000:0000 bis B000:FFFF" zur Verfügung. Dabei ist der Bereich „B000:0000 bis B000:FFFF" bereits von den älteren MDA-, CGA- und Hercules-Grafikkarten belegt. Für die VGA-Karte ist lediglich der 64 KByte große Adreßbereich von „A000:0000 bis A000:FFFF" reserviert. Der auf der Standard-VGA-Karte vorhandene 256 KByte große Bildspeicher wird, wie in Abbildung 2.21 dargestellt, segmentweise in vier 64 KByte-Blöcke (Bit-Planes) unterteilt. Dabei liegen die vier Speicherebenen im gleichen Adreßbereich von „A000:0000 bis A000:FFFF". Eine interne Hardwarelogik schaltet die aktuell benötigte Speicherebene in den genannten VGA-Adreßbereich des PC-Arbeitsspeichers. Dieses Organisationsprinzip wird auch heutzutage für alle EGA-, VGA- Grafikkarten nicht verletzt, auch wenn es bei den Super-VGA-Grafikkarten erweitert wurde. Die interne Verwaltung und Aufteilung der vier 64-KByte-Speicherebenen hängt vom aktivierten Videomodus ab. Grundsätzlich unterscheidet man bei den Grafikkarten den Text- und den Grafikmodus.

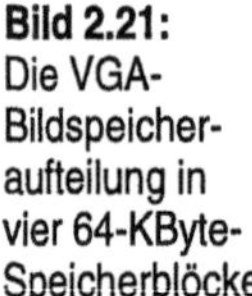

Bild 2.21:
Die VGA-
Bildspeicher-
aufteilung in
vier 64-KByte-
Speicherblöcke

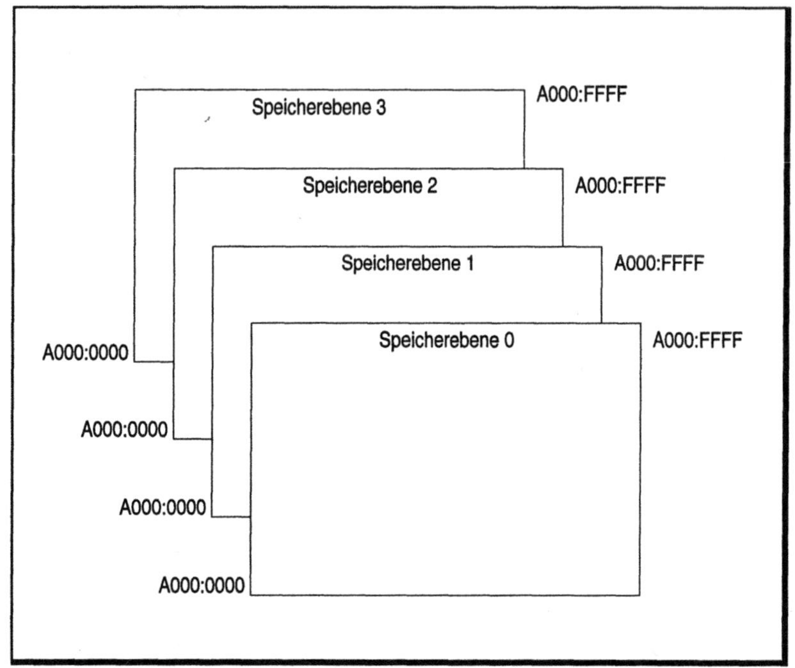

Der VGA-Bildspeicher im Textmodus

Im Textmodus der VGA-Karte belegt jedes am Bildschirm auszugebende Zeichen zwei Bytes im Bildspeicher. Das erste Byte enthält
die ASCII-Nummer des darzustellenden Zeichens; das zugehörige
Punktmuster erzeugt die Video-Hardware erst beim Aufbau des
Monitorbildes. Im zweiten Byte wird die Zeichen- (Bit 0 bis 3) und
Hintergrundfarbe (Bit 4 bis 7) des Zeichens festgelegt. Im Textmodus werden die vier Speicherblöcke des VGA-Bildspeichers, wie im
Bild 2.22 dargestellt, verwaltet. In der Speicherebene 0 befinden
sich die am Bildschirm auszugebenden Zeichencodes und in der
Speicherebene 1 die zugehörigen Attributbytes. Für einen Textbild-
schirm mit 25*80 Zeichen werden 2000 ASCII-Zeichencodes und
2000 Attributbytes, zusammen 4000 Bytes, benötigt. Wie in der
Abbildung 2.23 ersichtlich, steht im VGA-Bildspeicher für die Zei-
chen- und Attributbytes ein Speicherbereich von 8000H, das entspricht 32000 Bytes, zur Verfügung. In diesem Bereich können 8
Bildschirmseiten (32000 Bytes /4000 Bytes) untergebracht werden.

Die zu den ASCII-Zeichencodes zugeordneten Punktmuster werden in ROM-Zeichensätzen auf der VGA-Karte abgelegt. Die im ROM befindlichen Zeichensätze werden in die Speicherebene 2 kopiert. In diesem Speicherbereich ist die Aufnahme von acht unterschiedlichen Zeichen-Fonts möglich, wobei standardmässig der Zeichensatz-Font 0 für den Textmodus Verwendung findet. Durch die Installation der Zeichensätze im RAM des Bildspeichers ist es möglich, die Standardzeichensätze abzuändern bzw. neue Zeichensätze zu erstellen. Wie in Tabelle 2.22 aufgezeigt, liegen alle auf der VGA-Karte selektierbaren Textmodi in den Speicherbereichen „B000:0000 bis B000:FFFF", also außerhalb des VGA-Adreßbereichs. Eine raffinierte Hardwarelogik auf der VGA-Karte leitet den Adreßbereich „B000:0000 bis B000:FFFF" in den VGA-Adreßbereich „A000:0000 bis A000:FFFF" um. Dadurch merken Programme, die direkt in den Textbildspeicher schreiben, nichts vom vierstöckigen Aufbau der VGA-Karte.

Bild 2.22:
Der VGA-Bildspeicher im Textmodus

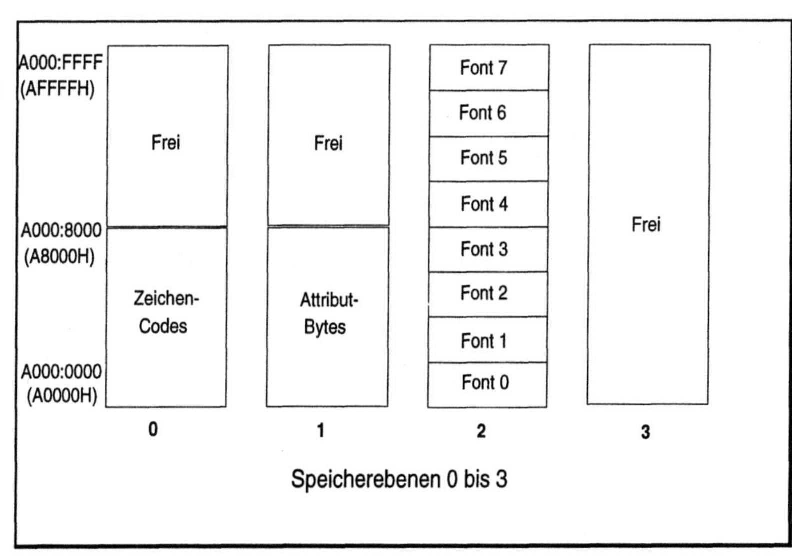

Tabelle 2.22:
Die Textmodi
der VGA-Karte

Video-Modus	Farben-Anzahl	Pixel-Auflösung	Spalten/Zeilen	Bild-Seiten	Start-Adresse
0	16	360*400	40*25	8	B000:8000
1	16	360*400	40*25	8	B000:8000
2	16	720*400	80*25	8	B000:8000
3	16	720*400	80*25	8	B000:8000
7	Mono	720*400	80*25	8	B000:0000

Bild 2.23 zeigt den Zusammenhang zwischen den vier Speicherebenen der VGA-Karte und der Adreßbereichsverschiebung in den Textmodi, sowie der Anordnung von Zeichen- und Attributbytes.

Bild 2.23:
Verwaltung des
VGA-
Bildspeichers
im Textmodus

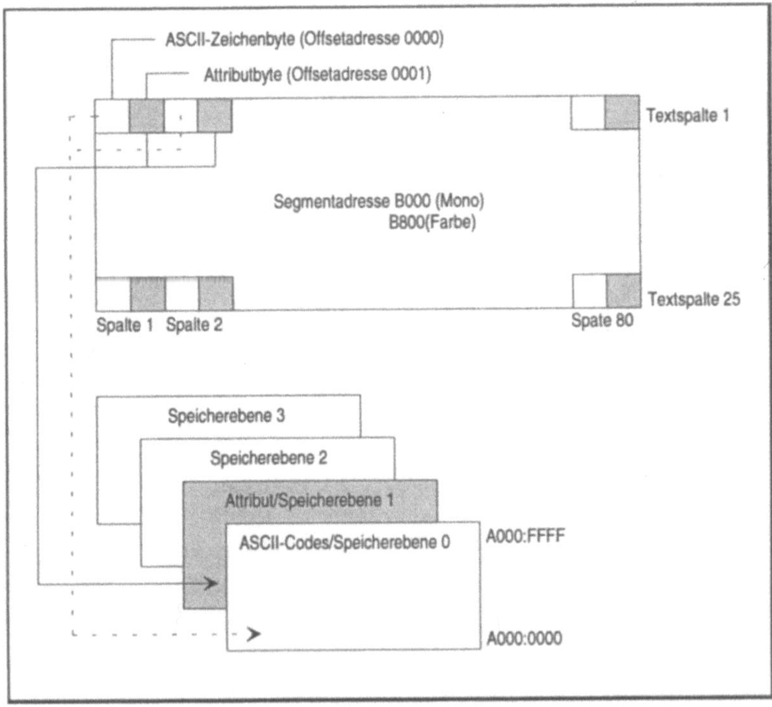

Der VGA-Bildspeicher im Grafikmodus

Die Verwaltung der vier Speicherebenen des VGA-Bildspeichers hängt im Grafikmodus sehr stark vom aktivierten Videomodus ab. Wie bereits weiter oben erläutert, beschränken sich die Ausführungen zum Grafikmodus auf den Videomodus 12H mit einer Auflösung von 640*480 Pixeln bei einer gleichzeitigen Darstellung von 16 Farben aus einer Farbpalette von 262144 unterschiedlichen Farben. Alle Zusammenhänge des Bildspeichers im Grafikmodus 12 H werden in der Abbildung 2.24 dargestellt. Bei einer Auflösung von 640*480 Pixeln (horizontal*vertikal) wird in einer Speicherebene jedem Pixel genau ein Bit zugeordnet. Für eine Pixelzeile von 640 Bildpunkten sind demnach 80 Bytes erforderlich. Zur Darstellung aller 480 Pixelzeilen werden insgesamt 38400 Bytes benötigt. Bei der Vergabe eines Bits pro Pixelpunkt können jedoch nur zwei unterschiedliche Farbzustände differenziert werden. Die Kodierung von 16 Farben erfordert jedoch 4 Bits pro Pixelpunkt. Was liegt nun näher, als in jeder Speicherebene genau ein Bit der Farbinformation eines Pixels abzulegen. Eine interne Hardwarelogik auf der VGA-Karte steuert an einer einheitlichen Adresse im VGA-Adreßbereich die Speicherebenen-Adreßierung und dadurch die Farbzusammensetzung (Farbnummer) eines einzelnen Pixels.

Bild 2.24:
Der VGA-
Bildspeicher im
Grafikmodus

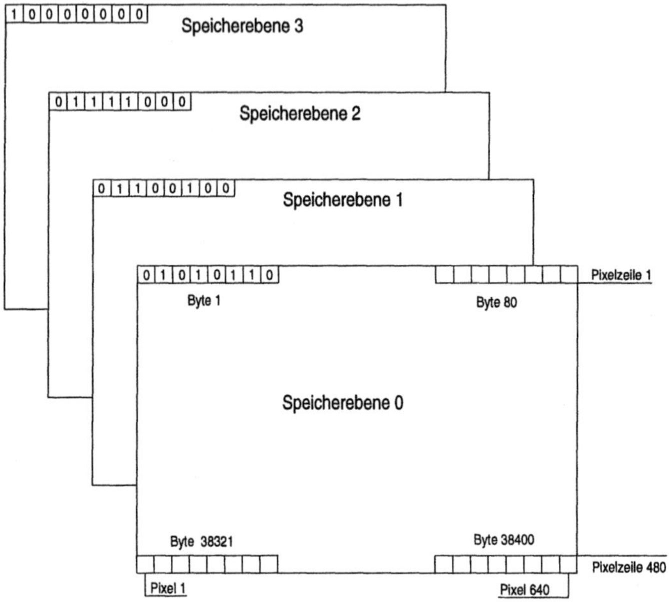

Ebene 3	Ebene 2	Ebene 1	Ebene 0	Farbnummer/ Standardfarbe
0	0	0	0	0 / Schwarz
0	0	0	1	1 / Blau
0	0	1	1	3 / Türkis
0	1	0	0	4 / Rot
0	1	0	1	5 / Magenta
0	1	1	0	6 / Braun
0	1	1	1	7 / Hellgrau
1	0	0	0	8 / Dunkelgrau

Bestimmung der Pixelfarbnummer anhand der Bitposition der vier Farbebenen

In Bild 2.24 werden in den einzelnen Speicherebenen an der VGA-
Bildspeicher-Startadresse „A000:0000" folgende Bildinformations-
Bytes abgelegt:
⇨ Speicherebene 0:   56H=01010110B
⇨ Speicherebene 1:   64H=01100100B
⇨ Speicherebene 2:   78H=01111000B
⇨ Speicherebene 3:   80H=10000000B

Durch diese Bildspeicherinhalte werden die ersten 8 Pixel in der ersten Pixelreihe in den folgenden Farben ausgegeben:

1. Pixel	2. Pixel	3. Pixel	4. Pixel	5. Pixel	6. Pixel	7. Pixel	8. Pixel
Dunkel-grau	Hell-grau	Braun	Magenta	Rot	Türkis	Blau	Schwarz

Die VGA-Farbbehandlung

Nach der Installation des 16-Farben-Videomodus 12H installiert die VGA-Karte die bereits bei der CGA- und EGA-Karte bekannte Standardfarbpalette (s. Tabelle 2.23). Da die Standardfarben nach Belieben abgeändert werden können, werden die 16 Farbwerte als Farbnummern bezeichnet. Alle 16 Farbnummern werden in den sogenannten Palettenregistern verwaltet. Dabei beinhaltet ein Palettenregister die Adresse eines von 256 Farbregistern. In den Farbregistern ist die eigentliche Farbinformation enthalten. Jedes Farbregister besitzt drei 6-Bit große Bereiche, in denen die Farbanteile „Rot, Grün und Blau" verwaltet werden. Mit Hilfe dieser 18-Bit Farbinformation lassen sich somit 262144 (2^{18}) Farben verwalten. Die Abbildung 2.25 verdeutlicht noch einmal den Zusammenhang und den Ablauf der VGA-Farbkodierung. Über die Farbnummer (4-Bit) können 16 Palettenregister selektiert werden. Jedes der 16 Palettenregister enthält eine Adresse (6-Bit) eines der 256 Farbregister. Um 256 Register zu adressieren, sind acht Bit notwendig, von denen die Palettenregister nur sechs liefern. Die beiden fehlenden höherwertigen Bits liefert das „Color-Select-Register". Im Farbregister wird die eigentliche Farbe über einen 18-Bitwert (3 Farbanteile zu je 6-Bit) verwaltet. Aus diesem digitalen 18-Bit Wert werden über einen DAC (Digital/Analog-Konverter) drei analoge Signale erzeugt, die auf die Leitungen für den Rot-, Grün- und Blauanteil des Monitors gelegt werden.

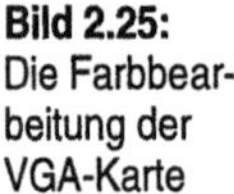

Bild 2.25:
Die Farbbearbeitung der
VGA-Karte

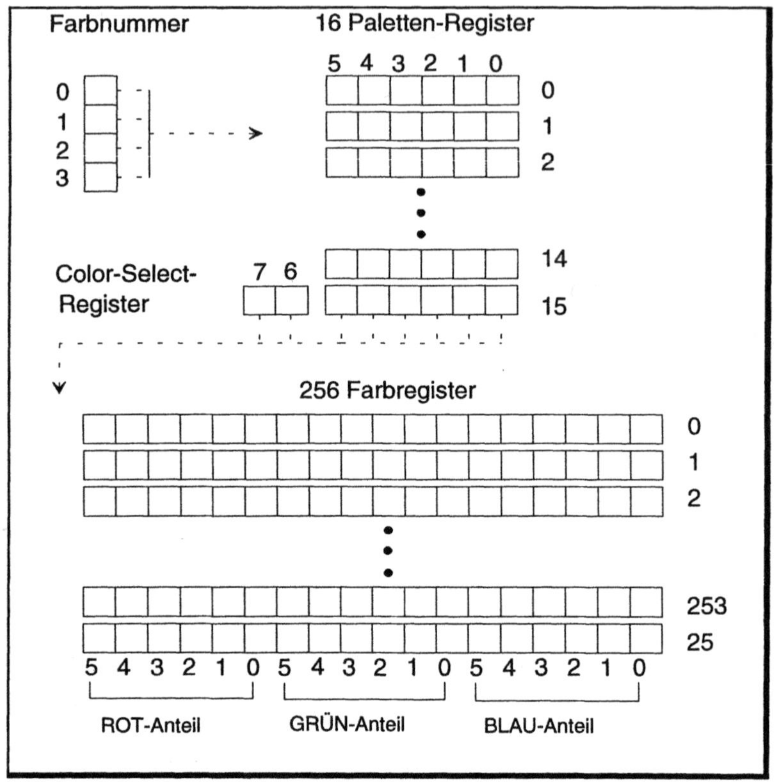

Farbnummer im Textmodus: Im Textmodus wird die Farbnummer aus dem Attributbyte abgeleitet. Dabei repräsentieren die Bits 0
bis 3 des Attributbytes die Zeichenfarbe und die Bits 4 bis 7 die
Hintergrundfarbe des Zeichens.

Farbnummer im Grafikmodus: Im Grafikmodus setzt sich, wie
bereits weiter oben erläutert, die Farbe eines Pixels aus den gleichen Bitpositionen an einer einheitlichen Adresse der vier Farbebenen zusammen.

2.6 Die PC-Maus

Heutzutage gibt es auf dem PC-Sektor eine Vielzahl von Möglichkeiten, Mäuse an das System anzuschließen. Auch die Mäuse selbst
unterscheiden sich in Funktion, Design und Größe. In den meisten

Fällen hat sich jedoch die serielle Kommunikation durchgesetzt, bei der die Maus an der standardisierten, seriellen Schnittstelle angeschlossen wird. Als Softwareschnittstelle zwischen der Maus und dem PC dient das von der Firma MICROSOFT bereits im Jahre 1983 eingeführte Funktionsinterface über den BIOS-Interrupt 33H.

Maus-Funktionsprinzip

Der mechanische Mausaufbau ist im Bild 2.26 dargestellt. Im Mausgehäuse befindet sich eine Vollgummikugel, die sich bei einer Mausbewegung in Drehung versetzt. Beim Rollen der Kugel werden zwei Walzen angesteuert, die rechtwinkelig zueinander angeordnet sind. Eine der Walzen ist für die horizontale und die andere Walze für die vertikale Mausbewegung zuständig. Die X- und Y-Walzen werden nach einem optomechanischen Prinzip ausgewertet. Beide Walzenbewegungen werden über Achsen auf zwei Lochscheiben übertragen. Diese Lochscheiben bewegen sich innerhalb von zwei Lichtschranken, die letztendlich die Mausbewegungen in entsprechende Signale konvertieren und an den PC weiterleiten und dort den Mausinterrupt 33H aktivieren. Die Löcher auf der Lochscheibe sind, wie in Abbildung 2.27 dargestellt, so positioniert, daß niemals beide Lichtschranken einer Bewegungsrichtung gleichzeitig geschlossen werden können. Mit diesem Verfahren ist es möglich, die Bewegungsrichtung festzustellen. Dazu wird einfach überprüft, welche der beiden Lichtschranken zuerst geschlossen wurde.

Bild 2.26:
Mechanischer
Mausaufbau

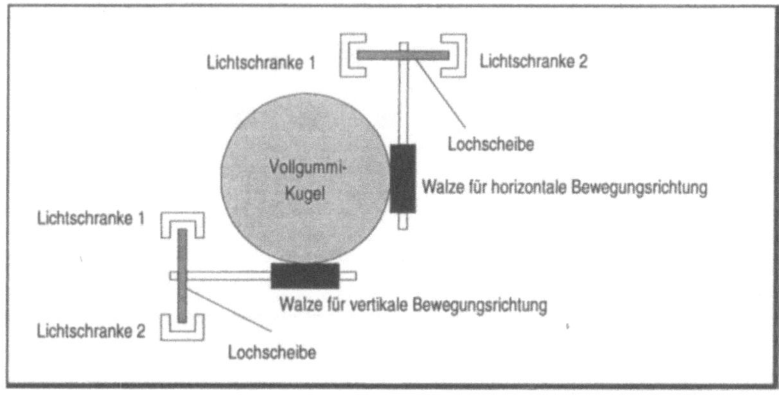

Bild 2.27:
Optomechanisches
Prinzip aus
Lochscheibe
und Lichtschranken

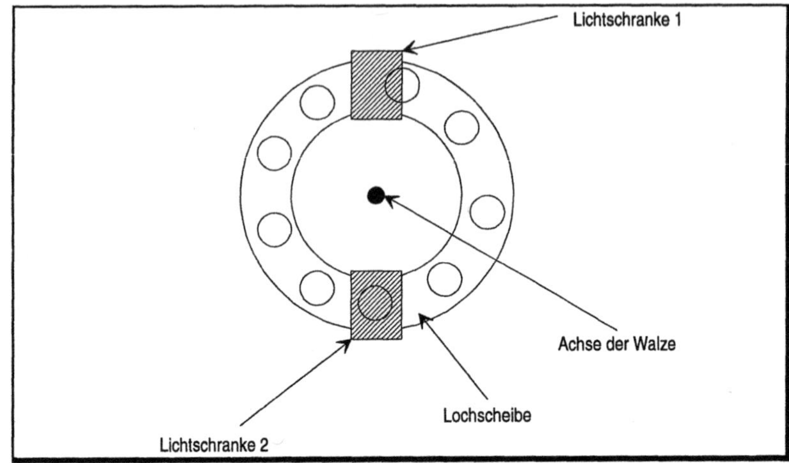

Die Maus wird über den im Bild 2.28 dargestellten Mausstecker an
der 9-poligen, seriellen Schnittstelle angeschlossen. Die Leitungsbezeichnungen werden in der Tabelle 2.23 aufgeführt. Jeder   Lichtschranke sind zwei Leitungen (horizontale und vertikale Bewegungsrichtung) zugewiesen.

Bild 2.28:
Die Anschlußbuchse der
Maus

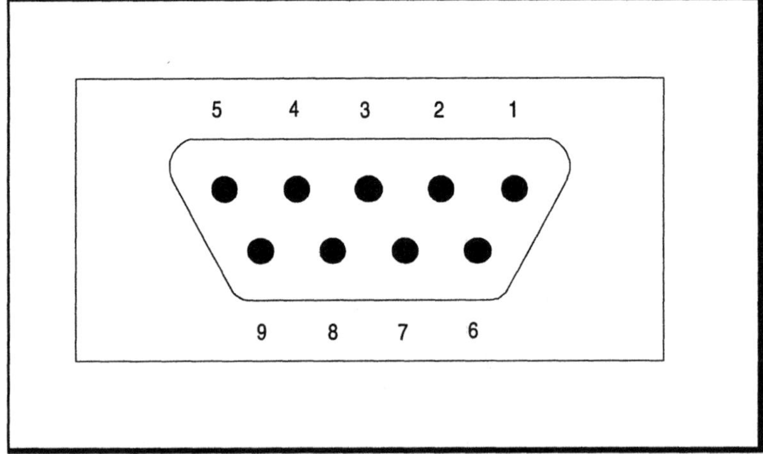

Tabelle 2.23:
Leitungsbezeichnungen des Mausstekkers

Pin-Nr:	Bedeutung
1	Lichtschranke 1 für horizontale Bewegung
2	Lichtschranke 2 für horizontale Bewegung
3	Lichtschranke 1 für vertikale Bewegung
4	Lichtschranke 2 für vertikale Bewegung
5	Unbelegt
6	Mausknopf 1
7	Versorgungsspannung
8	GND (Masse)
9	Mausknopf 2

3   Software-Anwendungen

**Mit Hilfe der in diesem Kapitel diskutierten Programme mußt
Du dich bei der Software-Erstellung nicht mehr auf schwarze
Magie oder sonstige Hinterhältigkeiten verlassen.**

3.1 Tastatur-Bearbeitung

Auch in der heutigen Zeit ist die herkömmliche Tastatur neben neuartigen Eingabegeräten, wie z. B. Mäuse, Trackballs, Grafiktabletts, auf keinen Fall wegzudenken. Sie bleibt bis dato die Nummer Eins unter der Eingabeperipherie, besonders, wenn es bei der Textverarbeitung um die Eingabe von Buchstaben, Zahlen und Zeichen geht. Solange keine Spracherkennung für den kommerziellen Bereich zur Verfügung steht, wird sich daran auch so schnell nichts ändern. All diese Punkte verdeutlichen die Notwendigkeit, die Tastaturbearbeitung komfortabel und effizient in die Programmstrukturen zu integrieren, da diese aus heutiger Sicht einen Hauptbestandteil eines jeden Programmes darstellen.

Alle in diesem Kapitel realisierten Tastaturabfragen bedienen sich der BORLAND-Standardfunktion „int bioskey(0)". Diese Funktion verwendet den BIOS-Interrupt 0x16 zur Kommunikation mit der Tastatur. Der Einsatz des BIOS-Interrupts bietet folgende Vorteile:

⇨ Hardwareunabhängige Tastaturabfrage

⇨ Abfrage aller möglicher Tasten

⇨ Mit einer Funktion werden alle programmtechnischen Informationen zur gedrückten Taste bereitgestellt

---

int iReturn bioskey(int iWahl)

Headerdatei: bios.h

Funktionalität:

Die Funktion verwendet den BIOS-Interrupt 16H zur Kommunikation mit der Tastatur. Die Tastaturbearbeitung wird über den Wert im Übergabeparameter „iWahl" festgelegt.

• **iWahl=0:**

  iReturn-LOW-Anteil <> 0: In iReturn-LOW wird der ASCII-Code und in iReturn-HIGH der SCAN-Code der aktiven Taste übergeben.

  iReturn-LOW-Anteil=0: Der iReturn-HIGH-Anteil enthält den eweiterten Tastaturcode der gedrückten Taste.

• **iWahl=2:**

  iReturn enthält den aktuellen Zustand der Umschalttasten.

Die im Kapitel 3.1 vorgestellten Programme zeigen die grundlegenden Tastaturbearbeitungstechniken auf. Dabei ermöglicht das Programm „TAST1.EXE" das Auswerten und Anzeigen der wichtigsten Tasteninformationen einer gedrückten Taste. Das Programm „TAST2.EXE" realisiert die komfortable Eingabe einer Zeichenkette in Form einer Pfadeingabe. Während die Programme „TAST1.EXE" und „TAST2.EXE" nach klassischer C-Konvention programmiert wurden, stellt sich das Programm „TAST3.EXE" im gesamten Aufbau objektorientiert dar. Dieses Programm ist vom Funktionsablauf identisch zum Programm „TAST2.EXE". Dadurch wird dem Leser der direkte Vergleich zwischen klassischer C und innovativer objektorienierter C++ Programmiertechnik ermöglicht.

3.1.1   Bestimmen von Tastaturcodes in klassischer „C"-Konvention

Wie im Kapitel 2.1 Grundlagen der Hardwarebestandteile beschrieben wurde, liefern die BIOS-Tastatur-Bearbeitungsroutinen eine Unmenge an unterschiedlichen Code-Klassifizierungen. Dazu zählen Definitionen wie ASCII-, SCAN-, MAKE-, BREAK- und erweiterter Tastaturcode, um nur die Wichtigsten zu nennen. Aus der Literatur kann man eine Vielzahl an Tabellen mit den unterschiedlichsten Code-Auflistungen entnehmen. Zu allem Übel sind die Tabelleneinträge der Code-Klassifizierungen teilweise auch noch von der verwendeten Tastatur abhängig. Als Beispiel kann hier der SCAN-Code aufgezeigt werden, welcher bei einer AT-Tastatur andere Werte als bei einer PC- und XT-Tastatur beinhaltet.

Programminhalt

Das Programm „TAST1.EXE" stellt ein äußerst nützliches Werkzeug für die Tastaturbearbeitung dar. Durch dieses Programm sind Sie nicht mehr auf das Wirrwarr der Code-Tabellen angewiesen. Wie Sie in Bild 3.1 sehen, werden die für die Tastatur-Programmierung relevanten Informationen wie ASCII-Code, erweiterter Tastaturcode, Status der Umschalttasten und noch vieles mehr in übersichtlicher Darstellung am Monitor ausgegeben. Somit können alle notwendigen Tasteninformationen vor der Erstellung der entsprechenden Tastaturbearbeitungsfunktionen   mit   Hilfe   des   Programmes „TAST1.EXE" analysiert und ausgewertet werden.

Bild 3.1:
Ausgabe-
bildschirm
zu Programm:
TAST1

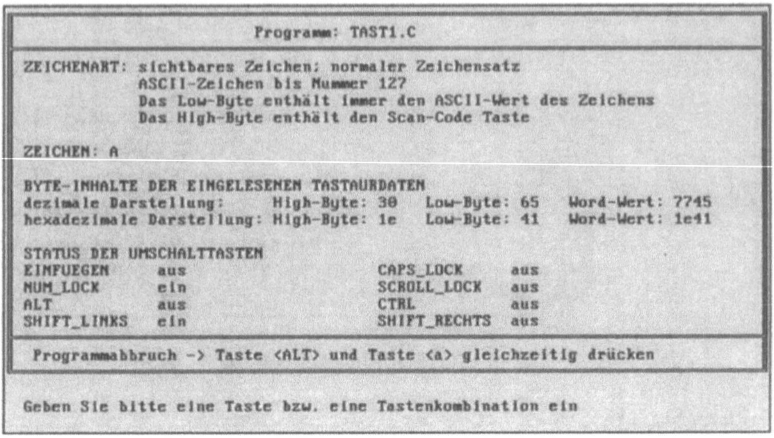

```
                         Programm: TAST1.C

ZEICHENART: sichtbares Zeichen; normaler Zeichensatz
            ASCII-Zeichen bis Nummer 127
            Das Low-Byte enthält immer den ASCII-Wert des Zeichens
            Das High-Byte enthält den Scan-Code Taste

ZEICHEN: A

BYTE-INHALTE DER EINGELESENEN TASTAURDATEN
dezimale Darstellung:     High-Byte: 30    Low-Byte: 65    Word-Wert: 7745
hexadezimale Darstellung: High-Byte: 1e    Low-Byte: 41    Word-Wert: 1e41

STATUS DER UMSCHALTTASTEN
EINFUEGEN      aus              CAPS_LOCK      aus
NUM_LOCK       ein              SCROLL_LOCK    aus
ALT            aus              CTRL           aus
SHIFT_LINKS    ein              SHIFT_RECHTS   aus

Programmabbruch -> Taste <ALT> und Taste <a> gleichzeitig drücken


Geben Sie bitte eine Taste bzw. eine Tastenkombination ein
```

Nachdem Sie das Programm mit der Eingabe „TAST1 ⏎" gestartet
haben, sehen Sie noch keinen Eintrag in der Bildmaske. Drücken
Sie im Anschluß eine beliebige Taste, werden alle Informationen
zum Tastendruck in der Bildmaske angezeigt. In der Bildmaske erhalten Sie neben den Informationen über die Zeichendarstellung
den ASCII- und erweiterten Tastatur-Code in dezimaler und hexadezimaler Darstellung, sowie Informationen über den Status der
Umschalttasten. Weiterhin erfolgt eine Einteilung des Zeichens in
ASCII-, Grafik- bzw. Sonderzeichen. Aus dem Flußdiagramm in Bild
3.2 können Sie den prinzipiellen Programmablauf entnehmen. Nach
dem Programmstart wird zuerst die leere Bildmaske aufgebaut. Im
Anschluß erfolgt in einer Endlosschleife das Warten auf einen Tastendruck, Auswerten und Anzeige aller wichtigen Tastaturinforma-
tionen.

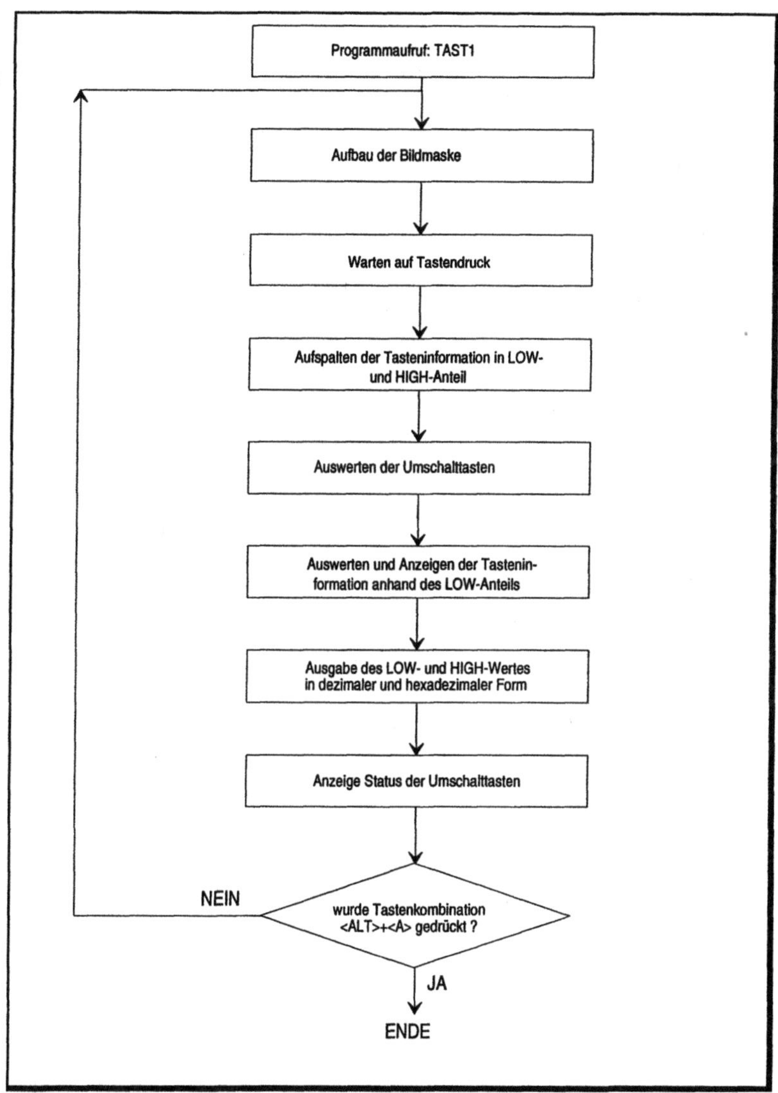

Die Endlosschleife bzw. das Programm kann durch Drücken der Tastenkombination [Alt]+[A] beendet werden.

Programmdiskussion

Nach dem Programmkopf folgt das Einbinden der Headerdatei „buch.h". Wie bereits im Abschnitt I Grundlagen der Softwarebestandteile beschrieben wurde, enthält diese Datei allgemeinnützliche, selbstdeklarierte Funktionen. Für das Programm „TAST1.C" werden die Funktionen „cursor_ein()" und „cursor_aus()" bereitgestellt.

```
/**********************************************************************/
/* INCLUDE-DATEIEN                                                  */
#include "buch.h"
/**********************************************************************/
```

Der folgende Define-Block enthält symbolische Konstanten, welche bestimmte Tasten durch deren ASCII-Code repräsentieren. Durch diese Methode wird das Lesen und Analysieren des Quellcodes wesentlich vereinfacht.

```
/**********************************************************************/
/* DEFINE-KONSTANTEN                                                */
/* Umschalt-Tasten                                                  */
#define        EINFUEGEN      128
#define        CAPS_LOCK      64
#define        NUM_LOCK       32
#define        SCROLL_LOCK    16
#define        ALT            8
#define        CTRL           4
#define        SHIFT_LINKS    2
#define        SHIFT_RECHTS   1
/**********************************************************************/
```

Funktion: main()

In C-Programmen ist es üblich, das Hauptprogramm vor den eigentlichen Funktionen zu deklarieren. Zu Beginn wird mit Hilfe der Funktion „cursor_aus()" die Cursoremulation abgeschaltet. Diese Aktion ist notwendig, um das störende Blinken des Cursors während der Programmausführung zu vermeiden. Die Funktion „maske()" erzeugt den eigentlichen Programmbildschirm, in dem alle Informationen zur gedrückten Taste übersichtlich angezeigt werden. In der folgenden Endlosschleife wird mit Hilfe der Funktion „auswerten()" jede gedrückte Taste analysiert und die entsprechenden Infos am Bildschirm ausgegeben.

```
/**********************************************************************/
/* HAUPTPROGRAMM                                                    */
/**********************************************************************/
main()
```

```
{
cursor_aus();
maske(); /* erzeugen der Bildschirmmaske                           */
do
{
 auswerten(); /* Ausgabe wichtiger Info                            */
}
while(1);
}
/********************************************************************/
```

Funktionen aus der Headerdatei : buch.h

Die beiden Funktionen „cursor_ein()", zum Einschalten der Cursor-Emulation und „cursor_aus()", zum Ausschalten der Cursor-Emulationen sind in der Headerdatei „buch.h" deklariert. Wie in Bild 3.3 ersichtlich, werden bei einer VGA-Karte im Textmodus die Zeichen in einer Zeichenbox verwaltet. Für ein Zeichen stehen 32 Byte zur Verfügung, von denen aber nur die ersten 16 Bytes (Zählweise: von 0 bis 15) zur Zeichenausgabe Verwendung finden. Ein gesetztes Bit innerhalb eines Zeichenbytes repräsentiert einen gesetzten Bildpunkt am Monitor. Die Zeichensatz-Bytes bezeichnet man auch als Rasterzeilen. Die Rasterzeilen werden von oben (Rasterzeile 0) nach unten (Rasterzeile 15) gezählt. Mit der Funktion „cursor_ein()" stellt man den sichtbaren Cursor auf die Rasterzeilen 12 bis 13 ein. Die Funktion „cursor_aus()" setzt den Cursor auf die nicht darstellbaren Rasterzeilen 31 bis 32. Mit diesem Kunstgriff ist es möglich, den Cursor quasi unsichtbar zu schalten.

```
/********************************************************************/
void cursor_aus(void)
{
union REGS Register;

Register.h.ah=1;
Register.h.ch=31;
Register.h.cl=32;
int86(0x10,&Register,&Register);
}
/********************************************************************/


/********************************************************************/
void cursor_ein(void)
{
union REGS Register;
Register.h.ah=1;
Register.h.ch=12;
Register.h.cl=13;
int86(0x10,&Register,&Register);
}
/********************************************************************/
```

Bild 3.3:
Zeichenbox-
darstellung im
Textmodus der
VGA-Karte

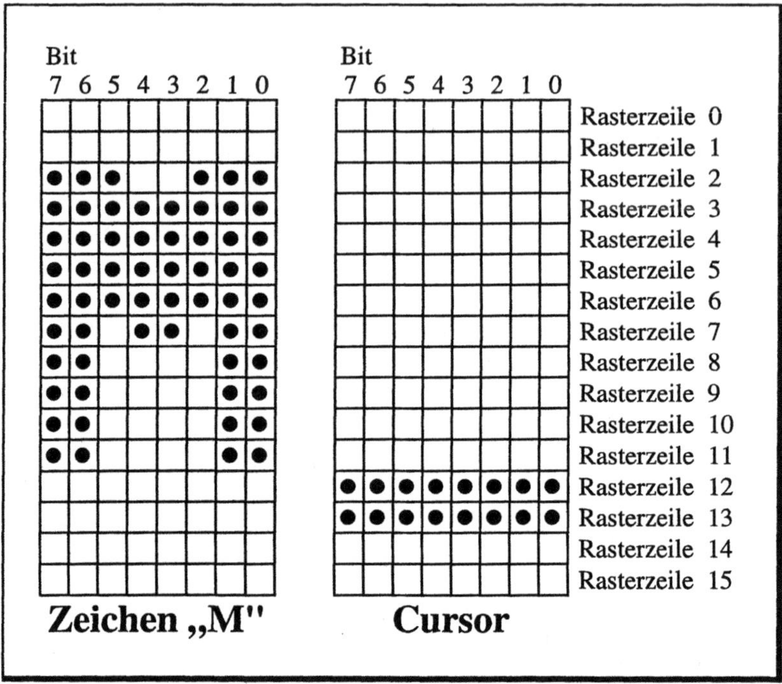

Funktion: maske()

Die Funktion „maske()" stellt das Grundgerüst des Programm-Ausgabebildschirmes in Form einer Informationsmaske, wie im Bild 3.1
aufgezeigt, bereit. Nach dem Löschen des aktuellen Bildschirminhaltes durch die Funktion „clrscr()" werden alle erforderlichen Bildausgaben mit Hilfe der Funktion „printf()" realisiert.

```
/*************************************************************************/
void maske(void)
{
 clrscr();
 .
  .
   .
}
/*************************************************************************/
```

Funktion: auswerten()

Das Kernstück des diskutierten Progammes stellt die Funktion
„auswerten()" dar. Die Funktion nimmt einen Tastendruck entgegen,
analysiert diesen und gibt im Anschluß alle wichtigen Informationen

der gedrückten Taste in der Bildmaske aus. Das Programm kann durch Drücken der Tastenkombination (Alt)+(A) beendet werden.

```
/****************************************************************/
void auswerten(void)
{
union REGS Register;
int iTaste_low_byte,iTaste_high_byte,iTaste_word;
int iTasten_status;
```

In dieser Anweisung wird auf einen Tastendruck gewartet und der tastenspezifischen WORD-Variable „iTaste_word" die Tasteninformation zugewiesen.

```
iTaste_word=bioskey(0);   /* auf Tastendruck warten                */
```

In die Variable „iTasten_status" wird der Zustand der Umschalttasten eingetragen.

```
iTasten_status=bioskey(2);  /* Abfrage Status der Umschalttasten      */
```

Durch Einsatz der WORD-Registervariablen „Register.x.ax" kann der in die Variable „iTaste_word" eingelesene 16-Bit Tastencode leicht in den LOW- und HIGH-Anteil aufgespalten werden.

```
Register.x.ax=iTaste_word;
iTaste_high_byte=Register.h.ah;
iTaste_low_byte=Register.h.al;
```

Nun folgt die Auswertung der Tasteninformationen anhand des LOW-Anteils, welcher in der Variablen „iTaste_low_byte" abgelegt ist. Dabei werden immer einige allgemeine Informationen zur Tastenart im oberen Teil der Bildmaske ausgegeben. Bei einem LOW-Wert von „0" handelt es sich um kein ASCII-Zeichen, sondern um den erweiterteten Tastaturcode, der im HIGH-Anteil bereitgestellt wird.

```
/* erweiterter Tastatur-Code                         */
if(iTaste_low_byte == 0)
{
    .
    .
}
```

Alle Werte „ungleich 0" stellen ASCII-Werte des standardisierten ASCII-Zeichensatzes dar. Im HIGH-Anteil werden die entsprechenden SCAN-Codes der Tasten bereitgestellt. Bei einem Wert zwischen

„0" und „31" handelt es sich um Sonderzeichen. Diese Sonderzeichen können nicht sichtbar am Bildschirm ausgegeben werden.

```
/* Steuerzeichen                                          */
if((iTaste_low_byte <= 31) && (iTaste_low_byte > 0))
{
  .
  .
}
```

Ein Wert von „32" verkörpert die Leer-Taste (SPACE), bei der ebenfalls keine Zeichenausgabe am Bildschirm stattfindet.

```
/* Leerzeichen                                            */
if(iTaste_low_byte == 32)
{
  .
  .
}
```

Bei einem LOW-Anteil im Bereich von „32" bis „127" handelt es sich um sichtbare ASCII-Zeichen. In diesen Bereich fallen alle Zeichen des Alphabets, die Zahlen und einige Sonderzeichen .

```
/* normaler Zeichensatz                                   */
if((iTaste_low_byte >= 33) && (iTaste_low_byte <= 127))
{
  .
  .
}
```

Der IBM-Grafikzeichensatz wird durch einen Wertebereich von „128" bis „255" verkörpert.

```
/* Grafikzeichensatz                                      */
if((iTaste_low_byte >= 128) && (iTaste_low_byte <= 255))
{
  .
  .
}
```

Nach den Informationen über den Zeichentyp werden in der Bildmaske die Werte von LOW- und HIGH-Anteil in dezimaler und hexadezimaler Form ausgegeben.

```
gotoxy(3,12);
printf("dezimale Darstellung:    High-Byte:    Low-Byte:    Word-Wert:
");
gotoxy(40,12);
printf("%i",iTaste_high_byte);
gotoxy(55,12);
printf("%i",iTaste_low_byte);
```

```
gotoxy(71,12);
printf("%i",iTaste_word);
gotoxy(3,13);
printf("hexadezimale Darstellung: High-Byte:        Low-Byte:        Word-Wert:
");
gotoxy(40,13);
printf("%x",iTaste_high_byte);
gotoxy(55,13);
printf("%x",iTaste_low_byte);
gotoxy(71,13);
printf("%x",iTaste_word);
gotoxy(3,16);
```

Im unteren Teil der Bildmaske wird der Zustand der Statustasten in komfortabler Form ausgegeben. Die Variable „iTasten_status" ist nach Tabelle 3.1 binär kodiert. Eine Aussage, ob eine bestimmte Umschalttaste gedrückt wurde, kann durch eine UND-Verknüpfung der entsprechenden Bitwertigkeit, welche in den Programm-Konstanten „EINFUEGEN" bis „SHIFT_RECHTS" wiedergespiegelt wird, getroffen werden.

```
/* Anzeige des Status der Umschalttasten                                */
if(iTasten_status & EINFUEGEN)     printf("EINFUEGEN      ein");
else                               printf("EINFUEGEN      aus");
gotoxy(40,16);
if(iTasten_status & CAPS_LOCK)     printf("CAPS_LOCK      ein");
else                               printf("CAPS_LOCK      aus");
gotoxy(3,17);
if(iTasten_status & NUM_LOCK)      printf("NUM_LOCK       ein");
else                               printf("NUM_LOCK       aus");
gotoxy(40,17);
if(iTasten_status & SCROLL_LOCK)   printf("SCROLL_LOCK    ein");
else                               printf("SCROLL_LOCK    aus");
gotoxy(3,18);
if(iTasten_status & ALT)           printf("ALT            ein");
else                               printf("ALT            aus");
gotoxy(40,18);
if(iTasten_status & CTRL)          printf("CTRL           ein");
else                               printf("CTRL           aus");
gotoxy(3,19);
if(iTasten_status & SHIFT_LINKS)   printf("SHIFT_LINKS    ein");
else                               printf("SHIFT_LINKS    aus");
gotoxy(40,19);
if(iTasten_status & SHIFT_RECHTS)  printf("SHIFT_RECHTS   ein");
else                               printf("SHIFT_RECHTS   aus");
```

Durch Drücken der Tastenkombination [Alt]+[A], welche einen WORD-Wert von 0x1E00 liefert, kann das Programm beendet werden. Dabei wird der Bildschirm gelöscht, die Cursoremulation eingeschaltet und dem Betriebssystem DOS der Errorlevel „0" für eine fehlerfreie Programmausführung übergeben.

```
/* Programmabbruch                                                      */
if(iTaste_word == 0x1E00)
```

```
    {
    clrscr();
    cursor_ein();
    exit(0);
    }
    }
    /*********************************************************************/
```

Tabelle 3.1:
Umschalt-
tasten-
Kodierung

Bit 7	128	EINFÜGEN
Bit 6	64	CAPS_LOCK
Bit 5	32	NUM_LOCK
Bit 4	16	SCROLL_LOCK
Bit 3	8	ALT
Bit 2	4	CTRL
Bit 1	2	SHIFT_LINKS
Bit 0	1	SHIFT_RECHTS

3.1.2   Eingabe einer Pfad-Angabe in klassischer „C"-Konvention

Eine zentrale Aufgabe bei der Programmerstellung ist die Integration von Eingaberoutinen zur Bearbeitung von Zeichenketten, auch Strings genannt. Dabei kann es sich u. a. um Namens-, Datei- oder Pfadeingaben handeln. Die unterschiedlichen Programmierwerkzeuge wie TURBO C bzw. BORLAND C^{++} stellen zwar diverse Eingaberoutinen zur Verfügung, in der Praxis zeigt sich jedoch, daß diese Funktionen in der Handhabung bzw. im Gebrauch nicht allzu komfortabel sind. Möchte der Programmierer beispielsweise nur bestimmte Zeichen bei der Eingabe zulassen, oder eine Fehlermeldung beim Drücken einer falschen Taste ausgeben, ist man mit den Standardfunktionen schnell am Ende angelangt. Besser sind hier selbstdeklarierte Eingabe-Funktionen, welche den individuellen Bedürfnissen angepaßt werden können. Das Beispiel in diesem Kapitel zeigt eine komfortable Funktion zur Eingabe einer Pfad-Angabe. Diese Funktion läßt sich nach Belieben für die unterschiedlichsten Anforderungen anpassen.

Programminhalt

Nachdem Sie das Programm mit der Eingabe „TAST2 ⏎" gestartet haben, werden Sie, wie bei vielen bekannten Programmen üblich, mit einer Versionsmeldung begrüßt. Im Anschluß fordert Sie das Programm, wie im Bild 3.4 ersichtlich, zur Eingabe einer Pfad-Angabe auf.

Bild 3.4
Pfad-Eingabe

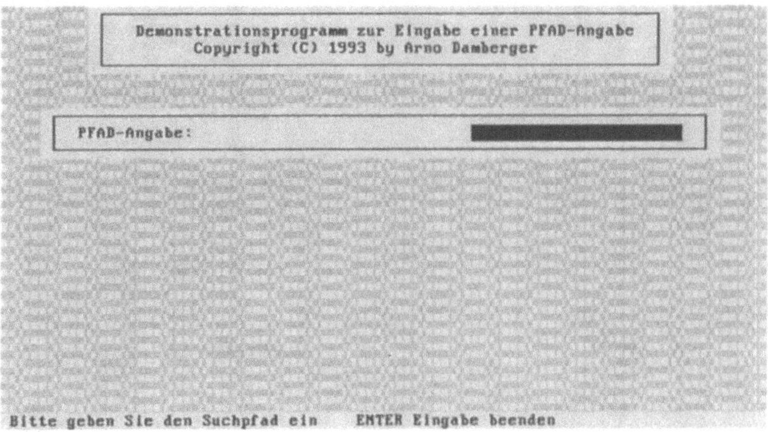

Der Pfad kann als reines Verzeichnis (z. B. C:\BORLANDC\BGI) oder mit Dateiangabe (z. B. C:\BORLANDC\BGI\TEST.CPP) eingegeben werden. Im Programmbeispiel sind nur Pfadangaben auf dem Laufwerk C zulässig. Die Zeichenfeldlänge ist durch das schwarz hinterlegte Eingabefenster begrenzt. Die benutzerfreundliche Eingabe stellt die folgenden Bearbeitungswerkzeuge zur Verfügung:

⇨ ⬅:   Setzt die aktuelle Eingabeposition um ein Zeichen nach links

⇨ ➡:   Setzt die aktuelle Eingabeposition um ein Zeichen nach rechts

⇨ [Pos 1]:   Die aktuelle Eingabeposition wird auf das erste Zeichen gestellt

⇨ [Ende]:   Die aktuelle Eingabeposition wird auf das letzte Zeichen gestellt

⇨ [⟵]:   Das zuletzt eingegebene Zeichen wird gelöscht (der Cursor muß sich vorher hinter dem letzten Zeichen befinden)

Bild 3.5:
Flußdiagramm
zu Programm
TAST2.C

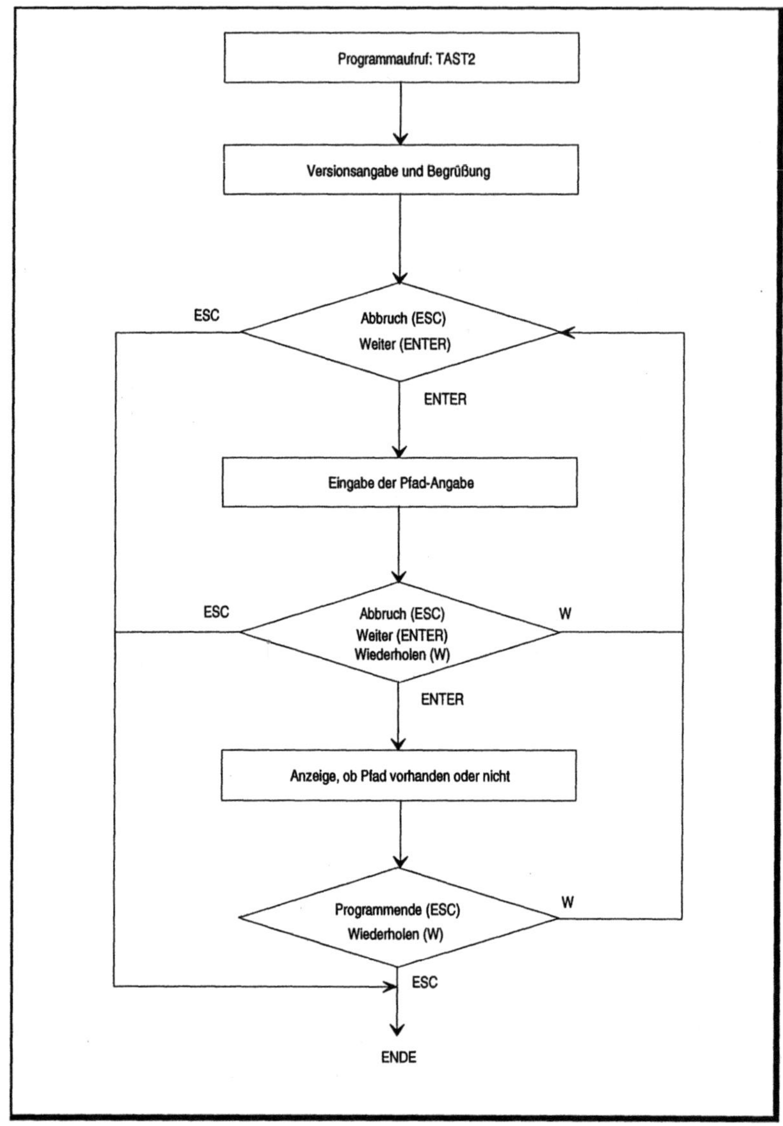

Haben Sie die Eingabe durch Drücken mit ⏎ beendet, können Sie im weiteren Programmablauf zwischen Quittieren oder Wiederholen der Pfad-Eingabe wählen. Nach dem Quittieren überprüft das Programm, ob sich der eingegebene Pfad auf dem Laufwerk befindet.

Das Ergebnis dieses Tests wird Ihnen im Anschluß am Bildschirm in einem Meldungsfenster angezeigt. Haben Sie einen Pfad ohne Dateiangabe gewählt, setzt das Programm diesen Pfad als aktuelles Verzeichnis. Während des gesamten Programmablaufs werden alle unzulässigen Tastenbetätigungen in Form eines Fehlerfensters, verbunden mit einem akustischen Signal, angezeigt. Der prinzipielle Programmablauf wird im Flußdiagramm Bild 3.5 aufgezeigt. Das Flußdiagramm der Eingabefunktion ist Bild 3.6 zu entnehmen.

Programmdiskussion

Nach dem Programmkopf folgt das Einbinden der selbstdeklarierten Headerdatei „buch.h", sowie der BORLAND-Headerdatei „dir.h". Die Headerdatei „buch.h" enthält die weiter unten aufgezeigten selbstdefinierten Funktionen.

```
/**********************************************************************/
/* INCLUDE-DATEIEN                                                    */
#include "buch.h"
#include <dir.h>
/**********************************************************************/
```

Der DEFINE-Block enthält zwei symbolische Konstanten, welche das Zeichen „c" bzw. „C" im Programm in übersichtlicher Form repräsentieren.

```
/**********************************************************************/
/* DEFINE-KONSTANTEN                                                  */
#define TASTE_c                 0x63
#define TASTE_C                 0x43
/**********************************************************************/
```

Der folgende Variablen-Block beinhaltet programmglobale Variable. Diese Variablen sind in allen Funktionsebenen bekannt. Sie können im Hauptprogramm und in allen Funktionen gelesen und beschrieben werden.

```
/**********************************************************************/
/* VARIABLEN-DEKLARATION                                             */
int iWiederholen_1,iWiederholen_2;
char acPfad[81]="";
/**********************************************************************/
```

Funktion main()

Der Ablauf des Hauptprogrammes spiegelt sich im Flußdiagramm Bild 3.5 wieder. Die Funktion „version()" gibt im oberen Bildschirmbereich die aktuelle Programmversion wieder. Mit der Funktion „begruessung()" heißt das Programm den Anwender willkommen. Im Anschluß erfolgt innerhalb einer Schleifenanweisung:

⇨ Pfadeingabe durch Funktion „festplattenpfad()

⇨ Quittieren der Eingabe durch die Funktion „pfad_ok()"

⇨ Verzeichnistest mit Hilfe der Funktion „path_suchen()"

```c
/*********************************************************************/
/* HAUPTPROGRAMM                                                     */
/*********************************************************************/
void main()
{
version(); /* Ausgabe einer Meldung                                 */
begruessung(); /* Ausgabe einer Meldung                             */
/* Schleife für Programmwiederholung                                */
do
{
  /* Schleife für Wiederholung der PATH-Eingabe                     */
  do
  {
    festplattenpfad(); /* Eingabe der PATH-Angabe                   */
    pfad_ok(); /* iWiederholen_1 wird gesetzt                       */
  }
  while(iWiederholen_1 == TRUE);
  path_suchen(); /* iWiederholen 2 wird gesetzt                     */
}
while(iWiederholen_2==TRUE);
cursor_ein(); /* Cursor einschalten();                              */
}
/*********************************************************************/
```

Funktionen aus der Headerdatei: buch.h

Bei den Funktionen tastatur_loeschen(), fuellen(), cursor_aus(), cursor_ein(), ende(), und string_eingeben(), handelt es sich um selbstdeklarierte Module, welche in der Headerdatei „buch.h" integriert sind. Die Funktionen „cursor_ein()" und „cursor_aus()" wurden bereits an anderer Stelle diskutiert.

Funktion: tastatur_loeschen()

Mit Hilfe dieser Funktion wird der Tastaturbuffer gelöscht. Diese Aktion ist vor dem Abfragen einer Taste sinnvoll, um die Auswirkungen von eventuell zurückliegenden, unbeabsichtigten Tasteneingaben zu vermeiden.

```
/***********************************************************************/
void tastatur_loeschen(void)
{
union REGS Register;

Register.h.al=2;
Register.h.ah=0x0C;
int86(0x21,&Register,&Register);
}
/***********************************************************************/
```

Funktion: fuellen()

Durch diese Funktion wird im Textmodus auf Bildseite Null an der
aktuellen Cursorposition das Zeichen „cZeichen" in der Farbe
„iFarbe", abhängig vom Wiederholungsfaktor „iWiederholen", ausgegeben. Dadurch ist es auf einfache Weise möglich, ansprechende
Hintergrundmuster im Textmodus zu realisieren.

```
/***********************************************************************/
void fuellen(char cZeichen,int iFarbe,int iWiederholen)
{
union REGS Register;

Register.h.ah=9;
Register.h.al=cZeichen;
Register.h.bh=0;
Register.h.bl=iFarbe;
Register.x.cx=iWiederholen;
int86(0x10,&Register,&Register);
}
/***********************************************************************/
```

Funktion: ende()

Die Funktion „ende()" ermöglicht das ordnungsgemäße Beenden im
Textmodus. Dabei wird der vor Programmstart installierte Videomodi restauriert, der Bildschirm gelöscht und die Cursoremulation
eingeschalten. Zuletzt übergibt die Funktion dem Betriebssystem
den Errorlevel „0" für eine fehlerfreie Programmbeendigung.

```
/***********************************************************************/
void ende(void)
{
textmode(LASTMODE);
textbackground(BLACK);
textcolor(LIGHTGRAY);
window(1,1,80,25);
clrscr();
cursor_ein();
exit(0);
}
/***********************************************************************/
```

Funktion: string_eingeben()

Das Kernmodul des diskutierten Programmes stellt die Funktion „string_eingeben" dar. Mit Hilfe dieser Funktion wird die gesamte Pfad-Eingabe im Textmodus realisiert. Der String-Input erfolgt in einem einzeiligen, schwarz hinterlegten Eingabefenster. Dabei werden die Länge und Position dieses Fensters in den Übergabeparametern angegeben. Die Funktion gibt als Rückgabeparameter die Adresse des Eingabestrings zurück.

```
/********************************************************************/
char * string_eingeben(int iX1,int iY1,int iX2)
{
union REGS Register;
struct text_info Info;/* BORLAND-Struktur zur Aufnahme der Window-Werte */
int iX,iFalsche_taste,iLaenge,iPfad,iTaste_word,iTaste_low_byte;
char acPfad[81];

cursor_ein(); /* Cursor sichtbar schalten                          */
```

Zuerst werden durch die Funktion „gettextinfo()" die aktuellen Window-Parameter gesichert, da die Funktion zur Pfad-Eingabe ein neues Window öffnet. Im Anschluß werden Text- und Hintergrundfarbe des neuen Window gesetzt, sowie die Eingabeposition auf die erste Zeichenstelle gebracht.

```
gettextinfo(&Info);
window(iX1,iY1,iX2,iY1);
textbackground(BLACK);
textcolor(WHITE);
clrscr();
iX=1;
strncpy(acPfad,"",81);
```

In der folgenden Programmschleife wird die eigentliche Pfad-Eingabe realisiert. Die Schleife und somit die Funktion kann durch Drücken von [↵] beendet werden.

```
/******************** Beginn der Schleife 1 ************************/
do
{
 gotoxy(iX,1);
 iFalsche_taste=TRUE;
 tastatur_loeschen();
```

Warten auf Tastendruck und Einlesen der Tasteninformation in die WORD-Variable „iTaste_word."

```
iTaste_word=bioskey(0);
```

Abspalten des LOW-Anteiles vom WORD-Wert der Tasteninformation

```
iTaste_low_byte=iTaste_word & 0x00FF;
```

Wurde ⏎ gedrückt, sind keine weiteren Aktionen notwendig, lediglich die Hilfsvariable „iFalsche_taste" (repräsentiert das Drücken einer falschen Taste) wird auf FALSE gesetzt.

```
switch(iTaste_low_byte)
{
 case TASTE_ENTER: iFalsche_taste=FALSE;break;
}
```

Wurde eine der Tasten ←, →, Ende oder Pos 1 gedrückt, erhält die Hilfsvariable „iX" (Eingabeposition im Zeichenfenster) den erforderlichen neuen Wert .

```
switch(iTaste_word)
{
 case TASTE_CURSOR_RECHTS: iFalsche_taste=FALSE;++iX;break;
 case TASTE_CURSOR_LINKS:  iFalsche_taste=FALSE;--iX;break;
 case TASTE_HOME:          iFalsche_taste=FALSE;iX=1;break;
 case TASTE_ENDE:          iFalsche_taste=FALSE;iX=iX2-iX1+1;break;
}
```

Beim Drücken von ⌫ wird die Eingabepositionsvariable „iX" um den Wert „1" inkrementiert, der Eingabecursor um eine Zeichenstelle nach links verschoben und das dort stehende Zeichen gelöscht. Zum Schluß wird in der Pfad-Eingabevariablen „acPfad[ ]" das letzte Zeichen mit der String-Endekennung „\0" überschrieben.

```
if(iTaste_low_byte == TASTE_BACK_SPACE)
{
 iLaenge=strlen(acPfad);
 if(iLaenge<iX)
 {
  --iX;
  gotoxy(iX,1);
  cprintf(" ");
  gotoxy(iX,1);
  acPfad[iX-1]='\0';
  iFalsche_taste=FALSE;
 }
}
```

Bei einem zulässigen Zeichen muß die Eingabepositionsvariable „iX" um den Wert „1" dekrementiert werden. Liegt die Eingabeposition noch im zulässigen Windowbereich, wird das Zeichen im Eingabefenster ausgegeben und in der Eingabevariablen „acPfad[ ]" an der entsprechenden Position eingetragen. Anderenfalls ertönt ein akustisches Warnsignal.

```
if ((iTaste_low_byte >= 33) && (iTaste_low_byte <= 255))
{
 ++iX;
 if(iX < iX2-iX1+2)
 {
  iFalsche_taste=FALSE;
  cprintf("%c",iTaste_low_byte);
  acPfad[iX-2]=iTaste_low_byte;
 }
 if(iX >= iX2-iX1+2)
 {
  sound(1000);
  sleep(1);
  nosound();
  iFalsche_taste=FALSE;
  --iX;
 }
}
```

Hat ein Überschreiten der Anfangs- oder Endposition im Eingabefenster stattgefunden, muß der Wert der Eingabepositionsvariablen „iX" neu berechnet werden.

```
iLaenge=strlen(acPfad);
if(iX >= iLaenge+2) iX=iLaenge+1;
if(iX > iX2-iX1+1) iX=1;
if(iX < 1)   iX=iLaenge+1;
gotoxy(iX,1);
```

Beim Drücken einer unzulässigen Taste gibt die Funktion ein akustisches Warnsignal aus.

```
if(iFalsche_taste == TRUE)
{
 sound(1000);
 delay(500);
 nosound();
}
}
while(iTaste_low_byte != TASTE_ENTER);
/********************** Enede der Schleife 1 *************************/
```

Nachdem die Pfad-Eingabe durch Drücken von ⏎ beendet wurde, werden die überschriebenen Windowparameter restauriert, die Cursoremulation ausgeschalten und die Adresse des Pfad-Eingabestrings der aufrufenden Funktion zurückgegeben.

```
window(Info.winleft,Info.wintop,Info.winright,Info.winbottom);
textattr(Info.attribute);
cursor_aus();
return(acPfad);
}
/****************************************************************************/
```

Funktion: status_zeile()

Die Funktion erzeugt je nach dem Übergabeparameter „iNummer"
eine entsprechende Statuszeile am unteren Bildschirmrand. In der
Statuszeile sind die aktuell anwählbaren Tasten enthalten.

```c
/*******************************************************************/
void status_zeile(int iNummer)
{
window(1,25,80,25);
textbackground(LIGHTGRAY);
clrscr();
gotoxy(2,1);
/* Auswahl der gewünschten Statuszeile                          */
if (iNummer == 1) /* Anzeige der Tasten ESC und ENTER           */
{
 textcolor(BLACK);
 cprintf("ENTER-Weiter    ESC-Abbruch");
 textcolor(RED);
 gotoxy(2,1);
 cprintf("ENTER");
 gotoxy(17,1);
 cprintf("ESC");
}
if (iNummer == 2) /* Anzeige der Tasten ENTER, W und ESC        */
{
 ...
}
if (iNummer == 3) /* Anzeige der Tasten W und ESC               */
{
 ...
}
if (iNummer == 4) /* Anzeige der Taste ENTER                    */
{
 ...
}
}
/*******************************************************************/
```

Funktion: version()

Die Funktion gibt die aktuelle Programmversion am Bildschirm innerhalb eines Meldungsfensters aus.

```c
/*******************************************************************/
void version(void)
{
cursor_aus(); /* Cursor unsichtbar schalten                     */
gotoxy(1,1);
fuellen(177,23,2000); /* Hintergrundmuster erzeugen             */
window(10,1,70,4);
textbackground(LIGHTGRAY);
textcolor(BLACK);
clrscr();
...
}
/*******************************************************************/
```

Funktion: begruessung()

Durch diese Funktion werden einige allgemeine Hinweise zum Programmablauf zu Beginn des Programmes im Bildschirm ausgegeben. Mit der Tastaturabfragefunktion „tastatur_1()" werden die Tasten [Esc] (Programmende) und [↵] (Weiter) abgefragt.

```
/***********************************************************************/
void begruessung(void)
{
window(5,7,75,14);
textbackground(LIGHTGRAY);
textcolor(BLACK);
...
tastatur_1(); /* Tastaturabfrage                                    */
}
/***********************************************************************/
```

Funktion: fehlermeldung()

Beim Auftreten eines Fehlers während des Programmablaufs werden anhand des Übergabeparameters „iFehler" programmspezifische Fehlermeldungen ausgegeben.

```
/***********************************************************************/
void fehlermeldung(int iFehler)
{
window(20,21,61,23);
textbackground(RED);
clrscr();
textcolor(YELLOW);
cprintf(" +--------- FEHLERFENSTER ------------+");
gotoxy(1,2);
/* Auswahl der Fehlermeldung                                        */
if (iFehler == 1) cprintf(" | Sie haben die falsche Taste gedrückt!|");
if (iFehler == 2) cprintf(" | falsches Laufwerk ! (nur C zulässig) |");
gotoxy(1,3);
cprintf(" +-----------------------------------+");
/* Akustisches Signal eine Sekunde ausgeben                         */
sound(1000);
sleep(1);
nosound();
gotoxy(1,1);
fuellen(177,23,210); /* Fehlerfenster wieder löschen                */
}
/***********************************************************************/
```

Funktionen: tastatur_1(); tastatur_3(); tastatur_4()

Die drei Tastaturbearbeitungsroutinen sind nach dem gleichen Prinzip aufgebaut, dadurch ist die Diskussion einer Funktion ausreichend. Die Funktionen ermöglichen die komfortable Abfrage bestimmter Tasten. In der Funktion „tastatur_1() werden in einem

Schleifenblock zuerst der Tastaturbuffer gelöscht, auf einen Tastendruck gewartet und anschließend die Tasteninformationen ausgewertet. Drückt der Anwender eine falsche Taste, ertönt ein akustisches Warnsignal. Durch die Funktion „statuszeile(1)" werden die zulässigen Tasten ⏎ und Esc angezeigt. Anhand des LOW-Anteils der Tasteninformation kann die gedrückte Taste bestimmt werden. Wurde Esc gedrückt, erfolgt der Programmabbruch, Bei ⏎ ein Rücksprung zum aufrufenden Programm. Durch das Drücken einer anderen Taste gibt die Funktion ein akustisches Warnsignal aus. Die einzelnen Funktionen bearbeiten folgende Tastaturabfragen:

⇨ "tastatur_1()": Esc, ⏎

⇨ "tastatur_3()": Esc, ⏎, W

⇨ "tastatur_4()": Esc, W

```c
/*******************************************************************/
void tastatur_1(void)
{
int iTaste_word,iTaste_low_byte;

status_zeile(1);
/* Wiederhole bis <ENTER>-Taste gedrückt wird                    */
do
{
 tastatur_loeschen();
 iTaste_word=bioskey(0);
 iTaste_low_byte=iTaste_word & 0x00FF;
 switch(iTaste_low_byte)
 {
  case TASTE_ESC:    ende();
  case TASTE_ENTER:  return;
  default:           fehlermeldung(1);
 }
}
while(iTaste_low_byte != TASTE_ENTER);
}
/*******************************************************************/
```

Funktion: festplattenpfad()

Diese Funktion ist für die Bearbeitung der Pfad-Eingabe zuständig. Mit dem Befehl „strcpy(acPfad,string_eingeben(50,8,71))" erfolgt:

⇨ das Einlesen der Pfad-Eingabe durch Funktionsaufruf „string_eingeben()" (Quelloperator von strcpy())

⇨ das Kopieren des Strings in das Zeichenfeld „acPfad[ ]" (Zieloperator von strcpy())

Im Anschluß wird überprüft, ob das Ziellaufwerk „C:" im eingegebenen Pfad vorhanden ist. Ist dies nicht der Fall, erfolgt die Ausgabe einer Fehlermeldung.

```
/******************************************************************/
void festplattenpfad(void)
{
int iPfad_ok;
window(1,6,80,25);
gotoxy(1,1);
fuellen(177,23,1500); /* Hintergrundmuster in Bildber. schreiben  */
window(5,7,75,9);
textbackground(LIGHTGRAY);
textcolor(BLACK);
clrscr();
cprintf(" +----------------------------------------------------------+");
gotoxy(1,2);
cprintf(" |   PFAD-Angabe:
|");
gotoxy(1,3);
cprintf(" +----------------------------------------------------------+");
status_zeile(4);
do
{
 iPfad_ok=FALSE;
 strcpy(acPfad,string_eingeben(50,8,71)); /* Eingabe der PATH-Angabe     */
 if((acPfad[0] == TASTE_C) || (acPfad[0] == TASTE_c)) iPfad_ok=TRUE;
 if (iPfad_ok == FALSE) fehlermeldung(2);
}
while(iPfad_ok == FALSE);
}
/******************************************************************/
```

Funktion: endemeldung()

Anhand des Übergabeparameters „iMeldung" gibt die Funktion am
Bildschirm einen Hinweis über das Vorhandensein des eingegebenen Pfades aus.

```
/******************************************************************/
void endemeldung(int iMeldung)
{
window(5,7,75,11);
if (iMeldung == 0)
{
 textbackground(LIGHTGRAY);
 textcolor(BLACK);
}
if (iMeldung == 1)
{
 textbackground(RED);
 textcolor(YELLOW);
}
 ...
}
/******************************************************************/
```

Funktion: pfad_ok()

Dieses Modul gibt nach der Pfadeingabe eine Quittungsaufforderung aus. Mit der Tastaturabfragefunktion „tastatur_3()" werden die Tasten [Esc] (Programmende), [←] (Weiter) und [W] (Wiederholen) abgefragt.

```
/**********************************************************************/
void pfad_ok(void)
{
window(5,12,75,16);
textbackground(GREEN);
textcolor(YELLOW);
clrscr();
cprintf(" +----------------------- Beschreibung -----------------------+");
gotoxy(1,2);
cprintf(" |                                                            |");
gotoxy(1,3);
cprintf(" | Sie haben obige PFAD-Angabe ausgewählt.                    |");
gotoxy(1,4);
cprintf(" | Zur Bestätigung ENTER-Taste, für neue Eingabe W-Taste drücken |");
gotoxy(1,5);
cprintf(" +------------------------------------------------------------+");
tastatur_3(); /* Tastaturbfrage; iWiederholen_1 wird gesetzt       */
}
/**********************************************************************/
```

Funktion: path_suchen()

Diese Funktion überprüft, ob der eingegebe Pfad auf dem Datenträger vorhanden ist. Mit der Funktion „findfirst()" wird die Existenz einer Pfadangabe einschließlich einer Dateibezeichnung überprüft. Durch die Funktion „chdir()" kann das Vorhandensein einer reinen Pfad-Angabe getestet werden. Mit der Tastaturabfragefunktion „tastatur_4()" werden die Tasten [Esc] (Programmende) und [W] (Wiederholen) abgefragt.

```
/**********************************************************************/
void path_suchen(void)
{
struct ffblk sInformation; /* BORLAND-Struktur für Verzeichnis-Info   */
int iTest;

window(1,6,80,25);
gotoxy(1,1);
fuellen(177,23,1500);
/* Testen ob Pfad einschließlich Datei vorhanden ist               */
iTest=findfirst(acPfad,&sInformation,FA_ARCH);
/* Falls nur Pfad eingegeben wurde testen ob dieser vorhanden ist  */
if(iTest != 0) iTest=chdir(acPfad);
if (iTest == 0) endemeldung(0); /* Meldung: Pfad wurde gefunden    */
if (iTest != 0) endemeldung(1); /* Fehlermeldung bei Nichtfinden   */
tastatur_4(); /* Tastaturabfrage; iWiederholen_2 wird gesetzt      */
}
/**********************************************************************/
```

3.1.3   Eingabe einer Pfad-Angabe in objektorientierter Konvention

Dieses Programmbeispiel ist in der Ausführung und im Programmablauf identisch zum Programm „tast2.c" aus dem vorherigen Kapitel. Die beiden Module unterscheiden sich jedoch grundlegend in der Programmiertechnik. Im Gegensatz zum klassischen C-Programmierstil beim Programm „tast2.c" ist das Programm „tast3.cpp" im gesamten Aufbau objektorientiert realisiert. Sinn dieses Programmes ist es, den Unterschied zwischen herkömmlichen C- und objektorientierten C^{++}-Programmiertechniken aufzuzeigen. Um den Leser den direkten Vergleich zwischen den beiden unterschiedlichen Programmiervarianten näher zu bringen, wurde neben dem identischen Programmablauf auch die Namensgebung der Klassenmethoden nach den Funktionsnamen aus Programm „tast2.c" ausgerichtet. Um Wiederholungen bei der Programmbeschreibung zu vermeiden, richtet sich die Programmdiskussion zum großen Teil nach den objektorientierten Gesichtspunkten.

Programminhalt

Zur Erinnerung sei noch einmal kurz der Funktionsinhalt von Programm „tast2.c" bzw. „tast3.cpp" aufgezeigt. Die Kernfunktion stellt eine komfortable Routine zur Pfad-Eingabe dar, welche auch für diverse andere Einsatzmöglichkeiten Verwendung finden kann. In unserem konkreten Beispiel handelt es sich um eine Pfad-Eingabe für das Laufwerk „C:". Weiterhin stellen die Programme folgende Elemente zur Realisierung einer benutzerfreundlichen Umgebung bereit:

⇨ Ansprechender Bildaufbau

⇨ Ausgabe einer Versionskennung

⇨ Lokalisieren und Anzeigen von Fehlermeldungen

⇨ Statusinformationen über anwählbare Tasten

⇨ Hinweisfenster zur Ausgabe wichtiger Informationen

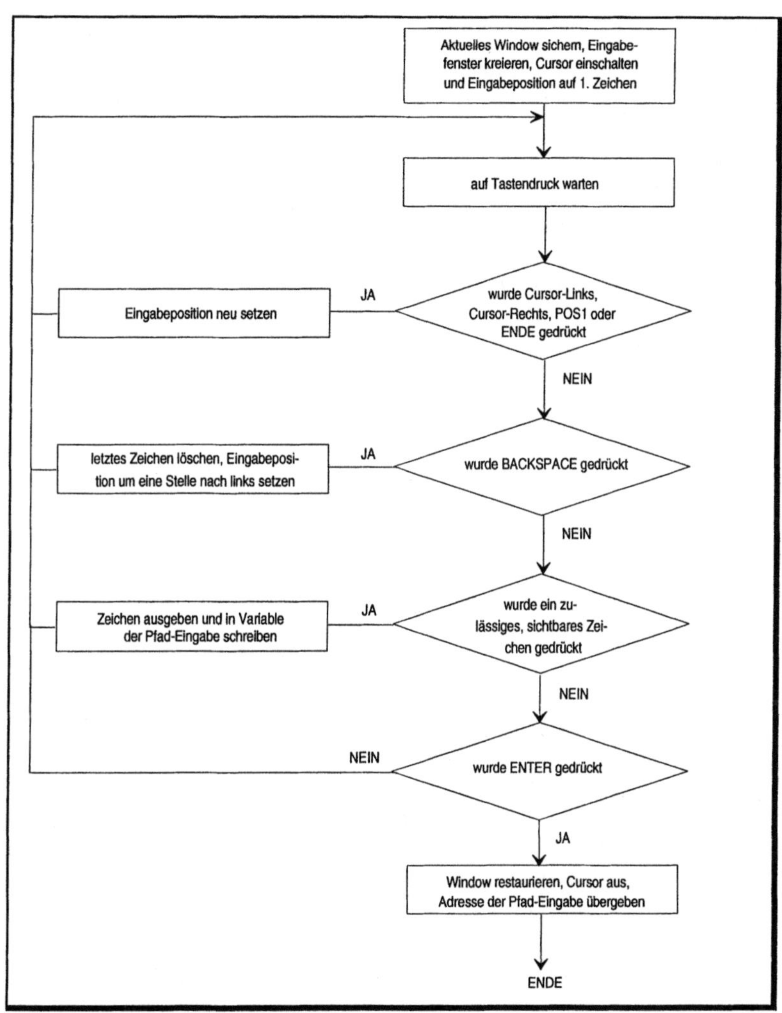

Bild 3.6:
Flußdiagramm
zur Pfad-
Eingabe

Der genaue Programmablauf von „tast3.cpp" ist wie beim Modul
„tast2.c" dem Flußdiagramm im Bild 3.5 zu entnehmen. Das Flußdiagramm der Kernfunktion zur Pfad-Eingabe wird in Bild 3.6 aufgezeigt.

Programmdiskussion

Wie im Kapitel I Grundlagen der Softwarebestandteile erläutert, stehen bei der objektorientierten Programmierung nicht mehr die Funktionen, sondern die abstrakten Datentypen im Vordergrund. Unter einem abstrakten Datentyp ist eine Klasse bzw. Objekt zu verstehen, welche normalerweise aus Daten und Funktionen bestehen. Wie üblich erfolgt nach dem Programmkopf das Einbinden der benötigten Header-Dateien. Bei der Header-Datei „buch_cpp.h" handelt es sich um objektorientierte Klassendeklarationen. Aus der Header-Klassensammlung werden für das Programm „tast3.cpp" die Objekte „DIVERS" und „STRING_EINGEBEN" bereitgestellt.

```
/***********************************************************************/
/* INCLUDE-DATEIEN                                                     */
#include "buch_cpp.h"
/***********************************************************************/
```

KLassen und Methoden aus der Headerdatei: buch_cpp.h

Die Header-Klassendatei stellt die zwei Klassen „DIVERS" und „STRING_EINGEBEN" bereit. Aus der Klasse „DIVERS" werden die Methoden cursor_aus(), cursor_ein(), tastatur_loeschen(), ende(), und fuellen() benützt. Die Klasse „STRING_EINGEBEN" stellt die Methoden eingeben() und path_suchen() zur Verfügung. Alle eingebundenen Methoden, bis auf ende() und string_eingeben(), sind im Quellcode identisch mit den entsprechenden Funktionen aus dem Programm „tast2.c". Die Methoden ende() und string_eingeben() unterscheiden sich gegenüber den gleichnamigen Funktionen aus Programm „tast2.c" nur durch die Art der Textausgabe. Die objektorientierte Textausgabe bedient sich sogenannter Bildschirmausgabe-Streams, welche vom Typ „constream" abgeleitet werden. Diese Streams haben gegenüber den klassischen „Window()-Funktionen" einige Vorteile. Vor einer Textausgabe in ein bestimmtes Window ist es nicht nötig, zuerst den Window-Bereich zu definieren. Die Ausgabe erfolgt direkt, durch Angabe des gewünschten Window-Stream, ins richtige Ausgabefenster. Dadurch ist es auch nicht mehr notwendig, bei der Ausgabe in bestimmte Window-Bereiche den vorher aktiven Window-Bereich zu sichern, um diesen zu einem späteren Zeitpunkt restaurieren zu können.

Klassendeklaration im Programm:

Im Gegensatz zum klassischen Programmbeispiel „tast2.c" werden nach dem Einbinden der Headerdateien keine DEFINE-Konstanten, Variablen-Deklarationen bzw. Funktionen realisiert. All diese Anweisungen sind in den beiden Klassendeklarationen „FEHLER_ABBRUCH" und „BILDSCHIRMAUSGABEN" enthalten. Durch die Anweisung:

```
"class fehler_abbruch : virtual private divers"
```

werden der Klasse „FEHLER_ABBRUCH" alle Eigenschaften der Header-Klasse „DIVERS" virtual-private vererbt. Das Schlüsselwort „virtual" zeigt an, daß die Klasse „DIVERS" noch an anderen Stellen abgeleitet ist, jedoch nur eine Instanz vom Typ „DIVERS" erzeugt wird. Dies ist notwendig, um Mehrdeutigkeiten in der Objektverwaltung bzw. im Programmablauf zu vermeiden. Der Klasse „BILDSCHIRMAUSGABEN" werden alle Eigenschaften der Header-Klasse „STRING_EINGEBEN" sowie der Programm-Klasse „FEHLER_-ABBRUCH" virtual-private vererbt. Im private Daten-Bereich der beiden Programmklassen werden durch das Objekt „constream" einige Bildschirmausgabe-Streams zur komfortablen Window-Verwaltung erzeugt. In den Programm-Bereichen beider Klassen werden nach den Konstruktoren und Destruktoren alle realisierten Klassenmethoden definiert. Bild 3.7 zeigt die Klassenübersicht mit den entsprechenden Vererbungsableitungen des Programms „tast3.cpp".

Bild 3.7:
Klassenüber-
sicht zum Pro-
gramm
„tast3.cpp"

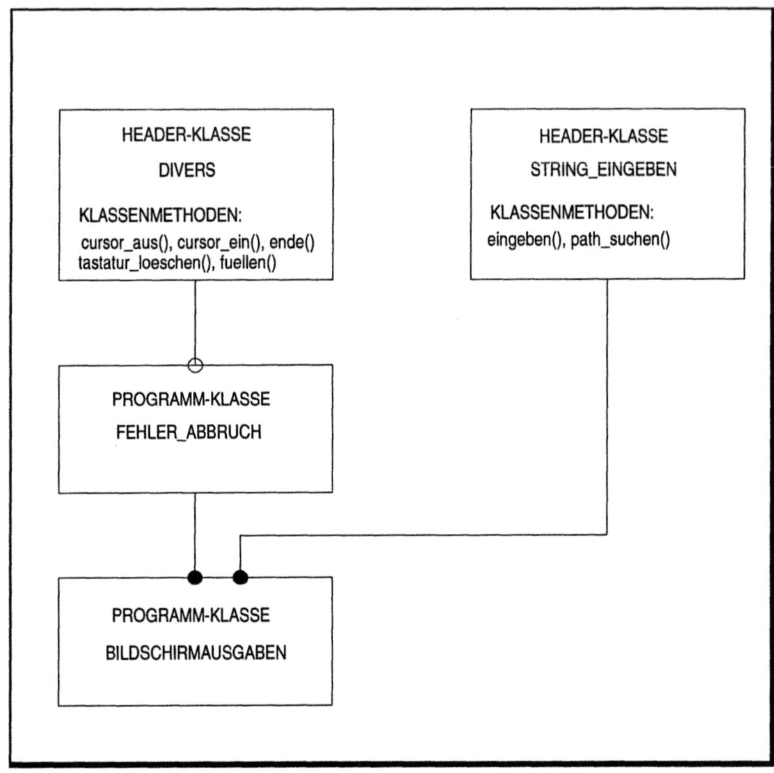


```
/**********************************************************************/
class FEHLER_ABBRUCH : virtual private divers{
 private:
  constream window_fehler,window;
 protected:
  fehler_abbruch(void){window_fehler.window(20,21,61,23);

  window.window(1,1,80,25);};
  ~fehler_abbruch(void){;};
  void fehlermeldung(int iFehler);
};
/**********************************************************************/

/**********************************************************************/
class BILDSCHIRMAUSGABEN : private fehler_abbruch,private string_eingeben{
 private:
  constream window,window_1,window_2,window_3,window_4,window_5;
  constream window_status;
  int iTaste_word, iTaste_low_byte;
 public:
  bildschirmausgaben(void);
  ~bildschirmausgaben(void){;};
  void version(void);
```

```
        void begruessung(void);
        void festplattenpfad(void);
        int endemeldung(int iMeldung, char * acPath);
        int pfad_ok(void);
        void status_zeile(int iNummer);
        void tastatur_1(void);
        int tastatur_3(void);
        int tastatur_4(void);
        void alles(void);
};
/***********************************************************************/
```

Konstruktoren und Destruktoren

Der Konstruktor der Klasse „fehler_abbruch" ist direkt in die Klassendeklaration integriert. Diese Art der Deklaration wird häufig bei kurzen Programmpassagen, in denen der Funktionskopf gleichlang bzw. länger als der Funktionsrumpf ist, verwendet. Die Anweisungen des Konstruktors der Klasse „bildschirmausgaben" sind außerhalb der Deklaration in einer eigenen Konstruktormethode realisiert. Beide Konstruktoren deklarieren u. a. einige notwendige Bildausgabe-Streams. Die Window-Bereiche werden dabei durch Aufruf der Methode „window(X1,Y1,X2,Y2)", der vorher im Daten-Bereich der entsprechenden Klassendeklaration kreierten Instanz vom Typ „constream", erzeugt. Die Destruktoren führen keinerlei Aktionen aus. Aus oben genannten Gründen werden die Destruktoren direkt in die Klassendeklarationen integriert.

```
/***********************************************************************/
bildschirmausgaben :: bildschirmausgaben(void)
{
window.window(1,1,80,25);
window_1.window(10,1,70,4);

window_2.window(5,7,75,14);
window_3.window(5,7,75,9);
window_4.window(5,7,75,11);
window_5.window(5,12,75,16);
window_status.window(1,25,80,25);
iTaste_word=0;
iTaste_low_byte=0;
}
/***********************************************************************/
```

Klassenmethoden

Auch alle Klassenmethoden sind in der Namensgebung, Quellcode und Programmausführung identisch zu den entsprechenden Funktionen aus Programm „tast2.c". Lediglich die Textausgabe ist, wie bereits weiter oben beschrieben, über Bildausgabe-Streams realisiert. Lesen Sie bitte bei Bedarf an entsprechender Stelle im vorherigen Kapitel nach.

Hauptprogramm

Stellt man die Main()-Funktionen der Programme „tast2.c" und „tast3.cpp" gegenüber, fällt einem beim Programm „tast3.cpp" zum einen die Inkarnation der Klassenvariablen „bild" und zum anderen das kurze Hauptprogramm auf. Beim Anlegen der Instanz „bild" werden zuerst alle Konstruktoren deklariert und damit das Initialisieren aller entsprechenden Klassen-Datenobjekte mit den zugehörigen Anfangswerten durchgeführt. Die Klassenmethode „alles()" aus der Instanz „bild" beinhaltet praktisch den gesamten Programmablauf. Der Funktionsaufbau ist nahezu identisch mit der Main-Funktion aus Programm „tast2.c"

```
/*************************************************************************/
/* HAUPTPROGRAMM                                                         */
/*************************************************************************/
void main()
{
BILDSCHIRMAUSGABEN bild;

bild.alles();
}
/*************************************************************************/
```

3.2 Dateioperationen

Einen Schwerpunkt innerhalb der Programmerstellung nimmt die Datei-Bearbeitung ein. Hierunter versteht man im allgemeinen das Erzeugen, Schreiben und Lesen von Disketten- bzw. Festplattendateien. Das Einsatzgebiet der unterschiedlichsten Dateivarianten erstreckt sich von den Highscorelisten diverser Spielprogramme über Adressverwaltungsdateien bis hin zur Meßwerteverwaltung im technischen Bereich. Der Dateiinhalt kann sich dabei aus allen möglichen Datentypen, wie beispielsweise einzelne Zeichen, Strings, Zahlenwerte, usw. zusammensetzen.

Die einfachste Kommunikationsmöglichkeit mit Dateien stellen sogenannte Streams (Datenströme) dar. Unter einem Stream versteht man ein logisches Konstrukt zur bidirektionalen Datenübertragung zwischen einem Programm und einer Datei, Drucker oder seriellen Schnittstelle. Es spielt also für den Programmierer keine Rolle, ob er seinen Datentransfer über eine Datei, ein Ausgabegerät oder eventuell über den Bildschirm abwickelt; die Behandlung des Streams ist weitgehend hardwareunabhängig. In der Literatur werden u. a. die Begriffe „Stream" und „File" in Bezug mit Dateioperationen benützt.

Dabei versteht man unter dem „Stream" das oben genannte abstrahierte Konstrukt zum Datentransfer. Das „File" hingegen repräsentiert das eigentliche Gerät, wie Datei, Drucker, usw. Die Programme in diesem Kapitel beziehen sich ausschließlich auf die Stream-Bearbeitung mit Dateien.

Die beiden in diesem Kapitel vorgestellten Programme behandeln in einfacher Weise eine Bestenlistenbearbeitung. Auf die High-Scoreliste kann sowohl in lesender wie auch in schreibender Form zugegriffen werden. Bei einem Lesezugriff wird der Anwender zuerst aufgefordert, einen Suchbegriff über die Tastatur einzugeben. Im Anschluß überprüft das Programm das Vorhandensein dieses Begriffes in der Liste. Findet das Programm einen entsprechenden Eintrag, erhält der Anwender den nach dem Suchbegriff folgenden Listeneintrag am Monitor angezeigt. Diese Art der Dateibearbeitung wird u. a. bei Hiscorelisten benötigt, um beispielsweise den Punktestand eines Spielers abzufragen. Analog zum Lesen bietet das Programm beim schreibenden Dateizugriff die Möglichkeit, einen gezielten Eintrag in die Bestenliste durchzuführen. Wie beim lesenden Zugriff gibt man zuerst einen Suchbegriff, wie etwa den Namen eines Spielers, ein. Anschließend kann dann der in die Liste zu schreibende Begriff eingegeben werden. Die beiden Programme „file1.c" und „file2.cpp" sind in der Programmausführung identisch. Im Gegensatz zum klassischen C-Programm „file1.c" ist das Programm „file2.cpp" im gesamten Aufbau objektorientiert realisiert.

3.2.1 Dateibearbeitung in klassischer „C"-Konvention

Das Programm „file1.c" demonstriert die klassische Dateibearbeitung, welche sich grundlegend vom objektorientierten Ansatz unterscheidet. Die klassische Stream-Operation besteht aus vier Schritten:

⇨ Definition einer Zeigervariablen mit dem (in STDIO.H) deklarierten Typ „FILE":
```
FILE *<Name>
```

⇨ Zuordnen dieser Variablen zu einer Datei und gleichzeitigem Öffnen des Streams. Beide Schritte werden durch einen Funktionsaufruf ausgeführt:
```
<Name>=fopen("<Dateiname>","<Modus>")
```

⇨ Eintragen bzw. Auslesen von Informationen an die vorher geöffnete Datei:

```
fprintf(<Name>,............)    /* Dateieingabe */
fscanf(<Name>,............)     /* Dateiausgabe */
```

⇨ Schließen des Streams

```
fclose(<Name>)
```

Voraussetzung für die Dateibearbeitung ist die Deklaration einer
Streamvariablen vom Typ „FILE *<Name>". Die logische Verbindung
der Datei mit dem Programm über den Stream wird durch folgenden Befehl realisiert:

```
<Name>=fopen("<Dateiname">, "<Modus>")
```

Der Parameter „<Dateiname>" enthält den Namen der zu bearbeitenden Datei. Mit Hilfe des Parameters „<Modus>" gibt man die gewünschte Datei-Zugriffsart an. Unter einem Dateizugriff versteht
man u. a. eine lesende oder schreibende Dateibearbeitung. Das Entwicklungswerkzeug „BORLAND C^{++}" stellt eine Vielzahl an Datei-
bearbeitungs-Funktionen zur Verfügung. Im Programm „file1.c" finden die zwei wichtigsten Funktionen „fprintf(.....)" für eine Schreib-
und „fscanf(.....)" für eine Leseoperation Verwendung. Die Parameterübergabe beider Funktionen ist analog zu den allgemein bekannten Ein- Ausgabefunktionen „printf(.....)" und „scanf(.....)". Detaillier-
tere Auskünfte hierzu finden Sie im „BORLAND C++" Handbuch.
Vor der Beendigung eines Programmes bzw. Programmabschnittes
muß ein geöffneter Datenstrom mit Hilfe der Funktion „fclose(.....)"
wieder geschlossen werden.

FILE * <Streamname> fopen(char *Dateiname, char *Mode)

Headerdatei: stdio.h

Funktionalität:

„fopen()" öffnet die durch „Dateiname" bezeichnete Datei und
ordnet ihr den Stream „Streamname" zu. Die Datei wird in der Zugriffsart „Mode" geöffnet. Der Paramter „Mode" kann u. a. die
Werte „r" (Lesezugriff) und „w" (Schreibzugriff) annehmen.

---

int <Returnvariable> fclose(FILE *<Streamname>)

Headerdatei: stdio.h

Funktionalität:

„fclose()" schließt den durch „<Streamname>" angegebenen Stream.
Bei einer fehlerfreien Ausführung wird an „<Returnvariable>" der Wert
„0", im Fall eines Fehlers ein Wert „ungleich 0" zurückgegeben.

Programminhalt

Das Programm „file1.c" demonstriert in einfacher aber, aussagekräftiger Form das Bearbeiten von Dateioperationen in Form einer Bestenliste. Mit Hilfe einer Suchfunktion ist es möglich, einen bestimmten Dateieitrag zu lokalisieren und die darauffolgende Information aus der Datei zu lesen. Eine weitere Funktion ermöglicht das gezielte Beschreiben eines Dateieintrages. Die aufgezeigten Funktionen können als Basis für komplexere Filebearbeitungsroutinen herangezogen werden. Nach dem Programmstart generiert das Programm selbständig eine Highscoreliste für zehn Spieler mit folgenden Inhalten:

Nummer	Name	Vorname	Punkte	Datum

Im Anschluß kann der Anwender in einem Menü zwischen Lesen und Schreiben der Bestenliste wählen.

Lesen der Bestenliste: Wie Bild 3.8 zeigt, gibt das Programm die Bestenliste im oberen Bereich des Bildschirmes aus. Nach der Eingabe eines Suchbegriffes, hier „Damberger", wird der eigentliche Lesevorgang gestartet. Beginnend vom ersten Dateiinhalt an, werden der Reihe nach alle Dateieinträge auf Übereinstimmung mit dem eingegebenen Suchbegriff verglichen. Findet das Programm eine Übereinstimmung, werden das Suchkriterium und der Dateieintrag nach dem Suchbegriff, in Bild 3.8 „Arno", am Bildschirm ausgegeben. Wird der Suchbegriff nicht gefunden, gibt das Programm eine Fehlermeldung am Bildschirm aus. Das Flußdiagramm zum Suchen und Lesen von Dateieinträgen ist in Bild 3.9 aufgezeigt.

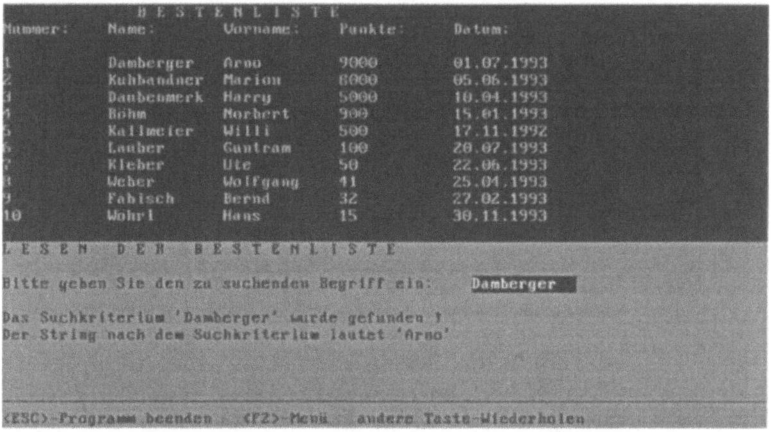

Bild 3.8:
Datei lesen

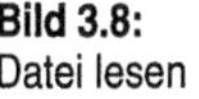

Bild 3.9:
Flußdiagramm
zur Funktion
„file_lesen()"

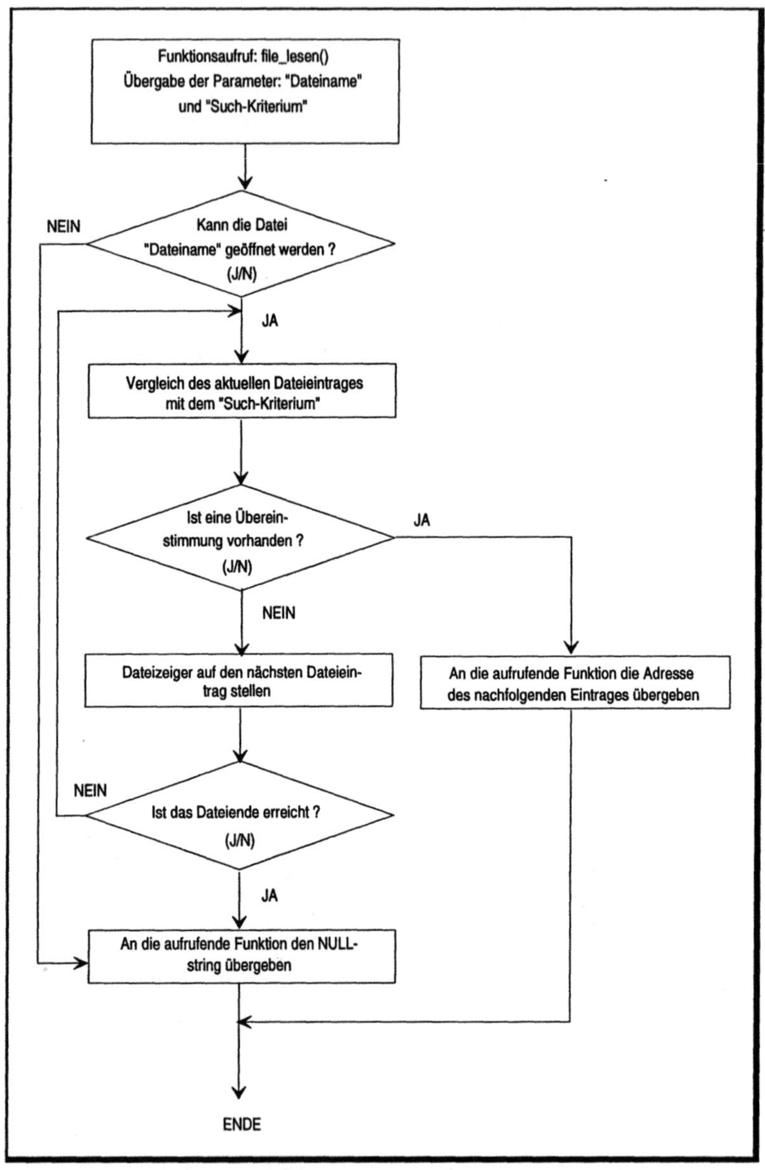

Schreiben der Bestenliste: Auch beim Schreiben in die Highscoreliste gibt das Programm im oberen Bildschirmbereich die aktuelle
Bestenliste aus. Wie in Bild 3.10 dargestellt, gibt der Anwender zu-

erst den Suchbegriff, im Bild 3.10 den Vornamen „Arno“, und danach den zu ändernden Dateieintrag, im Beispiel „9500“ Punkte, ein. Nach Drücken von [↵] wird, bei erfolgreichem Auffinden des Suchbegriffes, der zu ändernde Eintrag in die Bestenliste eingetragen und am Bildschirm ausgegeben. Der Funktionsablauf des Such- und Schreibvorganges ist Bild 3.11 zu entnehmen.

Bild 3.10:
Datei schreiben

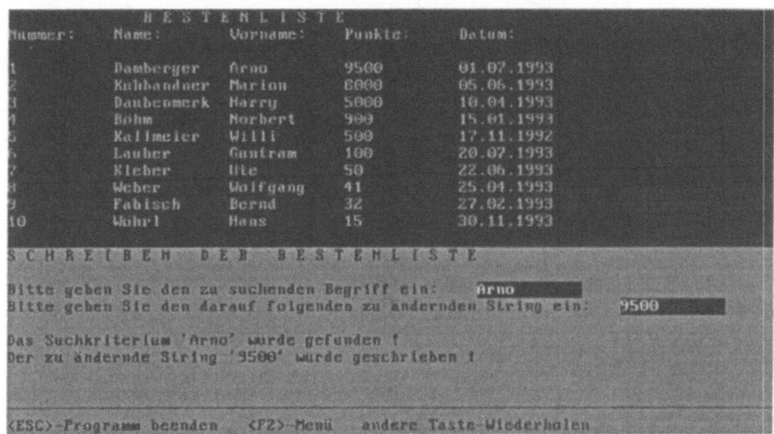

Innerhalb der Menüpunkte „Lesen der Bestenliste“ und „Schreiben der Bestenliste“ kann der Anwender durch Drücken einer der folgenden Tasten bestimmte Aktionen im Programmablauf auswählen:

⇨ [Esc] :   Programm beenden

⇨ [F2] :   Zum Hauptmenü zurückspringen

⇨ andere Tasten: Wiederholen der Bearbeitung

Anmerkung: Beinhaltet die Bestenliste gleiche Dateieinträge, wird bei der Dateisuche immer nur der erste Dateieintrag berücksichtigt. Wählt man im Menüpunkt „Schreiben der Bestenliste“ als Suchbegriff den letzten Dateieintrag, gibt das Programm den zu schreibenden Dateieintrag nicht mehr am Bildschirm aus. Die Bearbeitung dieser Probleme würde den Rahmen des Kapitels sprengen und die Thematik an dieser Stelle verfehlen.

Bild 3.11:
Flußdiagramm
zur Funktion
„file_schrei-
ben()"

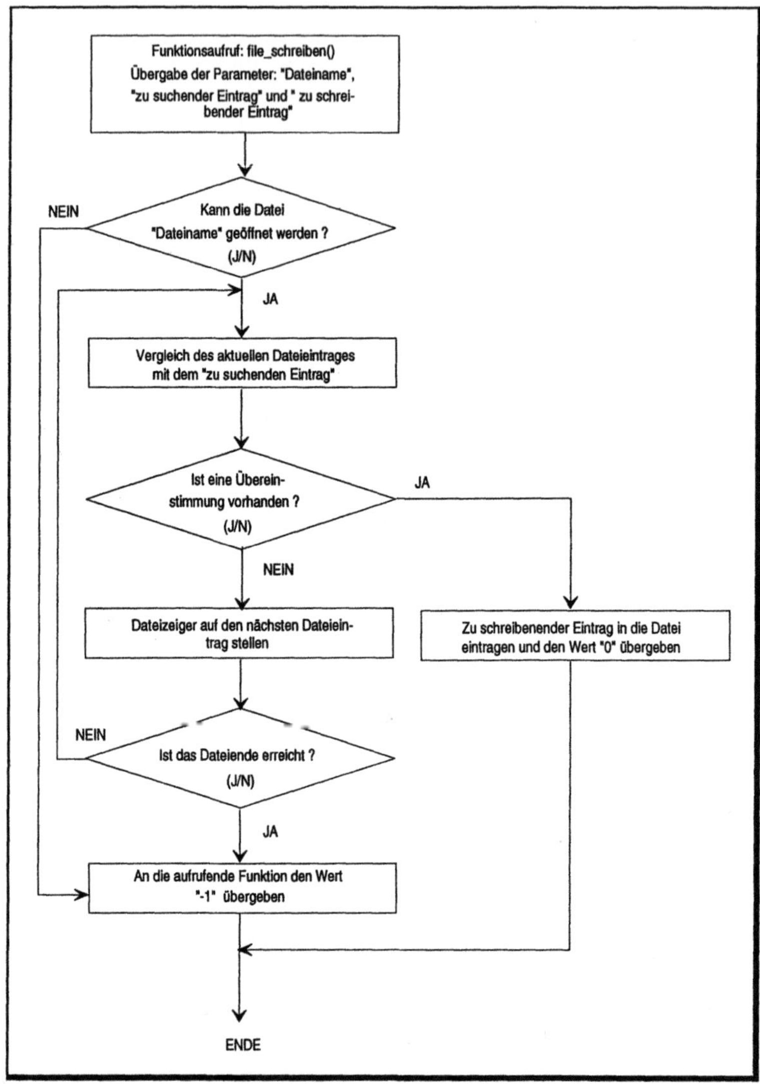

Programmdiskussion

Nach dem Programmkopf folgt das Einbinden der selbstdeklarierten
Headerdatei „buch.h". Die Headerdatei „buch.h" enthält u. a. die
Kernfunktionen „file_lesen()" und „file_schreiben()".

```
/*********************************************************************/
/* INCLUDE-DATEIEN                                                   */
#include "buch.h"
/*********************************************************************/
```

Der folgende Variablenblock beinhaltet programmglobale Variablen.
Diese Variablen sind in allen Funktionsebenen bekannt. Sie können im Hauptprogramm und in allen Funktionsebenen gelesen und
abgeändert werden.

```
/*********************************************************************/
/* GLOBALE VARIABLE                                                 */
int iTaste_word,iTaste_low_byte;
/*********************************************************************/
```

Funktion main()

Das Hauptprogramm besteht aus zwei Hauptblöcken. Zuerst wird
durch den Funktionsaufruf „bestenliste_schreiben()" eine neue Bestenliste kreiert. Ist das Erstellen dieser Liste nicht möglich, gibt die
Funktion „fehlermeldung(1)" einen entsprechenden Hinweis am
Bildschirm aus und das Programm wird beendet. Der Aufruf von
„menu()" regelt den gesamten weiteren Programmablauf. Dieser
Programmteil generiert ein Menü mit den folgenden Auswahlmöglichkeiten:

⇨ Lesen der Bestenliste

⇨ Schreiben der Bestenliste

⇨ Programm beenden

```
/*********************************************************************/
/* HAUPTPROGRAMM                                                    */
/*********************************************************************/
void main()
{
if(bestenliste_schreiben() != 0) fehlermeldung(1); /* Liste kreieren  */
menu(); /* gesamter Programmablauf                                  */
}
/*********************************************************************/
```

Funktionen aus der Headerdatei: buch.h

Die Headerdatei „buch.h" stellt die Funktionen tastatur_loeschen(),
string_eingeben(), fuellen(), cursor_aus(), ende(), fehler_ende(),
file_lesen() und file_schreiben() zur Verfügung. Alle aufgeführten
Funktionen, mit Ausnahme der drei zuletzt genannten, wurden bereits an anderer Stelle diskutiert.

Funktion: fehler_ende()

Mit Hilfe dieser Funktion kann ein Programm im Textmodus mit einer im Übergabeparameter „acAusgabe" enthaltenen Fehlermeldung beendet werden. Das Modul restauriert den zuletzt installierten Videomode, löscht den Bildschirm, schaltet den Cursor ein und gibt die entsprechende Fehlermeldung am Bildschirm aus.

```
/********************************************************************/
void fehler_ende(char *acAusgabe)
{
textmode(LASTMODE); /* aktivieren des zuletzt installierten Videomode   */
cursor_ein(); /* Cursor einschalten                                     */
textbackground(BLACK);
textcolor(LIGHTGRAY);
window(1,1,80,25); /* gesamten Bildschirmbereich aktivieren            */
clrscr();
printf("%s\n",acAusgabe); /* Fehlermeldung ausgeben                    */
exit(-1); /* Errorlevel "-1" an DOS übergeben                           */
}
/********************************************************************/
```

Funktion: file_lesen()

Das Modul „file_lesen()" stellt eine der beiden Kernfunktionen dar. Dieser Programmteil ermöglicht das gezielte Suchen eines Strings innerhalb einer Datei. Nach dem Auffinden des gesuchten Strings gibt die Funktion die Adresse des darauf folgenden Dateieintrages an die aufrufende Funktion zurück.

```
/********************************************************************/
char * file_lesen(char *acSuchen, char *datei)
{
FILE *FDatei; /* BORLAND-Streamvariable                                 */
char acUebergabe[90]="";
int iEnde=FALSE;
```

Durch „fopen(datei,"r")" wird die Datei „datei" über den Stream „FDatei" logisch mit dem Programm verbunden. Der Zugriffsmode „r" öffnet die Datei für Leseoperationen. Im Falle eines Fehlers wird dem aufrufenden Programm der Null-String ("") übergeben.

```
if((FDatei=fopen(datei,"r")) == NULL) return("");
```

Der folgende Schleifenblock wird solang durchlaufen, bis in der Datei der Suchbegriff „acSuchen" gefunden wurde oder das Dateiende erreicht ist. In beiden Fällen erhält die Variable „iEnde" den Wert „TRUE".

```
 do
 {
  fscanf(FDatei,"%s",&acUebergabe);/* Lesen des aktuellen Dateieintrages */
```

Der aktuelle Dateieintrag wird mit dem Suchbegriff „acSuchen" verglichen. Sind beide Begriffe identisch, schreibt die Funktion in die Variable „acÜbergabe" die Adresse des darauf folgenden Dateieintrages.

```
 if(strcmp(acUebergabe,acSuchen) == 0)
 {
  /* Dateieintrag und Suchkriterium sind identisch              */
  fscanf(FDatei,"%s",&acUebergabe);
  iEnde=TRUE;
 }
```

Der folgende Programmteil prüft, ob das Dateiende bereits erreicht ist. Wurde das Dateiende lokalisiert und vorher der zu suchende Begriff gefunden (iEnde==TRUE), wird dem aufrufenden Programm der String „ENDE" übergeben. Mit dieser Nachricht teilt die Funktion dem aufrufenden Programm mit, daß der Suchbegriff den letzten Dateieintrag darstellt. Ist das Dateiende ohne gefundenen Eintrag erreicht, wird dem aufrufenden Programm der NULL-String ("") übergeben.

```
 if(feof(FDatei) != 0)
 {
  /* Dateiende ist erreicht                                       */
  fclose(FDatei); /* Stream wieder Schließen                      */
  if(iEnde == TRUE) return("ENDE");/* Suchbegriff wurde vorher gefunden */
  return(""); /* es wurde vorher kein Suchbegriff gefunden        */
 }
}
while(iEnde == FALSE);
return(acUebergabe);/* Dummy-Anweisung um Compilerwarnung auszuschalten */
}
/****************************************************************************/
```

Funktion: file_schreiben()

Die Funktion „file_schreiben()" stellt die zweite Kernfunktion dar. Dieses Modul ermöglicht das gezielte Schreiben eines Strings innerhalb der Datei „datei". Durch den Übergabeparameter „acSuchen" wird die Position innerhalb der Datei lokalisiert. Im Anschluß trägt das Programm den String „acSchreiben" an der darauf- folgenden Dateiposition ein.

```
/********************************************************************/
int file_schreiben(char *acSuchen, char *acSchreiben, char *datei)
{
FILE *FDatei; /* BORLAND-Streamvariable                      */
fpos_t dateizeiger;
char acUebergabe[90]="";
int iEnde=FALSE;
```

Durch „fopen(datei,"r+w")" wird die Datei „datei" über den Stream
„FDatei" logisch mit dem Programm verbunden. Der Zugriffsmode
„r+w" öffnet die Datei für gleichzeitige Lese- und Schreiboperatio-
nen. Im Falle eines Fehlers wird dem aufrufenden Programm der
Null-String ("") übergeben.

```
    if((FDatei=fopen(datei,"r+w")) == NULL) return(-1);
```

Der folgende Schleifenblock wird solange durchlaufen, bis in der
Datei der Suchbegriff „acSuchen" gefunden wurde oder das Datei-
ende erreicht ist. In beiden Fällen erhält die Variable „iEnde" den
Wert „TRUE".

```
    do
    {
      fscanf(FDatei,"%s",&acUebergabe);
```

Der aktuelle Dateieintrag wird mit dem Suchbegriff „acSuchen" verglichen. Sind beide Begriffe identisch, erhält die Dateizeiger-Varia-
ble „dateizeiger" die aktuelle Fileposition zugewiesen. Durch die
Funktion „fseek(.....)" setzt man den Dateizeiger, nach einem Datei-
Reset, für den folgenden Schreibbefehl wieder auf die richtige Position. Im Anschluß wird mit „fprintf(...,"\n%10s\n,..)" der zu schreibende String „acSchreiben" in die Datei eingetragen. Wichtig in diesem Zusammenhang ist die Formatangabe „\n%10x\n" der forma-
tierten Dateiausgabe „fprintf(.....)". Nach dem Positionieren durch
„fseek(.....)" steht der Dateizeiger auf dem gefundenen Suchbegriff
„acSuchen", also eine Position vor der eigentlichen Schreibposition.
Durch die Formatangabe „\n%10s\n" werden folgende Operationen
eingeleitet:

⇨ „\n": Zeilenvorschub innerhalb der Datei durchführen, d. h. Dateizeiger auf den nächsten Eintrag positionieren.

⇨ „%10s": Der zu schreibende String „acSchreiben" wird an der gewünschten Position in einer minimalen Zeichenzahl von 10
Stellen ausgegeben. Bei Bedarf werden Leerzeichen vorangestellt.

⇨ „\n": Zeilenvorschub innerhalb der Datei durchführen, d. h. Dateizeiger wird auf den folgenden Dateieintrag positioniert.

Das erneute Positionieren des Dateizeigers mit „fseek(.....)" ist notwendig, da das Programmsystem eine Datei nicht gleichzeitig lesen und schreiben kann. Mit diesem Befehl wird die Datei für einen Lesezugriff zurückgesetzt und der Dateizeiger neu positioniert.

```c
if(strcmp(acUebergabe,acSuchen) == 0)
{
 /* Dateieintrag und Suchkriterium sind identisch            */
 fgetpos(FDatei,&dateizeiger); /* aktuelle Dateiposition merken       */
 fseek(FDatei,dateizeiger,SEEK_SET); /* Dateizeiger neu positionieren */
 fprintf(FDatei,"\n %10s\n",acSchreiben); /* String in Datei schreiben */
 iEnde=TRUE;
}
```

An dieser Stelle wird überprüft, ob das Dateiende bereits erreicht ist.

```c
if(feof(FDatei) != 0)
{
 /* Dateiende ist erreicht                           */
 fclose(FDatei); /* Stream wieder schließen                 */
 return(-1);
 }
}
while(iEnde == FALSE);
```

Ist die Abbruchbedíngung „iEnde" auf „TRUE" gesetzt kann die Funktion mit der Übergabe des Wertes „0" beendet werden.

```c
return(0); /* Dummy-Anweisung um Compilerwarnung zu verhindern        */
}
/********************************************************************/
```

Funktion: menu()

Diese Funktion realisiert den gesamten Programmablauf. Nach dem Aufbau des Titelbildes kann der Anwender eine der folgenden Programmaktivitäten starten:

⇨ Menüpunkt (1):　　　　　Lesen der Bestenliste

⇨ Menüpunkt (2):　　　　　Schreiben der Bestenliste

⇨ (Esc):　　　　　　　　　Programm beenden

```c
/*******************************************************************/
void menu(void)
{
cursor_aus(); /* Ausschalten des Cursors                           */
/* Enlosschleife; kann nur durch Drücken der ESC-Taste beendet werden  */
do
{
  gotoxy(1,1);
  textcolor(WHITE);
  textbackground(BLACK);
  clrscr();
  /* Aufbau des Titelbildes                                        */
  .
  .
  .

  tastatur_loeschen();  /* löschen des Tastaturbuffers (buch.h)     */
  /* auf Tastendruck warten und Tasteninfo in iTaste_word ablegen   */
  iTaste_word=bioskey(0);
  iTaste_low_byte=iTaste_word & 0x00FF; /* LOW-Anteil nach iTaste_low  */
  if(iTaste_low_byte == TASTE_ESC) ende(); /* wurde ESC gedrückt -> Ende */
  /* Auswerten der gerdückten Tasten und Starten der gewünschten Aktion  */
  switch(iTaste_low_byte)
  {
  case TASTE_1:
      {
       lesen(); /* Lesen der Bestenliste                           */
       break;
      }
  case TASTE_2:
      {
       schreiben(); /* Schreiben der Bestenliste                   */
       break;
      }
  default:
      {
       /* beim Drücken einer falschen Taste ein Warnsignal ausgegeben  */
       sound(1000);
       delay(500);
       nosound();
       break;
      }
  }
}
while (1);
}
/*******************************************************************/
```

Funktion: fehlermeldung()

Über diese Funktion kann das Programm mit einer gewünschten
Fehlermeldung beendet werden. Die entsprechende Fehlermeldung
wird durch die Variable „iFehler" selektiert. Die Ausgabe und das
Beenden des Programmes erfolgt durch die Funktion „fehler_ende",
welche bereits an anderer Stelle diskutiert wurde.

```c
/**********************************************************************/
void fehlermeldung(int iFehler)
{
if (iFehler == 1)
  fehler_ende("Fehler beim Kreiren der Datei: bestlist.dat => Programmabbruch");
if (iFehler == 2)
  fehler_ende("Fehler beim Lesen der Datei: bestlist.dat => Programmabbruch");
}
/**********************************************************************/
```

Funktion: bestenliste_schreiben()

Das Modul „bestenliste_schreiben()" erzeugt nach dem Programmstart eine Bestenliste mit den frei definierten Informationen über Platzierung, Name, Vorname, Punktestand und Datum des letzten Dateieinträges von zehn Spielern. All diese Informationen werden in der Datei „bestlist.dat" auf dem aktuellen Laufwerk abgelegt. Bild 3.12 zeigt die in den DOS-Texteditor „EDIT.COM" geladene Datei „bestlist.dat" und verdeutlicht den zeilenweisen Aufbau dieses Files.

```c
/**********************************************************************/
int bestenliste_schreiben(void)
{
FILE *FDatei; /* BORLAND Stream-Variable deklarieren               */
int iZaehler;
char acPunkte[10][5]=   {"9000","8000","5000","900","500","100","50",
                         "41","32","15"};
char acName[10][12]=    {"Damberger","Kuhbandner","Daubenmerk","Böhm",
                         "Kallmeier","Lauber","Kleber","Weber",
                         "Fabisch","Wöhrl"};
char acVorname[10][11]={"Arno","Marion","Harry","Norbert","Willi",
                         "Guntram","Ute","Wolfgang","Bernd","Hans"};
char acDatum[10][11]=   {"01.07.1993","05.06.1993","10.04.1993",
                         "15.01.1993","17.11.1992","20.07.1993",
                         "22.06.1993","25.04.1993","27.02.1993",
                         "30.11.1993"};

/* Öffnen der Datei "bestlist.dat" für Schreiboperationen          */
if ((FDatei=fopen("bestlist.dat","w")) == NULL) return(-1);
/* geöffnete Datei mit den vordefinierten Informationen von zehn   */
(* Spielern füllen                                                 */
for (iZaehler=0;iZaehler <= 9;++iZaehler)
 fprintf(FDatei," %10i\n %10s\n %10s\n %10s\n %10s\n",iZaehler+1,
         acName[iZaehler],acVorname[iZaehler],acPunkte[iZaehler],
         acDatum[iZaehler]);
fclose(FDatei); /* Datei wieder schließen                          */
return(0);
}
/**********************************************************************/
```

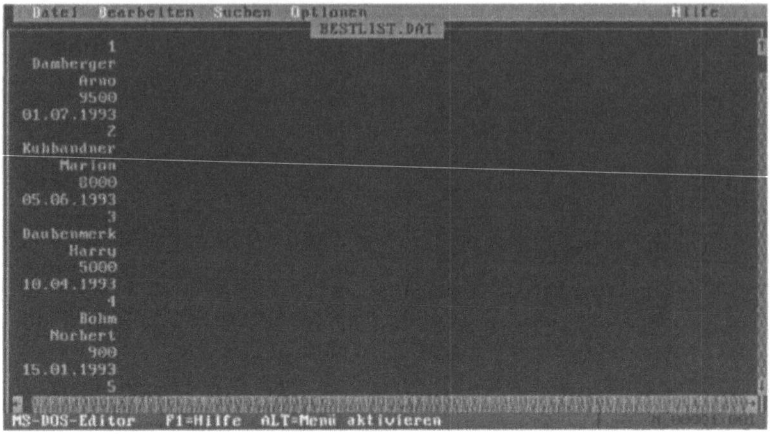

Bild 3.12:
Aufbau der
Datei
„bestlist.dat"

Funktion: bestenliste_anzeigen()

Dieser Programmteil öffnet die Datei „bestlist.dat" und gibt deren
Inhalt in formatierter Form am Bildschirm aus.

```c
/*********************************************************************************/
int bestenliste_anzeigen(void)
{
FILE *FDatei; /* BORLAND Stream-Variable                          */
int iZaehler;
char acNummer[12]="",acPunkte[12]="",acName[12]="",acVorname[12]="";
char acDatum[12]="";

/* Datei "bestlist.dat" für Leseoperationen öffnen                 */
if ((FDatei=fopen("bestlist.dat","r")) == NULL) return(-1);
gotoxy(1,1);
fuellen(' ',((BLACK << 4) | WHITE),1120);
printf("            B E S T E N L I S T E\n\r");
printf("Nummer:    Name:      Vorname:    Punkte:     Datum:");
/* In dem folgenden Schleifenblock werden für alla zehn Spieler  jeweils*/
/* in einer Zeile die Informationen über Nummer, Name, Vorname, Punkte  */
/* und Datum aus der Datei in Hilfsvariable geschrieben und anschließend*/
/* am Monitor in formatierter Form ausgegeben                      */
for (iZaehler=1;iZaehler <= 10;++iZaehler)
{
 fscanf(FDatei," %s\n %s\n %s\n %s\n %s\n",acNummer,acName,acVorname,
 acPunkte,acDatum);
 gotoxy(1,iZaehler+3);  printf("%s",acNummer);
 gotoxy(12,iZaehler+3); printf("%s",acName);
 gotoxy(24,iZaehler+3); printf("%s",acVorname);
 gotoxy(36,iZaehler+3); printf("%s",acPunkte);
 gotoxy(48,iZaehler+3); printf("%s",acDatum);
}
/* Datei wieder Schließen                                          */
fclose(FDatei);
return(0);
}
/*********************************************************************************/
```

Funktion: lesen()

Diese Funktion realisiert den gesamten Datei-Lesevorgang. Zuerst wird die vorher erzeugte Bestenliste am Monitor ausgegeben. Im Anschluß kann der Anwender über die Tastatur einen zu suchenden Dateieintrag eingeben. Nach Drücken von ⏎ überprüft das Programm das Vorhandensein des zu suchenden Begriffes in der Datei. Nach erfolgreicher Suche wird am Monitor der darauf folgende Dateieintrag ausgegeben. Kann der zu suchende Begriff nicht lokalisiert werden, erscheint am Bildschirm eine entsprechende Fehlermeldung.

```
/**************************************************************************/
void lesen(void)
{
char acEingabe[50]="";
char acGefunden[50]="";

/* Testen ob die Bestenliste am Bildschirm ausgegeben werden kann. Bei  */
/* einem Fehler wird eine entsprechende Meldung ausgegeben und das Pro-  */
/* gramm beendet                                                        */
if(bestenliste_anzeigen() != 0) fehlermeldung(2);
do
{
/* Es folgen einige Bildschirmausgaben                                  */
gotoxy(1,15);
fuellen(' ',((LIGHTGRAY << 4) | BLACK),880);
textcolor(BLACK);
textbackground(WHITE);
gotoxy(1,15);
cprintf("L E S E N   D E R   B E S T E N L I S T E");
gotoxy(1,17);
cprintf("Bitte geben Sie den zu suchenden Begriff ein:");
/* Eingabe des zu suchenden Dateieintrages                              */
strcpy(acEingabe,string_eingeben(50,17,60)); /* Suchstring eingeben     */
/* Testen ob Suchstring in Datei "bestlist.dat" vorhanden ist. Nach     */
/* erfolgreicher Suche erhält die Variable "acGefunden" den nächsten    */
/* Dateieintrag. Im Fehlerfall den NULL-String ("")                     */
strcpy(acGefunden,file_lesen(acEingabe,"bestlist.dat"));
gotoxy(1,19);
/* Auswerten der Dateisuche an Hand der Variable "acGefunden"           */
if(strcmp(acGefunden,"") == 0)
 /* Das Suchkriterium wurde nicht gefunden                              */
 cprintf("Das Suchkriterium '%s' wurde nicht gefunden !",acEingabe);
 else  if(strcmp(acGefunden,"ENDE") == 0)
 {
  /* Der Suchstring stellt den letzten Dateieintrag dar. Es kann kein   */
  /* weiterer Dateieintrag gefunden werden                             */
  cprintf("Das Suchkriterium '%s' wurde gefunden !\n\r",acEingabe);
  cprintf("Das Dateiende ist erreicht !");
 }
  else
  {
  /* Der Suchstring wurde gefunden und der darauf folgende Datei-       */
  /* eintrag wird angezeigt                                             */
  cprintf("Das Suchkriterium '%s' wurde gefunden !\n\r",acEingabe);
  cprintf("Der String nach dem Suchkriterium lautet '%s'",acGefunden);
```

```
      }
   gotoxy(1,24);
   cprintf("--------------------------------------------------------------");
   gotoxy(1,25);
   cprintf("<ESC>-Programm beenden   <F2>-Menü   andere Taste-Wiederholen");
   /* Abfrage ob Lesen der Datei wiederholt, zum Hauptmenü zurückgesprun- */
   /* gen oder das Programm beendet werden soll                           */
   tastatur_loeschen();
   iTaste_word=bioskey(0); /* auf Tastendruck warten                      */
   iTaste_low_byte=iTaste_word & 0x00FF;
   gotoxy(1,19);
   fuellen(' ',((LIGHTGRAY << 4) | BLACK),560); /* Hintergrund füllen     */
   if(iTaste_low_byte == TASTE_ESC) ende(); /* Programmende               */
   /* Schreiben der Bestenliste wiederholen                               */
   }
   while(iTaste_word != TASTE_F2);
   /* Zurück zum Hauptmenü                                                */
   }
   /********************************************************************************/
```

Funktion: schreiben()

Die Funktion „schreiben()" realisiert den zweiten Menüpunkt
„Schreiben der Bestenliste". Wie beim ersten Menüpunkt „Lesen der
Bestenliste" wird zuerst die vorher kreierte Bestenliste am Monitor
ausgegeben. Im Anschluß gibt der Anwender die gewünschte Da-
teiposition, in Form eines Suchbegriffes, und den zu schreibenden
Eintrag, über die Tastatur ein. Als Beispiel sei hier der Suchbegriff
„Arno" (Vorname) und der zu ändernde Dateieintrag „9500"
(Punkte) , wie in Bild 3.8 gezeigt, genannt.

```
   /********************************************************************************/
   void schreiben(void)
   {
   int iTest;
   char acEingabe[50]="";
   char acSchreiben[50];

   strncpy(acSchreiben,"",50); /* Stringvariable mit Endekennung füllen   */
   /* Testen ob die Bestenliste am Bildschirm ausgegeben werden kann. Bei */
   /* einem Fehler wird eine entsprechende Meldung ausgegeben und das Pro- */
   /* gramm beendet                                                       */
   if(bestenliste_anzeigen() != 0) fehlermeldung(2);
   do
   {
   /* Es folgen einige Bildschirmausgaben                                 */
   gotoxy(1,15);
   fuellen(' ',((LIGHTGRAY << 4) | BLACK),880);
   textcolor(BLACK);
   textbackground(WHITE);
   gotoxy(1,15);
   cprintf("S C H R E I B E N   D E R   B E S T E N L I S T E");
   gotoxy(1,17);
   cprintf("Bitte geben Sie den zu suchenden Begriff ein:");
   /* Eingabe des zu suchenden Begriffes, welcher die Dateiposition vor   */
```

```
/* dem zu schreibenden Eintrag darstellt                          */
strcpy(acEingabe,string_eingeben(50,17,60)); gotoxy(1,18);
cprintf("Bitte geben Sie den darauf folgenden zu ändernden String ein: ");
/* Eingabe des zu schreibenden Dateieintrages                     */
strcpy(acSchreiben,string_eingeben(65,18,75));/* Schreibstring eingeben*/
/* Testen ob zu suchender Begriff in der Datei vorhanden ist..An- */
/* schließend den zu schreibenden String an der nächsten Position in  */
/* in der Datei eintragen                                         */
iTest=file_schreiben(acEingabe,acSchreiben,"bestlist.dat");
if(iTest == 0)
{
  /* Das Schreiben der Datei hat funktioniert                     */
  bestenliste_anzeigen(); /* Anzeige der Bestenliste             */
  gotoxy(1,20);
  cprintf("Das Suchkriterium '%s' wurde gefunden !",acEingabe);;
  gotoxy(1,21);
  cprintf("Der zu ändernde String '%s' wurde geschrieben !\n\r",acSchreiben);
}
else
{
  /* Das Schreiben der Datei hat nicht funktioniert               */
  gotoxy(1,20);
  cprintf("Das Suchkriterium '%s' wurde nicht gefunden !",acEingabe);
}
gotoxy(1,24);
cprintf("--------------------------------------------------------------");
gotoxy(1,25);
cprintf("<ESC>-Programm beenden   <F2>-Menü   andere Taste-Wiederholen");
tastatur_loeschen(); /* Tastaturbuffer löschen                   */
/* Abfrage ob Lesen der Datei wiederholt, zum Hauptmenü zurückgesprun- */
/* gen oder das Programm beendet werden soll                      */
iTaste_word=bioskey(0); /* auf Tastendruck warten                 */
iTaste_low_byte=iTaste_word & 0x00FF;
gotoxy(1,19);
fuellen(' ',((LIGHTGRAY << 4) | BLACK),560);
if(iTaste_low_byte == TASTE_ESC) ende(); /* Programm beenden      */
/* Schreiben der Bestenliste wiederholen                          */
}
while(iTaste_word != TASTE_F2);
/* Zurück zum Hauptmenü                                           */
/*****************************************************************/
```

3.2.2   Dateioperationen in objektorientierter Konvention

Das objektorientierte Programm „file2.cpp" ist in der Ausführung
und im Programmablauf identisch zum Programm „file1.c". Ziel des
Programmes ist es, dem Leser den direkten Vergleich zwischen objektorientierten und klassischen Datei-Programmiertechniken aufzuzeigen. Aus diesem Grund wurde wie üblich die Namensgebung
der Klassenmethoden nach den Funktionsnamen aus Programm
„file1.c" ausgerichtet. Um Wiederholungen bei der Programmbeschreibung zu vermeiden, richtet sich die Programmdiskussion
weitgehend nach den objektorientierten Merkmalen aus.

Das Entwicklungswerkzeug „BORLAND C^{++}" stellt eine Vielzahl an Streamklassen zur Bearbeitung von Bildschirmausgaben, Strings und Dateien zur Verfügung. Die in diesem Kapitel beschriebenen Techniken stellen eine kleine Auswahl der wichtigsten Objekte zur Dateibehandlung dar. Die objektorientierte Dateibearbeitung gliedert sich in folgende vier Hauptschritte auf:

⇨ Inkarnation eines Dateistreams mit dem in „fstream.h" deklarierten Objekt „fstream".

```
fstream <Streamname>;
```

⇨ Logisches Verbinden einer Datei mit dem Stream durch Aufruf der Objekt-Methode „open()". Der Bezeichner „<Modus>" bestimmt die Datei-Zugriffsart.

```
<Streamname>.open("<Dateiname>",<Modus>);
```

⇨ Ein- bzw. Ausgabe von Informationen an die vorher geöffnete Datei mit Hilfe der vordefinierten, überlagerten Übergabeparameter „<<" und „>>".

```
<Streamname> >> <beliebiger Datentyp>;   /* Dateieingabe */
<Streamname> << <beliebiger Datentyp>;   /* Dateiausgabe */
```

⇨ Schließen des Dateistreams durch Aufruf der Objekt-Methode „close".

```
<Streamname>.close();
```

Programminhalt

Wie bereits weiter oben erwähnt, ist der Programmablauf von „file2.cpp" identisch zum Programmbeispiel „file1.c" aus dem vorhergehenden Kapitel. Beide Programme ermöglichen das Lesen bzw. Schreiben von Dateiinhalten. Weitere Informationen entnehmen Sie bitte dem Punkt „Programminhalt" aus Kapitel 3.2.1 .

Programmdiskussion

Wie üblich, erfolgt nach dem Programmkopf das Einbinden der benutzten Headerdateien. Die Headerdatei „buch_cpp.h" beinhaltet vordefinierte, selbstdeklarierte Objekte. Für das Programm „file2.cpp" werden die Objekte „DIVERS", „STRING_EINGEBEN" und „FILE" eingebunden.

```
/*****************************************************************/
/* INCLUDE-DATEIEN                                             */
#include "buch_cpp.h"
/*****************************************************************/
```

Klassen und Methoden aus der Headerdatei: buch_cpp.h

Aus den drei eingebunden Klassen, „DIVERS", „STRING_EINGE-
BEN" und „FILE" werden die in Tabelle 3.2 aufgeführten Methoden
in das Programm „file2.cpp" eingebunden.

Tabelle 3.2:
Klassen-
Methoden aus
der Headerdatei
„buch_cpp.h"

KLASSE	DIVERS	STRING_EINGEBEN	FILE
METHODEN	tastatur_loeschen()	string_eingeben()	file_lesen()
	fuellen()		file_schreiben
	cursor_ein()		
	fehler()		
	fehler_ende()		

Alle eingebundenen Methoden der Klassen „DIVERS" und
„STRING_SCHREIBEN" sind im Quellcode identisch mit den entsprechenden Funktionen aus dem Programm „file1.c". Der einzige
Unterschied zeigt sich in der bereits weiter oben beschriebenen,
objektorientierten Textausgabe über Bildschirmausgabe-Streams.

Klassenmethode: file::file_lesen()

Beim objektorientierten Ansatz zum Dateilesen wird im Datenbereich der zugehörigen Klasse „FILE" ein Stream-Objekt „FDatei" in-
stanziiert, auf dem alle folgenden Dateioperationen basieren.

```
/********************************************************************/
char * file :: file_lesen(char *acSuchen, char *datei)
{
char acUebergabe[90]="";
int iEnde=FALSE;
```

Zu Beginn wird eine logische Verbindung zwischen Stream und
Datei hergestellt. Der Zugriffsmode „ios::in" öffnet die Datei ausschließlich für Leseoperationen.

```
FDatei.open(datei,ios::in);
```

Überprüfung auf fehlerfreies Öffnen der Datei durch die Klassenmethode „<Streamname>.fail()". Im Falle eines Fehlers, Rücksprung
zum aufrufenden Programm mit Übergabe des NULL-Strings ("").

```
if (FDatei.fail()) return("");
```

Der folgende Schleifenblock wird solange durchlaufen, bis in der
Datei der Suchbegriff „acSuchen" gefunden wurde oder das Dateiende erreicht worden ist. In beiden Fällen erhält die Variable
„iEnde" dabei den Wert „TRUE". Anschließend erfolgt der Rücksprung zum aufrufenden Programm.

```
do
{
 /* Einlesen des aktuellen Dateieintrages in die Variable "acUebergabe" */
 FDatei >> acUebergabe;
/* Vergleich ob Suchkriterium und aktueller Dateieintrag identisch sind */
 if(strcmp(acUebergabe,acSuchen) == 0)
  {
   /* Dateieintag und Suchkriterium sind identisch                       */
   /* Einlesen des nächsten Dateieintrages in die Variable "acUebergabe" */
   FDatei >> acUebergabe;
   iEnde=TRUE; /* Abbruchkriterium setzen                                */
  }
 /* Testen ob Dateiende bereits erreicht ist                             */
 if(FDatei.eof() != 0)
  {
   /* Ja Dateiende ist erreicht                                          */
   FDatei.close(); /* Stream wieder schließen                            */
   if(iEnde == TRUE) return("ENDE"); /* Suchbegiff wurd vorher gefunden  */
   return("");/* Rücksprung zum Programm; kein Suchbegriff wurde gefunden*/
  }
}
while(iEnde == FALSE);
FDatei.close(); /* Der Stream wird wieder geschlossen                    */
return(acUebergabe); /* Übergbae des gelesenen Dateieintrages            */
}
/****************************************************************************/
```

Klassenmethode: file::file_schreiben()

Analog zum Lesen erfolgt das Schreiben der Datei. Die Klassenmethoden „file_lesen()" und „file_schreiben()" unterscheiden sich lediglich im Datei-Öffnungsmode und dem lesenden bzw. schreibenden Dateizugriff.

```
/****************************************************************************/
int file :: file_schreiben(char *acSuchen, char *acSchreiben, char *datei)
{
long lPosition;
char acUebergabe[90]="";
int iEnde=FALSE;
```

Durch den Datei-Zugriffsmode „ios::in | ios::out" kann die Datei
gleichzeitig gelesen und beschrieben werden.

```
FDatei.open(datei,ios::in | ios::out);
/* Im Fehlerfall Rücksprung zum aufrufenden Programm              */
if (FDatei.fail()) return(-1);
do
{
 FDatei >> acUebergabe;
 if(strcmp(acUebergabe,acSuchen) == 0)
  {
```

Ist der Suchbegriff gefunden, wird durch die Klassenmethode „FDatei.tellg()" in der Variablen „lPosition" die aktuelle Dateiposition gespeichert. Die Memberfunktion „FDatei.seegk(Dateiposition)" führt einen Datei-Reset (Dateizeiger auf ersten Eintrag setzen) und einen nachfolgenden Dateizeiger-Offset auf die Position „lPosition" durch. Der anschließende Schreibbefehl trägt die Variable „acSchreiben" an der nächsten Dateiposition ein. Der Manipulator „setw(10)" gibt die Variable „acSchreiben" in einer minimalen Zeichenzahl von 10 Stellen aus. Bei Bedarf werden Leerzeichen vorangestellt. Der Datei-Reset und das erneute Positionieren des Dateizeigers sind notwendig, da das System nach einem Lesezugriff nicht unmittelbar schreibend auf das File zugreifen kann.

```
lPosition=FDatei.tellg(); /* aktuelle Position merken            */
FDatei.seekg(lPosition); /* Datei-Reset; Dateizeiger neu positionieren*/
FDatei << "\n" << setw(10) << acSchreiben << "\n"; /* Datei schreiben */
iEnde=TRUE; /* Abbruchbedingung setzen                            */
  }
if(FDatei.eof() != 0)
 {
 /* Das Dateiende wurde erreicht                                  */
 FDatei.close(); /* Der Stream wird wieder geschlossen            */
 return(-1); /* Rücksprung zum aufrufenden Programm               */
 }
}
while(iEnde == FALSE);
FDatei.close(); /* Der Stream wird wieder geschlossen             */
return(0); /* Rücksprung zum aufrufenden Porgramm                 */
}
```

Klassendeklaration im Programm

Nach dem Einbinden der objektorientierten Headerdatei „buch_cpp" folgt die Deklaration der Programmklasse „MENUE". Durch die Anweisung:

```
„class menue : virutal divers, private string_eingeben, private file"
```

werden der Klasse „MENUE" alle Eigenschaften der Header-Klasse „DIVERS" virtual-private und alle Eigenschaften der Haeder-Klassen „STRING_EINGEBEN", sowie „FILE" private vererbt.

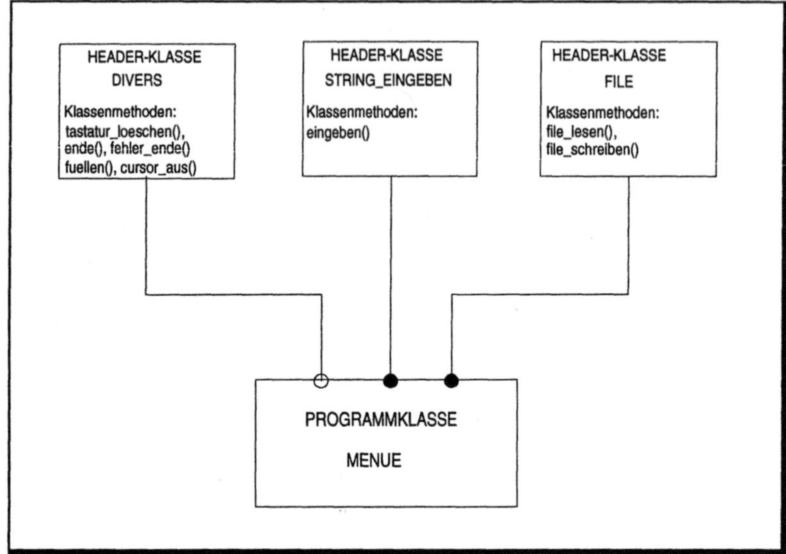

Das Schlüsselwort „virtual" zeigt an dieser Stelle an, daß die Klasse „DIVERS" noch in weiteren Programmbereichen abgeleitet ist, jedoch nur eine Instanz vom Typ „DIVERS" erzeugt wird. Bild 3.13 zeigt die gesamte Vererbungshirarchie von Programm „file2.cpp" auf. Innerhalb der Klassendeklaration befinden sind alle gekapselten Daten in einem Private-Bereich und alle Methoden-Prototypen in einem Public-Bereich.

```
/******************************************************************************/
class menue : virtual private divers, private string_eingeben, private file {
private:
 constream window;
 int iTaste_word,iTaste_low_byte;
public:
 menue(void){window.window(1,1,80,25);};
 ~menue(void){;};
 void ablauf(void);
 void fehlermeldung(int iFehler);
 int  bestenliste_schreiben(void);
 int  bestenliste_anzeigen(void);
 void lesen(void);
 void schreiben(void);
};
/******************************************************************************/
```

Konstruktoren und Destruktoren

Der Konstruktor „menue(void) {window.window(1,1,80,25);}" ist bezüglich seiner kurzen Programmpassage direkt in die Klassendeklaration integriert. Durch diesen Konstruktor wird bei der späteren Instanziierung der Klassenvariablen „program" im Hauptprogramm ein Bildschirmstream für den gesamten Bildschirmbereich mit Hilfe der Methode „window.window(1,1,80,25) kreiert. Durch die Anweisung „~menu(void) {;}" erzeugt das Programm einen „Leer-Destruktur", d. h. es sind keine Destruktor-Anweisungen im Programmablauf nötig.

Klassenmethoden

Nahezu alle im Daten- und Memberbereich der Klasse enthaltenen Konstrukte sind identisch zu den Variablen und Funktionen aus dem klassisch aufgebauten Programm „file1.c". Wie bei allen objektorientierten Programmstrukturen unterscheiden sich lediglich bei der Textausgabe die Bildausgabe-Streams von den klassisch orientierten „WINDOW()"-Funktionen. Eine ausführlichliche Beschreibung zu den realisierten Modulen enthält das Kapitel 3.2.1.

Hauptprogramm

Im Deklarationsteil des kurzen Hauptprogrammes erfolgt die Inkarnation der Klassenvariablen „programm" vom Objekttyp „menu". Zu Beginn des Hauptprogrammes erzeugt der Aufruf der Methode „program.bestenliste_schreiben()" eine neue Bestenliste. Kann die Bestenliste nicht kreiert werden, erfolgt der Rücksprung zum Betriebssystem mit der Übergabe des Errorlevels „-1" für eine fehlerhafte Programmausführung. Kann die Bestenliste erstellt werden, wird durch Starten der Memberfunktion „programablauf()" das eigentliche Programm durch Aktivieren des Hauptmenüs ausgeführt.

```
/********************************************************************/
void main()
{
/* Instanzierung der Klassenvariable "programm" vom Typ "menue"      */
menue program;
/* Eine Bestenliste generieren                                       */
if(program.bestenliste_schreiben() != 0) program.fehlermeldung(1);
program.ablauf();/* gesamter Programmablauf                          */
}
/********************************************************************/
```

Übersicht der klassischen- und objektorientierten Dateioperationen

Die Tabelle 3.3 zeigt die grundlegenden Unterschiede zwischen klassischer und objektorientierter Dateibearbeitung auf.

Tabelle 3.3:
Dateioperatio-
nen im klassi-
schen und ob-
jektorientierten
Ansatz

Dateioperation	klassisch	objektorientiert
Stream-Variable	FILE <Name>;	fstream <Name>;
Datei öffnen	<Name> =fopen("Datei","Modus");	<Name >.open("Datei",Modus);
Lesen	fprintf(Name,.......);	<Name> >> <Variable>;
Schreiben	fscanf(Name,.......);	<Name> << <Variable>;
Datei schließen	fclose(Name);	<Name>.close();

3.3 Datum und Uhrzeit

Schon seit den Kindertagen der Rechnerentwicklung gehören Datums- und Zeitbearbeitung zu den Basisfunktionen von Programmierwerkzeugen. Das Einsatzgebiet dieser Programmbausteine erstreckt sich von den Zeitangaben in Highscore-Listen bis hin zur komfortablen Integration von Datumsangaben in Dokumenten bei modernen Textverarbeitungssystemen. Aber auch heutzutage sind diese Zeit-Parameter nicht wegzudenken. Man denke hier beispielweise an die Zeit- und Datei-Attribute der Dateiverwaltung unter dem Betriebssystem MS-DOS bzw. an die Uhr aus dem WINDOWS-Systemmenü. All diese Punkte zeigen auf, wie wichtig die Bearbeitung von Datum und Uhrzeit in modernen Programmstrukturen ist.

Alle im Kapitel 3.3 realisierten Datumsmodule nützen die BORLAND-Standardfunktion „getdate()“. Die Programme zum Bearbeiten der Uhrzeit werden mit Hilfe der BORLAND-Standardfunktion „gettime()“ realisiert. Dadurch sind die Kernfunktionen der klassischen und objektorientierten Programmierung in diesem Kapitel identisch.

```
void  getdate(struct date *<Name>)
```
Headerdatei: dos.h
Funktionalität:
„getdate()“ füllt die Elemente der Struktur „date“, auf die der Pointer „Name“ zeigt, mit dem aktuellen Systemdatum. Die Funktion gibt keinen Returnwert zurück. Die Struktur „date“ ist folgendermaßen vordefiniert:
```
struct date {
   int da_year;      /* Aktuelles Jahr; z. B. 1993        */
   char da_day;      /* Tag im Monat (1 bis 31)           */
   char da_mon       /* Monat (1=Januar,...12=Dezember) */
};
```

```
void  gettime(struct time *<Name>)
```

Headerdatei: dos.h

Funktionalität:

„gettime()" füllt die Elemente der Struktur „time", auf die der Pointer „Name" zeigt, mit der aktuellen Systemzeit. Die Funktion gibt keinen Returnwert zurück. Die Struktur „time" ist bei BOR-LAND folgendermaßen vordefiniert:

```
struct time {
    unsigned char ti_min;    /* Minuten           */
    unsigned char ti_hour;   /* Stunden           */
    unsigned char ti_hund;   /* 1/100 Sekunden */
    unsigned char ti_sec;    /* Sekunden          */
};
```

Die beiden in diesem Kapitel vorgestellten Programme behandeln das Lesen des aktuellen Systemdatums und das Auswerten der aktuellen Systemzeit. Die eingelesenen Werte können in komfortabler Form am Bildschirm, innerhalb eines Windows, ausgegeben werden. Dabei ist jeweils die Position des Windows, sowie dessen Zeichen- und Hintergrundfarbe vom Programmierer frei wählbar. Bei der Behandlung der Uhrzeit hat der Anwender die Wahl zwischen einer statischen und einer kontinuierlichen Ausgabe der Uhrzeit. Beim statischen Lesen wird die Uhrzeit einmalig gelesen und für eine Zeitspanne von sechs Sekunden am Monitor angezeigt. Bei der kontinuierlichen Ausgabe aktualisiert das Programm die Uhrzeit jeweils nach einer Sekunde.

3.3.1   Datum- und Zeitbearbeitung in klassischer „C"-Konvention

Das Programm „datum1.c" demonstriert in klassischer Form das Lesen des aktuellen Systemdatums und der aktuellen Systemzeit mit Hilfe von Standardfunktionen aus der BORLAND-Funktionsbibliothek. Diese Kernfunktionen werden auch für die objektorientierte Programmvariante „datum2.cpp" eingesetzt, da „BORLAND C++" keine diesbezügliche objektorientierte Klasse bereitstellt.

Programminhalt

Nachdem man das Programm durch Eingabe von „datum1 [↵]" gestartet hat, erscheint am Monitor das Programm-Menü. Durch Drükken der entsprechenden Taste stellt das Modul folgende Auswahlmöglichkeiten zur Verfügung:

⇨ [1]:   aktuelles PC-Datum lesen

⇨ [2]:   Uhrzeit statisch lesen

⇨ [3]:   Uhrzeit kontinuierlich lesen

⇨ [Esc]:   Programmabbruch

Der Menüpunkt „1" gibt das aktuelle Systemdatum innerhalb eines Windows sechs Sekunden lang am Bildschirm aus. Im Anschluß erfolgt der Rücksprung zum Hauptmenü. Durch Aktivieren von Menüpunkt „2" wertet das Programm die momentane Systemzeit aus. Diese einmalig gelesene Uhrzeit wird ebenfalls für sechs Sekunden am Monitor ausgegeben, bevor der Rücksprung zum Hauptmenü stattfindet. Mit Auswahl von Menüpunkt „3" wird, wie in Abbildung 3.14 dargestellt, ein kontinuierliches Lesen und Ausgeben der Systemzeit gestartet.

Bild 3.14:
Ausgabe der
Uhrzeit

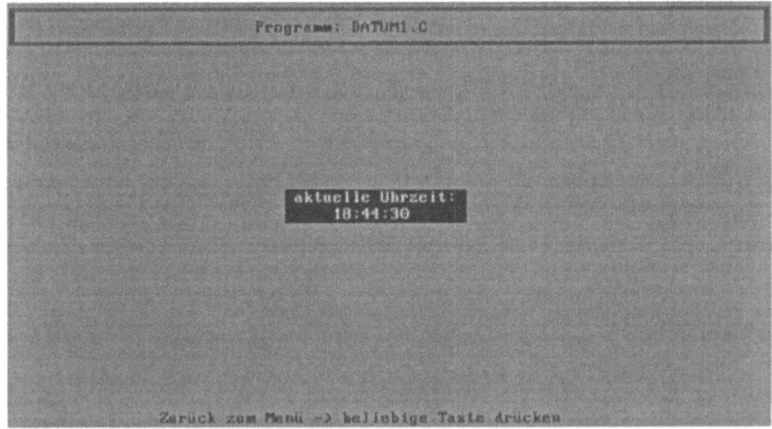

Bild 3.15:
Flußdiagramm
zur Funktion
„uhr()"

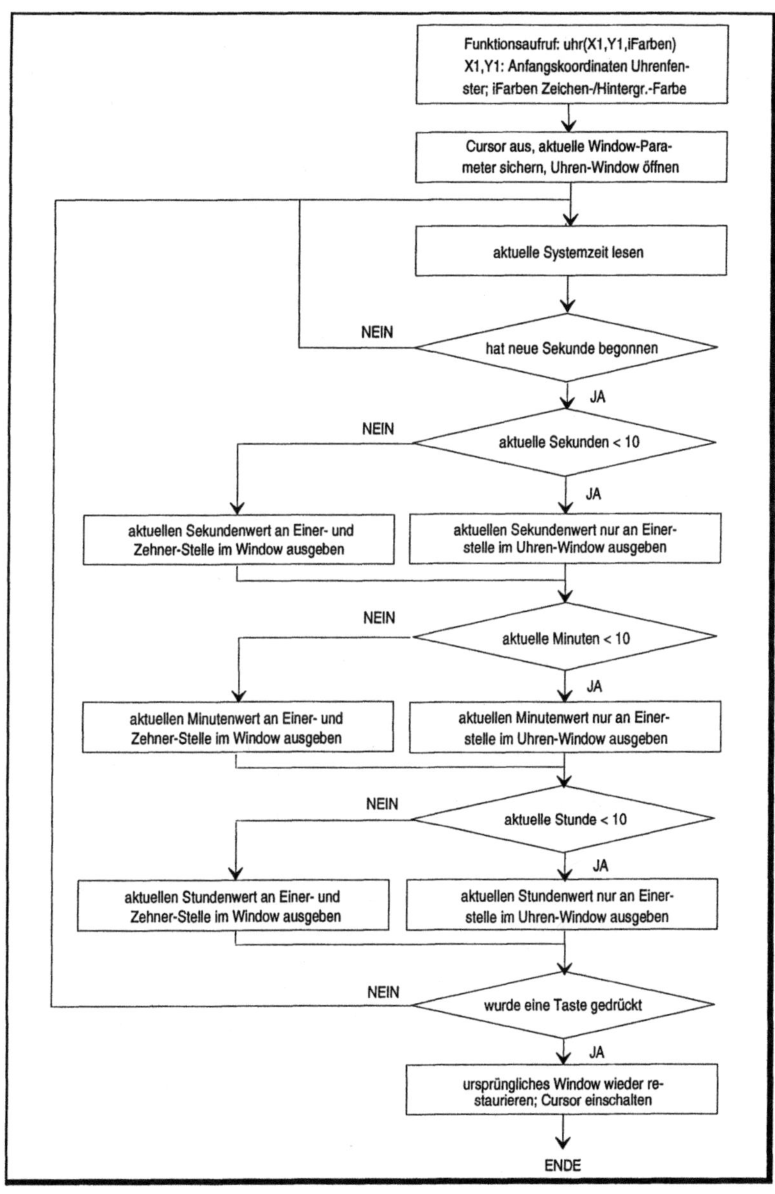

Erst durch Drücken einer beliebigen Taste erfolgt der erneute Aufruf
des Hauptmenüs. Der prinzipielle Funktionsablauf der kontinu-

ierlichen Zeitausgabe ist im Flußdiagramm in Abbildung 3.15 aufgezeigt. Im Menü kann durch Drücken von [Esc] das Programm beendet werden.

Programmdiskussion

Nach dem Programmkopf folgt wie üblich das Einbinden der Headerdatei „buch.h". Diese Header-Datei enthält, wie weiter unten aufgeführt, neben einigen Hilfsroutinen auch die drei eigentlichen Kernfunktionen „datum_lesen()", „uhrzeit_lesen()" und „uhr()".

```
/***************************************************************************/
/* INCLUDE-DATEIEN                                                       */
#include "buch.h"
/***************************************************************************/
```

Der folgende Programmblock beinhaltet programmglobale Variablen. Diese Variablen können in allen Funktionsebenen gelesen und beschrieben werden.

```
/***************************************************************************/
/* GLOBALE VARIABLE                                                      */
int iTaste_word,iTaste_low_byte;
/***************************************************************************/
```

Funktion: main()

Das relativ kurze Hauptprogramm enthält lediglich den Funktionsaufruf „menu()". Durch das Starten dieser Funktion wird im Programm das Hauptmenü aktiviert. Im Menü hat der Anwender die Möglichkeit, alle zur Verfügung stehenden Datums- und Zeitbearbeitungs-Routinen aufzurufen.

```
/***************************************************************************/
/* HAUPTPROGRAMM                                                         */
void main()
{
menu();
}
/***************************************************************************/
```

Funktionen aus der Headerdatei: buch.h

Die Headerdatei „buch.h" stellt die Funktionen tastatur_loeschen(), cursor_aus(), ende(), datum_lesen(), uhrzeit_lesen() und uhr() be-

reit. Alle aufgeführten Funktionen, mit Ausnahme der drei zuletzt
genannten, wurden bereits an anderer Stelle diskutiert.

Funktion: datum_lesen()

Mit Hilfe dieser Funktion ist es möglich, das aktuelle Systemdatum
innerhalb eines frei positionierbaren Windows am Textbildschirm
auszugeben. Innerhalb des Windows können die Zeichenfarbe für
die Datumsanzeige und die Window-Hintergrundfarbe, nach BOR-
LAND-Konvention, frei gewählt werden. Dabei werden die Window-Koordinaten und die Farbattribute durch Funktionsübergabe-
Parameter dem Modul mitgeteilt.

```
/*********************************************************************/
void datum_lesen(int iX1, int iY1, int iFarben)
{
struct date datum; /* vordefinierte BORLAND-Struktur für das Datum    */
struct text_info Info; /* Vordefinierte BORLAND-Struktur für WINDOW-Info*/

cursor_aus(); /* Cursor unsichtbar schalten                           */
```

Durch die Funktion „gettextinfo(&Info)" werden innerhalb der deklarierten Struktur „Info" alle Window-Parameter des aktuellen Windows gespeichert.

```
gettextinfo(&Info); /* aktuelle WINDOW-Parameter sichern              */
```

Aktivieren des neuen Windows zur Datumsausgabe. Die Größe und
alle notwendigen Koordinaten werden aus den Übergabeparametern „iX1" und „iY1" abgeleitet. Der Funktionsaufruf von
„textattr(iFarbe)" ordnet dem Window die im Übergabeparameter
„iFarben" enthaltenen Farbattribute zu.

```
window(iX1,iY1,iX1+17,iY1+1); /* Neues WINDOW für Datumsausgabe kreieren*/
textattr(iFarben); /* neue WINDOW-Farbattribute setzen                */
clrscr();
```

Die Funktion „getdate(&datum)" beschreibt die deklarierte Struktur
„datum" mit dem aktuellen Systemdatum.

```
getdate(&datum); /* Datum in Strunktur einelesen                      */
```

Ausgabe der Struktur „datum" in formatierter Form innerhalb des
neu definierten Windows.

```
cprintf(" aktuelles Datum:\n\r");
cprintf("      %i.%i.%i",datum.da_day,datum.da_mon,datum.da_year);
```

Restaurieren der vorher zerstörten Window-Parameter und Einschalten der Cursor-Emulation. Dadurch erhält das aufrufende Programm den ursprünglichen Bildschirmkontext zurück.

```
window(Info.winleft,Info.wintop,Info.winright,Info.winbottom);
textattr(Info.attribute); /* alte Farbattribute wieder restaurieren   */
cursor_ein(); /* Cursor sichtbar schalten                             */
}
/********************************************************************/
```

Funktion: uhrzeit_lesen()

Die Funktion „uhrzeit_lesen()" gibt die aktuelle Systemzeit statisch,
d. h. einmalig, innerhalb eines frei positionierbaren Windows, am
Textbildschirm aus. Auch bei diesem Modul können die Farbattribute für Zeichen- und Hintergrundfarbe frei nach BORLAND-Kon-
vention deklariert werden. Die Window-Koordinaten und das Farb-
attribut werden mit Hilfe der Übergabeparameter der Funktion mitgeteilt.

```
/********************************************************************/
void uhrzeit_lesen(int iX1, int iY1, int iFarben)
{
struct time uhrzeit; /* vordefinierte BORLAND-Struktur für die Uhrzeit  */
struct text_info Info; /* Vordefinierte BORLAND-Struktur für WINDOW-Info*/

cursor_aus(); /* Cursor unschtbar schalten                            */
```

Vor dem Definieren des Windows zur Ausgabe der aktuellen Uhrzeit werden mit der Funktion „gettextinfo()" alle aktuellen Window-
Parameter gesichert.

```
gettextinfo(&Info); /* aktuelle WINDOW-Parameter sichern             */
window(iX1,iY1,iX1+18,iY1+1); /* WINDOW für Ausgabe der Uhrzeit kreieren*/
textattr(iFarben); /* neue WINDOW-Farbattribute setzen               */
clrscr();
```

Einlesen der aktuellen Systemzeit in die vorher deklarierte Struktur
„uhrzeit".

```
gettime(&uhrzeit); /* aktuelle Systemzeit in Struktur einlesen       */
cprintf(" aktuelle Uhrzeit:\n\r");
```

Es folgt die formatierte Ausgabe der Systemzeit. Zuerst gibt die Funktion alle möglichen Stellen (STD:MIN:SEK) der Uhrzeit über den String „00:00:00" aus. Durch diese Ausgabe wird bei einstelligen Zeitangaben eine vorangestellte „0" sichergestellt.

```
cprintf("     00:00:00");
```

Abfrage, ob die aktuelle Sekundenangabe einstellig (<10) oder zweistellig ist. Je nach Wertigkeit erfolgt innerhalb des Uhren-Windows eine differenzierte Ausgabe an der gewünschten Bildposition. Analog der Sekundenformatierung erfolgt die Ausgabe der Minuten- und Stundenanzeige.

```
if(uhrzeit.ti_sec < 10) gotoxy(13,2);
else gotoxy(12,2); cprintf("%i",uhrzeit.ti_sec);
if(uhrzeit.ti_min < 10) gotoxy(10,2);
else gotoxy(9,2); cprintf("%i",uhrzeit.ti_min);
if(uhrzeit.ti_hour < 10) gotoxy(7,2);
else gotoxy(6,2); cprintf("%i",uhrzeit.ti_hour);
```

Nach der Ausgabe der Systemzeit werden alle Bild-Parameter des aufrufenden Programms restauriert.

```
/* altes WINDOW wieder restaurieren                              */
window(Info.winleft,Info.wintop,Info.winright,Info.winbottom);
textattr(Info.attribute); /* alte Farbattribute wieder restaurieren   */
cursor_ein(); /* Cursor sichtbar schalten                         */
}
/*****************************************************************************/
```

Funktion: uhr()

Die Funktion „uhr()" ist im Aufbau nahezu identisch zur Funktion „uhrzeit_ lesen()". Der einzige Unterschied liegt in der kontinuierlichen Ausgabe der Uhrzeit. Innerhalb einer Schleife gibt die Funktion beim Erreichen einer neuen Sekunde die aktualisierte Uhrzeit im Uhren-Window aus. Die Schleife kann durch Drücken einer beliebigen Taste beendet werden.

```
/*****************************************************************************/
void uhr(int iX1, int iY1, int iFarben)
{
struct time uhrzeit; /* vordefinierte BORLAND-Struktur für die Uhrzeit  */
struct text_info Info; /* Vordefinierte BORLAND-Struktur für WINDOW-Info*/
int iSekunde;

iSekunde=80; /* Hilfsvariable auf Anfangswert setzen              */
cursor_aus(); /* Cursor unsichtbar schalten                       */
gettextinfo(&Info); /* aktuelle WINDOW-Parameter sichern          */
```

```
window(iX1,iY1,iX1+18,iY1+1); /* WINDOW für Ausgabe der Uhrzeit kreieren*/
textattr(iFarben); /* neue WINDOW-Farbattribute setzen              */
clrscr();
cprintf(" aktuelle Uhrzeit:\n\r");
```

Innerhalb dieser Schleife gibt die Funktion beim Erreichen einer neuen Sekunde die aktuelle Systemzeit im Uhren-Window aus.

```
/*** Schleife wiederholen bis eine beliebige Taste gedrückt wird  *******/
do
{
  /* Uhrzeit-Information aus Struktur auslesen un am Bildschirm in for-  */
  /* matierter Form ausgeben                                            */
  gotoxy(1,2);
  gettime(&uhrzeit); /* aktuelle Systemzeit in Struktur laden           */
  if(iSekunde != uhrzeit.ti_sec)
  {
    /* neue Uhrzeit nur ausgeben, falls eine neue Sekunde begonnen hat   */
    cprintf("      00:00:00");
    iSekunde=uhrzeit.ti_sec;
    if(uhrzeit.ti_sec < 10) gotoxy(13,2);
    else gotoxy(12,2); cprintf("%i",uhrzeit.ti_sec);
    if(uhrzeit.ti_min < 10) gotoxy(10,2);
    else gotoxy(9,2); cprintf("%i",uhrzeit.ti_min);
    if(uhrzeit.ti_hour < 10) gotoxy(7,2);
    else gotoxy(6,2); cprintf("%i",uhrzeit.ti_hour);
  }
}
while(bioskey(1) == 0); /* nach einem Tastendruck Schleife beenden      */
/******************** Ende der Schleife ********************************/
/* altes WINDOW wieder restaurieren                                    */
window(Info.winleft,Info.wintop,Info.winright,Info.winbottom);
textattr(Info.attribute); /* alte Farbattribute wieder restaurieren    */
cursor_ein(); /* Cursor sichtbar schalten                              */
}
/**********************************************************************/
```

Funktion: menu()

Die Funktion „menu()" realisiert den gesamten Programmablauf. Nach dem Aufbau des Hauptmenüs in Form einer Bildmaske wartet das Programm auf einen Tastendruck. Im Anschluß wertet das Modul die Taste aus und startet die entsprechende Aktion. Der Anwender kann zwischen folgenen Menüpunkten wählen:

⇨ Menüpunkt (1):   Aktuelles PC-Datum lesen

⇨ Menüpunkt (2):   Uhrzeit statisch lesen

⇨ Menüpunkt (3):   Uhrzeit kontinuierlich lesen

⇨ (Esc):   Programmabbruch

```c
/*************************************************************************/
void menu(void)
{
cursor_aus(); /* Auschalten des Cursors                                  */
/************************** Endlosschleife ******************************/
/* kann nur durch Drücken der ESC-Taste beendet werden                  */
do
{
 /* Aufbau der Menümaske                                                 */
 gotoxy(1,1);
 textcolor(WHITE);
 textbackground(BLACK);
 clrscr();
 printf("+---------------------------------------------------+");
 printf("¦                 Programm: DATUM1.C                ¦");
 printf("¦---------------------------------------------------¦");
 printf("¦                                                   ¦");
 printf("¦ aktuelles PC-Datum lesen..................(1)     ¦");
 printf("¦                                                   ¦");
 printf("¦ Uhrzeit statisch lesen....................(2)     ¦");
 printf("¦                                                   ¦");
 printf("¦ Uhrzeit kontinuierlich lesen..............(3)     ¦");
 printf("¦                                                   ¦");
 printf("¦---------------------------------------------------¦");
 printf("¦  Programmabbruch -> Taste <ESC> drücken           ¦");
 printf("+---------------------------------------------------+\n");
 tastatur_loeschen();  /* löschen des Tastaturbuffers                    */
 iTaste_word=bioskey(0); /* Auf Tastendruck warten                       */
 iTaste_low_byte=iTaste_word & 0x00FF; /* Low-Anteil berechnen           */
 /* Nach Drücken der ESC-Taste Programm beenden                          */
 if(iTaste_low_byte == TASTE_ESC) ende();
 /* Auswerten der gedrückten Tasten und Starten der gewünschten Aktion   */
 switch(iTaste_low_byte)
 {
 case TASTE_1:
     {
     /* Wahl des Menüpunktes (1)                                         */
     clrscr();
     /* Funktionsaufruf für Datumsausgabe                                */
     datum_lesen(10,10,((LIGHTGRAY << 4) | BLACK));
     cursor_aus();
     gotoxy(1,25);
     printf("BITTE WARTEN -> nach ca. 6 Sekunden erfolgt Rücksprung zum
     Menü");
     delay(6000); /* Datum 6 Sekunden am Bildschirm ausgeben             */
     break;
     }
 case TASTE_2:
     {
     /* Wahl des Menüpunktes (2)                                         */
     clrscr();
     /* Funktionsaufruf zum statischen Lesen der Uhrzeit                 */
     uhrzeit_lesen(15,15,((RED << 4) | YELLOW));
     cursor_aus();
     gotoxy(1,25);
     printf("BITTE WARTEN -> nach ca. 6 Sekunden erfolgt Rücksprung zum
     Menü");
     delay(6000); /* Uhrzeit 6 Sekunden am Bildschirm ausgeben           */
     break;
     }
 case TASTE_3:
```

```
      {
      /* Wahl des Menüpunktes (3)                                   */
      clrscr();
      gotoxy(1,25);
      printf("Zurück zum Menü -> beliebige Taste drücken");
      /* Funktionsaufruf zur kontinuierlichen Anzeige der Uhrzeit   */
      uhr(20,20,((BLUE << 4) | YELLOW)); /* momentane PC-Zeit lesen  */
      cursor_aus();
      break;
      }
  default:
      {
      /* bei falschem Tastendruck Ausgabe eines Warnsignales        */
      sound(1000);
      delay(500);
      nosound();
      break;
      }
  }
}
while (1);
/****************** Ende der Endlosschleife ****************************/
}
/*********************************************************************/
```

3.3.2 Datum- und Zeitbearbeitung in objektorientierter Konvention

Das Entwicklungswerkzeug „BORLAND C++" stellt keine objektorientierten Klassen zur Datums- und Zeitbearbeitung zur Verfügung. Die in diesem Kapitel eingesetzten Funktionen zur Zeitbearbeitung sind identisch zum klassisch aufgebauten Programmbeispiel „datum1.c". Folgende externe Funktionen werden ins Programm integriert:

⇨ gettime():   Funktion zur Zeitbearbeitung

⇨ getdate():   Funktion zur Datumsbearbeitung

Programminhalt

Wie üblich, ist das objektorientiert aufgebaute Programm „datum2.cpp" im Programmablauf und in der Namensgebung aller Programmodule identisch zum klassisch realisierten Programm „datum1.c". Um Wiederholungen bei der Programmbeschreibung zu vermeiden, wird an dieser Stelle auf das vorherige Kapitel verwiesen. Die folgenden Ausführungen beziehen sich ausschließlich auf die objektorientierten Programmstrukturen.

Programmdiskussion

Nach dem Programmkopf wird die Klassen-Headerdatei „buch_cpp"
eingebunden. Die Headerdatei stellt für das Programm „datum2.cpp"
die Klassen „DIVERS" und „DATUM_UHR-ZEIT" zur Verfügung.

```
/*********************************************************************/
/* INCLUDE-DATEIEN                                                   */
#include "buch_cpp.h"
/*********************************************************************/
```

Klassen und Methoden aus der Headerdatei: buch_cpp.h

Die eingebunden Klassen „DIVERS" und „DATUM_UHRZEIT" stellen
alle in Tabelle 3.4 aufgezeigten Methoden zur Verfügung.

Tabelle 3.4:
Klassen-
methoden aus
der Header-
Klassendatei
„buch_cpp.h"

KLASSE:	DIVERS	DATUM_UHRZEIT
METHODEN:	tastatur_loeschen()	datum_lesen()
	cursor_aus()	uhrzeit_lesen()
	ende()	uhr()

Alle Methoden der Klassen „DIVERS" und „DATUM_UHRZEIT" sind
im Aufbau und in der Namensgebung identisch zu den Funktionen
aus dem Programm „datum1.c". Eine Ausnahme bilden die objektorientierten Textausgaben über die bereits weiter oben beschriebenen Bildausgabestreams.

Klassendeklaration im Programm

Nach dem Einbinden der Header-Klassendatei „buch_cpp.h" folgt
die Deklaration der programminternen Klasse „MENU". Durch die
Anweisung

```
„class menue : virtual private divers, private datum_uhrzeit "
```

werden der Programm-Klasse „MENU" alle Eigenschaften der Header-Klasse „DIVERS" virtual-private und alle Eigenschaften der Header-Klasse „DATUM_UHRZEIT" private vererbt. Das Schlüsselwort
„virtual" kennzeichnet die Mehrfachableitung der Header-Klasse
„DIVERS". Die Klassenübersicht in Bild 3.16 verdeutlicht die Vererbungshirarchie von Programm „datum2.cpp".

```
/***********************************************************************/
class menue : virtual private divers, private datum_uhrzeit {
private:
 constream window;
 int iTaste_word,iTaste_low_byte;
public:
 menue(void){ window.window(1,1,80,25); };
 ~menue(void){;};
 void ablauf(void);
};
/***********************************************************************/
```

Bild 3.16:
Klassenüber-
sicht zum Pro-
gramm
„datum2.cpp"

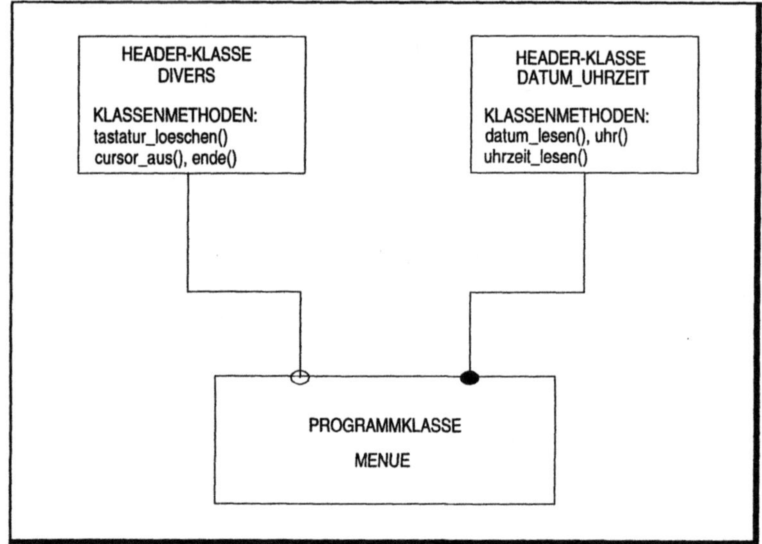

Konstruktoren und Destruktoren

Wie aus der Programm-Klassendeklaration ersichtlich, ist der Konstruktor „menu(void) { window.window(1,1,80,25); };" auf Grund
der kurzen Programmpassage direkt in den Deklarationsteil der
Klasse „MENU" integriert. Durch diesen Konstruktor wird bei der
späteren Instanziierung der Klassenvariablen „program" mit Hilfe
der Methode „window.window(1,1,80,25)" ein Bildschirmstream für
den gesamten Bildbereich erzeugt.

Klassenmethoden

Die Klassenmethoden sind im Programmablauf und in der Namensgebung nahezu identisch zu den Funktionen und Variablen
aus dem klassisch realisierten Programmbeispiel „datum1.c". Eine
ausführliche Beschreibung zu den entsprechenden Modulen finden
Sie im vorherigen Kapitel 3.3.1.

Hauptprogramm

Der Deklarationsteil enthält die Inkarnation der Klassenvariablen „program" vom Objekttyp „menu". Mit Hilfe dieser Klassenvariablen erfolgt durch den Methodenaufruf „program.ablauf()" das Aktivieren des Hauptmenüs und somit der Start des gesamten Programmablaufes.

```
/**************************************************************************/
/* HAUPTPROGRAMM                                                         */
void main()
{
menue program;

program.ablauf();
}
/**************************************************************************/
```

3.4 Speicher-Bearbeitung

Eine Hauptkomponente der Rechnerhardware stellt der Arbeitsspeicher, auch als „PC-RAM" bezeichnet, dar. Die ursprüngliche Aufteilung und die Größe des „PC-RAM" von 1 MByte unter dem Betriebssystem DOS wurde für den PC-XT geschaffen. Dieses „historische" Konzept wird auch bei modernen PC-AT's, bezüglich der Programm-Kompatibilität, nicht verletzt. In der heutigen Zeit reicht jedoch diese Speichergröße für moderne, komplexe, grafisch orientierte Programme bei weitem nicht mehr aus. Durch den Einsatz von speziellen Speicher-Treibern, wie z.B. „HIMEM.SYS" und „EMM386.EXE", ist es möglich, den Arbeitsspeicher um ein Vielfaches der ursprünglichen 1 MByte zu vergrößern. Der Arbeitsspeicher ist zur Aufnahme von Programmen und Daten zuständig. Die Speicherinhalte können vom Hauptprozessor des PC's gelesen und beschrieben werden. Da alle Programmabläufe über den Arbeitsspeicher stattfinden, nimmt die Speicherbearbeitung eine zentrale Rolle bei der modernen Programmierung ein.

Die beiden in diesem Kapitel vorgestellten Programme „speich1.c" und „speich2.cpp" demonstrieren in einfacher Form die relativ oft benötigten Verschiebe-Operationen von Speicherbereichen. Die erste Speicherverschiebe-Bearbeitung ermöglicht das Kopieren eines im „PC-RAM" abgelegten Strings in den Bildspeicher auf der VGA-Karte. Die zweite Verschiebe-Operation demonstriert das Sichern und Restaurieren einer Bildseite im Textmodus der VGA-Karte. Der Speicherverschiebe-Prozeß dieses Moduls findet bidirektional zwischen Bildspeicher der VGA-Karte und dem „PC-RAM" statt. Mit einem weiteren Programmpunkt hat der Anwender die Möglichkeit, die Speichergröße des konventionellen Arbeitsspeichers seines PC´s zu bestimmen. Die in diesem Kapitel vorgestellten Programme „speich1.c" und „speich2.cpp" sind in Ihrer Programmausführung identisch. Im Gegenstaz zum klassischen C-Programm „speich1.c" ist das Programm „speich2.cpp" im gesamten Aufbau objektorientiert ausgerichtet.

3.4.1   Speicherbearbeitung in klassischer „C"-Konvention

Möchte man den Arbeitsspeicher für Speicherverschiebe-Operationen nutzen, müssen vorher abgegrenzte Speicherbereiche einer oder mehreren Varabialen zugewiesen werden. Erst durch diese eindeutige Definition der Speichergröße und des Typs der im Speicher abzulegenden Daten ist eine fehlerfreie Speicherbearbeitung möglich. Das Programm „speich1.c" demonstriert den klassischen Ansatz der Speicheroperationen, welcher sich grundlegend vom objektorientierten Aufbau unterscheidet. Eine klassische Speicherverschiebe-Operation besteht aus vier Schritten:

➪ Definition einer oder mehrerer Zeiger-Variablen eines bestimmten Typs zur Verwaltung eines Bereiches im Arbeitsspeicher:
```
TYP *<Name1>;
TYP *<Name2>;
```

➪ Diesen Variablen wird eine bestimmte Größe des Arbeitsspeichers zugewiesen:
```
<Name1>=malloc(Anzahl);
<Name2>=malloc(Anzahl);
```

➪ Verschieben von Speicherbereichen bestimmter Größe mit Hilfe diverser „BORLAND C++"-Funktionen, wie z. B.:
```
movedata(FP_SEG(<Name1>),FP_OFF(<Name1>),FP_SEG(<Name2>),FP_OFF(<Name2>),Spei
     chergröße);
```

➪ Freigabe der vorher reservierten Speicherbereiche:
```
free(<Name1>);
free(<Name2>);
```

Voraussetzung für Speicherverschiebe-Operationen sind Zeiger-Variablen, denen ein bestimmter Bereich im Arbeitsspeicher zugewiesen wird. Dabei ist der Typ dieser Variablen von großer Bedeutung. Möchte der Anwender im reservierten Speicherbereich „Bytes" bearbeiten, muß der Typ der Variablen einen 8-Bit Wert, z. B. „char", verkörpern. Möchte man im Speicherbereich 16-Bit

Werte vewalten, wählt man den Variablentyp „int", usw. Durch diese Typdefinition kann der Compiler von „BORLAND C++" bei den nachfolgenden Speicheroperationen die Bytegröße der deklarierten Speichervariablen berechnen. Mit der Anweisung „TYP *<Name>" im Deklarationsteil definiert man eine entsprechende Zeiger-Variable vom gewünschten Typ. Im Anschluß wird durch den Befehl „<Name>=malloc(Anzahl)" der Zeiger-Variablen „<Name>" ein dynamischer Speicherbereich der Größe „Anzahl" zugewiesen. Dabei repräsentiert der Bezeichner „Anzahl" die Anzahl der aufzunehmenden Bytes im „PC-RAM". Nach dem Reservieren der benötigten Speicherbereiche kann der Speicher mit einer Vielzahl von vordefinierten Befehlen der „BORLAND C++"-Funktionsbibliotheken bearbeitet werden. In den Programmbeispielen findet die Funktion „movedata(...)" Verwendung. Um den zur Verfügung stehenden, dynamischen Speicherbereich für das Betriebssystem so groß wie möglich zu halten, müssen alle allokierten Speicherbereiche wieder freigegeben werden. Dies wird durch die Funktion „free(<Name>)" erreicht, indem ein vorher reservierter Speicherbereich an DOS zurückgegeben wird.

TYP <Name>=*malloc(unsigned Anzahl)

Headerdatei: stdlib.h

Funktionalität:

„malloc()" belegt einen Speicherbereich von „Anzahl" Bytes auf dem „HEAP". Der „HEAP" wird für die dynamische Belegung von Speicherbereichen mit variabler Größe benutzt. „malloc()" übergibt bei einer fehlerfreien Ausführung der Variablen „Name" die Anfangsadresse des reservierten Speicherbereiches. Bei einer fehlerhaften Ausführung erhält die Variable <Name> den NULL-Zeiger „NULL" zugewiesen.

---

void movedata(unsigned Quell-Segment, unsigned Quell-Offset, unsigned Ziel-Segment, unsigned Ziel-Offset, unsigned Anzahl)

Headerdatei: mem.h

Funktionalität:

„movedata()" kopiert „Anzahl" Bytes von einer Speicher-Quelladresse (Quell-Segment:Quell-Offset) zu einer Speicher-Zieladresse (Ziel-Segment:Ziel-Offset). „movedata()" ist unabhängig vom benutzten Speichermodell.

<table>
<tr><td>

void free(<Name>)

Headerdatei: alloc.h

Funktionalität:

„free()" gibt einen vorher reservierten, dynamischen Speicherbereich wieder frei.

</td></tr>
</table>

Programminhalt

Das Programm „speich1.c" demonstriert in einfacher Form den grundlegenden Ablauf von Speicherbearbeitungs-Operationen. Wie im Bild 3.17 ersichtlich, stellt das Programm drei Menüpunkte zur Verfügung:

⇨ Ermittlung der RAM-Speichergröße

⇨ Speicherverschiebung im Bildspeicher

⇨ Bildspeicher retten, überschreiben und wieder restaurieren

Der Menüpunkt 1 ermöglicht das Bestimmen der Speichergröße des konventionellen Arbeitsspeichers. Unter dem konventionellen „PC-RAM" sind die ersten 640 KByte des Arbeitsspeichers zu verstehen. Moderne AT-Rechner beinhalten immer den gesamten 640- KByte Speicherbereich; bei früheren XT-Rechnern war dieser Bereich des Arbeitsspeichers nicht immer vollständig ausgebaut. Der Menüpunkt 2 zeigt eine Verschiebeoperation eines Strings zwischen dem konventionellem Speicher und dem Bildspeicher der VGA-Karte. Die in der Praxis häufig vorkommende Bearbeitung zum Sichern und Restaurieren von Bildseiten im Textmodus ist im Menüpunkt 3 realisiert. In diesem Modul wird der Inhalt einer Textseite aus dem Bildspeicher in den konventionellen Arbeitsspeicher verschoben und dadurch gesichert. Im Anschluß zerstört das Programm den zuvor gesicherten Bildspeicher. Nach einer kurzen Zeitspanne wird durch eine erneute Verschiebe-Operation der gesicherte Bildinhalt aus dem konventionellen „PC-RAM" in den Bildspeicher der VGA-Karte kopiert und dadurch restauriert. Bild 3.18 zeigt den prinzipiellen Funktionsablauf zum Sichern und Restaurieren des Bildspeichers auf.

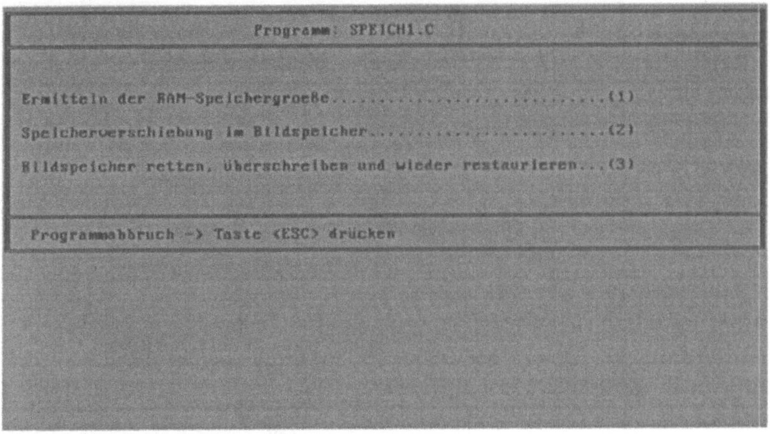

Bild 3.17:
Menümaske
Programm
„SPEICH1"

Programm: SPEICH1.C
Ermitteln der RAM-Speichergroeße...........................(1)
Speicherverschiebung im Bildspeicher.......................(2)
Bildspeicher retten, überschreiben und wieder restaurieren...(3)
Programmabbruch -> Taste <ESC> drücken

Programmdiskussion

Nach dem Programmkopf folgt das Einbinden der selbstdeklarierten
Headerdatei „buch.h". Das Programm „speich1.c" bindet aus der
Headerdatei „buch.h" die weiter unten aufgeführten Funktionen ein.

```
/***********************************************************************/
/* INCLUDE-DATEIEN                                                     */
#include "buch.h"
/***********************************************************************/
```

Der folgende Variablenblock enthält programmglobale Variable.
Diese Variablen können in allen Funktionsebenen gelesen und abgeändert werden.

```
/***********************************************************************/
/* GLOBALE VARIABLE                                                    */
int iTaste_word,iTaste_low_byte;
/***********************************************************************/
```

Funktion main()

Das kurze Hauptprogramm besteht lediglich aus dem Funktionsaufruf „menu()". Das Modul „menu()" verwaltet den gesamten Programmablauf in Form eines Hauptmenüs. Innerhalb des Menüs
können die einzelnen Auswahlmöglichkeiten selektiert werden.

```
/***********************************************************************/
/* HAUPTPROGRAMM                                                       */
void main()
{
menu(); /* gesamter Programmablauf                                     */
}
/***********************************************************************/
```

Bild 3.18:
Flußdiagramm
zu Bildspeicher
sichern, über-
schreiben und
wieder restau-
rieren

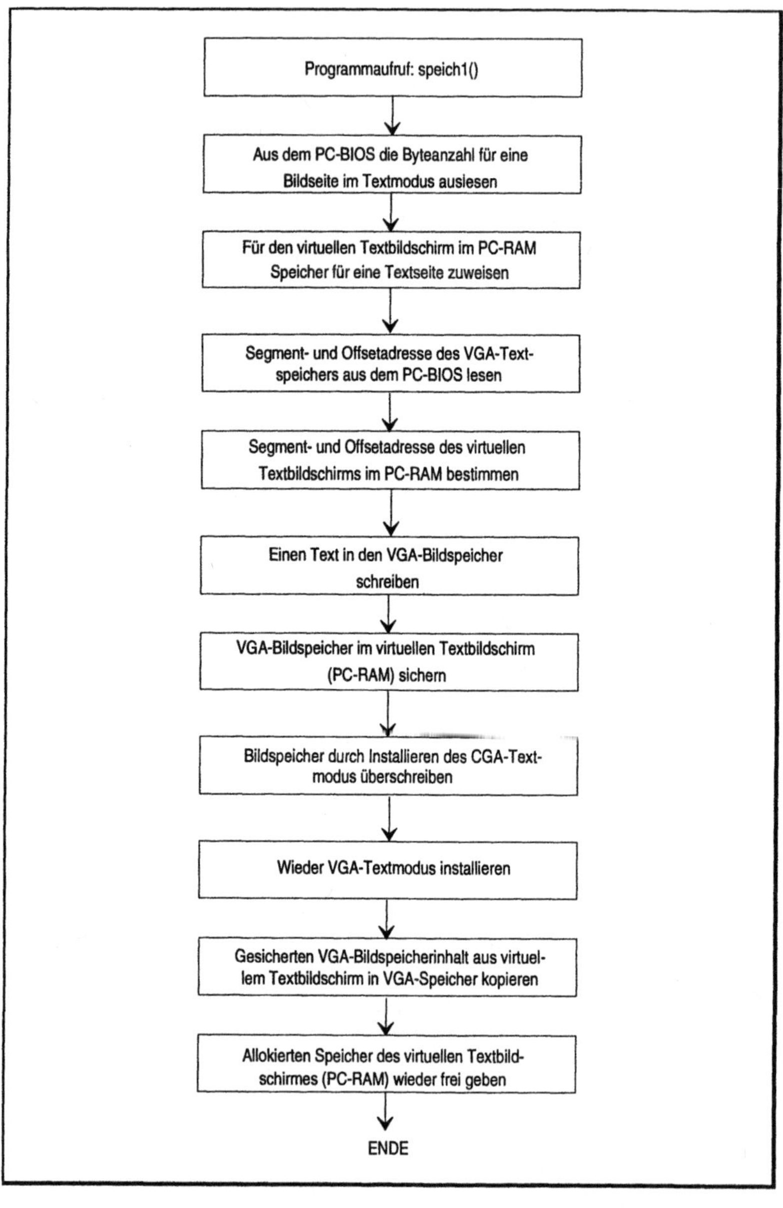

Funktionen aus der Headerdatei: buch.h

Die Headerdatei „buch.h" stellt die Funktionen tastatur_loeschen(), cursor_aus(), ende() und fehler_ende() zur Verfügung. Alle genannten Funktionen wurden bereits an anderer Stelle diskutiert.

Funktion: menu()

Die Funktion „menu()" verwaltet den gesamten Programmablauf. Nach dem Aufbau des Hauptmenüs wartet das Programm auf einen Tastendruck. Im Anschluß wird die gedrückte Taste ausgewertet und bei einer zulässigen Taste die entsprechende Aktion ausgeführt. Beim Drücken einer unzulässigen Taste ertönt ein akustisches Warnsignal. Das Programm stellt dem Anwender folgende Auswahlmöglichkeiten zur Verfügung:

⇨ Menüpunkt (1):   Ermitteln der RAM-Speichergröße

⇨ Menüpunkt (2):   Speicherverschiebung im Bildspeicher

⇨ Menüpunkt (3):   Bildspeicher retten, überschreiben und wieder restaurieren

⇨ [Esc]:   Programmabbruch

```c
/*********************************************************************/
void menu(void)
{
cursor_aus(); /* Cursor ausschalten                                 */
/* Endlosschleife; kann nur durch Drücken der ESC-Taste beendet werden */
do
{
 /* Aufbau der Hauptmenü-Maske                                      */
 gotoxy(1,1);
 textcolor(WHITE);
 textbackground(BLACK);
 clrscr();
 printf("+--------------------------------------------------+");
 printf("|                Programm: SPEICH1.C               |");
 printf("|--------------------------------------------------|");
 printf("|                                                  |");
 printf("|                                                  |");
 printf("| Ermitteln der RAM-Speichergroeße...........(1)   |");
 printf("|                                                  |");
 printf("| Speicherverschiebung im Bildspeicher.......(2)   |");
 printf("|                                                  |");
 printf("| Bildspeicher retten, überschreiben               |");
 printf("| und wieder restaurieren...................(3)    |");
 printf("|                                                  |");
 printf("|                                                  |");
 printf("|--------------------------------------------------|");
 printf("|  Programmabbruch -> Taste <ESC> drücken          |");
 printf("+--------------------------------------------------+\n");
 tastatur_loeschen();  /* löschen des Tastaturbuffers              */
 iTaste_word=bioskey(0); /* auf Tastendruck warten                 */
```

```c
      iTaste_low_byte=iTaste_word & 0x00FF; /* LOW-Teil abspalten          */
      /* wurde ESC-Taste gedrückt dann Programm beenden                    */
      if(iTaste_low_byte == TASTE_ESC) ende();
      /* Auswerten der gedrückten Tasten und Starten der gewünschten Aktion */
      switch(iTaste_low_byte)
      {
      case TASTE_1:
         {
          speicher_groesse(); /* konventionellen RAM-Speicher ermitteln    */
          break;
         }
      case TASTE_2:
         {
          string_verschieben(); /* Bildspeicher-Bereich verschieben        */
          break;
         }
      case TASTE_3:
         {
          bildschirm_retten(); /* gesamten Bildspeicherbereich verschieben */
          break;
         }
      default:
         {
          /* akustisches Warnsignal bei falschen Tastendruck               */
          sound(1000);
          delay(500);
          nosound();
          break;
         }
      }
   }
   while (1);
   /* Ende der Endlosschleife ***********************************************/
}
/**************************************************************************/
```

Funktion: speicher_groesse()

Das Modul „speicher_groesse" realisiert den Menüpunkt (1) des
Hauptmenüs. Mit Hilfe dieser Funktion ist es möglich, die Größe
des konventionellen Arbeitsspeichers zu bestimmen. Unter dem
konventionellen Speicher versteht man die ersten 640 KByte des
„PC-RAM". Die Speichergröße wird mittels der „BORLAND C^{++}"-
Standardfunktion „biosmemory()" bestimmt, welche die Größe des
konventionellen Speichers in der Einheit „KByte" übergibt. Die
Speichergröße wird in formatierter Form für eine Zeitspanne von 15
Sekunden am Bildschirm angezeigt. Im Anschluß kehrt das Programm zum Hauptmenü zurück.

```c
/**************************************************************************/
void speicher_groesse(void)
{
int iGroesse;
```

```
clrscr();
/* BORLAND-Funktion zur Bestimmung des konventionellen RAM-Speichers    */
iGroesse=biosmemory();
/* Ausgabe der Speichergröße                                            */
printf("Der konventionelle RAM-Speicher (Arbeitsspeicher) ihres PC \
beinhaltet: %i KByte\n\n",iGroesse);
printf("Dabei ist zusätzlicher RAM in Grafikkarten, Speichererweiterungen \
wie\n");
printf("EXTENDED MEMORY und EXPANDED MEMORY nicht berücksichtigt.");
gotoxy(1,25);
printf("Bitte warten -> automatischer Rücksprung zum Menü");
delay(15000); /* Speichergröße 15 Sekunden am Bildschirm anzeigen       */
}
/*********************************************************************/
```

Funktion: vga_segment_adresse()

Um Speicheroperationen innerhalb des Bildspeichers realisieren zu
können, ist es notwendig, die entsprechende Segment- und Offsetadresse des Bildspeichers zu bestimmen. Wie bereits im Kapitel 2
„Hardwarebestandteile" beschrieben, ist das Berechnen der Offsetadresse relativ einfach mit der die Formel:

$$\boxed{\text{Offsetadresse}=(\text{Zeichen pro Zeile} * \text{Zeile}+\text{Spalte})*2}$$

durchzuführen. Die Segmentadresse des Bildspeichers ist jedoch
vom verwendeten Monitortyp (Monochrom oder Farbe) abhängig.
Die Information über den angeschlossenen Monitortyp kann im
BIOS-Datenbereich an der Adresse „0000:0463H" eingeholt werden.
Die Tabelle 3.5 gibt einen Überblick über den möglichen Speicher-
inhalt der Adresse „0000:0463H" und den daraus resultierenden
Segmentadressen des Bildspeichers im Textmodus. Bei Verwendung
der heutzutage üblichen Farbmonitore liegt das Bildspeicher-
Segment an der Adresse „B800H" im Bildspeicher.

Tabelle 3.5:
Abhängigkeit
der Bildspei-
cher-Segment-
adresse vom
angeschlos-
senen Monitor-
typ

Monitor	Inhalt an Adresse 0:0463H	VGA-Segmentadresse
Monochrom	3B4 hexadezimal	B000 hexadezimal
Farbe	3D4 hexadezimal	B800 hexadezimal

```
/*********************************************************************/
unsigned int vga_segment_adresse(void)
{
unsigned int uiSegment;

/* Bestimmen der VIDEO-Segmentadresse                                   */
uiSegment=peek(0x0000,0x0463);
if(uiSegment == 0x03B4) uiSegment=0xB000;
else uiSegment=0xB800;
return(uiSegment);
}
/*********************************************************************/
```

Funktion: string_verschieben()

Die Funktion „string_verschieben()" bearbeitet den Menüpunkt (2) des Hauptmenüs. Ein im „PC-RAM" abgelegter String wird in alle 25 Textzeilen des Bildspeichers verschoben.

```
/******************************************************************************/
void string_verschieben(void)
{
int iZaehler,iLaenge=60;
unsigned int uiVga_segment,uiVga_offset,uiString_segment,uiString_offset;
```

Die folgende Deklaration erzeugt eine Zeiger-Variable zum Verwalten von Speicherbereichen. Der Typ „char" ermöglicht das Bearbeiten von 8-Bit Werten innerhalb des Speicherbereiches.

```
char far * acString; /* virtueller Hilfsspeicher                    */
```

Der Zeiger-Variablen „acString" wird ein Speicherbereich von 60 Bytes zugewiesen. Kann kein Speicher bereitgestellt werden, erfolgt der Programmabbruch mit Ausgabe einer entsprechenden Fehlermeldung.

```
if((acString=(char far *)malloc(iLaenge)) == NULL)
 fehler_ende("! Achtung ! nicht genügend Speicher vorhanden => \
Programmabbruch\n");
```

Durch den folgenden Funktionsaufruf wird der Variablen „uiVga_segment", in Abhängigkeit vom installierten Monitortyp, die Segmentadresse des Bildspeichers übergeben. Die Variable „uiVga_offset" wird mit dem Wert „0" beschrieben, welcher das erste Zeichen des Monitorbildes (linke obere Ecke) repräsentiert.

```
uiVga_segment=vga_segment_adresse(); /* Lesen der VGA-Segmentadresse    */
uiVga_offset=0;
```

Die nächsten beiden Befehle beschreiben die Variablen „uiString_segment" und „uiString_offset" mit der Segment- bzw. Offsetadresse der Zeigervariablen „acString".

```
uiString_segment=FP_SEG(acString);
uiString_offset=FP_OFF(acString);
```

Es folgt das Löschen des Textbildschirms sowie das Setzen der Cursorposition auf den Bildanfang (linke, obere Ecke). Im Anschluß wird die Zeichenfolge „der Speicher wird verschoben" an der aktuellen Cursorposition ausgegeben. Diese Textausgabe füllt die ersten Bytes des Bildspeichers mit den entsprechenden ASCII-Werten der einzelnen Zeichen. An dieser Stelle ist zu berücksichtigen, daß die Ausgabe eines Zeichens zwei Byte im Bildspeicher (Zeichen- und Attributbyte) beansprucht.

```
clrscr();
gotoxy(1,1);
/* Text in den Bildspeicher  schreiben                          */
printf("der Speicher wird verschoben");
```

Durch den Funktionsaufruf „movedata()" werden die ersten 60 Bytes des Bildspeichers (30 Zeichen- und 30 Attributbytes) in den reservierten Speicherbereich der Variablen „acString" kopiert. Die Variable „acString" wird durch ihre Segment- (uiString_segment) und Offsetadresse (uiString_Offset) in der Speicherverschiebe-Operation „movedata()" als Zielort repräsentiert. Am Ende der Verschiebeoperation enthält der Speicherbereich der Variablen „acString" die ASCII-Zeichenfolge „der Speicher wird verschoben".

```
movedata(uiVga_segment,uiVga_offset,uiString_segment,uiString_offset,60);
```

In der folgenden Schleife werden, analog zum vorangegangenen „movedata()"-Befehl, der Reihe nach alle Textzeilen einer Bildschirmseite mit der Zeichenkette „der Speicher wird verschoben" beschrieben. Dabei kopiert das Programm die genannte Zeichenkette aus dem Hilfsspeicher „acString" an die entsprechende Offset-Position im Bildspeicher.

```
for (iZaehler=1;iZaehler <= 24;++iZaehler)
{
 uiVga_offset=uiVga_offset+164;
 movedata(uiString_segment,uiString_offset,uiVga_segment,uiVga_offset,60);
 delay(400);
}
```

Mit Hilfe der Funktion „free()" wird der reservierte Speicherbereich an das Betriebssystem zurückgegeben.

```
free(acString); /* virtuellen Hilfsspeicher wieder freigeben          */
}
/**********************************************************************/
```

Funktion: bildschirm_retten()

Die Funktion „bildschirm_retten" realisiert im Hauptmenü den Menüpunkt (3). Das Modul demonstriert das bidirektionale Verschieben einer kompletten Textseite zwischen dem Videospeicher der VGA-Karte und dem konventionellen „PC-RAM". Zur Aufnahme der Bildspeicherdaten wird im Arbeitsspeicher des PC´s ein Speicherbereich entsprechender Größe als virtueller Bildschirm eingerichtet.

```
/*******************************************************************/
void bildschirm_retten(void)
{
int iBytes_pro_seite;
unsigned int uiVga_segment,uiVga_offset,uiVirtuell_segment,uiVirtuell_offset;
```

Die folgende Deklaration erzeugt die Zeiger-Variable „acBild_virtuell". Diese Zeiger-Variable verwaltet den virtuellen Bildschirm im „PC-RAM".

```
char far * acBild_virtuell; /* virtueller Bildspeicher im PC-RAM        */
```

Die Anzahl der Bytes einer Bildseite ist vom aktiven Textmodus abhängig. Das PC-BIOS stellt an der Adresse „0000:044CH" die Anzahl der Bytes pro Bildseite zur Verfügung.

```
iBytes_pro_seite=peek(0x0000,0x044C);
```

Mit dem nachfolgenden „malloc"-Befehl wird der Zeiger-Variablen „acBild_virtuell" ein Speicherbereich zur Aufnahme einer Textseite zugewiesen. Kann der angeforderte Speicher nicht bereitgestellt werden, erfolgt das Programmende mit der Ausgabe einer entsprechenden Fehlermeldung.

```
if((acBild_virtuell=(char far *)malloc(iBytes_pro_seite)) == NULL)
  fehler_ende("! Achtung ! nicht genügend Speicher vorhanden => \
Programmabbruch\n");
```

Dieser Funktionsblock bestimmt die Segment- und Offsetadressen der Quell- und Zielspeicherbereiche, welche für die anschließenden Verschiebeoperationen notwendig sind.

```
uiVga_segment=vga_segment_adresse(); /* Lesen der VGA-Segmentadresse    */
uiVga_offset=0;
/* Segment- und Offset Adresse des virtuellen Bildschirmes bestimmen    */
uiVirtuell_segment=FP_SEG(acBild_virtuell);
uiVirtuell_offset=FP_OFF(acBild_virtuell);
```

Ausgabe eines Textes im VGA-Textmodus. Dieser Text wird im Anschluß im konventionellen RAM-Speicher gesichert.

```
/* Bildspeicher mit Text beschreiben                           */
clrscr();
gotoxy(1,1);
printf("+---------------------------------------------------+");
printf("¦  V G A - T E X T M O D U S  (80 Spalten/25 Zeilen)    ¦");
printf("¦                                                   ¦");
    .
    .
    ..
printf("¦ weiter -> beliebige Taste drücken                 ¦");
printf("+---------------------------------------------------+\n");
```

Verschieben der aktuellen Textseite vom Bildspeicher auf der VGA-Karte in den virtuellen Textbildschirm („acBild_virtuell") im konventionellen Arbeitsspeicher. Diese Anweisung sichert den aktuellen Bilschirminhalt.

```
/* Bildspeicher der VGA-Karte in den virtuellen Bildspeicher verschieben*/
movedata(uiVga_segment,uiVga_offset,uiVirtuell_segment,uiVirtuell_offset,
iBytes_pro_seite);
```

Nachdem eine beliebige Taste gedrückt wurde, installiert das Programm den CGA-Textmodus. Durch das Installieren eines neuen Videomodus gehen alle Bildspeicherinhalte verloren. Im Anschluß wird für eine Zeitspanne von 10 Sekunden ein neuer Text am Bildschirm ausgegeben.

```
tastatur_loeschen(); /* Tastaturbuffer löschen              */
while(bioskey(1) == 0); /* auf Tastendruck warten            */
textmode(BW40); /* CGA-Textmodi installieren                 */
/* Bildspeicher mit neuen Text füllen                         */
cursor_aus();
printf(" CGA-TEXTMODE (40 Spalten/25 Zeilen)");
gotoxy(1,24);
printf("Nach 10 Sekunden wird der VGA-Textmodi\n");
printf("mit dem alten Textinhalt restauriert.");
delay(10000);
```

Nach dem Restaurieren des VGA-Textmodus kopiert das Programm den gesicherten ursprünglichen Bildinhalt aus dem virtuellen Bildspeicher („PC-RAM") in den Bildspeicher der VGA-Karte.

```
textmode(BW80); /* VGA-Textmodi installieren                 */
cursor_aus();
/* gesicherten Bildinhalt aus dem virtuellen Bildschirm im PC-RAM in  */
/* den Bildspeicher der VGA-Karte verschieben                 */
movedata(uiVirtuell_segment,uiVirtuell_offset,uiVga_segment,uiVga_offset,
iBytes_pro_seite);
```

Drückt der Anwender eine beliebige Taste, gibt das Programm mit
Hilfe der Funktion „free()" den reservierten Speicherbereich an das
Betriebssystem zurück.

```
tastatur_loeschen(); /* Tastaturbuffer löschen                          */
while(bioskey(1) == 0); /* auf Tastendruck warten                       */
free(acBild_virtuell); /* allokierten Speicher wieder frei geben        */
}
/****************************************************************************/
```

3.4.2 Speicherbearbeitung in objektorientierter Konvention

Das objektorientierte Programm „speich2.cpp" ist im Programmaufbau und in der Ausführung identisch zum klassisch realisierten Programm „speich1.cpp". Wie in diesem Buch üblich, ist auch die Namensgebung der Klassenmethoden nach den Funktionsnamen aus
Programm „speich1.c" ausgerichtet. Um Wiederholungen zu vermeiden, richtet sich die Programmdiskussion ausschließlich nach den
objektorientierten Merkmalen aus. Wie bereits im Kapitel 3.4.1 erwähnt, gibt es Unterschiede zwischen objektorientierten und klassischen Speicherverschiebe-Operationen. Der objektorientierte Ansatz
einer Speicherverschiebe-Operation besteht aus vier elementaren
Schritten:

⇨ Definition einer oder mehrerer Zeiger-Variablen eines bestimmten Typs zur Verwaltung eines Bereichs im Arbeitsspeicher:
```
TYP *<Name1>;
TYP *<Name2>;
```

⇨ Diesen Zeiger-Variablen wird eine bestimmte Größe des Arbeitsspeichers zugewiesen:
```
<Name1>=new TYP [Anzahl];
<Name2>=new TYP [Anzahl];
```

⇨ Verschieben von Speicherbereichen bestimmter Größe mit Hilfe
   diverser „BORLAND C^{++}" Funktionen, wie z. B.:
```
movedata(FP_SEG(<Name1>),FP_OFF(<Name1>),FP_SEG(<Name2>),FP_OFF(<Name2>),Spei
      chergröße);
```

⇨ Freigabe der vorher reservierten Speicherbereiche:
```
delete [] <Name1>;
delete [] <Name2>;
```

Auch beim objektorientierten Ansatz von Speicherverschiebe-
Operationen sind eine oder mehrere Zeiger-Variablen erforderlich,
denen ein bestimmter Bereich im Arbeitsspeicher zugewiesen wird.
Mit der Anweisung „TYP *<Name>" im Deklarationsteil definiert
man eine entsprechende Zeiger-Variable vom gewünschten Typ. Im

Anschluß wird durch den Befehl „<Name>=new TYP [Anzahl]" ein Objekt „NAME" vom Typ „TYP" mit der Speichergröße „Anzahl"-Bytes im „PC-RAM" angelegt.. Nach dem Reservieren der benötigten Speicherbereiche kann der Speicher mit einer Vielzahl von vordefinierten Befehlen der „BORLAND C^{++}"-Funktionsbibliotheken bearbeitet werden. In den Programmbeispielen findet die Funktion „movedata(...)" Verwendung. Um den zur Verfügung stehenden, dynamischen Speicherbereich so groß wie möglich zu halten, müssen alle allokierten Speicherbereiche wieder freigegeben werden. Durch die Funktion „delete [] <Name>" wird ein vorher reservierter Speicherbereich an DOS zurückgegeben.

Programminhalt

Wie bereits weiter oben beschrieben, ist der Programminhalt von „speich2.cpp" identisch zum Programm „speich1.c". Weitere Informationen zum Programminhalt entnehmen Sie bitte dem Kapitel 3.4.1.

Programmdiskussion

Nach dem Programmkopf folgt das Einbinden der selbstdeklarierten Headerdatei „buch_cpp.h". Für das Programm „speich2.cpp" stellt die Headerdatei „buch_cpp.h" das Objekt „DIVERS" zur Verfügung.

```
/*******************************************************************/
/* INCLUDE-DATEIEN                                                 */
#include "buch_cpp.h"
/*******************************************************************/
```

Klassen und Methoden aus der Headerdatei: buch_cpp.h

Die aus der Headerdatei „buch_cpp.h" eingebundene Klasse „DIVERS" stellt die Methoden tastatur_loeschen(), cursor_aus(), ende() und fehler_ende() zur Verfügung. Alle integrierten Methoden sind im Quelltext identisch zu den entsprechenden Funktionen aus dem Programm „speich1.c". Der einzige Unterschied spiegelt sich in der Textausgabe wieder, welche bei objektorientierten Programmen gewöhnlich über Bildausgabe-Streams realisiert werden. Die Methoden wurden bereits weiter oben diskutiert.

Klassendeklaration im Programm

Nach dem Einbinden der Klassen-Headerdatei „buch_cpp.h" folgt die Deklaration der programminternen Klasse „MENU". Durch die Anweisung:

```
class menue : private divers
```

werden der Programmklasse „MENU" alle Eigenschaften der Header-Klasse „DIVERS" private vererbt. Innerhalb der Klassendeklaration befinden sich alle Datenelemente in einem Private-Bereich und alle Methodenprototypen innerhalb eines Public-Bereiches. Die Abbildung 3.19 zeigt die gesamte Vererbungshirarchie von Programm „speich2.cpp" auf.

```
/**********************************************************************/
/* DEFINITION DER KLASSE: MENUE                                       */
/*                                                                    */
/* Thema: Erstellen einer Menümaske und  Verwalten des gesamten Pro-  */
/*        grammablaufes                                               */
/**********************************************************************/
class menue : private divers {
private:
 constream window;
 int iTaste_word,iTaste_low_byte;
public:
 menue(void){window.window(1,1,80,25);};
 ~menue(void){;};
 void ablauf(void);
 void speicher_groesse(void);
 unsigned int vga_segment_adresse(void);
 void string_verschieben(void);
 void bildschirm_retten(void);
};
/**********************************************************************/
```

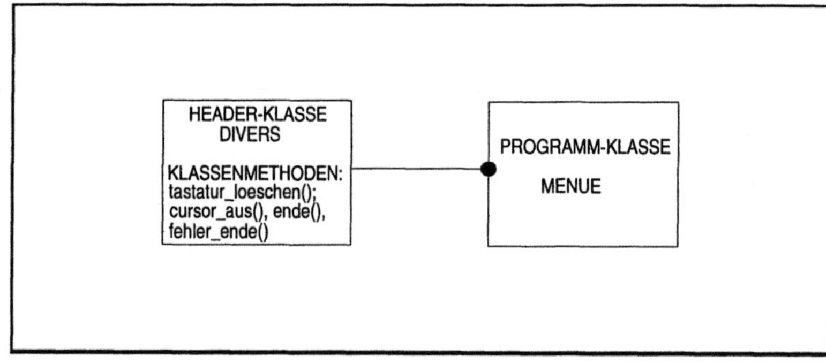

Bild 3.19: Klassendiagramm zum Programm „speich2.cpp"

Konstruktoren und Destruktoren

Der Konstruktor „menue(void){window.window(1,1,80,25);};" ist, bezüglich seiner kurzen Programmpassage, direkt innerhalb der Klassendeklaration definiert. Durch den Konstruktor wird bei der Instanziierung der Klassenvariablen „program" innerhalb der „main()"-Funktion ein Bildausgabestream für den gesamten Bildbereich erzeugt. Durch die Anweisung „ ~menue(void){;};" erzeugt das Programm einen „Leer-Destruktor", d.h. im Programmablauf sind keine Destruktor-Anweisungen notwendig bzw. realisiert.

Klassenmethoden

Die Klassenmethoden „speicher_groesse()" und „vga_segment_adresse()" sind im Quellcode wie die gleichnamigen Funktionen aus Programm „speich1.c" identisch aufgebaut. Die Methode „ablauf()" spiegelt sich in der klassisch definierten Funktion „menu()" wieder.

Klassenmethode menu::string_verschieben()

Alle Anweisungen, bis auf das Allokieren und Löschen des Speicherbereiches, sind identisch zur gleichnamigen Funktion aus Programm „speich1.c". Das Allokieren und Löschen von Speicherbereichen erfolgt beim objektorientierten Ansatz mit den Operatoren „new" und „delete". Die folgende Auflistung zeigt die objektorientierten Speicherbearbeitungs-Routinen auf:

⇨ acString=new char far[iLaenge])   /* allokieren von Speicher */

⇨ delete [] acString   /* freigeben von Speicher */

Klassenmethode menu::bildschirm_retten()

Auch bei dieser Klassenmethode sind alle Anweisungen bis auf das Allokieren und Löschen des Speicherbereiches identisch zur gleichnamigen Funktion aus Programm „speich1.c". Die folgende Auflistung zeigt die objektorientierten Speicherbearbeitungs-Routinen auf:

⇨ acBild_virtuell=new char far[iBytes_pro_seite]   /* allokieren von Speicher */

⇨ delete [] acBild_virtuell   /* freigeben von Speicher */

Hauptprogramm

Im Deklarationsteil der „main()"-Funktion erfolgt die Inkarnation der Klassenvariablen „program" vom Objekttyp „MENU". Der Aufruf der Methode „program.ablauf()" aktiviert das Hauptmenü. In diesem Menü wird der weitere Programmablauf durch die Auswahl der einzelnen Menüpunkte bestimmt.

```
/******************************************************************/
void main()
{
menue program;

program.ablauf();
}
/******************************************************************/
```

Unterschiede zwischen klassischen und objektorientierten Speicherverschiebe-Operationen

Die Tabelle 3.6 zeigt die elementaren Unterschiede zwischen klassischen und objektorientierten Speicherverschiebe-Operationen. Dabei stellt die Operation „Speicher verschieben" nur eine der vielen Funktionen aus der „BORLAND C++"-Funktionsbibliothek dar.

Tabelle 3.6:
Speicherverschiebe-Operationen im klassischen und objektorientierten

Operation	klassisch	objektorientiert
Variablen-Deklaration	TYP <name>	TYP <Name>
Speicher allokieren	<Name>=malloc(Anzahl)	<Name>=new TYP [Anzahl]
Speicher verschieben	movedata(...)	movedata(...)
Speicher freigeben	free(<Name>)	delete [] <Name>

3.5 Speichereditor

Die in diesem Kapitel vorgestellten Programme „memedit1.c" und „memedit2.cpp" stellen eine Erweiterung zur Speicher-Bearbeitung aus dem vorherigen Kapitel 3.4 dar. Die genannten Programme realisieren in einfacher, aber komfortabler Form, ein Speicher-Anzeige- und Änderungsprogramm. Dem Anwender ist es dadurch möglich, jedes Byte im Arbeitsspeicher zu untersuchen und gegebenfalls auch abzuändern. An dieser Stelle sei jedoch darauf hingewiesen, daß die Adressen mancher Speicherbereiche, durch Software- oder Hardwaremaßnahmen, nur vorgetäuscht werden, d.h. die physikalischen Speicherbereiche liegen an anderen Adressen. Als Beispiel sei hier der im Kapitel 2 diskutierte Bildspeicher der VGA-Karte zu nennen, welcher physikalisch in vier 64-KByte Blöcke im Adressbereich „A000:0000H" bis „A000:FFFFH" liegt. In den Textmodi 0 bis 3 liegt der Bildspeicher jedoch im Adreßbereich „B800:0000H" bis „B800:8000H". Die VGA-Karte täuscht durch eine raffinierte Hardware-Logik Programmen, welche direkt in den Bildspeicher schreiben, einen 32-Kbyte großen Bildspeicher ab der Segmentadresse „B800H" vor. Die Daten befinden sich aber physikalisch innerhalb des Bildspeichers der VGA-Karte, im Adreßbereich zwischen „A000:0000H" und „A000:FFFFH". Um Systemabstürze zu vermeiden, sollten Sie die Editierfunktion deshalb nur bei bekannten Adressangaben benutzen! Die beiden Programme „memedit1.c" und „memedit2.cpp" sind im Programmablauf identisch. Während das Programm „memedit1.c" im klassischen „C" realisiert wurde, demonstriert das Programm „memedit2.cpp" den objektorientierten Ansatz.

3.5.1 Speichereditor in klassischer „C"-Konvention

Das Speicher-Anzeige und Änderungsprogramm kommuniziert über einen „FAR-Zeiger" mit den zu bearbeitenden Speicherzellen. Dabei kann es sich bei der Speicherbearbeitung um einen schreibenden oder lesenden Speicherzugriff handeln. Um eine gewünschte Speicherzelle anzusprechen, ist es notwendig, die entsprechende „FAR-Adresse" über die Tastatur einzugeben. Eine „FAR-Adresse" setzt sich immer aus einem Segment- und einem Offsetanteil zusammen. Der Speicherzugriff des Anzeige- und Änderungsprogramms wird durch folgende elementare Operationen realisiert:

⇨ Definition einer „FAR-Zeigervariablen" vom Typ „unsigned char":

```
unsigned char far *&lt;Zeiger-Name&gt;
```

⇨ Definition zweier Variablen vom Typ „unsigned int" zur Aufnahme der über die Tastatur eingegebenen Segment- und Offsetadresse der zu bearbeitenden Speicheradresse:

```
unsigned  int „&lt;Segment-Name&gt;"
unsigned  int „&lt;Offset-Name&gt;"
```

⇨ Über die Tastatur den Segment- und Offsetanteil der gewünschten Speicheradresse einlesen:

```
cscanf("%4x",&&lt;Segment-Name&gt;)
cscanf("%4x",&&lt;Offset-Name&gt;)
```

⇨ Erzeugen eines „FAR-Zeigers", welcher auf die eingegebene Adresse zeigt:

<Zeiger-Name>=MK_FP(<Segment-Name>,<Offset-Name>)⇨
Lesen und Ausgeben des Speicherinhaltes, auf den der „FAR-Zeiger" <Zeiger-Name> zeigt.

```
cprintf("%2x",*<Zeiger-Name>)
```

⇨ Schreiben eines neuen Wertes in die Speicherzelle, auf die der „FAR-Zeiger" <Zeiger-Name> zeigt.

```
*<Zeiger-Name>=Wert;     /* Wert = 8-Bit */
```

Voraussetzung zur Anzeige und zum Ändern von Speicherzellen ist die Deklaration einer „FAR-Zeigervariablen". Der Typ „unsigned char" steht für die Bearbeitung von 8-Bit Speicherzellen. Die Adresse der zu untersuchenden Speicherzelle wird mit der Funk- tion „cscanf("%4x",&<Name>)" in Form von Segment- und Offsetanteilen in die entsprechenden Variablen eingelesen. Der Formatstring „%4x" repräsentiert eine 4-stellige hexadezimale Tastatureingabe. Aus den eingelesenen Segment- und Offsetanteilen erzeugt die Anweisung „<Zeiger-Name>=MK_FP(<Segment-Name>,<Offset-Name>)" einen „FAR-Zeiger" auf die gewünschte Adresse. Die Funktion „cprintf("%2x",*<Zeiger-Name>)" gibt den Inhalt der Speicherzelle „<Zeiger-Name>" in formatierter Form am Bildschirm aus. Dabei repräsentiert der Formatstring "%2x" eine zweistellige hexadezimale Ausgabe des Speicherinhaltes. Das Beschreiben einer Speicherzelle mit einem neuen Wert realisiert die Anweisung „*<Zeiger-Name>=wert". Wurde die Zeigervariable „<Zeiger-Name>" über einen „8-Bit"-Typ deklariert, muß auch der neu zu schreibende Speicherinhalt „wert" eine Informationsbreite von 8-Bit beinhalten.

<table>
<tr><td>

int cscanf(char *Formatstring,Adresse1[,Adresse2,...])

Headerdatei: conio.h

Funktionalität:

„cscanf()" liest Eingaben von der Tastatur in formatierter Form und erwartet mindestens einen Formatstring, über den die Anzahl der Eingaben und ihr Format festgelegt wird. Gelesene Eingaben werden in den Variablen (Adresse1, Adresse2,...) gespeichert. Als Rückgabewert gibt „cscanf()" die Anzahl der gelesenen Einträge zurück. Im Fehlerfall übergibt die Funktion den Wert „0" .

Nähere Erläuterungen zum Formatstring entnehmen Sie bitte dem Referenzhandbuch zu „BORLAND C++".

</td></tr>
</table>

int cprintf(char *Formatstring,Argument1[,Argument2,...])

Headerdatei: conio.h

Funktionalität:

„cprintf()" gibt in formatierter Form die Argumentenliste (Argument1, Argument2,...) direkt am Bildschirm aus. Die Funktion erwartet mindestens einen Formatstring, über den die Anzahl der Ausgaben und das entsprechende Format festgelegt wird. Als Rückgabewert gibt „cprintf()" die Anzahl der ausgegebenen Argumente zurück. Im Fehlerfall übergibt die Funktion den Wert „0" .

Nähere Erläuterungen zum Formatstring entnehmen Sie bitte dem Referenzhandbuch zu „BORLAND C^{++}".

Programminhalt

Das Programm „memedit1.c" stellt eine kompakte Anwendung eines Speichereditors dar. Im Programm können die folgenden Menüpunkte vom Anwender selektiert werden:

⇨ Speicheranzeige

⇨ Speicher editieren

⇨ Programmabbruch

Menüpunkt (1) „Speicheranzeige": Zu Beginn wird der Anwender aufgefordert, die Startadresse des gewünschten Speicherbereiches über die Tastatur einzugeben. Die Adresse wird über den Segment- und Offsetanteil als achtstellige, hexadezimale Zahl eingegeben. Im Anschluß erfolgt die Ausgabe des selektierten Speicherbereiches. Das Programm gibt 16 Textzeilen mit jeweils 16 Speicherinhalten am Bildschirm aus. Eine Textzeile beginnt jeweils mit der Anfangsadresse der 16 nachfolgenden Speicherzellen. Nach der Anfangsadresse werden zuerst die Speicherinhalte der 16 folgenden Adressen in hexadezimaler und anschließend in der ASCII-Zeichendarstellung angezeigt. In der untersten Bildschirmzeile befindet sich die Statuszeile mit den vorhandenen Auswahlmöglichkeiten. Durch Drücken der entsprechenden Taste können weitere Programmaktionen gestartet werden. Der prinzipielle Programmablauf zur Speicherausgabe ist im Flußdiagramm in Bild 3.20 aufgezeigt; der Speicherausgabe-Bildschirm ist in Abbildung 3.21 ersichtlich. Bei allen Fehleingaben der Speicheradresse wird das Programm mit einer entsprechenden Fehlermeldung abgebrochen.

Bild 3.20:
Flußdiagramm
zur Speicher-
anzeige aus
Programm
„SPEICH1"

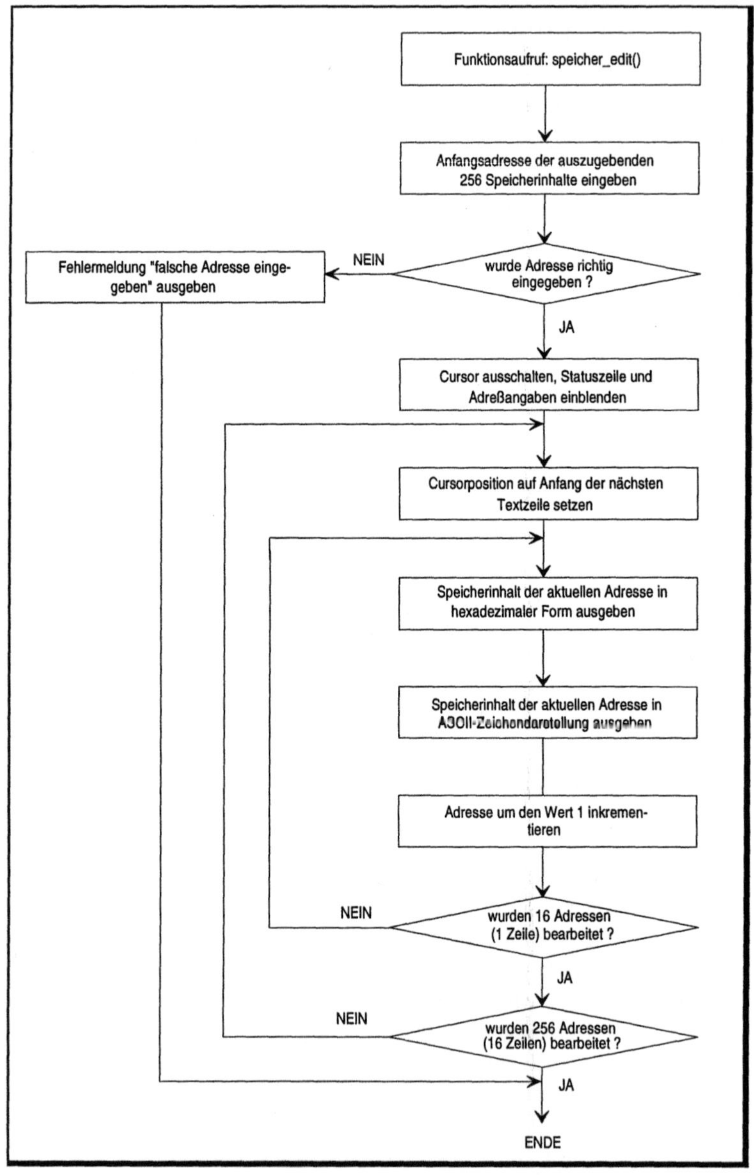

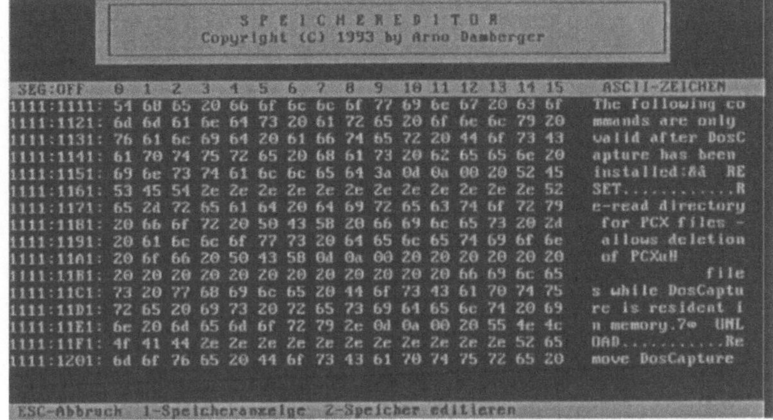

Bild 3.21:
Menüpunkt „Speicheranzeige" aus Programm „SPEICH1"

Menüpunkt (2) „Speicher editieren": Im Titelbild zum Menüpunkt „Speicher editieren" erscheint ein rotes Hinweisfenster, welches an dieser Stelle noch einmal auf die zu Beginn des Kapitels beschriebenen Gefahren beim Abändern von Speicherzellen hinweist. Um Systemabstürzen vorzubeugen, ändern Sie bitte nur solche Adressen, bei denen keine systeminterne Werte zerstört werden können. Wie beim Menüpunkt „Speicheranzeige", wird auch beim „Speicher editieren" der Anwender aufgefordert, eine achtstellige, hexadezimale Adresse einzugeben. Die in Segment- und Offsetanteil aufgespaltene Adreßangabe selektiert die zu editierende Speicherzelle. Wie in Bild 3.22 aufgezeigt, gibt das Programm im Anschluß den momentanen Inhalt der gewählten Adresse im unteren Bildbereich aus. Der Anwender wird nun aufgefordert, den neuen Wert als zweistellige hexadezimale Zahl einzugeben. Nach Bestätigen der Werteingabe durch Drücken von ⏎ wird am Monitor die Speicheradresse mit dem abgeänderten Inhalt am Bildschirm ausgegeben.

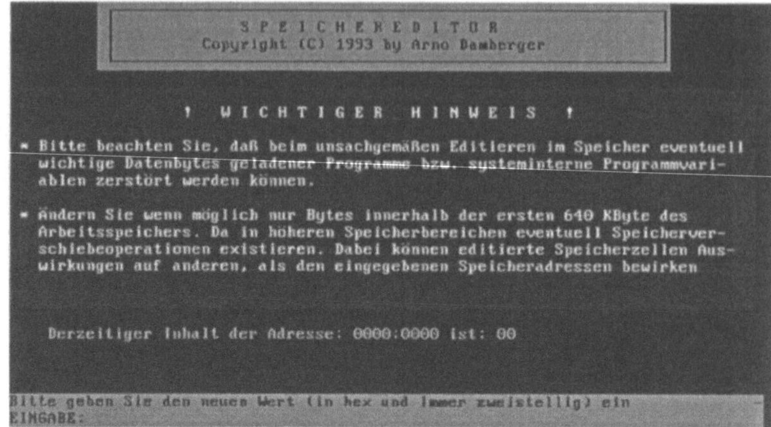

Bei allen Fehleingaben der Speicheradresse oder des zu editieren-
den Speicherinhalts wird das Programm mit einer entsprechenden
Fehlermeldung abgebrochen.

Programmdiskussion

Nach dem Programmkopf folgt das Einbinden der selbstdeklarierten
Headerdatei „buch.h". Aus der Headerdatei „buch.h" werden die
weiter unten aufgeführten Funktionen für das Programm
„memedit1.c" bereitgestellt.

```
/*****************************************************************************/
/* INCLUDE-DATEIEN                                                         */
#include "buch.h"
/*****************************************************************************/
```

Der anschließende Variablenblock beinhaltet programmglobale Variablen. Diese Variablen können in allen Funktionsebenen gelesen
und abgeändert werden.

```
/*****************************************************************************/
/* GLOBALE VARIABLE                                                       */
int iTaste_word,iTaste_low_byte;
/*****************************************************************************/
```

Funktion: main()

Das kurze Hauptprogramm enthält nur den Funktionsaufruf
„menu()". Die Funktion „menu()" aktiviert das Hauptmenü, in dem
der weitere Programmablauf vom Anwender frei wählbar ist.

```
/************************************************************************/
/* HAUPTPROGRAMM                                                        */
void main()
{
menu();
}
/************************************************************************/
```

Funktionen aus der Headerdatei: buch.h

Die Headerdatei „buch.h" stellt für das Programm „memedit1.c" die Funktionen tastatur_loeschen(), cursor_ein(), cursor_aus(), ende() und fehler_ende() zur Verfügung. Alle aufgeführten Funktionen wurden bereits an anderer Stelle diskutiert.

Funktion: status_zeile()

Die Funktion „status_zeile()" gibt während des gesamten Programmablaufes in der untersten Bildschirmzeile alle anwählbaren Tasten aus. Dabei werden die anwählbaren Tasten „Rot" und die entsprechende Ablaufbeschreibung „Schwarz" gekennzeichnet. Die Statuszeile repräsentiert das Hauptmenü im Programmablauf.

```
/**************************************************************************/
void status_zeile(void)
{
gotoxy(1,24);
textbackground(BLUE);
cprintf("
");
textcolor(BLACK);
textbackground(LIGHTGRAY);
gotoxy(1,25);
cprintf(" ESC-Abbruch  1-Speicheranzeige  2-Speicher editieren
");
textcolor(RED);
gotoxy(2,25);
cprintf("ESC");
gotoxy(15,25);
cprintf("1");
gotoxy(34,25);
cprintf("2");
}
/**************************************************************************/
```

Funktion: titel_bild()

Dieses Modul demonstriert die typische Ausgabe eines Programmkopfes. Im Programmkopf enthalten sind Programmname, Copyright-Hinweis, sowie der Name des Autors. Als letzte Aktion wird durch Funktionsaufruf von „status_zeile" das Programmenü in Form der Statuszeile in der untersten Bildschirmzeile ausgegeben.

```
/***********************************************************************/
void titelbild(void)
{
textbackground(BLUE);
textcolor(LIGHTCYAN);
clrscr();
textcolor(BLACK);
textbackground(LIGHTGRAY);
gotoxy(10,1);
cprintf(" +-----------------------------------------------------+");
gotoxy(10,2);
cprintf(" |              S P E I C H E R E D I T O R            |");
gotoxy(10,3);
cprintf(" |          Copyright (C) 1993 by Arno Damberger        |");
gotoxy(10,4);
cprintf(" +-----------------------------------------------------+");
status_zeile(); /* Einblenden der Statuszeile                   */
}
/***********************************************************************/
```

Funktion: menu()

Die Funktion „menu()" verwaltet und steuert den gesamten Programmablauf. Nach der Ausgabe des Programmkopfes und der Statuszeile wartet das Programm auf einen Tastendruck. Im Anschluß erfolgt innerhalb einer Endlosschleife die Auswertung und Bearbeitung der gedrückten Taste. Entsprechend der Tasteninformation startet die Funktion den gewünschten Menüpunkt. Die Endlosschleife, und dadurch der gesamte Programmablauf, kann nur durch Drücken von [ESC] beendet werden.

```
/***********************************************************************/
void menu(void)
{
cursor_aus();
titelbild(); /* Anzeige des Programmkopfes                       */
/* Endlosschleife kann durch Drücken der ESC-Taste beendet werden  */
do
{
 tastatur_loeschen(); /* Tastaturspeicher löschen                 */
 iTaste_word=bioskey(0); /* auf Tastendruck warten                */
 iTaste_low_byte=iTaste_word & 0x00FF;
 /* Auswerten der gedrückten Tasten und Starten der gewünschten Aktion */
 if(iTaste_low_byte == TASTE_ESC) ende();
 switch(iTaste_low_byte)
 {
  case TASTE_1:
      {
speicher_anzeige(); /* Anzeige von 256 Speicherbytes            */
break;
}
  case TASTE_2:
      {
speicher_edit(); /* Speicherinhalt kann editiert werden         */
break;
```

```
      }
   default:
      {
   /* akustisches Warnsignal bei falschem Tastendruck            */
   sound(1000);
   delay(500);
   nosound();
   break;
      }
 }
 }
 while(1);
 /* Ende der Endlosschleife                                      */
 }
 /********************************************************************/
```

Funktion: speicher_anzeige()

Mit Hilfe der Funktion „speicher_anzeige()" wird der Menüpunkt (1)
„Speicheranzeige" realisiert. Nach der Eingabe einer Startadresse
werden in 16 Textzeilen jeweils 16 Speicherinhalte in formatierter
Form am Bildschirm ausgegeben. Die Anzeige der Speicherinhalte
erfolgt in hexadezimaler, sowie in ASCII-Zeichendarstellung. Nach
der Ausgabe der Speicheranzeige kann, gemäß der Statuszeile, erneut ein Menüpunkt selektiert werden. Wurde bei der Adresseinga-
be ein falscher Wert eingegeben, bricht das Programm mit einer
Fehlermeldung ab.

```
/********************************************************************/
void speicher_anzeige(void)
{
unsigned int uiSegment=0x0000,uiOffset=0x0000;
int iZaehler_1,iX,iX1,iY=4,iTest;
```

Deklaration einer „FAR-Zeigervariablen" vom Typ „unsigned char".
Mit Hilfe dieser Zeiger-Variablen kann eine Speicheradresse bearbeitet werden.

```
unsigned char far * pAdresse;
```

Es werden die Farbattribute für Vorder- und Hintergrundfarbe gesetzt, der Cursor positioniert und eingeschaltet.

```
textcolor(BLACK);
textbackground(LIGHTGRAY);
gotoxy(1,24);
cursor_ein();
```

Das Programm fordert zur Eingabe der Segment- und Offsetadresse auf. Beide Adressangaben werden jeweils im vierstelligen, hexadezimalen Format über die Tastatur eingegeben. Die eingelesenen Werte werden in den Variablen „uiSegment" und "uiOffset" abgelegt. Wurde ein Fehler bei der Eingabe festgestellt, bricht das Programm mit einer entsprechenden Fehlermeldung ab.

```
cprintf("Bitte geben Sie die Startadresse in hexadezimaler Form mit\
Segment- und Offset- \n\r");
cprintf("Anteil ein (z.B. 001E:07FF).                EINGABE: ");
/* Segmentadresse hexadezimal (4-stellig) einlesen               */
iTest=cscanf("%4x",&uiSegment);
cprintf(":");
/* Offsetadresse hexadezimal (4-stellig) einlesen                */
iTest=cscanf("%4x",&uiOffset);
/* Testen ob die Adressangaben richtig eingegeben wurden         */
if(iTest == 0)
  fehler_ende("falsche Adresse eingegeben => PROGRAMMABBRUCH !");
```

Mit Hilfe der in den Variablen „uiSegment" und „uiOffset" abgelegten, eingelesenen Segment- und Offsetadressen wird durch das Makro „MK_FP()" ein „FAR-Zeiger" auf die gewünschte Speicheradresse erzeugt.

```
/* Aus dem Segment- und Offsetangaben wird ein FAR-Zeiger kreiert    */
pAdresse=MK_FP(uiSegment,uiOffset);
```

Es folgen einige notwendige Bildschirmausgaben und Formatierungen.

```
cursor_aus();
gotoxy(1,6);
cprintf(" SEG:OFF   0  1  2  3  4  5  6  7  8  9  10 11 12 13 14 15    ASCII-
ZEICHEN    ");
status_zeile(); /* Einblenden der vorher überschriebenen Statuszeile    */
textcolor(LIGHTCYAN);
textbackground(BLUE);
```

Die folgenden beiden „FOR-Schleifen"-Blöcke realisieren die eigentliche Ausgabe der Speicherinhalte. Innerhalb der ersten „FOR-Schleife" werden in 16 Textzeilen jeweils die Anfangsadressen der in einer Textzeile auszugebenden Speicherinhalte angezeigt. Die zweite „FOR-Schleife" gibt in einer Textzeile jeweils 16 Speicherinhalte, in hexadezimaler und in ASCII-Zeichendarstellung, am Bildschirm aus.

```
/****************** FOR-Schleife 1 *********************************/
/* 16 Textzeilen bearbeiten                                       */
for(iY=7;iY <= 22;++iY)
  {
```

Cursorposition in entsprechender Textzeile auf Zeilenanfang positionieren. Speicherstartadresse der nächsten 16 auszugebenden Speicherinhalte in formatierter Form (achtstellig und hexadezimal) am Bildschirm ausgeben.

```c
gotoxy(1,iY);
/* Anfangsadresse der nächsten 16 Speicherinhalte ausgeben             */
cprintf("%p: ",pAdresse);
iX=12;
iX1=62;
/****************** FOR-Schleife 2 ************************************/
/* 16 Speicherinhalt in einer Textzeile ausgeben                      */
for(iX=12;iX <= 57;iX=iX+3)
{
```

Cursor auf Ausgabeposition innerhalb der Textzeile setzen und Speicherinhalt in hexadezimaler Form am Bildschirm ausgeben.

```c
gotoxy(iX,iY);
cprintf("%02x",*pAdresse); /* hexadezimale Speicherausgabe           */
```

Cursor auf Ausgabeposition innerhalb der Textzeile setzen und gleichen Speicherinhalt in ASCII-Zeichendarstellung anzeigen.

```c
gotoxy(iX1,iY);
cprintf("%c",*pAdresse); /*Speicherausgabe in ASCII-Zeichendarstellung*/
```

Es werden die Textzeilenausgabeposition „iX1" und der Speicheradreß-Zeiger „pAdresse" um den Wert 1 inkrementiert.

```c
++iX1;
++pAdresse; /* Adresszeiger um den Wert Eins inkrementieren           */
}
/****************** Ende der FOR-Schleife 2 **************************/
}
/****************** Ende der FOR-Schleife 1 **************************/
}
/*******************************************************************/
```

Funktion: speicher_edit()

Die Funktion „speicher_edit()" realisiert den Menüpunkt (2) „Speicher editieren()". Nach der Ausgabe eines Warnhinweises bezüglich der Gefahren beim Speichereditieren wird der Anwender aufgefordert, die zu editierende Speicheradresse einzugeben. Im Anschluß gibt das Programm die eingegebene Speicheradresse mit dem aktuellen Speicherinhalt im unteren Bildschirmbereich aus. Es folgt die Aufforderung zur Eingabe des neu zu schreibenden Speicherinhalts. Nachdem im weiteren Programmablauf der neue Wert an der entsprechenden Speicherzelle eingetragen wurde, folgt eine erneute

Speicherleseoperation. Der gelesene Speicherinhalt wird, einschließlich der Adresse, im unteren Bildschirmbereich am Monitor ausgegeben.

```
/**************************************************************************/
void speicher_edit(void)
{
int iWert,iTest;
unsigned int uiSegment=0x0000,uiOffset=0x0000;
```

Deklaration einer „FAR-Zeigervariablen" vom Typ „unsigned char". Mit Hilfe dieser Zeiger-Variablen kann eine Speicheradresse bearbeitet werden.

```
unsigned char far * pAdresse;
```

Der folgende Funktionsblock erzeugt ein Window mit rotem Hintergrund, in dem ein entsprechender Warnhinweis ausgegeben wird.

```
window(1,5,80,23);
textbackground(BLUE);
clrscr();
/* Warnhinweis am Bildschirm ausgeben                            */
window(2,6,78,18);
textbackground(RED);
textcolor(WHITE);
clrscr();
gotoxy(18,1);
cprintf("\n!   W I C H T I G E R   H I N W E I S   !");
gotoxy(1,4);
cprintf("* Bitte beachten Sie, daß beim unsachgemäßen Editieren im \
Speicher eventuell\r\n");
cprintf("  wichtige Datenbytes geladener Programme bzw. systeminterner \
Programmvari-\r\n");
cprintf("  ablen zerstört werden können. \n\n\r");
cprintf("* Ändern Sie wenn möglich nur Bytes innerhalb der ersten 640 \
KByte des\r\n");
cprintf("  Arbeitsspeichers. Da in höheren Speicherbereichen eventuell \
Speicherver-\n\r");
cprintf("  schiebeoperationen existieren. Dabei können editierte \
Speicherzellen Aus-\n\r");
cprintf("  wirkungen auf anderen, als den eingegebenen Speicheradressen \
bewirken.\n\r");
window(1,1,80,25);
gotoxy(1,24);
cursor_ein();
textcolor(BLACK);
textbackground(LIGHTGRAY);
```

Das Programm fordert zur Eingabe einer Segment- und Offsetadresse auf. Beide Adressangaben werden jeweils im vierstelligen,
hexadezimalen Format über die Tastatur eingegeben. Die eingelesenen Werte werden in den Variablen „uiSegment" und "uiOffset"
abgelegt. Wurde ein Fehler bei der Eingabe festgestellt, bricht das
Programm mit einer Fehlermeldung ab.

```
cprintf("Bitte geben Sie die Startadresse in hexadezimaler Form mit \
Segment- und Offset-\n\r");
cprintf("Anteil ein (z.B. 001E:07FF).                    EINGABE: ");
/* Segmentadresse hexadezimal (4-stellig) einlesen                 */
iTest=cscanf("%4x",&uiSegment);
cprintf(":");
/* Offsetadresse hexadezimal (4-stellig) einlesen                  */
iTest=cscanf("%4x",&uiOffset);
/* Testen ob die Adressangaben richtig eingegeben wurden           */
if(iTest == 0)
  fehler_ende("falsche Adresse eingegeben => Programmabbruch !");
cursor_aus();
```

Durch das Makro „MK_FP()" wird über die Variablen „uiSegment"
und „uiOffset" ein „FAR-Zeiger" auf die zu editierende Speicheradresse erzeugt.

```
/* Aus dem Segment- und Offsetangaben wird ein FAR-Zeiger kreiert    */
pAdresse=MK_FP(uiSegment,uiOffset);
```

Es folgt das Lesen und die Ausgabe des aktuellen Speicherinhaltes
der eingegebenen Adresse.

```
textcolor(LIGHTCYAN);
textbackground(BLUE);
gotoxy(5,20);
/* Lesen und anzeigen des Speicherinhaltes der eingegeben Adresse    */
cprintf("Derzeitiger Inhalt der Adresse: %p ist: %02x",pAdresse,*pAdresse);
```

Die Funktion „cscanf()" fordert den Anwender auf, den neuen, ab-
zuändernden Speicherinhalt in hexadezimaler Form (zweistellig)
über die Tastatur einzugeben. Wurde der neue Wert falsch eingegeben, bricht das Programm mit einer entsprechenden Fehlermeldung ab.

```
gotoxy(1,24);
textcolor(BLACK);
textbackground(LIGHTGRAY);
cprintf("Bitte geben Sie den neuen Wert (in hex und immer zweistellig) ein
\n\r");
cprintf("EINGABE:
");
cursor_ein();
```

```
gotoxy(10,25);
/* Neuen Wert für Speicheradresse im Hex-Format (2-stellig) eingeben   */
iTest=cscanf("%2x",&iWert);
/* Testen ob der Wert richtig eingegeben wurden                        */
if(iTest == 0)
 fehler_ende("falschen Wert eingegeben => Programmabbruch");
cursor_aus();
```

Der zu editierende Speicherinhalt wird an der zugehörigen Adresse
eingetragen.

```
/* neuen Wert an Speicheradresse eintragen                             */
*pAdresse=iWert;
```

Nach der Schreiboperation erfolgt eine Kontroll-Leseoperation der
editierten Speicherzelle. Der gelesene Speicherinhalt wird, einschließlich der Adressangabe, im unteren Bildschirmbereich ausgegeben.

```
textcolor(LIGHTCYAN);
textbackground(BLUE);
gotoxy(5,20);
/* Adresse und neuen Wert lesen und am Bildschirm anzeigen             */
cprintf("Der neu Inhalt der Adresse: %p ist: %02x          ",
pAdresse,*pAdresse);
```

Nach einer Zeitspanne von zwei Sekunden gibt das Programm die
Statuszeile aus. Im Anschluß wird der Bildschirm gelöscht und die
Funktion beendet.

```
delay(2000);
gotoxy(5,20);
cprintf("                                             ");
status_zeile(); /* Einblenden der vorher überschriebenen Statuszeile   */
window(1,5,80,23);
textbackground(BLUE);
clrscr();
window(1,1,80,25);
}
/********************************************************************************/
```

3.5.2   Speichereditor in objektorientierter Konvention

Das Programm „memedit2.cpp" ist im Programmaufbau und in der
Ausführung identisch zum klassisch realisierten Programm „mem-
edit1.c". Auch alle Speicherbearbeitungsroutinen aus dem klassi-
schen Ansatz wurden im objektorientierten Modul eingesetzt. Das
Programm „memedit2.cpp" verzichtet auch auf die objektorientierte
Eingabe mit „cin >>". Die von „BORLAND C^{++}" zur Vefügung ge-

stellten, objektorientierten Eingabefunktionen unterstützen nur die Standardtypen char, short, int, long char*, float, double und void*. Eine formatierte Ein- und Ausgabe der im Programm verwendeten, hexadezimalen Segment- und Offsetvariablen vom Typ „unsigned int" ist nicht möglich.

Programminhalt

Wie bereits erwähnt, ist der Programminhalt von „memedit2.cpp" identisch zum Programm „memedit1.c". Um Wiederholungen zu vermeiden, richten sich die Ausführungen in diesem Kapitel ausschließlich nach objektorientierten Merkmalen aus. Lesen Sie bei Bedarf bitte im Kapitel 3.5.1 „Speichereditor in klassischer „C- Konvention" nach.

Programmdiskussion

Nach dem Programmkopf erfolgt das Einbinden der selbstdeklarierten Klassen-Headerdatei „buch_cpp.h". Das Programm „memedit2.cpp" bindet aus der Klassen-Headerdatei „buch_cpp.h" die Klasse „DIVERS" mit den weiter unten aufgeführten Methoden ein.

```
/****************************************************************************/
/* INCLUDE-DATEIEN                                                        */
#include "buch_cpp.h"
/****************************************************************************/
```

Klassen und Methoden aus der Headerdatei: buch_cpp.h
Die aus der Klassen-Headerdatei „buch_cpp.h" eingebundene Klasse „DIVERS" stellt für das Programm „memedit2.cpp" die Klassenmethoden tastatur_loeschen(); cursor_aus(), cursor_ein(), ende() und fehler_ende() zur Verfügung. Alle aufgeführten Klassenmethoden wurden bereits weiter oben diskutiert.

Klassendeklaration im Programm
Im Quellcode folgt im Anschluß an die Headerdatei „buch_cpp.h" die Deklaration der programminternen Klasse „MENU". Durch die Anweisung:

```
class menue : private divers
```

werden der Programmklasse „MENU" alle Eigenschaften der Header-Klasse „DIVERS" private vererbt. Im Deklarationsteil der Programmklasse „MENU" befinden sich alle gekapselten Daten innerhalb eines Private-Bereichs und alle Methodenprototypen innerhalb eines Public-Bereichs. Die Abbildung 3.22 zeigt die relativ einfache Vererbungshirarchie von Programm „memedit2.cpp" auf.

Bild 3.23:
Klassendiagramm zum Programm „speich2.cpp"

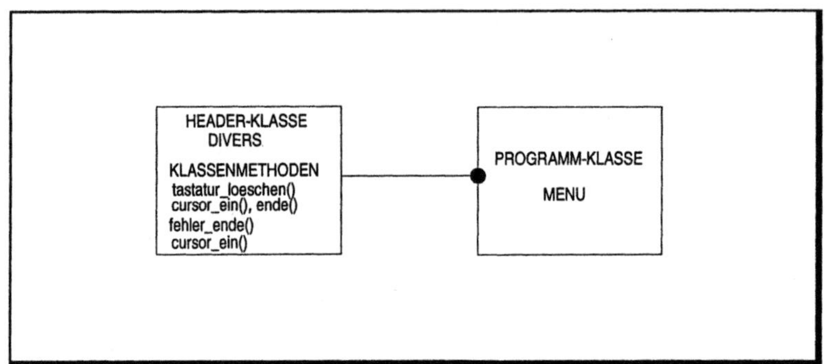


```
/********************************************************************/
class menue : private divers {
private:
 constream window,window_teil,window_warn;
 int iTaste_word,iTaste_low_byte;
public:
 menue(void);
 ~menue(void){;};
 void status_zeile(void);
 void titelbild(void);
 void ablauf(void);
 void speicher_anzeige(void);
 void speicher_edit(void);
};
/********************************************************************/
```

Konstruktoren und Destruktoren

Im Konstruktor „menu::menu(void)" werden 3 Bildausgabestreams deklariert. Mit Hilfe dieser Sreams kann eine direkte Bildausgabe in den entsprechenden Koordinatenbereichen durchgeführt werden. Die Bildbereiche werden bei der späteren Inkarnation der Klassenvariablen „programm" im Hauptprogramm erzeugt. Durch die Anweisung „~menu(void){;};" erzeugt die Klasse einen „Leer-Destruktor", d.h. im Programmablauf werden keine Destruktor-Anweisungen benötigt.

```
/********************************************************************/
menue :: menue(void)
{
window.window(1,1,80,25);
window_teil.window(1,5,80,23);
window_warn.window(2,6,78,18);
}
/********************************************************************/
```

Klassenmethoden

Alle Klassenmethoden aus dem Programm „memedit2.cpp" sind in ihrem Aufbau und Programmablauf identisch zu den gleichnamigen Funktionen aus dem Modul „memedit1.c". In der Namensgebung unterscheidet sich lediglich der Methodenname „ablauf()" von der im Programmaufbau identischen klassischen Funktion „menu(). Eine ausführliche Beschreibung erhalten Sie im vorherigen Kapitel 3.5.1.

Hauptprogramm

Im Deklarationsteil erfolgt die Instanziierung der Klassenvariablen „programm" vom Objekttyp „MENU". Das kurze Hauptprogramm enthält lediglich den Methodenaufruf „programm.ablauf()". Diese Klassenmethode aktiviert das Hauptmenü, in dem der weitere Programmablauf vom Anwender selbst bestimmt werden kann.

```
/********************************************************************/
/* HAUPTPROGRAMM                                                  */
void main()
{
menue program;

program.ablauf();
}
/********************************************************************/
```

3.6   Rechnerkonfiguration

Bei der Erstellung professioneller Programme nimmt das Bestimmen der Rechnerkonfigurationen eine zentrale Aufgabe ein. Unter Rechnerkonfiguration versteht man das Vorhandensein bestimmter Hardware- und Softwarekomponenten im PC-System. So muß beispielsweise einem Grafik-Anwenderprogramm mitgeteilt werden, welche Grafikkarte im System vorhanden ist. Einem Textverarbeitungsprogramm muß u. a. bekannt sein, an welcher Schnittstelle ein Drucker angeschlossen ist, oder ob eine Maus im System installiert wurde, usw. Die beiden in diesem Kapitel vorgestellten Programme „config1.c" und „config2.cpp" bestimmen die wichtigsten PC-Konfigurations-Parameter und geben diese im Anschluß in formatierter Form am Bildschirm aus. Dabei stellt das Programm „config1.c" den klassischen und das Programm „config2.cpp" den objektorientierten Ansatz dar. Beide Programme sind in ihrer Programmausführung identisch und zeigen dem Leser den Unterschied zwischen klassischen und objektorientierten Programmiertechniken auf.

3.6.1   PC-Konfiguration in klassischer „C"-Konvention

Für das Bestimmen der Rechnerkonfiguration stehen dem Programmierer mehrere Ausführungsvarianten zur Verfügung. Die beiden wichtigsten Programmiertechniken zum Bestimmen diverser PC-Konfigurations-Parameter stellen sich folgendermaßen dar:

⇨ BIOS-Aufrufe

⇨ MS-DOS-Interrupt-Aufrufe (INT 21H)

⇨ Lesen von bestimmten BIOS-Variablen

BIOS-Aufrufe: Das BIOS („Basic Input-/Output System) ist eine in einem ROM-Baustein abgelegte Software. Dieser Baustein befindet sich auf der Hauptplatine des PCs. Das BIOS stellt eine standardisierte Schnittstelle für den Zugriff auf unterschiedliche Hardwarekomponenten des PC-Systems zur Verfügung. Somit ist es gleichgültig, ob im PC eine 40 MByte oder eine 240 MByte Festplatte installiert ist, oder der BIOS-Prom von SIEMENS bzw. IBM stammt. Der Funktionsaufruf und -ablauf ist immer der gleiche. Das BIOS stellt auch einige Funktionen zur Bestimmung der Rechnerkonfiguration zur Verfügung. Die BIOS-Funktionen werden in „BOR-

LAND C^{++}" über die Funktionen „int86(...)" bzw. „int86x()" aufgerufen. Dazu müssen den beiden Funktionen über spezielle „Register-Variablen" die Funktionsnummer, sowie weitere Details zum BIOS-Aufruf mitgeteilt werden. Nach der BIOS-Ausführung werden in den „Register-Variablen" die gewünschten PC-Konfigurationsangaben übergeben. An dieser Stelle sei noch einmal erwähnt, daß ein Programm mit BIOS-Aufrufen auf unterschiedlichen Rechnersystemen, die verschiedene Hardwarebestandteile aufweisen, immer richtig ausgeführt wird.

MS-DOS-Aufrufe: Auch das Betriebssystem MS-DOS stellt über die Schnittstelle des MS-DOS-Interrupts „INT 21H" dem Anwender eine Sammlung von Funktionen zur Verfügung. Wie bei den BIOS-Funktionen, enthalten auch die MS-DOS Funktionen eine Reihe von Programmen, welche für eine PC-Konfigurations-Auswertung bestimmt sind. Die Bearbeitung der MS-DOS „INT 21H"-Schnittstelle ist identisch zur BIOS-Funktions-Verwaltung. Die MS-DOS „INT 21H"-Funktionen werden in „BORLAND C^{++}" ebenfalls über die Funktion „int86(...)" aufgerufen.

Lesen von BIOS-Variablen: Das BIOS ist ein Programm wie jedes andere. Es benötigt zur Programmausführung auch entsprechende Variablen. Da die Variablen aber nicht in einem ROM (Read Only Memory) verwaltet werden können, wird ein Teil des PC-Arbeitsspeichers als BIOS-Variablenbereich reserviert. Der BIOS-Variablenbereich beginnt bei der physikalischen Adresse „0040:0000H" und erstreckt sich etwa auf 256 Bytes. Auch der BIOS-Variablenbereich ist, wie das BIOS selbst, bei den älteren PC-/XT-Systemen bis zu den modernen AT-Rechnern, standardisiert. Diese Standardisierung erstreckt sich aber nur bis zur Offsetadresse „0071H". Der darauf folgende, restliche Speicherbereich wurde für die neueren AT-Systeme mit EGA-/VGA Karten und dem PS/2-System von IBM reserviert. Auch der BIOS-Variablenbereich stellt für die Rechnerkonfiguration wichtige Informationen zur Verfügung.

Die folgende Informationstafel gibt einen Überblick über den Funktionsaufruf von „int86()". Die Funktion aus der „BORLAND C^{++}" Funktionsbibliothek ermöglicht den Aufruf verschiedener Interruptroutinen, welche zum Ausführen der BIOS- und MS-DOS-„INT 21H"-Bearbeitung notwendig sind.

**int int86 (int Nummer, union REGS *Eingaberegister,
union REGS *Ausgaberegister)**

Headerdatei: dos.h

Funktionalität:

„int86()" führt einen Softwareinterrupt durch, d.h., einen Funktionsaufruf der Routine, auf die der durch „Nummer" angegebene Interrupt-Vektor zeigt. Vor der Programmausführung werden die Prozessor-Register mit den in „Eingaberegister" definierten Werten geladen. Nach der Funktionsausführung werden die entsprechenden Prozessor-Register in den Variablen von „Ausgaberegister" gespeichert. Nach der Ausführung liefert „int86()" den Wert des „AH"-Registers zurück.

Der TYP „REGS" ist in „BORLAND C^{++}" als „Union" folgendermaßen deklariert:

union REGS {

unsigned int x.ax, x.bx, x.cx, x.dx   /* WORD-Variable */

unsigned int h.ah, h.bh, h.ch, h.dh /* BYTE-Variable */

unsigned int h.al, h.bl, h.cl, h.dl   /* BYTE-Variable */

}

Die Registervariablen werden auch als „Pseudovariablen" bezeichnet. Die „Pseudovariablen" stellen ein Spiegelbild der eigentlichen Prozessor-Register dar.

Die nächste Informationstafel zeigt die Wirkungsweise der Funktion „int86x()". Diese Funktion ist dem weiter oben beschriebenen Modul „int86()" sehr ähnlich. Der zusätzliche Parameter „Segmentregister" ermöglicht die Übergabe von Segment- und Offset-Adressanteilen, welche bei diversen BIOS-Funktionsaufrufen benötigt werden.

int int86x (int Nummer, union REGS *Eingaberegister,
**   union REGS *Ausgaberegister,**
**   struct SREGS *Segmentregister)**

Headerdatei: dos.h

Funktionalität:

„int86x()" führt einen Softwareinterrupt durch, d.h., einen Funktionsaufruf der Routine, auf die der durch „Nummer" angegebene Interrupt-Vektor zeigt. Vor der Programmausführung werden die Prozessor-Register mit den in „Eingaberegister" und „Segmentregister" definierten Werten geladen. Nach der Funktionsausführung werden die entsprechenden Prozessor-Register in den Variablen von „Ausgaberegister" gespeichert.

Der TYP „SREGS" ist in „BORLAND C^{++}" als „Struktur" folgendermaßen deklariert:

struct SREGS {

unsigned int es   /* Extrasegment Register   */

unsigned int cs   /* Codesegment Register   */

unsigned int ss   /* Stacksegment-Register   */

unsigned int ds   /* Datensegment Register   */

}

Die Registervariablen werden auch als „Pseudovariablen" bezeichnet. Die „Pseudovariablen" stellen ein Spiegelbild der eigentlichen Prozessor-Segmentregister dar.

Programminhalt

Das Programm „config1.c" stellt ein komfortables Modul zur Bestimmung der Rechnerkonfiguration dar. Dabei werden die unterschiedlichsten PC-Konfigurations-Parameter, mit den oben beschriebenen Programmiertechniken, ausgewertet und in einem passenden Programmrahmen am Bildschirm ausgegeben. Das Programm verwaltet die einzelnen Konfigurationselemente auf drei Bildschirmseiten. Die verschiedenen Bildschirmseiten können über die Funktionstasten F1 nach oben und F2 nach unten geblättert werden. In Abbildung 3.24 ist der Ausgabebildschirm einer Konfigurationsseite aufgezeigt. Durch Drücken von Esc kann der Anwender das Programm beenden. Das Flußdiagramm in Bild 3.25 gibt einen Überblick über den Ablauf von Programm „config1.c".

Bild 3.24:
Programm
„CONFIG1.C"

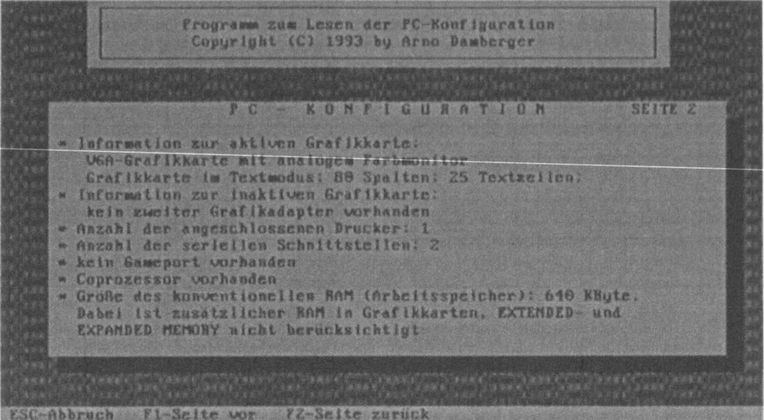

Die im Programm ausgegebenen Konfigurationselemente sind in verschiedene Themenbereiche unterteilt. Die Tabelle 3.7 zeigt die Zusammenfassung aller im Programm „config1.c" ausgewerteten Konfigurationselemente.

Tabelle 3.7 :
Konfigurations-
elemente aus
Programm
„config1.c"

PC-System	Laufwerke	Grafikkarte	Schnittstellen	Allgemein
Rechnersystem	Anzahl der LW	Info 1. Karte	Druckeranzahl	Coprozessor
DOS-Version	LW-Parameter	Info 2. Karte	Anzahl serieller. Schnittstellen	RAM-Größe
BIOS-Version	HD-Parameter		Gameport	Maus
	freie Speicher-kapaz. im Standard-LW			Diverse Infos

Bild 3.25:
Flußdiagramm
zum Programm
„memedit1.c"

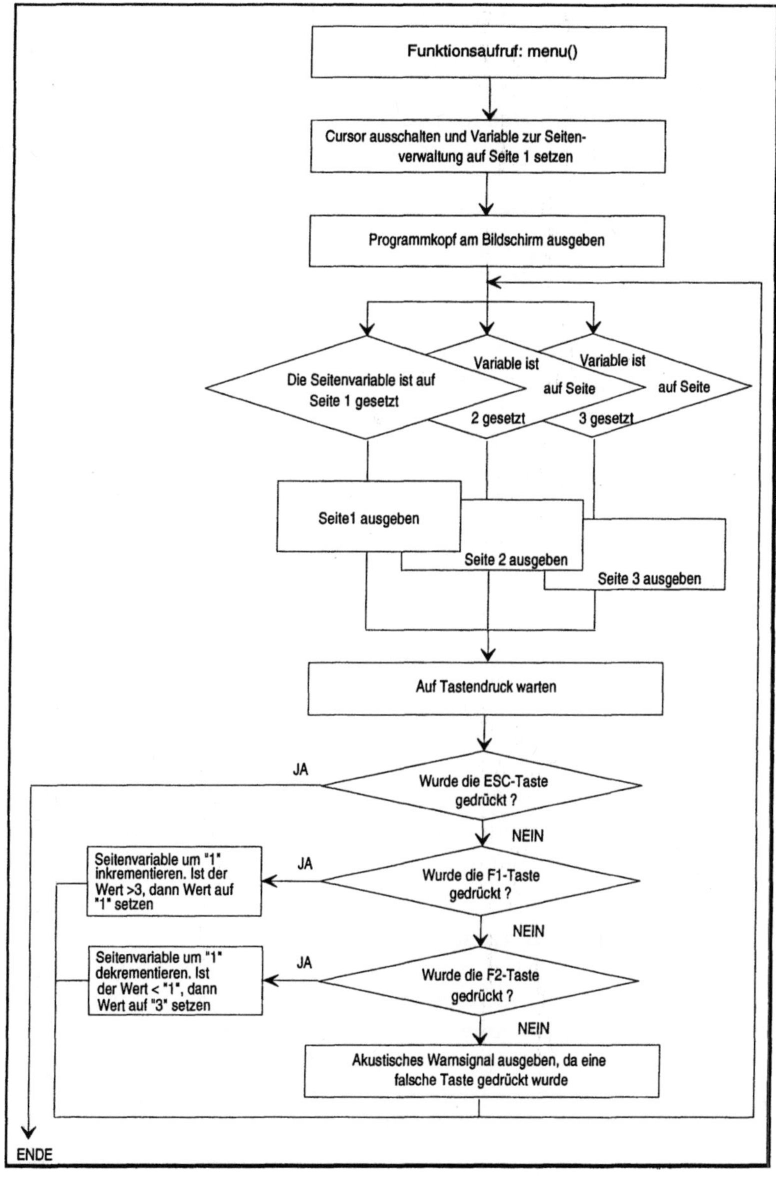

Programmdiskussion

Wie üblich, erfolgt nach dem Programmkopf das Einbinden der Headerdateien. Im Programm „config1.c" wird lediglich die selbstdeklarierte Headerdatei „buch.c" ins Programm integriert. Die Headerdatei stellt die weiter unten aufgeführten Funktionen bereit.

```
/*******************************************************************/
/* INCLUDE-DATEIEN                                              */
#include "buch.h"
/*******************************************************************/
```

Funktion: main()

Innerhalb der Hauptfunktion „main()" wird lediglich die Funktion „menu()" aktiviert. Diese Funktion verwaltet den weiteren Programmablauf, welcher vom Anwender anhand der vom Programm bereitgestellten Menüpunkte frei wählbar ist.

```
/*******************************************************************/
/* HAUPTPROGRAMM                                                */
void main()
{
menu();
}
/*******************************************************************/
```

Funktionen aus der Headerdatei: buch.h

Die Headerdatei „buch.h" stellt dem Programm „config1.c" die Funktionen tastatur_loeschen(), cursor_aus(), fuellen() und ende() zur Verfügung. Alle aufgeführten Funktionen wurden bereits weiter oben diskutiert.

Funktion: titel()

Die Funktion „titel()" realisiert die Ausgabe eines Programmkopfes sowie die Anzeige einer Statuszeile. Der Programmkopf enthält den Programmnamen, einen Copyright-Vermerk sowie den Namen des Autors. In der Statuszeile werden die folgenden im Programm anwählbaren Tasten, einschließlich einer Bearbeitungsinformation, in der untersten Bildschirmzeile ausgegeben.

⇨ [F1]:   nächste Anzeigeseite anwählen

⇨ [F2]:   vorherige Anzeigeseite anwählen

⇨ [Esc]:   Programm beenden

```c
/**********************************************************************/
void titel(void)
{
cursor_aus(); /* Cursor ausschalten                                 */
gotoxy(1,1);
fuellen(177,23,2000);
window(10,1,70,4);
/* Ausgabe des Programmkopfes                                       */
textbackground(LIGHTGRAY);
textcolor(BLACK);
clrscr();
cprintf(" +----------------------------------------------------------+");
gotoxy(1,2);
cprintf(" |          Programm zum Lesen der PC-Konfiguration         |");
gotoxy(1,3);
cprintf(" |          Copyright (C) 1993 by Arno Damberger            |");
gotoxy(1,4);
cprintf(" +----------------------------------------------------------+");
/* Ausgabe der Statuszeile                                          */
window(1,25,80,25);
textbackground(LIGHTGRAY);
textcolor(BLACK);
clrscr();
cprintf(" ESC-Abbruch   F1-Seite vor   F2-Seite zurück");
textcolor(RED);
gotoxy(2,1);
cprintf("ESC");
gotoxy(16,1);
cprintf("F1");
gotoxy(31,1);
cprintf("F2");
/* Bildschirm zur Ausgabe der ersten Configurations-Seite vorbereiten   */
window(7,8,78,22);
textbackground(BLACK);
clrscr();
window(6,7,76,21);
textbackground(BLUE);
textcolor(LIGHTCYAN);
clrscr();
}
/**********************************************************************/
```

Funktion: config_lesen()

Die Funktion „config_lesen()" realisiert den Lesevorgang zur Bestimmung der Rechnerkonfiguration. Die Informationen werden anhand der Übergabevariablen „iSeite" neu ausgewertet und am Bildschirm unter Angabe der entsprechenden Seitennummer ausgegeben. Zu Beginn des Programms liest die Funktion durch den BIOS-
Aufruf „15H" aus dem PC-Arbeitsspeicher die Segment- und Offsetadresse der Systemkonfigurationstabelle und durch den BIOS-Aufruf
„11H" die PC-Ausstattung in Form eines WORD-Wertes. In der Systemkonfigurationstabelle sind systemspezifische Informationen enthalten. Die PC-Ausstattungsliste verschafft einen Überblick über die
im PC installierte Hardware. Die gelesenen Werte werden in ent-

sprechenden Programmvariablen abgelegt und im weiteren Programmablauf an entsprechender Stelle ausgegeben. Die kodierten Informationen der Systemtabelle und der PC-Ausstattung werden in den Tabellen 3.8 und 3.9 aufgezeigt.

Tabelle 3.8:
Systemkonfigurationstabelle

Offsetadresse	Inhalt
00H bis 01H	Länge der Tabelle in Bytes
02H	Modell des Sytems in kodierter Form
03H	Untermodell des Systems in kodierter Form
04H	BIOS-Versionsnummer
05H	Konfigurationsbits (wenn gesetzt, dann:) Bit 7: DMA Kanal 3 wird benutzt Bit 6: 8259 vorhanden (kaskadierter IRQ2) Bit 5: Echtzeituhr vorhanden Bit 4: Tastaturabfrage (INT 15H; Funk. 4FH) möglich Bit 3: Warteroutine für externes Ereignis möglich Bit 2: Erweiterter BIOS-Datenbereich zugewiesen Bit 1: Mikrokanal implementiert Bit 0: Reserviert

Tabelle 3.9:
PC-Ausstattung

WORD-Wert	Inhalt
Bit 14-15	Anzahl der installierten Drucker
Bit 13	1: wenn internes Modem installiert ist (nur PC und XT) 1: wenn Drucker seriell installiert ist (nur bei PCjr)
Bit 12	1: wenn Game Port installiert ist
Bit 09-11	Anzahl der vorhandenen seriellen Ports
Bit 08	Reserviert

	WORD-Wert	Inhalt
Tabelle 3.9: Fortsetzung	Bit 06-07	Anzahl der Diskettenlaufwerke („Bit 0"=1) 00: 1 Laufwerk 01: 2 Laufwerke 10: 3 Laufwerke 11: 4 Laufwerke
	Bit 04-05	Bildschirmmodus 00: Reserviert 01: 40/25 Text in Farbe 10: 80/25 Text in Farbe 11: 80/25 Monochrom
	Bit 02-03	nur bei IBM-PC mit 64KByte ROM-BIOS
	Bit 1	1: wenn Coprozessor installiert ist
	Bit 0	1: wenn Diskettenlaufwerk(e) installiert

```c
/***************************************************************************/
void config_lesen(int iSeite)
{
union REGS Register; /* in BORLAND vordefinierte Union-Variable.    */
struct SREGS Sregister; /* in BORLAND vordefinierte Struktur-Variable   */
unsigned char far *pAdresse;
int iDrucker,iSpieladapter,iSeriell,iDisk_vorhanden,iDisk,iVideomode;
int iCoprozessor,iRam,iMemory_zusatz,iZaehler,iKoepfe,iModell1,iModell2;
int iBiosversion,iKonfigbyte,iHilfsregister,iZylinder,iSektor;
long int iCluster,iByte_pro_sektor,iByteanzahl;
```

Mit Hilfe des BIOS-CALLS „15H" und der Funktionsnummer „C0H"
stellt das BIOS verschiedene PC-Konfigurations-Parameter in Form
einer Tabelle zur Verfügung. Nach Ausführung des BIOS-CALLS
enthalten die Pseudovariablen „Sregister.es" die Segmentadresse
und „Register.x.bx" den Offsetanteil der PC-Konfigurations- Tabelle.

```c
/* Auslesen einer Konfigurationstabelle im PC-BIOS. Diese Informationen */
/* werden an entsprechender Stelle ausgegeben.                          */
textcolor(LIGHTCYAN);
window(6,7,76,21);
Register.h.ah=0xC0;
int86x(0x15,&Register,&Register,&Sregister);
```

Erzeugen eines FAR-Zeigers „pAdresse" auf die zu lesende Konfi-
gurations-Tabelle im PC-RAM.

```c
pAdresse=MK_FP(Sregister.es,Register.x.bx);
```

Lesen der Systemkonfigurationstabelle und Zuordnen der Einträge in die dafür vorgesehenen lokalen Variablen.

```
iModell1=(int)*(pAdresse+2);
iModell2=(int)*(pAdresse+3);
iBiosversion=(int)*(pAdresse+4);
iKonfigbyte=(int)*(pAdresse+5);
```

Lesen der PC-Ausstattung durch den BIOS-Aufruf „11H". Im Anschluß erfolgt die Zuordnung der gelesenen Werte in die dafür deklarierten lokalen Variablen.

```
/* PC-Ausstattung über INT-11 feststellen. Diese Informationen werden   */
/* an entsprechender Stelle ausgegeben                                   */
int86(0x11,&Register,&Register);
iDrucker=(Register.h.ah >> 6);
iSpieladapter=((Register.h.ah & 0x10) >> 7);
iSeriell=((Register.h.ah & 0x0E) >> 1);
iDisk_vorhanden=Register.h.al & 0x01;
iDisk=((Register.h.al & 0xC0) >> 6);
iVideomode=((Register.h.al & 0x20) >> 4);
iCoprozessor=((Register.h.al & 0x02) >> 1);
```

Es folgt die Ausgabe der ersten Rechnerkonfigurations-Seite.

```
/* Seite 1 der Konfiguration am Bildschirm ausgeben                      */
if(iSeite == 1)
{
 gotoxy(20,1);
 cprintf("P C  -  K O N F I G U R A T I O N          SEITE 1");
 gotoxy(1,3);
```

Das Rechnermodell wird anhand des Konfigurationstabellen-Eintrags „iModell" innerhalb der „case"-Anweisung dekodiert und in formatierter Form am Bildschirm ausgegeben.

```
switch(iModell1)
{
case 0xFF: cprintf(" * PC-Rechnersystem\n\r");break;
case 0xFE: cprintf(" * PC/XT-Rechnersystem\n\r");break;
case 0xFB: cprintf(" * PC/XT-Rechnersystem\n\r");break;
case 0xFD: cprintf(" * PC-Junior-Rechnersystem\n\r");break;
case 0xFC: if((iModell2 == 0) || (iModell2 == 1))
     /* Dekodierung und Ausgabe des Rechner-Untermodelles durch die   */
     /* Konfigurationsvariable "iModell2"                             */
     cprintf(" * PC/AT-Rechnersystem\n\r");
   if(iModell2 == 2)
     cprintf(" * PC/XT-286-Rechnersystem\n\r");
   if(iModell2 == 4)
     cprintf(" * PS/2 Modell 50\n\r");
   if(iModell2 == 5)
     cprintf(" * PS/2 Modell 60\n\r");
   break;
```

```
case OxF9: cprintf(" * PC Convertible-Rechnersystem\n\r");break;
case OxFA: cprintf(" * PS/2 Modell 30\n\r");break;
case OxF8: cprintf(" * PS/2 Modell 80\n\r");break;
}
```

Durch den Aufruf des DOS-Interrupts „21H" mit der Funktionsnummer „30H" kann die installierte DOS-Version bestimmt werden. Nach dem Interruptaufruf enthalten die Pseudoregister „Register.h.al" die Unterfunktionsnummer (MS-DOS 3.10 = 0AH) und "Register.h.ah" die Haupfunktionsnummer (MS-DOS 3.10 = 3). Enthält die Pseudovariable "Register.h.bh" nach dem Funktionsaufruf den Wert „0", handelt es sich um eine original IBM-PC-DOS Version. Alle Werte „ungleich 0" repräsentieren MS-DOS Versionen.

```
/* DOS- und BIOS-Version feststellen                         */
Register.h.ah=0x30;
Register.h.al=0x00;
int86(0x21,&Register,&Register);
cprintf(" * DOS-Version: %i.%i \n\r",Register.h.al,Register.h.ah);
if(Register.h.bh == 0) cprintf(" * Orginal PC-DOS von IBM\n\r");
else cprintf(" * Es handelt sich um keine ORGINAL-IBM-DOS Version\n\r");
```

Durch den Konfigurationstabellen-Eintrag „iBiosversion" ist es möglich, die aktuelle BIOS-Version zu bestimmen. Diese Information ist aber nicht in allen BIOS-Versionen enthalten.

```
cprintf(" * BIOS-Versionsnummer: %i\n\r",iBiosversion);
```

Es folgt die Ermittlung der Anzahl aller installierten Diskettenlaufwerke anhand der PC-Ausstattungs-Variablen „iDisk_vorhanden". Im Anschluß wird die Variable um den Wert „1" dekrementiert. Diese Maßnahme ist notwendig, da bei weiter unten folgenden BIOS-Aufrufen die Laufwerke nicht von „1 bis n", sondern von „0 bis n-1" bezeichnet werden.

```
if(iDisk_vorhanden == 1)
{
 cprintf(" * Anzahl der Diskettenlaufwerke: %i\n\r",++iDisk);
 --iDisk;
}
else cprintf(" * keine Disklaufwerke vorhanden\n\r");
```

Innerhalb der nächsten Schleifenanweisung werden durch den BIOS-CALL „13H" mit der Funktionsnummer „08H" die Laufwerksparameter aller installierten Diskettenlaufwerke bestimmt. Das zu prüfende Diskettenlaufwerk wird durch die Zählvariable „iZaehler" in der Pseudovariablen „Register.h.dl" selektiert. Nach der Ausführung des BIOS-CALLS enthält das Pseudoregister „Register.h.ah" die Laufwerksparameter in kodierter Form.

```c
for(iZaehler=0;iZaehler <= iDisk;++iZaehler)
{
 Register.h.ah=0x08;
 Register.h.dl=iZaehler;
 int86(0x13,&Register,&Register);
 if(Register.h.ah == 0)
  switch(Register.h.bl)
   {
   case 1: cprintf(" * Diskettenlaufwerk %i: 360 KByte; 40 Spuren; 5 1/4 \
Zoll\n\r",iZaehler+1);break;
   case 2: cprintf(" * Diskettenlaufwerk %i: 1,2 MB;    80 Spuren; 5 1/4 \
Zoll\n\r",iZaehler+1);break;
   case 3: cprintf(" * Diskettenlaufwerk %i: 720 KByte; 80 Spuren; 3 1/4 \
Zoll\n\r",iZaehler+1);break;
   case 4: cprintf(" * Diskettenlaufwerk %i: 1,44 MB;   80 Spuren; 3 1/4 \
Zoll\n\r",iZaehler+1);break;
   }
}
```

Mit Hilfe des BIOS-CALLS „13H" und der Funktionsnummer „08H" können die Festplattenparameter bestimmt werden. Die zu prüfende Festplatte (80H=Laufwerk C:, 81H=Laufwerk D:,......) wird über die Pseudovariablen „Register.h.dl" bestimmt. Nach dem BIOS-CALL werden die untersten 8-Bit der Zylinderanzahl in der Pseudovariablen „Register.h.ch" abgelegt. Die beiden höherwertigsten Bits der Zylindernummer sind in Bit 6 und Bit 7 der Variblen „Register.h.l" enthalten. Der so berechnete Wert entspricht der „Zylinderanzahl-2" des überprüften Laufwerks.

```c
Register.h.ah=0x08;
Register.h.dl=0x80;
int86(0x13,&Register,&Register);
if(Register.h.ah == 0)
{
 iKoepfe=Register.h.dh+1; /* Register.h.dh enthält die Kopfanzahl-1    */
 iSektor=(Register.h.cl & 0x3F); /* Bit 0-5 ist Sektoranzahl          */
 iZylinder=Register.h.ch+2;
 iZylinder=iZylinder+((Register.h.cl & 0x40) >> 6)*256;
 iZylinder=iZylinder+(((Register.h.cl & 0x80) >> 7)*512);
 cprintf(" * 1. Festplatte mit nachfolgenden Daten vorhanden:\n\r");
 cprintf("      Köpfe: %i  Sektoren: %i  Zylinder: %i\n\r",iKoepfe,
  iSektor,iZylinder);
}
```

Über den BIOS-CALL „13H" ist es möglich, die maximal freie Speicherkapazität auf dem Standardlaufwerk zu bestimmen. Als Standardlaufwerk ist das aktuell gesetzte Laufwerk zu betrachten. Nach dem Interruptaufruf ist die Speicherkapazität mit Hilfe der Pseudoregister nach der folgenden Formel zu berechnen:

Speicherplatz=Sektoren * Bytes pro Sektor * Cluster

```
/* max. frei Speicherkapazität auf dem Standardlaufwerk bestimmen      */
Register.h.ah=0x36;
Register.h.dl=0;
int86(0x21,&Register,&Register);
iSektor=Register.x.ax;
iCluster=Register.x.bx;
iByte_pro_sektor=Register.x.cx;
iByteanzahl=iSektor*iCluster*iByte_pro_sektor;
cprintf(" * max. freie Speicherkapazität auf dem Standardlaufwerk: \
%lu KByte\n\r",iByteanzahl/1000);
}
```

Es beginnt die Ausgabe der zweiten Konfigurations-Seite.

```
/* Seite 2 am Bildschirm ausgeben                                      */
if(iSeite ==2)
{
gotoxy(20,1);
cprintf("P C  -  K O N F I G U R A T I O N          SEITE 2");
gotoxy(1,3);
/* Informationen der Grafikkarte einholen                             */
```

Der BIOS-CALL „10H" mit der Funktionsnummer „1AH" und Unterfunktionsnummer „00H" liefert Informationen der aktiven (Rückgabewert in „Register.h.bl") und inaktiven (Rückgabewert in Regi-
ster.h.bh") Grafikkarte. Die zu Programmbeginn beschriebene Variable „iVideomode" gibt den aktuell installierten Videomode am
Bildschirm aus.

```
Register.h.ah=0x1A;
Register.h.al=0x0;
int86(0x10,&Register,&Register);
iHilfsregister=Register.h.bh;
if(Register.h.al == 0x1A)
{
cprintf(" * Information zur aktiven Grafikkarte:\n\r");
switch(Register.h.bl)
 {
 case 0:  cprintf("     kein Grafikadapter vorhanden\n\r");break;
 case 1:  cprintf("     MDA-Grafikkarte\n\r");break;
 case 2:  cprintf("     CGA-Grafikkarte\n\r");break;
 case 4:  cprintf("     EGA-Grafikkarte mit Farbmonitor\n\r");break;
 case 5:  cprintf("     EGA-Grafikkarte mit Monochrom-Monitor\n\r");break;
 case 6:  cprintf("     PGA-Grafikkarte\n\r");break;
 case 7:  cprintf("     VGA-Grafikkarte mit analogem monochrom Moni-
tor\n\r");break;
 case 8:  cprintf("     VGA-Grafikkarte mit analogem Farbmonitor\n\r");break;
 case 11: cprintf("     MCGA-Grafikkarte mit analogem monoch. Moni-
tor\n\r");break;
 case 12: cprintf("     MCGA-Grafikkarte mit analogem Farbmonitor\n\r");break;
 }
switch(iVideomode)
 {
```

```
      case 0: cprintf("      RESERVIERT\n\r"); break;
      case 1: cprintf("      Grafikkarte im Textmodus: 40 Spalten; 25 Textzeilen;\
      \n\r"); break;
      case 2: cprintf("      Grafikkarte im Textmodus: 80 Spalten; 25 Textzeilen;\
      \n\r"); break;
      case 3: cprintf("      Grafikkarte im Textmodus: 80 Spalten; 25 Textzeilen;\
      \n\r"); break;
      }
      cprintf(" * Information zur inaktiven Grafikkarte:\n\r");
      switch(iHilfsregister)
      {
      case 0:  cprintf("      kein zweiter Grafikadapter vorhanden\n\r");break;
      case 1:  cprintf("      MDA-Grafikkarte\n\r");break;
      case 2:  cprintf("      CGA-Grafikkarte\n\r");break;
      case 4:  cprintf("      EGA-Grafikkarte mit Farbmonitor\n\r");break;
      case 5:  cprintf("      EGA-Grafikkarte mit Monochrom-Monitor\n\r");break;
      case 6:  cprintf("      PGA-Grafikkarte\n\r");break;
      case 7:  cprintf("      VGA-Grafikkarte mit monochrom Monitor\n\r");break;
      case 8:  cprintf("      VGA-Grafikkarte mit analogem Farbmonitor\n\r");break;
      case 11: cprintf("      MCGA-Grafikkarte mit monoch. Monitor\n\r");break;
      case 12: cprintf("      MCGA-Grafikkarte mit Farbmonitor\n\r");break;
      }
   }
```

Der folgende Funktionsblock gibt diverse Hardwarebestandteile
über die zu Programmbeginn beschriebenen PC-Ausstattungsvaria-
blen am Bildschirm aus.

```
   cprintf(" * Anzahl der angeschlossenen Drucker: %i\n\r",iDrucker);
   cprintf(" * Anzahl der seriellen Schnittstellen: %i\n\r",iSeriell);
   if(iSpieladapter == 1) cprintf(" * Gameport: vorhanden\n\r");
   else cprintf(" * kein Gameport vorhanden\n\r");
   if(iCoprozessor == 1) cprintf(" * Coprozessor vorhanden\n\r");
   else cprintf(" * kein Coprozessor vorhanden\n\r");
```

Durch Starten des BIOS-CALL „12H" kann die Größe des konventionellen Arbeitsspeichers in der Einheit „KByte" bestimmt werden.

```
   int86(0x12,&Register,&Register);
   iRam=Register.x.ax;
   cprintf(" * Größe des konventionellen RAM (Arbeitsspeicher): %i
   KByte.\n\r",iRam);
   cprintf("     Dabei ist zusätzlicher RAM in Grafikkarten, EXTENDED- und\n\r");
   cprintf("     EXPANDED MEMORY nicht berücksichtigt\n\r");
   }
```

An dieser Stelle beginnt die Ausgabe der dritten Konfigurations-
Seite.

```
   /* Seite 3 am Bildschirm ausgeben                                  */
   if(iSeite == 3)
   {
   gotoxy(20,1);
   cprintf("P C  -  K O N F I G U R A T I O N        SEITE 3 ");
   gotoxy(1,3);
```

Der BIOS-CALL „33H" mit der Funktionsnummer „00H" überprüft,
ob eine Maus am Rechner angeschlossen ist.

```c
/* Auswerten ob Maus im PC-System installiert ist              */
Register.x.ax=0;    // Funktionsnummer für Maus-RESET
int86(0x33,&Register,&Register);
if (Register.x.ax == 0xFFFF) cprintf(" * Maus ist im System vorhanden\n\r");
else cprintf(" * keine Maus im System vorhanden\n\r");
```

Anzeige diverser Hardwarekomponenten anhand des   kodierten
Konfigurationstabellen-Eintrages „iKonfigbyte".

```c
if(((iKonfigbyte & 128) >> 7) == 1) cprintf(" * DMA-Kanal 3 wird benutzt\n\r");
else cprintf(" * DMA-Kanal 3 wird nicht benutzt\n\r");
if(((iKonfigbyte & 64) >> 6) == 1) cprintf(" * 8259 vorhanden (kaskadierter
IRQ2)\n\r");
else cprintf(" * kein 8259 vorhanden (kein kaskadierter IRQ 2)\n\r");
if(((iKonfigbyte & 32) >> 5) == 1) cprintf(" * Echtzeituhr vorhanden\n\r");
else cprintf(" * keine Echtzeituhr vorhanden\n\r");
if(((iKonfigbyte & 4) >> 2) == 1) cprintf(" * erweiterter BIOS Datenbe-
reich\n\r");
else cprintf(" * kein erweiterter BIOS-Datenbereich\n\r");
if(((iKonfigbyte & 2) >> 1) == 1) cprintf(" * Mikrokanal implementiert\n\r");
else cprintf(" * kein Mikrokanal implementiert\n\r");
}
}
/*******************************************************************************/
```

Funktion: menu()

Die Funktion „menu()" verwaltet den gesamten Programmablauf.
Nach der Ausgabe des Programmkopfes erfolgt in einer Endlos-
schleife die Ausgabe der gewünschten Konfigurationselemente. Die
Endlosschleife kann nur durch Drücken von [Esc] beendet werden.

```c
/*******************************************************************************/
void menu(void)
{
int iTaste_word,iTaste_low_byte,iSeite=1;

cursor_aus(); /* Cursor ausschalten                                      */
titel(); /* Programmkopf und Menüzeile ausgeben                         */
textcolor(LIGHTCYAN);
textbackground(BLUE);
window(6,7,76,21);
/* Endlosschleife; kann nur duch Drücken der ESC-Taste beendet werden   */
do
{
 /* Bereich einer Ausgabeseite löschen                                  */
 clrscr();
 /* gewählte Seite am Bildschirm ausgeben                               */
 switch(iSeite)
 {
  case 1:  config_lesen(1);break; /* Seite 1 ausgeben                   */
  case 2:  config_lesen(2);break; /* Seite 2 ausgeben                   */
  case 3:  config_lesen(3);break; /* Seite 3 ausgeben                   */
 }
 tastatur_loeschen(); /* Tastaturspeicher löschen                       */
 iTaste_word=bioskey(0); /* aus Tastendruck warten                      */
```

```
      /* LOW-Byte der Tasteninformation abspalten                        */
      iTaste_low_byte=iTaste_word & 0x00FF;
      /* Falls ESC-Taste gedrückt wurde das Programm beenden             */
      if(iTaste_low_byte == TASTE_ESC) ende();
      else if (iTaste_word == TASTE_F1)
            {
             /* nächste Seite auswählen                                  */
             ++iSeite;
             /* Es stehen max drei Seiten zur Verfügung                  */
             if(iSeite > 3) iSeite=1;
            }
            else if(iTaste_word == TASTE_F2)
        {
        /* Seite zurück schalten                                         */
          --iSeite;
         /* Drückt der Anwender auf Seite 1 die F2-Taste erfolgt im Anschluß*/
         /* die Ausgabe der 3. Konfigurationsseite.                      */
         if(iSeite < 1) iSeite=3;
        }
        else {
             /* falsche Taste gedrückt -> akustisches Warnsignal         */
             sound(1000);
             delay(1000);
             nosound();
            }
  }
  while(1);
  /* Ende der Endlosschleife                                             */
  }
  /***************************************************************************/
```

3.6.2   Rechnerkonfiguration in objektorientierter Form

Neben den für objektorientiert aufgebauten Programmen üblichen
Bildausgabestreams enthält das Programm „config2.cpp" keine besonderen Klassenoperationen. Alle BIOS- und MS-DOS „INT 21H"-
Aufrufe sind entsprechend dem klassisch realisierten Programm
„config1.c" identisch aufgebaut.

Programminhalt

Auf Grund der gleichen Programminhalte der beiden Programme
„config1.c" und „config2.cpp" wird auf eine erneute Beschreibung
verzichtet. Lesen Sie bitte bei Bedarf im vorherigen Kapitel 3.6.1 an
entsprechender Stelle nach.

Programmdiskussion

Nach dem Programmkopf folgt das Einbinden der Klassen-Headerdatei „buch_cpp.h". Diese Headerdatei stellt dem Programm
„config2.cpp" die Klasse „DIVERS" zur Verfügung.

```
/***********************************************************************/
/* INCLUDE-DATEIEN                                                     */
#include "buch_cpp.h"
/***********************************************************************/
```

Klassen und Methoden aus der Headerdatei: buch_cpp.h

Die ins Programm eingebundene Klasse „DIVERS" stellt die Methoden tastatur_loeschen(), cursor_aus(), fuellen() und ende() zur Verfügung. Alle genannten Methoden sind in ihrer Namensgebung und im Programmablauf identisch zu den gleichnamigen Funktionen aus dem Programm „config1.c".

Klassendeklaration im Programm

Der im Programm deklarierten Klasse „INFO" werden durch die Anweisung:

```
class info : private divers
```

alle Eigenschaften der Header-Klasse „DIVERS" private vererbt. Die Klassenübersicht in Abbildung 3.26 zeigt die gesamte Vererbungshirarchie von Programm „config2.cpp" auf.

Bild 3.26:
Klassen-
hirarchie

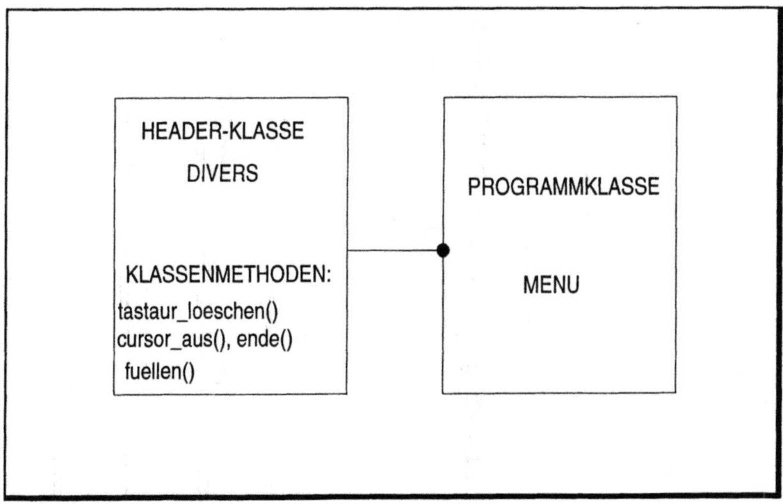


```
/***********************************************************************/
class info : private divers {
private:
 constream window,window_1,window_2,window_3,window_4;
 union REGS Register;
 struct SREGS Sregister;
 int iTaste_word,iTaste_low_byte;
```

```
public:
 info(void);
 ~info(void){;};
 void titel(void);
 void config_lesen(int iSeite);
 void menu(void);
};
/********************************************************************/
```

Konstruktoren und Destruktoren

Der Konstruktor „info::info()" deklariert einige für die Programmausführung notwendige Bildausgabestreams. Die entsprechenden
Bildbereiche werden bei der Inkarnation der Klassenvariablen
„pc_info" im Hauptprogramm erzeugt. Die Anweisung „~info:info()"
kreiert einen „Leer-Destruktor".

```
/********************************************************************/
info :: info(void)
{
window.window(1,1,80,25);
window_1.window(10,1,70,4);
window_2.window(1,25,80,25);
window_3.window(7,8,78,22);
window_4.window(6,7,76,21);
}
/********************************************************************/
```

Klassenmethoden

Alle Klassenmethoden sind im Programmaufbau und im Funktionsablauf identisch zu den gleichnamigen Funktionen aus dem Programm „config1.c". Lesen Sie bei Bedarf im vorherigen Kapitel 3.6.1
an der entsprechenden Stelle nach.

Hauptprogramm

Im Deklarationsteil erfolgt die Instanziierung der Klassenvariablen
„pc_info" vom Objekttyp „INFO". Der Aufruf der Methode
„pc_info.menu()" aktiviert das Programmenü, in dem der weitere
Programmablauf durch Auswahl der vom Anwender gedrückten
Tasten bestimmt wird.

```
/********************************************************************/
/* HAUPTPROGRAMM                                                  */
void main()
{
info pc_info;
pc_info.menu();
}
/********************************************************************/
```

3.7 Interruptbehandlung

Die Interruptbearbeitung ist ein wichtiger Bestandteil, um einen Rechner mit Hilfe eines Entwicklungswerkzeugs, wie „BORLAND C^{++}", auf unterster Maschinenebene programmieren zu können. Durch einen Interruptaufruf wird die aktuelle Programmausführung eingefroren und ein spezielles Interruptprogramm (Interrupt-Handler) aktiviert. Nach der Ausführung der Interruptroutine erfolgt die Wiederaufnahme des unterbrochenen Programms. Im PC-Bereich sind zwei unterschiedliche Interrupt-Quellen möglich:

⇨ Hardware-Interrupts

⇨ Software-Interrupts

Hardware-Interrupts werden durch die verschiedenen Hardware-Komponenten des Rechners erzeugt. Unter Hardwarekomponenten versteht man z.B. die Tastatur, den Timerbaustein oder die Festplatte. Software-Interrupts werden vom Betriebssystem, dem BIOS oder von einem Anwenderprogramm ausgelöst. Um eine Interruptfunktion aufrufen zu können, muß der Programmierer nicht die Adressen des betreffenden Handlers wissen. Alle Hardware- und Software-Interrupts werden über die sogenannte Interrupt-Vektortabelle aufgerufen. Aus dieser Tabelle berechnet die CPU die entsprechenden Adressen. Die Interrupt-Vektortabelle beinhaltet 256 Einträge. Jeder Eintrag repräsentiert eine FAR-Adresse (Segment- und Offsetanteil) auf die entsprechende Interruptfunktion. Als Beispiel von Softwareinterrupts sind an dieser Stelle die BIOS- und die DOS-„INT 21H" Funktionsaufrufe aus dem Kapitel 3.6 „Rechnerkonfiguration" zu nennen. Dabei repräsentiert der DOS-„INT 21H" Handler den Eintrag mit der Nummer „21H" in der Interrupt-Vektortabelle.

Umleiten von Interruptadressen: Ein weiterer Vorteil der Interruptbearbeitung besteht im Verbiegen von Interruptvektoren. Darunter versteht man das Umleiten der Interruptroutine auf selbsterstellte Funktionen. Die folgende Auflistung zeigt nur einige Gründe, die dafür sprechen, eigene Interruptroutinen zu installieren:

⇨ Speicherresidente Programmverwaltung (s. Kapitel 3.15)

⇨ Einbinden periodischer Abläufe in Anwenderprogrammen (über den Timer- Interrupt mit der Nummer 8 in der Vektortabelle)

⇨ Einbinden von Standardfunktionen in das PC-Interruptsystem

⇨ Integration von nicht kompatibler Hardware ins PC-System

⇨ Optimieren und Verbessern bestehender Interrupt-Funktionen

⇨ Ersetzen bestehender Interrupt-Funktionen gegen selbsterstellte Handler (z.B. leistungsfähige Schnittstellen-Treiber)

Selbst das Betriebssystem MS-DOS nutzt die Möglichkeit, Interrupts umzuleiten. Bei der Installation des speicherresidenten Programms „KEYBGR.COM" wird die Tastaturabfrage-Routine auf eine Funktion zur Bearbeitung des deutschen Zeichensatzes umgeleitet.

Die in diesem Kapitel diskutierten Programme bearbeiten sowohl Hardware- wie auch Software-Interrupts. Das im klassischen „C" realisierte Programm „interru1.c" leitet den periodisch auftretenden Timer-Interrupt (Hardware-Interrupt Nr. 8) auf eine eigene Routine um. Die Programme „interru2.c" und „interru3.cpp" ermöglichen das Verbiegen des CRITICAL-ERROR-Handlers (Software-Interrupt Nr. 24H) auf eine selbsterstellte Funktion.

3.7.1   Umlenken des TIMER-Hardware-Interrupts in klassischer „C"-Konvention

Die „BORLAND C^{++}"-Funktionsbibliothek stellt für die Interruptbearbeitung verschiedene Funktionen zur Verfügung. Der prinzipielle Ablauf einer Interrupt-Umleitungsoperation gliedert sich in folgende, elementare Schritte auf:

⇨ Deklaration einer Funktions-Variablen zur Aufnahme der zu sichernden Original-Interrupt-Adresse

```
void interrupt(*<Original Adresse>)(void)
```

⇨ Deklaration einer neuen Interruptfunktion

```
void interupt <Neuer Handler>(void)
{
 .
}
```

⇨ Sichern der Original-Interrupt-Adresse

```
<Original Adresse>=getvect(<Interrupt-Nummer>)
```

⇨ Installieren des neuen Interrupt-Handlers

```
setvect(<Interrupt-Nummer>,<Neuer Handler>)
```

⇨ Eintragung der Original-Interrupt-Adresse in die Vektortabelle, bevor die anschließende Programmbearbeitung beendet wird.

```
setvect(<Interrupt-Nummer>,<Original Adresse>)
```

Die Interrupt-Bearbeitung benötigt zum Verwalten der Interrupt-Adressen spezielle Funktionen vom Typ „interrupt". Mit Hilfe dieser

Funktionen können die Adressen aus der Interrupt-Vektortabelle gelesen und beschrieben werden. Möchte man einen Interrupt-Handler auf eine eigene Funktion umleiten, muß vorher die Adresse der Original-Interrupt-Funktion für eine spätere Restaurierung gesichert werden. Dazu wird mit der Anweisung „void interrupt(*<Original Adresse>)(void)" ein Funktionszeiger vom Typ „interrupt" zur Aufnahme der zu sichernden Interrupt-Adresse erzeugt. Der Befehl „<Original Adresse>=getvect (<Interrupt-Nummer>)" sichert in dem Funktionszeiger „<Original Adresse>" die Adresse der Original-Interrupt-Funktion mit der Vektortabellen-Nummer „<Interrupt-Nummer>". Die Deklaration des neuen Interrupt-Handlers wird im Programm durch den Anweisungsblock „void interrupt <Neuer Handler> (void) { . . }" realisiert. Die anschließende Installation erfolgt durch den Funktionsaufruf „setvect(<Interrupt-Nummer>,<Neuer Handler>)". Bevor das darauf folgende Programm beendet wird, muß der überschriebene Original-Interrupt-Handler durch die Befehlszeile „setvect(<Interrupt Nummer>, <Original Adresse>)" wieder restauriert werden.

---

void interrupt (* getvect (int <Interrupt-Nummer)) ()

Headerdatei: dos.h

Funktionalität:

„getvect()" liefert, je nach Wert von <Interrupt-Nummer>, einen FAR-Zeiger (Adresse der entsprechenden Interrupt-Routine) auf eine Funktion vom Typ „interrupt" zurück. Der Wert von <Interrupt-Nummer> muß zwischen „0 bis 255" liegen.

---

void setvect (int <Int.-Nummer>, void interrupt (*ISR) ())

Headerdatei: dos.h

Funktionalität:

„setvect()" setzt den Interrupt-Vektor mit der Nummer <Int.-Nummer> so, daß er auf die als „ISR" (Interrupt Service Routine) deklarierte Funktion zeigt.

Programminhalt

Das Programm „interru1.c" demonstriert das Umleiten der TIMER-Interrupt-Routine auf eine eigene Funktion. Beim TIMER-Interrupt handelt es sich um einen Hardware-Interrupt (Nummer 8), welcher 18,2 mal pro Sekunde vom Timer-Chip (einem 8253 Baustein) im PC ausgelöst wird. Das BIOS leitet den Interrupt 8 auf einen eigenen Interrupt-Handler, welcher einen internen Zähler stetig inkrementiert. Dieser Zähler wird vom Betriebssystem u.a. zur Zeitmessung herangezogen. Da die Aufrufhäufigkeit des Interrupts 8 unabhängig von der Rechnerfrequenz ist, eignet er sich besonders gut zur periodischen Bearbeitung bestimmter Abläufe in eigenen Anwendungen. Das Programm „interru1.c" verwendet den TIMER-Interrupt zum Verwalten einer Sekunden-Variablen. Nachdem der Interrupt auf eine eigene Routine verbogen wurde, inkrementiert der neue Timer-Handler die programmglobale Variable „Sekunden", welche im oberen Bereich des Hinweisfensters ausgegeben wird. Durch diese Möglichkeit, Abläufe periodisch aktivieren zu können, bietet sich dem Programmierer ein breites Spektrum von interessanten Programmiermöglichkeiten. So ist es beispielsweise möglich, Zeitmessungen oder Soundausgaben quasi im Hinter-grund, innerhalb definierter Zeitintervalle ablaufen zu lassen. Wie in Abbildung 3.27 ersichtlich, bietet das Programm dem Anwender folgende Auswahlmöglichkeiten:

Bild 3.27:
Ausgabe-
bildschirm zu
Programm
„INTERRU1"

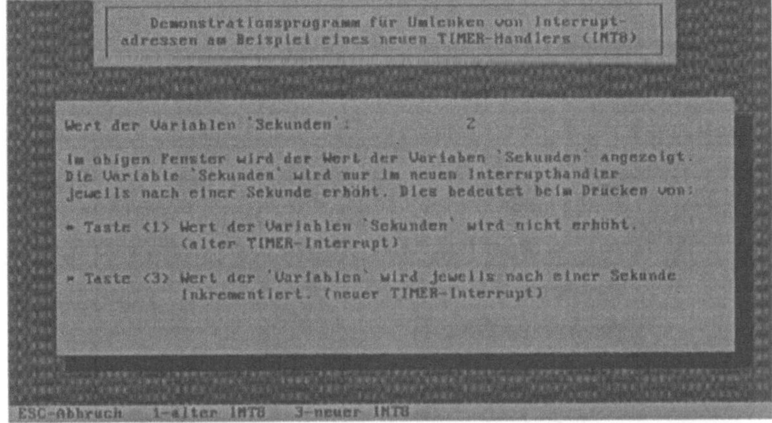

⇨ ⑴: Aktivieren des Original-TIMER-Handlers
⇨ ⑶: Aktivieren des neuen TIMER-Handlers
⇨ [Esc]:   Programmabbruch

Durch das Umschalten zwischen dem alten und dem neuen TIMER-Interrupt kann das periodische Inkrementieren der programmglobalen Variablen „Sekunden" aus- und eingeschalten werden. Die Funktion realisiert dadurch eine Stoppuhr-Simulation. Der funktionsorientierte Ablauf vom Progamm „interru1.c" ist im Flußdiagramm in Abbildung 3.28 aufgezeigt.

Programmdiskussion

Im Quellcode erfolgt zu Beginn das Einbinden der selbstdeklarierten Headerdatei „buch.h" sowie der „BORLAND C^{++}"- Includedatei „dos.h". Die für das Programm „interru1.c" notwendigen Funktionen werden weiter unten aufgeführt.

```
/**********************************************************************/
/* INCLUDE-DATEIEN                                                  */
#include "buch.h"
#include <dos.h>
/**********************************************************************/
```

Im Anschluß folgt die Deklaration der beiden programmglobalen Variablen „iZaehler" und „iSekunden". Diese Variaben werden im neuen TIMER-Handler abgeändert.

```
/**********************************************************************/
int iZaehler=0,iSekunden=0;
/**********************************************************************/
```

Bild 3.28:
Flußdiagramm
zu Programm
„interru1.c"

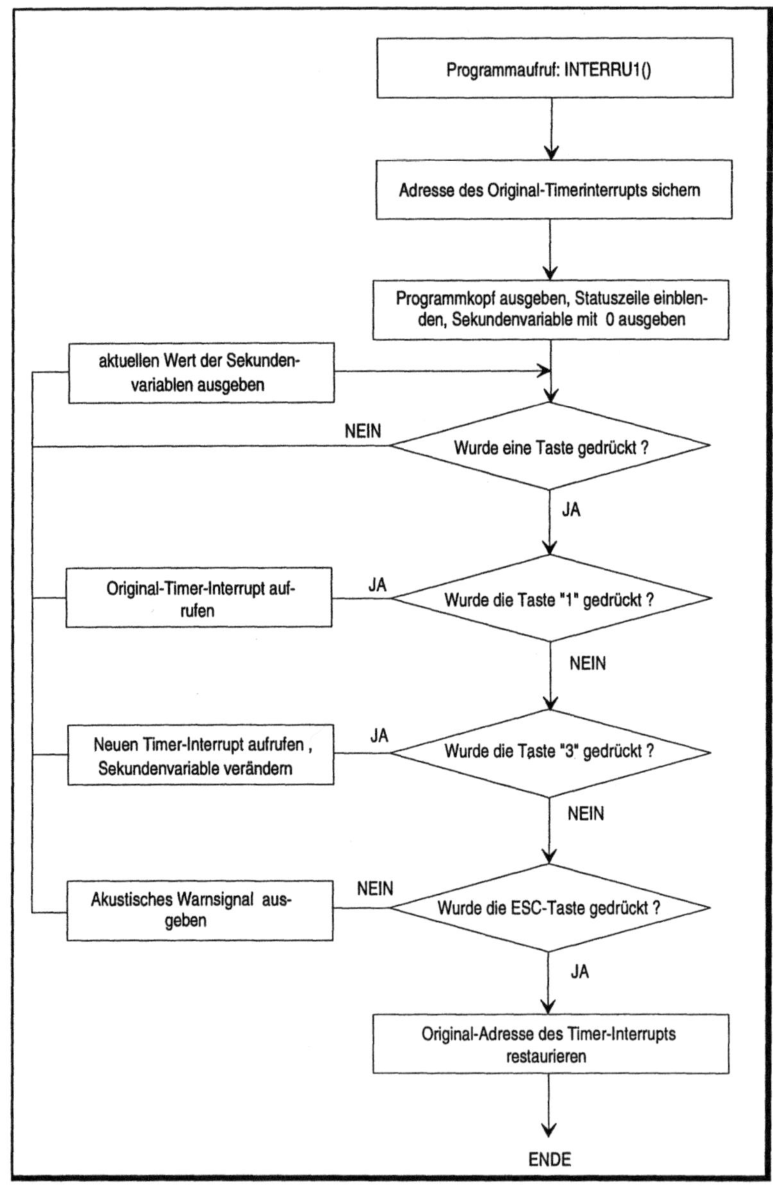
Programmaufruf: INTERRU1()
Adresse des Original-Timerinterrupts sichern
Programmkopf ausgeben, Statuszeile einblenden, Sekundenvariable mit 0 ausgeben
aktuellen Wert der Sekundenvariablen ausgeben
NEIN
Wurde eine Taste gedrückt ?
JA
Original-Timer-Interrupt aufrufen
JA
Wurde die Taste "1" gedrückt ?
NEIN
Neuen Timer-Interrupt aufrufen , Sekundenvariable verändern
JA
Wurde die Taste "3" gedrückt ?
NEIN
Akustisches Warnsignal ausgeben
NEIN
Wurde die ESC-Taste gedrückt ?
JA
Original-Adresse des Timer-Interrupts restaurieren
ENDE

Im Abschnitt „Funktionsprototypen" erfolgt die für das Sichern der
TIMER-Interrupt-Adresse notwendige Deklaration der Funktions-
Zeigervariablen „alte_timer_adresse".

```
/*********************************************************************/
/* FUNKTIONSPROTOTYPEN                                               */
void interrupt (*alte_timer_adresse)(void);
   .
   .
   .
/*********************************************************************/
```

Funktion: main()

Das Hauptprogramm sichert durch den Funktionsaufruf „getvect()"
die original TIMER-Handler-Adresse in der Funktions-Zeiger-Variablen „alte_timer_adresse". Nach der Ausgabe des Programmkopfes
wird durch Starten der Funktion „menu()" das eigentliche Hauptprogramm eingeleitet.

```
/*********************************************************************/
/* HAUPTPROGRAMM                                                     */
void main()
{
/* Adresse des ursprünglichen Timer-Interrupt sichern               */
alte_timer_adresse=getvect(8);
titel(); /* Programmeldung und Hintergrund aufbauen                 */
menue(); /* gesamter Programmablauf                                  */
}
/*********************************************************************/
```

Funktionen aus der Headerdatei: buch.h

Die Headerdatei „buch.h" stellt dem Programm „interru1.c" die
Funktionen tastatur_loeschen(), cursor_aus(), fuellen() und ende()
zur Verfügung. Alle aufgezählten Funktionen wurden bereits an anderer Stelle diskutiert.

Funktion: neuer_timer_handler()

Die Funktion „neuer_timer_handler()" realisiert einen neuen „INT
8"-Handler. Zu Beginn wird durch den Funktionsaufruf
„(*alte_timer_adresse)()" der Original-TIMER-Handler aufgerufen.
Dieser Schritt ist notwendig, um die für das Betriebssystem wichtigen Programmabläufe innerhalb des Original-TIMER-Handlers auszuführen. Im Anschluß inkrementiert der Handler die programmglobale Variable „iZaehler". Die zweite globale Variable „iSekunden" wird jeweils beim 18-ten Aufruf des neuen Handlers (nach ca.
1 Sekunde) um den Wert 1 inkrementiert.

```c
/****************************************************************/
void interrupt neuer_timer_handler(void)
{
/* urprünglichen Timer-Interrupt ausführen                    */
(*alte_timer_adresse)();
++iZaehler;
/* jeweils nach 1 Sekunde die Variable iSekunden um 1 inkrementieren   */
if(iZaehler==18)
{
 iZaehler=0;
 ++iSekunden;
}
}
/****************************************************************/
```

Funktion: titel()

Durch diese Funktion erfolgt die Ausgabe des Programmkopfes am Bildschirm. Das Modul erzeugt desweiteren eine Statuszeile mit der Anzeige aller anwählbaren Tasten, sowie einem Hinweisfenster mit Informationen zum weiteren Programmablauf.

```c
/****************************************************************/
void titel(void)
{
/* Ausgabe des Programmkopfes                                 */
cursor_aus();
gotoxy(1,1);
fuellen(177,23,2000);
window(10,1,70,4);
textbackground(LIGHTGRAY);
textcolor(BLACK);
clrscr();
cprintf(" +-------------------------------------------------+");
gotoxy(1,2);
cprintf(" ¦     Demonstrationsprogramm für Umlenken von Interrupt-   ¦");
gotoxy(1,3);
cprintf(" ¦ adressen am Beispiel eines neuen TIMER-Handlers (INT8)  ¦");
gotoxy(1,4);
cprintf(" +-------------------------------------------------+");
  .
  .
  .
}
/****************************************************************/
```

Funktion: ausgeben()

Diese Funktion realisiert die Ausgabe der programmglobalen Variablen „iSekunden" in einem definierten Bildbereich.

```c
/****************************************************************/
void ausgeben(void)
{
window(40,8,50,8);
cprintf("%10i",iSekunden);
}
/****************************************************************/
```

Funktion: menu()

Die Funktion „menu()" verwaltet das eigentliche Hauptprogramm.
Durch Drücken der Tasten ⓵ und ⓷ kann jeweils der originale
oder der neudefinierte TIMER-Handler aktiviert werden. Die Anwendung kann durch das Drücken von ⎋ beendet werden. Dabei
installiert die Funktion zuerst den Original-TIMER-Handler, bevor
durch den Funktionsaufruf „ende()" alle Bildschirmattribute im
Textmodus restauriert werden.

```c
/***************************************************************************/
void menue(void)
{
int iTaste_low_byte;

/* Endlosschleife kann nur durch Drücken der ESC-Taste beendet werden   */
do
{
 /* Testen ob eine Taste gedrückt wurde                                 */
 if(bioskey(1) != 0)
  {
  /* Tasteninformation aus Tastaturpuffer einlesen                      */
  iTaste_low_byte=getch();
  /* Tasteninformation auswerten                                        */
  switch(iTaste_low_byte)
   {
   /* Interruptadresse auf ursprüngliche Funktion setzen                */
   case TASTE_1:    setvect(8,alte_timer_adresse);   break;
   /* Interruptadresse auf neue Funktion setzen                         */
   case TASTE_3:    setvect(8,neuer_timer_handler); break;
   /* Nach Drücken von ESC zuerst Interruptadresse des Timers auf ur-   */
   /* sprüngliche Funktion setzen und anschließend Programm beenden     */
   case TASTE_ESC: setvect(8,alte_timer_adresse); ende(); break;
   /* Bei falschem Tastendruck akustisches Warnsignal ausgeben          */
   default:         sound(1000); delay(500); nosound(); break;
   }
  }
 ausgeben(); /* den Wert der globalen Variablen: iSekunden ausgeben     */
 }
while(1);
/* Ende der Endlosschleife                                              */
}
/***************************************************************************/
```

3.7.2 Installation eines neuen CRITICAL-ERROR-Handlers in klassischer „C"-Konvention

Während der Programmausführung einer Anwendung unter dem
Betriebssystem DOS kann das Programm durch Ereignisse beendet
werden, die sich seiner direkten Kontrolle entziehen. Hierunter
versteht man das Auftreten eines schwerwiegenden Fehlers, einem
sogenannten „CRITICAL-ERROR". Diese Fehler können bei der

Kommunikation des PCs mit externen Geräten, wie Drucker, Festplatte oder Diskettenlaufwerken, auftreten. Das unerwartete Beenden eines laufenden Programms kann gravierende Probleme mit sich bringen. Die Ursache dafür ist, daß DOS die Kontrolle übernimmt, ohne daß das unterbrochene Programm etwas davon merkt. Daraus können sich u.a. folgende Konsequenzen einstellen:

⇨ Geöffnete Dateien werden nicht mehr geschlossen

⇨ Umgeleitete Interruptvektoren können nicht mehr restauriert werden

⇨ Allokierter Speicher wird nicht mehr an DOS zurückgegeben

⇨ Dateien können verloren gehen

Die aufgezählten Unregelmäßigkeiten können letztendlich alle zum Systemabsturz führen.

Das Betriebssystem ruft in solchen Fällen die Interruptroutine mit der Nummer „24H", den "CRITICAL-ERROR"-Handler, auf. Diese Routine gibt in der englischen DOS-Version die bekannte Meldung „(A)bort, (R)etry, (I)gnore" am Bildschirm aus. Während der Anwender in manchen Fällen den Fehler selbst beseitigen kann, indem er den Drucker einschaltet oder das Diskettenlaufwerk schließt, ermöglichen schwere Hardwarefehler keine Programmfortführung. Der Aufruf des „CRITICAL-ERROR"-Handlers bereitet dem Programmierer in zweierlei Hinsicht Probleme. Nicht nur daß der aktuelle Bildschirminhalt durch die Handler-Meldung drastisch gestört wird, es findet auch kein sauberes Programmende statt. Entscheidet sich der Anwender für „(A)bort", bzw. bei der deutschen DOS-Version für „(A)bbrechen", treten die oben aufgeführten Probleme auf.

Abhilfe schafft hier nur die Installation eines neuen, selbstdeklarierten „CRITICAL-ERROR"-Handlers. Durch diese Funktion können beim Eintreten von schwerwiegenden Fehlern alle notwendigen Programmaktionen selbst bestimmt und realisiert werden. Zur Verwaltung eines neuen „CRITICAL-ERROR"-Handlers stellt das Entwicklungswerkzeug „BORLAND C^{++}" mehrere spezielle Funktionen zur Verfügung. In den Programmen „interru2.c" und „interru3.cpp" werden die Funktionen „harderr()" und „hardret()" eingesetzt.

> **void harderr (int (* <Neuer Handler>) ()**
>
> **Headerdatei: dos.h**
>
> **Funktionalität:**
>
> „harderr()" installiert für das aktuelle Programm eine neue "CRIRITCAL-ERROR"-Fehlerbehandlungsroutine. Diese Routine wird bei jedem Auftreten eines Interrupts „24H" aktiviert. Die Funktion auf, welche die Variable <Neuer Handler> zeigt, wird beim Eintreten eines Interrupts „24H" mit den folgenden Parametern, aus dem „CRITICAL-ERROR"-Handler , aufgerufen:
>
> <Neuer Handler> (int Fehlercode, int AX, int BP, int SI)

> **void hardret (int Fehler)**
>
> **Headerdatei: dos.h**
>
> **Funktionalität:**
>
> Die von „harderr()" installierte Fehlerbehandlungsroutine kann durch den Aufruf von „hartret()" direkt zum Anwenderprogramm zurückkehren. Der Rückgabewert der DOS-Funktion, welche den Fehler ausgelöst hat, wird in der Variablen „Fehler" dem Anwenderprogramm übergeben.

Programminhalt

Das Programm „interru2.c" installiert einen neuen „CRITICAL-ERROR"-Handler. Der neue Handler gibt eine Reihe wichtiger Informationen, innerhalb eines Fehlerfensters, am Bildschirm aus. Der vom Fehlerfenster überschriebene Bildschirm wird nach quittieren der Fehlermeldung automatisch restauriert. Wie im Bild 3.29 dargestellt, hat der Anwender während des Programmablaufs die Möglichkeit, durch Drücken von ⬜ einen schwerwiegenden Laufwerksfehler zu erzeugen, der den neuen „24H"-Handler aktiviert. Dabei darf sich in Laufwerk <A> keine Diskette befinden.

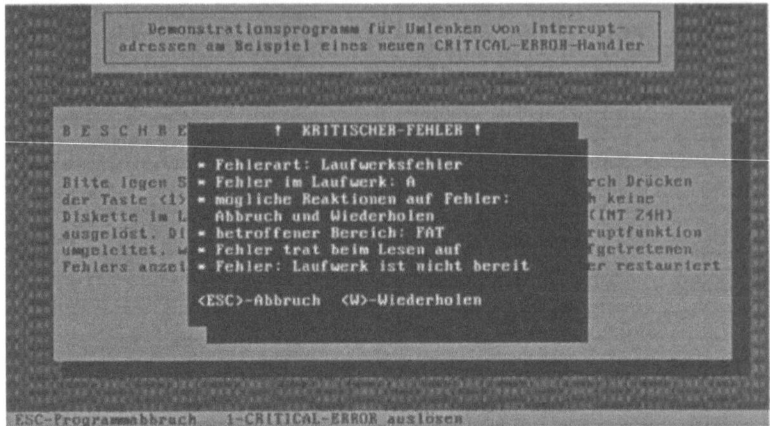

Programmdiskussion

Für das Programm „interru2.c" werden die beiden Headerdateien
„buch.h" und „dir.h" benötigt. Die Datei „dir.h" stellt die „BOR-
LAND C^{++}"-Funktionsbibliothek zur Verfügung. Aus der selbstdeklarierten Datei „buch.h" werden die weiter unten aufgeführten
Funktionen bereitgestellt.

```
/**********************************************************************/
/* INCLUDE-DATEIEN                                                  */
#include "buch.h"
#include <dir.h>
/**********************************************************************/
```

Im folgenden Abschnitt wird die Funktions-Zeigervariable
„alte_critical_adresse" deklariert, welche zum Sichern der original
„CRITICAL_ERROR"-Adresse notwendig ist.

```
/**********************************************************************/
/* FUNKTIONSPROTOTYPEN                                             */
void interrupt (*alte_critical_adresse)(void);
    .

    .
/**********************************************************************/
```

Funktion: main()

Mit Hilfe der Funktion „getvect()" wird in der Funktions-
Zeigervariablen „alte_critical_adresse" die Adresse des Original-
„CRITICAL-ERROR"-Handlers gesichert. Der Aufruf von „harderr()"

installiert den neuen Handler „handler". Innerhalb der Funktion
„titel()" hat der Anwender die Möglichkeit, einen kritischen Laufwerksfehler auszulösen, welcher den neuen Handler aktiviert.

```
/**********************************************************************/
/* HAUPTPROGRAMM                                                      */
void main()
{
/* Adresse des Original-Critical-Error-Interrupt sichern             */
alte_critical_adresse=getvect(0x24);
/* Neue Critical-Error Interruptfunktion installieren                */
harderr(handler);
/* Programm starten                                                  */
titel();
}
/**********************************************************************/
```

Funktionen aus der Headerdatei: buch.h

Aus der Headerdatei „buch.h" werden in das Programm „interru2.c"
die Funktionen tastatur_loeschen(), fuellen(), ende(), cursor_aus(),
handler() und critical_fehler_anzeige() eingebunden. Alle Funktionen, bis auf die zwei zuletzt genannten, wurden bereits weiter oben
diskutiert.

Funktion: handler()

Die Funktion „handler" realisiert den neuen "CRITICAL-ERROR"-
Handler. Das Betriebssystem übergibt beim Eintreten eines Interrupt
„24H" und dem anschließenden Aufruf des neuen Handlers über die
Prozessor-Register verschiedene Informationen zum „CRITICAL-
ERROR". Dabei erhält der neue Handler im Übergabeparameter
"iFehler" einen kodierten Fehlercode des aufgetretenen Fehlers. In
der Variablen „iRax", die das Prozessor-Register „AX" wiederspiegelt,
werden folgende Informationen übergeben:

⇨ Zugriffsart, bei der der Fehler auftrat

⇨ Betroffener Bereich

⇨ Mögliche Reaktionen auf Fehler

Innerhalb des neuen Handlers können nur die DOS-Funktionen
„01H bis 0CH" ausgeführt werden. Aus diesem Grund werden die
Informationsquellen „iFehler" und „iRax" den programmglobalen
Variablen „iCritical_information" und „iCritical_fehlercode" zugewiesen. Diese Variablen können nach Beenden der neuen Interrupt-Routine im Hauptprogramm in beliebiger Form bearbeitet werden. Ein mit „harderr()" neuinstallierter Handler muß mit der Funktion „hartret()" beendet werden.

```
/********************************************************************/
int handler(int iFehler, int iRax, int iRbp, int iRsi)
{
iRbp=iRbp; /* Basepointer-Register wird nicht ausgewertet         */
iRsi=iRsi; /* SI-Register wird nicht ausgewertet                  */

iCritical_information=iRax; /* Laufwerksinformation               */
iCritical_fehlercode=iFehler;  /* Fehlercode                      */
hardretn(ABBRUCH); /* Rückkehr zum aufrufenden Programm            */
return ABBRUCH; /* Dummyanweisung um Warnung vom Compiler zu verhondern */
}
/********************************************************************/
```

Funktion: critical_fehler_anzeige()

Die Funktion „critical_fehleranzeige()" dekodiert die im neuen
„CRITICAL-ERROR"-Handler gesetzten, programmglobalen Variablen
„iCritical_information" und „iCritical_fehlercode". Die so erhaltenen
Informationen werden in komfortabler Form, innerhalb eines Fehlerfensters, am Bildschirm angezeigt. Im Anschluß wird der Anwender aufgefordert, je nach Fehlerart, den aufgetretenen
„CRITICAL-ERROR" mit einer entsprechenden Fehler-Reaktion zu
beenden. Die Funktion restauriert zum Schluß den durch das Fehlerfenster überschriebenen Programmbildschirm. Die Tabellen 3.10
und 3.11 zeigen den Inhalt der an den Handler übergebenen Variablen „iRax" und „iFehler".

Tabelle 3.10:
Kodierung der
Variablen
„iRax"

Bit	Bedeutung
0 bis 7	Selektieren des fehlerhaften Laufwerks („Bit 15" = 0) 0 = Laufwerk <A> 1 = Laufwerk <B> 2 = Laufwerk <C> usw.
8	Zugriffsart, bei der der Fehler auftrat 0 = Lesen 1 = Schreiben
9 10	Betroffener Bereich 0 = System-Dateien 1 = FAT 2 = Datenbereich
11	Reaktion auf Fehler: 1 = Abbruch ist zulässig

Tabelle 3.10:
Fortsetzung

Bit	Bedeutung
12	Reaktion auf Fehler: 1 = Wiederholung ist zulässig
13	Reaktion auf Fehler: 1 = Ignorieren ist zulässig
14	Ist immer 0
15	0 = Fehler beim Zugriff auf Diskette oder Festplatte (Laufwerk wird dann in Bit 0 bis Bit 7 selektiert) 1 = Anderer Fehler

Tabelle 3.11:
Kodierung der
Variablen
„iFehler"

Wert	Bedeutung
00H	Diskette ist schreibgeschützt
01H	Zugriff auf unbekanntes Gerät
02H	Laufwerk ist nicht bereit
03H	Unbekannter Befehl
04H	CRC-Fehler
05H	Falsche Datenlänge
06H	Fehler trat beim Suchen auf
07H	Unbekannter Gerätetyp
08H	Sektor wurde nicht gefunden
09H	Drucker hat kein Papier
0AH	Fehler trat beim Schreiben auf
0BH	Fehler trat beim Lesen auf
0CH	Allgemeiner Fehler

```c
/*********************************************************************/
int critical_fehler_anzeige(int iX, int iY, unsigned char ucAttribut)
{
struct text_info Info; /* BORLAND-Struktur zum Sichern von Bildbereichen*/
char far * acBild_virtuell;
unsigned int uiVga_segment,uiVga_offset,uiVirtuell_segment;
unsigned int uiVirtuell_offset;
int iFehler_art,iLaufwerk,iZugriff,iBereich,iWahl,iFehler;
int iTaste_low_byte,iTaste_word,iEnde,iReturn,iBytes_pro_seite;
```

Zu Beginn sichert die Funktion den aktuellen Bildinhalt, da dieser
bei der anschließenden Ausgabe des Fehlerfensters teilweise zestört
wird.

```c
iBytes_pro_seite=peek(0x0000,0x044C);
if((acBild_virtuell=(char far *)malloc(iBytes_pro_seite)) == NULL)
```

```
fehler_ende("! Achtung ! nicht genügend Speicher vorhanden => Programma\
bbruch\n");
uiVga_segment=peek(0x0000,0x0463);
if(uiVga_segment == 0x03B4) uiVga_segment=0xB000;
else uiVga_segment=0xB800;
uiVga_offset=0;
uiVirtuell_segment=FP_SEG(acBild_virtuell);
uiVirtuell_offset=FP_OFF(acBild_virtuell);
movedata(uiVga_segment,uiVga_offset,uiVirtuell_segment,uiVirtuell_offset,
iBytes_pro_seite);
gettextinfo(&Info);
cursor_aus();
```

Es folgt die Dekodierung der Variablen „iRAX", die sich in der programmglobalen Variablen „iCritical_information" wiederspiegelt. Die entsprechenden Informationen werden in den aufgeführten lokalen Variablen abgelegt.

```
iFehler_art=((iCritical_information & 0x8000) >> 15);
iWahl=((iCritical_information & 0x3800) >> 11);
iBereich=((iCritical_information & 0x0600) >> 9);
iZugriff=((iCritical_information & 0x0100) >> 8);
iLaufwerk=iCritical_information &0x00FF;
```

Ausgabe des Fehlerfensters anhand der in den Funktions-Übergabeparametern abgelegten Fensterkoordinaten und Textattributen.

```
textbackground(BLACK);
window(iX+2,iY+1,iX+41,iY+12);
clrscr();
window(iX,iY,iX+40,iY+11);
textattr(ucAttribut);
clrscr();
cprintf("          ! KRITISCHER-FEHLER !\n\r\n");
```

Ausgabe aller dekodierten Informationen der Variablen „iRAX".

```
if(iFehler_art == 1)
 cprintf("Fehlerart: Hardwarefehler\n\r");
if (iFehler_art == 0)
{
 cprintf(" * Fehlerart: Laufwerksfehler\n\r");
 cprintf(" * Fehler im Laufwerk: %c\n\r",(char)iLaufwerk+65);
}
cprintf(" * mögliche Reaktionen auf Fehler:\n\r");
switch(iWahl)
{
 case 1: cprintf("     Abbruch\r\n"); break;
 case 2: cprintf("     Wiederholen\r\n"); break;
 case 4: cprintf("     Ignorieren\n\r"); break;
 case 3: cprintf("     Abbruch und Wiederholen\n\r"); break;
 case 6: cprintf("     Wiederholen und Ignorieren\n\r"); break;
 case 7: cprintf("     Abbruch, Wiederholen und Ignorieren\n\r"); break;
```

```
    }
    switch(iBereich)
    {
     case 0: cprintf(" * betroffener Bereich: System-Dateien\n\r"); break;
     case 1: cprintf(" * betroffener Bereich: FAT\n\r"); break;
     case 2: cprintf(" * betroffener Bereich: Directory\n\r"); break;
     case 3: cprintf(" * betroffener Bereich: Datenbereich\n\r"); break;
    }
    switch(iZugriff)
    {
     case 0: cprintf(" * Fehler trat beim Lesen auf\n\r"); break;
     case 1: cprintf(" * Fehler trat beim Schreiben auf\n\r"); break;
    }
```

Es beginnt die Dekodierung und Ausgabe der Fehlercode-Variablen
„iFehler", die sich in der programmglobalen Variablen
„iCritical_fehlercode" wiederspiegelt.

```
    iFehler=iCritical_fehlercode & 0x00FF;
    switch(iFehler)
    {
     case 0:    cprintf(" * Fehler: Diskette ist schreibgeschützt\n\r"); break;
     case 1:    cprintf(" * Fehler: Zugriff auf unbekanntes Gerät\n\r"); break;
     case 2:    cprintf(" * Fehler: Laufwerk ist nicht bereit\n\r"); break;
     case 3:    cprintf(" * Fehler: unbekannter Befehl\n\r"); break;
     case 4:    cprintf(" * Fehler: CRC-Fehler\n\r"); break;
     case 5:    cprintf(" * Fehler: Falsche Datenlänge\n\r"); break;
     case 6:    cprintf(" * Fehler: Such-Fehler\n\r"); break;
     case 7:    cprintf(" * Fehler: Unbekannter gerätetyp\n\r"); break;
     case 8:    cprintf(" * Fehler: Sektor nicht gefunden\n\r"); break;
     case 9:    cprintf(" * Fehler: Der Drucker hat kein Papier mehr\n\r"); break;
     case 0x0A: cprintf(" * Fehler: Schreibfehler\n\r"); break;
     case 0x0B: cprintf(" * Fehler: Lesefehler\n\r"); break;
     case 0x0C: cprintf(" * Fehler: Allgemeiner Fehler\n\r"); break;
    }
    cprintf("\n\r <ESC>-Abbruch  <W>-Wiederholen");
```

Das Programm fragt den Anwender auf die gewünschte Fehler-
Reaktion ab. Zur Auswahl stehen die Punkte „Abbruch" und
„Wiederholen". Auf die Wahlmöglichkeit „Ignorieren" wurde bewußt verzichtet, da ein „CRITICAL-ERROR" immer eine wichtige Ursache aufweist, die nicht ohne weiteres zu ignorieren ist.

```
    do
    {
     iEnde=FALSE;
     tastatur_loeschen();
     iTaste_word=bioskey(0);
     iTaste_low_byte=iTaste_word & 0x00FF;
     if(iTaste_low_byte == TASTE_w) iTaste_low_byte=TASTE_W;
     switch(iTaste_low_byte)
     {
     case TASTE_ESC: iEnde=TRUE; iReturn=ABBRUCH; break;
     case TASTE_W:   iEnde=TRUE; iReturn=WIEDERHOLEN; break;
     default: sound(1000); delay(500); nosound(); break;
```

```
      }
    }
    while(iEnde == FALSE);
```

Die nächsten Anweisungen restaurieren den durch das ausgegebene
Fehlerfenster zerstörten Bildbereich durch Zurückschreiben der zuvor gesicherten Bildseite, einschließlich aller Textattribute.

```
window(Info.winleft,Info.wintop,Info.winright,Info.winbottom);
gotoxy(Info.curx,Info.cury);
cursor_ein();
textattr(Info.attribute);
movedata(uiVirtuell_segment,uiVirtuell_offset,uiVga_segment,uiVga_offset,
iBytes_pro_seite);
free(acBild_virtuell);
```

Als letzte Aktion übergibt die Funktion dem aufrufenden Programm
die vom Anwender selektierte Fehlerreaktion.

```
return(iReturn);
}
/********************************************************************/
```

Funktion: titel()

Die Funktion „titel()" demonstriert innerhalb eines komfortablen
Porgrammrahmens das Aktivieren des neu installierten „CRITICAL-
ERROR"-Handlers. Zuerst erfolgt die Ausgabe des üblichen Programmkopfes, der Statuszeile und eines Hinweisfensters mit Informationen zum weiteren Programmablauf. Im Anschluß zeigt das
Programm innerhalb einer Endlosschleife das Bearbeiten von kritischen Programmaktionen, welche einen schwerwiegenden Fehler
auslösen können. Wie in Abbildung 3.30 ersichtlich, muß die über
den „CRITICAL-ERROR"-Handler zu prüfende Funktion in eine
„DO-WHILE-Schleife" eingebettet sein. Nach dem Funktionsaufruf
wird die programmglobale Fehlervariable „iCritical_information"
überprüft. Alle Werte „ungleich 0" repräsentieren einen Fehler, der
im nachfolgenden Funktionsaufruf vom Modul „cri-tical_feh-
leranzeige()" ausgewertet und am Bildschirm angezeigt wird.

Bild 3.30:
Flußdiagramm
zum Bearbeiten
eines neuen
„CRITICAL-
ERROR"-
Handlers

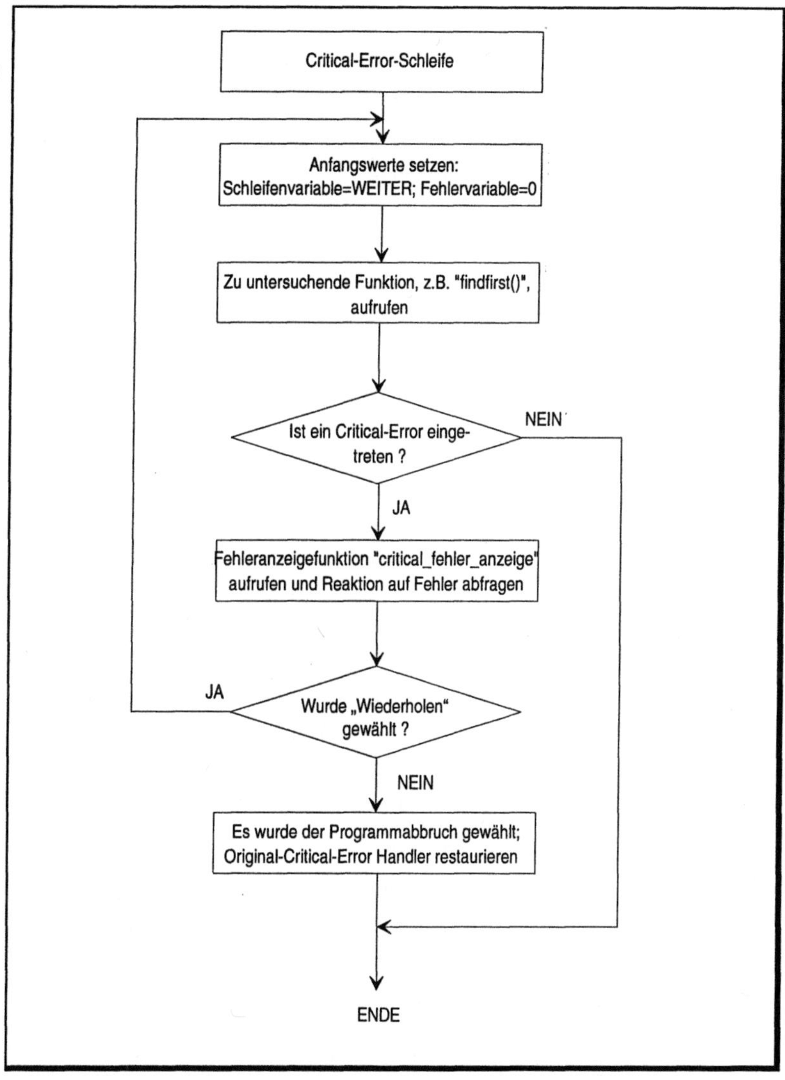


```
/**************************************************************************/
void titel(void)
{
struct ffblk Dateiinfo; /* vordefinierte BORLAND-Struktur             */
int iTaste_word, iTaste_low_byte,iTest;
```

Zu Funktionsbeginn wird der Programmkopf, die Statuszeile und
das Hinweisfenster ausgegeben.

```
cursor_aus();
gotoxy(1,1);
fuellen(177,23,2000);
window(10,1,70,4);
textbackground(LIGHTGRAY);
textcolor(BLACK);
clrscr();
cprintf(" +----------------------------------------------------------+");
gotoxy(1,2);
cprintf(" |       Demonstrationsprogramm für Umlenken von Interrupt-   |");
gotoxy(1,3);
cprintf(" | adressen am Beispiel eines neuen CRITICAL-ERROR-Handler |");
gotoxy(1,4);
cprintf(" +----------------------------------------------------------+");
     .
     .
     .
cprintf("ESC");
gotoxy(24,1);
cprintf("1");
```

In der folgenden Endlosschleife hat der Anwender die Möglichkeit,
mit ⒺⓈⒸ das Programm zu beenden. Durch Drücken von ① kann er
einen Zugriff auf das Diskettenlaufwerk <A:> durchführen und dadurch den Interrupt "24H" auszulösen.

```
/* Endlosschleife kann nur durch Drücken der ESC-Taste beendet werden   */
do
{
  tastatur_loeschen(); /* Tastaturspeicher löschen                      */
  iTaste_word=bioskey(0); /* auf Tastendruck warten                     */
  iTaste_low_byte=iTaste_word & 0x00FF; /* LOW-Anteil abspalten         */
  /* Tastendruck auswerten                                              */
  switch(iTaste_low_byte)
  {
   /* Falls ESC-Taste gedrückt wurde, zuerst Original Adresse des Criti-  */
   /* cal Error Interrupts restaurieren und anschließend Programm beenden*/
   case TASTE_ESC: setvect(0x24,alte_critical_adresse); ende(); break;
   case TASTE_1:
```

Im Anschluß wird die im Bild 3.30 aufgezeigte Schleife zur Bearbeitung eines neuen „CRITICAL-ERROR"-Handlers realisiert. Befindet sich im Lauferk <A:> keine Diskette, erfolgt durch den Funktionsaufruf „findfirst()" der Interruptaufruf „INT 24H", welcher seinerseits wiederum den neuen Handler aktiviert.

```
/* Schleife zur Bearbeitung eines neuen CRITICAL-ERROR-Handlers      */
do
   {
      iTest=WEITER;
      /* Hilsvariable auf definierten Wert setzen       */
```

```
                    iCritical_information=0;
                    /* zu testende Funktion aufrufen                */
                    findfirst("a:\\test",&Dateiinfo,FA_DIREC);
                    /* Abfrage auf einen Critical Error             */
                    if(iCritical_information != 0)
                    {
                      /* Critical Error ist aufgetreten. Fehleranzeige-  */
                      /* Funktion starten                                */
                      iTest=critical_fehler_anzeige(20,8,(YELLOW+16*RED));
                      /* Auswerten der Fehleranzeigefunktion         */
                      if(iTest == ABBRUCH)
                      {
                        /* In der Fehleranzeigefunktion wurde der Programm-*/
                        /* abbruch gewählt                                 */
                        setvect(0x24,alte_critical_adresse);
                        ende();
                      }
                    }
                    cursor_aus();
                  }
                  /* Wurde in der Fehleranzeigefunktion Wiederholen  */
                  /* gewählt dann gilt: iTest==WIEDERHOLEN           */
                  while(iTest == WIEDERHOLEN);
              /*Ende der Schleife zur Bearbeitung eines neuen CRITICAL-ERROR-Handlers*/
                  break;
               /* Wurde eine falsche Taste gedrückt ertönt ein akustisches Warnsignal*/
               default: sound(1000); delay(500); nosound(); break;
             }
           }
           while(1);
           /* Ende der Endlosschleife                              */
           }
           /*************************************************************************/
```

3.7.3   Installation eines neuen CRITICAL-ERROR-Handlers in objektorientierter Konvention

Das objektorientierte Programm „interru3.cpp" ist im Aufbau und der Funktionalität identisch zum klassisch realisierten Programm „interru2.c" ausgerichtet. Die beiden Programme ermöglichen dem interessierten Programmierer den direkten Vergleich der unterschiedlichen Programmiertechniken.

Programminhalt

Eine ausführliche Beschreibung zum Programminhalt ist dem Kapitel 7.2 zu entnehmen.

Programmdiskussion

Nach dem Programmkopf folgt das Einbinden der selbstdeklarierten Klassen-Headerdatei „buch_cpp.h". Diese Datei stellt dem Programm „interru3.cpp" das Objekt „INT_HANDLER" zur Verfügung.

```
/***********************************************************************/
/* INCLUDE-DATEIEN                                                     */
#include "buch_cpp.h"
/***********************************************************************/
```

Klassen und Methoden aus der Headerdatei: buch_cpp.h

Die aus der Headerdatei „buch_cpp.h" eingebundene Klasse „INT_HANDLER" stellt dem Programm „interru3.cpp" direkt die Methode „critical_fehleranzeige()" zur Verfügung. Wie in Abbildung 3.31 ersichtlich, wird die Klasse „INT_HANDLER" in der Headerdatei ihrerseits von der Basisklasse "DIVERS" abgeleitet. Durch diese Ableitung werden die weiteren Methoden tastatur_loeschen(), fuellen(), ende() und cursor_aus() dem Programm „interru3.cpp" zur Verfügung gestellt. Der eigentliche, neu zu installierende „CRITI-CAL-ERROR"-Handler wird nicht als Klassenmethode, sondern als klassische Funktion „int_handler", ebenfalls aus der Headerdatei „buch_cpp.h", eingebunden. Der Grund dafür liegt in der Tatsache, daß es beim Installieren des neuen Handlers durch die „BORLAND C++"-Funktion „setvect(INT-Nummer,<Handler-Adres-se>)" nicht ohne komplizierte Maßnahmen möglich ist, eine Klassenmethoden-Adresse als „<Handler-Adresse>" in diese Funktion einzusetzen. Alle aufgeführten Methoden und Funktionen sind identisch zu den gleichnahmigen Funktionen aus dem Programm „interru2.c".

Klassendeklaration im Programm

Im programminternen Klassendeklarationsteil werden durch die Anweisung:

```
class menue : public int_handler
```

der Klasse „MENU" alle Eigenschaften der Klasse „INT_HANDLER" direkt public und alle Eigenschaften der Klasse „DIVERS" indirekt public vererbt. Die Abbildung 3.31 verdeutlicht die komplette Ver-erbungshirarchie von Programm „interru3.cpp".

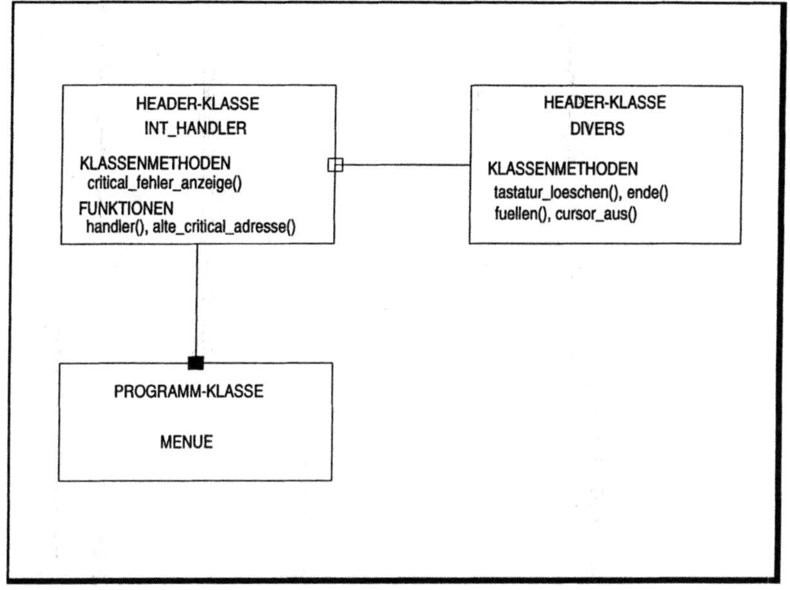

Bild 3.31: Klassendiagramm zum Programm „interru3.cpp"

```
/**********************************************************************/
/* DEFINITION DER KLASSE: MENUE                                       */
/*                                                                    */
/* Thema: Erstellen einer Menümaske und  Verwalten des gesamten Pro- */
/*        grammablaufes                                               */
/**********************************************************************/
class menue : public int_handler {
private:
 struct ffblk Dateiinfo;
 constream window,window_1,window_2,window_3,window_4;
 int iTaste_word,iTaste_low_byte;
public:
 menue(void);
 ~menue(void){;};
 void ablauf(void);
};
/**********************************************************************/
```

Konstruktoren und Destruktoren

Innerhalb des Konstruktors "menue :: menu(void)" werden einige, für die Programmausführung notwendige, Bildausgabestreams deklariert. Wie bei objektorientierten Programmen üblich, erfolgt das Anlegen dieser Bildbereiche im Hauptprogramm bei der späteren Instanziierung der entsprechenden Klassenvariable vom Typ „MENUE". Die Destruktor-Anweisung „~menu(void){;};" erzeugt einen Leer-Destruktor, da im Programmablauf keine diesbezüglichen Anweisungen notwendig sind.

```
/**********************************************************************/
menue :: menue(void)
{
window.window(1,1,80,25);
window_1.window(10,1,70,4);
window_2.window(7,8,78,22);
window_3.window(6,7,76,21);
window_4.window(1,25,80,25);
}
/**********************************************************************/
```

Klassenmethoden

Die objektorientierte, programminterne Klassenmethode „ablauf()"
ist im Aufbau und der Ausführung identisch zur klassischen Funk-tion „titel()" aus dem vorherigen Kapitel.

Hauptprogramm

Das Hauptprogramm sichert zuerst in der Funktions-Zeigervariablen
„alte_critical_adresse" die Adresse des original „CRITICAL-ERROR"-
Handlers.   Der   Funktionsprototyp   der   Zeigervariablen
„alte_critical_adresse" ist in der Klassen-Headerdatei „buch_cpp.h"
deklariert. Im Anschluß folgt das Installieren des neuen Handlers.
Innerhalb der Methode „programm.ablauf" ist es dem Anwender
möglich, durch einen fehlerhaften Diskettenzugriff die neue Funktion zu testen. Bevor das Programm beendet wird, restauriert das
Hauptprogramm durch die Anweisung „setvect()" in der Interrupt-
Vektortabelle die Adresse des Original-"CRITICAL-ERROR"-Handlers.

```
/**********************************************************************/
void main()
{
menue programm;

/* Adresse des Original-Critical-Error Interrupts sichern        */
alte_critical_adresse=getvect(0x24);
/* neuen Critical-Error Interrupt installieren                   */
harderr(handler);
/* Programm aktivieren                                           */
programm.ablauf();
/* Original-Critical-Error Interrupt restaurieren                */
setvect(0x24,alte_critical_adresse);
/* Programm beenden                                              */
programm.ende();
}
/**********************************************************************/
```

Unterschiede zwischen klassischer und objektorientierter Programmierung beim Installieren von Interrupt-Routinen

Wie in Tabelle 3.12 ersichtlich, gibt es lediglich im Deklarationsteil Unterschiede beim Bearbeiten von Interruptroutinen. Die weiteren Funktionsabläufe sind bei den beiden verschiedenen Programmiertechniken exakt gleich.

Tabelle 3.12:
Unterschiede bei der Deklaration von Interruptroutinen

klassische Bearbeitung	objektorientierte Bearbeitung
void interrupt <Name> (void)	void interrupt <Name> (...)

3.8　Laufwerksbearbeitung

Zur PC-Standardausstattung zählen heutzutage Disketten- und Festplattenlaufwerke in den unterschiedlichsten Ausführungen. Besonderen Einzug halten in der letzten Zeit die neuartigen CD-ROM-Laufwerke mit ihren immensen Speicherkapazitäten von bis zu 650 MByte. Bereits beim täglichen PC-Einsatz wird der Anwender immer wieder mit den unterschiedlichsten Laufwerksoperationen konfrontiert. Die Bearbeitung beginnt bei der Disketten-Installation diverser Anwenderprogramme und endet beim Abspeichern wichtiger Daten auf der Festplatte. All diese Punkte verdeutlichen die Notwendigkeit einer komfortablen, fehlerfreien Laufwerksbearbeitung in den entsprechenden Programmstrukturen. Die beiden in diesem Kapitel vorgestellten Programme „laufwer1.c" und „lauf-wer2.cpp" demonstrieren die Abhandlung häufig vorkommender Laufwerks-Operationen. Wie üblich, ist das klassisch realisierte Programm „laufwer1.c" im Funktionsablauf identisch zum objektorientierten Modul „laufwer2.cpp".

3.8.1　Laufwerksbearbeitung in klassischer „C"-Konvention

Die Programm-Schnittstelle zur Laufwerksbearbeitung spiegelt sich im BIOS-Interrupt „13H" wieder. Dieser Interrupt mit der Vektor-Tabellennummer „13H" ist für die ausschließliche Bearbeitung von Disketten- und Festplattenlaufwerken zuständig. Der Laufwerks-Handler stellt eine Reihe von Funktionen zur Verfügung, von denen für dieses Kapitel nur die folgenden Funktions-Nummern Verwendung finden:

⇨ Funktionsnummer „2":   Lesezugriff auf Laufwerk

⇨ Funktionsnummer „3":   Schreibzugriff auf Laufwerk

Der BIOS-CALL „13H" wird, wie im Kapitel 3.6 „Rechner-konfiguration" beschrieben, über den „BORLAND C^{++}"-Funktionsaufruf „int86x(13H,&Register,&Register,&Sregister)" durchgeführt.

Lesezugriff auf Laufwerke: Um einen Laufwerks-Lesezugriff ausführen zu können, müssen vor dem BIOS-CALL der Union-Variablen „Register" und der Struktur-Variablen „Sregister" die in Tabelle 3.13 aufgeführten Werte übergeben werden. Die gelesenen Werte werden in einem vorher zu reservierenden Bereich im Arbeitsspeicher eingetragen.

Tabelle: 3.13: Übergabeparameter zum Laufwerks-Interrupt „13H" (Lesezugriff)

Pseudo-Variablen	Bedeutung
Register.h.ah	02H; Funktionsnummer
Register.h.al	Anzahl der zu lesenden Sektoren
Register.h.ch	Zylindernummer
Register.h.cl	Start-Sektor
Register.h.dh	Kopf
Register.h.dl	00H-7FH: Diskettenlaufwerk 80H-FFH: Festplattenlaufwerk
Register.x.bx	Offsetadresse des Lesespeichers
Sregister.es	Segmentadresse des Lesespeichers

Schreibzugriff auf Laufwerk: Analog zum Lesezugriff müssen die in Tabelle 3.14 aufgezeigten Werte an den BIOS-Handler übergeben werden. Die zu schreibenden Werte werden vor der Funktionsausführung in einem Bereich des Arbeitsspeichers abgelegt.

Tabelle 3.14: Übergabeparameter zum Laufwerks-Interrupt „13H" (Schreibzugriff)

Pseudo-Variablen	Bedeutung
Register.h.ah	03H; Funktionsnummer
Register.h.al	Anzahl der zu lesenden Sektoren
Register.h.ch	Zylindernummer
Register.h.cl	Start-Sektor
Register.h.dh	Kopf

Tabelle 3.14:
Fortsetzung

Pseudo-Variablen	Bedeutung
Register.h.dl	00H-7FH: Diskettenlaufwerk 80H-FFH: Festplattenlaufwerk
Register.x.bx	Offsetadresse des Wertespeichers
Sregister.es	Segmentadresse des Wertespeichers

Nach der Ausführung des BIOS-CALLS „13H" wird, wie in Tabelle 3.15 aufgezeigt, in der Pseudovariablen „Register.h.ah" der aktuelle Laufwerksstatus bzw. Fehlercode übergeben.

Tabelle 3.15:
Fehlercode des
INT „13H"

Code	Bedeutung
00H	Kein Fehler
01H	Kommando ist ungültig
02H	Sektorkennung wurde nicht gefunden
03H	Diskette ist schreibgeschützt (FD)
04H	Sektor wurde nicht gefunden
05H	Fehler beim Zurücksetzen (HD)
06H	Diskette ist nicht im Laufwerk (FD)
07H	Fehlerhafte Parametertabelle (HD)
08H	DMA-Überlauf (FD)
09H	Überschreitung der DMA-Grenze (64KB)
0AH	Flag für fehlerhaften Sektor (HD)
0BH	Flag für fehlerhaften Track (HD)
0CH	Diskettentyp wurde nicht gefunden (FD)
0DH	Sektorenanzahl beim Formatieren ungültig (HD)
0EH	Adressmarkierung bei Kontrolldaten gefunden (HD)
0FH	DMA-Zugriffsebene außerhalb des zul. Bereichs (HD)
10H	Nicht behebbarer CRC oder ECC Fehler
11H	Daten wurden korrigiert (ECC-Fehler) (HD)
20H	Controller ist defekt
40H	Anfahren der Spur nicht möglich
80H	Laufwerk reagiert nicht (TIME-OUT)

	Code	Bedeutung
Tabelle 3.15: Fortsetzung	AAH	Laufwerk nicht bereit (HD)
	BBH	Fehler ist nicht definiert (HD)
	CCH	Fehler beim Schreiben (HD)
	E0H	Fehler im Statusregister (HD)
	FFH	Fehler in der Prüfoperation

(HD)=nur Festplattenlaufwerk;　　(FD)=nur Diskettenlaufwerk

Programminhalt

Das Programm „laufwer1.c" demonstriert in komfortabler Form die wichtigsten Routinen zur Laufwerksbearbeitung. Wie in Abbildung 3.32 ersichtlich, bieten sich dem Anwender folgende Auswahlmöglichkeiten:

⇨ Überprüfung, ob eine Diskette im Laufwerk ist

⇨ Schreibschutztest auf der Diskette

⇨ Auslesen des Laufwerk-Labels

⇨ Bestimmung des freien Laufwerk-Speicherplatzes

⇨ Dateisuche auf dem Laufwerk

⇨ Setzen des Laufwerks als Standard

Bild 3.32:
Hauptmenü aus
Programm
„LAUFWER1"

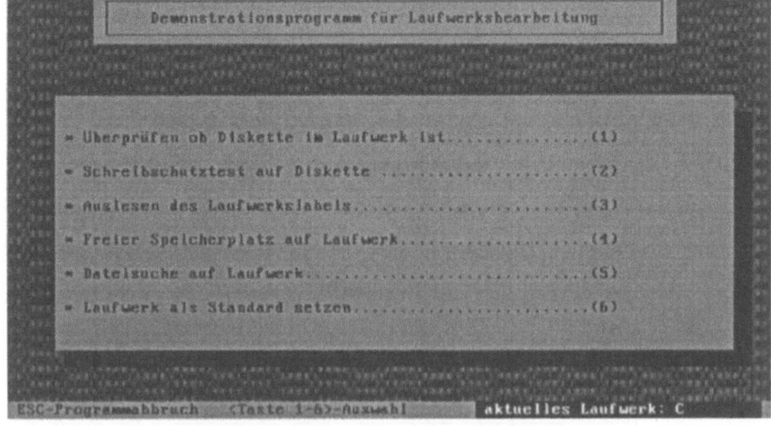

Programmdiskussion

In das Programm „laufwer1.c" werden die selbstdeklarierte Header-Datei „buch.h", sowie das INCLUDE-File „dir.h" eingebunden. Alle aus der Datei „buch.h" integrierten Funktionen werden weiter unten aufgeführt.

```
/***********************************************************************/
/* INCLUDE-DATEIEN                                                     */
#include "buch.h"
#include <dir.h>
/***********************************************************************/
```

Im Abschnitt der Funtionsprototypen wird eine Funktions-Zeiger-Variable zur Aufnahme der Adresse des Original-CRITICAL-ERROR-Handlers deklariert.

```
/***********************************************************************/
/* FUNKTIONSPROTOTYPEN                                                 */
void interrupt (*alte_critical_adresse)(void);
.
.
/***********************************************************************/
```

Funktion: main()

Vor dem Installieren eines neuen CRITICAL-ERROR-Handlers über den Funktionsaufruf „harderr(handler)" sichert das Hauptprogramm in der Funktions-Zeigervariablen „alte_critical_adresse" die Adresse des Original-INT-„24H"-Handlers. Der Aufruf der Funktion „menu()" aktiviert das Hauptmenü des Programms. In diesem Menü kann der Anwender nach Belieben die zur Verfügung stehenden Laufwerks-Operationen durchführen.

```
/***********************************************************************/
/* HAUPTPROGRAMM                                                       */
void main()
{
/* sichern der original Interrupt 24H Handleradresse                   */
alte_critical_adresse=getvect(0x24);
/* Installation des neuen Interrupt 24H Handlers                       */
harderr(handler);
/* eigentliches Testprogramm                                           */
menue();
}
/***********************************************************************/
```

Funktionen aus der Headerdatei: buch.h

Die Headerdatei „buch.h" stellt dem Programm „laufwer1.c" die Funktionen cursor(), tastatur_loeschen(), fuellen(), ende(), fehler_ende(), handler() und critical_fehler_anzeige() zur Verfügung. Alle genannten Funktionen wurden bereits an anderer Stelle diskutiert.

Funktion: menu()

Die Funktion „menu()" verwaltet das gesamte Hauptprogramm. Nach der Ausgabe eines Programmkopfes erfolgt in einer Endlosschleife die Abfrage der gewünschten Laufwerks-Operation. Durch Drücken der Tasten ① bis ⑥ aktiviert der Anwender die gewünschte Bearbeitung. Durch Drücken von Esc erfolgt das Programmende. Zuvor restauriert die Funktion durch Aufruf von „setvect(0x24H,alte_critical_adresse)" die originale Adresse des CRITICAL-ERROR-Handlers in der Interrupt-Vektortabelle.

```c
/**************************************************************************/
void menue(void)
{
struct ffblk Dateiinfo; /* vordefinierte Borland-Struktur          */
int iTaste_word, iTaste_low_byte,iDisk;

/* Ausgabe des Programmkopfes                                           */
cursor_aus();
gotoxy(1,1);
fuellen(177,23,2000);
window(10,1,70,3);
textbackground(LIGHTGRAY);
textcolor(BLACK);
clrscr();
cprintf(" +------------------------------------------------------------+\r\n");
cprintf(" |     Demonstrationsprogramm für Laufwerksbearbeitung        |\r\n");
cprintf(" +------------------------------------------------------------+");
/* Endlosschleife kann nur durch Drücken der ESC-Taste beendet werden   */
do
{
 /* Ausgabe einer Statuszeile                                           */
 window(1,25,80,25);
 textbackground(LIGHTGRAY);
 textcolor(BLACK);
 clrscr();
 cprintf(" ESC-Programmabbruch     <Taste 1-6>-Auswahl");
 textcolor(RED);
 gotoxy(2,1);
 cprintf("ESC");
 gotoxy(24,1);
 cprintf("<Taste 1-6>");
 window(50,25,79,25);
 textbackground(BLACK);
 textcolor(WHITE);
 clrscr();
 iDisk=getdisk(); /* Bestimmen des aktuellen Laufwerks                  */
```

```c
/* Ausgabe des Hauptmenüs                                                    */
cprintf(" aktuelles Laufwerk: %c",iDisk+65);
window(7,8,78,22);
textbackground(BLACK);
clrscr();
window(6,7,76,21);
textbackground(BLUE);
textcolor(LIGHTCYAN);
clrscr();
gotoxy(1,3);
cprintf(" * Überprüfen ob Diskette im Laufwerk ist...............(1)\n\r\n");
cprintf(" * Schreibschutztest auf Diskette .....................(2)\n\r\n");
cprintf(" * Auslesen des Laufwerkslabels........................(3)\n\r\n");
cprintf(" * Freier Speicherplatz auf Laufwerk...................(4)\n\r\n");
cprintf(" * Dateisuche auf Laufwerk.............................(5)\n\r\n");
cprintf(" * Laufwerk als Standard setzen........................(6)\n\r\n");
tastatur_loeschen(); /* Tastaturspeicher löschen                            */
iTaste_word=bioskey(0); /* auf Tastendruck warten                           */
iTaste_low_byte=iTaste_word & 0x00FF;
/* Auswerten des Tastendruckes                                              */
switch(iTaste_low_byte)
{
  /* Programm beenden                                                       */
  case TASTE_ESC: setvect(0x24,alte_critical_adresse); ende(); break;
  /* Testen ob in aktuellen Diskettenlaufwerk eine Disk eingelegt ist       */
  case TASTE_1:   laufwerk_ok(); break;
  /* Testen ob Schreibschutz auf Diskette gesetzt ist                       */
  case TASTE_2:   schreibschutz(); break;
  /* Lesen des aktuellen Lauwerks-Labels                                    */
  case TASTE_3:   label(); break;
  /* Bestimmen des freien Speicherplatzes auf dem aktuellen Laufwerk        */
  case TASTE_4:   speicherplatz(); break;
  /* Testen ob die Datei "test.txt" auf dem aktuellen LW vorhanden ist      */
  case TASTE_5:   datei(); break;
  /* Neues Laufwerk als Standardlaufwerk setzen                             */
  case TASTE_6:   laufwerk_setzen(); break;
  /* akustisches Warnsignal bei falschem Tastendruck setzen                 */
  default: sound(1000); delay(500); nosound(); break;
  }
}
while(1);
/* Ende der Endlosschleife                                                   */
}
/**********************************************************************************/
```

Funktion: laufwerk_ok()

Die Funktion „laufwerk_ok()" überprüft, ob sich eine Diskette im
Standardlaufwerk befindet. Als Standardlaufwerk bezeichnet man
das aktuell gesetzte Laufwerk. Diese Funktion kann nur bei Diskettenlaufwerken angewendet werden. Um eine Aussage treffen zu
können, ob sich eine Diskette im Laufwerk befindet, versucht die
Funktion, einen bestimmten Abschnitt des Diskettenmediums in einen vorher reservierten Bereich des Arbeitsspeichers einzulesen.
Der prinzipielle Funktionsablauf des Laufwerktests ist im Flußdiagramm in Bild 3.33 aufgezeigt.

Bild 3.33:
Flußdiagramm
zur Funktion
„laufwerk_ok()"

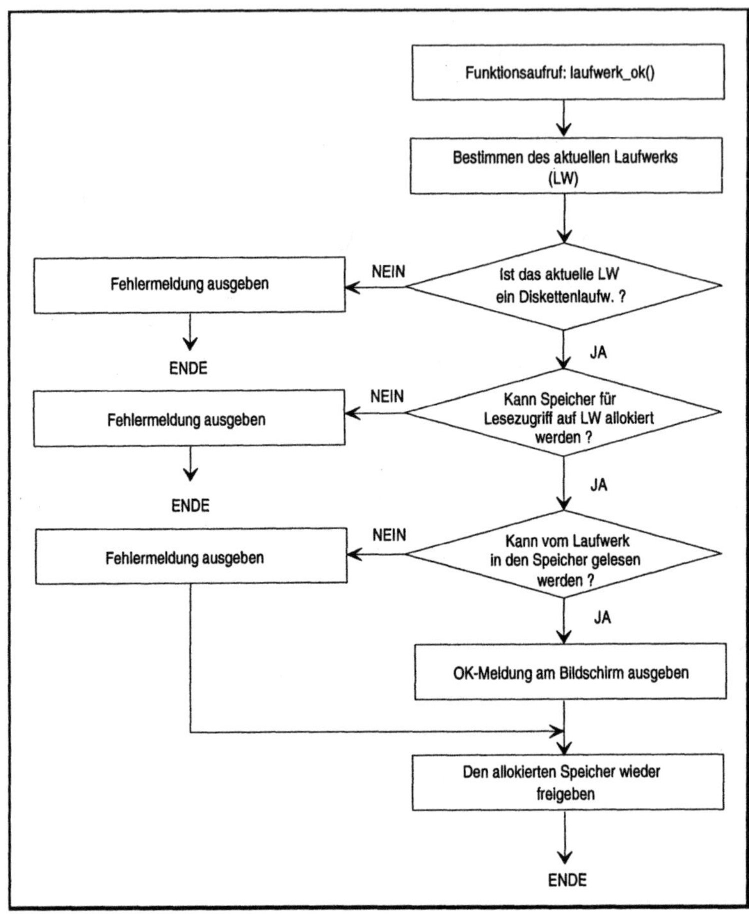


```
/****************************************************************************/
void laufwerk_ok(void)
{
union REGS Register; /* vordefinierte BORLAND Union               */
struct SREGS Sregister; /* vordefinierte BORLAND Struktur         */
char *acPuffer;
unsigned int iSegment,iOffset;
int iDisk,iTest;;
```

Der Funktionsaufruf „getdisk()" bestimmt das als Standard gesetzte
Laufwerk und gibt dessen Laufwerks-Nummer als Integerwert zu-
rück. Dabei entsprechen die Werte „0" dem Laufwerk <A>, „1" dem
Laufwerk „B", usw.

```
iDisk=getdisk(); /* Bestimmen des aktuellen Laufwerks              */
window(1,25,80,25);
textbackground(LIGHTGRAY);
textcolor(BLACK);
clrscr();
cprintf(" beliebige Taste drücken -> zurück zum Menü");
window(6,7,76,21);
```

Hat die Funktion „getdisk()" einen Wert größer als „1" ausgewertet,
handelt es sich um kein Diskettenlaufwerk. Das Programm beendet
den aktuellen Menüpunkt mit einer Fehlermeldung und kehrt zum
Hauptmenü zurück.

```
if(iDisk > 1)
{
 /* aktuelles Laufwerk ist kein Diskettenlaufwerk                 */
 textbackground(RED);
 textcolor(WHITE);
 clrscr();
 gotoxy(1,6);
 cprintf(" Sie haben als Standardlaufwerk kein Diskettenlaufwerk gewählt \
!\n\r");
 cprintf(" Bitte wählen Sie zuerst im Menü als Standard das Diskettenlauf-\
\n\r");
 cprintf(" werk <A> bzw. Diskettenlaufwerk <B>");
 getch();
 tastatur_loeschen();
 return;
}
```

Wurde mit „getdisk()" ein Diskettenlaufwerk erkannt, kann der Laufwerkstest beginnen. Um einen Bereich der Diskette einlesen zu
können, muß ein entsprechend großer Bereich im Arbeitsspeicher
reservieret werden. Dieser Speicherabschnitt nimmt die gelesenen
Daten auf. Der folgende Lesezugriff auf das Standardlaufwerk liest
einen bestimmten Disketten-Sektor, der 513 Byte im RAM beansprucht, ein. Ist kein freier Speicher vorhanden, erfolgt eine Fehlermeldung (u. Abbruch). Zuvor wird in der Interrupt-Vektortabelle
die Adresse des Original-CRITICAL-ERROR-Handlers eingetragen.

```
/* 513 Bytes im Arbeitsspeicher zur Aufnahme der zu lesenden Laufwerks- */
/* daten reservieren                                                    */
if((acPuffer=(char *)malloc(513)) == NULL)
{
 /* kein freier Speicher vorhanden                                      */
 setvect(0x24,alte_critical_adresse);
 fehler_ende("! nicht genügend Speicher vorhanden -> Programmabbruch !\n");
}
```

Es folgt die Beschreibung der entsprechenden Pseudovariablen für
den anschließenden BIOS-CALL „13H" (Funktionsnummer „2"), mit
dem ein Sektor auf dem aktuellen Laufwerk eingelesen wird.

```
/*Segment- und Offsetadresse des reservierten Speicherbereichs bestimmen*/
iSegment=FP_SEG(acPuffer);
iOffset=FP_OFF(acPuffer);
/* Funktionsaufruf zum Lesen von Sektoren auf dem aktuellen LW        */
Register.h.al=1;          /* Anzahl der Sektoren                      */
Register.h.ah=2;          /* Funktionsnummer                          */
Register.h.cl=5;          /* Sektornummer                             */
Register.h.ch=5;          /* Zylindernummer                           */
Register.h.dl=iDisk;      /* Laufwerk                                 */
Register.h.dh=0;          /* Kopfnummer                               */
Sregister.es=iSegment;
Register.x.bx=iOffset;
int86x(0x13,&Register,&Register,&Sregister);
```

Nach dem Funktionsaufruf enthält die Pseudovariable „Register.h.ah" den Laufwerksstatus mit den gewünschten Informationen. Ein Rückgabewert von „80H" repräsentiert einen TIME-OUT-Fehler, der auf eine nicht eingelegte Diskette zurückzuführen ist.

```
/* Auswerten des BIOS-CALLS                                           */
if (Register.h.ah == 0x80)
{
 /* TIMEOUT-Fehler festgestellt                                       */
 textbackground(RED);
 textcolor(WHITE);
 clrscr();
 gotoxy(1,6);
/* Hinweismeldung                                                     */
 cprintf("  Im Laufwerk <%c> befindet sich KEINE Diskette",iDisk+65);
}
else
{
 /* Alles OK                                                          */
 textbackground(BLUE);
 textcolor(LIGHTCYAN);
 clrscr();
 gotoxy(1,6);
/* Hinweismeldung                                                     */
 cprintf("  Im Laufwerk <%c> befindet sich eine Diskette",iDisk+65);
}
getch();
tastatur_loeschen();
```

Der allokierte Speicherbereich zur Aufnahme der eingelesenen Diskettendaten wird vor dem Funktionsende wieder freigegeben.

```
free(acPuffer); /* allokierten Speicher wieder freigeben             */
}
/***********************************************************************/
```

Funktion: schreibschutz()

Mit Hilfe der Funktion „schreibschutz()" kann man eine im Standardlaufwerk eingesetzte Diskette auf den aktuellen Zustand der Schreibschutzmarke prüfen. Die Funktion kann nur bei Diskettenlaufwerken angewendet werden. Wie bei dem Modul „lauf-

werk_ok()", wird zuerst ein bestimmter Bereich der Diskette in den
Speicher eingelesen. Im Anschluß versucht das Programm, die gelesene Information an die gleiche Disketten-Position zurückzuschreiben. Der funktionale Programmablauf ist in Bild 3.34 ersichtlich.

```
/************************************************************************/
void schreibschutz(void)
{
union REGS Register; /* in BORLAND definierte Union                 */
struct SREGS Sregister; /* in BORLAND definierte Struktur           */
char *acPuffer;
unsigned int iSegment,iOffset;
int iDisk,iTest;
```

Bild 3.34:
Flußdiagramm
zur Funktion
schreibschutz()

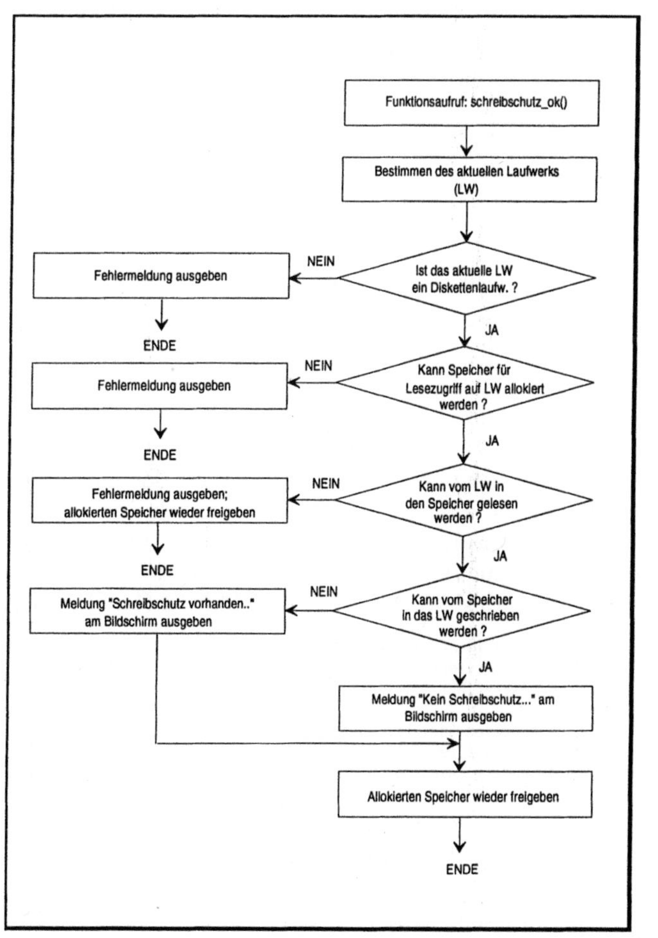

Der Funktionsaufruf „getdisk()" bestimmt das als Standard gesetzte Laufwerk und gibt dessen Nummer als Integerwert zurück.

```
iDisk=getdisk(); /* aktuelles Laufwerk bestimmen                 */
window(1,25,80,25);
textbackground(LIGHTGRAY);
textcolor(BLACK);
clrscr();
cprintf(" beliebige Taste drücken -> zurück zum Menü");
window(6,7,76,21);
```

Hat die Funktion „getdisk()" einen Wert größer als „1" ausgewertet, handelt es sich um kein Diskettenlaufwerk. Das Programm beendet den aktuellen Menüpunkt mit einer Fehlermeldung und kehrt zum Hauptmenü zurück .

```
if(iDisk > 1)
{
 /* aktuelles Laufwerk ist kein Diskettenlaufwerk              */
 textbackground(RED);
 textcolor(WHITE);
 clrscr();
 gotoxy(1,6);
 cprintf(" Sie haben als Standardlaufwerk kein Diskettenlaufwerk gewählt \
!\n\r");
 cprintf(" Bitte wählen Sie zuerst im Menü als Standard das Diskettenlau\
f-\n\r");
 cprintf(" werk <A> bzw. Diskettenlaufwerk <B>");
 getch();
 tastatur_loeschen();
 return;
}
```

Das Modul versucht, den zur Aufnahme des einzulesenden Diskettenabschnitts notwendigen Speicherbereich von 513 Bytes zu reservieren. Ist kein freier Speicher vorhanden, bricht das Programm mit einer Fehlermeldung ab. Zuvor wird in der Interrupt-Vektortabelle die Adresse des Original-CRITICAL-ERROR-Handlers eingetragen.

```
/* 513 Bytes im Arbeitsspeicher zur Aufnahme der zu lesenden Laufwerks- */
/* daten reservieren                                                    */
if((acPuffer=(char *)malloc(513)) == NULL)
{
 /* kein freier Speicher vorhanden                                     */
 setvect(0x24,alte_critical_adresse);
 fehler_ende("! nicht genügend Speicher vorhanden -> Programmabbruch !\n");
}
```

Es folgt das Vorbereiten und Ausführen der Laufwerks-Leseoperation über den BIOS-CALL „13H".

```
/*Segment- und Offsetadresse des reservierten Speicherbereichs bestimmen*/
iSegment=FP_SEG(acPuffer);
```

```
iOffset=FP_OFF(acPuffer);
/* Funktionsaufruf zum Lesen von Sektoren auf dem aktuellen LW      */
Register.h.al=1;          /* Anzahl der Sektoren                    */
Register.h.ah=2;          /* Funktionsnummer                        */
Register.h.cl=5;          /* Sektornummer                           */
Register.h.ch=5;          /* Zylindernummer                         */
Register.h.dl=iDisk;      /* Laufwerk                               */
Register.h.dh=0;          /* Kopfnummer                             */
Sregister.es=iSegment;
Register.x.bx=iOffset;
int86x(0x13,&Register,&Register,&Sregister);
```

Bei Eintreten eines TIME-OUT-Fehlers wird der aktuelle Menüpunkt mit einer Fehlermeldung beendet und zum Hauptprogramm
zurückgesprungen. Zuvor muß der allokierte Speicher wieder freigegeben werden.

```
/* Auswerten des BIOS-CALLS                                         */
if (Register.h.ah == 0x80)
{
 /* TIMEOUT-Fehler festgestellt                                     */
 textbackground(RED);
 textcolor(WHITE);
 clrscr();
 gotoxy(1,6);
 cprintf("  Im Laufwerk <%c> befindet sich KEINE Diskette",iDisk+65);
 getch();
 tastatur_loeschen();
 free(acPuffer); /* allokierten Speicher freigeben                  */
 return;
}
```

Durch Aufruf des BIOS-CALLS „13H" mit der Funktionsnummer „3"
versucht die Funktion, die vorher eingelesenen Diskettenwerte auf
die gleiche Diskettenposition zurückzuschreiben.

```
/* Funktionsaufruf zum Schreiben von Sektoren auf das aktuellen LW  */
Register.h.ah=3;          /* Funktionsnummer                        */
Register.h.dl=iDisk;      /* Laufwerk                               */
Register.h.dh=0;          /* Kopfnummer                             */
Register.h.ch=5;          /* Zylindernummer                         */
Register.h.cl=5;          /* Sektornummer                           */
Register.h.al=1;          /* Anzahl der Sektoren                    */
Sregister.es=iSegment;
Register.x.bx=iOffset;
int86x(0x13,&Register,&Register,&Sregister);
```

Ein zurückgegebener Laufwerksstatus von „2" bzw. „3" repräsentiert
auf dem aktuellen Laufwerk einen gesetzten Schreibschutz.

```
/* Auswerten des BIOS-CALLS                                         */
if ((Register.h.ah == 3) || (Register.h.ah == 2))
{
 /* Schreibschutz vorhanden                                         */
 textbackground(RED);
```

```
     textcolor(WHITE);
     clrscr();
     gotoxy(1,6);
     cprintf("  Die Diskette im Laufwerk <%c> ist schreibgeschützt",iDisk+65);
     }
     else
     {
     /* Schreibschutz nicht gefunden                                  */
     textbackground(BLUE);
     textcolor(LIGHTCYAN);
     clrscr();
     gotoxy(1,6);
     cprintf("  Die Diskette im Laufwerk <%c> ist nicht schreibgeschützt",
     iDisk+65);
     }
```

Nach dem Quittieren der Statusanzeige und dem Freigeben des allokierten Speichers erfolgt der Rücksprung zum Hauptmenü.

```
     getch();
     tastatur_loeschen();
     free(acPuffer); /* allokierten Speicher freigeben                */
     }
     /*****************************************************************/
```

Funktion: label()

Mit dieser Funktion ist es möglich, das Label einer im Standardlaufwerk eingelegten Diskette zu bestimmen. Unter einem Label versteht man die Datenträgerbezeichnung und die Seriennummer eines Datenmediums. Die Funktion kann in diesem Beispiel nur bei Diskettenlaufwerken eingesetzt werden. Vor der eigentlichen Labelbearbeitung erfolgt, wie bei den vorherigen Funktionen „laufwerk_ok() und schreibschutz()", die Überprüfung, ob eine Diskette im Laufwerk eingelegt ist. Die Labeloperation erfolgt innerhalb des „C"-Programmes durch Aktivieren des DOS-Befehls „vol". Dabei wird die Anzeige des „vol"-Befehls (Label) nicht an den Bildschirm übertragen, sondern in eine Textdatei umgeleitet. Im Anschluß kann im „C"-Programm der Inhalt der Textdatei gelesen und am Bildschirm ausgegeben werden. Der Funktionsablauf zum Modul „label()" ist in Bild 3.35 aufgezeigt.

Bild 3.35:
Flußdiagramm
zur Funktion
„label()"

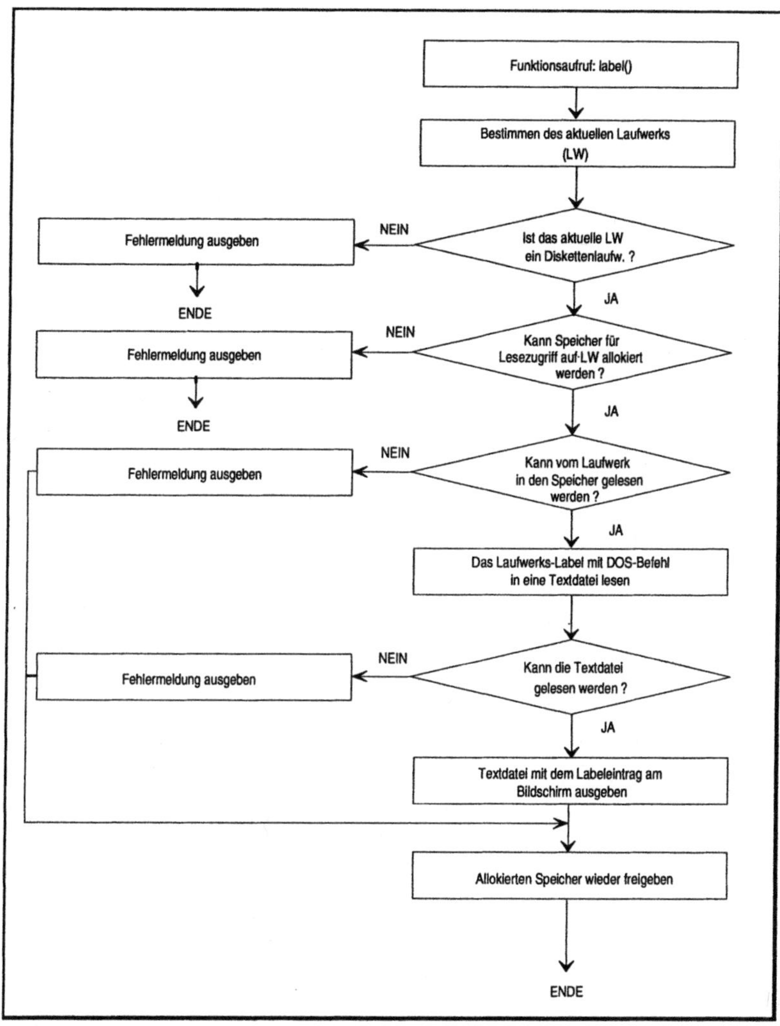


```c
/*********************************************************************/
void label(void)
{
FILE *FDatei; /* Dateistream definieren                            */
union REGS Register; /* in BORLAND definierte Union                */
struct SREGS Sregister; /* in BORLAND definierte Struktur          */
char *acPuffer;
char acBefehl[30]="",acLaufwerk[2]="",acLesen[80]="";
unsigned int iSegment,iOffset;
int iDisk,iTest;;
```

Der Funktionsaufruf „getdisk()" bestimmt das als Standard gesetzte
Laufwerk und gibt dessen Laufwerks-Nummer als Integerwert zurück.

```
iDisk=getdisk();
window(1,25,80,25);
textbackground(LIGHTGRAY);
textcolor(BLACK);
clrscr();
cprintf(" beliebige Taste drücken -> zurück zum Menü");
window(6,7,76,21);
```

Hat die Funktion „getdisk()" einen Wert größer als „1" ausgewertet,
handelt es sich um kein Diskettenlaufwerk. Das Programm beendet
den aktuellen Menüpunkt mit einer Fehlermeldung und kehrt zum
Hauptmenü zurück .

```
if(iDisk > 1)
{
 /* aktuelles Laufwerk ist kein Diskettenlaufwerk              */
 textbackground(RED);
 textcolor(WHITE);
 clrscr();
 gotoxy(1,6);
 cprintf(" Sie haben als Standardlaufwerk kein Diskettenlaufwerk gewählt !\n\r");
 cprintf(" Bitte wählen Sie zuerst im Menü als Standard das Diskettenlauf-\n\r");
 cprintf(" werk <A> bzw. Diskettenlaufwerk <B>");
 getch();
 tastatur_loeschen();
 return;
}
```

Das Modul versucht, den für den Lesezugriff notwendigen Speicherbereich von 513 Bytes zu reservieren. Ist kein freier Speicher
vorhanden, bricht das Programm mit einer Fehlermeldung ab. Zuvor
wird in der Interrupt-Vektortabelle die Adresse des Original-
CRITICAL-ERROR-Handlers eingetragen.

```
/* 513 Bytes im Arbeitsspeicher zur Aufnahme der zu lesenden Laufwerks- */
/* daten reservieren                                                    */
if((acPuffer=(char *)malloc(513)) == NULL)
{
 /* Kein freier Speicher vorhanden                                      */
 setvect(0x24,alte_critical_adresse);
 fehler_ende("! nicht genügend Speicher vorhanden -> Programmabbruch !\n");
}
```

Es folgt das Vorbereiten und Ausführen der Laufwerks-
Leseoperation über den BIOS-CALL „13H".

```
/*Segment- und Offsetadresse des reservierten Speicherbereichs bestimmen*/
iSegment=FP_SEG(acPuffer);
iOffset=FP_OFF(acPuffer);
```

```
/* Funktionsaufruf zum Lesen von Sektoren auf dem aktuellen LW    */
Register.h.al=1;          /* Anzahl der Sektoren                  */
Register.h.ah=2;          /* Funktionsnummer                     */
Register.h.cl=5;          /* Sektornummer                        */
Register.h.ch=5;          /* Zylindernummer                      */
Register.h.dl=iDisk;      /* Laufwerk                            */
Register.h.dh=0;          /* Kopfnummer                          */
Sregister.es=iSegment;
Register.x.bx=iOffset;
int86x(0x13,&Register,&Register,&Sregister);
```

Beim Eintreten eines TIME-OUT-Fehlers wird der aktuelle Menüpunkt mit einer Fehlermeldung beendet und zum Hauptprogramm
zurückgesprungen. Zuvor muß der allokierte Speicher wieder freigegeben werden.

```
/* Auswerten des BIOS-CALLS                                       */
if (Register.h.ah == 0x80)
{
 /* TIMEOUT-Fehler festgestellt                                   */
 textbackground(RED);
 textcolor(WHITE);
 clrscr();
 gotoxy(1,6);
 cprintf("  Im Laufwerk <%c> befindet sich KEINE Diskette",iDisk+65);
 getch();
 tastatur_loeschen();
 free(acPuffer); /* allokierten Speicher freigeben               */
 return;
}
```

Es folgt das Zusammensetzen und Ausführen des erforderlichen
Befehls zum Lesen des Laufwerk-Labels in der Zeichenkettenva-
riablen „acBefehl". Der DOS-Befehl setzt sich folgendermaßen zusammen:

„vol <Laufwerkname> > papkorb.txt"

Mit Hilfe dieses Befehls wird auf DOS-Ebene durch den Funktionsaufruf „system()" das Label des aktuellen Laufwerks bestimmt und
in der ASCII-Textdatei „papkorb.txt" abgelegt. Der Befehls-Operator
„>" ermöglicht die Umleitung der Ausgabe in eine neue Datei.

```
/* Dos-Befehl "vol" zum Bestimmen des Laufwerks-Labels zusammensetzen   */
if (iDisk == 0) strcpy(acLaufwerk,"a");
if (iDisk == 1) strcpy(acLaufwerk,"b");
strncpy(acBefehl,"",30);
strncpy(acBefehl,"",30);
strcpy(acBefehl,"vol ");
strcat(acBefehl,acLaufwerk);
strcat(acBefehl,": > c:papkorb.txt");
/* Label über DOS-Befehl in der Datei "papkorb.txt" ablegen       */
system(acBefehl);
```

Im Programmablauf folgt das Öffnen der Textdatei „papkorb.txt",
die die gewünschten Label-Informationen enthält. Kann die Datei
nicht geöffnet werden, erfolgt der Programmabbruch. Zuvor wird
der allokierte Speicher wieder freigegeben und die Original-
CRITICAL-ERROR-Adresse in der Interrupt-Vektortabelle restauriert.

```
if((FDatei=fopen("c:papkorb.txt","r")) == NULL)
{
 /* Die Datei kann nicht geöffnet werden                          */
 free(acPuffer); /* allokierten Speicher freigeben                */
 setvect(0x24,alte_critical_adresse);
 fehler_ende("Datei: c:papkorb kann nich geöffnet werden -> Abbruch\n");
}
textbackground(BLUE);
textcolor(LIGHTCYAN);
clrscr();
gotoxy(1,6);
```

Konnte die Textdatei „papkorb.txt" erfolgreich geöffnet werden,
wird deren Inhalt, und dadurch das Laufwerk-Label, in unformatier-
ter Form am Bildschirm ausgegeben.

```
/* Inhalt der Textdatei, Zeile für Zeile, am Bildschirm ausgeben  */
while(feof(FDatei) == 0)
{
 strncpy(acLesen,"",80);
 fscanf(FDatei,"%s",acLesen);
 cprintf("%s ",acLesen);
}
```

Nach dem Quittieren der Stausanzeige und dem Freigeben des allokierten Speichers erfolgt der Rücksprung zum Hauptmenü.

```
getch();
tastatur_loeschen();
free(acPuffer); /* allokierten Speicher freigeben                */
fclose(FDatei); /* geöffneten Dateistream wieder schließen        */
}
/*********************************************************************/
```

Funktion: speicherplatz()

Die Funktion „speicherplatz()" ermöglicht das Bestimmen des freien
Speicherplatzes auf dem als Standard gesetzten Laufwerk. Die Be-
rechnung der freien Speicherkapazität erfolgt, wie bereits im Kapitel
3.6 „Rechnerkonfiguration" beschrieben, über den DOS-Interrupt
„21H" mit der Funktionsnummer „36H". Die DOS „21H"-Schnittstelle
aktiviert beim Auftreten eines Fehlers den CRITICAL-ERROR-
Handler. Aus diesem Grund erfolgt die Bearbeitung der freien Spei-
cherplatz-Berechnung innerhalb einer CRITICAL-ERROR Schleife.
Der dazu notwendige Funktionsablauf wird im Bild 3.36 dargestellt.

```
/*********************************************************************/
void speicherplatz(void)
{
union REGS Register; /* in BORLAND definierte Union              */
int iDisk,iTest;
long int iCluster,iByte_pro_sektor,iByteanzahl,iSektor;
```

Der Funktionsaufruf „getdisk()" bestimmt das als Standard gesetzte
Laufwerk und gibt dessen Laufwerks-Nummer als Integerwert zurück.

```
iDisk=getdisk();
```

Es beginnt die CRITICAL-ERROR-Schleife. Innerhalb der Schleife
erfolgt das Vorbereiten und Ausführen des DOS-Interrupts „21H".
Nach der Interruptausführung wird die globale Variable „iCriti-
cal_information" auf das Eintreten eines schwerwiegenden Fehlers
untersucht. Beim Auftreten eines Fehlers kann der Anwender in der
Fehleranzeigefunktion „critical_fehler_anzeige()" den aktuellen Ablauf wiederholen oder das Programm beenden.

Bild 3.36:
Flußdiagramm
zur Funktion
„speicher-
groesse()"

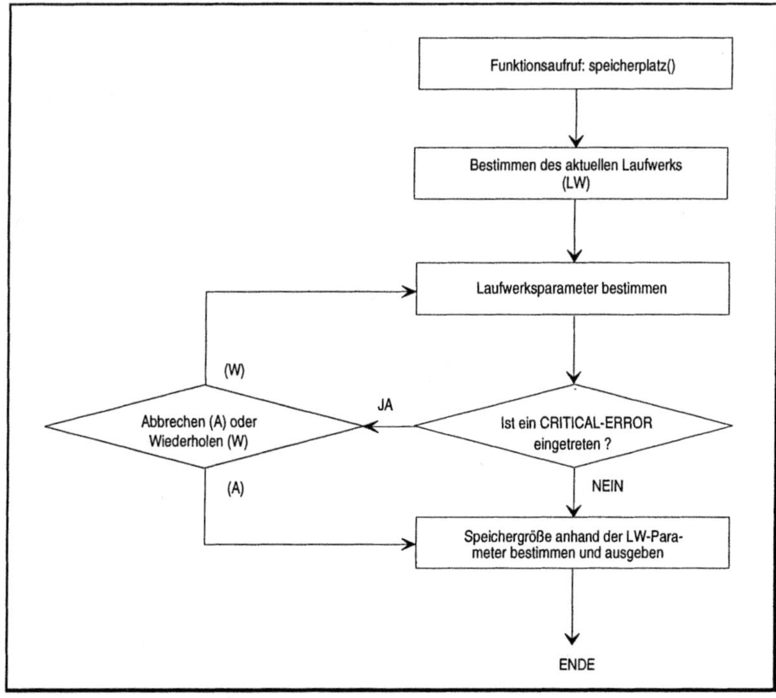

```
/* Critical-Error-Schleife für DOS-Interrupt 21H                          */
do
{
 iTest=WEITER;
 iCritical_information=0;
 /* DOS-Interruptaufruf für Bestimmen der Laufwerksparameter               */
 Register.h.ah=0x36; /* Funktionnummer                                     */
 Register.h.dl=0;    /* Standardlaufwerk                                   */
 int86(0x21,&Register,&Register);
 if(iCritical_information != 0)
 {
  /* Critical-Error ist aufgetreten. Fehleranzeigefunktion starten        */
  iTest=critical_fehler_anzeige(20,8,((RED << 4) | YELLOW));
  cursor_aus();
  if(iTest == ABBRUCH)
  {
   setvect(0x24,alte_critical_adresse);
   ende();
  }
 }
}
while(iTest == WIEDERHOLEN);
```

Die Pseudovariable „Register" enthält nach der Interruptausführung
alle notwendigen Informationen zur Bestimmung der Speichergröße
nach folgendem Zusammenhang:

$$\boxed{\text{Speicherplatz=Sektoren * Bytes pro Sektor * Cluster}}$$

```
iSektor=Register.x.ax;
iCluster=Register.x.bx;
iByte_pro_sektor=Register.x.cx;
iByteanzahl=iSektor*iCluster*iByte_pro_sektor;
window(6,7,76,21);
textbackground(BLUE);
textcolor(LIGHTCYAN);
clrscr();
gotoxy(1,6);
cprintf("  Die maximal freie Speicherkapazität auf Ihren als Standard\n\r");
cprintf("  deklarierten Laufwerk <%c> beträgt: %li
KByte\n\r",iDisk+65,iByteanzahl/1000);
```

Nach dem Quittieren der Speicheranzeige erfolgt der Rücksprung
zum Hauptmenü.

```
window(1,25,80,25);
textbackground(LIGHTGRAY);
textcolor(BLACK);
clrscr();
cprintf(" beliebige Taste drücken -> zurück zum Menü");
getch();
tastatur_loeschen();
}
/******************************************************************************/
```

Funktion: datei()

Diese Funktion demonstriert die Suche nach einer bestimmten Datei auf dem als Standard gesetzten Laufwerk. Die im Beispiel aufgezeigte Suchoperation nach der Datei „test.txt" wird mit Hilfe der „BORLAND C^{++}"-Funktion „findfirst()" realisiert. Der Funktionsaufruf „findfirst()" aktiviert beim Auftreten eines Fehlers den CRITICAL-ERROR-Handler. Aus diesem Grund erfolgt die Abarbeitung der Datei-Suchbearbeitung innerhalb einer CRITICAL-ERROR-Schleife. Der dazu notwendige Funktionsablauf wird im Bild 3.37 dargestellt.

Bild 3.37:
Flußdiagramm
zur Funktion
„datei()"

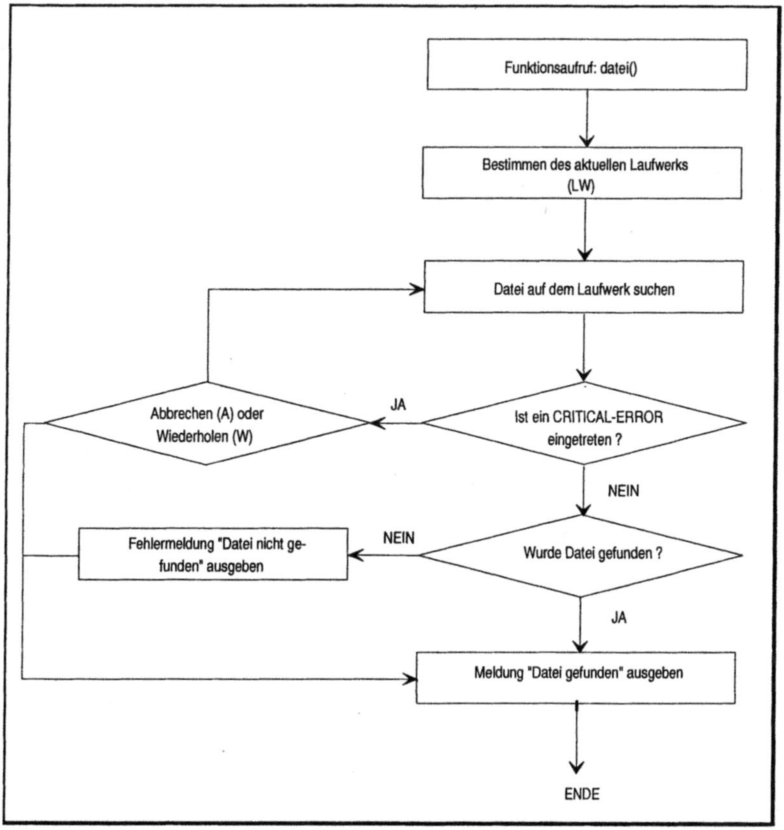

```c
/*******************************************************************/
void datei(void)
{
struct ffblk Dateiinfo; /* in BORLAND definierte Struktur        */
int iDisk,iTest,iTest1;
char acBefehl[30]="";
char cLaufwerk;
```

Der Funktionsaufruf „getdisk()" bestimmt das als Standard gesetzte Laufwerk und gibt dessen Nummer als Integerwert zurück. In der Variablen „cLaufwerk" wird die vorher bestimmte Laufwerksnummer als ASCII-Zeichen abgelegt.

```
/* Bestimmen des aktuellen Laufwerks                       */
iDisk=getdisk();
/* Hilfsvariable, verwaltet aktuelles Laufwerk als ASCII-Zeichen   */
cLaufwerk=(char)iDisk+65;
```

Der Variablen „acBefehl" wird die Path-Angabe „<Laufwerk:>-test.txt" der zu suchenden Datei zugewiesen.

```
/* Suchstring "<Laufwerk>:test.txt" für späteren "findfirst()"-Aufruf  */
/* zusammensetzen                                                       */
acBefehl[0]=cLaufwerk;
strcat(acBefehl,":test.txt");
window(1,25,80,25);
textbackground(LIGHTGRAY);
textcolor(BLACK);
clrscr();
cprintf(" beliebige Taste drücken -> zurück zum Menü");
window(6,7,76,21);
```

Es beginnt die CRITICAL-ERROR-Schleife. Innerhalb der Schleife erfolgt über den nachfolgenden Funktionsaufruf:

```
findfirst(acBefehl,&Dateiinfo,FA_DIRECT)
```

die Dateisuche auf dem Laufwerk. Die Variable „acBefehl" enthält die weiter oben beschriebene Path-Angabe. In der Strukturvariablen „Dateiinfo" werden diverse Datei- und Verzeichnisinformationen der gefundenen Datei abgelegt. Der Parameter „FA_DIRECT" repräsentiert die Absuche nach einen Verzeichnis. Nach einer fehlerfreien Suche übergibt die Funktion „findfirst()" den Wert „0". Bei einem Rückgabewert von „-1" konnte keine entsprechende Datei auf dem aktuellen Laufwerk gefunden werden.. Nach der Interruptausführung wird die globale Variable „iCritical_information" auf das Eintreten eines schwerwiegenden Fehlers untersucht. Beim Auftreten eines Fehlers kann der Anwender in der Fehleranzeigefunktion „critical_fehler_anzeige()" den aktuellen Ablauf wiederholen oder das Programm beenden.

```
do
{ /* Critical-Error-Schleife für "findfirst()"-Funktion            */
  iTest=WEITER;
  iCritical_information=0;
  iTest1=findfirst(acBefehl,&Dateiinfo,FA_DIREC);
  if(iCritical_information != 0)
```

```c
      {
      /* Critical-Error ist aufgetreten                              */
      iTest=critical_fehler_anzeige(20,8,(YELLOW+16*RED));
      cursor_aus();
      if(iTest == ABBRUCH)
      {
       /* Programmende                                               */
       setvect(0x24,alte_critical_adresse);
       ende();
      }
     }
    }
    while(iTest == WIEDERHOLEN);
```

Vor dem Rücksprung zum Hauptprogramm gibt die Funktion dem Anwender ein Hinweisfenster mit dem Ergebnis der Dateisuche am Bildschirm aus.

```c
    if(iTest1 == 0)
    {
    /* "Datei "test.txt" wurde gefunden                             */
    textbackground(BLUE);
    textcolor(LIGHTCYAN);
    clrscr();
    gotoxy(1,6);
    cprintf("  Die Datei: test.txt ist auf dem Laufwerk <%c> vorhanden",iDisk+65);
    }
    else
    {
    /* Datei "test.txt" wurde nicht gefunden                        */
    textbackground(RED);
    textcolor(WHITE);
    clrscr();
    gotoxy(1,6);
    cprintf("  Die Datei: test.txt ist auf dem Laufwerk <%c> NICHT vorhan-
den",iDisk+65);
    }
    getch();
    tastatur_loeschen();
    }
```

Funktion: laufwerk_setzen()

Die Funktion „laufwerk_setzen()" ermöglicht das gezielte Setzen eines bestimmten Laufwerks als Standardlaufwerk. Die Aktivierung eines neuen Standardlaufwerks erfolgt über die Funktion „setdisk(<iDisk)". Dabei repräsentiert die Variable „iDisk" mittels der nachfolgenden Kodierung das neu zu setzende Laufwerk:

⇨ Laufwerk <A> = 0

⇨ Laufwerk <B> = 1

⇨ Laufwerk <C> = 2

⇨ usw.

```
/****************************************************************************/
void laufwerk_setzen(void)
{
. int iDisk,iAnzahl;

 window(1,1,80,25);
 textbackground(BLACK);
 textcolor(WHITE);
 iDisk=getdisk(); /* aktuelles Laufwerk bestimmen                  */
 ++iDisk; /* Laufwerksnummer erhöhen                               */
 if(iDisk > 2) iDisk=0; /* Nur bis Laufwerk C (2) hochzählen       */
 iAnzahl=setdisk(iDisk); /* neue Laufwerksnummer setzen            */
 iAnzahl=iAnzahl;
 textcolor(WHITE);
 gotoxy(71,25);
 cprintf("%c",iDisk+65); /* neues akteulles Laufwerk anzeigen      */
}
/****************************************************************************/
```

3.8.2 Laufwerksbearbeitung in objektorientierter Konvention

Abgesehen von den üblichen Bildausgabestreams innerhalb objektorientierter Programme, enthält das Programm „lausfwer2.cpp" keine besonderen Klassenoperationen. Alle BIOS- und MS-DOS „21H" Interruptaufrufe sind entsprechend dem klassischen Programm „laufwer1.c" aufgebaut.

Programminhalt

Auf Grund der gleichen Programminhalte der beiden Programme „laufwer1.c" und „laufwer2.cpp" wird an dieser Stelle auf eine Wiederholung der Programmbeschreibung verzichtet. Lesen Sie bei Bedarf im Kapitel 3.81 an entsprechender Stelle nach.

Programmdiskussion

Das Programm „laufwer2.cpp" bindet die selbstdeklarierte Klassen-Headerdatei „buch_cpp.h" in den Quellcode ein. Diese Headerdatei stellt die Klasse „INT_HANDLER" zur Verfügung.

```
/****************************************************************************/
/* INCLUDE-DATEIEN                                                      */
#include "buch_cpp.h"
/****************************************************************************/
```

Klassen und Methoden aus der Headerdatei: buch_cpp.h

Die aus der Headerdatei bereitgestellte Klasse „INT_HANDLER" stellt dem Programm „laufwer2.cpp" direkt die Methode „critical_fehleranzeige()" zur Verfügung. Wie in Bild 3.38 „Klassendiagramm" ersichtlich, ist die Klasse „INT_HANDLER" von der Basisklasse „DIVERS" abgeleitet. Durch diese Vererbung werden dem Programm „laufwer2.cpp" indirekt die Methoden cursor_aus(), tastatur_loeschen(), fuellen(), ende() und fehler_ende() bereitgestellt. Der im Programm installierte neue CRITICAL-ERROR- Handler ist, wie bereits im Kapitel 3.7 „Interruptbearbeitung" diskutiert, als Funktion realisiert. Der neue Handler wird ebenfalls aus der Headerklasse „buch_cpp.h" eingebunden. Alle genannten Klassenmethoden und Funktionen wurden bereits weiter oben beschrieben.

Klassendeklaration im Programm

Im Programm-Deklarationsteil werden durch die Anweisung:

```
class menu :: public int_handler
```

der Klasse „MENU" alle Eigenschaften der Header-Klasse „INT_HANDLER" direkt und alle Eigenschaften der Header-Klasse „DIVERS" indirekt vererbt. Die Abbildung 3.38 zeigt den komplexen Vererbungszusammenhang aller beteiligten Klassen auf.

Bild 3.38:
Klassendiagramm zum Programm „LAUFWER2"

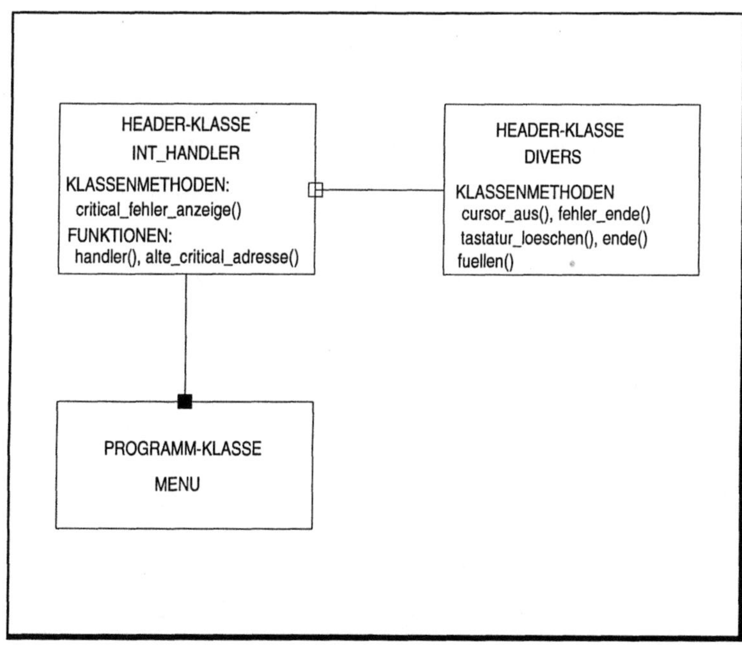

```
/************************************************************************/
class menue : public int_handler {
private:
 constream window,window1,window2,window3,window4,window5;
 fstream FDatei;
 struct ffblk Dateiinfo;
 union REGS Register;
 struct SREGS Sregister;
 char cLaufwerk,*acPuffer,acBefehl[30];
 unsigned int iSegment,iOffset;
 int iTaste_word,iTaste_low_byte,iDisk,iEnde,iTest;
public:
 menue(void);
 ~menue(void){;};
 void ablauf(void);
 void laufwerk_ok(void);
 void schreibschutz(void);
 void label(void);
 void speicherplatz(void);
 void datei(void);
 void laufwerk_setzen(void);
};
/************************************************************************/
```

Konstruktoren und Destruktoren

Im Anweisungsteil des Konstruktors „menu :: menu()" werden einige, für den Programmablauf benötigte" Bildausgabestreams deklariert. Die konkrete Bereitstellung von Speicherplatz für diese Stream-Variablen erfolgt erst im Hauptprogramm, bei der späteren Instanziierung einer Klassenvariablen vom Type „MENU". Die im Deklarationsteil vorhandene Destruktoranweisung „~menu(void){;};" erzeugt einen Leerdestruktor. Das bedeutet, daß im Programm keine „Destruktor-Aufräumarbeiten" benötigt werden.

```
/************************************************************************/
void menue :: menue(void)
{
window.window(1,1,80,25);
window1.window(10,1,70,3);
window2.window(7,8,78,22);
window3.window(6,7,76,21);
window4.window(1,25,80,25);
window5.window(50,25,79,25);
}
/************************************************************************/
```

Klassenmethoden

Alle Klassenmethoden und Funktionen aus dem Programm „laufwer2.cpp" sind im Aufbau und der Ausführung identisch zu den gleichnamigen Funktionen aus dem klassisch aufgebauten Programm „laufwer1.c". Lesen Sie bei Bedarf im vorherigen Kapitel 8.1 an der entsprechenden Stelle nach.

Hauptprogramm

Nach der Inkarnation der Klassenvariablen „programm" vom Objekttyp „MENU" erfolgt der gleiche Ablauf wie in der Main()-Funktion aus Pogramm „laufwer1.c". Vor dem Installieren des neuen CRITICAL-ERROR-Handlers über den Funktionsaufruf „harderr(handler)" wird in der Funktions-Zeigervariablen „alte_critical_adresse" die Adresse des Original-„INT-24H"-Handlers gesichert. Der Funktionsprototyp der Zeigervariablen „alte_critical_adresse" ist in der Klassen-Headerdatei „buch_cpp.h" deklariert. Der Aufruf der Methode „programm.menu()" aktiviert das Hauptmenü des Programms. In diesem Menü kann der Anwender nach Belieben die unterschiedlichen Laufwerks-Operationen selektieren.

```
/**************************************************************************/
/* HAUPTPROGRAMM                                                        */
void main()
{
menue programm;

alte_critical_adresse=getvect(0x24);
harderr(handler);
programm.ablauf();
setvect(0x24,alte_critical_adresse);
programm.ende();
}
/**************************************************************************/
```

3.9   Druckerbearbeitung

Der Drucker ist auch in der heutigen Zeit nach wie vor mit Abstand das wichtigste PC-Ausgabegerät. Jeder Anwender bzw. Programmierer steht immer wieder vor der Aufgabe, Informationen der unterschiedlichsten Art am Drucker auszugeben. Für den Programmierer stehen dazu im wesentlichen zwei sinnvolle Möglichkeiten zur Verfügung. Zum einen kann er über die bekannten BIOS- bzw. MS-DOS-„INT 21H"-Interruptfunktionen den Drucker ansprechen. Zum anderen stellen die Hochsprachen-Entwicklungswerkzeuge, wie beispielsweise „BORLAND C++", diverse Funktionen zur Druckerausgabe bereit. Die beiden in diesem Kapitel diskutierten Funktionen „drucker1.c" und „drucker2.cpp" demonstrieren keine Drucker-Zeichenausgaben, sondern behandeln programmtechnisch wichtige Druckertest-Operationen. Gibt ein Programm Daten an den Drucker aus, muß, um Systemabstürzen vorzubeugen, sichergestellt sein, daß ein Drucker betriebsbereit installiert ist. Ein weiterer wichtiger Aspekt besteht darin, während der Druckausgabe die Aktionen des Druckers über den sogenannten „Druckerstatus" zu kontrollieren.

3.9.1   Druckertest in klassischer „C"-Konvention

Die „BORLAND C^{++}"-Funktionsbibliothek stellt zur Druckerausgabe u.a. die Funktion „fprintf()" zur Verfügung. Ist es der Funktion nicht möglich, ein Zeichen oder eine Zeichenkette an den Drucker zu übertragen, wird ein CRITICAL-ERROR ausgelöst. Dieser Umstand kann dazu benützt werden, eine klare Aussage darüber zu treffen, ob ein Drucker im System installiert ist oder nicht.

---

int fprintf(stdprn, char *Formatstring, Argument [Argument, Argument ,Argument,........])

Headerdatei: stdio.h

Funktionalität:

„fprintf()" gibt eine Folge von Argumenten, in der durch den Ausdruck „Formatstring" enthaltenen Konvention, am Drucker aus. Die Funktion erwartet mindestens einen Formatstring, über den die Anzahl der Druckausgaben und das entsprechende Format festgelegt wird. Bei einer fehlerfreien Abarbeitung liefert „fprintf()" die Anzahl der ausgegebenen Argumente, im Fehlerfall die File-Endekennung „EOF" zurück.

Mit Hilfe des BIOS-CALLS „17H", dem Druckerinterrupt, ist es neben der Zeichenausgabe möglich, den Druckerstatus zu einem beliebigen Zeitpunkt abzufragen. Vor dem Funktionsaufruf „int86 (0x17, &Register, &Register)" müssen durch die Pseudovariablen Register.h.ah, Register.h.al und Register.x.dx dem Interrupthandler folgende Informationen übergeben werden:

⇨ Register.h.ah=0:   Funktionsnummer zur Bestimmung des Druckerinterrupts

⇨ Register.h.al=Zeichen: ASCII-Zeichencode des am Drucker auszugebenden Zeichens

⇨ Register.x.dx=0:   Druckerport (0=LPT1,1=LPT2,2= LPT3)

Nach dem Funktionsaufruf enthält die Pseudovariable „Register.-h.ah den in Tabelle 3.16 kodierten Druckerstatus.

Tabelle 3.16:
Druckerstatus-
wort

Register.h.ah	Bedeutung (Bitwert=„1")
Bit 7	Drucker bereit (BUSY)
Bit 6	Rückmeldung des Druckers (ACK)
Bit 5	Kein Papier vorhanden (PE)
Bit 4	Printer ist ONLINE (SLCT)
Bit 3	I/O-Fehler (ERROR)
Bit 2	Unbenutzt
Bit 1	Unbenutzt
Bit 0	Drucker antwortet nicht (TIMEOUT)

Programminhalt

Wie im Bild 3.39 dargestellt, bietet das Programm „drucker1.c" dem
Anwender die folgenden Auswahlmöglichkeiten, um einen angeschlossenen Drucker auf dessen Betriebsbereitschaft zu testen.

⇨ ⒈: Druckertest

⇨ ⒉: Druckertest mit Statusanzeige

Bild 3.39:
Hauptmenü
zum Programm
„DRUCKER1"

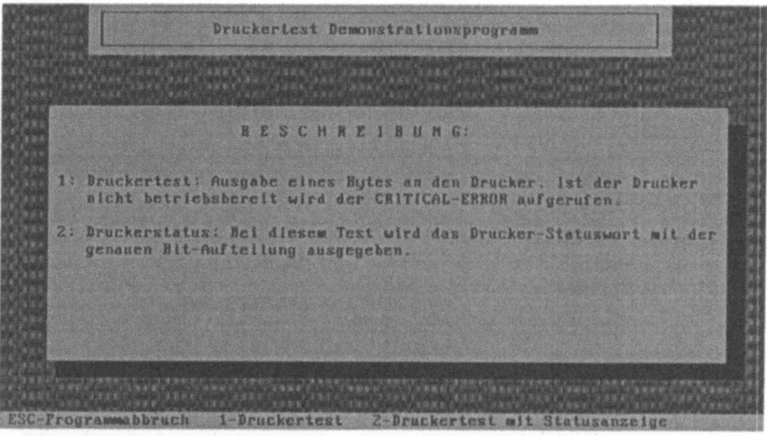

Druckertest: Durch Drücken von ⒈ versucht das Modul, ein Zei-
chen am Drucker auszugeben. Bei erfolgreicher Zeichenausgabe er-
scheint am Bildschirm die Nachricht "Der Drucker ist betriebsbereit".
Tritt ein Fehler auf, wird der neuinstallierte CRITICAL-ERROR-
Handler aktiviert, welcher seinerseits die in Bild 3.40 dargestellte
Fehlermeldung am Monitor ausgibt.

Bild 3.40:
Auftreten eines
Fehlers beim
Druckertest
(Menüpunkt 1)

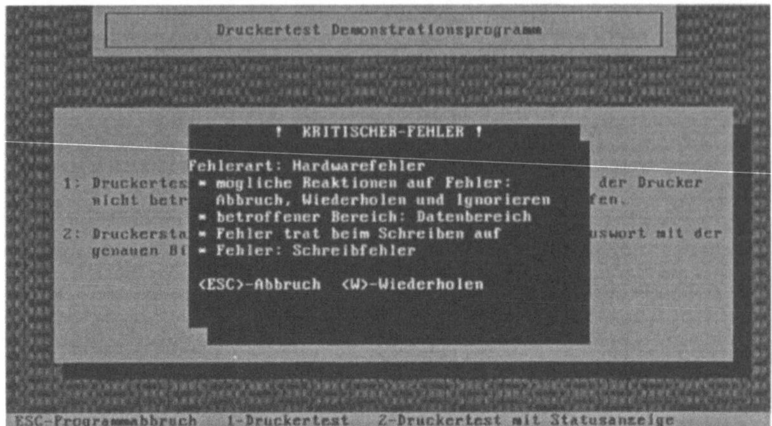

Druckertest mit Statusanzeige: Durch Drücken von ⟨2⟩ wird ebenfalls versucht, ein Zeichen auf dem Drucker auszugeben. Dabei erfolgt die Zeichenausgabe, jedoch nicht über die Funktion „fprintf()", sondern über den Druckerinterrupt „17H" mit der Funktionsnummer „00H". Nach der Funktionsausführung gibt der BIOS-CALL, wie in Bild 3.41 dargestellt, den Druckerstatus zurück. Die beiden vorgestellten Drucker-Testvarianten reichen in der Regel aus, um eine fehlerfreie Druckerbearbeitung innerhalb eines „C/C^{++}"-Programmes zu realisieren. Den gesamten Ablauf von Programm „drucker1.c" verdeutlicht das Flußdiagramm in Bild 3.42.

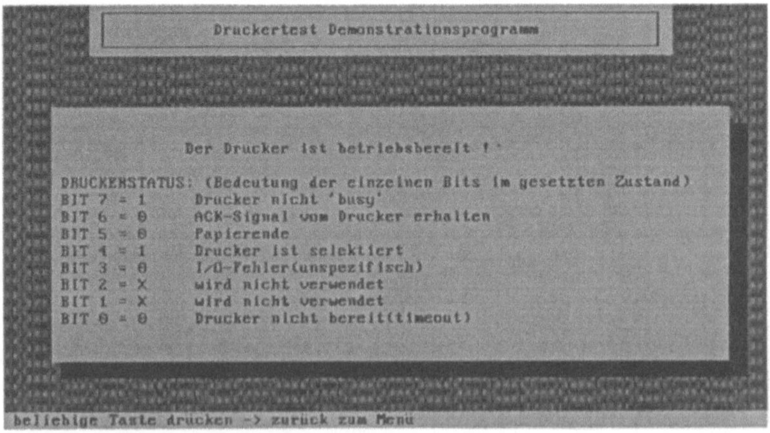

Bild 3.41:
Ausgabe des
Druckerstatus
(Menüpunkt 2)

Programmdiskussion

Das Programm bindet die selbstdeklarierte Headerdatei „buch.h" in den Quellcode ein. Alle benötigten Funktionen werden weiter unten aufgeführt.

```
/**************************************************************************/
/* INCLUDE-DATEIEN                                                      */
#include "buch.h"
/**************************************************************************/
```

Im Abschnitt „Funktionsprototypen" erfolgt die für das Sichern der Original-CRITICAL-ERROR-Adresse notwendige Deklaration der Funktions-Zeigervariablen „alte_timer_adresse".

```
/**************************************************************************/
/* FUNKTIONSPROTOTYPEN                                                 */
void interrupt (*alte_timer_adresse)(void);
...
...
...
/**********************************************************************/
```

Bild 3.42:
Flußdiagramm
zu Programm
„DRUCKER1"

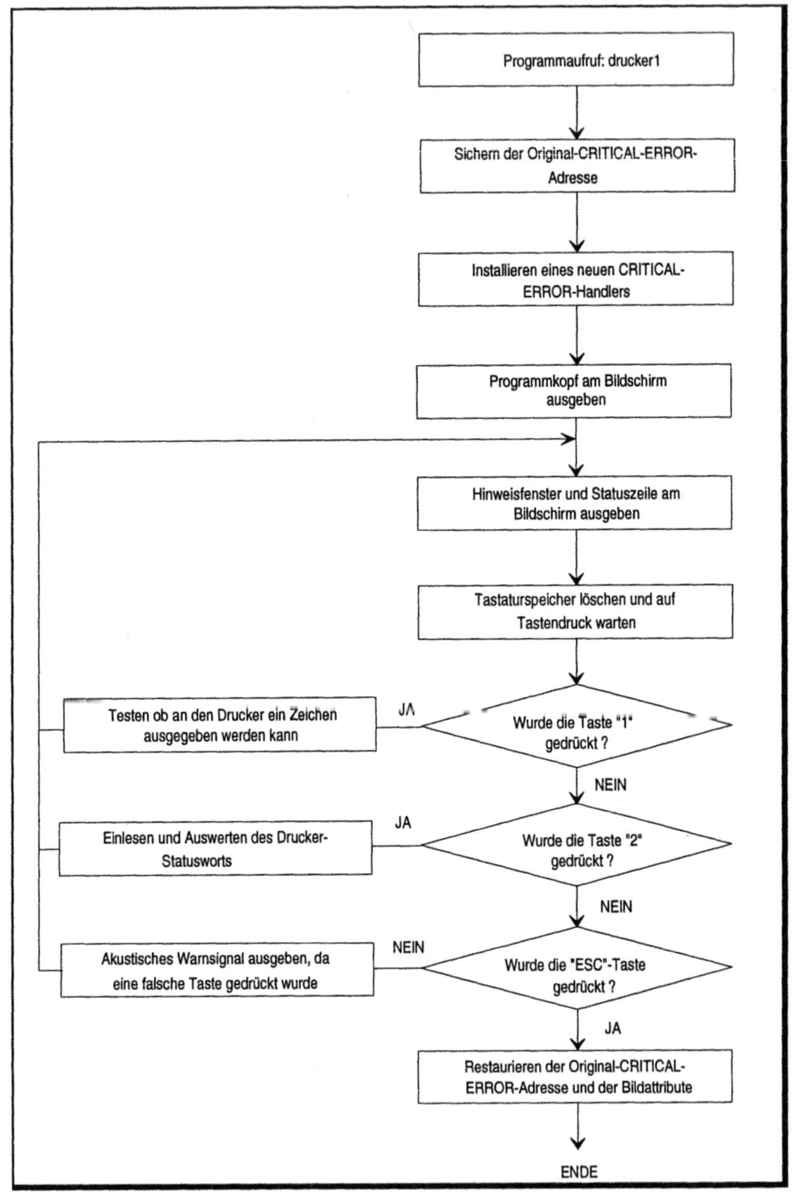

Funktion: main()

Zu Beginn sichert das Hauptprogramm in der Funktions-Zeiger-Variablen „alte_critical_adresse" die Original-CRITICAL-ERROR-Adresse. Im Anschluß wird der neue „INT-24H"-Handler durch den Funktionsaufruf „harderr()" installiert. Die Funktion „menu()" verwaltet den eigentlichen Programmablauf mit den entsprechenden Druckertests.

```
/**********************************************************************/
/* HAUPTPROGRAMM                                                     */
void main()
{
/* Sichern der Orginal-CRITICAL-ERROR-Adresse                       */
alte_critical_adresse=getvect(0x24);
/* Installieren des neuen CRITICAL-ERROR-Handlers                   */
harderr(handler);
/* Aktivieren des Hauptmenüs mit den entsprechenden Druckertests    */
menue();
}
/**********************************************************************/
```

Funktionen aus der Headerdatei: buch.h

Die Headerdatei „buch.h" stellt dem Programm „drucker1.c" die Funktionen cursor_aus(), tastatur_loeschen(), fuellen(), ende(), handler() und critical_fehler_anzeige() zur Verfügung. Alle genannten Funktionen wurden bereits an anderer Stelle diskutiert.

Funktion: menu()

Die Funktion verwaltet und steuert den gesamten Programmablauf. Nachdem der Programmkopf ausgegeben wurde, erfolgt in einer Endlosschleife die Ausgabe eines Hinweisfensters, der Statuszeile, sowie der Abfrage nach dem gewünschten Druckertest. Durch Drücken von [Esc] kann das Programm beendet werden. Vorher wird die Original-CRITICAL-ERROR-Adresse in die Vektortabelle eingetragen.

```
/**********************************************************************/
void menue(void)
{
int iTaste_word, iTaste_low_byte;

/* Ausgabe des Programmkopfes                                       */
cursor_aus();
gotoxy(1,1);
fuellen(177,23,2000);
window(10,1,70,3);
textbackground(LIGHTGRAY);
textcolor(BLACK);
clrscr();
cprintf(" +-----------------------------------------------------+\r\n");
```

```c
cprintf(" ¦             Druckertest Demonstrationsprogramm              ¦\r\n");
cprintf(" +------------------------------------------------------------+");
/* Die folgende Endlosschleife kann nur durch Drücken der ESC-Taste   */
/* beendet werden.                                                     */
do
{
 /* Aufbau eines Hinweisfensters                                      */
 window(7,8,78,22);
 textbackground(BLACK);
 clrscr();
 window(6,7,76,21);
 textbackground(BLUE);
 textcolor(LIGHTCYAN);
 clrscr();
 gotoxy(20,2);
 cprintf(" B E S C H R E I B U N G:");
 gotoxy(1,5);
 cprintf(" 1: Druckertest: Ausgabe eines Bytes an den Drucker. Ist der \
Drucker\n\r");
 cprintf("    nicht betriebsbereit wird der CRITICAL-ERROR aufgerufen.\
\n\r\n");
 cprintf(" 2: Druckerstatus: Bei diesem Test wird das Drucker-Statuswort\
mit der\n\r");
 cprintf("    genauen Bit-Aufteilung ausgegeben.");
 window(1,25,80,25);
 textbackground(LIGHTGRAY);
 textcolor(BLACK);
 clrscr();
 /* Ausgabe einer Statuszeile                                         */
 cprintf(" ESC-Programmabbruch   1-Druckertest   2-Druckertest mit \
Statusanzeige");
 textcolor(RED);
 gotoxy(2,1);
 cprintf("ESC");
 gotoxy(24,1);
 cprintf("1");
 gotoxy(40,1);
 cprintf("2");
 window(6,7,76,21);
 tastatur_loeschen(); /* Tastaturspeicher löschen                     */
 iTaste_word=bioskey(0); /* Auf Tastendruck warten                    */
 iTaste_low_byte=iTaste_word & 0x00FF;
 /* Tastendruck auswerten                                             */
 switch(iTaste_low_byte)
 {
  /* Wurde die ESC-Taste gedrückt erfolgt das Programmende            */
  case TASTE_ESC: setvect(0x24,alte_critical_adresse);
       ende();
       break;
  /* Testen ob Zeichen an den Drucker ausgegeben werden kann          */
  case TASTE_1:  test1(); break;
  /* Das Drucker-Statuswort einlesen und auswerten                    */
  case TASTE_2:  test2(); break;
  /* Akustisches Warnsigal bei einem falschen tastendruck ausgeben    */
  default: sound(1000); delay(500); nosound(); break;
 }
}
while(1);
/* Ende der Endlosschleife                                             */
}
/**********************************************************************/
```

Funktion: test1()

Die Funktion „test1()" realisiert den Druckerbereitschafts-Test aus
dem Menüpunkt 1. Innerhalb einer CRITICAL-ERROR-Schleife versucht die Funktion, ein Zeichen am Drucker auszugeben.

```
/****************************************************************************/
void test1(void)
{
int iTest,iTest1;
```

Es beginnt die CRITICAL-ERROR-Schleife. Innerhalb dieser Schleife
wird über die Fun•ktion „fprintf()" versucht, ein Leerzeichen am
Drucker auszugeben.

```
/* Critical-Error-Schleife für Zeichenausgabe an den Drucker          */
do
{
iTest=WEITER;
iCritical_information=0;
/* Leerzeichen an Drucker ausgeben                                    */
iTest1=fprintf(stdprn," ");
```

Über die globale Variable „iCritical_information", die durch einen
CRITICAL-ERROR gesetzt wird, kann festgestellt werden, ob ein
„INT-24H" eingetreten ist. Bei einem Wert ungleich „0" wurde ein
CRITICAL-ERROR aktiviert. Ist dies der Fall, ruft der neue Handler
die Funktion „critical_fehler_anzeige()" auf, die dem Anwender eine
genaue Fehlerbeschreibung liefert. Der Anwender muß sich für eine
Reaktion auf den Fehler (Abbrechen, Wiederholen) entscheiden.

```
if(iCritical_information != 0)
{
 /* Ein Critical-Error ist aufgetreten                                */
 iTest=critical_fehler_anzeige(20,8,(YELLOW+16*RED));
 cursor_aus();
 if(iTest == ABBRUCH)
 {
  setvect(0x24,alte_critical_adresse);
  ende();
 }
}
}
while(iTest == WIEDERHOLEN);
```

Beinhaltet die globale Variable „iCritical_information" den Wert „0",
dann konnte das Zeichen ordnungsgemäß am Drucker ausgegeben
werden. Diese Information wird durch den Hinweis „Der Drucker
ist betriebsbereit" am Bildschirm dargestellt. Nach einem anschließenden Tastendruck aktiviert das Programm das Hauptmenü.

```c
/* Das Zeichen konnte an den Drucker ausgegeben werden          */
if(iTest1 == 1)
{
  window(6,7,76,21);
  textbackground(BLUE);
  textcolor(LIGHTCYAN);
  clrscr();
  gotoxy(1,6);
  cprintf("              Der Drucker ist betriebsbereit !\n\r\n");
}
window(1,25,80,25);
textbackground(LIGHTGRAY);
textcolor(BLACK);
clrscr();
cprintf(" beliebige Taste drücken -> zurück zum Menü");
tastatur_loeschen();
getch();
}
/************************************************************************/
```

Funktion: test2()

Die Funktion „test2()" verkörpert den „Druckertest mit Status-
ausgabe" im Menüpunkt 2. Wie bei dem Modul „test1()", wird auch
hier versucht, ein Zeichen am Drucker auszugeben. Die Zeichenausgabe basiert auf dem Druckerinterrupt „17H". Dieser BIOS-CALL
ermöglicht über die Funktionsnummer „00H" eine Zeichenausgabe
mit einer anschließenden Fehler-Bewertung über das Druckerstatuswort. Nach der Interruptausführung dekodiert die Funktion das
kodierte Druckerstatuswort, das in der Pseudovariablen „Regis-
ter.h.ah" abgelegt wird.

```c
/************************************************************************/
void test2(void)
{
union REGS Register;
int iTest;

window(1,25,80,25);
textbackground(LIGHTGRAY);
textcolor(BLACK);
clrscr();
cprintf(" beliebige Taste drücken -> zurück zum Menü");
window(6,7,76,21);
/* Funktionsaufruf zur Abfrage des Druckerstatusworts          */
Register.h.ah=2; /* Funktionsnummer                            */
Register.h.al=' '; /* Auszugebendes Zeichen                    */
Register.x.dx=0; /* Druckerport = LPT1                         */
int86(0x17,&Register,&Register);
iTest=Register.h.ah; /* Statuswort in Variable iTest schreiben  */
/* Alle Bits des Druckerstatusworts werden ausgewertet und am Bild- */
/* ausgegeben                                                  */
textbackground(BLUE);
textcolor(LIGHTCYAN);
clrscr();
```

```
gotoxy(1,3);
cprintf(" DRUCKERSTATUS: (Bedeutung bei jeweils gesetztem Bit '1')\n\r\n");
cprintf(" BIT 7 = %i        Drucker nicht 'busy'\n\r",(iTest & 0x80) >> 7);
cprintf(" BIT 6 = %i        ACK-Signal vom Drucker erhalten\n\r",(iTest & 0x40) >>
6);
cprintf(" BIT 5 = %i        Papierende\n\r",(iTest & 0x20) >> 5);
cprintf(" BIT 4 = %i        Drucker ist selektiert\n\r",(iTest & 0x10) >> 4);
cprintf(" BIT 3 = %i        I/O-Fehler(unspezifisch)\n\r",(iTest & 0x08) >> 3);
cprintf(" BIT 2 = X         Wird nicht verwendet\n\r");
cprintf(" BIT 1 = X         Wird nicht verwendet\n\r");
cprintf(" BIT 0 = %i        Drucker nicht bereit(timeout)\n\r",(iTest & 0x01));
getch();
tastatur_loeschen();
}
/*****************************************************************************/
```

3.9.2   Druckertest in objektorientierter Konvention

Das objektorientierte Programm „drucker2.cpp" benützt die gleichen
Druckertest-Funktionen wie Programm „drucker1.c". Desweiteren
werden auch keine speziellen Klassenmethoden eingesetzt. Ziel
dieses Programmes ist es, dem Leser den Unterschied zwischen den
beiden unterschiedlichen Programmiertechniken aufzuzeigen.

Programminhalt

Auf Grund der identischen Funktionsinhalte der beiden Programme
„drucker1.c" und „drucker2.cpp" wird auf eine erneute Beschreibung des Programminhalts verzichtet. Lesen Sie bei Bedarf im Kapitel 3.9.1 an entsprechender Stelle nach.

Programmdiskussion

Das Programm „drucker2.cpp" bindet die beiden Headerdateien
„buch_cpp.h" und „stdio.h" in den Quellcode ein. Bei der Datei
„stdio.h" handelt es sich um ein „BORLAND C^{++}"-File. Die selbstdeklarierte Headerdatei „buch_cpp.h" stellt dem Programm u.a. die
Klasse „INT_HANDLER" mit den weiter unten aufgeführten Methoden zur Verfügung..

```
/*****************************************************************************/
/* INCLUDE-DATEIEN                                                          */
#include "buch_cpp.h"
#include <stdio.h>
/*****************************************************************************/
```

Klassen und Methoden aus der Headerdatei: buch_cpp.h
Die aus der Headerdatei eingebundene Klasse „INT_HANDLER"
stellt dem Programm „laufwer2.cpp" direkt die Methode „critical_-

fehleranzeige()" bereit. Die Klasse „INT_HANDLER" ist, wie in Bild 3.43 dargestellt, ihrerseits von der Basis-Klasse „DIVERS" abgeleitet. Durch diese Vererbung werden dem Programm „drucker2.cpp" indirekt die Methoden cursor_aus(), tastatur_loeschen(), fuellen und ende() übergeben. Der im Programm neuinstallierte CRITICAL-ERROR-Handler „handler()", sowie die Funktions-Zeigervariable „alte_critical_adresse()" werden ebenfalls aus der Headerdatei „buch_cpp.h", jedoch als gewöhnliche Funktionen, eingebunden. Alle genannten Klassen und Methoden wurden bereits weiter oben ausführlich diskutiert.

Bild 3.43:
Klassendiagramm zum Programm „DRUCKER2"

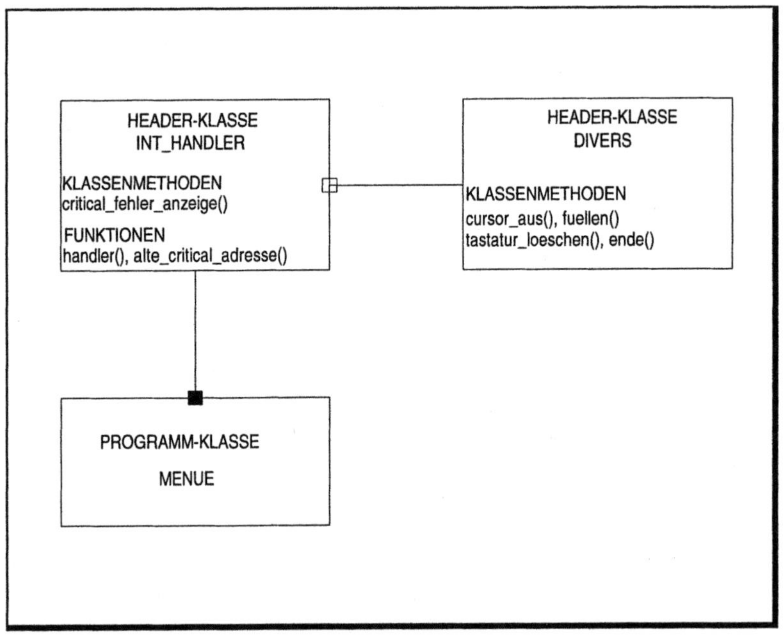


```
/*********************************************************************/
class menue : public int_handler {
private:
 constream window,window1,window2,window3,window4;
 int iTaste_word, iTaste_low_byte,iTest,iTest1;
public:
 menue(void);
 ~menue(void){;};
 void ablauf(void);
 void test1(void);
 void test2(void);
};
/*********************************************************************/
```

Konstruktoren und Destruktoren

Die Größe des erforderlichen Konstruktor-Anweisungsteils erfordert es, den Konstruktor außerhalb des Deklarationsteils zu definieren. Im Konstruktor „menue :: menue(void)" werden fünf Bildausgabestreams kreiert. Wie üblich, erfolgt das entsprechende Bereitstellen von Speicherplatz im Hauptprogramm bei der späteren Instanziierung von Klassenvariablen des Typs „MENUE". Der Leer-Destruktor „~menue(void){;}" zeigt an, daß keinerlei Destruktoranweisungen im Programmablauf benötigt werden.

```
/****************************************************************************/
void menue :: menue(void)
{
window.window(1,1,80,25);
window1.window(10,1,70,3);
window2.window(7,8,78,22);
window3.window(6,7,76,21);
window4.window(1,25,80,25);
}
/****************************************************************************/
```

Klassenmethoden

Alle im Programm „drucker2.cpp" aufgeführten Klassenmethoden und Funktionen sind in Aufbau und in der Ausführung identisch zu den gleichnamigen Funktionen aus dem Programm „drucker1.c". Dies gilt auch für die Klassenmethode „menue.ablauf()", die im Programm „drucker1.c" den Funktionsnamen „menue()" besitzt.

Hauptprogramm

Im Deklarationsteil der Main()-Funktion erfolgt die Inkarnation der Klassenvariablen „programm". Bevor das Programm den neuen CRITICAL-ERROR-Handler installiert, wird zuvor in der Funktions-Zeigervariablen „alte_critical_adresse" die Original-CRITICAL-ERROR-Adresse gesichert. Der Aufruf der Klassenmethode „programm.ablauf()" aktiviert das Hauptmenü. In diesem Menü hat der Anwender die Möglichkeit, die entsprechenden Druckertest-Operationen auszuwählen.

```
/****************************************************************************/
/* HAUPTPROGRAMM                                                          */
void main()
{
menue programm;

/* sichern der orginal Critical-Error-Adresse                            */
```

```
alte_critical_adresse=getvect(0x24);
/* Installieren des neuen Critical-Error-Handlers                  */
harderr(handler);
/* Aktivieren des Hauptmenüs                                       */
programm.ablauf();
}
/*********************************************************************/
```

3.10 Sprachausgabe über den PC-Lautsprecher

Für den Soft- und Hardwareentwickler war es schon immer eine Herausforderung, Sprache über den Computer auszugeben. Noch vor einigen Jahren kamen nur diejenigen PC-Spezialisten in den Genuß der PC-Sprachausgabe, die sich die erforderlichen Soft- und Harware-Module in zeitraubenden Eigenentwicklungen individuell anfertigten. Heutzutage ist es jedem Anwender durch Zukauf von Sound- und Spracherweiterungskarten möglich, digitale Klangerlebnisse aus dem PC herauszukitzeln. Die meisten Soundkarten beinhalten jedoch oft nicht benötigte, technische Features, wie beispielsweise eine CD-ROM-Schnittstelle, einen MIDI-Eingang zum Anschluß eines Musikinstruments oder vielleicht aufwendige Anwendersoftware, die für teueres Geld mitbezahlt werden müssen. Die Zusatzkarten bieten zwar eine beeindruckende Klangqualität, deren Realisierung aber wiederum einen enormen Speicherbedarf im PC erfordert. Daher ist die Aufnahmezeit sehr begrenzt. Letztendlich reicht in den meisten Anwendungsfällen eine niedrige Sprachqualität, wie man sie beispielsweise beim Telefon kennt. Die beiden in diesem Kapitel vorgestellten Programme „sprache1.c" und „sprache2.cpp" realisieren eine Spracheingabe über die im Kapitel 2 vorgestellte, einfache Aufnahmehardware. Die so aufgenommene Sprache kann über jeden gewöhnlichen PC-Lautsprecher gut verständlich ausgegeben werden. Dadurch ist es dem Programmierer möglich, mit einem minimalen Speicheraufwand, eine Sprachausgabe in eigene C-Anwendungen zu integrieren.

3.10.1 Allgemein

Wie im Kapitel 2 „Hardwarebestandteile" beschrieben, erfolgt die Sprachaufnahme über eine selbstgefertigte, einfache Aufnahmeschaltung. Diese Schaltung wird über einen 25-poligen DB-Stecker an die Centronics-Buchse (Drucker-Port) des PCs angeschlossen.

Die Spracheingabe erfolgt über ein einfaches, preiswertes (500-Ohm) Mikrophon, das über einen 3,5 mm Klinkenstecker mit der Schaltung verbunden ist. Die Sprachausgabe erfolgt über den gewöhnlichen PC-Lautsprecher oder einen externen Lautsprecher, der am PC-Druckerport an einem 5 Watt NF-Verstärker betrieben wird. Bild 3.44 zeigt den Verbindungsaufbau aller Koppelpunkte zwischen der Sprachaufnahme- / Wiedergabeschaltung und der PC-Centronics-Buchse.

Bild 3.44:
Verbindungs-
aufbau zwi-
schen
Sprachauf-
nahme-
Hardware und
PC

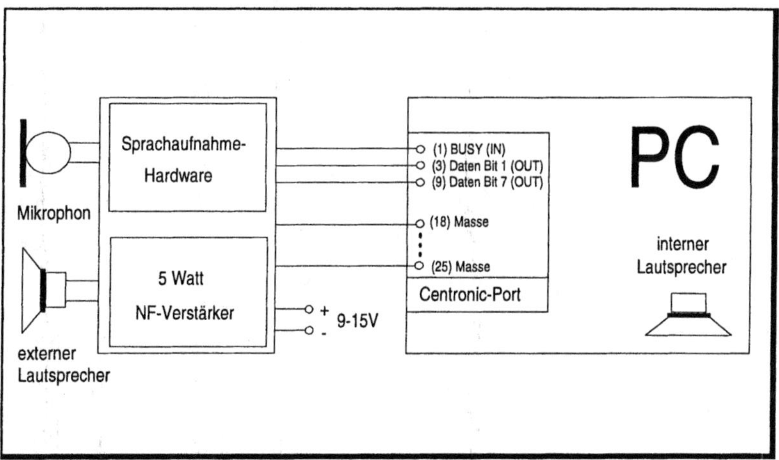

Kernfunktionen zur Sprachaufnahme- / wiedergabe: Die Programme „sprache1.c" und „sprache2.cpp" beinhalten jeweils die beiden Assemblerroutinen „LAUT_EIN(...)" und „LAUT_ AUS(...)". Mit Hilfe dieser Routinen findet die eigentliche Spracheingabe- und -wiedergabe auf unterster Maschinenebene statt. Die Routine „LAUT_EIN(...)" steuert dabei den im Hardwarekapitel beschriebenen „Deltamodulator" und speichert alle eingelesenen Sprachdatenwerte in einem globalen Pogrammvariablen-Bereich. Die Funktion „LAUT_AUS(...)" liest in einem bestimmten Zeittakt alle gesicherten Sprachdatenwerte aus dem Datenspeicher und sendet Bit für Bit an den PC- oder externen Lautsprecher. Auf eine ausführliche Beschreibung der Assemblerschnittstelle wird an dieser Stelle verzichtet, die Programmdiskussion würde den Rahmen dieses Buches sprengen. Mit Hilfe der folgenden Funktionsbeschreibung sollte eine Integration der Module in eigene Anwendungen keine Schwierigkeiten bereiten.

---

int LAUT_EIN(int Speed, char *Speicher, int Länge, int Port)

Quelle: In der Objektdatei „sprache.obj"

Funktionalität:

Mit Hilfe der Assemblerfunktion „LAUT_EIN()" kann eine über die Sprachhardware aufgenommene Sprachsequenz in der Feld-Variablen „Speicher" mit der Byte-Anzahl „Länge" abgelegt werden. Dabei wird die über das Mikrophon eingelesene Sprache, in Abhängigkeit von der Variablen „Speed", abgetastet. Das Druckerstatusregister der Centronics-Schnittstelle muß an der IO-Adresse „Port" (3BDH, 379H oder 279H) liegen. Die Funktion übergibt dem aufrufenden Programm die Anzahl der eingelesenen Sprachdatenwerte zurück.

---

void LAUT_AUS(int Speed, char *Speicher, int Länge, int Port)

Quelle: In der Objektdatei „sprache.obj"

Funktionalität:

Die Funktion „LAUT_AUS()" gibt eine im Speicher „Speicher" abgelegte Sprachsequenz mit der Byte-Anzahl „Länge" am PC-Lautsprecher (Port = 61H) oder am Druckerport (IO-Adressen 3BCH, 378H oder 278H, am Pin 3) aus. Der zeitliche Ausgaberahmen ist von der Rechnertaktfrequenz abhängig und kann durch die Variable „Speed" gesteuert werden.

Drucker-Port: Wie bereits erwähnt, wird die Sprachaufnahme- / wiedergabehardware an der Centronics-Schnittstelle (Druckerport) des PCs angeschlossen. Dabei ist es dringend erforderlich, die Schnittstelle auf den gleichen IO-Adreßraum einzustellen, welcher bei den Übergabeparametern „Port" der Assemblerfunktionen „LAUT_EIN()" und „LAUT_AUS()" angegeben wird. Beim PC sind die in Tabelle 3.17. aufgezeigten IO-Adreßbereiche für parallele Schnittstellen reserviert.

Tabelle 3.17:
Portadressen der Centronics-Schnittstelle

IO-Adressbereich	Schnittstelle
3BCH bis 3BFH	parallele Schnittstelle auf der MDA-Grafikkarte
378H bis 37FH	1. parallele Schnittstelle
278H bis 27FH	2. parallele Schnittstelle

Basisadresse des Druckerports: Gewöhnlich ist eine Drucker-
schnittstelle (LPT1) mit dem Adressbereich „378H bis 37FH" im PC
installiert. Die Basisadresse des I/O-Bereiches kann auch mit dem
„DOS-Debugger" bestimmt werden. Starten Sie zuerst den Debugger
auf der DOS-Kommandoebene durch Eingabe von „DEBUG ⏎".
Nach der Befehlseingabe „d 40:0 ⏎" erscheint am Bildschirm beispielsweise folgende Zeile:

„0040 : 0000   F8   03   ...."

Vertauscht man nun die beiden Datenbytes „F8" und „03" (03F8)
und subtrahiert im Anschluß den Wert „1" (03F8-1), so erhält man
die Basisadresse des Druckerports; im Beispiel „ 03F7".

Register des Druckerports: Jede der drei möglichen Drucker-
schnittstellen besitzen ein einheitliches Registerinterface, das aus
drei Ports besteht. Die Register belegen die ersten drei Adressen des
Schnittstellen-I/O-Adressbereichs. Für die Sprachausgabe sowie -
wiedergabe sind nur die ersten beiden Register von Bedeutung. Die
Tabellen 3.18 und 3.19 geben einen Überblick über die relevanten
Ports „Datenregister" und „Drucker-Statusregister". In den Tabellen
werden die für die Sprachbearbeitung erforderlichen Bits fett gekennzeichnet.

Tabelle 3.18:
Drucker-
Datenregister

Bitposition	Leitungs-Bedeutung
Bit 7 / Pin 9	**Datenleitung 7 (Deltamodulator, Ausgang bei Sprachaufnahme)**
Bit 6 / Pin 8	Datenleitung 6
Bit 5 / Pin 7	Datenleitung 5
Bit 4 / Pin 6	Datenleitung 4
Bit 3 / Pin 5	Datenleitung 3
Bit 2 / Pin 4	Datenleitung 2
Bit 1 / Pin 3	**Datenleitung 1 (Sprachwiedergabe über externen Lautsprecher)**
Bit 0 / Pin 2	Datenleitung 0
Portadressen:	MDA mit par. Schnittstelle = 3BCH 1. parallele Schnittstelle = 378H 2. parallele Schnittstelle = 278H

Tabelle 3.19:
Drucker-
Statusregister

Bitposition	Leitungs-Bedeutung
Bit 7 / Pin 11	**BUSY (Deltamodulator, Eingang bei Sprachauf- nahme)**
Bit 6 / Pin 10	ACK (Drucker ist für nächstes Zeichen bereit)
Bit 5 / Pin 12	PE (Kein Papier im Drucker)
Bit 4 / Pin 13	SLCT (Drucker ist ON-LINE)
Bit 3 / Pin 15	ERROR (Fehler)
Bit 2	Nicht belegt
Bit 1	Nicht belegt
Bit 0	Nicht belegt
Portadressen:	MDA mit paralleler Schnittstelle = 3BDH 1. parallele Schnittstelle = 379H 2. parallele Schnittstelle = 279H

Datenein- / Ausgabeleitungen des Druckerports: Wie aus den
Tabellen 3.18 und 3.19 ersichtlich, werden für die Spracheingabe
die Centronics-Leitungen 3, 9 und 11, die durch das Datenregister
und Statusregister selektiert werden, benützt. Dabei realisieren die
Leitungen 9 und 11 den in Kapitel 2 beschriebenen Deltamodulator-
Regelkreis.   Mit Hilfe der Leitung 3 ist eine Ausgabe der Sprachsequenz an einen externen Lautsprecher vorgesehen. Die nichtaufge-
führten Leitungen 18-25 repräsentieren das Massepotential der
Übertragungsstrecke.

3.10.2 Sprachbearbeitung in klassischer „C"-Konvention

Das Programmprojekt „sprache1.exe" setzt sich aus dem „C"-Modul
„sprache1.c" und dem kompilierten Assemblermodul „sprache.obj"
(beinhaltet die Funktionen „LAUT_EIN()" und „LAUT_AUS()") zusammen. Verwendet der Programmierer das Entwicklungswerkzeug
„BORLAND, TURBO C 2.0", bzw. eine noch ältere Compilerversion,
so ist das lauffähige Programm „sprache1.exe" mit Hilfe einer separaten Projektdatei, wie in Bild 3.45 dargestellt, zu realisieren.

Bild 3.45:
„TURBO C 2.0"-
Projektdatei
zum Programm
„SPRA-
CHE1.EXE"

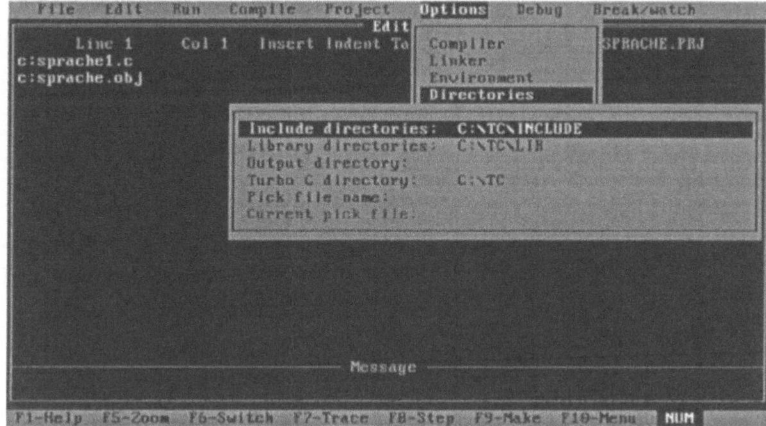

Die Projektdatei stellt eine gewöhnliche ASCII-Zeichendatei dar, in der alle zum Projekt benötigten Programmodule mit deren Pfadangabe aufgeführt werden. Das Projekt muß im Speichermodell „LARGE" realisiert werden. In diesem Speichermodell werden sowohl die Daten, als auch die Funktionen über FAR-Zeiger verwaltet. Dadurch ist es möglich, aus dem „C"-Programm heraus auf die Daten und Funktionselemente des Assemblermoduls „sprache.obj" zuzugreifen. Hinweise über das Anlegen von Projektdateien für objektorientierte Entwicklungswerkzeuge, wie „BORLAND C^{++} 3.1" bzw „BORLAND C^{++} 4.0" finden Sie im ersten Kapitel „Software-Bestandteile".

Programminhalt

Das Programm „sprache1" ermöglicht die Aufnahme von Sprache über die im Kapitel 2 beschriebene, selbstgefertigte Hardware. Die mit Hilfe der Deltamodulation aufgenommene Sprache wird in der Datei „sound.spr" auf dem aktuellen Laufwerk, abgespeichert. Die aufgenommenen Sprachsequenzen können über den gewöhnlichen PC-Lautsprecher oder über einen am Druckerport angeschlossenen externen Lautsprecher in gut verständlicher Sprachqualität ausgegeben werden. Der Programmstart erfolgt auf der DOS-Befehlsebene durch den nachfolgenen Aufruf:

sprache1 <Eingabeport> <Eingabespeed> <Ausgabeport> <Ausgabespeed>

Dabei repräsentieren die Übergabeparameter die in Tabelle 3.20 aufgeführten Informationen.

Tabelle 3.20:
Übergabeparameter zum Programm „sprache1"

Übergabeparameter	Bedeutung
Eingabeport	Adresse des Drucker-Statusregisters **379H**, 279H oder 3BCH
Eingabespeed	Abtastrate des Sprachsignals
Ausgabeport	Adresse des Drucker-Datenregisters **378H**, 278H oder 3BDH
Ausgabespeed	Ausgabegeschwindigkeit der Sprachsequenz an den Lautsprecher

Die Übergabeparameter „Eingabespeed" und „Ausgabespeed" sind von der Rechnerfrequenz abhängig. Die besten Werte werden durch wiederholtes Testen der Sprachaufnahme / -wiedergabe erreicht. Die fett gekennzeichneten Werte stellen die üblichen Standardwerte dar. Startet der Anwender das Programm mit falschen Aufrufparametern, erscheint die in Bild 3.46 dargestellte Fehler- bzw. Hinweismeldung.

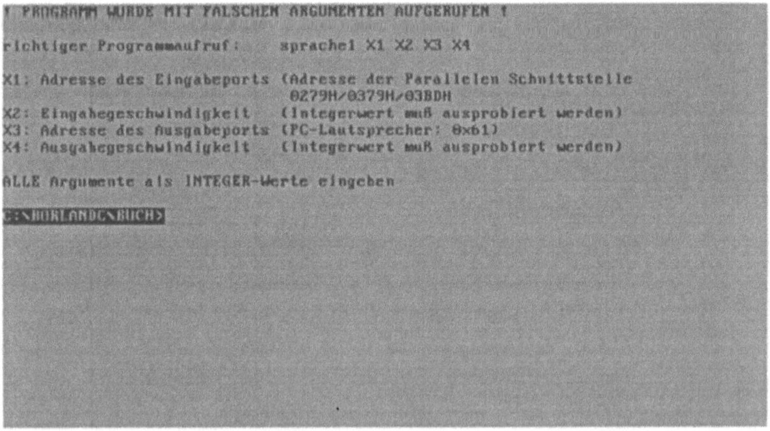

Bild 3.46:
Fehlermeldung nach Programmstart mit falschen Aufrufparametern

```
! PROGRAMM WURDE MIT FALSCHEN ARGUMENTEN AUFGERUFEN !
richtiger Programmaufruf:     sprache1 X1 X2 X3 X4
X1: Adresse des Eingabeports (Adresse der Parallelen Schnittstelle
                              0279H/0379H/03BDH
X2: Eingabegeschwindigkeit   (Integerwert muß ausprobiert werden)
X3: Adresse des Ausgabeports (PC-Lautsprecher: 0x61)
X4: Ausgabegeschwindigkeit   (Integerwert muß ausprobiert werden)
ALLE Argumente als INTEGER-Werte eingeben
C:\BORLAND\C\BUCH>
```

Wurden beim Programmstart alle Übergabeparameter richtig angegeben, meldet sich das Programm , wie in Bild 3.47 aufgezeigt, mit dem Hauptmenü. Im Hauptmenü kann der Anwender aus den folgenden Menüpunkten wählen:

⇨ ①: Aufnahme einer Sprachsequenz starten

⇨ ②: Wiedergabe einer abgespeicherten Sprachsequenz starten

⇨ Esc: Programm beenden

Während des Programmablaufs werden elementare Fehler, wie beispielweise das Fehlen der Versorgungsspannung, eine nichtinstallierte Sprachaufnahme-Hardware, usw., in Form von Fehlermeldungen und einem anschließenden Programmabbruch bearbeitet.

Bild 3.47:
Hauptmenü aus Programm „SPRACHE1"

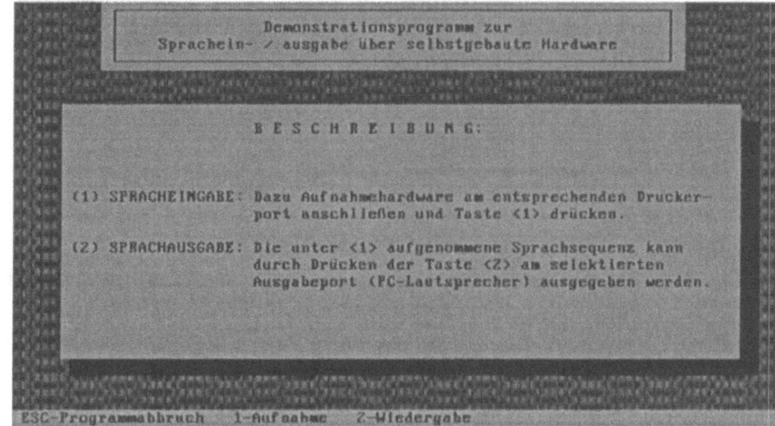

Programmdiskussion

Durch die INCLUDE-Anweisung wird die selbstdeklarierte Headerdatei „buch.h" ins Programm eingebunden. Alle übernommenen Funktionen werden weiter unten aufgeführt.

```
/***********************************************************************/
/* INCLUDE-DATEIEN                                                     */
#include "buch.h"
/***********************************************************************/
```

Der DEFINE-Block enthält die numerische Programmkonstante „MAXLAENGE". Diese Konstante beinhaltet die maximal zulässige Byteanzahl des Aufnahme- und Wiedergabe-Speichers. Im Beispiel wird eine Speichergröße von 30000 Bytes eingesetzt. Die daraus resultierende Aufnahme- bzw. Wiedergabezeitdauer der entsprechenden Sprachsequenz ist weiterhin von der Abtastrate und Ausgabegeschwindigkeit der Sprachsequenz abhängig.

```
/*********************************************************************/
/* DEFINE-ANWEISUNGEN                                              */
#define MAXLAENGE       30000
/*********************************************************************/
```

Im folgenden Anweisungsblock werden wichtige programmglobale Variablen definiert. Die Variable „acBuffer[MAXLAENGE]" realisiert den Aufnahme- und Wiedergabespeicher. Die restlichen Größen repräsentieren die weiter oben beschriebenen Programmaufrufparameter. Alle definierten Variablen sind in allen Programmebenen bekannt. Damit ist ein schreibender und lesender Zugriff innerhalb aller Funktionen möglich.

```
/*********************************************************************/
/* PROGRAMMGLOBALE-VARIABLE                                        */
unsigned char acBuffer[MAXLAENGE];
int iEingabe_port,iEingabe_speed,iAusgabe_port,iAusgabe_speed;
/*********************************************************************/
```

Im Funktionsprototypen-Abschnitt werden unter anderem die beiden Assembler-Kernfunktionen „LAUT_EIN()" und „LAUT_AUS()" zur Sprachein- / wiedergabe dem Programm bekannt gegeben. Die Bezeichnung „extern" zeigt dem Compiler an, daß die Module erst beim Linken zum eigentlichen Programmodul „sprache1.c" gebunden werden. Die Bedeutung der einzelnen Funktionsübergabeparameter erfolgt in der anschließenden Diskussion der Programmfunktionen.

```
/*********************************************************************/
/* FUNKTIOSPROTOTYPEN                                             */
....
extern int  LAUT_EIN(int, char *, int, int);
extern void LAUT_AUS(int, char *, int, int);
....
*********************************************************************/
```

Funktion: main()

Die Funktion „main(argc, *argv[])" übermittelt dem Programm in den Übergabeparametern „argc" und „*argv[]" wichtige Programminformationen. Ein Aufruf der Form:

sprache1 889 30 97 30 ⏎

übergibt dem Programm die in Tabelle 3.21 aufgezeigten Informationen. Die Variable „char *argv[]" stellt programmtechnisch ein zweidimensionales Zeichen-Array dar. Nach dem Überprüfen auf falsche Programmaufrufparameter werden die übergebenen Argumente in den dafür vorgesehenen programmglobalen Variablen abgelegt.

Tabelle: 3.21:
Programmaufrufparameter

Aufruf-Parameter	Wert / Bedeutung
argc	Anzahl der Aufrufparameter
argv[0]	"sprache.exe": 1. Aufrufparameter
argv[1]	"889": 2. Aufrufparameter; Adresse des Statusregisters in dezimaler Form (379H)
argv[2]	"30": 3. Aufrufparameter; Aufnahmegeschwindigkeit
argv[3]	"97": 4 Aufrufparameter; Adresse des Ausgabeports (PC-Lautsprecher) in dezimaler Form (61H)
argv[4]	"30": 5. Aufrufparameter; Wiedergabegeschwindigkeit

Als letzte Aktion erfolgt im Hauptprogramm die Aktivierung des Hauptmenüs durch den Funktionsaufruf von „menu()".

```
/************************************************************************/
/* HAUPTPROGRAMM                                                      */
void main(int argc, char *argv[])
{
/* Anzahl der Übergabeparameter überprüfen                           */
if(argc < 5) falsche_argumente();
/* Übergabeparameter-Daten in globale Variablen übertragen           */
iEingabe_port =atoi(argv[1]);
iEingabe_speed=atoi(argv[2]);
iAusgabe_port =atoi(argv[3]);
iAusgabe_speed=atoi(argv[4]);
/* Aktivieren des Hauptmenüs                                         */
menue();
}
/************************************************************************/
```

Der prinzipielle Programmablauf ist im Flußdiagramm, in Bild 3.48, aufgezeigt.

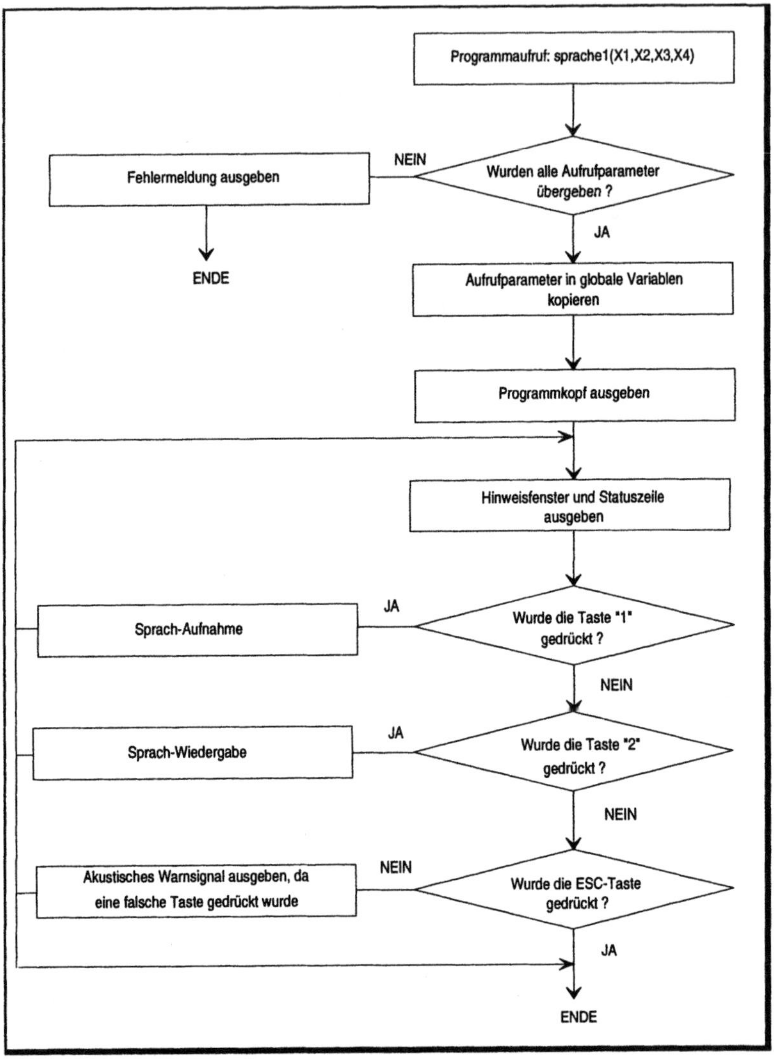

Bild 3.48:
Flußdiagramm
zum Programm
„SPRACHE1"

Funktionen aus der Headerdatei: buch.h

Die Headerdatei „buch.h" stellt dem Programm „sprache1.c" die
Funktionen tastatur_loeschen(), fuellen(), cursor_aus(), cursor_-
ein(), ende() und fehler_ende() zur Verfügung. Alle genannten
Funktionen wurden bereits an anderer Stelle diskutiert.

Funktion: falsche_argumente()

Die Funktion „falsche_argumente()" wird aufgerufen, nachdem im Hauptprogramm eine falsche Anzahl von Programm-Aufrufparametern lokalisiert wurde. Das Modul gibt eine Fehlermeldung, mit Angaben zu den notwendigen Programm-Aufrufparametern, am Bildschirm aus. Im Anschluß erfolgt das Programmende mit Übergabe des ERRORLEVELS „-1" an das Betriebssystem.

```c
/*****************************************************************************/
void falsche_argumente(void)
{
/* Bildschirmcursor sichtbar schalten                                    */
cursor_ein();
/* Zeichen- und Hintergrundfarbe setzen                                  */
textbackground(BLACK);
textcolor(LIGHTGRAY);
/* Gesamten Bildschirm als Fenster setzen                                */
window(1,1,80,25);
clrscr();
/* Zuletztinstallierten Textmode restaurieren                            */
textmode(LASTMODE);
/* Fehler- und Hinweismeldung im Fenster ausgeben                        */
printf("! PROGRAMM WURDE MIT FALSCHEN ARGUMENTEN AUFGERUFEN !\n\r\n");
printf("richtiger Programmaufruf:    sprache1 X1 X2 X3 X4\n\r\n");
printf("X1: Adresse des Eingabeports (Adresse der Parallelen Schnittstelle\
\n\r");
printf("                            0279H/0379H/03BDH\n\r");
printf("X2: Eingabegeschwindigkeit   (Integerwert muß ausprobiert werden)\
\n\r");
printf("X3: Adresse des Ausgabeports (PC-Lautsprecher: 0x61)\n\r");
printf("X4: Ausgabegeschwindigkeit   (Integerwert muß ausprobiert werden)\
\n\r\n\r");
printf("ALLE Argumente als INTEGER-Werte eingeben\n\r");
exit(-1);
}
/*****************************************************************************/
```

Funktion: menu()

Das Modul „menu()" realisiert den Aufbau und die Verwaltung des Programm-Hauptmenüs. Nach der Ausgabe des obligatorischen Programmkopfes erfolgt in einer Endlosschleife die Abfrage und Auswertung einer der folgenden Menüpunkte:

⇨ 1 :   Sprachaufnahme durch Funktionsaufruf „aufnahme()"

⇨ 2 :   Sprachwiedergabe durch Funktionsaufruf „wiedergabe()"

⇨ Esc :   Programmabbruch durch Funktionsaufruf „ende()"

```c
/*****************************************************************************/
void menue(void)
{
int iTaste_word,iTaste_low_byte;
```

```c
/* Programmkopf ausgeben                                              */
cursor_aus();
gotoxy(1,1);
fuellen(177,23,2000);
window(10,1,70,4);
textbackground(LIGHTGRAY);
textcolor(BLACK);
clrscr();
cprintf(" +------------------------------------------------------------+\r\n");
cprintf(" ¦                  Demonstrationsprogramm zur                ¦\r\n");
cprintf(" ¦      Sprachein- / ausgabe über selbstgebaute Hardware      ¦\r\n");
cprintf(" +------------------------------------------------------------+");
/* Endlosschleife, kann nur durch Drücken der ESC-Taste beendet werden */
do
{
 /* Ausgabe eines Hinweisfensters                                     */
 window(7,8,78,22);
 textbackground(BLACK);
 clrscr();
 window(6,7,76,21);
 textbackground(BLUE);
 textcolor(LIGHTCYAN);
 clrscr();
 gotoxy(20,2);
 cprintf(" B E S C H R E I B U N G:");
 gotoxy(1,6);
 cprintf(" (1) SPRACHEINGABE: Dazu Aufnahmehardware am entsprechenden\
Drucker-\n\r");
 cprintf("                    Port anschließen und Taste <1> drücken.\
\n\r\n");
 cprintf(" (2) SPRACHAUSGABE: Die unter <1> aufgenommene Sprachsequenz\
kann\n\r");
 cprintf("                    durch Drücken der Taste <2> am selektierten\
Aus-\n\r");
 cprintf("                    gabeport (PC-Lautsprecher) ausgegeben\
 werden.");
 /* Ausgabe einer Statuszeile                                         */
 window(1,25,80,25);
 textbackground(LIGHTGRAY);
 textcolor(BLACK);
 clrscr();
 cprintf(" ESC-Programmabbruch    1-Aufnahme    2-Wiedergabe");
 textcolor(RED);
 gotoxy(2,1);
 cprintf("ESC");
 gotoxy(24,1);
 cprintf("1");
 gotoxy(37,1);
 cprintf("2");
 window(6,7,76,21);
 tastatur_loeschen(); /* Tastaturspeicher löschen                     */
 iTaste_word=bioskey(0); /* Auf Tastendruck warten                    */
 iTaste_low_byte=iTaste_word & 0x00FF;
 switch(iTaste_low_byte)
 {
  case TASTE_ESC: ende(); break; /*Wurde ESC gedrückt dann Programmende*/
  /* Beim Drücken der Taste <1> beginnt die Sprachaufnahme            */
  case TASTE_1:    aufnahme(iEingabe_speed,iEingabe_port); break;
  /* Beim Drücken der Taste <2> beginnt die Sprachwiedergabe          */
  case TASTE_2:    wiedergabe(iAusgabe_speed,iAusgabe_port); break;
  /* Bei einem falschen Tastendruck ein akustisches Warnsignal ausgeben */
```

```
   default:             sound(1000); delay(500); nosound(); break;
  }
 }
 while(1);
 /* Ende der Endlosschleife                                              */
 }
 /***********************************************************************/
```

Funktion: test()

Mit Hilfe der Funktion „test()" ist es möglich, während der Sprachaufnahme die Aufnahmehardware am angeschlossenen Druckerport auf deren Betriebsbereitschaft zu testen.

```
 /***********************************************************************/
 int test(void)
 {
 int iZaehler,iReturn,iTestwert;

 iTestwert=0;
```

Innerhalb der folgenden Schleife wird die Aufnahmehardware auf die angelegte Spannung und Fehlerfreiheit überprüft. Kann während der Sprachaufnahme ein Testkriterium nicht erfüllt werden, so schreibt die Assemblerfunktion „LAUT_EIN()" die Werte „FFH" in den Aufnahmespeicher „acBuffer[]". Der anschließende Test überprüft die ersten 31 Bytes des Aufnahmepuffers. Enthalten alle überprüften Speicherinhalte den Wert „FFH", gibt die Funktion dem aufrufenden Modul den Rückgabewert „-1" zurück.

```
 /* Test auf installierte nicht funktionierende Hardware. Oder Spannung  */
 /* auf Sprachhardware ist nicht eingeschalten                           */
 for(iZaehler=0;iZaehler <= 30;++iZaehler)
  if(acBuffer[iZaehler] == 0xFF)
  {
   ++iTestwert;
  }
 if (iTestwert == 31) return(-1); /* Fehler vorhanden                    */
```

Der nächste Test überprüft die Existenz einer Aufnahmehardware am Druckerport. Ist dies der Fall, testet die Funktion den Pegel der angelegten Spannungsversorgung. Tritt in einem der beiden Testkriterien eine Unregelmäßigkeit auf, so beschreibt die Funktion „LAUT_EIN()" den Aufnahmespeicher „acBuffer[]" mit den Werten „00H". Innerhalb der Schleifenanweisung werden die ersten 31 Bytes des Aufnahmespeichers überprüft. Beinhalten alle 31 Bytes den Wert „00H", übergibt die Funktion dem aufrufenden Programm den Wert „-1".

```
 /* Test auf nichtinstallierte Hardware. Oder Spannung angeschlossener   */
 /* Sprachhardware ist zu gering.                                        */
 iTestwert=0;
 for(iZaehler=0;iZaehler <= 30;++iZaehler)
```

```
  if(acBuffer[iZaehler] == 0)
  {
   ++iTestwert;
  }
  if(iTestwert==31) return(-1); /* Fehler vorhanden              */
```

Beinhaltet der Aufnahmespeicher in den ersten 31 Bytes variable
Werte, so wurde eine ordnungsgemäße Aufnahme aufgezeichnet. In
diesem Fall wird dem aufrufenden Modul der Wert „0" übergeben.

```
  return(0); /* alles ok                                         */
  }
  /********************************************************************/
```

Funktion: aufnahme()

Mit Hilfe von „aufnahme()" ist es möglich, eine Sprachsequenz über
die selbstgefertigte Aufnahmehardware aufzuzeichnen. Die aufgenommenen Daten werden in der Datei „sound.spr" in Form von
Zeichen-Bytes abgelegt. Der Funktion werden über die Aufrufparameter „iEingabe_speed" und iEingabe_port" die Abtastrate des
Sprachsignals und die Adresse des Drucker-Statusregisters mitgeteilt.
Der Wert der Abtastrate ist von der Rechnerfrequenz abhängig. Die
besten Ergebnisse werden einfach durch wiederholtes Testen mit
unterschiedlichen Werten erzielt. Nach Auswahl von Menüpunkt 1
„Sprachaufnahme" erscheint der in Bild 3.49 aufgezeigte Bildschirminhalt. Bei einer betriebsbereiten Aufnahmehardware erfolgt nach
dem Drücken einer beliebigen Taste die Sprachaufnahme. Die aktuelle Aufnahmedauer wird durch einen roten Balken, mit dem
Hinweis „AUFNAHME", in der untersten Bildschirmzeile angezeigt.

Bild 3.49:
Bildschirm zur
Sprachauf-
nahme über
Programm
„SPRACHE1"

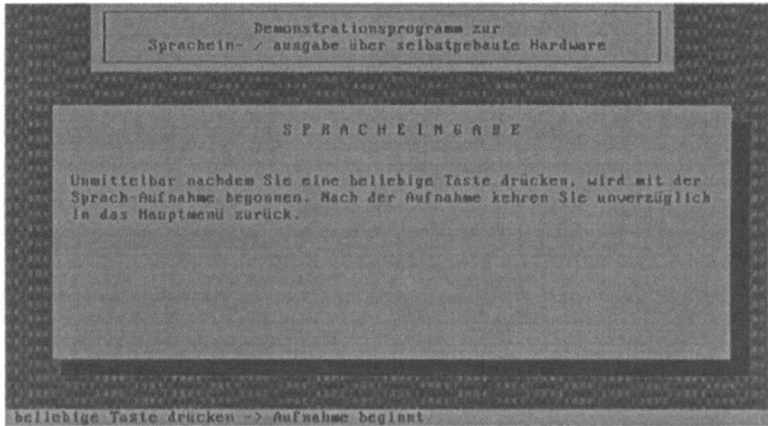

Nach einer erfolgreichen Aufzeichnung reaktiviert das Programm das Hauptmenü. Mit Punkt 2 „Wiedergabe" kann die aufgenommene Sprachsequenz am gewünschten Ausgabeport (PC-oder Externer-Lautsprecher) ausgegeben werden. Bei einem Fehlverhalten während der Aufnahme wird das Programm mit einer entsprechenden Meldung beendet. Die funktionelle Programmabarbeitung der Aufnahmeprozedur spiegelt das Bild 3.50 wieder.

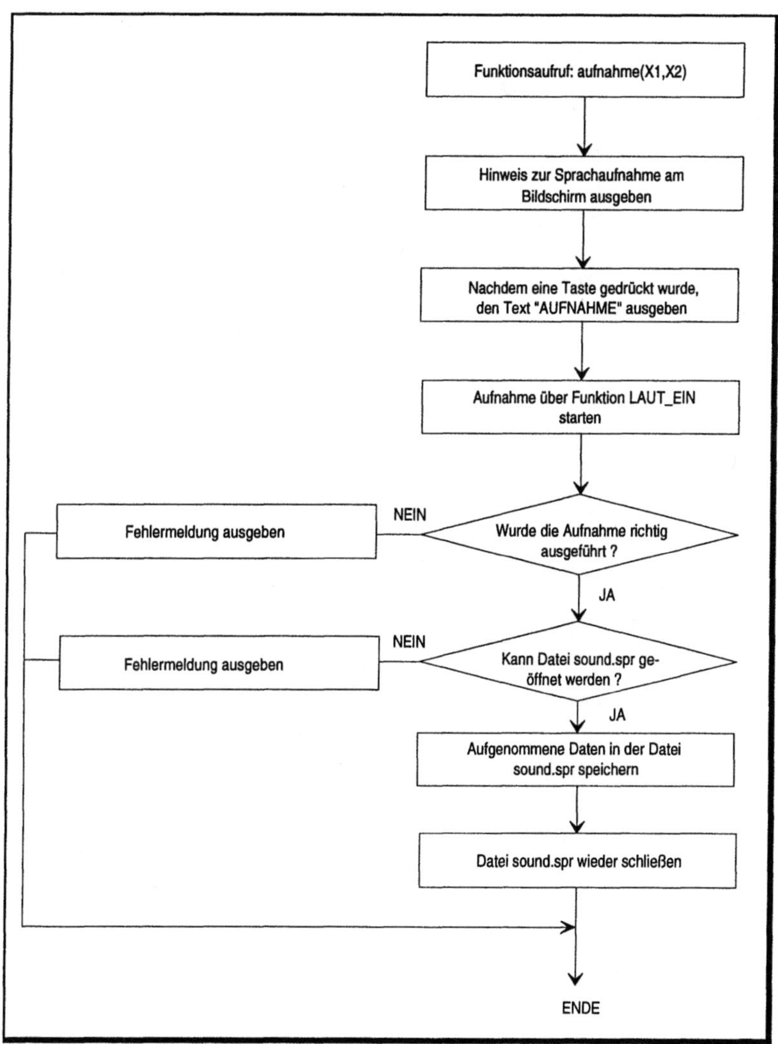

Bild 3.50:
Flußdiagramm zur Funktion „aufnahme()"

```c
/****************************************************************************/
void aufnahme(int iEingabe_speed,int iEingabe_port)
{
FILE *FDatei; /* BORLAND-Streamvariable                      */
unsigned int iZaehler,iLaenge;
int iTest;
```

Vor der Aufnahme der Sprachsequenz gibt die Funktion einige
Hinweise zum bevorstehenden Programmablauf aus.

```c
/* Hinweis ausgeben                                          */
window(6,7,76,21);
textbackground(BLUE);
textcolor(LIGHTCYAN);
clrscr();
gotoxy(25,2);
cprintf("S P R A C H E I N G A B E");
gotoxy(1,5);
cprintf("  Unmittelbar nachdem Sie eine beliebige Taste drücken, wird mit \
der\n\r");
cprintf("  Sprach-Aufnahme begonnen. Nach der Aufnahme kehren Sie unverzüg\
lich \n\r");
cprintf("  in das Hauptmenü zurück.");
```

Nachdem der Anwender den ausgegebenen Hinweis durch Drücken
einer beliebigen Taste quittiert hat, kennzeichnet die Funktion in
der untersten Bildschirmzeile die aktive Aufnahme durch eine rote
Statuszeile mit dem Hinweis „AUFNAHME".

```c
window(1,25,80,25);
textbackground(LIGHTGRAY);
textcolor(BLACK);
clrscr();
cprintf(" beliebige Taste drücken -> Aufnahme beginnt");
tastatur_loeschen();
getch();
textbackground(RED);
textcolor(WHITE);
clrscr();
cprintf("                         A U F N A H M E");
```

Durch den Funktionsaufruf des Assemblermoduls „LAUT_EIN()"
beginnt die eigentliche Sprachaufzeichnung. Der Funktion werden
die in der Tabelle 3.22 aufgeführten Aufrufparameter übergeben.

```c
iLaenge=LAUT_EIN(iEingabe_speed,acBuffer,MAXLAENGE,iEingabe_port);
```

Aufrufparameter	Bedeutung
iEingabe_speed	Abtastrate des aufzunehmenden Sprachsignals (frequenzabhängig)
acBuffer[]	Aufnahme- bzw. Wiedergabespeicher der Sprachdatenwerte
MAXLAENGE	Maximale Anzahl der aufzunehmenden Sprachdatenwerte (im Beispiel 30000 Bytes)
iEingabe_port	Adresse des Drucker-Statusregisters (im Beispiel 379H)

Tabelle 3.22: Aufrufparameter der Assemblerfunktion „LAUT_EIN()"

Nachdem die Aufnahme beendet wurde, überschreibt die Funktion den in der untersten Bildschirmzeile ausgegebenen Hinweis „AUFNAHME" durch den Wortlaut „ENDE".

```
textbackground(LIGHTGRAY);
textcolor(BLACK);
clrscr();
cprintf("                          E N D E ");
```

Wie bereits weiter oben diskutiert, überprüft die Funktion „test()" die Richtigkeit der aufgenommenen Sprachdaten. Beim Lokalisieren eines Fehlers wird das Programm mit einer Fehlermeldung abgebrochen.

```
/* Testen ob die Aufnahme funktioniert hat                    */
iTest=test();
if(iTest < 0) fehler_ende("Die Spracheingabehardware ist nicht bereit -> \
PROGRAMMABBRUCH");
```

Nach einer erfolgreichen Sprachaufnahme werden in der ASCII-Textdatei „sound.- spr" die im Aufnahmespeicher abgelegten Daten im aktuellen Laufwerk gesichert.

```
if((FDatei=fopen("sound.spr","w")) == NULL)
  fehler_ende("Sprachdatei: sound.spr kann nicht angelegt werden -> ABBRUCH");
for(iZaehler=0;iZaehler < iLaenge;++iZaehler)
  fprintf(FDatei,"%c",acBuffer[iZaehler]);
fclose(FDatei);
}/*****************************************************************/
```

Funktion: wiedergabe()

Über die Funktion „wiedergabe()" können die in der Datei „sound.spr" aufgezeichneten Daten einer aufgenommenen Sprachsequenz über ein Übertragungsmedium ausgegeben werden. Als

Ausgabemedium können der PC- bzw. ein externer Lautsprecher
Verwendung finden. Mit Hilfe der Funktionsaufrufparameter
„iAusgabe_speed" und „iAusgabe_port" werden dem Modul die
Ausgabegeschwindigkeit der Sprachdaten und die Portadresse des
Ausgabemediums übermittelt. Dabei ist der Wert der Variablen
„iAusgabe_speed" wiederum von der Rechnerfrequenz abhängig.
Das Flußdiagramm im Bild 3.51 gibt einen Überblick über den Pro-
grammablauf der Funktion „wiedergabe()"

```
/***************************************************************************/
void wiedergabe(int iAusgabe_speed,int iAusgabe_port)
{
FILE *FDatei; /* BORLAND-Streamvariable                          */
unsigned int iZaehler;
```

Zuerst überprüft die Funktion, ob die Sprachdatei „sound.spr" geöffnet werden kann. Ist die Datei nicht im aktuellen Laufwerk vorhanden, oder treten Fehler beim Öffnen der Datei auf, wird das gesamte Programm mit der Ausgabe einer Fehlermeldung beendet.

```
/* Sprachsequenz-Datei 'sound.spr' öffnen                        */
if((FDatei=fopen("sound.spr","r")) == NULL)
  fehler_ende("Sprachdatei: sound.spr nicht gefunden -> PROGRAMMABBRUCH");
```

Nach erfolgreichem Öffnen der Datei „sound.spr" werden einige
Hinweise zur Sprachausgabe am Bildschirm ausgegeben.

```
/* Hinweis am Bildschirm ausgeben                                */
window(6,7,76,21);
textbackground(BLUE);
textcolor(LIGHTCYAN);
clrscr();
gotoxy(20,7);
cprintf("S P R A C H W I E D E R G A B E");
window(1,25,80,25);
textbackground(LIGHTGRAY);
textcolor(BLACK);
clrscr();
cprintf(" BITTE WARTEN ");
```

In der folgenden Schleife werden alle Sprachdaten aus der Datei
„sound.spr" in den programmglobalen Hilfsspeicher „acBuffer[]"
kopiert. Anschließend wird die Datei „sound.spr" wieder geschlossen.

```
/* Ausgabedaten aus der Sprachsequenz-Datei einladen             */
for(iZaehler=0; iZaehler < MAXLAENGE; ++iZaehler)
 acBuffer[iZaehler]=getc(FDatei);
fclose(FDatei);
```

Durch den Funktionsaufruf des Assemblermoduls „LAUT_AUS()"
beginnt auf dem entsprechenden Ausgabemedium die eigentliche
Sprachwiedergabe. Der Funktion werden die in der Tabelle 3.23
aufgezeigten Aufrufparameter übergeben.

Tabelle 3.23:
Aufrufpara-
meter der As-
semblerfunktion
„LAUT_AUS()"

Aufrufparameter	Bedeutung
iAusgabe_speed	Taktrate der auszugebenden Sprachsequenz (frequenzabhängig)
acBuffer[]	Aufnahme- bzw. Wiedergabespeicher der Sprachdatenwerte
MAXLAENGE	Maximale Anzahl der auszugebenden Sprachdatenwerte (im Beispiel: 30000 Bytes)
iAusgabe_port	Adresse des Drucker-Datenregisters (im Beispiel: 378H)

```
/* Eingelesene Daten über die Assemblerfunktion 'LAUT_AUS(..)'an den    */
/* Lautsprecher ausgeben                                                */
LAUT_AUS(iAusgabe_speed,acBuffer,MAXLAENGE,iAusgabe_port);
}
/**********************************************************************/
```

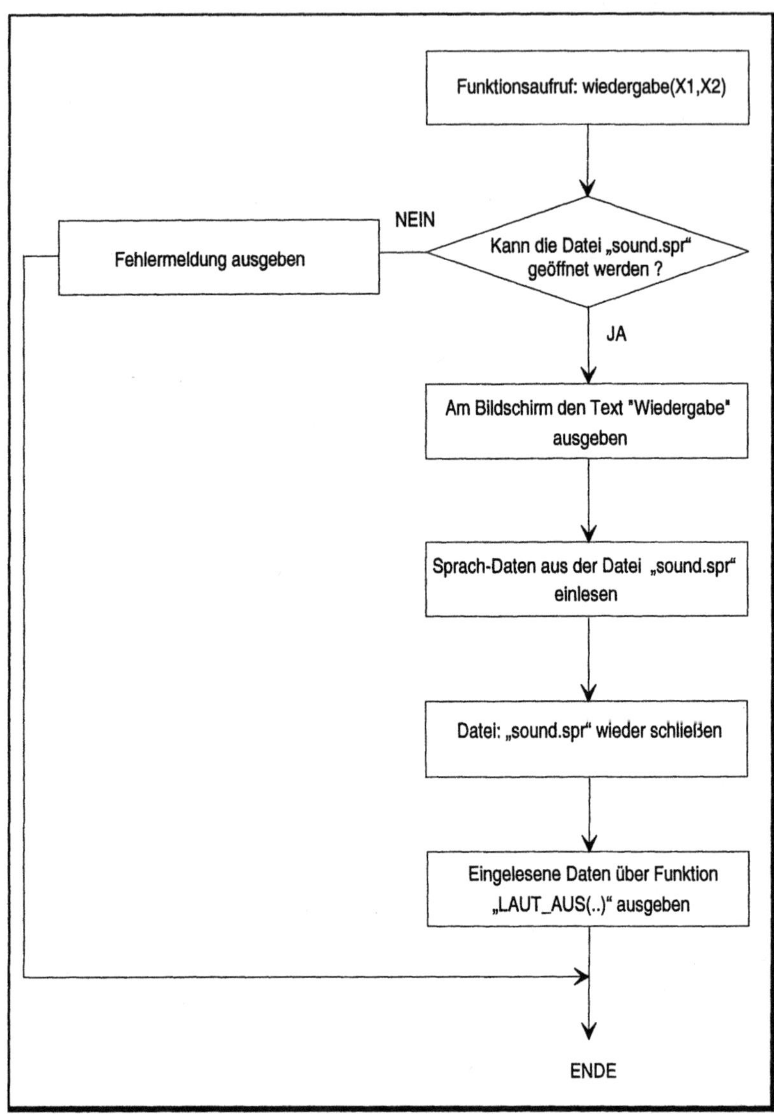

3.10.3   Sprachbearbeitung in objektorientierter Konvention

Wie schon beim klassisch aufgebauten Ansatz, setzt sich auch das
objektorientierte Programm „sprache2.cpp" aus zwei Modulen zu-

Informationen zur Verwaltung von Projektdateien unter „BORLAND C++ Version 4.0" erhalten Sie im Kapitel 1 „Software-Bestandteile".

sammen. Das „C^{++}"-Modul „sprache2.cpp" und die Assembler-Objektdatei „sprache.obj" werden über die Projektdatei „sprache2.prj" beim LINK-Prozeß, zur ausführbaren Datei „sprache2.exe" verbunden. Der Aufbau dieser Objektdatei weicht jedoch vom klassischen Ansatz ab. Während die Projektdatei „sprache1.prj" eine gewöhnliche ASCII-Zeichendatei darstellt, handelt es sich bei der Datei „sprache2.prj" um komprimierte, verschlüsselte Dateiinhalte. Das Projektmodul wird innerhalb der Entwicklungsumgebung, nach „BORLAND"-Konvention, interaktiv per Mausführung erstellt. Bild 3.52 zeigt die in der IDE von „BORLAND C^{++}" erstellte Projektdatei „sprache2.prj".

Bild 3.52:
Projektdatei „sprache2.prj"

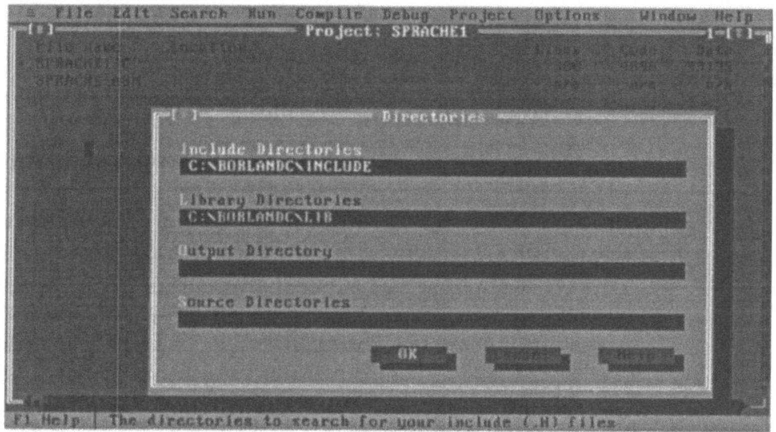

Damit im „C"-Programmteil auf die Assemblermodule „LAUT_EIN()" und „LAUT_AUS()" zugegriffen werden kann, ist das Programm „sprache2.cpp" ebenfalls im Speichermodell „LARGE" zu kompilieren.

Programminhalt

Auf Grund der gleichen Programminhalte der beiden Programme „sprache1.c" und „sprache2.cpp" wird an dieser Stelle auf eine erneute Programmbeschreibung verzichtet. Lesen Sie bei Bedarf im Kapitel 3.10.2 an entsprechender Stelle nach.

Programmdiskussion

Zu Beginn des Quellcodes wird die selbstdeklarierte Klassen-Headerdatei „buch_cpp.h" ins Programm eingebunden. Die Headerdatei stellt die Klasse „DIVERS" zur Verfügung. Alle einbezogenen Klassenmethoden werden weiter unten aufgeführt.

```
/********************************************************************/
/* INCLUDE-DATEIEN                                                 */
#include "buch_cpp.h"
/********************************************************************/
```

Der DEFINE-Block enthält die numerische Programmkonstante
„MAXLAENGE". Diese Konstante beinhaltet die maximal zulässige
Byteanzahl des Aufnahme- bzw. Wiedergabe-Speichers.

```
/********************************************************************/
/* DEFINE-ANWEISUNGEN                                              */
#define MAXLAENGE      30000
/********************************************************************/
```

Die programmglobale Variable „acBuffer[]" realisiert den Aufnahme-
bzw. Wiedergabe-Speicher.

```
/********************************************************************/
/* PROGRAMMGLOBALE-VARIABLE                                        */
unsigned char acBuffer[MAXLAENGE];
/********************************************************************/
```

Im Funktionsprototypen-Block erfolgt die Definition der beim späteren LINK-Prozeß einzubindenden Assemblermodule „LAUT-
_EIN()" und „LAUT_AUS(). An dieser Stelle ist besonders der Bezeichner „extern" herauszustellen. Wird ein „C"-Modul kompiliert, so
erzeugt der Compiler Funktionsnamen, welche die Typen der Funktionsargumente in verschlüsselter Form enthalten. Diesen Vorgang
bezeichnet man als Namensergänzung. Die Namensergänzung
bringt in der objektorientierten Welt gewisse Vorteile mit sich. Die
Assembler-Objektdatei „sprache.obj" ist nach klassischer „C"-Kon-
vention, also ohne Namensergänzung, erstellt worden. Möchte man
nun ein „C^{++}" Modul (mit Namensergänzung) und ein „C"-Modul
(ohne Namensergänzung) miteinander verbinden, muß dem Compiler mitgeteilt werden, daß er die Funktionsnamen aus dem „C"-
Modul nicht ergänzen soll. Diese Information wird dem Compiler
über den Bezeichner „extern" mitgeteilt.

```
/********************************************************************/
/* FUNKTIONSPROTOTYPEN                                             */
...
/* Funktionen aus dem Assemblermodul "sprache.asm"
extern "C"
{
int  LAUT_EIN(int, char *, int, int)
void LAUT_AUS(int, char *, int, int)
}
...
/********************************************************************/
```

Klassen und Methoden aus der Headerdatei: buch_cpp.h

Die aus der Headerdatei „buch_cpp.h" eingebundene Klasse „DIVERS" stellt die Methoden cursor_aus(), cursor_ein(), tastatur_loeschen(), fuellen(), ende() und fehler_ende() zur Verfügung. Alle genannten Klassen wurden bereits weiter oben diskutiert.

Klassendeklaration im Programm

Der im Deklarationsteil definierten Klasse „MENUE" werden durch die Anweisung:

```
class menue : private divers
```

alle Eigenschaften der Headerklasse „DIVERS" private vererbt. Bild 3.53 zeigt die Vererbungshirarchie vom Programm „sprache2.cpp" im vollen Umfang auf. In der Abbildung ist auch die beim späteren „LINK"-Prozeß eingebundene Assembler-Datei „sprache.obj", mit den bereitgestellten Funktionen „LAUT_EIN()" und „LAUT_AUS", aufgeführt.

Bild 3.53:
Klassendia-
gramm zum
Programm
„SPRACHE2"

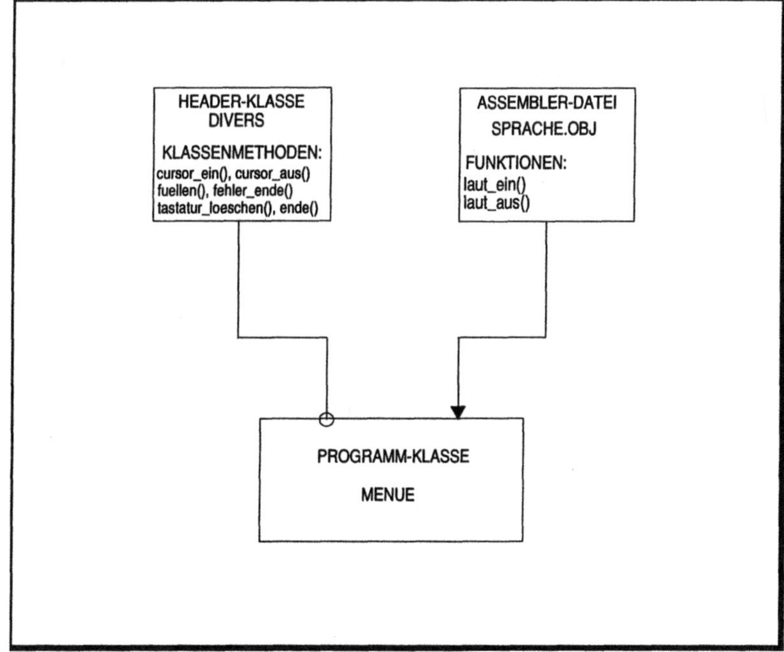

```
/**********************************************************************/
class menue : private divers {
public:
 constream window,window1,window2,window3,window4;
 fstream FDatei;
 unsigned int iZaehler,iLaenge;
 int iEingabe_port,iEingabe_speed,iAusgabe_port,iAusgabe_speed;
 int iTaste_word, iTaste_low_byte,iTest;
public:
 menue(char *argv[]);
 ~menue(void){;};
 void falsche_argumente(void);
 void ablauf(void);
 int test(void);
 void aufnahme(void);
 void wiedergabe(void);
};
/**********************************************************************/
```

Konstruktoren und Destruktoren

Der Konstruktor „menue :: menu(char *argv[])" verwaltet die folgenden programmtechnischen Punkte:

⇨   Übergabe der Programm-Aufrufparameter

⇨   Definition wichtiger Bildausgabestreams

⇨   Kopieren der übergebenen Programm-Aufrufparameter in
     entsprechende Klassenvariablen

Im Hauptprogramm werden bei der Inkarnation einer Klassenvariablen vom Typ „MENUE" durch Aktivierung des Konstruktors die
Programmaufrufparameter in den dafür vorgesehenen Klassenvariablen abgelegt. Der nachfolgende Programmaufruf beschreibt,
wie in Tabelle 3.24 ersichtlich, die entsprechenden Klassenvariablen
mit den zugewiesenen Programm-Aufrufparametern.

Programmaufruf: **sprache2 888 30 889 30** ⏎

Tabelle: 3.24:
Programmauf-
rufparameter

Aufruf-Parameter	Wert / Klassenvariable
argv[1]	"888" : iEingabe_port
argv[2]	"30" : iEingabe_speed
argv[3]	"889" : iAusgabe_port
argv[4]	"30" : iAusgabe_speed

Die im Deklarationsteil aufgeführte Destruktoranweisung „~menu(void) {;};" repräsentiert einen Leerdestruktor.

```
/***************************************************************/
void menue :: menue(char *argv[])
{
/* Definieren einiger Bildausgabestreams                       */
window.window(1,1,80,25);
window1.window(10,1,70,4);
window2.window(7,8,78,22);
window3.window(6,7,76,21);
window4.window(1,25,80,25);
/* Die Programm-Aufrufargumente werden in Klassen Variablen abgelegt     */
iEingabe_port =atoi(argv[1]);
iEingabe_speed=atoi(argv[2]);
iAusgabe_port =atoi(argv[3]);
iAusgabe_speed=atoi(argv[4]);
}
/***************************************************************/
```

Klassenmethoden

Alle Klassenmethoden und Funktionen aus dem Programm „sprache2.cpp" sind in Aufbau und Ausführung identisch zu den gleichnamigen Funktionen aus dem Programm „sprache1.c". Die Klassenmethode "programm.ablauf()" spiegelt die Funktion „menue()" aus dem Programm „sprache1.c" wieder.

Hauptprogramm

Die erste Aktion im Hauptprogramm stellt die Instanziierung der Klassenvariablen „programm(argv)" vom Objekttyp „MENUE" dar. In der Anweisung ist die Übergabe der Programm-Aufrufparameterliste „argv", die beim Starten des Konstruktors „menue.- menu()" stattfindet, deutlich zu sehen. Im Anschluß wird die Vollständigkeit der Programm-Aufrufparameter geprüft. Beim Auftreten eines Fehlers aktiviert das Hauptprogramm die Klassenmethode „programm.falsche_argumente(). Wurden alle Parameter vollständig übergeben, installiert die Methode „programm.ablauf()" das Hauptmenü, in dem der Anwender die einzelnen Menüpunkte frei selektieren kann.

```
/***************************************************************/
/* HAUPTPROGRAMM                                               */
void main(int argc, char *argv[])
{
menue programm(argv);

/* Anzahl der Übergabeparameter testen                         */
if(argc < 5) programm.falsche_argumente();
programm.ablauf();
}
/***************************************************************/
```

3.11   Sprachausgabe über den Sound-Blaster

Bis zum Jahre 1987 konnte man nur über den PC-Lautsprecher Geräusche am Computer ausgeben. Der elektromechanische Aufbau und die daraus resultierende Übertragungscharakteristik des PC-Lautsprechers ermöglichen lediglich die Übertragung eines Frequenzspektrums bis ca. 5 KHz. Diese physikalischen Grundgrößen verdeutlichen die schlechte Eignung des internen PC-Lautsprechers für optimale Klang- und Sprachausgaben. Abgesehen von individuellen Soft- und Hardwarelösungen zur Sprachaufnahme / -wiedergabe, wie im Kapitel 3.10 aufgezeigt, stellt die Industrie dem Anwender heutzutage eine breite Palette von Soundkarten zur Verfügung. 1987 erschien die AdLib-Music-Synthesizer-Karte, die damals in vielen Programmen als Standard Verwendung fand. Das Herzstück dieser Karte stellte ein Synthesizer-Chip dar, der jedoch nur Schall- und Musikeffekte erzeugen konnte. Bereits kurze Zeit später brachte die Firma „Creative Technology" die Sound-Blaster-Karte auf den Markt. Der Sound-Blaster ist absolut kompatibel zur AdLib-Karte. Als zusätzliche Option ist es mit dem Sound-Blaster möglich, Musik bzw. Sprache digital aufzunehmen und wieder abzuspielen. Heutzutage repräsentiert die Weiterentwicklung der Blaster-Karte, der Sound- Blaster-Pro, den allgemeinen Standard unter den Soundkarten. Die beiden in diesem Kapitel diskutierten Programme „blaster1.c" und „blaster2.cpp" setzen als Standard die Sound-Blaster-Pro-Karte mit der entsprechenden Treibersoftware voraus. Mit Hilfe dieser Programme ist es möglich, Sound Dateien im sogenannten „VOC-Format" über den Blaster auszugeben. Durch diesen Programmansatz ist es auf einfache Weise möglich, Soundausgaben in eigene „C/C^{++}"-Anwendungen zu integrieren.

3.11.1   Sound-Blaster-Pro Grundlagen

HARDWARE: Auf den Sound-Blaster und Sound-Blaster-Pro Karten können mit Hilfe von Jumpern (Steckverbindungen) diverse Einstellungen getroffen werden. Über die Einstellungen und Auswirkungen aller Konfigurationsmöglichkeiten informieren Sie sich bitte im entsprechenden Handbuch zur Karte. Bild 3.54 zeigt die Position aller Jumper-Blöcke, sowie Ein- und Ausgabebuchsen der Sound-Blaster-Pro Karte. In der Tabelle 3.25 sind alle nach aussen unzugänglichen Jumper-Blöcke und Schnittstellen-Verbindungen aufgeführt.

Bild 3.54:
Die Sound-Blaster-Pro Karte

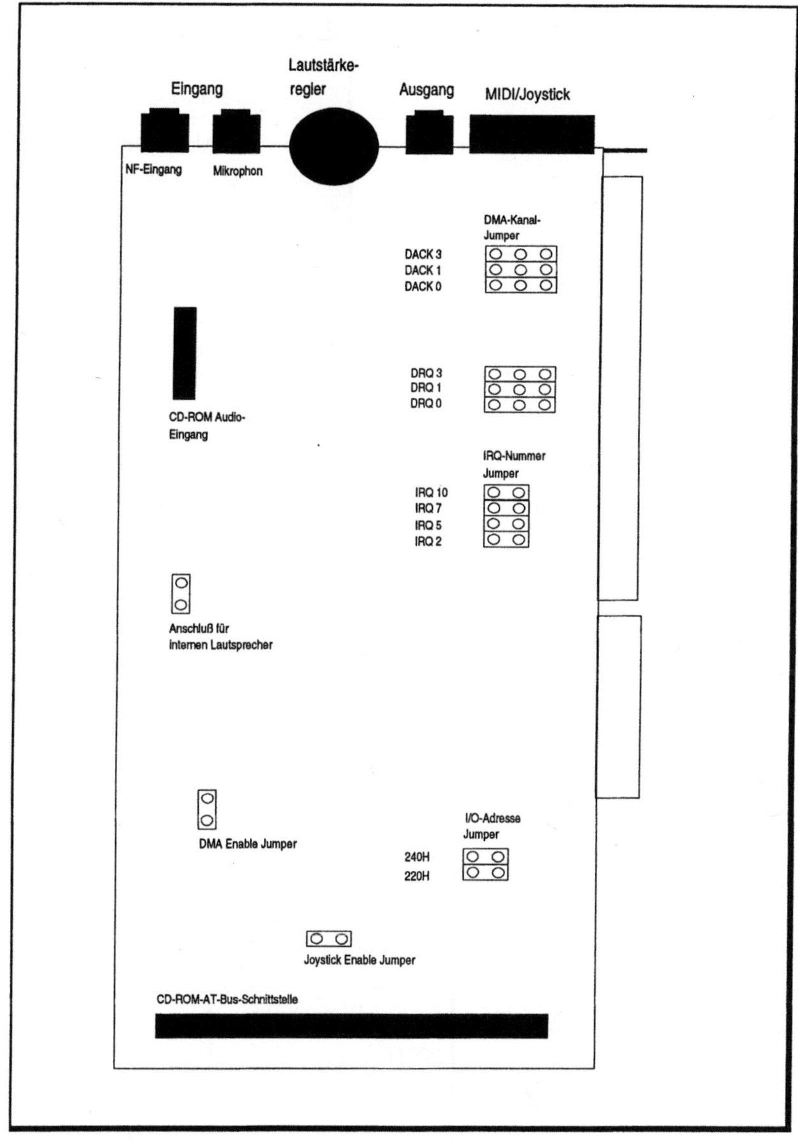

Tabelle 3.25:
Interne Jumper-
Blöcke und
Schnittstellen
der Sound-
Blaster-Pro-
Karte

Jumper/Schnittstelle	Bedeutung
DMA-Kanal (Jumper)	DMA-Speichertransfer für Spracheingabe / -ausgabe und CD-ROM-Bearbeitung
IRQ-Nummer (Jumper)	Nach dem Abspielen einer Sound-Sequenz über den DMA erzeugt der Blaster die selektierte Interrupt-Aufforderung
I/O-Adresse (Jumper)	Sound-Blaster Basis-Portadresse im I/O-Bereich
Joystick enable (Jumper)	Ist ein Joystick am Blaster installiert, muß dieser über diesen Jumper definiert werden
DMA enable (Jumper)	Der selektierte DMA-Kanal kann mit anderen Programmen geteilt werden
Anschluß für internen PC-Lautsprecher	An diesen Anschluß kann der interne PC-Lautsprecher angeschlossen werden
CD-ROM-Audioeingang	An diesen Anschluß kann der Audio-Ausgang eines CD-ROM-Laufwerks angeschlossen werden
CD-ROM-AT-Bus	An dieser AT-Bus-Schnittstelle ist es möglich, ein CD-ROM anzuschließen

Unter den Jumper-Konfigurationsmöglichkeiten ist die Auswahl der I/O-Basis-Adresse von besonderer Bedeutung. Über spezielle I/O-Adressen ist es möglich, einen Hardware-Test auf das Vorhandensein der Blaster-Karte im PC durchzuführen. Wie in Tabelle 3.26 dargestellt, unterscheiden sich die Blaster und Blaster-Pro Karten in der Anzahl und in der Lage der I/O-Adressen.

Tabelle 3.26:
Mögliche Basis-
Portadressen
der einzelnen
Blaster-Karten

Sound-Blaster	Sound-Blaster-Pro
210H	220H
220H	240H
230H	
240H	
250H	
260H	

Bild 3.55 zeigt alle Anschlußmöglichkeiten der Sound-Blaster-Pro Karte. Es stehen zwei Eingabeschnittstellen zur Verfügung. Über den Mikrophon-Input kann ein externes Mikrophon angeschlossen werden. Dabei wird das Eingabesignal auf der Blaster-Karte verstärkt. Der NF-Eingang stellt einen Stereo-Linear-Anschluß dar, bei dem das Eingabesignal nicht verstärkt wird. An diesem Eingang kann z. B. eine Stereoanlage, ein Kassettenabspielgerät oder ein CD-Player angeschlossen werden. Über den Stereoausgang ist es möglich, einen Mono-/Stereo-Kopfhörer oder zwei Lautsprecherboxen anzuschließen. Der Sound-Blaster besitzt eine Ausgangsleistung von 4 Watt pro Kanal, unter Verwendung eines 4 Ohm Lautsprechers (2 Watt bei 8 Ohm Lautsprechern). Die Lautstärke des Ausgangssignals ist mit Hilfe eines Lautstärkenreglers, der an der Rückseite der Blasterkarte angebracht ist, einstellbar. Über die MIDI/Joystick-Buchse kann ein Joystick oder ein MIDI-fähiges Gerät angeschlossen werden. 1983 wurde MIDI (Musical Instrument Digital Interface) als Standard eingeführt. Über diese Schnittstelle können Daten zwischen Musikinstrumenten und/oder dem Computer übertragen und weiter bearbeitet werden.

Bild 3.55:
Die Anschluß-möglichkeiten der Sound-Blaster-Pro Karte

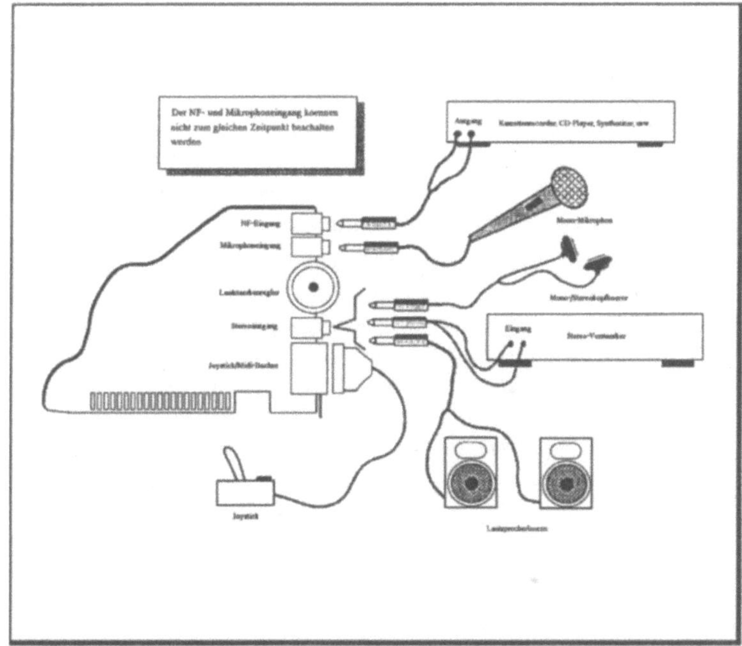

Komponenten und deren Funktion: Die Sound-Blaster-Pro Karte setzt sich praktisch aus fünf Hauptbestandteilen zusammen:

⇨ Ton- und Geräuscherzeugung über den FM-Chip (Stereo)

⇨ Digitale Aufzeichnung und Wiedergabe von Sprach- bzw. Geräuschsequenzen über den DSP (Stereo)

⇨ Einlesen und Auslesen von Daten über eine MIDI-Schnittstelle

⇨ Anschluß eines Joysticks an der MIDI-Schnittstelle

⇨ Anschluß eines kompatiblen CD-ROM-Laufwerks an der AT-Bus-Schnittstelle

Mit Hilfe des FM-Chips (Frequency Modulation) können unterschiedliche Töne über die Parameter, Amplitude und Frequenz erzeugt werden. Daurch ist es möglich, beliebige Instrumente und Geräusche über den Blaster zu definieren.

Über den DSP (Digital Sound Prozessor) kann ein analoges Eingangssignal in digitaler Form aufgenommen und über eine Schallquelle, quasi analog, wieder ausgegeben werden.

Die MIDI-Schnittstelle bietet die Möglichkeit, wie bereits weiter oben beschrieben, Daten eines externen MIDI-Gerätes einzulesen und wieder auszugeben.

Desweiteren ermöglicht die MIDI-Schnittstelle die Anschlußmöglichkeit eines Joysticks.

Über die AT-Bus-Schnittstelle und den CD-Audio-Eingang kann ein CD-ROM-Laufwerk (Compakt Disk Read Only Memory) angeschlossen und gesteuert werden. Als CD-Rom-Lauwferk ist ein zum Matsushita CR-521 kompatibles Laufwerk einzusetzen.

Digital Sound Prozessor (DSP): Die beiden in diesem Kapitel beschriebenen Programme „blaster1.c" und „blaster2.cpp" verwenden ausschließlich die DSP-Komponente zur Wiedergabe digitalisierter Sounddateien. Die beim Sound-Blaster und Sound-Blaster-Pro aufgezeichneten Sounddateien werden in einer Datei im standardisierten „VOC"-Format abgespeichert. Der DSP bietet für die Wiedergabe von „VOC"-Dateien die Möglichkeit der direkten und indirekten Soundausgabe. Bei direkter Ausgabe wandern die Daten aus der Datei über den DAC (Digital Analog Converter) direkt zum Ausgabemedium. Wählt man die indirekte Ausgabe, so können die Daten vor der Ausgabe in der Tonhöhe, Lautstärke oder über Filter manipuliert werden. Für all diese Operationen ist ein aufwendiges und komplexes Programmieren diverser Blaster-Register auf unterster Maschinenebene notwendig. Eine sinnvolle und ausführliche Beschreibung dieser Problematik würde den Rahmen dieses Buches an dieser Stelle sprengen. Für die Soundausgabe in den Beispielprogrammen findet der zum Lieferumfang der Sound-Blaster-Pro-Karte gehörende Soundtreiber „vplay.exe" Verwendung. Mit Hilfe dieses Treibers ist es ohne große Schwierigkeiten möglich, innerhalb eines „C/C^{++}"-Programmes die Ausgabe von „VOC"-Dateien komfortabel zu realisieren. Beim Einsatz einer älteren Blaster-Karte ist der entsprechende Soundtreiber einzusetzen.

Soundtreiber „vplay.exe" Das Programm „vplay.exe" ermöglicht bei der Sound-Blaster-Pro-Karte, auf DOS-Ebene, die Ausgabe von „VOC"-Dateien. Innerhalb der „C/C^{++}"-Programme wird der Treiber über die Funktion „system()" aus der „BORLAND"-Standardbiliothek aufgerufen. Diese Funktion ermöglicht die Ausführung von DOS-Befehlen. Der Soundtreiber „vplay.exe" besitzt folgende Programmaufrufzeile:

VPLAY <Dateiname.VOC> [/B:kk] [/T:ss] [/q] [/X="DOS-Kommando"]

Die in eckigen Klammern aufgeführten Parameter stellen die in Tabelle 3.27 beschriebenen Optionen dar.

Tabelle 3.27: Aufrufparameter zum Soundtreiber „VPLAY.EXE"

Aufrufparameter	Bedeutung
<Dateiname.voc>	Auszugebende Sounddatei im standardisierten „VOC"-Format
/B:kk	Speichergröße für die Soundausgabe. „kk" ist die Größe in 2 KByte Speicherblöcken. Wird kein Speicher definiert, gibt der Treiber eine Speichergröße von 32 KByte vor. Für „kk" können Werte von 1 bis 32 vergeben werden.
/T:ss	Ausgabezeit der Soundwiedergabe in Sekunden. Für „ss" können Werte von 1 bis 65535 Sekunden eingesetzt werden. Dieser Parameter darf bei Verwendung des Parameters „/X" nicht angegeben werden.
/Q	Unterdrückung aller Bildschirmausgaben. Bis auf eventuell auftretende Fehlermeldungen werden alle üblichen Ausgaben des Soundtreibers unterbunden.

Tabelle 3.27: Fortsetzung	Aufrufparameter	Bedeutung
	/X="DOS-Kommando"	DMA-Betrieb. Nachdem die Soundausgabe aktiviert wurde, kann das angegebene DOS-Kommando ausgeführt werden. Die Sprachwiedergabe läuft quasi im Hintergrund weiter.

Auf der dem Buch beigelegten CD-ROM befinden sich im Unterverzeichnis „MULTIMED" zahlreiche Sounddateien im „VOC"-Format. Mit diesen Dateien können Sie die Progamme „blaster1.c" und „blaster2.cpp" nach Herzenslust testen. Lassen Sie sich überraschen!

3.11.2   Sprachausgabe in klassischer „C"-Konvention

Programminhalt

Mit Hilfe des Programms „blaster1.c" können beliebige Sounddateien im „VOC"-Format abgespielt werden. Der Programmstart erfolgt auf DOS-Befehlsebene durch den nachfolgenden Aufruf:

blaster1   <Dateiname.voc>

Im Aufrufparameter „<Dateiname.voc>" wird dem Programm die auszugebende Sounddatei mitgeteilt. Die Sounddatei muß sich im aktuellen Programmverzeichnis befinden. Weiterhin setzt das Programm voraus, daß sich der Soundtreiber „vplay.exe" im „Root-Verzeichnis" oder im Blaster-Verzeichnis „C:\SBPRO\VEDIT2" befindet. Startet der Anwender das Programm ohne Aufrufparameter, so erscheint die im Bild 3.56 aufgezeigte Fehler- bzw. Hinweismeldung.

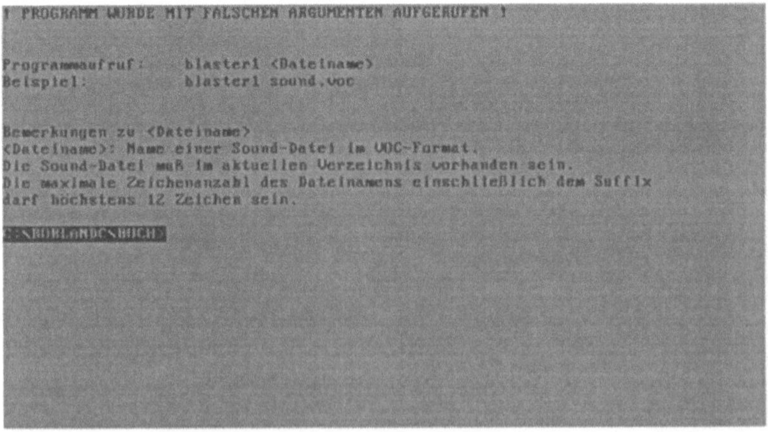

Bild 3.56: Fehlermeldung nach Programmstart ohne Aufrufparameter

Nach erfolgreichem Programmstart aktiviert das Programm das in Bild 3.57 dargestellte Hauptmenü. Im Hauptmenü kann der Anwender aus den folgenden Menüpunkten wählen:

⇨ Esc: Programmabbruch

⇨ 1: Sprachausgabe

Bild 3.57:
Hauptmenü
zum Programm
„BLASTER1"

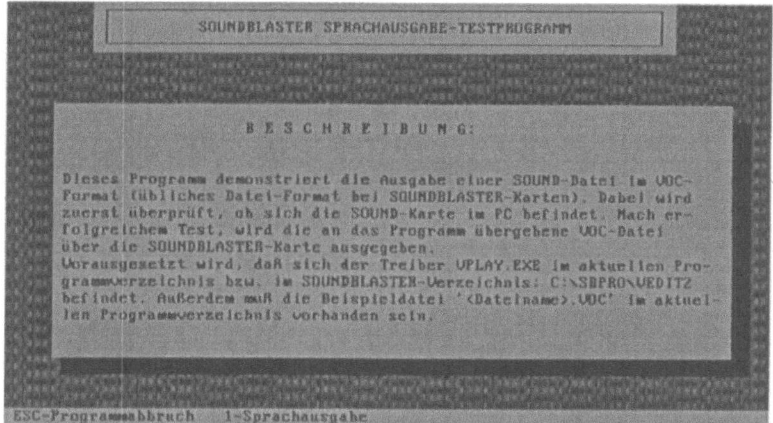

Bild 3.58:
Anzeige der
Basisadresse
während der
Soundwieder-
gabe

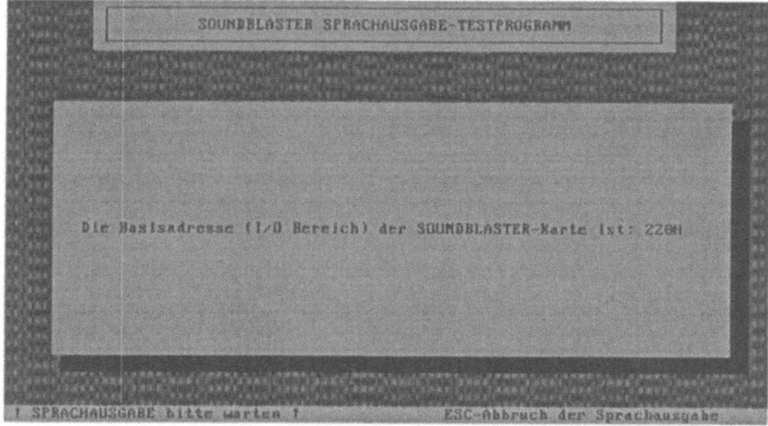

Nachdem der Anwender den Menüpunkt 1 „Sprachausgabe" selektiert hat, überprüft das Programm vor der Sprachausgabe, ob eine SOUND-Blaster-Karte im PC vorhanden ist. Kann keine Karte lokalisiert werden, wird das Programm mit der Ausgabe einer entsprechenden Fehlermeldung beendet. Nach erfolgreichem Test beginnt die Sprachausgabe, welche jederzeit durch Drücken von [Esc] beendet werden kann. Während der Soundwiedergabe gibt das Programm, wie in Bild 3.58 dargestellt, die Basis-I/O-Adresse der Blaster-Karte aus. Das Flußdiagramm in Bild 3.59 verschafft einen Überblick über den gesamten Funktionsablauf von Programm „blaster1.c"

Bild 3.59:
Flußdiagramm
zum Programm
„BLASTER1"

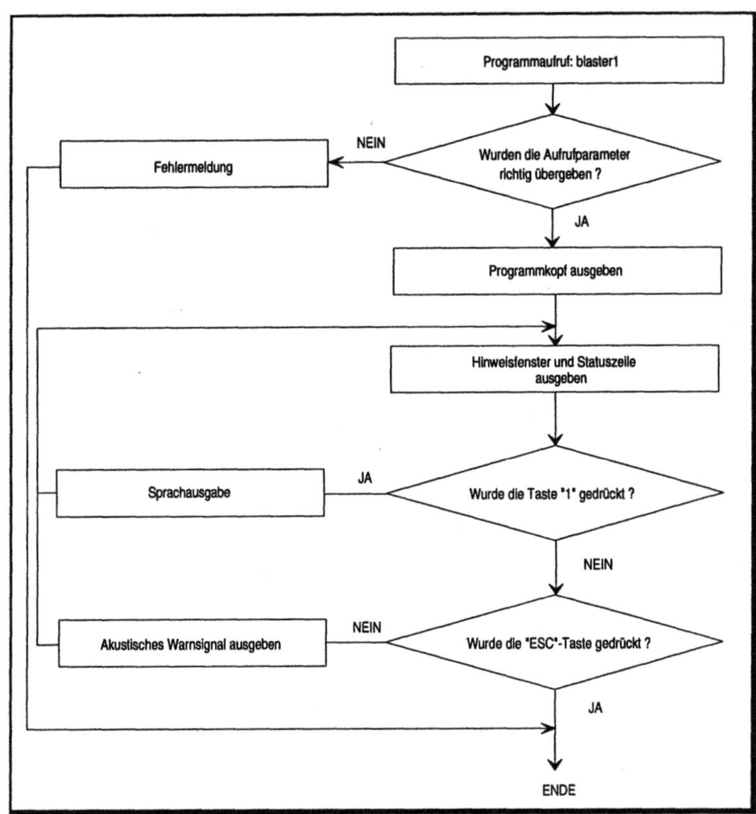

Programmdiskussion

In das Programm „blaster1.c" werden die selbstdeklarierten Headerdateien „buch.h" und das INCLUDE-File „dir.h" eingebunden. Alle aus der Datei „buch.h" integrierten Funktionen werden weiter unten aufgeführt.

```
/**********************************************************************/
/* INCLUDE-DATEIEN                                                    */
#include "buch.h"
#include <dir.h>
/**********************************************************************/
```

Funktion: main()

Mit Hilfe der Funktion „main(int argc, char *argv[])" wird dem Programm über den Aufrufparameter „argv[1]" der Name der auszugebenden Sounddatei übermittelt. Als erste Aktion überprüft das Hauptprogramm durch die Anweisung

```
((argc < 2 ) || (strlen(argv[1]) > 12))
```

nachfolgend aufgeführte Punkte:

⇨ Anzahl der Aufrufparameter

⇨ Länge des Sounddatei-Namens

Das Programm muß mit einem Aufrufparameter (Sound-Dateiname) aufgerufen werden. Die maximale Länge des Sounddateinamens darf nicht mehr als 12 Zeichen (8 Zeichen für Dateiname, 3 Zeichen für Suffix und 1 Zeichen für den „." zwischen Dateiname und Suffix) betragen. Die Sounddatei muß dadurch im aktuellen Programmverzeichnis vorhanden sein, da im Dateinamen kein Platz für eine Pfadangabe vorgesehen ist. Stellt das Programm Fehler in den Aufrufparametern fest, so erfolgt der Programmabbruch mit der Ausgabe der in Bild 3.48 aufgezeigten Fehlermeldung. Wurden alle Aufrufparameter fehlerfrei übergeben, aktiviert das Programm das Hauptmenü, indem der Anwender die Soundausgabe starten kann.

```
/**********************************************************************/
/* HAUPTPROGRAMM                                                      */
void main(int argc, char *argv[])
{
/* Testen ob ein Aufrufparameter (VOC-Sounddatei) übergeben wurde    */
if ((argc < 2 ) || (strlen(argv[1]) > 12))
 falsche_argumente();
/* Aufruf des Hauptmenü. Der Funktion wird der Aufrufparameter übergeben*/
menue(argv[1]);
}
/**********************************************************************/
```

Funktionen aus der Headerdatei: buch.h

Die Headerdatei: „buch.h" stellt dem Programm „blaster1.c" die Funktionen cursor_aus(), cursor_ein(), tastatur_loeschen(), fuellen() und ende() zur Verfügung. Alle genannten Funktionen wurden bereits weiter oben diskutiert.

Funktion: falsche_argumente()

Die Funktion „falsche_argumente()" wird aktiviert, nachdem im Hauptprogramm eine fehlerhafte Übergabe der notwendigen Programm-Aufrufparameter lokalisiert wurde. Die Funktion gibt am Bildschirm einige Hinweise zum ordnungsgemäßen Programmstart aus. Im Anschluß erfolgt das Programmende mit Übergabe des ERRORLEVELS „-1" an das Betriebssystem.

```c
/***********************************************************************/
void falsche_argumente(void)
{
cursor_ein();
textbackground(BLACK);
textcolor(LIGHTGRAY);
window(1,1,80,25);
clrscr();
/* Zuletzinstallierten Textmode restaurieren                 */
textmode(LASTMODE);
printf("! PROGRAMM WURDE MIT FALSCHEN ARGUMENTEN AUFGERUFEN !\n\r\n\n");
printf("Programmaufruf:     blaster1 <Dateiname>\r\n");
printf("Beispiel:           blaster1 sound.voc\n\n\n\r");
printf("Bemerkungen zu <Dateiname>\n\r");
printf("<Dateiname>: Name einer Sound-Datei im VOC-Format.\n\r");
printf("Die Sound-Datei muß im aktuellen Verzeichnis vorhanden sein.\n\r");
printf("Die maximale Zeichenanzahl des Dateinamens einschließlich dem \
Suffix\n\r");
printf("darf höchstens 12 Zeichen sein.\n\r");
exit(-1);
}
/***********************************************************************/
```

Funktion: menu()

Die Funktion „menu() verwaltet und steuert den gesamten Programmablauf. Nach der Ausgabe des Programmkopfes erfolgt in einer Endlosschleife die Abfrage und Aktivierung der bereits diskutierten Menüpunkte:

⇒ ①: Sprachausgabe

⇒ Esc: Programmabbruch

Drückt der Anwender eine unzulässige Taste, ertönt ein akustisches Warnsignal. Im Anschluß kann die Tasteneingabe wiederholt werden.

```c
/***********************************************************************/
void menue(char *acDateiname)
{
int iTaste_word, iTaste_low_byte;
```

```c
/* Ausgabe des Programmkopfes                                        */
cursor_aus();
gotoxy(1,1);
fuellen(177,23,2000);
window(10,1,70,3);
textbackground(LIGHTGRAY);
textcolor(BLACK);
clrscr();
cprintf(" +----------------------------------------------------------+\r\n");
cprintf(" ¦          SOUNDBLASTER SPRACHAUSGABE-TESTPROGRAMM          ¦\r\n");
cprintf(" +----------------------------------------------------------+");
/* Endlosschleife, kann nur durch Drücken der ESC-Taste beendet werden  */
do
{
 /* Ausgabe eines Hinweisfensters                                    */
 window(7,8,78,22);
 textbackground(BLACK);
 clrscr();
 window(6,7,76,21);
 textbackground(BLUE);
 textcolor(LIGHTCYAN);
 clrscr();
 gotoxy(20,2);
 cprintf(" B E S C H R E I B U N G:");
 gotoxy(1,5);
 cprintf(" Dieses Programm demonstriert die Ausgabe einer SOUND-Datei\
im VOC-\n\r");
 cprintf(" Format (übliches Datei-Format bei SOUNDBLASTER-Karten).\
Dabei wird\n\r");
 cprintf(" zuerst überprüft, ob sich die SOUND-Karte im PC befindet. Nach\
er-\n\r");
 cprintf(" folgreichem Test, wird die an das Programm übergebene VOC-Datei\
\n\r");
 cprintf(" über die SOUNDBLASTER-Karte ausgegeben.\n\r");
 cprintf(" Vorausgesetzt wird, daß sich der Treiber VPLAY.EXE im\
aktuellen Pro-\n\r");
 cprintf(" grammverzeichnis bzw. im SOUNDBLASTER-Verzeichnis:\
C:\\SBPRO\\VEDIT2\n\r");
 cprintf(" befindet. Außerdem muß die Beispieldatei '<Dateiname>.VOC' im\
aktuel-\n\r");
 cprintf(" len Programmverzeichnis vorhanden sein.");
 /* Ausgabe der Statuszeile                                          */
 window(1,25,80,25);
 textbackground(LIGHTGRAY);
 textcolor(BLACK);
 clrscr();
 cprintf(" ESC-Programmabbruch     1-Sprachausgabe");
 textcolor(RED);
 gotoxy(2,1);
 cprintf("ESC");
 gotoxy(24,1);
 cprintf("1");
 window(6,7,76,21);
 tastatur_loeschen(); /* Tastaturspeicher löschen                    */
 iTaste_word=bioskey(0); /* auf Tastendruck warten                   */
 iTaste_low_byte=iTaste_word & 0x00FF;
 /* Auswerten der gedrückten Taste                                   */
 switch(iTaste_low_byte)
 {
  /* Beim Drücken der ESC-Taste wird das Programm beendet            */
  case TASTE_ESC:  ende(); break;
```

```
/* Beim Drücken der Taste "1" erfolgt die Sprachausgabe        */
case TASTE_1:     sprachausgabe(acDateiname); break;
/* Beim Drücken einer anderen Taste wird ein akustisches Warnsignal  */
/* ausgegeben                                                   */
default:          sound(1000); delay(500); nosound(); break;
}
}
while(1);
/* Ende der Endlosschleife                                      */
}
/************************************************************************/
```

Funktion: hardware_test()

Mit Hilfe der Funktion „hardware_test()" ist es möglich festzustellen,
ob eine SOUND-BLASTER bzw. SOUND-BLASTER-PRO-Karte im PC
vorhanden ist. Der Hardwaretest erfolgt über einen Reset des DSP
(Digital Sound Prozessor). Der DSP kann über die in Tabelle 3.28
aufgeführten I/O-Portadressen angesprochen werden. Um einen
DSP-Reset durchzuführen, müssen die in Tabelle 3.29 dargestellten
Aktionen durchgeführt werden.

Tabelle 3.28:
I/O-Port-
adressen des
DSP

Portadresse	Bedeutung
2X6H	Reset-Port (nur schreibbar)
2XAH	Daten-Port (nur lesbar)
2XCH	Befehls-/Daten-Port; Bit 7 = 1; (nur schreibbar)
	Pufferstatusport ; Bit 7 = 0; (nur lesbar)
2XEH	Datenstatus-Port
	Daten vorhanden (bei Bit 7 = 1)
	keine Daten vorhanden (bei Bit 7 = 0)
X=Basisadresse der Blaster-Karte	
SOUND-BLASTER: X=210H,220H,230H,240H,250H260H	
SOUND-BLASTER-PRO: X=220H,240H	

	Ablaufschritt	Bedeutung
Tabelle 3.29: Reset-Funktionsablauf beim DSP	1	Am Port 2X6H den Wert „1" ausgeben
	2	Ca. 1 Millisekunde warten
	3	Am Port 2X6H den Wert „0" ausgeben
	4	Einlesen des Ports 2XEH und testen, ob Bit 7 gesetzt (1) ist
	5	Falls Bit 7 am Port 2XEH nicht gesetzt ist, Schritt 4 einige Male wiederholen. Ist Bit 7 dann immer noch nicht gesetzt, ist kein Blaster im PC installiert. Der Schritt 6 ist nicht mehr auszuführen.
	6	Einlesen des Ports 2XAH. Das eingelesene Byte muß den Wert „AAH" beinhalten. Ist dies der Fall, dann wurde eine Blaster-Karte im PC lokalisiert und der Test kann beendet werden. Anderenfalls müssen die Schritte 1 bis 5 einige Male wiederholt werden. Ist der Wert des eingelesenen Bytes dann immer noch ungleich „AAH", ist keine Soundkarte im PC installiert.

Bild 3.60:
Flußdiagramm
zur Funktion
„hard-
ware_test()"

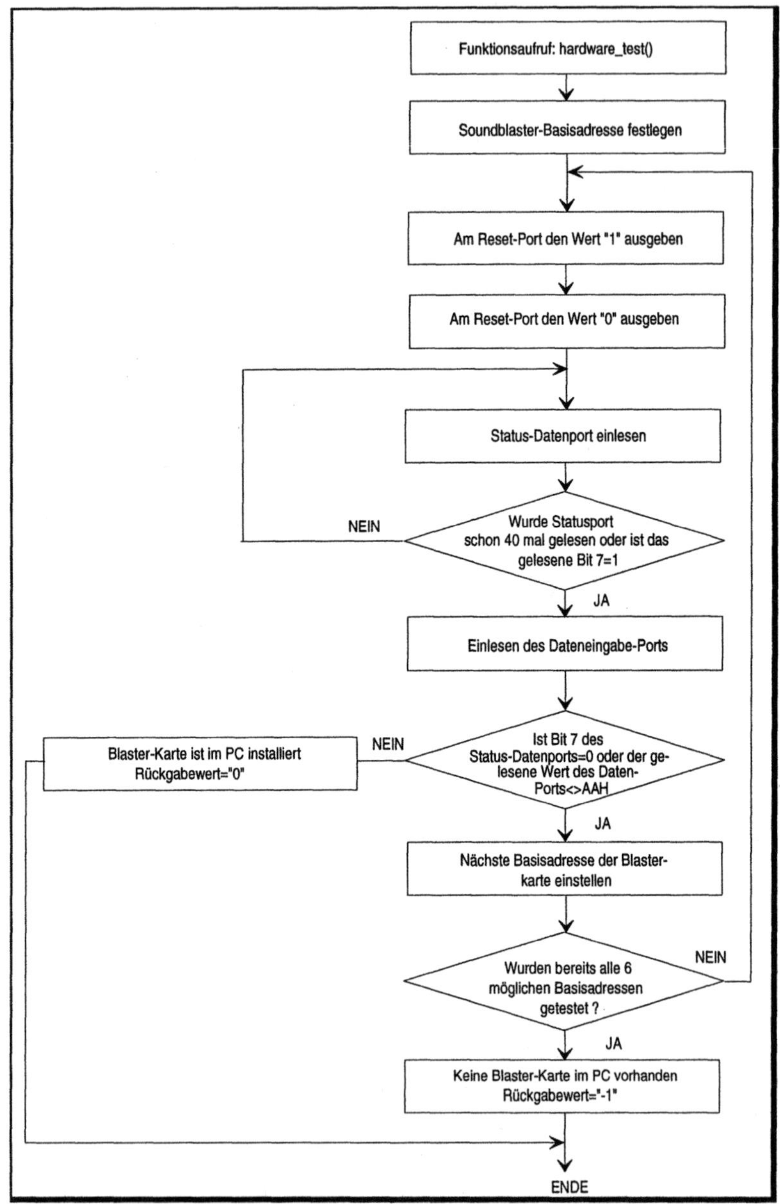

Die Funktion „hardware_test()" führt den gesamten Reset-Ablauf, beginnend mit der Basisadresse „210H", für alle möglichen I/O-Adressen bis zur höchstzulässigen Basisadresse „260H" durch. Der gesamte Funktionsablauf ist in Bild 3.60 dargestellt.

```
/************************************************************************/
int hardware_test(void)
{
int iZaehler1,iZaehler2,iTest,iReturn, iWiederholen=TRUE;
```

Die Variable „iBlaster_port" verwaltet die Basis-Portadresse. Zu Beginn wird der Variablen der Wert „210H" zugewiesen. Dieser Wert repräsentiert die erste mögliche Basisadresse der BLASTER-Karten.

```
int iBlaster_port=0x210
```

In der folgenden Hauptschleife werden die Ablaufschritte 1 bis 6 aus der Tabelle 3.29 der Reihe nach durchgeführt. Dabei wird der Ablaufschritt 6 durch die Variable „iZaehler=10" maximal 10 mal wiederholt.

```
iZaehler1=10;
/************** Beginn der Hauptschleife ****************************/
do
{
```

Die folgende „output()"-Anweisung realisiert den Ablaufschritt 1, bei dem der Wert „1" an die Portadresse „2X6H" ausgegeben wird.

```
outportb(iBlaster_port+6,1); /* An Adresse Basis+6 den Wert 1 ausgeben */
```

Die „delay()"-Funktion repräsentiert den Ablaufschritt 2.

```
delay(1);
```

Der nächste „output()"-Befehl bearbeitet den Ablaufschritt 2, der am Port 2X6H den Wert „0" ausgibt.

```
outportb(iBlaster_port+6,0); /* An Adresse Basis+6 den Wert 0 ausgeben */
```

Innerhalb der anschließenden Schleife erfolgt die Abarbeitung von Ablaufschritt 5. Es wird maximal 40 mal versucht, am Port 2XEH ein gesetztes Bit 7 (Bitwert=1) einzulesen.

```
/* Schleife zum testen der Adresse Basis+E auf Bit-7 (1)         */
for(iZaehler2=40;iZaehler2 > 0;--iZaehler2)
{
 iTest=inportb(iBlaster_port+0xE);
 if(iTest >= 0x80) break;
}
```

Der nächste „inport()"-Befehl realisiert das Einlesen des Ports
„2XAH" aus dem letzten Ablaufschritt.

```
iTest=inportb(iBlaster_port+0xA);
```

Mit Hilfe der „if-Anweisung" wird überprüft, ob die beiden Ablaufschritte 5 und 6 fehlerfrei ausgeführt wurden.

```
if((iZaehler2 == 0) || (iTest != 0xAA))
{
```

Wurde bei einem der Ablaufschritte 5 bzw. 6 ein Fehler lokalisiert,
so wird die Zählvariable der Hauptschleife um den Wert „1" inkrementiert.

```
/* Fehler nach den beiden Test's deshalb Schleife 1 wiederholen   */
 --iZaehler1;
 if(iZaehler1 == 0)
 {
```

Wurde die Hauptschleife bereits 10 mal wiederholt, so wählt das
Programm die nächste Basisadresse, um den gesamten Test erneut
mit der neuen Port-Adresse durchführen zu können.

```
/* Schleife 1 wurde 10 mal wiederholt; neuen Basis-Port wählen    */
 iZaehler1=10;
 iBlaster_port=iBlaster_port+0x10;
 }
}
else
{
```

Waren beide Tests erfolgreich, so ist eine Blaster-Karte im PC an der
aktuellen Port-Adresse installiert. Die Funktion gibt eine entsprechende Meldung im Hinweisfenster am Bildschirm aus. Die
Schleifenabbruch-Variable „iWiederholen" wird auf den symbolischen Wert „FALSE" gesetzt, der einen Abbruch der Hauptschleife
ermöglicht. Dem aufrufenden Programm wird über die Variable
„iReturn" der Wert „0" übergeben.

```
            /* Die beiden Test's waren erfolgreich                    */
            iWiederholen=FALSE;
            iReturn=0;
            textbackground(BLUE);
            textcolor(LIGHTCYAN);
            clrscr();
            gotoxy(3,8);
            cprintf(" Die Basisadresse (I/O Bereich) der SOUNDBLASTER-Karte ist: %xH",
             iBlaster_port);
          }
```

Die nächste „if-Anweisung" überprüft, ob die Hauptschleife bereits
für alle möglichen Portadressen durchgeführt wurde. Wenn dies der
Fall ist, konnte keine Blaster-Karte im PC lokalisiert werden. Die
Funktion gibt am Bildschirm eine entsprechende Fehlermeldung
aus. Die Schleifenabbruch-Variable „iWiederholen" wird auf dem
symbolischen Wert „FALSE" gesetzt, der einen Abbruch der Hauptschleife ermöglicht. Dem aufrufenden Programm wird über die Variable „iReturn" der Wert „-1" übergeben.

```
        if(iBlaster_port > 0x260)
        {
        /* Die beiden Test's funktionierten bei keinem Basisport -> keine    */
        /* Blaster-Karte im PC                                               */
        iWiederholen=FALSE;
        iReturn=-1;
        textbackground(RED);
        textcolor(WHITE);
        clrscr();
        gotoxy(25,5);
        cprintf(" ! A C H T U N G !\n\r\n");
        cprintf(" Es konnte kein SOUNDBLASTER in ihrem PC lokalisiert werden.\n\r");
        cprintf(" Damit kann keine Sprachausgabe über die Karte erfolgen.");
        window(1,25,80,25);
        textbackground(LIGHTGRAY);
        textcolor(BLACK);
        clrscr();
        cprintf(" beliebige Taste -> zurück zum Menü");
        tastatur_loeschen();
        getch();
        }
      }
while(iWiederholen == TRUE);
/*********************** Ende der Hauptschleife ************************/
```

Der aufrufenden Funktion wird bei einem erfolgreichen Hardware-
Test der Wert „0" und bei einem fehlerbehafteten Test der Wert
„-1" übergeben.

```
    return(iReturn);
    }
    /*************************************************************************/
```

Funktion: sprachausgabe()

Die Funktion „sprachausgabe()" realisiert die eigentliche Soundwiedergabe über die installierte Blaster-Karte. Zuerst überprüft die
Funktion das Vorhandensein des zur Soundausgabe erforderlichen
Treibers „vplay.exe". Wurde der Treiber im entsprechenden Verzeichnis lokalisiert, baut das Programm im Anschluß den nachfolgenden DOS-Befehl für den Aufruf der Funktion „system("DOS-
Befehl")" zusammen.

<Pfadangabe>\vplay /q <Sounddatei-Name.voc> > papkorb.txt

Der Umleitungsoperator „>" unterdrückt die störende Bildschirmausgabe auf der DOS-Ebene. Alle Bildschirmausgaben werden in
die Textdatei „papkorb.txt" umgeleitet. Nach der Sprachausgabe aktiviert die Funktion erneut das Haupmenü im Programm. Der prinzipielle Funktionsablauf ist im Bild 3.61 aufgezeigt.

```
/**********************************************************************/
void sprachausgabe(char * acDateiname)
{
/* BORLAND-Struktur für Dateisuche                              */
struct ffblk Dateiinfo;
int iTest,iTreiber;
char acBefehl[60];
```

Über die Funktion „hardware_test()" kontrolliert das Programm die
Installation einer betriebsbereiten Blaster-Karte im PC. Wurde eine
Soundkarte im PC lokalisiert, so übergibt die Funktion dem aufru-
fenden Programm der Rückgabewert „0".

```
iTest=hardware_test();
```

Bild 3.61:
Flußdiagramm
zur Funktion
„sprach-
ausgabe()"

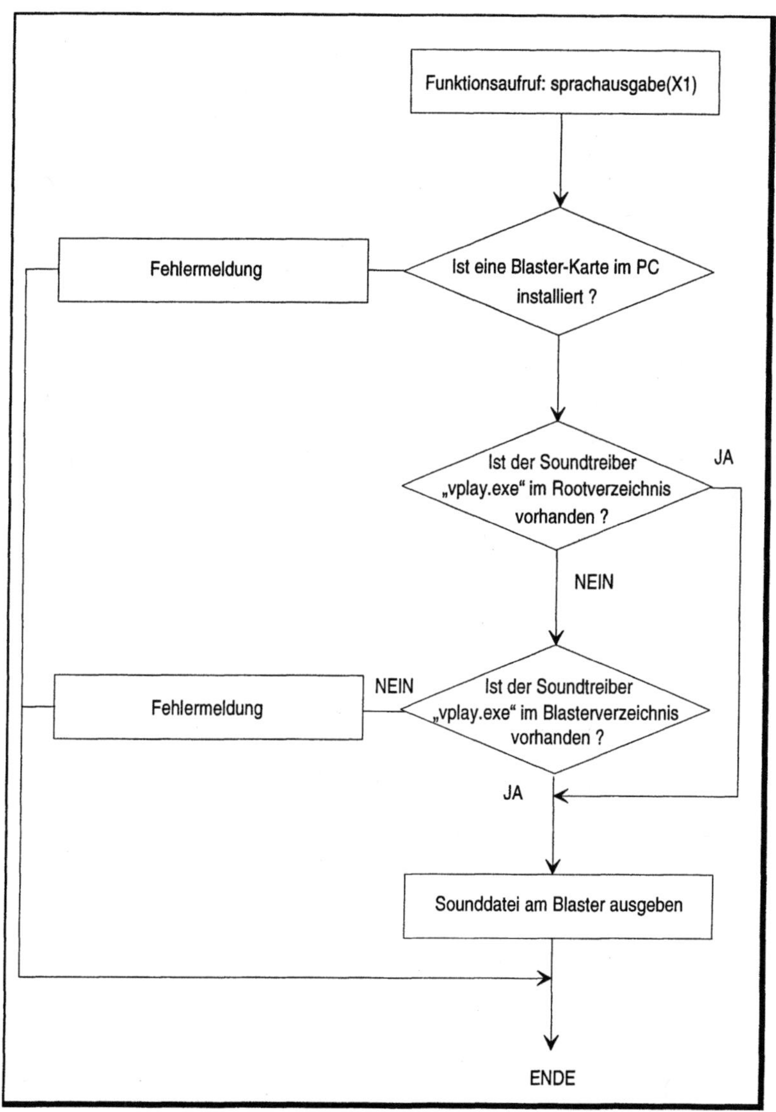

Die nachfolgende Schleife testet, ob sich der Soundtreiber
„vplay.exe" im Rootverzeichnis befindet.

```
if(iTest == 0)
{
   /* Testen, ob Soundtreiber in Rootverzeichnis vorhanden ist          */
```

```
iTreiber=FALSE;
strncpy(acBefehl,"",60);
iTest=findfirst("c:vplay.exe",&Dateiinfo,FA_DIREC);
if(iTest == 0)
{
```

Wird der Treiber im Rootverzeichnis lokalisiert, erfolgt das Zusammensetzen des DOS-Befehles zur Soundausgabe über die Funktion „system(DOS-Befehl)".

```
strcpy(acBefehl,"c:vplay.exe /q ");
strcat(acBefehl,acDateiname);
strcat(acBefehl," > papkorb.txt");
iTreiber=TRUE;
}
```

Konnte der Soundtreiber „vplay.exe" nicht im Rootverzeichnis gefunden werden, überprüft das Programm, ob sich der Treiber im Standardverzeichnis „C:\SBPRO\VEDIT2" Karte befindet.

```
if(iTreiber == FALSE)
{
/* Testen ob der Soundtreiber im Verzeichnis C:\SBPRO\VEDIT2 vorhanden*/
/* vorhanden ist                                                      */
iTest=findfirst("c:\\sbpro\\vedit2\\vplay.exe",&Dateiinfo,FA_DIREC);
if(iTest == 0)
{
```

Ist der Treiber im Verzeichnis „C:\SBPRO\VEDIT2" vorhanden, erfolgt das Zusammensetzen des DOS-Befehles zur Soundausgabe.

```
strcpy(acBefehl,"c:\\sbpro\\vedit2\\vplay.exe /q ");
strcat(acBefehl,acDateiname);
strcat(acBefehl," > papkorb.txt");
iTreiber=TRUE;
}
}
if(iTreiber == FALSE)
{
```

Wurde auch im zweiten Verzeichnis kein Treiber gefunden, gibt die Funktion am Bildschirm einen entsprechenden Hinweis aus. Der Rücksprung zum Hauptmenü wird durch Drücken einer beliebigen Taste eingeleitet.

```
/* Es konnte kein Soundtreiber lokalisiert werden              */
textbackground(RED);
textcolor(WHITE);
clrscr();
gotoxy(25,5);
cprintf(" ! A C H T U N G !\n\r\n");
```

```
        cprintf(" Der Sound-Treiber VPLAY.EXE konnte weder im aktuellen");
        cprintf(" Verzeichnis\n\r");
        cprintf(" noch im SOUNBLASTER-Verzeichnis C:\\SPBRO\\VEDIT2 gefunden");
        cprintf(" werden.\n\r");
        cprintf(" Damit kann keine Sprachausgabe über die Karte erfolgen.");
        window(1,25,80,25);
        textbackground(LIGHTGRAY);
        textcolor(BLACK);
        clrscr();
        cprintf(" beliebige Taste -> zurück zum Menü");
        tastatur_loeschen();
        getch();
        return;
    }
```

Nachdem der erforderliche Treiber „vplay.exe" lokalisiert wurde,
gibt das Programm eine neue Statuszeile am Bildschirm aus.

```
    /* Ausgabe der Statuszeile                                    */
    window(1,25,80,25);
    textbackground(LIGHTGRAY);
    textcolor(BLACK);
    clrscr();
    cprintf(" ! SPRACHAUSGABE bitte warten !              ESC-Abbruch der\
    Sprachausgabe");
    textcolor(RED);
    gotoxy(47,1);
    cprintf("ESC");
```

Als letzte Aktion erfolgt über den Befehl „system(DOS-Kommando)"
die eigentliche Soundwiedergabe am Blaster. Die aktuell ausgegebene Sprachsequenz kann jederzeit durch Drücken von [Esc] bendet
werden.

```
    /* Sounddatei am Balster ausgeben                             */
    system(acBefehl);
    }
}/*******************************************************************/
```

3.11.3   Sprachausgabe in objektorientierter Form

Abgesehen von den üblichen Bildausgabestreams innerhalb objektorientierter Programme, enthält das Programm „blaster2.cpp" keine
besonderen Klassenoperationen. Alle Programmabläufe entsprechen dem klassisch aufgebauten Programm „blaster1.c".

Programminhalt

Auf Grund der gleichen Programminhalte der beiden Programme
„blaster1.c" und „blaster2.cpp" wird an dieser Stelle auf eine erneute
Beschreibung des Programminhalts verzichtet. Lesen Sie bitte bei
Bedarf im Kapitel 3.11.2 an entsprechender Stelle nach.

Programmdiskussion

In das Programm „blaster2.cpp" wird die Klassen-Headerdatei „buch_cpp.h" eingebunden. Die integrierte Headerdatei stellt die Klasse „DIVERS" bereit.

```
/*********************************************************************/
/* INCLUDE-DATEIEN                                                 */
#include "buch_cpp.h"
/*********************************************************************/
```

Klassen und Methoden aus der Headerdatei: buch_cpp.h

Die aus der Headerdatei eingebundene Klasse „DIVERS" stellt dem Programm „blaster2.cpp" die Methoden cursor_ein(), cursor_aus(), tastatur_loeschen(), fuellen und ende() zur Verfügung. Alle genannten Klassenmethoden wurden bereits an anderer Stelle diskutiert.

Klassendeklaration im Programm

Der im Programmdeklarationsteil definierten Klasse „MENU" werden durch die Anweisung:

```
class menue : private divers
```

alle Eigenschaften der Headerklasse „DIVERS" private vererbt. In Bild 3.62 ist die gesamte Vererbungshirarchie von Programm „blaster2.cpp" aufgezeigt.

Bild 3.62:
Klassendiagramm zum Programm „BLASTER2"

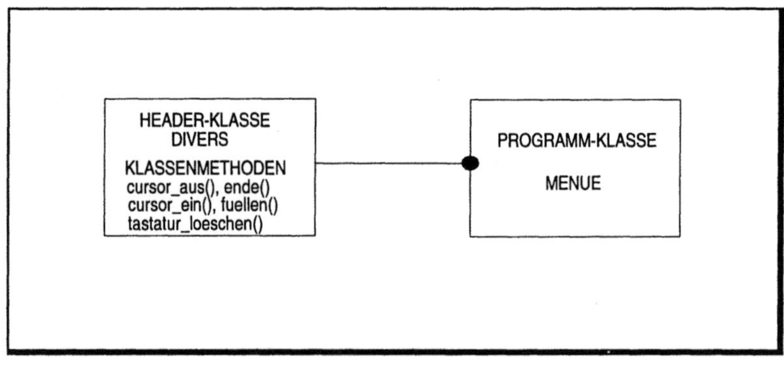

```
/****************************************************************************/
class menue : private divers {
private:
  constream window,window1,window2,window3,window4;
  struct ffblk Dateiinfo;
  char acBefehl[70],acDateiname[20];
  int iTaste_word,iTaste_low_byte,iZaehler1,iZaehler2,iTest,iReturn;
  int iBlaster_port,iWiederholen,iTreiber;
public:
  menue(char *argv[]);
  ~menue(void){;};
  void falsche_argumente(void);
  void ablauf(void);
  int hardware_test(void);
  void sprachausgabe(void);
};
/****************************************************************************/
```

Konstruktoren und Destruktoren

Mit Hilfe des Konstruktors „menu :: menu(char *argv[])" werden folgende Punkte realisiert:

⇨ Übergabe des Programm-Aufrufparameters „argv[1]"

⇨ Definition wichtiger Bildausgabestreams

Bei der Inkarnation der Klassenvariablen „programm(argv)" wird dem Konstruktor „menu::menu(char *argv[])" der Programm-Aufrufparameter „argv[1]" übergeben. Dadurch ist es möglich, innerhalb des Konstruktoranweisungs-Blocks, der Klassenvariablen „acDateiname" den Namen der auszugebenden Sounddatei zu übertragen.

Die im Klassendeklarationsteil definierte Destruktoranweisung „~menue (void) {;};" stellt einen Leerdestruktor dar.

```
/****************************************************************************/
void menue :: menue(char *argv[])
{
/* Deklaration von Bildausgabe-Streams                          */
window.window(1,1,80,25);
window1.window(10,1,70,3);
window2.window(7,8,78,22);
window3.window(6,7,76,21);
window4.window(1,25,80,25);
strncpy(acDateiname,"",20);
/* Übergabe des Programmaufrufparamters an Klassenvariable       */
strcpy(acDateiname,argv[1]);
}
/****************************************************************************/
```

Klassenmethoden

Alle Klassenmethoden und Funktionen aus dem Programm
„blaster2.cpp" sind in Aufbau und Ausführung identisch zu den
gleichnamigen Funktionen aus dem Programm „blaster1.c". Die
Klassenmethode   programm.ablauf()"   spiegelt   die   Funktion
„menue()" aus dem Programm „blaster1.c" wieder.

Hauptprogramm

Zu Beginn des Hauptprogramms erfolgt die Instanziierung der Klassenvariablen „programm". Diese Variablen-Inkarnation aktiviert den
Klassen-Destruktor, der den Aufrufparameter „argv[1]" (Name der
Sounddatei) der globalen Klassenvariablen „acDateiname" zuweist.
Im Anschluß überprüft das Programm die Richtigkeit der übergebenen Programm-Aufrufparameter. Treten bei diesem Test Unregelmäßigkeiten auf, erfolgt das Programmende mit der Ausgabe eines
Fehler- bzw. Hinweisfensters. Konnten keine Fehler beim Programmaufruf festgestellt werden, aktiviert das Modul durch Aufruf
der Klassenmethode „program.ablauf()" das Hauptmenü. In diesem
Menü kann der Anwender die gewünschte Soundwiedergabe aktivieren bzw. das Progamm beenden.

```
/*****************************************************************************/
/* HAUPTPROGRAMM                                                         */
void main(int argc, char *argv[1])
{
menue programm(argv);

/* Testen ob ein Aufrufparamter (Sounddatei) übergeben wurde        */
if ((argc < 2) | (strlen(argv[1]) > 12))
 programm.falsche_argumente();
 /* Aktivieren des Hauptmenüs                                       */
programm.ablauf();
}
/*************************************************************************/
```

3.12 VGA-Grafikkarten-Bearbeitung

Die VGA-Grafik-Karte (Video-Graphics-Array) löste 1987 die bis dahin gebräuchliche EGA-Grafik-Karte (Enhanced-Graphics-Adapter)
ab. Die Hauptursache dieser Neuentwicklung bestand damals in der
grundlegend neuen Produktphilosophie der PS/2-Linie von IBM. Bei
einem modernen Multitasking-System muß bei einem Wechsel von
parallel laufenden Programmen (Tasks) u.a. auch der gesamte Zustand der Grafikkarte zwischengespeichert werden können. Die

EGA-Grafik-Karte enthält eine große Anzahl wichtiger Hardware-Register, die keinen Lesezugriff erlauben. Bei der Entwicklung der VGA-Grafik-Karte wurde dagegen der Zugriff auf alle Hardware-Register in schreibender und lesender Form sichergestellt. Die VGA-Karte stellt eine Vielzahl von unterschiedlichen Videomodi zur Verfügung. Diese unterscheiden sich durch das Auflösungsvermögen (Pixelorganisation), die Anzahl der darzustellenden Farben und die Organisation des Bildspeichers (auf der VGA-Karte). Besonders ausgeprägt sind die Unterschiede zwischen den Grafik- und den Textmodi. Die große Anzahl der verschiedenen Videomodi resultiert aus der Tatsache, daß die VGA-Grafik-Karte kompatibel zu ihren Vorgängern, der MDA-, CGA- und EGA-Karte, konzipiert wurde. Die Tabelle 3.30 zeigt eine Übersicht aller auf der Standard-VGA-Karte aktivierbaren Videomodi.

Tabelle 3.30:
Die Standard-Videomodi der VGA-Grafik-Karte

Video-mode	Grafik-Karte	Text / Grafik	Farben	Auflösung	Zeichen-box	Spalten	Bild-seiten
0,1	CGA	Text	16	320*200	8*8	40*25	8
0,1	EGA	Text	16	320*350	8*14	40*25	8
0,1	VGA	Text	16	360*400	9*16	40*25	8
2,3	CGA	Text	16	640*200	8*8	80*25	8
2,3	EGA	Text	16	640*350	8*14	80*25	8
2,3	VGA	Text	16	720*400	9*16	80*25	8
4,5	CGA	Grafik	4	320*200	8*8	40*25	1
6	CGA	Grafik	2	640*200	8*8	80*25	1
7	MDA	Text	mono	720*350	8*8	80*25	8
7	VGA	Text	mono	720*400	9*16	80*25	8
0DH	EGA	Grafik	16	320*200	8*8	40*25	8
0EH	EGA	Grafik	16	640*200	8*8	80*25	4
0FH	EGA	Grafik	mono	640*350	8*14	80*25	2
10H	EGA	Grafik	16	640*350	8*8	80*25	4
11H	VGA	Grafik	2	640*480	8*16	80*30	1
12H	VGA	Grafik	16	640*480	8*16	80*30	1
13H	VGA	Grafik	256	320*200	8*8	40*25	1

Die in der Tabelle 3.30 mit „VGA" aufgeführten Videomodi können auf jeder Standard-VGA-Karte installiert werden. Seit geraumer Zeit befinden sich die sogenannten Super-VGA-Karten auf dem Markt. Mit Hilfe dieser Grafikkarten ist es möglich , 256 und mehr Farben bei einer Auflösung bis zu 1024*768 und höher, darzustellen. Der Nachteil dieser neuartigen Grafikkarten ist ihre starre Hardware-Abhängigkeit. Jeder Hersteller verwendet seinen eigenen Chipsatz. Dadurch unterliegen die Super-VGA-Karten keiner standardisierten Software-Schnittstelle. Die Programm-Portabilität auf verschiedenen Super-VGA-Karten ist praktisch Null.

Alle in diesem Kapitel diskutierten Programme unterliegen den Standard-VGA-Videomodi und sind somit auf allen kompatiblen VGA-Karten lauffähig. Die Programme „vga1.c" und „vga5.cpp" behandeln alle interessanten Farb- und Palettenoperationen der VGA-Karte. Beide Programme wurden im standardisierten Grafik-Modus-12H mit einer Bildschirmauflösung von 640*480 Pixeln, bei gleich-zeitig 16 darstellbaren Farben, realisiert. Die Programme „vga2.c" bis „vga4.c" bearbeiten im Text-Modus-3 wichtige Zeichensatz-, Informations- und Bildspeicher-Operationen. In der Tabelle 3.31 sind alle Programminhalte der fünf aufgeführten Programme aufgezeigt.

<table>
<tr><td rowspan="6">Tabelle 3.31:
Programm-
übersicht aus
Kapitel 3.13</td><td>Programm</td><td>C/C++</td><td>Modi/Nummer</td><td>Funktionalität</td></tr>
<tr><td>vga1</td><td>C</td><td>Grafik / 12H</td><td>Farb- und Palettenregister</td></tr>
<tr><td>vga2</td><td>C</td><td>Text / 3</td><td>Zeichengenerator</td></tr>
<tr><td>vga3</td><td>C</td><td>Text / 3</td><td>VGA-Informationen</td></tr>
<tr><td>vga4</td><td>C</td><td>Text / 3</td><td>Textseiten im Bildspeicher</td></tr>
<tr><td>vga5</td><td>C++</td><td>Grafik / 12H</td><td>Identisch zu Programm „vga1"</td></tr>
</table>

Schon beim IBM-PC bis hin zum heutigen AT-PC enthält das auf der Hauptplatine integrierte BIOS für den Video-Interrupt-10H (BIOS-CALL) diverse Routinen zur Grafikkartenbearbeitung. Diese für die MDA-/CGA-Karte angepaßte Funktionssammlung von 16 Routinen wird auch heutzutage noch benützt, damit Programme, die einen Vorgänger zur VGA-Karte erwarten, fehlerfrei abgearbeitet werden können. Die VGA-Karte ergänzt jedoch diese mageren 16 Funktionen um eine beträchtliche Anzahl neuer, hilfreicher BIOS-Funktionsaufrufe, die über den Video-Interrupt-10H aktiviert werden können. Die in diesem Kapitel aufgezeigten Programme bevorzugen gegenüber den „BORLAND"-VGA-Funktionen die hardwareunabhängigen VGA-BIOS-Funktionen. Dabei werden alle Farbbearbeitungsroutinen über die Funktionsnummer 10H und alle Zeichengeneratorfunktionen über die Funktionsnummer 11H des Video-Interrupts 10H aktiviert.

3.12.1 Farbbearbeitung in klassischer „C"-Konvention

Seit der Einführung der CGA-Karte beherrschen 16 Grundfarben die Farbenwelt der Standard-Grafikkarten. Jede der 16 Farben wird durch eine Farbnummer von 0 bis 15 repräsentiert. Aus Kompatibilitätsgründen befinden sich auf den EGA- und VGA-Karten (in den 16-Farbenmodi) unter den entsprechenden Farbnummern die gleichen Farben. Die Tabelle 3.32 zeigt alle 16 Standardfarben mit der entsprechenden Farbnummer.

Tabelle 3.32:
Die 16 Standardfarben der VGA-Karte

Farbnummer	Farbe	Farbnummer	Farbe
0	Schwarz	8	Dunkelgrau
1	Blau	9	Hellblau
2	Grün	10	Hellgrün
2	Türkis	11	Helltürkis
4	Rot	12	Hellrot
5	Mangenta	13	Hellmangenta
6	Braun	14	Gelb
7	Hellgrau	15	Weiß

Die gesamte Farbnummern-Verwaltung der VGA-Grafik-Karte beruht auf einem historischen Hintergrund:

⇨ Auf der CGA-Karte bestimmen die 16 Farbnummern, aus einer maximalen Farbenauswahl von 16 Farben, direkt die darzustellende Farbe.

⇨ Auf der EGA-Karte selektieren die 16 Farbnummern ein Palettenregister, dessen Inhalt die darzustellende Farbe, aus einer maximalen Farbenauswahl von 64 Farben, bestimmt.

⇨ Auf der VGA-Karte selektiert die Farbnummer ein Palettenregister, deren Inhalt wiederum eines von 256 Farbregistern adressiert. Der 18-Bit-Inhalt eines Farbregisters bestimmt letztendlich die eigentliche Farbe. Mit 18 Bit lassen sich $2^{18}=262144$ verschiedene Farben kodieren. Der 18-Bit-Inhalt eines Farbregisters setzt sich aus einem 6-Bit-Rotanteil, einem 6-Bit-Grünanteil und einem 6-Bit-Blauanteil zusammen.

Die Tabelle 3.33 zeigt alle Farbregister-Nummern (Palettenregister-Inhalt), bezogen auf die Palettenregister (Farbnummer) und den Video-Modi.

Tabelle 3.33:
Die Palettenregister-Standardwerte in Abhängigkeit vom Videomodus

Videomode ⇨ / ⇩ Farbnummer	0-3	4-5	6	7	DH-EH	FH	10H	11H	**12H**	13H
0	**00**	00	00	00	00	08	00	3F	**00**	00
1	**01**	13	17	08	01	--	01	--	**01**	01
2	**02**	15	--	08	02	--	02	--	**02**	02
3	**03**	17	--	08	03	18	03	--	**03**	03
4	**04**	--	--	08	04	18	04	--	**04**	04
5	**05**	--	--	08	05	--	05	--	**05**	05
6	**14**	--	--	08	06	--	14	--	**14**	06
7	**07**	--	--	08	07	--	07	--	**07**	07
8	**38**	--	--	10	10	--	38	--	**38**	08
9	**39**	--	--	18	11	--	39	--	**39**	09
10	**3A**	--	--	18	12	--	3A	--	**3A**	0A
11	**3B**	--	--	18	13	--	3B	--	**3B**	0B
12	**3C**	--	--	18	14	--	3C	--	**3C**	0C
13	**3D**	--	--	18	15	--	3D	--	**3D**	0D
14	**3E**	--	--	18	16	--	3E	--	**3E**	0E
15	**3F**	--	--	18	17	--	3F	--	**3F**	0F

Die in der Tabelle aufgezeigten Farbnummern (0-15) werden auf der VGA-Karte durch die Palettenregister repräsentiert. In der Tabellenmatrix sind die zum jeweiligen Palettenregister zugehörigen Registerinhalte in hexadezimaler Form aufgeführt. Diese Werte entsprechen einer Farbregisternummer (0-255), in der der eigentliche Farbwert enthalten ist. Die in der Tabelle 3.33 fett gekennzeichneten Bereiche zeigen die Farbzusammenhänge, der in den Programmen „vga1.c" bis einschließlich „vga5.cpp" verwendeten Videmodi (Textmodus-03H und Grafikmodus-12H).

Programminhalt

Das in diesem Abschnitt diskutierte Programm „vga1.c" behandelt alle wichtigen Paletten- und Farbregister-Operationen. Als Videomodi wird der Grafikmodus 12H mit einer Bildschirmauflösung von 640*480 Pixeln benützt. In diesem Modus können aus einer Auswahl von 64 Farben (Farbregister 0-63) die 16 Standardfarben (Farb-/Palettennummer 0-15) gleichzeitig am Bildschirm dargestellt werden. Wie in Bild 3.63 ersichtlich, stellt das Programm dem Anwender die nachfolgenen Menüpunkte zur Verfügung:

⇨ Standardfarben der 16 Palettenregister

⇨ Standardfarben der 64 Farbregister

⇨ Lesen von Farbanteilen aus den Farbregistern

⇨ Schreiben von Farbanteilen in ein Farbregister

⇨ Demonstration der Farbseitenumschaltung

⇨ Umwandlung in Graustufen

⇨ Aus- und Einblenden von Farbwerten

Standardfarben der 16 Palettenregister: Am Bildschirm werden die 16 Standardfarben aus Tabelle 3.32 in übersichtlicher Form ausgegeben. Bei der Initialisierung eines 16-Farben-Videomodus werden (Tabelle 3.33) die Palettenregister (Farbnummern) mit den Nummern der zugehörigen Farbregister (Farbwerte) geladen.

Bild 3.63:
Hauptmenü aus
Programm
„vga1.c"

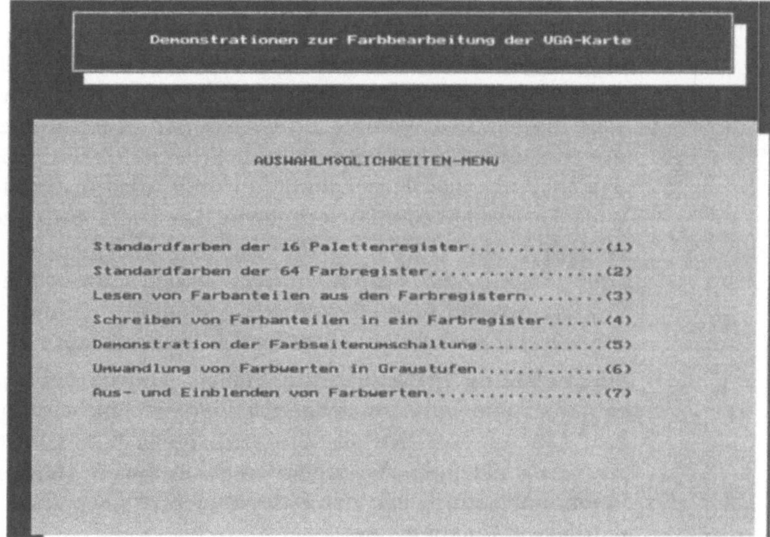

Standardfarben der 64 Farbregister: Die 16-Farben-Videomodi erlauben die gleizeitige Darstellung von 16 Farben, aus einer Farbenauswahl von 64 Farben. Dabei werden die eigentlichen Farben in den Farbregistern 0-63 abgelegt. Dieser Menüpunkt zeigt, beginnend vom Farbregister 0 bis zum Farbregister 63, alle 64 Standardfarben hintereinander am Bildschirm an.

Lesen von Farbanteilen aus den Farbregistern: Nach der Eingabe des gewünschten Farbregisters werden am Bildschirm die entsprechende Farbe, sowie die Werte der Farbanteile ROT, GRÜN und BLAU ausgegeben.

Schreiben von Farbanteilen in ein Farbregister: Mit Hilfe dieses Menüpunkts kann die Farbe einer beliebigen Farbnummer abgeändert werden. Zuerst werden die drei neuen Farbabteile ROT, GRÜN und BLAU eingegeben. Im Anschluß verlangt das Programm die zu ändernde Farbnummer (0-15). Nachdem alle Eingaben durchgeführt wurden, gibt das Programm die neue Farbe mit Angaben über Palettenregister, Farbregister und den Farbanteilen am Bildschirm aus.

Demonstration der Farbseitenumschaltung: Wie bereits erwähnt, besitzt die VGA-Grafik-Karte 255 Farbregister, von denen in den 16-Farben-Videomodi nur 64 Farbregister benützt werden. Die VGA-Grafik Karte besitzt nun in den 16-Farben-Videomodi die Möglichkeit, vier Farbseiten mit je 64-Farbregistern anzulegen. In diesen Farbregistern können vom Anwender beliebige Farbwerte eingetragen werden. Durch einen entsprechenden Video-Interrupt-Aufruf kann die aktuell eingestellte Farbseite durch eine neue Farbseite ausgetauscht werden. Dabei können aber zu einem Zeitpunkt nur 16 Farben gleichzeitig dargestellt werden. Das Programm kann jedoch durch die Umschaltung auf eine neue Farbseite schlagartig neue Farben am Monitor ausgeben. Der Menüpunkt zeigt die Verwendung aller vier Farbseiten. Bei Testversuchen auf unterschiedlichen VGA-Grafik-Karten wurden jedoch Abweichungen bei der Programmausführung festgestellt. Manche Karten unterstützen schlicht und einfach keine Farbseiten-Umschaltung.

Umwandlung in Graustufen: Alle 64 Farbregister-Inhalte können in Graustufenwerte umgewandelt werden. Eine Graustufe zeichnet sich dadurch aus, daß alle drei Farbanteile ROT, GRÜN und BLAU mit der gleichen Intensität zum Farbwert beitragen. Dieser Menüpunkt ermöglicht das bidirektionale Umwandeln der 16 Standardfarben in Grauwerte.

Aus- und Einblenden von Farbwerten: Dieser Menüpunkt demonstriert das weiche Aus- und Einblenden von Farbwerten. Dadurch hat der Programmierer die Möglichkeit, durch einfache Befehle sehr wirkungsvolle Bildeffekte zu erzielen.

Das Flußdiagramm in Bild 3.64 zeigt den gesamten, funktionalen Programmablauf von Programm „vga1.c". In der Darstellung werden die Programm-Funktionen der einzelnen Menüpunkte in typographischen Anführungszeichen angegeben. Bis auf den Menüpunkt „standard_palette_16()" werden bei der Funktionsdiskussion weitere Flußdiagramme aufgeführt.

Programmdiskussion

In das Programm „vga1.c" werden die selbstdeklarierten Headerdateien „buch.h" und „vga.h" eingebunden. Alle aus diesen Dateien integrierten Funktionen werden weiter unten beschrieben.

```
/*****************************************************************************/
/* INCLUDE-DATEIEN                                                          */
#include "buch.h"
#include "vga.h"
/*****************************************************************************/
```

Funktion: main()

Das Hauptprogramm realisiert die nachfolgend aufgeführten Programmablaufpunkte:

⇨ Installation des Grafikmodus

⇨ Aufbau und Verwaltung des Hauptmenüs

⇨ Restaurieren des Textmodus

Installation des Grafikmodus: Bei der Programmentwicklung unter „BORLAND C/C^{++}" gibt es prinzipiell drei Möglichkeiten, einen Grafikmodus innerhalb eines Programms zu aktivieren:

1. Installation über den Video-Interrupt-10H

2. Installation über die „BORLAND"-Funktion „initgraph()", mittels externen „BGI"-Grafiktreiber

3. Installation über die „BORLAND"-Funktion „initgraph()", mittels internen „BGI"-Grafiktreiber

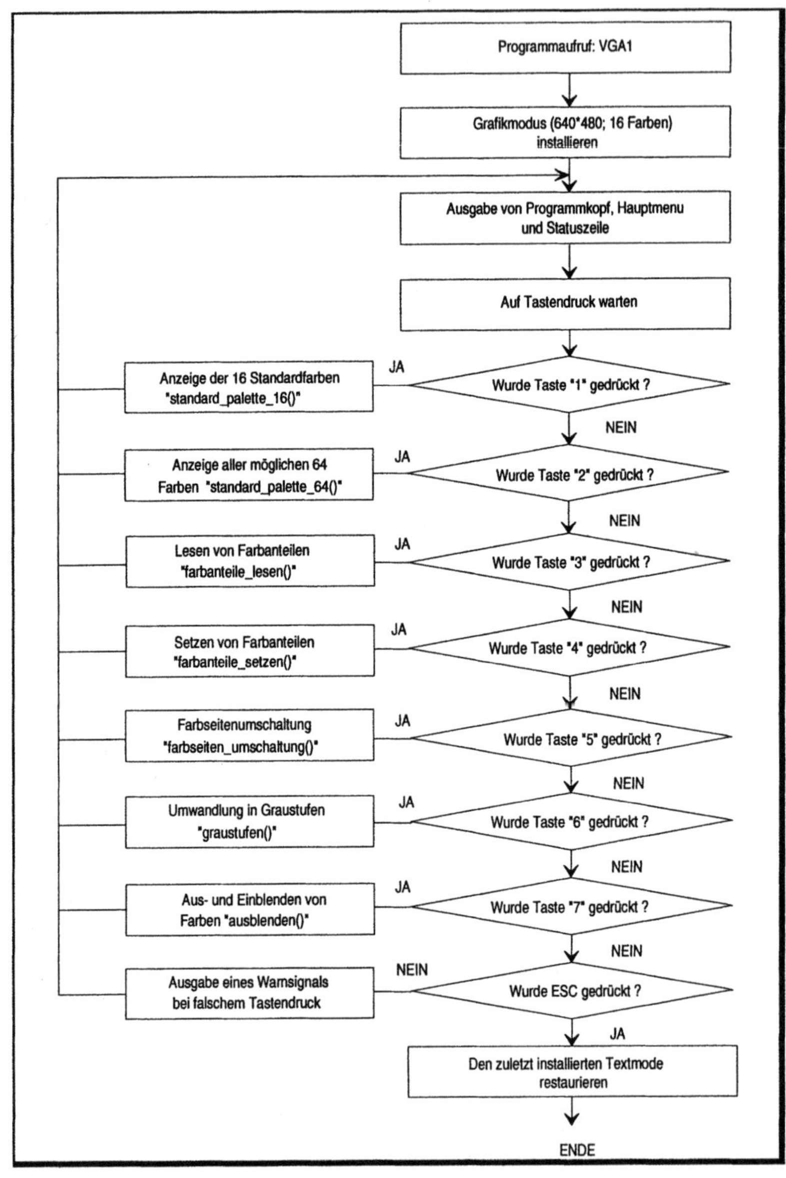

Aktiviert man den Grafikmode über den Video-Interrupt 10H, so
können keine Grafikfunktionen aus der „BORLAND"-Funktionsbi-
bliothek benützt werden. Installiert der Programmierer den Grafik-

mode über die „BORLAND"-Funktion „initgraph()", so müssen je nach Videomode bestimmte „BGI"-Grafiktreiber (Borland-Grafik-Interface) eingesetzt werden. Bei Auswahl von Punkt 2 muß dieser Treiber im Programmverzeichnis vorhanden sein. Ist dies nicht der Fall, bricht das Programm mit einer entsprechenden Fehlermeldung ab. Bei Wahl von Punkt 3 ist der „BGI"-Treiber, wie im Kapitel 1 beschrieben, in die Bibliothek „graphics.lib" einzutragen. Desweiteren muß diese Aktion innerhalb des Programms bekannt gemacht werden. Alle im Buch enthaltenen Programme benützen die Variante 3. Dadurch sind die Programme ohne Zusatztreiber lauffähig.

```
/**********************************************************************/
/* H A U P T P R O G R A M M                                        */
void main()
{
video_mode(); /* Grafikmodus installieren (640*480 Pixel; 16 Farben)  */
menu(); /* Hauptmenü aktivieren                                       */
textmode(LASTMODE); /* zuletztinstallierten Textmodus restaurieren   */
}
/**********************************************************************/
```

Funktionen aus der Headerdatei: buch.h

Die Headerdatei „buch.h" stellt dem Programm „vga1.c" die Funktion „tastatur_loeschen()" zur Verfügung. Die Funktion wurde bereits an anderer Stelle diskutiert.

Funktionen aus der Headerdatei: vga.h

Die Headerdatei „vga.h" stellt dem Programm „vga1.c" die Funktionen string_eingeben_grafik(), video_mode(), fenster(), farbregister_laden() und vga_palettenregister_lesen() zur Verfügung.

Funktion: string_eingeben_grafik()

Bis auf einige kleine Änderungen ist der Funktionsablauf identisch zur bereits diskutierten Funktion „string_eingabe()" aus dem Kapitel 3.1 „Tastatur-Bearbeitung".

```
/**********************************************************************/
char * string_eingeben_grafik(int iX1,int iY1,int iZeichenzahl,
                int iXoffset,int  iBk_farbe)
{
int iX,iXpfad,iFalsche_taste,iTaste_word,iTaste_low_byte;
int iZeichen_farbe,iZaehler;
char acPfad[80],acZeichen[2];

iZeichen_farbe=getcolor(); /* aktuelle Zeichenfarbe merken            */
strncpy(acPfad,"",80);
iX=iX1; /* Aktuelle Ausgabeposition = Anfangsposition                 */
```

Da im Grafikmodus keine Cursor-Emulation zur Verfügung steht,
wird das Eingabefenster durch eine Folge von Blockzeichen (ASCII-
Wert 219) kenntlich gemacht.

```
/* Ausgabe der Eingabezeile als Leerfelder                        */
for(iZaehler=1;iZaehler <= iZeichenzahl;++iZaehler)
{
 setcolor(iBk_farbe);
 outtextxy(iX,iY1,"█");
 setcolor(iZeichen_farbe);
 iX=iX+iXoffset;
}
/* Anfangswerte definieren                                        */
iXpfad=-1;
iX=iX1-iXoffset;
/* Eingabe bis ENTER-Taste gedrückt wird                          */
do
{
/* Nachfolgende Bearbeitung wie bei bereits diskutierter Funktion wie  */
/* bei der bereits diskutierten Funktion string_eingabe()"             */
.....
}
/* Wiederholen bis ENTER-Taste gedrückt wird                      */
while(iTaste_low_byte != TASTE_ENTER);
/* Adresse des eingegebenen Strings wird aufrufenden Programm übergeben */
return(acPfad);
}
/*****************************************************************************/
```

Funktion: video_mode()

Die Funktion „video_mode()" installiert den Grafikmodus 12H mit
einer Bildschirmauflösung von 640*480 (horizontal*vertikal) Pixeln.
Der Videomodus ermöglicht die gleichzeitige Darstellung der 16
Standardfarben.

```
/*****************************************************************************/
void video_mode(void)
{
int iFehlerflag=0;
/* Kennziffer des VGA-Grafiktreiber für die Funktion „initgraph()"     */
iGraphdriver=9
/*Kennifer für die Pixelauflösung 640*480 für die Funktion „initgraph()"*/
iGraphmode=2;
```

Durch die nachfolgende Anweisung wird dem Programm mitgeteilt,
daß sich der notwendige „BGI"-Grafiktreiber in der „BORLAND"-
Bibliothek „gaphics.lib" befindet.

```
iFehlerflag |=registerfarbgidriver(EGAVGA_driver_far);
/* Graphikmode über BORLAND-Funktion installieren                 */
initgraph(&iGraphdriver,&iGraphmode,"");
}
/*****************************************************************************/
```

Funktion: fenster()

Mit Hilfe der Funktion „fenster()“ ist es im Grafikmodus möglich, ein Bildschirmfenster mit bestimmten Farbattributen auszugeben. Dabei repräsentieren die Übergabeparameter die nachfolgenden Fensterattribute:

⇨ X1,Y1:   Linke, obere Fensterkoordinate

⇨ X2,Y2:   Rechte, untere Fensterkoordinate

⇨ iFarbe: Hintergrundfarbe des Fensters (Farbnummern 0-15)

⇨ iSchatten: Fenster mit (TRUE) oder ohne (FALSE) Schatten

```c
/**********************************************************************/
void fenster(int iX1,int iY1,int iX2,int iY2,int iFarbe,int iSchatten,
        int iRahmen)
{
if(iSchatten == TRUE)
{
 setfillstyle(SOLID_FILL,BLACK);
 bar(iX1+10,iY1+10,iX2+10,iY2+10);
}
setfillstyle(SOLID_FILL,iFarbe);
bar(iX1,iY1,iX2,iY2);
if(iRahmen == TRUE)
{
 setlinestyle(SOLID_LINE,0,NORM_WIDTH);
 rectangle(iX1+1,iY1+1,iX2-1,iY2-1);
}
}
/**********************************************************************/
```

Funktion: vga_palettenregister_lesen()

Durch diese Funktion ist es möglich, aus einem Palettenregister (Farbnummer) die Nummer des zugehörigen Farbregisters zu bestimmen, in dem der eigentliche Farbwert (ROT, GRÜN, BLAU) abgelegt ist. Als Aufrufparameter wird der Funktion die gewünschte Palettenregister-Nummer übergeben. Als Rückgabeparameter stellt die Funktion den Inhalt des Palettenregisters, die zugehörige Farbregister-Nummer, bereit.

```c
/**********************************************************************/
int vga_palettenregister_lesen(int iRegister)
{
union REGS Register; /* Vordefinierte BORLAND-UNION-Variable         */

Register.h.ah=0x10; /* Funktionsnummer Farbbehandlung               */
Register.h.al=7;    /* Unterfunktionsnummer Lesen Palettenregisters */
Register.h.bl=(char)iRegister; /* Palettenregister bzw. Farbnummer  */
int86(0x10,&Register,&Register); /* Video-Interrupt                 */
return((int)Register.h.bh); /* Adresse Farbregister                 */
}
/**********************************************************************/
```

Funktion: farbregister_laden()

Die letzte eingebundene Headerfunktion, „farbregister_laden()", ermöglicht das Abändern der Farbanteile eines Farbregisters. Dadurch ist es möglich, den Palettenregistern (Farbnummern) neue Farbwerte zuzuweisen. Der Funktion werden die drei neuen Farbwerte ROT, GRÜN und BLAU, sowie das gewünschte Farbregister, übergeben. Die maximal zulässigen Wertebereiche aller vier Übergabeparameter liegen im Bereich von 0-63.

```c
/**********************************************************************/
void farbregister_laden(int iRot, int iBlau, int iGruen, int iFarbregister)
{
union REGS Register;

Register.h.ah=0x10; /* Funktionsnummer                              */
Register.h.al=0x10; /* Unterfunktionsnummer für Farbanteile schreiben */
Register.x.bx=iFarbregister; /* zu änderndes Farbregister           */
Register.h.ch=iGruen; /* Farbwert von Grün (0..63)                  */
Register.h.cl=iBlau;  /* Farbwert von Blau (0..63)                  */
Register.h.dh=iRot;   /* Farbwert von Rot  (0..63)                  */
int86(0x10,&Register,&Register); /* Video-Interrupt                 */
}
/**********************************************************************/
```

Funktion: „string_ausgabe()"

Im Grafikmodus können über die „BORLAND"-Funktion „outtextxy()" nur Zeichenketten (Strings) ausgegeben werden. Die Funktion „string_ausgabe()" ermöglicht im Grafikmodus jedoch die Ausgabe von Integer-Werten. Der an die Funktion übergebene Integer-Wert „iAusgabe" wird durch eine Stringkonvertierung an den Grafikkoordinaten „iX" und „iY" ausgegeben.

```c
/**********************************************************************/
void string_ausgabe(int iAusgabe, int iX, int iY)
{
char acAusgabe[20];

strncpy(acAusgabe,"",20);
itoa(iAusgabe,acAusgabe,10);
outtextxy(iX,iY,acAusgabe);
}
/**********************************************************************/
```

Funktion: „menu()"

Dieses Modul erzeugt das im Bild 3.63 dargestellte Hauptmenü. Innerhalb des Menüs werden alle Programmabläufe verwaltet.

```c
/**********************************************************************/
```

```c
void menu(void)
{
int iTaste_low_byte,iTaste_word,iWiederholen;
/* DO-WHILE-Schleife (Abbruch beim Drücken von ESC           */
do
{
 iWiederholen=WIEDERHOLEN; /* Schleifenvariable              */
 /* Ausgabe einiger notwendiger Fenster                      */
 setcolor(BLACK);
 fenster(0,0,639,479,LIGHTCYAN,FALSE,FALSE);
 fenster(50,10,590,60,LIGHTGREEN,TRUE,TRUE);
 fenster(20,100,610,440,BLUE,TRUE,FALSE);
 fenster(0,465,639,479,WHITE,FALSE,FALSE);
 outtextxy(115,30,"Demonstrationen zur Farbbearbeitung der VGA-Karte");
 outtextxy(20,469,"ESC-Abbruch   Tasten <1> bis <7> - Auswahl");
 setcolor(RED);
 outtextxy(20,469,"ESC             Tasten <1> bis <7>");
 setcolor(WHITE);
 outtextxy(200,130,"AUSWAHLMÖGLICHKEITEN-MENÜ");
 outtextxy(70,200,"Standardfarben der 16 Palettenregister..............(1)");
 outtextxy(70,220,"Standardfarben der 64 Farbregister..................(2)");
 outtextxy(70,240,"Lesen von Farbanteilen aus den Farbregistern........(3)");
 outtextxy(70,260,"Schreiben von Farbanteilen in ein Farbregister......(4)");
 outtextxy(70,280,"Demonstration der Farbseitenumschaltung.............(5)");
 outtextxy(70,300,"Umwandlung von Farbwerten in Graustufen.............(6)");
 outtextxy(70,320,"Aus- und Einblenden von Farbwerten..................(7)");
 /* Abfrage des gewünschten Menüpunktes                      */
 tastatur_loeschen(); /* Tastaturspeicher löschen            */
 iTaste_word=bioskey(0); /* auf Tastendruck warten           */
 iTaste_low_byte=iTaste_word & 0x00FF; /* LOW-Anteil abspalten */
 /* Auswerten des eingegebenen Menüpunktes                   */
 switch(iTaste_low_byte)
 {
  /* Schleifenabbruch und damit Programmende beim Drücken der ESC-Taste */
  case TASTE_ESC: iWiederholen=ABBRUCH; break;
  /* Aktivieren der gewünschten Menüpunkte                    */
  case TASTE_1:    standard_palette_16();break;
  case TASTE_2:    standard_palette_64();break;
  case TASTE_3:    farbanteile_lesen();break;
  case TASTE_4:    farbanteile_setzen();break;
  case TASTE_5:    farbseiten_umschaltung();break;
  case TASTE_6:    graustufen();break;
  case TASTE_7:    ausblenden();break;
  /* beim Betätigen einer falschen Taste -> akustisches Warnsignal   */
  default:         sound(1000); delay(1000);nosound();break;
 }
}
/* Wiederholen bis Taste ESC-gedrückt wird                    */
while(iWiederholen == WIEDERHOLEN);
}/***********************************************************************/
```

Funktion: standard_palette_16()

Die Funktion „standard_palette_16()" repräsentiert im Hauptmenü
den ersten Auswahlpunkt. Wie im Bild 3.65 dargestellt, werden alle
16 Standardfarben, gemäß der Tabelle 3.32, in übersichtlicher Form
am Bildschirm dargestellt.

Bild 3.65:
Menüpunkt 1
aus dem Programm „vga1"

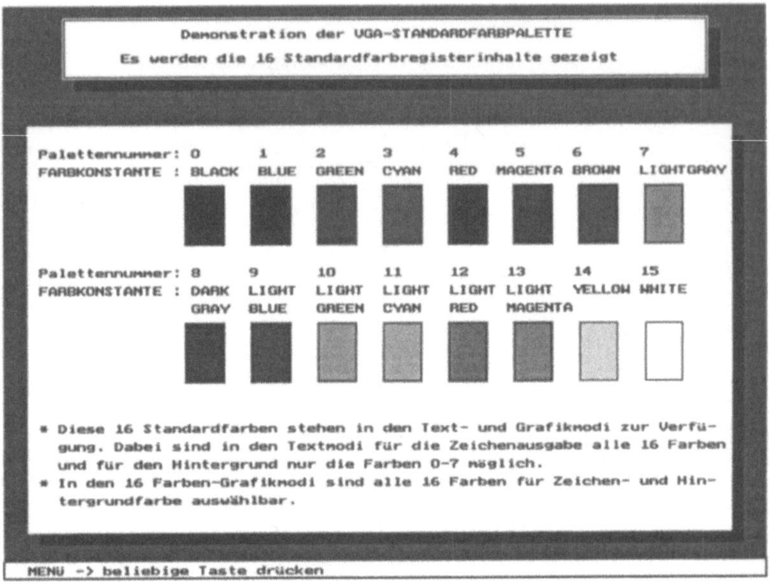

```c
/**********************************************************************/
void standard_palette_16(void)
{
int iZaehler,iX;
```

Zu Beginn gibt die Funktion einige notwendige Fensterbereiche und Textpassagen am Bildschirm aus.

```c
setcolor(BLACK);
fenster(0,0,639,479,LIGHTBLUE,FALSE,FALSE);
fenster(0,465,639,479,WHITE,FALSE,FALSE);
fenster(50,10,590,60,LIGHTCYAN,TRUE,TRUE);
fenster(20,100,610,440,BLUE,TRUE,FALSE);
/* Ausgabe wichtiger Informationen                            */
outtextxy(150,20,"Demonstration der VGA-STANDARDFARBPALETTE");
outtextxy(100,40,"Es werden die 16 Standardfarbregisterinhalte gezeigt");
outtextxy(20,469,"MENÜ -> beliebige Taste drücken");
setcolor(WHITE);
outtextxy(30,120,"Palettennummer: 0      1      2      3      4      5      \
6      7");
outtextxy(30,135,"FARBKONSTANTE : BLACK  BLUE   GREEN  CYAN    RED   MAGENTA \
BROWN  LIGHTGRAY");
outtextxy(30,350,"* Diese 16 Standardfarben stehen in den Text- und Grafik\
modi zur Verfü-");
outtextxy(30,365,"  gung. Dabei sind in den Textmodi für die Zeichenausgabe \
alle 16 Farben");
outtextxy(30,380,"  und für den Hintergrund nur die Farben 0-7 möglich.");
outtextxy(30,395,"* In den 16 Farben-Grafikmodi sind alle 16 Farben für \
Zeichen- und Hin-");
outtextxy(30,410,"  tergrundfarbe auswählbar.");
```

```
/* Ausgabe der zweiten 8 Farbeinformationen (nur für Zeichenausgabe)    */
outtextxy(30,220,"Palettennummer: 8      9       10      11      12    13      \
14      15");
outtextxy(30,235,"FARBKONSTANTE : DARK  LIGHT  LIGHT  LIGHT  LIGHT LIGHT  \
YELLOW WHITE");
outtextxy(30,250,"                    GRAY  BLUE   GREEN  CYAN   RED   MAGENTA");
```

Mit Hilfe der folgenden beiden Schleifenanweisungen werden durch
die selbstdeklarierte Funktion „fenster()" die 16 Standardfarben innerhalb kleiner Fensterbereiche am Bildschirm ausgegeben. Die
entsprechende Farbnummer (0-15) ist in Schleifenvariablen
„iZaehler" enthalten.

```
/* Ausgabe der ersten 8 Farbeninformationen  (Zeichen- u. Hintergrund   */
iX=150;
for(iZaehler=0;iZaehler<=7;++iZaehler)
{
 fenster(iX+2,150,iX+35,200,iZaehler,FALSE,TRUE);
 iX=iX+55;
}
iX=150;
for(iZaehler=8;iZaehler<=15;++iZaehler)
{
 fenster(iX+2,265,iX+35,315,iZaehler,FALSE,TRUE);
 iX=iX+55;
}
```

Nachdem der Anwender eine beliebige Taste drückt, erfolgt der
Rücksprung zum Hauptmenü.

```
tastatur_loeschen(); /* Tastaturspeicher löschen                        */
getch(); /* Auf Tastendruck warten                                      */
}
/********************************************************************/
```

Funktion: standard_palette_64()

Die Funktion „standard_palette_64()" gibt, wie in Bild 3.66 dargestellt, alle 64 Standardfarben der Farbregister 0-63 der Reihe nach
am Bildschirm aus. Der Programmablauf kann durch Drücken einer
beliebigen Taste abgebrochen werden. Der genaue Funktionsablauf
ist dem Flußdiagramm in Bild 3.67 zu entnehmen.

Bild 3.66:
Menüpunkt 2
aus dem Pro-
gramm „vga1"

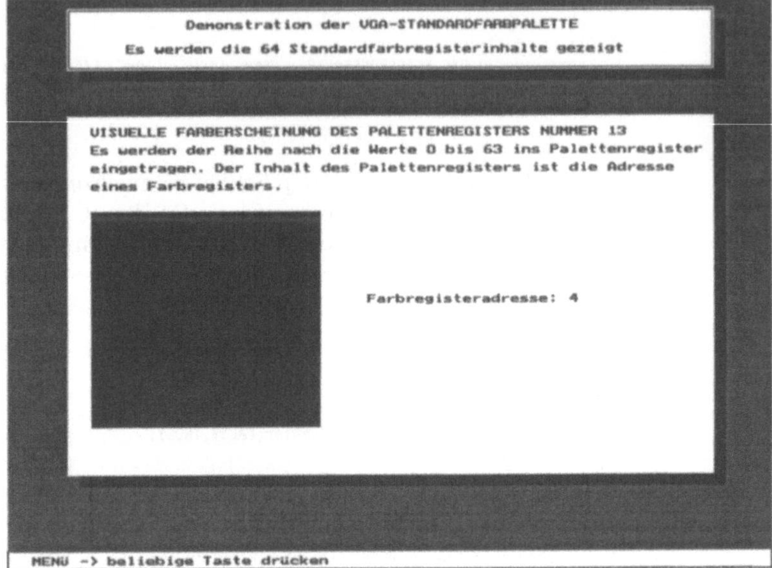


```
/***************************************************************************/
void standard_palette_64(void)
{
union REGS Register;
char acAusgabe[3]="";
int iZaehler;
```

Zu Beginn erfolgt, wie gewöhnlich, die Ausgabe einiger notwendiger Fenster und Textpassagen.

```
setcolor(BLACK);
fenster(0,0,639,479,LIGHTBLUE,FALSE,FALSE);
fenster(0,465,639,479,WHITE,FALSE,FALSE);
fenster(50,10,590,60,LIGHTCYAN,TRUE,TRUE);
fenster(50,100,590,400,BLUE,TRUE,FALSE);
/* Ausgabe wichtiger Informationen                              */
outtextxy(20,469,"MENÜ -> beliebige Taste drücken");
outtextxy(150,20,"Demonstration der VGA-STANDARDFARBPALETTE");
outtextxy(100,40,"Es werden die 64 Standardfarbregisterinhalte gezeigt");
setcolor(WHITE);
outtextxy(70,110,"VISUELLE FARBERSCHEINUNG DES PALETTENREGISTERS NUMMER 13");
outtextxy(70,125,"Es werden der Reihe nach die Werte 0 bis 63 ins \
Palettenregister");
outtextxy(70,140,"eingetragen. Der Inhalt des Palettenregisters ist \
die Adresse");
outtextxy(70,155,"eines Farbregisters.");
outtextxy(300,250,"Farbregisteradresse:");
```

Bild 3.67:
Flußdiagramm
zum Menüpunkt
2 aus dem Pro-
gramm „vga1"

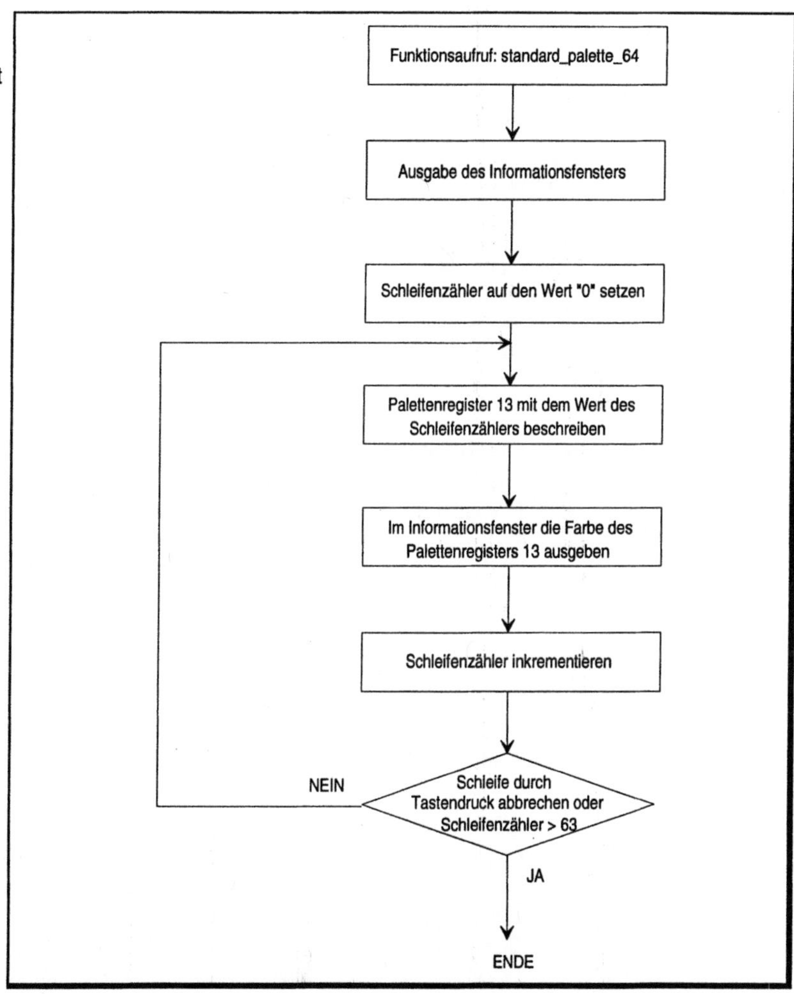

Die Ausgabe aller Farbwerte erfolgt über die Farbnummer 13
(Palettenregister 13). Dazu werden dem Palettenregister mit Hilfe
des Video-Interrupts-10H und der Funktionsnummer 10H, der Reihe
nach die Farbregister-Nummern 0-63 zugewiesen. Die neuen Farbwerte werden anschließend durch die selbstdeklarierte Funktion
„fenster()" am Bildschirm ausgegeben.

```c
/* VIDEO-Interrupt 0x10 für "Palettenregister laden" vorbereiten    */
Register.h.ah=0x10; /* Funktionsnummer                              */
```

```
Register.h.al=0;      /* Unterfunktionsnummer für Palettenregister laden  */
Register.h.bl=13;     /* Palettenregister 13                              */
/* Schleife für die Bearbeitung von 64 Palettenregistern                  */
for(iZaehler=1;iZaehler <= 63;++iZaehler)
{
 Register.h.bh=(unsigned char)iZaehler; /* Farbregisternummer eintragen*/
 int86(0x10,&Register,&Register); /* VIDEO-Interrupt 0x10 aufrufen       */
 /* Fenster mit neuem Farbwert ausgeben                                   */
 fenster(70,180,260,360,13,FALSE,FALSE);
 /* Informationsfenster (neben den Farbenfenster) löschen                 */
 fenster(465,240,490,260,BLUE,FALSE,FALSE); /* Bildausschnitt löschen    */
 /* In das Informationsfenster die aktuelle Farbregisternummer eintragen*/
 itoa(iZaehler,acAusgabe,10);
 outtextxy(470,250,acAusgabe);
 if (kbhit()) break; /* Falls Taste gedrückt -> Funktionsabbruch          */
 delay(1500); /* neue Farbe ca. 1,5 Sekunden ausgeben                     */
}
tastatur_loeschen(); /* Tastaturspeicher löschen                          */
}
/*********************************************************************************/
```

Funktion: farbanteile_lesen()

Die Funktion „farbanteile_lesen()" ermöglicht das gezielte Auslesen der drei Farbanteile ROT, GRÜN und BLAU aus einem entsprechenden Farbregister. Die gelesenen Farbanteile, einschließlich der Farbe, werden, wie in Bild 3.68 aufgezeigt, in formatierter Form am Bildschirm ausgegeben.

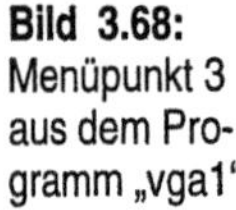

Bild 3.68:
Menüpunkt 3
aus dem Pro-
gramm „vga1"

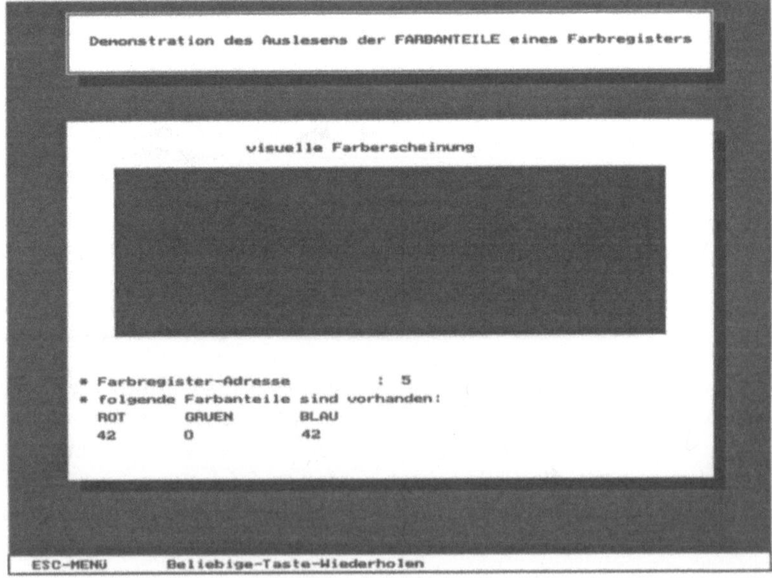

Das Flußdiagramm in Bild 3.69 zeigt den gesamten Funktionsablauf des Moduls „farbanteile_lesen()".

Bild 3.69:
Flußdiagramm zur Funktion „farbanteile_lesen()"

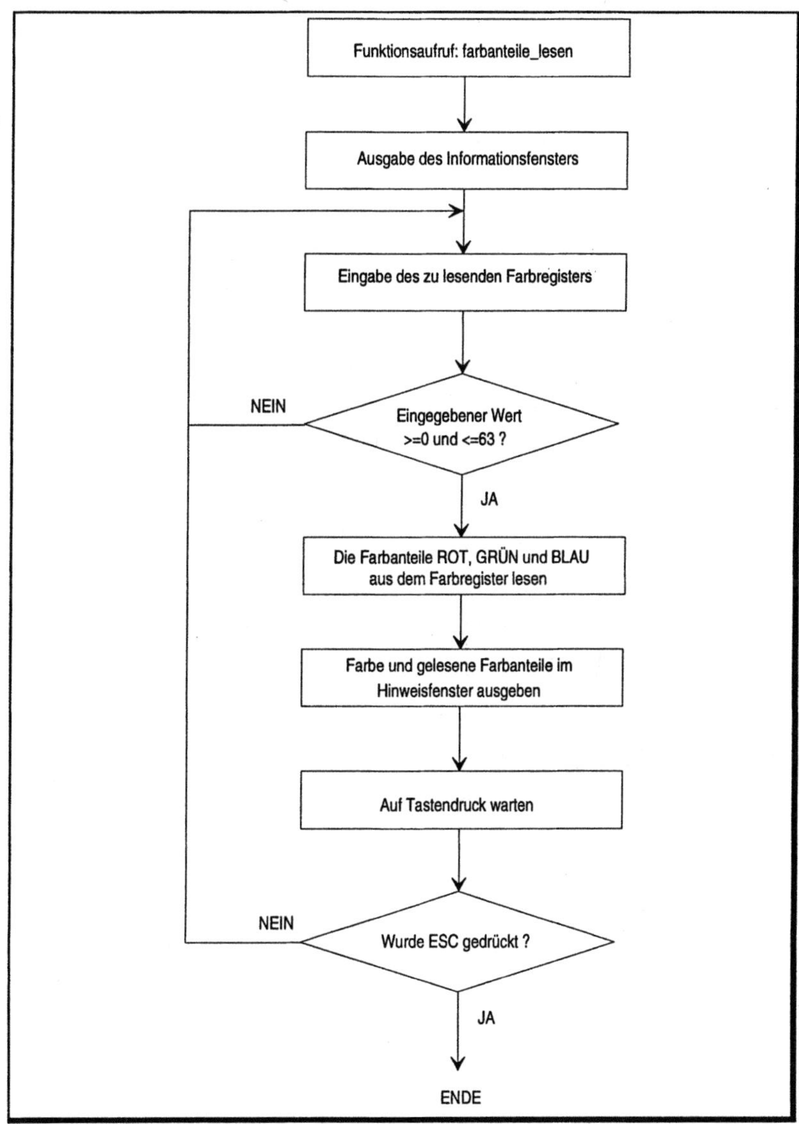

```c
/****************************************************************************/
void farbanteile_lesen(void)
{
union REGS Register;
int iFarb_register,iRot=0,iGruen=0,iBlau=0;
int iTaste_word,iTaste_low_byte,iWiederholen;
char acEingabe[3];
```

Wie üblich, werden zu Beginn einige Fenster und Informationen im
Grafik-Bildschirm ausgegeben.

```c
/* Ausgabe einiger notwendiger Fenster                          */
setcolor(BLACK);
fenster(0,0,639,479,LIGHTBLUE,FALSE,FALSE);
fenster(0,465,639,479,WHITE,FALSE,FALSE);
fenster(50,10,590,60,LIGHTCYAN,TRUE,TRUE);
outtextxy(70,30,"Demonstration des Auslesens der FARBANTEILE eines \
Farbregisters");
```

Die folgende Schleife kann nur durch Drücken von [Esc] beendet
werden.

```c
/********************* "DO-WHILE-Schleife" ***************************/
do
{
 setcolor(WHITE);
 fenster(50,100,590,400,BLUE,TRUE,FALSE);
 outtextxy(95,150,"Eingabe der gewünschten Farbregisteradresse: ");
```

Die anschließende Schleife ermöglicht die Eingabe des zu lesenden
Farbregisters. Dabei sind nur Eingaben im Wertebereich von 0-63
zulässig.

```c
/* Eingabe der Farbregisternummer (0-64)                        */
do
{
 setcolor(BLACK);
 fenster(0,465,639,479,WHITE,FALSE,FALSE);
 outtextxy(20,469,"ESC-Ende  0-63 Farbregisteradresse");
 setcolor(RED);
 outtextxy(20,469,"ESC        0-63");
 setcolor(BLACK);
 strcpy(acEingabe,string_eingeben_grafik(470,150,2,10,WHITE));
 iFarb_register=atoi(acEingabe);
}
while((iFarb_register < 0) || (iFarb_register >= 64));
```

Die Funktion gibt eine Statuszeile im unteren Bildbereich aus.

```c
fenster(0,465,639,479,WHITE,FALSE,FALSE);
outtextxy(20,469,"ESC-MENÜ        Beliebige-Taste-Wiederholen");
setcolor(RED);
outtextxy(20,469,"ESC             Beliebige-Taste");
```

Mit Hilfe des Video-Interrupts 10H, der Funktionsnummer 10H und
der Unterfunktionsnummer 15H ist es möglich, die drei Farbanteile

ROT, GRÜN und BLAU aus einem gewünschten Farbregister auszulesen. Die gelesenen Farbanteile werden den lokalen Programmvariablen „iRot", „iGruen" und „iBlau" zugewiesen.

```
Register.h.ah=0x10; /* Funktionsnummer für Farbbehandlung;          */
Register.h.al=0x15; /* Unterfunktionsnummer um Farbanteile lesen;   */
Register.x.bx=iFarb_register; /* Nummer des Farbregisters;          */
int86(0x10,&Register,&Register);
/* die Werte der 3 Farbanteile in lokale Variable kopieren          */
iRot= Register.h.dh;
iGruen=Register.h.ch;
iBlau= Register.h.cl;
/* Farbanteile am Bildschirm mit weiteren Informationen ausgeben    */
```

Im Anschluß werden alle Informationen in übersichtlicher Form am Bildschirm ausgegeben.

```
setcolor(WHITE);
outtextxy(200,120,"visuelle Farberscheinung");
fenster(90,140,550,280,iFarb_register,FALSE,TRUE);
outtextxy(60,315,"* Farbregister-Adresse          :");
string_ausgabe(iFarb_register,330,315);
outtextxy(60,330,"* folgende Farbanteile sind vorhanden:");
outtextxy(60,345,"  ROT         GRUEN         BLAU");
string_ausgabe(iRot,75,360);
string_ausgabe(iGruen,147,360);
string_ausgabe(iBlau,245,360);
```

Zum Schluß prüft das Programm, ob der Anwender einen neuen Lesevorgang oder den Rücksprung zum Hauptmenü wünscht.

```
/* Abfrage auf Wiederholen oder Programmabbruch                     */
tastatur_loeschen(); /* Tastaturspeicher löschen                    */
iTaste_word=bioskey(0); /* auf Tastendruck warten                   */
iTaste_low_byte=iTaste_word & 0x00FF;
switch(iTaste_low_byte)
 {
 case TASTE_ESC: iWiederholen=ABBRUCH; break;
 default:        iWiederholen=WIEDERHOLEN;break;
 }
}
while(iWiederholen == WIEDERHOLEN);
/************** Ende der "DO-WHILE-Schleife" *************************/
}
/******************************************************************/
```

Funktion: farbanteile_setzen()

Die Funktion „farbanteile_setzen()" realisiert das gezielte Ändern einer oder mehrerer der 16 Standardfarben. Wie in Bild 3.70 aufgezeigt, wird der Anwender zuerst aufgefordert, den neuen Farbwert über die drei Farbanteile ROT, GRÜN und BLAU, sowie die dafür bestimmte Farbnummer (Palettenregister) über die Tastatur einzugeben.

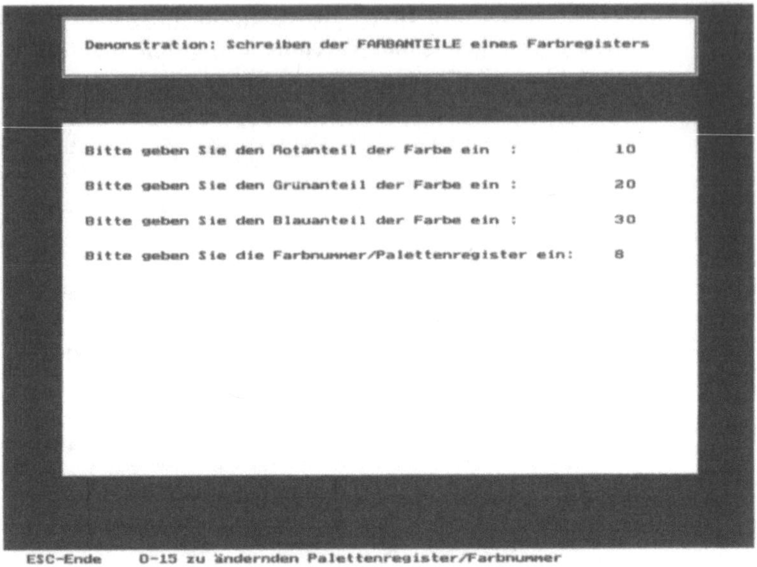

Bild 3.70:
Eingaben zum
Menüpunkt 4
aus dem Pro-
gramm „vga1"

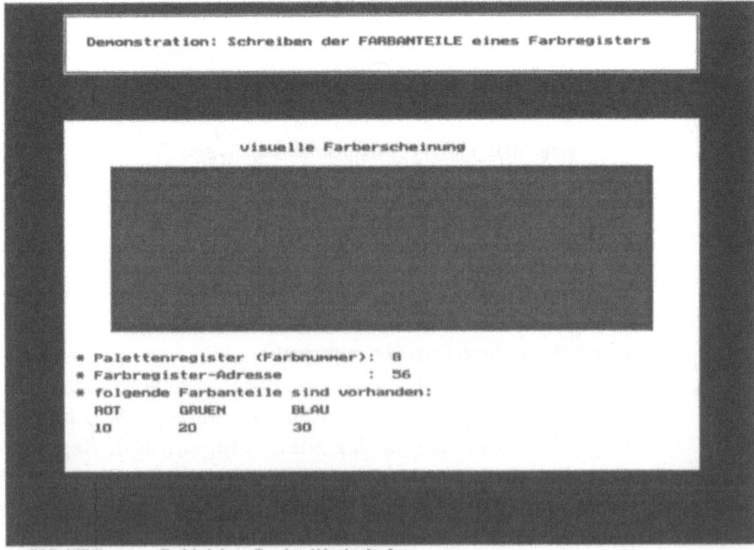

Nach Durchführung aller Eingaben, gibt die Funktion (Bild 6.71)
alle Informationen über die Farbanteile, die visuelle Farberschei-
nung, die Paletten- und Farbregisternummer am Bildschirm aus.

Bild 3.71:
Ausgabebild-
schirm zu
Menüpunkt 4
aus dem Pro-
gramm „vga1"

Da die drei eingegebenen Farbanteile in einem Farbregister abgelegt werden, muß aus der eingegebenen Farbnummer (Palettenregister) zuerst die zugehörige Farbregister-Nummer bestimmt werden. Im Anschluß kann die Funktion die Farbanteile in das richtige Farbregister eintragen. Das Flußdiagramm in Bild 3.72 zeigt den funktionellen Ablauf des Moduls „farban-teile_setzen()".

```
/****************************************************************************/
void farbanteile_setzen(void)
{
union REGS Register; /* Vordefinierte Borland-Union-Variable       */
struct SREGS Sregister; /* Vordefinierte Borland-Struktur-Variable  */
char acEingabe[3];
int iFarb_register,iPaletten_register,iRot,iBlau,iGruen,iWiederholen;
int iTaste_word,iTaste_low_byte;
unsigned int iOffset,iSegment;
char cFarbtabelle[192];
```

Da im Programmablauf die Farbregisterinhalte und damit eine oder mehrere der Standardfarben abgeändert werden, sichert die Funktion zu Beginn alle 64 Standard-Farbregisterinhalte in einer programmglobalen Feldvariablen.

```
iSegment=FP_SEG(cFarbtabelle); /* Segmentadresse der Feldvariablen      */
iOffset=FP_OFF(cFarbtabelle); /* Offsetadresse der Feldvariablen        */
Register.h.ah=0x10; /* Funktionsnummer für Farbbehandlung              */
Register.h.al=0x17; /*Unterfunktionsnr. für das Sichern der Farbregister*/
Register.x.bx=0; /* Nummer des ersten zu sichernden Farbregisters      */
Register.x.cx=64; /* Anzahl der zu sichernden Farbregister             */
Sregister.es=iSegment; /* Adresse der Feldvariablen zur Aufnahme der   */
Register.x.dx=iOffset; /* Farbregisterinhalte                          */
int86x(0x10,&Register,&Register,&Sregister); /* Video-Interrupt         */
```

Am Bildschirm werden einige Fenster und Hinweise zum Programmablauf ausgegeben.

```
setcolor(BLACK);
fenster(0,0,639,479,LIGHTBLUE,FALSE,FALSE);
fenster(50,10,590,60,LIGHTCYAN,TRUE,TRUE);
outtextxy(70,30,"Demonstration: Schreiben der FARBANTEILE eines \
Farbregisters");
```

Bild 3.72:
Flußdiagramm
zur Funktion
„farban-
teile_setzen()"

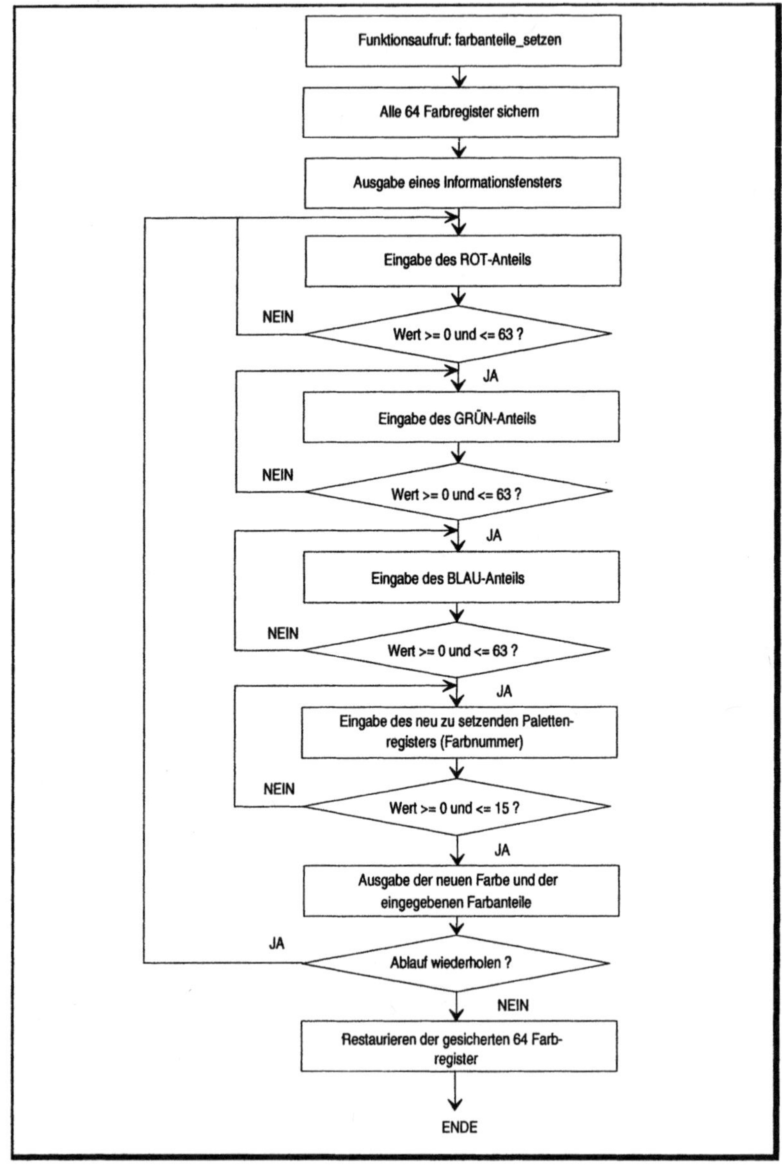

Die folgende Schleife wird solange wiederholt, bis Esc gedrückt
wird.

```
/******************* "DO-WHILE-Schleife"*********************************/
do
{
 /* Einige Bildschirmausgaben ausführen                                */
 setcolor(BLACK);
 fenster(0,465,639,479,WHITE,FALSE,FALSE);
 fenster(50,100,590,400,BLUE,TRUE,FALSE);
 outtextxy(20,469,"ESC-Ende  0-63 Eingabe der Farbanteile ");
 setcolor(RED);
 outtextxy(20,469,"ESC        0-63");
 setcolor(WHITE);
 outtextxy(70,120,"Bitte geben Sie den Rotanteil der Farbe ein  :");
 setcolor(BLACK);
```

Es folgt die Eingabe der Farbanteile ROT, GRÜN und BLAU. Dabei
wird bei jedem Farbanteil die Eingabe solange wiederholt, bis ein
zulässiger Wert im Bereich 0-63 eingegeben wurde. Die eingelesenen Farbanteile werden den lokalen Programmvariablen „iRot",
„iGruen" und „"iBlau zugewiesen.

```
 /* Eingabe des Farbanteils ROT   (0-63)                               */
 do
 {
  strncpy(acEingabe,"",2);
  strcpy(acEingabe,string_eingeben_grafik(520,120,2,10,WHITE));
  iRot=atoi(acEingabe);
 }
 while((iRot < 0) || (iRot >= 64));
 setcolor(WHITE);
 outtextxy(70,150,"Bitte geben Sie den Grünanteil der Farbe ein :");
 setcolor(BLACK);
 /* Eingabe des Farbanteils GRÜN   (0-63)                              */
 do
 {
  strncpy(acEingabe,"",2);
  strcpy(acEingabe,string_eingeben_grafik(520,150,2,10,WHITE));
  iGruen=atoi(acEingabe);
 }
 while((iGruen < 0) || (iGruen >= 64));
 setcolor(WHITE);
 outtextxy(70,180,"Bitte geben Sie den Blauanteil der Farbe ein :");
 setcolor(BLACK);
 /* Eingabe des Farbanteils BLAU   (0-63)                              */
 do
 {
  strncpy(acEingabe,"",2);
  strcpy(acEingabe,string_eingeben_grafik(520,180,2,10,WHITE));
  iBlau=atoi(acEingabe);
 }
 while((iBlau < 0) || (iBlau >= 64));
 /* Einige Bildschirmausgaben ausführen                                */
 setcolor(WHITE);
 outtextxy(70,210,"Bitte geben Sie die Farbnummer/Palettenregister ein:");
```

```
setcolor(BLACK);
fenster(0,465,639,479,WHITE,FALSE,FALSE);
outtextxy(20,469,"ESC-Ende    0-15 zu ändernden Palettenregister/Farbnummer");
setcolor(RED);
outtextxy(20,469,"ESC         0-15");
setcolor(BLACK);
```

Nachdem alle Farbanteile richtig eingegeben wurden, fordert das
Programm zur Eingabe der zu ändernden Farbnummer auf. Die
Farbnummer kann Werte zwischen 0-15 annehmen.

```
/* Eingabe des zu ändernden Farbwertes (Farbnummer/Palettenregister)    */
/* Werte von 0-15                                                        */
do
{
 strncpy(acEingabe,"",2);
 strcpy(acEingabe,string_eingeben_grafik(520,210,2,10,WHITE));
 iPaletten_register=atoi(acEingabe);
}
while((iPaletten_register < 0) || (iPaletten_register >= 16));
iPaletten_register=atoi(acEingabe);
```

Der nachfolgende Funktionsaufruf liest aus dem Palettenregister
(Farbnummer) die zugehörige Farbregisternummer.

```
iFarb_register=vga_palettenregister_lesen(iPaletten_register);
```

Mit Hilfe der Funktion „farbregister_laden()" werden die drei eingelesenen Farbanteile in das dem Palettenregister zugehörige Farbregister eingetragen.

```
farbregister_laden(iRot,iBlau,iGruen,iFarb_register);
```

Die Funktion gibt im unteren Bildschirmbereich eine Statuszeile aus.

```
/* Ausgabe der Farbe mit zusätzlichen Informationen                 */
fenster(50,100,590,400,BLUE,TRUE,FALSE);
fenster(0,465,639,479,WHITE,FALSE,FALSE);
outtextxy(20,469,"ESC-MENÜ     Beliebige-Taste-Wiederholen");
setcolor(RED);
outtextxy(20,469,"ESC          Beliebige-Taste");
```

Die nächsten Programmzeilen führen ein Kontrollesen der drei
Farbanteile im abgeänderten Farbregister durch. Im Anschluß werden die Farbe und alle Farbinformationen am Bildschirm ausgegeben.

```
/* Kontrollesen der Farbanteile rot, grün und blau               */
Register.h.ah=0x10; /* Funktionsnummer                           */
Register.h.al=0x15; /* Unterfunktionsnummer um Farbanteile lesen; */
```

```c
Register.x.bx=iFarb_register; /* Nummer des Farbregisters;          */
int86(0x10,&Register,&Register);
iRot= Register.h.dh;
iGruen=Register.h.ch;
iBlau= Register.h.cl;
/* Farbanteile am Bildschirm mit weiteren Informationen ausgeben    */
setcolor(WHITE);
outtextxy(200,120,"visuelle Farberscheinung");
/* Fenster mit dem abgeänderten Inhalt der Farbnummer               */
fenster(90,140,550,280,iPaletten_register,FALSE,TRUE);
outtextxy(60,300,"* Palettenregister (Farbnummer):");
string_ausgabe(iPaletten_register,330,300);
outtextxy(60,315,"* Farbregister-Adresse          :");
string_ausgabe(iFarb_register,330,315);
outtextxy(60,330,"* folgende Farbanteile sind vorhanden:");
outtextxy(60,345," ROT        GRUEN        BLAU");
string_ausgabe(iRot,75,360);
string_ausgabe(iGruen,147,360);
string_ausgabe(iBlau,245,360);
```

Zum Schluß prüft das Programm, ob der Anwender einen neuen Lesevorgang oder den Rücksprung zum Hauptmenü wünscht.

```c
/* Wiederholen oder Programmabbruch abfragen                        */
tastatur_loeschen(); /* Tastaturspeicher löschen                    */
iTaste_word=bioskey(0); /* Auf Tastendruck warten                   */
iTaste_low_byte=iTaste_word & 0x00FF;
/* Gedrückte Taste auswerten                                        */
switch(iTaste_low_byte)
{
 case TASTE_ESC: iWiederholen=ABBRUCH; break;
 default:        iWiederholen=WIEDERHOLEN;break;
 }
}
/* Wiederholen bis ESC-Taste gedrückt wird                          */
while(iWiederholen == WIEDERHOLEN);
/******************** Ende der "DO-WHILE"-Schleife ******************/
```

Zu guterletzt werden die vorher gesicherten Standard-Farbregisterinhalte restauriert. Diese Aktion kann auch mit einem Video-Mode-Reset durchgeführt werden.

```c
/* Restaurieren der 64 Standardfarben                               */
Register.h.ah=0x10; /* Funktionsnummer für Farbbearbeitung          */
Register.h.al=0x12; /*Unterfunktionsnr. für Beschreiben der Farbregister*/
Register.x.bx=0; /*Nummer des ersten zu schreibenden Farbregisters  */
Register.x.cx=64; /* Anzahl der zu schreibenden Farbregister         */
Sregister.es=iSegment; /* Adresse der Feldvariablen mit den gesicherten */
Register.x.dx=iOffset; /* Farbregisterinhalten                      */
int86x(0x10,&Register,&Register,&Sregister); /* Video-Interrupt 10H  */
}
/*****************************************************************/
```

Funktion: farbseiten_umschaltung()

Wie bereits weiter oben erwähnt, besitzt die VGA-Grafik-Karte 255 Farbregister. In den 16-Farbenmodi werden aber nur die ersten 64 Farbregister (0-63) benützt. Die Grafikkarte kann daher in vier Farbseiten zu je 64 Farbregistern konfiguriert werden. Zu einem Zeitpunkt ist immer nur eine Farbseite aktiv. Der Programmierer kann zu Programmbeginn die Farbregister aller vier Farbseiten mit individuellen Farbwerten füllen. Im Programm können anschliessend durch Umschaltung auf eine neue Farbseite schlagartig neue Farben dargestellt werden. Die Funktion „farbseiten_umschal-tung()" demonstriert den Einsatz aller vier Farbseiten. In der Ta-belle 3.34 werden die zu den Farbnummern zugehörigen Farb-register-Nummern aller vier Farbseiten aufgezeigt.

Tabelle 3.34:
Die Farbregi-ster-Nummern der vier Farb-seiten

Farb-nummer	Farbseite „0"	Farbseite „1"	Farbseite „2"	Farbseite „3"
0	0	64	128	192
1	1	65	129	193
2	2	66	130	194
3	3	67	131	195
4	4	68	132	196
5	5	69	133	197
6	20	84	148	212
7	7	71	135	199
8	56	120	184	248
9	57	121	185	249
10	58	122	186	250
11	59	123	187	251
12	60	124	188	252
13	61	125	189	253
14	62	126	190	254
15	63	127	191	255

Die Farbregister-Nummern der Farbseiten 1-3 berechnen sich nach folgendem Zusammenhang:

$$X = Y+(Z*64)$$

X= Farbregister-Nummer einer bestimmten Farbnummer aus der Farbseite 1-3

Y= Farbregister-Nummer der gleichen Farbnummer aus der Farbseite 0

Z= Gewünschte Farbseite 1-3

Nachdem im Hauptmenü der Punkt 5 angewählt wurde, gibt das Programm, wie bereits in Bild 3.65 dargestellt, alle 16 Standardfarben der Bildseite „0" in Form von kleinen Farbfenstern am Bildschirm aus. Drückt der Anwender eine beliebige Taste, werden schlagartig alle Farben durch die vorher eingestellten Farbwerte der Farbseite „1" ausgetauscht. Dieser Vorgang wiederholt sich nach jeweils erneutem Tastendruck für die Farbseiten „2" und „3". Durch Drücken von [Esc] erfolgt der Rücksprung zum Hauptmenü. Das Flußdiagramm in Bild 3.73 verdeutlicht den gesamten Funktionsablauf.

```
/******************************************************************/
void farbseiten_umschaltung(void)
{
union REGS Register;
struct SREGS Sregister;
int iZaehler,iX,iWiederholen,iFarbseite,iTaste_word,iTaste_low_byte;
char acZeichen[2];
```

Wie bereits bei der Funktion „standard_palette_16()", erfolgt an dieser Stelle die Ausgabe wichtiger Fenster und Textpassagen. Weiterhin werden am Bildschirm die 16 Standardfarben in kleinen Farbfenstern mit Hinweisen zur entsprechenden Farbe bzw. Farbnummer ausgegeben.

```
/* Ausgabe einiger notwendiger Fenster                          */
setcolor(BLACK);
fenster(0,0,639,479,LIGHTBLUE,FALSE,FALSE);
fenster(0,465,639,479,WHITE,FALSE,FALSE);
fenster(50,10,590,60,LIGHTCYAN,TRUE,TRUE);
```

Bild 3.73:
Flußdiagramm
zur Funktion
„farbsei-
ten_umschal-
tung()"

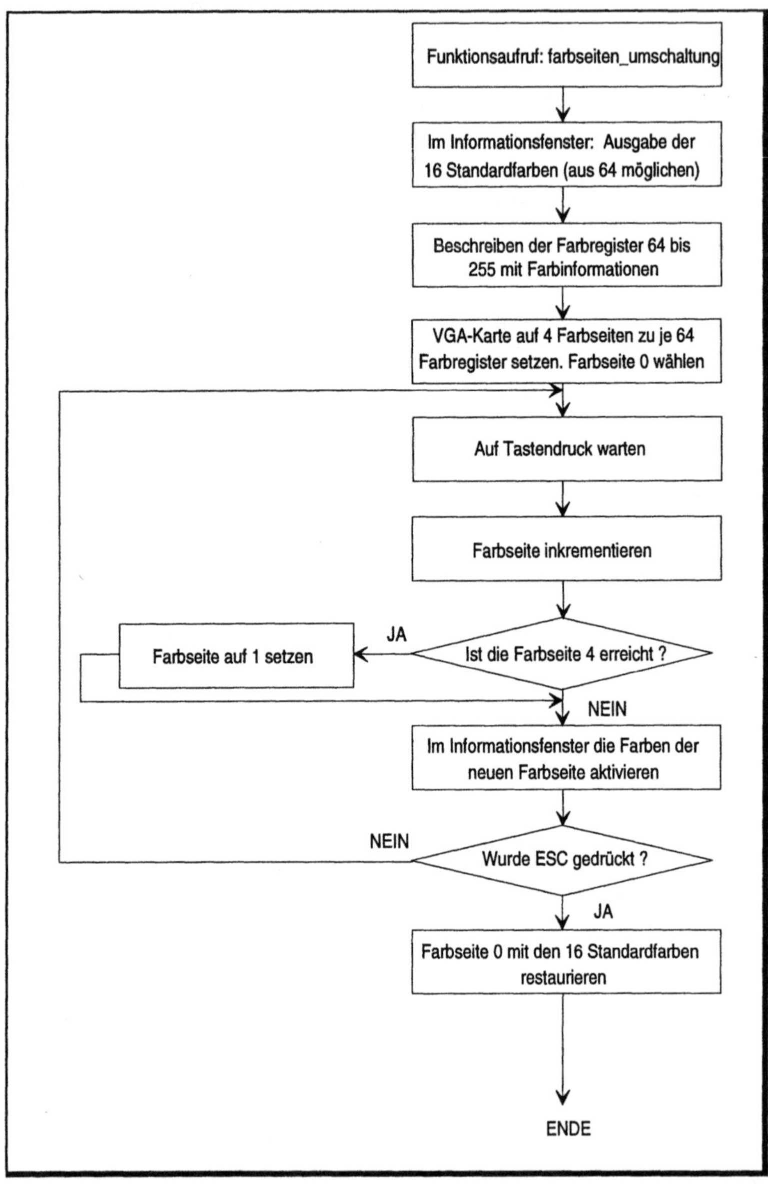

```
fenster(20,100,610,440,BLUE,TRUE,FALSE);
/* Ausgabe wichtiger Informationen                                      */
outtextxy(20,469,"ESC-MENÜ     beliebige-Taste nächste Farbseite");
setcolor(RED);
outtextxy(20,469,"ESC            beliebige-Taste");
setcolor(BLACK);
outtextxy(150,20,"Demonstration der Farbseitenumschaltung");

outtextxy(100,40,"Es werden alle 4 Farbseiten mit Farbwerten beschrieben");
setcolor(WHITE);
outtextxy(30,120,"Palettennummer: 0      1      2      3      4      5      \
6      7");
outtextxy(30,135,"FARBKONSTANTE : BLACK  BLUE  GREEN  CYAN   RED   MAGENTA \
BROWN  LIGHTGRAY");
/* Die ersten acht Farben (Farbwerte) der Standard-Farbpalette werden    */
/* in Form von Fenstern am Bildschirm ausgegeben.                        */
iX=150;
for(iZaehler=0;iZaehler<=7;++iZaehler)
{
  fenster(iX+2,150,iX+35,200,iZaehler,FALSE,TRUE);
  iX=iX+55;
}
outtextxy(30,220,"Palettennummer: 8      9      10     11     12     13    \
14     15");
outtextxy(30,235,"FARBKONSTANTE : DARK   LIGHT  LIGHT  LIGHT  LIGHT LIGHT  \
YELLOW WHITE");
outtextxy(30,250,"                GRAY   BLUE   GREEN  CYAN   RED   MAGENTA");
outtextxy(30,350,"aktive Farbseite: 0");
/* Die Farbwerte acht bis 15 der Standard-Farbpalette werden in Form    */
/* von Fenstern am Bildschirm ausgegeben.                               */
iX=150;
for(iZaehler=8;iZaehler<=15;++iZaehler)
{
  fenster(iX+2,265,iX+35,315,iZaehler,FALSE,TRUE);
  iX=iX+55;
}
```

Mit Hilfe der Funktion „farbregister_laden()" erfolgt das Beschreiben
der Farbregister 64-255 der Farbseiten 1-3 mit individuell gewählten
Farbwerten.

```
/* Die Farbseite 0 enthält in den Palettenregistern 0-15 die Standard-  */
/* farbwerte (Farbregisteradresse 0-63). Nun folgt das Beschreiben der  */
/* Farbseite 1 (Farbregister 64-127). Dabei werden in den den Paletten- */
/* registern die Farbwerte um eine Farbposition nach rechts verschoben. */
/*d.h. das Palettergister 1 (früher BLAU) erhält jetzt die Farbe SCHWARZ*/
/* usw.                                                                 */
farbregister_laden(63,63,63,64);   farbregister_laden(0,0,0,65);
farbregister_laden(0,42,0,66);     farbregister_laden(0,0,42,67);
farbregister_laden(0,42,42,68);    farbregister_laden(42,0,0,69);
farbregister_laden(42,42,0,84);    farbregister_laden(42,0,21,71);
farbregister_laden(42,42,42,120);  farbregister_laden(21,21,21,121);
farbregister_laden(21,63,21,122);  farbregister_laden(21,21,63,123);
farbregister_laden(21,63,63,124);  farbregister_laden(63,21,21,125);
farbregister_laden(63,63,21,126);  farbregister_laden(63,21,63,127);
/* Beschreiben der Farbseite 2 (Farbregisteradresse 128-191) mit den    */
/* Standardfarben. Dabei werden in den Palennregistern die Farbwerte um */
/* zwei Position nach rechts verschoben                                 */
```

```
farbregister_laden(63,21,63,128); farbregister_laden(63,63,63,129);
farbregister_laden(0,0,0,130);     farbregister_laden(0,42,0,131);
farbregister_laden(0,0,42,132);    farbregister_laden(0,42,42,133);
farbregister_laden(42,0,0,148);    farbregister_laden(42,42,0,135);
farbregister_laden(42,0,21,184);   farbregister_laden(42,42,42,185);
farbregister_laden(21,21,21,186);  farbregister_laden(21,63,21,187);
farbregister_laden(21,21,63,188);  farbregister_laden(21,63,63,189);
farbregister_laden(63,21,21,190);  farbregister_laden(63,63,21,191);
/* Beschreiben der Farbseite 3 (Farbregisteradresse 192-255) mit den   */
/* Standardfarben. Dabei werden in den Palennregistern die Farbwerte um */
/* drei Position nach rechts verschoben                                 */
farbregister_laden(63,63,21,192);  farbregister_laden(63,21,63,193);
farbregister_laden(63,63,63,194);  farbregister_laden(0,0,0,195);
farbregister_laden(0,42,0,196);    farbregister_laden(0,0,42,197);
farbregister_laden(0,42,42,212);   farbregister_laden(42,0,0,199);
farbregister_laden(42,42,0,248);   farbregister_laden(42,0,21,249);
farbregister_laden(42,42,42,250);  farbregister_laden(21,21,21,251);
farbregister_laden(21,63,21,252);  farbregister_laden(21,21,63,253);
farbregister_laden(21,63,63,254);  farbregister_laden(63,21,21,255);
```

Über den Video-Interrupt 10H mit den entsprechenden Funktions-
nummern wird die VGA-Karte in den Farbseitenmodus für vier
Farbseiten zu je 64 Farbregistern geschalten.

```
Register.h.ah=0x10; /* Funktionsnummer für Farbbearbeitung         */
Register.h.al=0x13; /* Unterfunktionsnummer für Farbseiten-Wahl    */
Register.h.bl=0; /* Seitenmodi wählen                              */
Register.h.bh=0; /* 4-Seiten zu je 64 Farbregister wählen          */
int86(0x10,&Register,&Register); /* Video-Interrupt                */
iFarbseite=0; /* interne Farbseitenvariable auf Seite 0 setzen     */
```

Die folgende „DO-WHILE"-Schleife kann nur durch Drücken von
[Esc] beendet werden. Beim Drücken einer beliebigen Taste (außer
[Esc]) wird die nächste Farbseite aktiviert. Nach dem Drücken von
[Esc] erfolgt der Rücksprung zum Hauptmenü.

```
/***************** DO-WHILE-Schleife ********************************/
do
{
/* Eingabe der gewünschten Aktion.                            */
tastatur_loeschen(); /* Tastaturspeicher löschen              */
iTaste_word=bioskey(0); /* auf Tastendruck warten             */
iTaste_low_byte=iTaste_word & 0x00FF;
switch(iTaste_low_byte)
{
 case TASTE_ESC: iWiederholen=ABBRUCH; break;
 default:        iWiederholen=WIEDERHOLEN;break;
}
++iFarbseite; /* nächste Farbseite setzen                      */
```

Über den Video-Interrupt 10H wird die nächste Farbseite aktiviert.

```
Register.h.ah=0x10; /* Funktionsnummer für Farbbearbeitung      */
Register.h.al=0x13; /* Unterfunktionsnumer Farbseitenmodus      */
Register.h.bl=1; /* Farbseiten-Modi wählen                      */
Register.h.bh=(unsigned char)iFarbseite; /* gewünschte Farbseite */
int86(0x10,&Register,&Register); /* Video-Interrupt 10H          */
```

Nach der Aktivierung der neuen Farbseite werden die 16 Farbfenster sicherheitshalber erneut am Bildschirm ausgegeben, da manche VGA-Grafik-Karten diese Aktion benötigen.

```
/* Die ersten acht neuen Farbwerte in Form von Fenstern am Bild-      */
/* schirm ausgegeben.                                                  */
iX=150;
for(iZaehler=0;iZaehler<=7;++iZaehler)
{
  fenster(iX+2,150,iX+35,200,iZaehler,FALSE,TRUE);
  iX=iX+55;
}
/* Die zweiten acht neuen Farbwerte in Form von Fenstern am Bild-      */
/* schirm ausgegeben.                                                  */
iX=150;
for(iZaehler=8;iZaehler<=15;++iZaehler)
{
  fenster(iX+2,265,iX+35,315,iZaehler,FALSE,TRUE);
  iX=iX+55;
}
/* Nach Farbseite 3 wird die Farbseite 0 gewählt                       */
if(iFarbseite == 4) iFarbseite=0;
/* Neue Farbseitennummer am Bildschirm ausgeben                        */
fenster(165,340,200,360,BLUE,FALSE,FALSE);
strncpy(acZeichen,"",2);
itoa(iFarbseite,acZeichen,10);
outtextxy(170,350,acZeichen);
}
while(iWiederholen == WIEDERHOLEN);
/***************** Ende der DO-WHILE-Schleife ************************/
```

Vor dem Rücksprung zum Hauptmenü wird wieder die Farbseite „0" mit den 16 Standardfarben aktiviert.

```
Register.h.ah=0x10;
Register.h.al=0x13;
Register.h.bl=1;
Register.h.bh=0;
int86(0x10,&Register,&Register);
}
/**********************************************************************/
```

Funktion: graustufen()

Die VGA-Grafik-Karte besitzt auch die Möglichkeit, alle Farbwerte in Graustufen umzuwandeln. Diese Variante ist besonders bei der Installation eines Monochrom-Bildschirms von Interesse. Die Monochrom-Bildschirme können sehr schlecht die unterschiedlichen Farbabstufungen darstellen. Besser ist hier eine Darstellung von reinen Graustufen. Die Funktion „graustufen()" wandelt alle 16 Standardfarben in Graustufenwerte um. Ein Grauwert zeichnet sich dadurch aus, daß alle drei Farbanteile mit der gleichen Intensität in den Farbwert eingehen. Da in den Farbregistern die Farbanteile in einem Bereich zwischen 0-63 liegen, sind dadurch 64 Graustufen werte möglich. Wählt der Anwender im Hauptmenü den Punkt 6 „Umwandlung von Graustufen in Farbwerte" aus, so werden am Bildschirm, wie bereits in Bild 3.65 dargestellt, alle 16 Standardfarben in Form von kleinen Farbfenstern ausgegeben. Im Menüpunkt 6 kann der Anwender aus folgenden Menüpunkten wählen:

⇨ [1]:   Umwandlung der Farbwerte in Graustufen

⇨ [2]:   Aktivierung der 16 Standardfarben

⇨ [Esc]:   Rücksprung zum Hauptmenü

Das Flußdiagramm in Bild 3.74 zeigt den gesamten Funktionsablauf des Moduls „graustufen()".

```c
/***************************************************************************/
void graustufen(void)
{
union REGS Register;   /* Vordefinierte Borlandc-Union-Variable      */
struct SREGS Sregister; /* Vordefinierte Borlandc-Struktur-Variable   */
int iZaehler,iX,iTaste_word,iTaste_low_byte,iWiederholen;
unsigned int iOffset,iSegment;
char cFarbtabelle[192];
```

Da im Programmablauf die Farbregisterinhalte und damit eine oder mehrere der Standardfarben abgeändert werden, sichert die Funktion zu Beginn alle 64 Standard-Farbregisterinhalte in einer programmglobalen Feldvariablen.

```c
iSegment=FP_SEG(cFarbtabelle); /* Segmentadresse der Feldvariablen   */
iOffset=FP_OFF(cFarbtabelle); /* Offsetadresse der Feldvariablen     */
Register.h.ah=0x10; /* Funktionsnummer für Farbbehandlung           */
Register.h.al=0x17; /*Unterfunktionsnr. für das Sichern der Farbregister*/
Register.x.bx=0; /* Nummer des ersten zu sichernden Farbregisters   */
Register.x.cx=64; /* Anzahl der zu sichernden Farbregister          */
Sregister.es=iSegment; /* Adresse der feldvariablen zur Aufnahme der */
Register.x.dx=iOffset; /* Farbregisterinhalte                        */
int86x(0x10,&Register,&Register,&Sregister); /* Video-Interrupt      */
```

Bild 3.74:
Flußdiagramm
zur Funktion
„graustufen()"

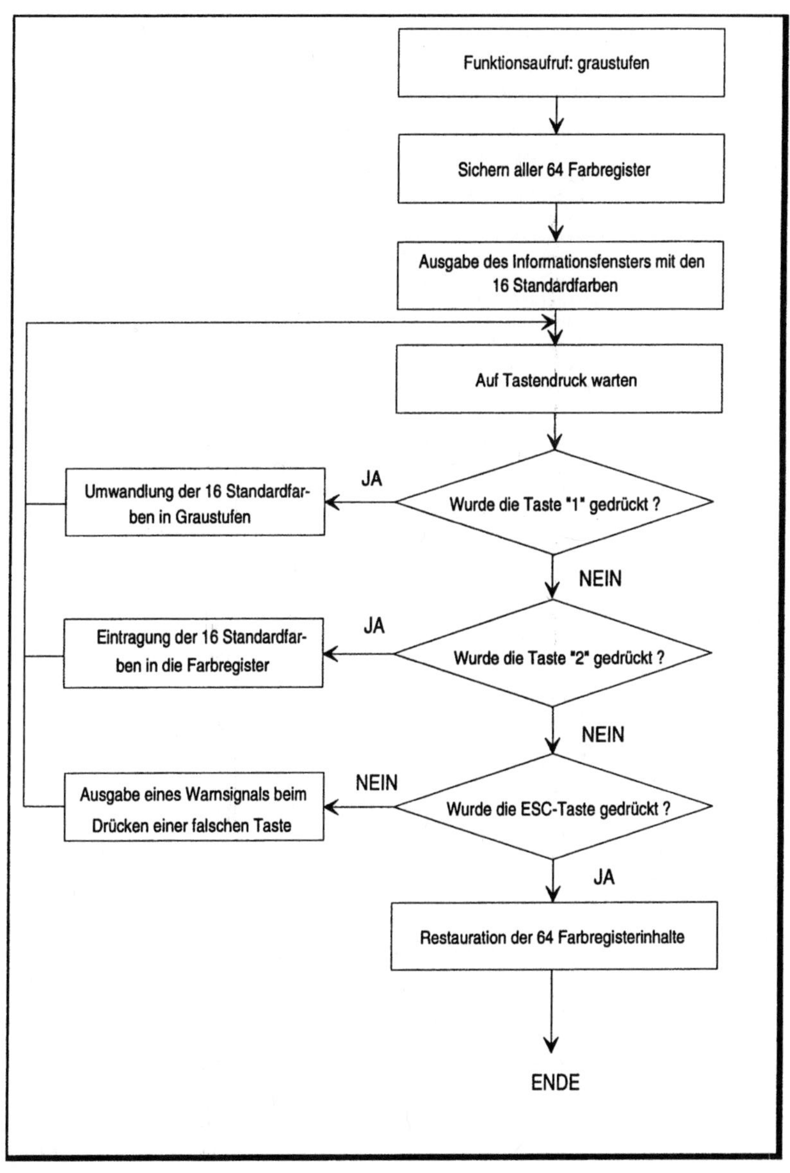

Wie bereits bei der Funktion „standard_palette_16()", werden am
Bildschirm die 16 Standardfarben in kleinen Farbfenstern mit Hinweisen zur entsprechenden Farbe bzw. Farbnummer ausgegeben.

```c
setcolor(BLACK);
/* Ausgabe einiger notwendiger Fenster                          */
fenster(0,0,639,479,LIGHTBLUE,FALSE,FALSE);
fenster(0,465,639,479,WHITE,FALSE,FALSE);
fenster(50,10,590,60,LIGHTCYAN,TRUE,TRUE);
fenster(20,100,610,440,BLUE,TRUE,FALSE);
/* Ausgabe wichtiger Informationen                              */
outtextxy(90,30,"Demonstration: Umschalten von Standardfarben in Graustufen");
outtextxy(20,469,"ESC-MENÜ     1-Graustufen  2-Standardfarben");
setcolor(RED);
outtextxy(20,469,"ESC          1             2");
setcolor(WHITE);
outtextxy(30,120,"Palettennummer: 0     1     2     3     4     5     \
6     7");
outtextxy(30,135,"FARBKONSTANTE : BLACK  BLUE  GREEN  CYAN   RED  MAGENTA \
BROWN  LIGHTGRAY");
/* Ausgabe der Farbwerte 0-7 der Standardfarben in Form von Fenstern    */
iX=150;
for(iZaehler=0;iZaehler<=7;++iZaehler)
{
 fenster(iX+2,150,iX+35,200,iZaehler,FALSE,TRUE);
 iX=iX+55;
}
outtextxy(30,220,"Palettennummer: 8     9     10     11     12     13    \
14     15");
outtextxy(30,235,"FARBKONSTANTE : DARK  LIGHT  LIGHT  LIGHT   LIGHT LIGHT \
YELLOW WHITE");
outtextxy(30,260,"                GRAY   BLUE   GREEN  CYAN    RED   MAGENTA");
/* Ausgabe der Farbwerte 8-15 der Standardfarben in Form von Fenstern   */
iX=150;
for(iZaehler=8;iZaehler<=15;++iZaehler)
{
 fenster(iX+2,265,iX+35,315,iZaehler,FALSE,TRUE);
 iX=iX+55;
}
```

Die nachfolgende „DO-WHILE"-Schleife kann nur durch Drücken
von ⎡ESC⎦ beendet werden. Innerhalb der Schleife hat der Anwender
die Möglichkeit, alle realisierten Menüpunkte auszuwählen.

```c
/********************** DO-WHILE-Schleife ****************************/
{
 tastatur_loeschen(); /* Tastaturspeicher löschen                 */
 iTaste_word=bioskey(0); /* auf Tastendruck warten                */
 iTaste_low_byte=iTaste_word & 0x00FF;
 switch(iTaste_low_byte)
 {
  case TASTE_ESC: iWiederholen=ABBRUCH; break;
```

Drückt der Anwender die Taste ①, so erfolgt über den Video-Interrupt mit den entsprechenden Funktionsnummern die Graustufenumwandlung.

```
case TASTE_1:    /* Umwandlung in Graustufen                      */
      Register.h.ah=0x10; /* Funktionsnummer für Farbbearbeitung      */
      Register.h.al=0x1B; /* Unterfunktionsnr. für Graustufenumwandlung*/
      Register.x.bx=0;    /* Nummer des 1. umzuwandelnden Farbregisters*/
      Register.x.cx=64;   /* Anzahl der umzuwandelnden Farbregister    */
      int86(0x10,&Register,&Register); /* Video-Interrupt              */
      iWiederholen=WIEDERHOLEN;
      break;
```

Hat der Anwender die Taste ② gedrückt, so werden durch den Video-Interrupt alle 16 Standardfarben aktiviert.

```
case TASTE_2:    /* Restaurieren der 16 Standardfarben             */
      Register.h.ah=0x10; /* Funktionsnummer für Farbbearbeitung      */
      Register.h.al=0x12;/* Unterfunktionsnr. für Schreiben der Farbre.*/
      Register.x.bx=0;     /* Nummer des ersten Farbregisters          */
      Register.x.cx=64;    /* Anzahl der zu schreibenden Farbregister  */
      Sregister.es=iSegment; /* Adresse der Farbtabelle mit den Farb-  */
      Register.x.dx=iOffset; /* registerinhalten                       */
      int86x(0x10,&Register,&Register,&Sregister); /* Video-Interrupt  */
      iWiederholen=WIEDERHOLEN;
      break;
      /* Bei falschem Tastendruck, akustisches Warnsignal ausgeben     */
   default:          sound(1000); delay(1000);nosound();break;
  }
}
while(iWiederholen == WIEDERHOLEN);
/***************** Ende der DO-WHILE-Schleife *************************/
```

Zu guterletzt werden die vorher gesicherten Standard-Farbregisterinhalte restauriert. Diese Aktion kann auch mit einem Video-Mode-Reset durchgeführt werden.

```
Register.h.ah=0x10; /* Funktionsnummer für Farbbearbeitung         */
Register.h.al=0x12; /*Unterfunktionsnr. für Beschreiben der Farbregister*/
Register.x.bx=0; /*Nummer des ersten zu schreibenden Farbregisters  */
Register.x.cx=64; /* Anzahl der zu schreibenden Farbregister        */
Sregister.es=iSegment; /* Adresse der Feldvariablen mit den gesicherten */
Register.x.dx=iOffset; /* Farbregisterinhalten                       */
int86x(0x10,&Register,&Register,&Sregister); /* Video-Interrupt 10H  */
int86x(0x10,&Register,&Register,&Sregister);
}
/*******************************************************************/
```

Funktion: ausblenden()

Nach der Aktivierung des Menüpunkts 7, „Aus- und Einblenden", erscheint am Bildschirm das in Bild 3.75 aufgezeigte Titelbild. Durch Drücken der Taste ① werden alle Farbanteile im Hinweisfenster langsam zur Farbe Schwarz hin ausgeblendet. Nach einer kurzen Pause erfolgt die Wiedereinblendung aller Farbanteile. Durch diesen relativ einfachen Effekt lassen sich professionelle Bildeffekte erzielen. Das Flußdiagramm im Bild 3.76 zeigt den gesamten Funktionsablauf.

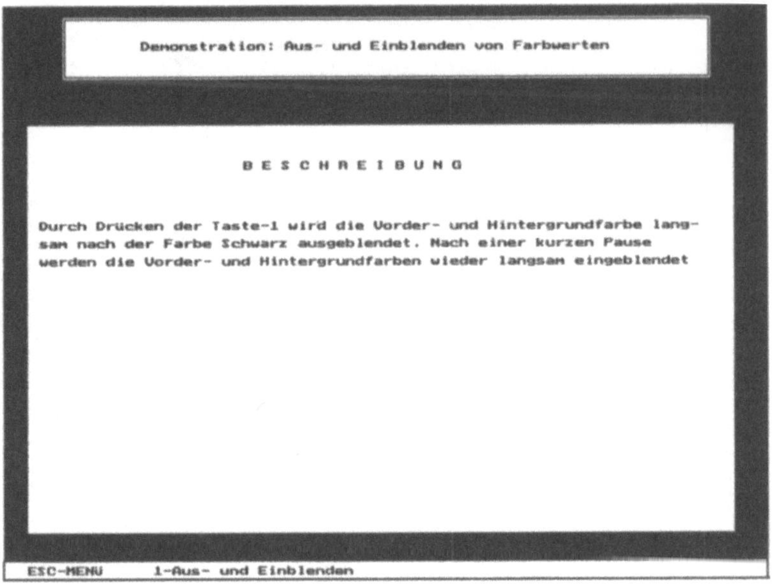

Bild 3.75
Menüpunkt 7 aus dem Programm „vga1".


```
/****************************************************************************/
void ausblenden(void)
{
int iTaste_low_byte,iTaste_word,iWiederholen,iAusblenden,iFarb_register;
int iZaehler;
```

Wie üblich, werden zu Funktionsbeginn einige notwendige Fenster und Textpassagen am Bildschirm ausgegeben.

```
/* Ausgabe einiger notwendiger Fenster und wichtiger Informationen       */
setcolor(BLACK);
fenster(0,0,639,479,LIGHTCYAN,FALSE,FALSE);
fenster(50,10,590,60,LIGHTGREEN,TRUE,TRUE);
outtextxy(115,30,"Demonstration: Aus- und Einblenden von Farbwerten");
setcolor(WHITE);
fenster(20,100,610,440,BLUE,TRUE,FALSE);
outtextxy(200,130,"B E S C H R E I B U N G");
outtextxy(30,180,"Durch Drücken der Taste-1 wird die Vorder- und Hinterg\
rundfarbe lang-");
outtextxy(30,195,"sam nach der Farbe Schwarz ausgeblendet. Nach einer \
kurzen Pause ");
outtextxy(30,210,"werden die Vorder- und Hintergrundfarben wieder \
langsam eingeblendet");
```

Bild 3.76:
Flußdiagramm
zur Funktion
„ausblenden()"

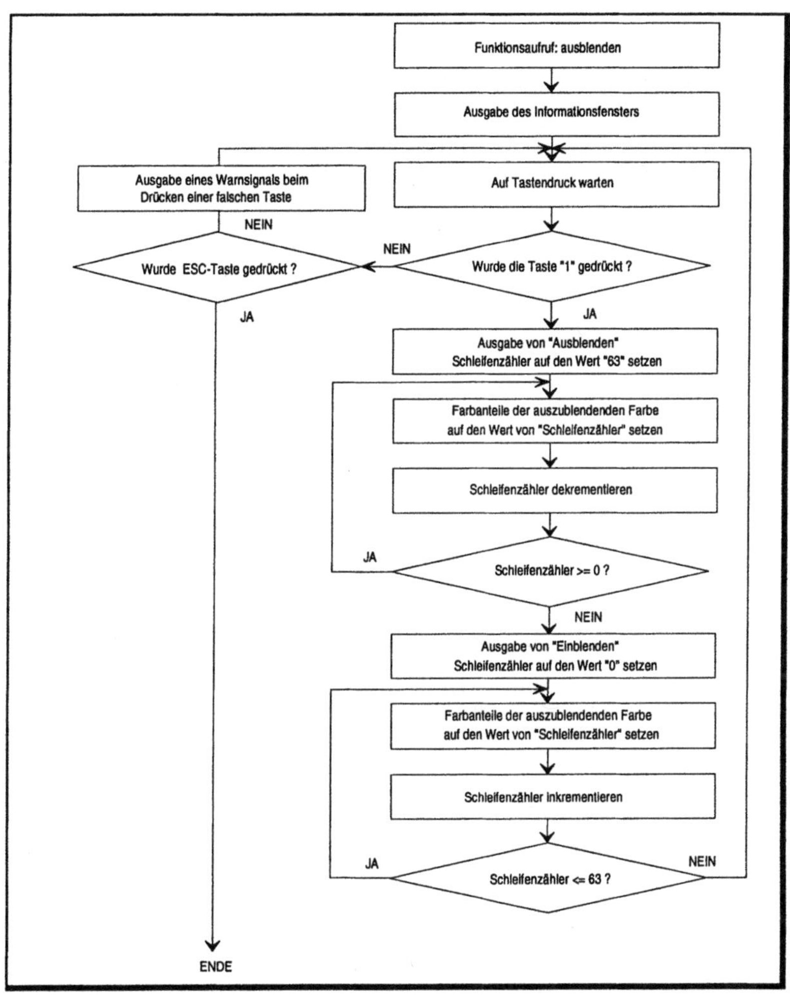

Die blaue Fensterfarbe des Hinweisfensters wird mit dem größten Blauanteil (63) geladen.

```
iFarb_register=vga_palettenregister_lesen(BLUE);
farbregister_laden(0,63,0,iFarb_register);
```

Die folgende „DO-WHILE"-Schleife kann nur durch Dücken von (ESC) beendet werden. Innerhalb der Schleife hat der Anwender die Möglichkeit, jeweils einen der beiden Menüpunkte zu aktivieren.

```
/************************ DO-WHILE-Schleife **************************/
do
{
 iAusblenden=FALSE;
 iWiederholen=WIEDERHOLEN;
 setcolor(BLACK);
 /* Statuszeile ausgeben                                           */
 fenster(0,465,639,479,LIGHTGRAY,FALSE,FALSE);
 outtextxy(20,469,"ESC-MENÜ     1-Aus- und Einblenden");
 setcolor(RED);
 outtextxy(20,469,"ESC           1");
 tastatur_loeschen(); /* Tastaturspeicher löschen                  */
 iTaste_word=bioskey(0); /* auf Tastendruck warten                 */
 iTaste_low_byte=iTaste_word & 0x00FF;
 /* Aktivieren der gewünschten Bearbeitung                         */
 switch(iTaste_low_byte)
 {
  case TASTE_ESC: iWiederholen=ABBRUCH; break;
  case TASTE_1:   iAusblenden=TRUE;
       break;
  default:        sound(1000); delay(1000);nosound();break;
 }
```

Wurde durch Drücken der Taste ⬚1⬚ der Menüpunkt „Aus- und Einblenden" gewählt, erfolgt die Abarbeitung der nachfolgenden „IF"-Anweisung.

```
if(iAusblenden == TRUE)
{
 /* Demonstration des Ein- und Ausblenden                          */
 setcolor(BLACK);
 fenster(0,465,639,479,LIGHTGRAY,FALSE,FALSE);
 outtextxy(20,469,"AUSBLENDEN der Vorder- und Hintergrundfarbe");
```

Die im Hinweisfenster aktivierten Farbanteile der Farben Blau (Hintergrundfarbe) und Weiß (Zeichenfarbe) werden der Reihe nach jeweils vom Höchstwert 63 auf den kleinsten Wert 0 abgeändert. Zum Schluß enthalten beide Farben die Farbanteile ROT=0, GRÜN=0 und BLAU=0, das der Farbe Schwarz entspricht.

```
 /* Ausblenden der Farben im Hinweisfenster                        */
 for(iZaehler=63;iZaehler >= 0;--iZaehler)
 {
  /* Aus der Farbnummer BLUE, die zugehörige Farbregister-Nummer lesen */
  iFarb_register=vga_palettenregister_lesen(BLUE);
  farbregister_laden(0,iZaehler,0,iFarb_register);
  /* Aus der Farbnummer WHITE, die zugehörige Farbregister-Nummer lesen*/
  iFarb_register=vga_palettenregister_lesen(WHITE);
  farbregister_laden(iZaehler,iZaehler,iZaehler,iFarb_register);
 }
 /* Abändern der Statuszeile                                       */
 fenster(0,465,639,479,LIGHTGRAY,FALSE,FALSE);
 outtextxy(20,469,"EINBLENDEN der Vorder- und Hintergrundfarbe");
```

Die im Hinweisfenster aktivierten Farbanteile der Farben Blau (Hintergrundfarbe) und Weiß (Zeichenfarbe) werden jeweils vom kleinsten Wert 0, der Reihe nach auf den Maximalwert 63 abgeändert. Zum Schluß enthalten die beiden Farben Blau und Weiß ihre ursprünglichen Farbanteilswerte.

```
/* Im Farbregister BLAU, den Farbanteil Blau vom kleinsten Wert 63 auf*/
/* den größten Wert 0, der Reihe nach abändern -> EINBLENDEN          */
for(iZaehler=0;iZaehler <= 63;++iZaehler)
{
  /* Aus der Farbnummer BLUE, die zugehörige Farbregister-Nummer lesen */
  iFarb_register=vga_palettenregister_lesen(BLUE);
  farbregister_laden(0,iZaehler,0,iFarb_register);
  /* Aus der Farbnummer WHITE, die zugehörige Farbregister-Nummer lesen*/
  iFarb_register=vga_palettenregister_lesen(WHITE);
  farbregister_laden(iZaehler,iZaehler,iZaehler,iFarb_register);
 }
 }
}
while(iWiederholen == WIEDERHOLEN);
/*************** Ende der DO-WHILE-Schleife **************************/
}
/*****************************************************************************/
```

3.12.2   Zeichengeneratorbearbeitung in klassischer „C"-Konvention

In der „BORLAND C/C++"-Funktionsbibliothek gibt es keine Funktionen, welche die Erzeugung eigener Zeichen auf der VGA-Grafik-Karte ermöglichen. Möchte der Anwender selbstdefinierte Zeichen, wie beispielsweise Spielfiguren oder mathematische Symbole kreieren, so muß er diese Sache programmtechnisch selbst in die Hand nehmen. Bei einer älteren MDA- bzw. CGA-Karte hat der Programmierer keine Chance, denn alle Zeichensatz-Informationen werden in einem ROM-Baustein verwaltet; und auf diesen ROM-Baustein kann nur in lesender Form zugegriffen werden. Anders sieht es bei der EGA- und VGA-Karte aus. Bei diesen Karten werden alle Zeichensatzinformationen im Arbeitsspeicher der VGA-Grafikkarte oder des PCs aufbewahrt. In einem ROM-Baustein werden einige Standardzeichensätze gespeichert, die jedoch nach Belieben in den vorher erwähnten RAM-Speicherbereich kopiert werden können. Für die Zeichensatzbearbeitung unterstützt das VGA-BIOS den Programmierer über den Video-Interrupt (Funktionsnummer 11H) mit einigen nützlichen Unterfunktionen. Die zur Verfügung gestellten Unterfunktionen lassen sich grob in vier Hauptgruppen unterteilen:

⇨ Definition eigener Zeichensätze in den Text- und Grafikmodi

⇨ Gleichzeitige Benutzung zweier Zeichensätze im Textmodus

⇨ Zeichensätze mit frei wählbarer Zeichenhöhe in den Text- und Grafikmodi

⇨ Abfrage der ROM-Adressen für die Standardzeichensätze

Das in diesem Kapitel diskutierte Programm demonstriert die ausschließliche Zeichengenerator-Bearbeitung in den Textmodi. Da die Zeichenausgabe im Grafikmodus anders aufgebaut ist und die wenigsten Programme die Grafikzeichenausgabe über das VGA-BIOS realisieren, wird an dieser Stelle auf eine entsprechende Diskussion verzichtet. Installiert der Anwender nicht explizitit einen speziellen Videomodus, so wird unter „BORLAND C/C^{++}" immer der Videomodus-3 mit einer Auflösung von 25 Zeilen zu je 80 Spalten aktiviert. Wie bereits im Kapitel 2 „Hardwarebestandteile" erläutert, besteht der VGA-Bildspeicher aus vier parallelen 64, KByte großen Speicherebenen. Innerhalb der Textmodi teilen sich die vier Speicherebenen, wie im Bild 3.77 dargestellt, auf.

Bild 3.77:
Der VGA-
Bildspeicher im
Textmodus

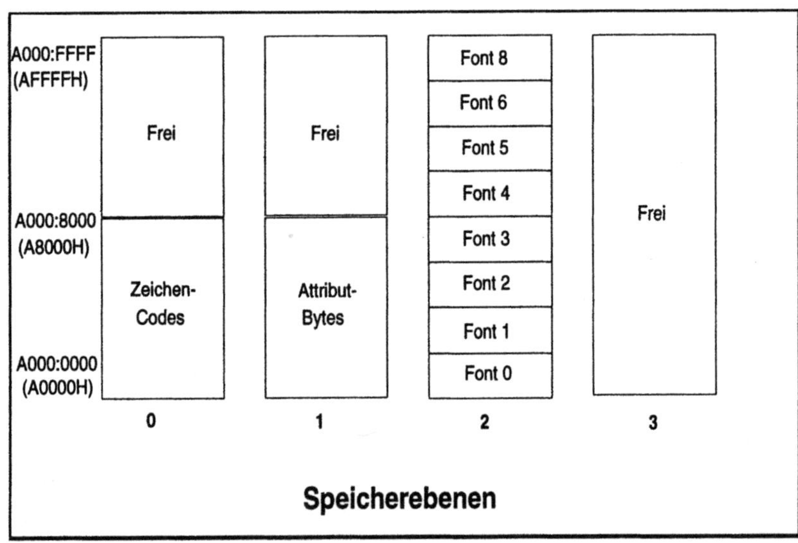

Wie im Bild 3.77 ersichtlich, belegt der VGA-Bildspeicher den Adressbereich von A0000H bis AFFFFH. Nach einer Spezifikation von IBM belegt die MDA-Karte aber einen Adressbereich von B0000H bis B7FFFH und die CGA-Karte einen Bereich von B8000H bis BFFFFH. Um auch ältere Programme, die direkt in den Bildspeicher schreiben, am Leben zu erhalten, gaukelt die VGA-Karte durch eine raffinierte Hardwarelogik die eigentlich nicht auf der Grafikkarte vorhandenen Bildspeicherbereiche vor. In der Tabelle 3.35 finden Sie eine Übersicht über alle Textmodi und den zugehörigen Segmentadressen. Im Textmodus wird jedes Zeichen durch zwei Bytes, dem Zeichen- und dem Attributbyte, charakterisiert, wobei im Zeichenbyte die Zeicheninformation und im Attributbyte die Farbinformation (Vorder- und Hintergrundfarbe) abgelegt ist. Im Bildspeicher werden alle Zeichenbytes an geradzahligen und alle Attributbytes an ungeradzahligen Speicheradressen (s. Kapitel 2 „Hardwarebestandteile) abgelegt. Die Aufteilung der Zeichen- und Attributbytes in die Speicherebenen 0 und 1 erfolgt durch eine Hardwarelogik auf der VGA-Grafik-Karte. Die jeweils 32 KByte großen Speicherebenen können maximal 8 Bildseiten im Textmodus aufnehmen. Die Speicherebene 2 ist für die Aufnahme der Zeichensätze zuständig. Einem Zeichen stehen immer 32 Bytes zur Verfügung. Bei 256 Zeichen kann die Speicherebene 2 somit acht Zeichensätze aufnehmen. Dabei können maximal zwei Zeichensätze zu einem Zeitpunkt aktiviert werden. Die Speicherebene 3 spielt im Textmodus keine Rolle.

Tabelle 3.35:
Die Textmodi der unterschiedlichen Grafikkarten

Video-Modus	Karte	Farben	Pixel-Auflösung	Zeichen-Box	Spalten/Zeilen	Bildseiten	Start-Adresse
0, 1	CGA	16	320*200	8*8	40*25	8	B8000H
0, 1	EGA	16	320*350	8*14	40*25	8	B8000H
0, 1	VGA	16	360*400	9*16	40*25	8	B8000H
2, 3	CGA	16	640*200	8*8	80*25	8	B8000H
2, 3	EGA	16	640*350	8*14	80*25	8	B8000H
2, 3	VGA	16	720*400	9*16	80*25	8	B8000H
7	MDA	2	720*350	9*14	80*25	8	B0000H
7	VGA	2	720*400	9*16	80*25	8	B0000H

Programminhalt

Das in diesem Kapitel diskutierte Programm „vga2.c" behandelt die wichtigsten Bearbeitungsabläufe zum Thema „Zeichengenerator im Textmodus". Wie in Bild 3.78 dargestellt, werden dem Anwender die nachfolgenden Menüpunkte angeboten:

⇨ ROM-Zeichensätze im Textmodus

⇨ Selbstdefinierte Zeichen im Textmodus

⇨ Zwei Zeichensätze zu einem Zeitpunkt

Bild 3.78:
Hauptmenü aus
Programm
„vga2"

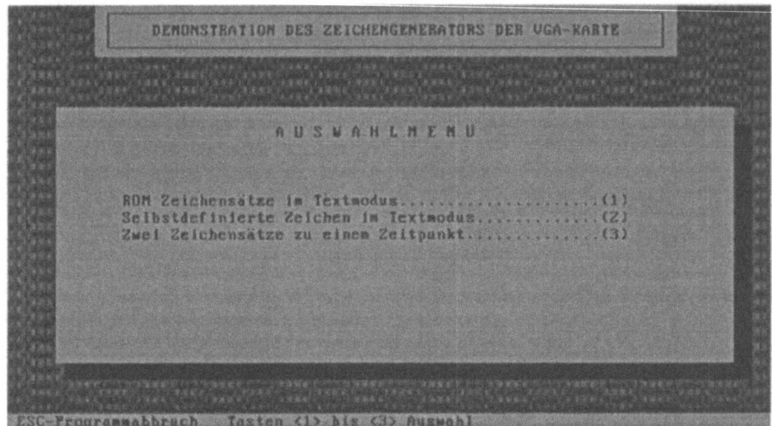

ROM-Zeichensätze im Textmodus: Dieser Menüpunkt gibt die unterschiedlichen ROM-Standardzeichensätze der VGA-Grafik-Karte am Bildschirm aus.

Selbstdefinierte Zeichen im Textmodus: Mit Hilfe dieses Menüpunkts wird ein neuer, selbstdeklarierter Zeichensatz erzeugt. Der Anwender hat die Möglichkeit, zwischen dem neuen und einem ROM-Standard-Zeichensatz umzuschalten.

Zwei Zeichensätze zu einem Zeitpunkt: Diese Option zeigt die Möglichkeit auf, zu einem Zeitpunkt mit zwei unterschiedlichen Zeichensätzen zu arbeiten.

Der gesamte Funktionsablauf von Programm „vga2.c" ist im Flußdiagramm in Bild 3.79 aufgezeigt

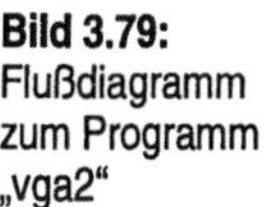

Bild 3.79:
Flußdiagramm zum Programm „vga2"

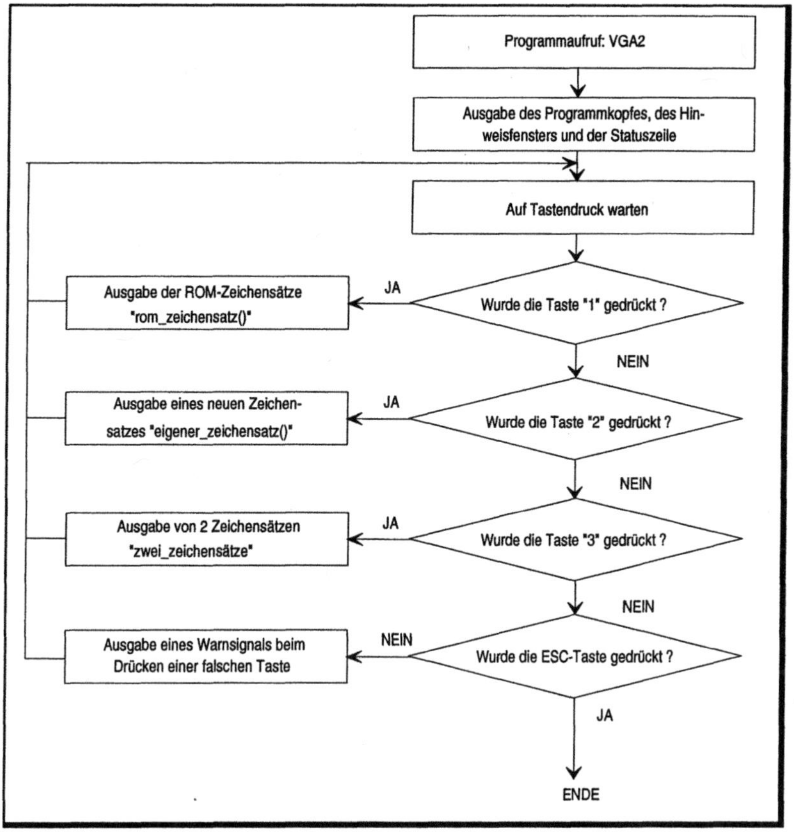

Programmdiskussion

In das Programm „vga2.c" werden die beiden selbstdeklarierten Headerdateien „buch.h" und „vga.h" eingebunden. Alle eingebundenen Funktionen werden weiter unten erläutert.

```
/*************************************************************************/
/* INCLUDE-DATEIEN                                                      */
#include "buch.h"
#include "vga.h"
/*************************************************************************/
```

Die im „DEFINE"-Block deklarierte Konstante „ZEICHENHOEHE" verwaltet die im Textmodus 3 vorhandene Zeichenhöhe von 16 Pixelzeilen.

```
/*******************************************************************/
/* DEFINE-ANWEISUNGEN                                              */
#define ZEICHENHOEHE 16
/*******************************************************************/
```

Funktion: main()

Das relativ kurze Hauptprogramm besteht nur aus dem Funktionsaufruf „menu()". Die Funktion „menu()" verwaltet und steuert das
gesamte Programm „vga2".

```
/*******************************************************************/
/* HAUPTPROGRAMM                                                   */
void main()
{
menue();
}
/*******************************************************************/
```

Funktionen aus der Headerdatei: buch.h

Die Headerdatei „buch.h" stellt dem Programm „vga2.c" die Funktionen cursor_ein(), cursor_aus(), tastatur_loeschen() und fuel-len()
zur Verfügung. Alle genannten Funktionen wurden bereits an anderer Stelle diskutiert.

Funktionen aus der Headerdatei: vga.h

Aus der Headerdatei „vga.h" werden dem Programm „vga2.c" die
Funktionen zeichensatz_installieren() und speicherblock_waeh-len()
bereitgestellt.

Funktion: zeichensatz_installieren()

Die Funktion „zeichensatz_installieren()" realisiert die Neuinstal-
lation eines Zeichensatzes in der Speicherebene 2 des VGA-Bildspeichers. Die Installation wird durch den Video-Interrupt 10H mit
der Funktionsnummer 11H und der Unterfunktionsnummer 00H
durchgeführt. Dabei repräsentieren die Funktions-Übergabeparameter die nachfolgend aufgeführten Interrupt-Parameter:

⇨ iSpeicherblock: Font-Nummer in Speicherebene 2

⇨ iZeichenhoehe: Bytes pro Zeichen (Zeichenhöhe)

⇨ iErstes_zeichen: ASCII-Nummer des 1. Zeichens

⇨ iZeichenanzahl: Anzahl der zu installierenden Zeichen

⇨ iZeilenanpassung: Zeichensatz mit oder ohne Zeichenanpas-
                       sung installieren

⇨ uiSegment: Segmentadresse der zu installierenden Zeichensatztabelle

⇨ uiOffset: Offsetadresse der zu installierenden Zeichensatztabelle

Alle zu installierenden Zeichen müssen vor dem Funktionsaufruf in einer Zeichensatztabelle mit der Segmentadresse „uiSegment" und der Offsetadresse „uiOffset" eingetragen sein.

Die Option mit Zeilenanpassung bewirkt ein Verändern der Zeichenbox. Bei einem 8*8-Zeichenfont können auf der VGA-Karte statt den 25 Textzeilen nun 50 Textzeilen dargestellt werden. Die Karte berechnet aus der Pixelauflösung automatisch die maximal darstellbaren Bildschirmzeilen.

```c
/**********************************************************************/
void zeichensatz_installieren(int iSpeicherblock,int iZeichenhoehe,
 int iErstes_zeichen, int iZeichenanzahl, int iZeilenanpassung,
 unsigned int uiSegment, unsigned int uiOffset)
{
struct REGPACK Aregister; /* vordefinierte Borland-Struktur-Variable   */
union REGS Register; /* vordefinierte Borland-Union-Variable          */

Register.h.ah=0x11; /* Funktionsnummer für Zeichengenerator           */
if (iZeilenanpassung == TRUE) Register.h.al=0x10; /* mit Zeilenanpassung*/
else Register.h.al=0; /* ohne Zeilenanpassung                         */
Aregister.r_ax=Register.x.ax;
Register.h.bl=iSpeicherblock; /* Nummer des Zeichen-Font in Ebene 2    */
Register.h.bh=iZeichenhoehe;  /* Bytes pro Zeichen (Zeichenhöhe)       */
Aregister.r_bx=Register.x.bx;
Aregister.r_cx=iZeichenanzahl; /* Anzahl der neuen Zeichen             */
Aregister.r_dx=iErstes_zeichen; /*ASCII-Nummer des ersten neuen Zeichen */
Aregister.r_es=uiSegment; /* Segmentadresse der Zeichensatztabelle     */
Aregister.r_bp=uiOffset; (* Offsetadresse der Zeichensatztabelle       */
intr(0x10,&Aregister);
}
/**********************************************************************/
```

Funktion: speicherblock_waehlen()

Mit Hilfe der Funktion „speicherblock_wählen" können in der Speicherebene 2 des VGA-Bildspeichers ein oder zwei Zeichensätze unter einer gewünschten Font-Nummer (s. Tabelle 3.77) aktiviert werden. Die Speicherblockanwahl wird über den Video-Interrupt 10H mit der Funktionsnummer 11H und der Unterfunktionsnummer 03H realisiert. Durch die Funktionsübergabe-Parameter „iBlock_a" und „iBlock_b" werden die entsprechenden Zeichensätze in der Speicherebene 2 folgendermaßen selektiert:

⇨ iBlock_a = iBlock_b: Installation eines Zeichensatzes im Font-bereich mit der Nummer „iBlock_a bzw. iBlock_b"

⇨ iBlock_a <> iBlock_b: Installation von zwei Zeichensätzen in den Font-Bereichen mit den Nummern „iBlock_a" und „iBlock_b"

Nach der Installation von zwei Zeichensätzen entscheidet fortan das Bit 3 des Attributbytes, welcher von beiden Zeichensätzen aktiviert wird.

⇨ Bit 3 = 0: Zeichensatz mit der Nummer „iBlock_a" aktiv

⇨ Bit 3 = 1: Zeichensatz mit der Nummer „iBlock_b" aktiv

Im Normalfall, also ohne Speicherblockanwahl, ist in der Speicherebene 2 immer der Zeichensatz mit der Font-Nummer 0 aktiv.

```
/***********************************************************************/
void speicherblock_waehlen(int iBlock_a, int iBlock_b)
{
union REGS Register; /* Vordefinierte Borland-Union-Variable          */
```

Bevor die eigentliche Speicherblockwahl stattfindet, muß ein Fehler im VGA-BIOS ausgeglichen werden. Bei der Verwendung zweier Zeichensätze bleibt die Wirkung von Bit 3 des Attribut-Bytes auf die Intensität erhalten. So wird ein Zeichensatz immer heller als der andere ausgegeben. Diese Unregelmäßigkeit kann durch den nachfolgenden Interrupt-Aufruf ausgebügelt werden.

```
Register.h.ah=0x10;     /* Funktionsnummer um Fehler von BIOS zu beheben */
Register.h.al=0;        /* Unterfunktionsnummer                          */
Register.h.bl=0x12;     /* Registernummer vom Color-Plane-Enable         */
if (iBlock_a != iBlock_b)
 Register.h.bh=7;       /* Attributbit 3 ohne Einfluß auf die Schreibfarbe */
else
 Register.h.bh=0xF;     /* Attributbit 3 mit Einfluß auf die Schreibfarbe  */
int86(0x10,&Register,&Register); /* Fehler des BIOS wird behoben 0       */
```

In der Pseudoregister-Variablen „Register.h.bl" wird die Speicherblock-Selektierung festgelegt. Die Bitaufteilung für die zwei zu aktivierenden Zeichensätze ist aus historischen Gründen (EGA-Karte), wie in Tabelle 3.36 dargestellt, etwas merkwürdig kodiert.

Tabelle 3.36:
Kodierung der
Speicherblock-
auswahl

Bitposition von „Register.h.bl"	Bedeutung
0	Bit 0 für Font-Nummer des 1. Zeichensatzes
1	Bit 1 für Font-Nummer des 1. Zeichensatzes
2	Bit 0 für Font-Nummer des 2. Zeichensatzes
3	Bit 1 für Font-Nummer des 2. Zeichensatzes
4	Bit 3 für Font-Nummer des 1. Zeichensatzes
5	Bit 3 für Font-Nummer des 2. Zeichensatzes

Die nachfolgende logische Verknüpfung kodiert, gemäß Tabelle
3.36, die gewünschten Speicherblöcke zweier Zeichensätze in Speicherebene 2 des VGA-Bildspeichers.

```
Register.h.bl=(iBlock_a & 3) | (iBlock_b & 3) << 2 | (iBlock_a & 4) << 2 |
(iBlock_b & 4) << 3;


Register.h.ah=0x11; /* Funktionsnummer für Zeichengenerator           */
Register.h.al=3;     /* Unterfunktionsnummer Zeichensatz-Block wählen  */
int86(0x10,&Register,&Register); /* Video-Interrupt 10H                */
}/********************************************************************/
```

Funktion: beenden()

Die Funktion „beenden()" ermöglicht das saubere Beenden des
Programms „vga1". Vor dem Programmende installiert die Funktion
den Standardtextmodus 3, löscht den Bildschirm und wählt die
Standardfarben für Vorder- und Hintergrund.

```
/********************************************************************/
void beenden(void)
{
textmode(C80); /* Textmodus 3; 16 Farben, 25 Zeilen, 80 Spalten     */
textbackground(BLACK); /* Hintergrundfarbe Schwarz                  */
textcolor(LIGHTGRAY); /* Vordergrundfarbe Hellgrau                  */
window(1,1,80,25); /* Den gesamten Bildschirbereich akivieren       */
clrscr(); /* Bildschirm löschen                                     */
cursor_ein(); /* Cursoremulation aktivieren                        */
exit(0); /* An DOS den ERRORLEVEL 0 übergeben                       */
}
/********************************************************************/
```

Funktion: rom_zeichensatz()

Die Funktion „rom_zeichensatz()" realisiert den ersten Menüpunkt
aus dem Programm „vga2.c". Wie im Bild 3.80 aufgezeigt, wird ein
Probe-Text am Bildschirm ausgegeben, und beim Drücken einer

beliebigen Taste werden der Reihe nach alle ROM-Standard-Zeichensätze installiert. Nachdem ein neuer Zeichensatz aktiviert wurde, ändert sich, abhängig vom aktuell installierten Zeichensatz, das Erscheinungsbild des Probetextes. Bild 3.81 zeigt beispielsweise den Ausgabebildschirm nach der Installation des CGA-kompatiblen ROM-Zeichensatzes mit einer Zeichenbox von 8*8 Pixeln. Der Zeichensatz wird mit einer Zeilenanpassung ausgegeben. Dadurch nimmt der Probe-Text nur die Hälfte des üblichen Bildbereiches ein.

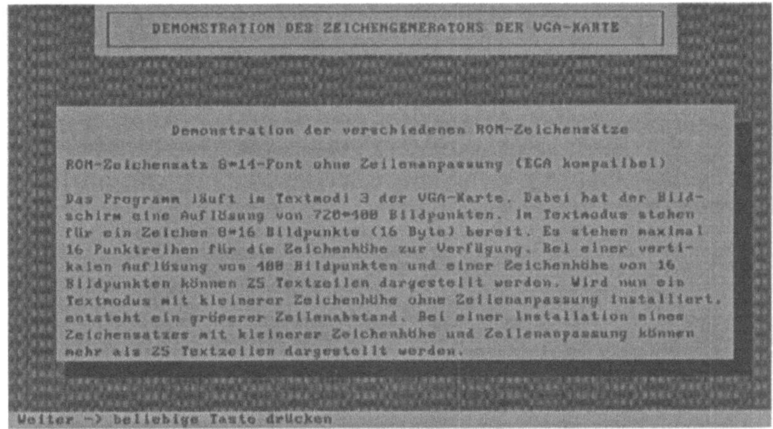

Bild 3.80:
Ausgabebildschirm zum Menüpunkt 1 aus dem Programm „vga2"

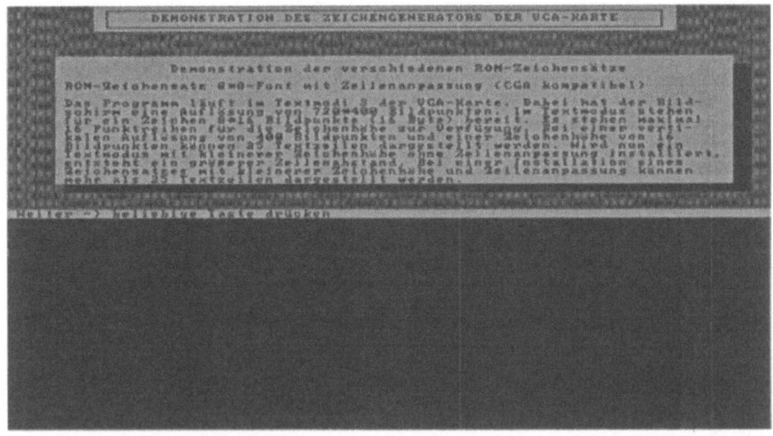

Bild 3.81:
Bildschirmausgabe über CGA-kompatiblen Zeichensatz

Der gesamte Funktionsablauf zum Modul „rom_zeichensatz()" ist in Bild 3.82 aufgeführt.

Bild 3.82:
Flußdiagramm
zur Funktion
„rom_zeichen-
satz()"

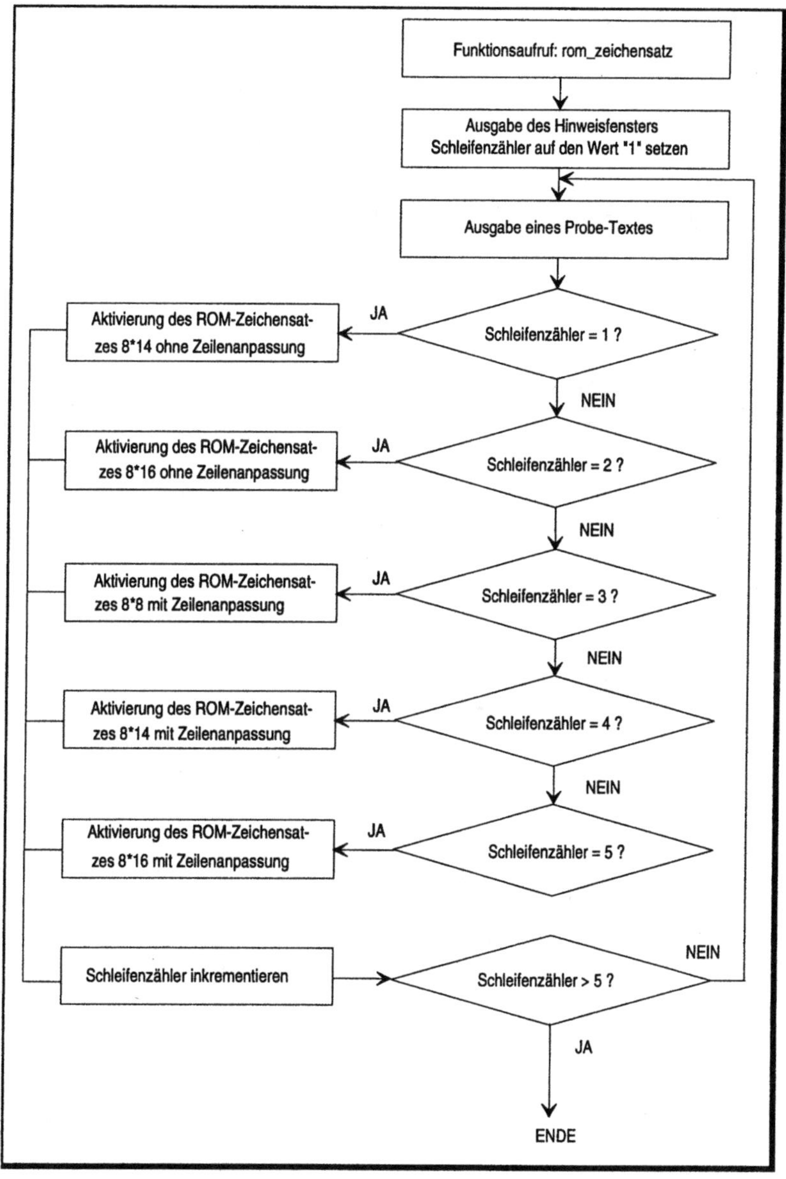

```c
/*****************************************************************/
void rom_zeichensatz(void)
{
union REGS Register;
int iZaehler;
```

Wie üblich, werden zuerst einige Fenster und Hinweispassagen am Bildschirm ausgegeben.

```c
window(1,25,80,25);
textbackground(LIGHTGRAY);
textcolor(BLACK);
clrscr();
cprintf(" Weiter -> beliebige Taste drücken");

window(6,7,76,21);
textbackground(BLUE);
textcolor(LIGHTCYAN);
```

Innerhalb der nachfolgenden „FOR"-Schleife werden alle ROM-Standardzeichensätze der Reihe nach installiert.

```c
/*************************** FOR-Schleife ********************************/
for (iZaehler=1; iZaehler<=5;++iZaehler)
{
```

Am Bildschirm wird ein Probe-Text über mehrere Bildschirmzeilen ausgegeben.

```
. . . . . . .
. . . . . . .
```

Es wird der Video-Interrupt für die Installation von ROM-Zeichensätzen vorbereitet.

```c
Register.h.ah=0x11; /* Funktionsnummer Für Zeichengenerator       */
Register.h.bl=0;    /* Font-Nummer 0 in Speicherebene 2 wählen    */
```

Bei jedem Schleifendurchgang wird ein neuer ROM-Zeichensatz über die nachfolgende „SWITCH"-Anweisung ausgewählt.

```c
switch (iZaehler)
{
 case 1: cprintf("ROM-Zeichensatz 8*14-Font ohne Zeilenanpassung (EGA kompati-
bel)");
   Register.h.al=1;
   break;
 case 2: cprintf("ROM-Zeichensatz 8*16-Font ohne Zeilenanpassung (VGA kompati-
bel)");
   Register.h.al=4;
```

```
       break;
     case 3: cprintf("ROM-Zeichensatz 8*8-Font mit Zeilenanpassung (CGA kompati-
bel)");
       Register.h.al=0x12;
       break;
     case 4: cprintf("ROM-Zeichensatz 8*14-Font mit Zeilenanpassung (EGA kompati-
bel)");
       Register.h.al=0x11;
       break;
     case 5: cprintf("ROM-Zeichensatz 8*16-Font mit Zeilenanpassung (VGA kompati-
bel)");
       Register.h.al=0x14;
       break;
  }
```

Mit Hilfe des Video-Interrupt-Aufrufs wird der in der „SWITCH"-Anweisung selektierte ROM-Zeichensatz im Bildspeicher installiert.

```
  int86(0x10,&Register,&Register);


  cursor_aus(); /* Cursor ausschalten                                    */
  getch(); /* auf Tastendruck warten                                     */
  }
  /*************************** Ende der FOR-Schleife ********************/
  }/*************************************************************************/
```

Funktion: eigener_Zeichensatz()

Die Funktion „eigener_zeichensatz()" repräsentiert den zweiten Menüpunkt aus dem Programm „vga2". Dieses Modul demonstriert die nachfolgend aufgeführten Punkte:

⇨ Auslesen eines ROM-Zeichensatzes

⇨ Erzeugung eines selbstdeklarierten Zeichensatzes

⇨ Installation des neuerstellten Zeichensatzes

Die Funktion liest alle 255 Zeichen des „8*16"-VGA-ROM-Zeichensatzes in eine programminterne Feldvariable ein. Die eingelesenen Zeichen werden so manipuliert, daß alle Zeichen fett dargestellt werden. Dazu werden, wie in Bild 3.83 dargestellt, alle Zeichenbytes um eine Bitposition nach rechts verschoben und mit dem ursprünglichen Wert „OR"-verküpft. Der so abgeänderte Zeichensatz wird in der Speicherebene 2 unter der Font-Nummer 1 im VGA-Bildspeicher abgelegt. Im Anschluß kann der Anwender zwischen dem ROM- und dem neuen Zeichensatz umschalten. Nachdem der Anwender im Hauptmenü den Auswahlpunkt 2 „selbstdefinierte Zeichen" aktiviert, erscheint am Bildschirm das in Bild 3.84 aufgezeigte Titelbild. In diesem Bildschirm kann der Anwender mit einer der folgenden Tasten die entsprechende Aktion starten:

Bild 3.83:
Logische Verknüpfung zum Erzeugen fetter Zeichen

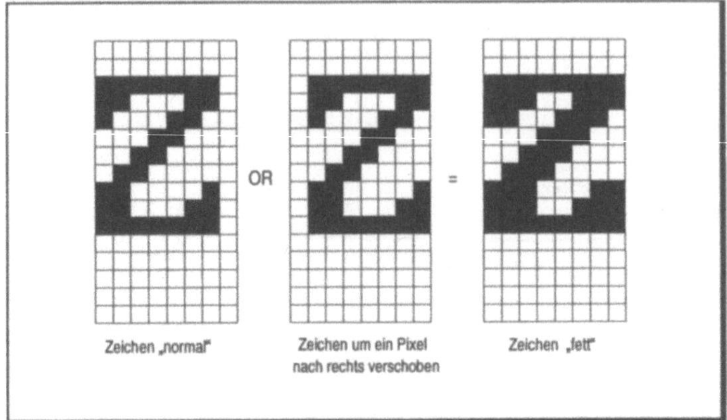

Bild 3.84:
Titelbild zum Menüpunkt 2 aud dem Programm „vga2"

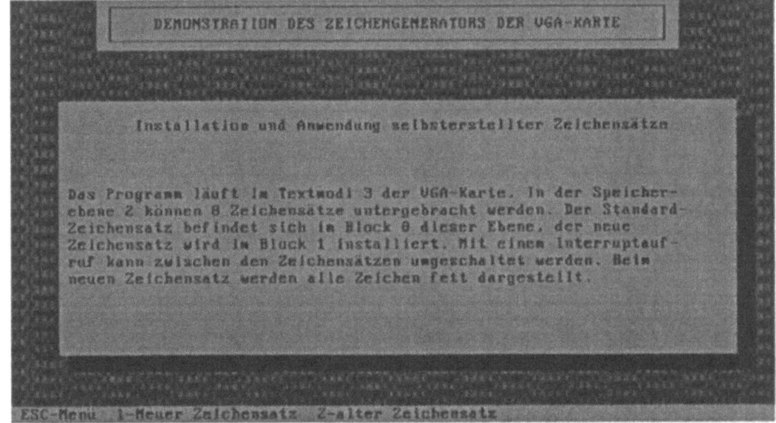

⇨ ①: Aktivierung des neuen Zeichensatzes

⇨ ②: Aktivierung des ROM-Standard-Zeichensatzes

⇨ [Esc]:   Rücksprung zum Hauptmenü

Das Flußdiagramm in Bild 3.85 zeigt den gesamten Funktionsablauf vom Modul „eigener_zeichensatz()".

```c
/*******************************************************************/
void eigener_zeichensatz(void)
{
struct REGPACK Aregister;
union REGS Register;
unsigned char acZeichen_font[256][ZEICHENHOEHE];
unsigned int iSegment_rom_zeichen,iOffset_rom_zeichen;
int iZaehler1,iZaehler2,iTaste_word,iTaste_low_byte,iWiederholen;
```

An dieser Stelle werden Programmkopf, der Probe-Text und die
Statuszeile ausgegeben.

```c
window(1,25,80,25);
textbackground(LIGHTGRAY);
textcolor(BLACK);
clrscr();
cprintf(" ESC-Menü  1-Neuer Zeichensatz  2-alter Zeichensatz");
textcolor(RED);
gotoxy(2,1); cprintf("ESC");
gotoxy(12,1); cprintf("1");
gotoxy(33,1); cprintf("2");
window(6,7,76,21);
textbackground(BLUE);
textcolor(LIGHTCYAN);
clrscr();
gotoxy(9,2);
cprintf("Installation und Anwendung selbsterstellter Zeichensätze");
gotoxy(1,6);
cprintf(" Das Programm läuft im Textmodi 3 der VGA-Karte. In der Speicher-\n\r");
cprintf(" ebene 2 können 8 Zeichensätze untergebracht werden. Der Standard-\n\r");
cprintf(" Zeichensatz befindet sich im Block 0 dieser Ebene, der neue\n\r");
cprintf(" Zeichensatz wird im Block 1 installiert. Mit einem Interruptauf-\n\r");
cprintf(" ruf kann zwischen den Zeichensätzen umgeschaltet werden. Beim \n\r");
cprintf(" neuen Zeichensatz werden alle Zeichen fett dargestellt.");
```

Bild 3.85:
Flußdiagramm
zur Funktion
„eigener_zei-
chensatz()"

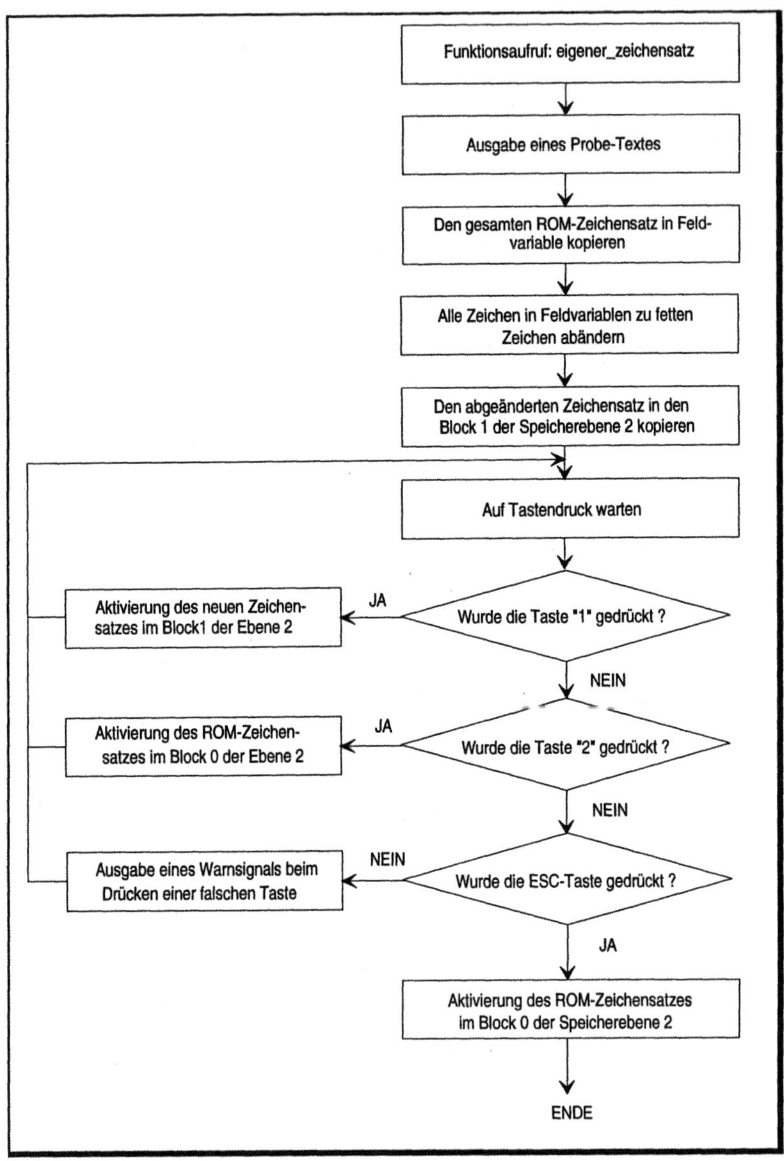

Durch den nachfolgenden Video-Interrupt kann die Segment- und Offsetadresse des VGA-ROM-Zeichensatzes bestimmt werden.

```
Register.h.ah=0x11; /* Funktionsnummer Zeichengenerator          */
Register.h.al=0x30; /* Unterfunktionsnummer: Zeichensatzinformation */
Aregister.r_ax=Register.x.ax;
Register.h.bl=0; /* nicht wichtig                                */
Register.h.bh=6; /* ROM-Zeichensatz 8*16 (VGA)                   */
Aregister.r_bx=Register.x.bx;
intr(0x10,&Aregister); /* Video-Interrupt 10H                    */
```

Über die eingelesenen Adressangaben und den anschließenden
„movedata()"-Befehl werden alle 255 Zeichen des ROM-Zeichensatzes in die lokale Feldvariable „acZeichen_font[]" kopiert.

```
iSegment_rom_zeichen=Aregister.r_es; /* Segmentadresse ROM-Zeichensatz */
iOffset_rom_zeichen=Aregister.r_bp;  /* Offsetadresse ROM-Zeichensatz  */
movedata(iSegment_rom_zeichen,iOffset_rom_zeichen,FP_SEG(acZeichen_font),
  FP_OFF(acZeichen_font),256*ZEICHENHOEHE);
```

Innerhalb der „FOR"-Schleife werden die ersten 128 eingelesenen
Zeichen (enthalten alle Buchstaben), nach der im Bild 3.83 aufgeführten Konvention, in fette Zeichen umgewandelt.

```
for(iZaehler1=0;iZaehler1 <= 127;++iZaehler1)
{
 for(iZaehler2=0;iZaehler2 <= (ZEICHENHOEHE-1);++iZaehler2)
  acZeichen_font[iZaehler1][iZaehler2]=(acZeichen_font[iZaehler1][iZaehler2]
  | (acZeichen_font[iZaehler1][iZaehler2] >> 1));
}
```

Über die selbstdeklarierte Funktion „zeichensatz_installieren()" wird
der abgeänderte, neue Zeichensatz in der Speicherebene 2 unter
Font-Nummer 1 eingetragen.

```
zeichensatz_installieren(1,ZEICHENHOEHE,0,256,TRUE,FP_SEG(acZeichen_font),
FP_OFF(acZeichen_font));
cursor_aus();
```

Die folgende „DO-WHILE"-Schleife kann nur durch Drücken von
[Esc] beendet werden. Innerhalb dieser Schleife ist es dem Anwender
möglich, alle zur Verfügung stehenden Menüpunkte zu aktivieren.

```
/********************** "DO-WHILE"-Schleife **************************/
do
{
 tastatur_loeschen(); /* Tastaturspeicher löschen                 */
 iTaste_word=bioskey(0); /* auf Tastendruck warten                */
 iTaste_low_byte=iTaste_word & 0x00FF;
 iWiederholen=WIEDERHOLEN; /* Schleifenvariable                   */
 /* Auswerten der gedrückten Taste                                */
 switch(iTaste_low_byte)
 {
  case TASTE_ESC:  iWiederholen=ABBRUCH; break;
```

Drückt der Anwender die Taste ①, erfolgt durch den Funktionsaufruf „speicherblock_wählen()" die Aktivierung des unter Font-Nummer 1 abgelegten, neuen Zeichensatzes.

```
case TASTE_1:      speicherblock_waehlen(1,1); break;
```

Wählt der Anwender die Taste ②, aktiviert die Funktion den ROM-Zeichensatz, der standardmäßig unter der Font-Nummer 0 in der Speicherebene 2 des VGA-Bildspeichers abgelegt ist.

```
case TASTE_2:      speicherblock_waehlen(0,0); break;


/* Beim Drücken einer falschen Taste  -> akustisches Warnsignal          */
default:           sound(1000); delay(500); nosound(); break;
 }
}
while(iWiederholen == WIEDERHOLEN);
/*************** Ende der "DO-WHILE"-Schleife ***************************/
```

Aus Sicherheitsgründen installiert das Programm zu guterletzt den ROM-Standardzeichensatz.

```
speicherblock_waehlen(0,0);
}
/****************************************************************************/
```

Funktion: zwei_zeichensaetze()

Die Funktion „zwei_zeichensätze()" realisiert den dritten Menüpunkt. Dieses Modul demonstriert die gleichzeitige Benutzung zweier Zeichensätze. Damit die beiden Zeichensätze unterschieden werden können, werden im zweiten Zeichensatz zwei neue Zeichen erzeugt. Bis auf die beiden neuen Zeichen werden die beiden Zeichensätze durch den „8X16"-ROM-Zeichensatz repräsentiert. Bei den beiden neuen Zeichen handelt es sich um ein trauriges und ein lachendes Gesicht. Wie in Bild 3.86 aufgeführt, nehmen die beiden neuen Zeichen die ASCII-Positionen 85 und 86 im neuen Zeichensatz ein. Normalerweise befinden sich an diesen Postionen die Zeichen „U" und „V".

Bild 3.86:
Die zwei neuen Zeichen im Zeichensatz

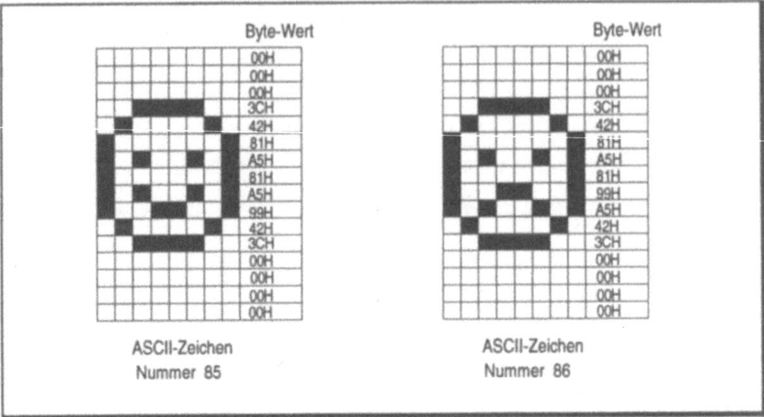

Bild 3.87:
Titelbild zum Menüpunkt 3 aus dem Programm „vga2"

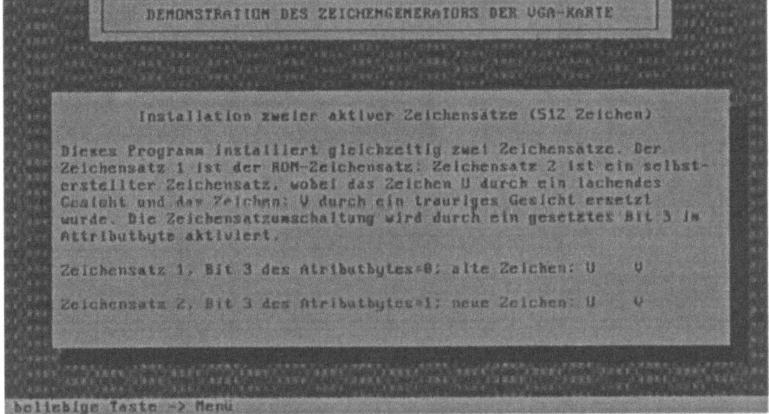

Aktiviert der Anwender im Hauptmenü den Punkt 3 „Zwei Zeichensätze", so erscheint das im Bild 3.87 dargestellte Titelbild. Wie dem Bild zu entnehmen ist, werden beide Zeichensätze (U, V, lachendes und trauriges Gesicht) gleichzeitig dargestellt.

Der gesamte Funktionsablauf kann dem Flußdiagramm in Bild 3.88 entnommen werden.

```
/*******************************************************************/
void zwei_zeichensaetze(void)
{
union REGS Register;
/* zwei neue Zeichen erzeugen                                    */
```

Innerhalb der Variablen-Deklaration werden die beiden neuen Zeichen, gemäß Bild 3.86, innerhalb der modulglobalen Feldvariablen „avNeue_zeichen[]" kreiert.

```
unsigned char acNeue_zeichen[2][16]=
{
0x00,0x00,0x00,0x3C,0x42,0x81,0xA5,0x81,0xA5,0x99,0x42,0x3C,0x00,0x00,0x00,0x00,

0x00,0x00,0x00,0x3C,0x42,0x81,0xA5,0x81,0x99,0xA5,0x42,0x3C,0x00,0x00,0x00,0x00
};
```

Es folgt die Ausgabe wichtiger Fenster und einiger Textpassagen.

```
window(1,25,80,25);
textbackground(LIGHTGRAY);
textcolor(BLACK);
clrscr();
cprintf(" beliebige Taste -> Menü");
window(6,7,76,21);
clrscr();
gotoxy(10,2);
cprintf("Installation zweier aktiver Zeichensätze (512 Zeichen)");
```

Die Funktion installiert in der Speicherebene 2 unter der Font-Nummer 1 den „8X16"-Standard-ROM-Zeichensatz.

```
Register.h.ah=0x11; /* Funktionsnummer für Zeichengenerator           */
Register.h.al=0x14; /*Unterfunktionsnr. für ROM-Zeichensatz-Installation*/
Register.h.bl=1; /* Zeichensatzblock 1 wählen                         */
int86(0x10,&Register,&Register); /* Video-Interrupt                   */
```

Bild 3.88:
Flußdiagramm
zur Funktion
„zwei_zeichens
aetze()"

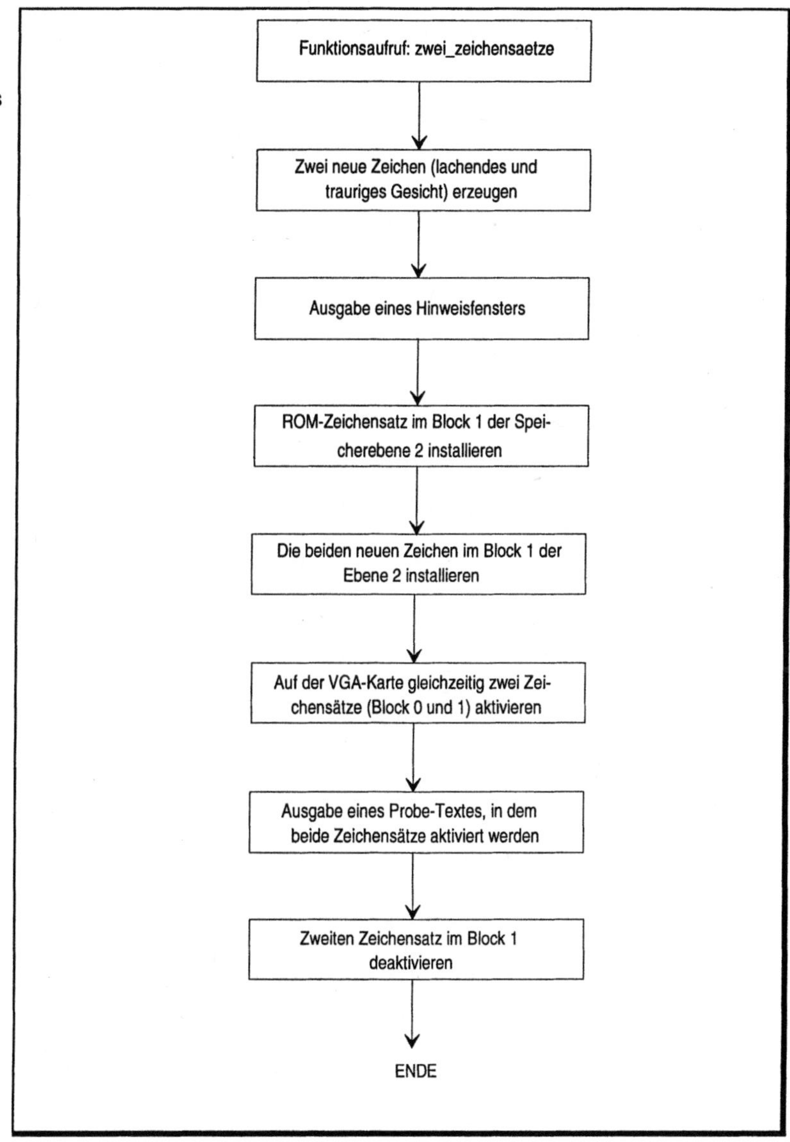

Nachdem der zweite Zeichensatz im VGA-Bildspeicher installiert
wurde, werden die beiden neuen Zeichen an den ASCII-Positionen
85 und 86 eingetragen.

```
zeichensatz_installieren(1,ZEICHENHOEHE,85,2,TRUE,
FP_SEG(acNeue_zeichen),FP_OFF(acNeue_zeichen));
```

Im Anschluß werden der neue Zeichensatz unter Font-Nummer 1
und der ROM-Standard-Zeichensatz unter Font-Nummer 0 gleichzeitig aktiviert.

```
speicherblock_waehlen(0,1);
```

An dieser Stelle gibt die Funktion einen Probetext am Bildschirm
aus.

```
gotoxy(1,4);
textcolor(BLACK);
cprintf(" Dieses Programm installiert gleichzeitig zwei Zeichensätze. Der \n\r");
cprintf(" Zeichensatz 1 ist der ROM-Zeichensatz; Zeichensatz 2 ist ein selbst-
\n\r");
cprintf(" erstellter Zeichensatz, wobei das Zeichen U durch ein lachendes\n\r");
cprintf(" Gesicht und das Zeichen: V durch ein trauriges Gesicht ersetzt\n\r");
cprintf(" wurde. Die Zeichensatzumschaltung wird durch ein gesetztes Bit 3
im\n\r");
cprintf(" Attributbyte aktiviert.\n\n\r");
```

Durch „Bit 3"=0 des Atributbytes wird der ROM-Standardzeichensatz unter der Font-Nummer 0 im Bildspeicher aktiviert. Die Ausgabe der Zeichen „U" und „V" im folgenden „cprintf()"-Befehl geben die Zeichen selbst aus.

```
textcolor(0); /* Bit 3 des Atrributbytes=0 -> ROM Zeichensatz        */
cprintf(" Zeichensatz 1, Bit 3 des Atributbytes=0; alte Zeichen: U    V\n\n\r");
```

Ist das Bit 3 auf den Wert 1 gesetzt, dann wird der neue Zeichensatz unter der Font-Nummer 1 im Bildspeicher aktiviert. Die nächste
„cprintf()"-Anweisung gibt nicht die Zeichen „U" und „V", sondern
die neuen Zeichen in Form eines lachenden und traurigen Gesichts
aus. Der „cprintf()"-Befehl wertet nicht die Zeichen „U" und „V",
sondern nur die ASCII-Positionen aus.

```
textcolor(8); /* Bit 3 des Atrributbytes=1 -> Neuer Zeichensatz       */
cprintf(" Zeichensatz 2, Bit 3 des Atributbytes=1; neue Zeichen: U    V\n\n\r");
```

Nachdem der Anwender eine beliebige Taste drückt, erfolgt der
Rücksprung zum Hauptprogramm. Zuvor muß jedoch der neu installierte, zweite Zeichensatz über den Funktionsaufruf von
„speicherblock_waehlen()" wieder deaktiviert werden.

```
cursor_aus();
getch();
tastatur_loeschen();
/* Zeichensatz im Block 1 deaktivieren                              */
speicherblock_waehlen(0,0);
}
/****************************************************************************/
```

Funktion: menu()

Die Funktion verwaltet und steuert den gesamten Programmablauf.
Nach der Ausgabe des obligatorischen Programmkopfes und des
Hauptmenüfensters aktiviert die Funktion, anhand der vom An-
wender gedrückten Tasten, die entsprechenden Menüpunkte.

```
/****************************************************************************/
void menue(void)
{
int iTaste_word, iTaste_low_byte;

/* Programmkopf ausgeben                                             */
cursor_aus();
gotoxy(1,1);
fuellen(177,23,2000);
window(10,1,70,3);
textbackground(LIGHTGRAY);
textcolor(BLACK);
clrscr();
cprintf(" +----------------------------------------------------------+\r\n");
cprintf(" |    DEMONSTRATION DES ZEICHENGENERATORS DER VGA-KARTE    |\r\n");
cprintf(" +----------------------------------------------------------+");
/* Die folgende Endlosschleife kann nur durch Drücken der ESC-Taste  */
/* beendet werden                                                    */
do
{
/* Hinweisfenster und Statuszeile ausgeben                          */
window(7,8,78,22);
textbackground(BLACK);
clrscr();
window(6,7,76,21);
textbackground(BLUE);
textcolor(LIGHTCYAN);
clrscr();
gotoxy(23,2);
cprintf(" A U S W A H L M E N Ü");
gotoxy(1,6);
cprintf("       ROM Zeichensätze im Textmodus...................(1)\n\r");
cprintf("       Selbstdefinierte Zeichen im Textmodus..........(2)\n\r");
cprintf("       Zwei Zeichensätze zu einem Zeitpunkt...........(3)\n\r");
window(1,25,80,25);
textbackground(LIGHTGRAY);
textcolor(BLACK);
clrscr();
cprintf(" ESC-Programmabbruch    Tasten <1> bis <3> Auswahl");
textcolor(RED);
gotoxy(2,1);
cprintf("ESC");
gotoxy(24,1);
cprintf("Tasten <1> bis <3>");
```

```c
window(6,7,76,21);
/* Abfrage des gewünschten Punktes                                        */
tastatur_loeschen();
iTaste_word=bioskey(0);
iTaste_low_byte=iTaste_word & 0x00FF;
/* Auswahl des gewünschten Punktes                                        */
switch(iTaste_low_byte)
{
 case TASTE_ESC:    beenden(); break;
 case TASTE_1:      rom_zeichensatz(); break;
 case TASTE_2:      eigener_zeichensatz(); break;
 case TASTE_3:      zwei_zeichensaetze(); break;
 default:           sound(1000); delay(500); nosound(); break;
}
}
while(1);
/* Ende der Endlosschleife                                                 */
}
/**************************************************************************/
```

3.12.3   Lesen der VGA-Statusinformationen in klassischer „C"-Konvention

Die VGA-Grafik-Karte bietet im Gegensatz zu ihren Vorgängern (MDA bis EGA) einen lesenden Zugriff auf alle wichtigen Statusinformationen. Im Prinzip bieten sich dem Programmierer die folgenden beiden Zugriffsmöglichkeiten:

⇨ Über Video-Interrupt 10H mit der Funktionsnummer 1BH

⇨ Über den VGA-BIOS-Variablenbereich

Programminhalt

Lesen der Statusinformationen durch den Video-Interrupt: Vor der Aktivierung des Interrupts müssen im Arbeitsspeicher zur Aufnahme der gelesenen Daten ein 64 Byte und ein 20 Byte großer Puffer allokiert werden. Im größeren Pufferbereich werden alle modus-abhängigen und im kleineren Pufferbereich alle modus-unabhängigen VGA-Informationen eingetragen. Die folgende Auflistung zeigt die wichtigsten auswertbaren Statusinformationen dieser Methode.

Modus-abhängige Informationen

⇨ Aktueller Video-Modus

⇨ Anzahl der Bildschirmtextspalten

⇨ Länge einer Bildschirmseite in Bytes

⇨ Cursor-Informationen für alle Textseiten

⇨ Zeichenhöhe

⇨ Anzahl der Farben und Bildschirmseiten

Modus-unabhängige Informationen

⇨ Verfügbare Videomodi

⇨ Verfügbare Zeichensatz-Speicherblöcke (in Speicherebene 2)

⇨ Diverse VGA-Hardware-Informationen

Auslesen der Statusinformationen aus dem VGA-BIOS-Bereich:
Die BIOS-Informationen werden im Programm mit Hilfe der Speicherlese-Anweisungen „peek()" und „peekb()" realisiert. Die beiden Befehle lesen direkt an der übergebenen Adresse im Arbeitsspeicher, wobei mit „peek()" ein 2 Byte-Wert und über „peekb()" ein 1 Byte-Wert gelesen wird. Alle vom VGA-BIOS belegten Adressbereiche im PC-RAM sind in den Tabellen 3.37 und 3.38 aufgelistet.

Nachdem der Anwender das Programm „vga3" gestartet hat, erscheint am Bildschirm das in Bild 3.89 aufgezeigte Titelbild. Wird im Menü einer der beiden Punkte ausgewählt, werden alle Informationen auf mehreren Bildschirmseiten dargestellt.

Tabelle 3.37:
Variablenbereich des VGA-BIOS (Teil 1)

Adresse (in Hex)	Typ	Bedeutung
0000:0449	Byte	Aktueller Videomodus
0000:044A	Word	Anzahl der Bildschirm-Textspalten
0000:044C	Word	Speicherbedarf für eine Textseite
0000:044E	Word	Offsetadresse der aktiven Textseite
0000:0450	Byte	Cursorspalte Textseite 0
0000:0451	Byte	Cursorzeile Textseite 0
0000:0452	Byte	Cursorspalte Textseite 1
0000:0453	Byte	Cursorzeile Textseite 1
0000:0454	Byte	Cursorspalte Textseite 2
0000:0455	Byte	Cursorzeile Textseite 2
0000:0456	Byte	Cursorspalte Textseite 3
0000:0457	Byte	Cursorzeile Textseite 3
0000:0458	Byte	Cursorspalte Textseite 4
0000:0459	Byte	Cursorzeile Textseite 4
0000:045A	Byte	Cursorspalte Textseite 5
0000:045B	Byte	Cursorzeile Textseite 5
0000:045C	Byte	Cursorspalte Textseite 6

Tabelle 3.38:
Variablenbereich des VGA-BIOS (Teil 2)

Adresse (in Hex)	Typ	Bedeutung
0000:045D	Byte	Cursorzeile Textseite 6
0000:045E	Byte	Cursorspalte Textseite 7
0000:045F	Byte	Cursorzeile Textseite 7
0000:0460	Byte	Cursor-Start (obere Pixelzeile)
0000:0461	Byte	Cursor-Ende (untere Pixelzeile)
0000:0462	Byte	Nummer der aktiven Bildseite
0000:0463	Word	3B4H->Farb- / 3D4H->Monobildschirm
0000:0465	Byte	nur für MDA- und CGA-Karte
0000:0466	Byte	nur für CGA
0000:0484	Byte	Anzahl der Bildschirmtextzeilen-1
0000:0485	Word	Zeichenhöhe in Pixelzeilen (Bytes)
0000:0487	Byte	Diverse Statusinformationen
0000:0488	Word	Konfigurations-Bits; diverse Hardware-Einstellungen
0000:04A8	4 Bytes	Adresse des „SAVE-TABLE-POINTERS" Zeiger auf eine Zeiger-Tabelle; über diese Tabelle können residente Farb- und Zeichensatzeinstellungen durchgeführt werden. Wird ausführlich im Kapitel 3.15 "TSR-Programme" erläutert.

Bild 3.89:
Titelbild zum Programm „vga3"

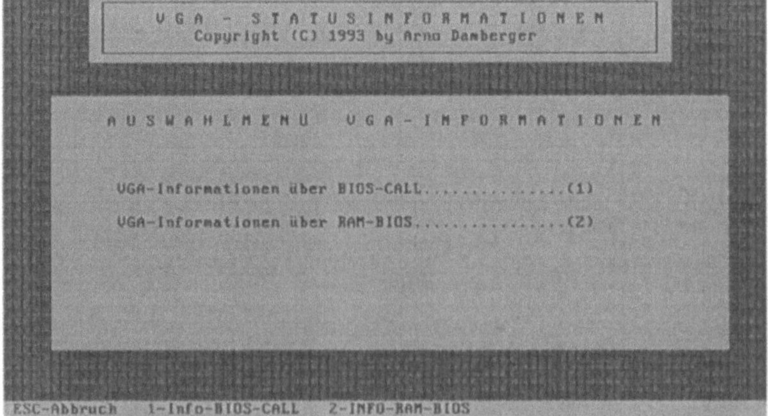

Der gesamte Programmablauf ist im Flußdiagramm in Bild 3.90 aufgezeigt.

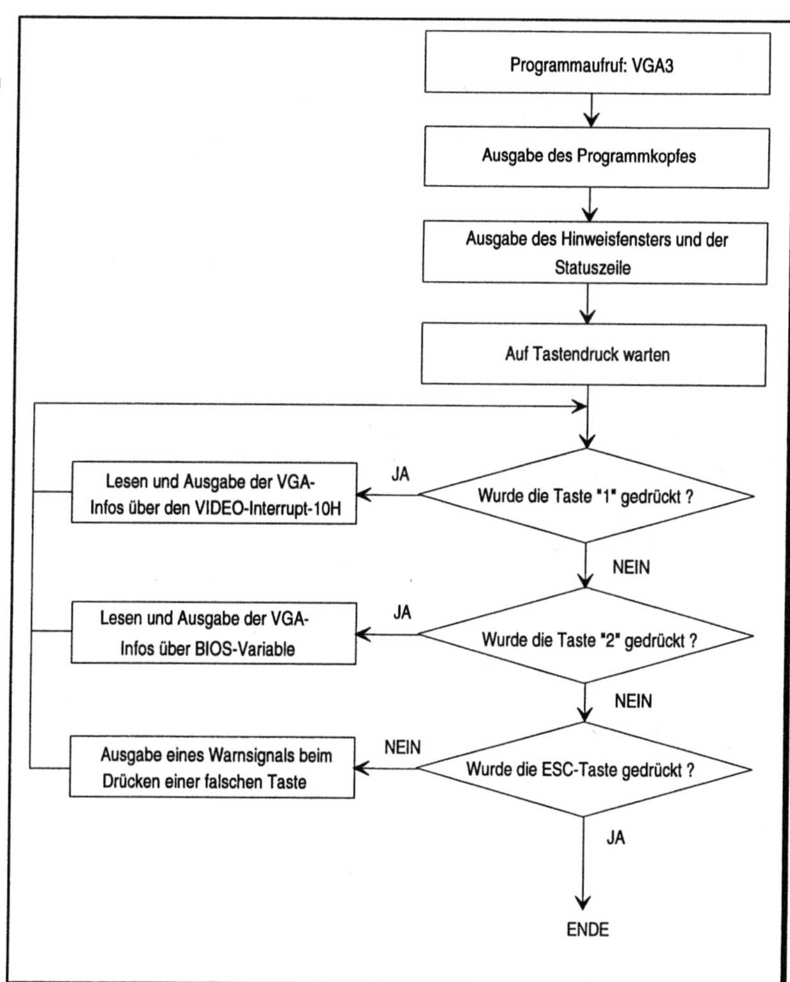

Bild 3.90: Flußdiagramm zum Programm „vga3"

Programmdiskussion

In das Programm „vga3.c" wird die selbstdeklarierte Headerdatei „buch.h" eingebunden. Alle integrierten Funktionen werden weiter unten aufgeführt.

```
/**********************************************************************/
/* INCLUDE-DATEIEN                                                    */
#include "buch.h"
/**********************************************************************/
```

Funktion: main()

Im Hauptprogramm wird nur die Funktion „menu()" aufgerufen. Innerhalb des Moduls „menu()" findet der gesamte Programmablauf statt.

```
/**********************************************************************/
/* HAUPTPROGRAMM                                                      */
void main()
{
menu();
}
/**********************************************************************/
```

Funktionen aus der Headerdatei: buch.h

Die Headerdatei „buch.h" stellt dem Programm „vga3.c" die Funktionen tastatur_loeschen(), cursor_aus(), fuellen(), ende() und fehler_ende() bereit. Alle genannten Funktionen wurden bereits an anderer Stelle diskutiert.

Funktion: config_lesen()

Die Funktion „config_lesen()" realisiert den ersten Menüpunkt. Alle Statusinformationen werden über den Video-Interrupt 10H mit der Funktionsnummer 1BH eingelesen. Dazu müssen, wie bereits erwähnt, im Arbeitsspeicher zwei Datenpuffer zur Aufnahme der gelesenen Werte allokiert werden.

```
/**********************************************************************/
void config_lesen(void)
{
union REGS Register; /* Vordefinierte Borland-Union-Variable       */
struct REGPACK Aregister; /* Vordefinierte Borland-Struktur-Variable */
unsigned int uiOffset;
unsigned int uiSegment;
int iSeite,iTaste_low_byte,iTaste_word,iWiederholen;
```

Zur Aufnahme der modus-abhängigen Informationen wird ein globaler Datenpuffer (Haupttabelle) von 64 Bytes angelegt.

```
char acTabelle[64]; /* Haupttabelle  zur Aufnahme der VGA-Informationen */
unsigned char far *acTabelle_1; /* Untertabelle der Haupttabelle          */
```

Die Funktion gibt einige wichtige Fenster und Hinweistexte am Bildschirm aus.

```
window(1,25,80,25);
textbackground(LIGHTGRAY);
textcolor(BLACK);
clrscr();
cprintf(" ESC-MENÜ    F1-Seite vor    F2-Seite zurück");
textcolor(RED);
gotoxy(2,1);
cprintf("ESC");
gotoxy(13,1);
cprintf("F1");
gotoxy(28,1);
cprintf("F2");
```

Zur Aufnahme der modus-unabhängigen Informationen wird ein dynamischer Datenpuffer (Untertabelle) von 20 Bytes allokiert.

```
if((acTabelle_1=(char far *)malloc(20)) == NULL)
 fehler_ende("! Achtung nicht genügend Speicher um Variable anzulegen -> \
 Abbruch\n\r");
```

Es folgt das Auslesen aller Statusinformationen über den Video-Interrupt.

```
uiSegment=FP_SEG(acTabelle); /* Segmentadresse der Haupttabelle       */
uiOffset=FP_OFF(acTabelle); /* Offsetadresse der Haupttabelle         */
Register.h.ah=0x1B; /* Funktionsnummer                               */
Register.h.al=0; /* nicht wichtig                                    */
Aregister.r_ax=Register.x.ax;
Aregister.r_bx=0; /* Implementationstyp, z. Zeit immer 0             */
Aregister.r_es=uiSegment; /* Segmentadresse der Haupttabelle         */
Aregister.r_di=uiOffset;  /* Offsetadresse der Haupttabelle          */
intr(0x10,&Aregister); /* Video-Interrupt 10H                        */
Register.x.ax=Aregister.r_ax;
```

Nach dem Interruptaufruf muß in der Pseudovariablen „Register.h.al" der Wert 1BH enthalten sein. Ist dies nicht der Fall, handelt es sich um keine VGA-Grafik-Karte.

```
if(Register.h.al != 0x1B) fehler_ende("VGA-Stausinformation kann nicht \
gelesen werden -> Abbruch\n\r");
```

In den ersten 4 Bytes der Haupttabelle ist die Adresse der Untertabelle (modus-unabhängige Informationen) abgelegt. Diese Adresse wird dem dynamisch angelegten Datenpuffer „acTabelle_1[]" zugewiesen. Somit kann auch auf diese Informationen zugegriffen werden.

```
Register.h.al=(int)acTabelle[0]; /* Adresse Offset-Low               */
Register.h.ah=(int)acTabelle[1]; /* Adresse Offset-High              */
Register.h.bl=(int)acTabelle[2]; /* Adresse Segment-Low              */
```

```
Register.h.bh=(int)acTabelle[3];  /* Adresse Segment-High          */
acTabelle_1=MK_FP(Register.x.bx,Register.x.ax);
```

Innerhalb der folgenden „DO-WHILE"-Schleife werden alle Informationen auf 8 unterschiedlichen Bildschirmseiten in formatierter Form ausgegeben. Durch Drücken von ⎋Esc erfolgt der Rückspung zum Hauptprogramm.

```
iSeite=1;
/********************** DO-WHILE-Schleife ******************************/
/* Die folgende Schleife Kann nur durch Drücken von ESC beendet werden  */
do
{
textbackground(BLUE);
textcolor(LIGHTCYAN);
window(6,7,76,21);
clrscr();
if(iSeite == 1)
{
 /********************* Ausgabe der Seite 1 *************************/
 ...
 ...
}
if(iSeite ==2)
{
 /********************* Ausgabe der Seite 2 *************************/
 ...
 ...
}
if(iSeite == 3)
{
 /********************* Ausgabe der Seite 3 **************************/
 ...
 ...
}
if(iSeite == 4)
{
 /******************** Ausgabe der Seite 4 ***************************/
 ...
 ...
}
if(iSeite == 5)
{
 /******************** Ausgabe der Seite 5 **************************/
 ...
 ...
}
if(iSeite == 6)
{
 /******************** Ausgabe der Seite 6 ***************************/
 ...
 ...
}
if(iSeite == 7)
{
 /******************** Ausgabe der Seite 7 ****************************/
 ...
 ...
}
```

```c
if(iSeite == 8)
{
 /********************** Ausgabe der Seite 8 ***************************/
 ...
 ...
}
/* Tastaturabfrage auf Seitenauswahl oder zurück zum Menü            */
iWiederholen=WIEDERHOLEN;
tastatur_loeschen(); /* Tastaturspeicher löschen                      */
iTaste_word=bioskey(0); /* auf Tastendruck warten                     */
iTaste_low_byte=iTaste_word & 0x00FF; /* LOW-Teil abspalten           */
/* Beim Drücken der ESC-Taste die Schleifenvariable auf ABBRUCH setzen */
if(iTaste_low_byte == TASTE_ESC) iWiederholen=ABBRUCH;
else if (iTaste_word == TASTE_F1)
    {
     /* Die F1 Taste wurde gedrückt                                   */
     ++iSeite;
     if(iSeite > 8) iSeite=1;
    }
    else if(iTaste_word == TASTE_F2)
    {
     /* Die F2 Taste wurde gedrückt                                   */
     --iSeite;
     if(iSeite < 1) iSeite=8;
    }
    else {
    /* nichtzulässige Taste wurde gedrückt -> Warnsignal        */
    sound(1000);
    delay(1000);
    nosound();
    }
}
while(iWiederholen == WIEDERHOLEN);
/****************** Ende der DO-WHILE-Schleife ************************/
```

Vor dem Rücksprung zum Hauptmenü gibt die Funktion den alokierten Speicher wieder frei.

```c
free(acTabelle_1); /* allokieten Speicher wieder freigeben            */
}
/***********************************************************************/
```

Funktion: bios_lesen()

Die Funktion „bios-lesen()" repräsentiert den zweiten Menüpunkt. Dieses Modul liest alle von der Standard-VGA-Grafik-Karte im BIOS-Datenbereich abgelegten Informationen. Dabei werden die Werte nicht, wie beim Menüpunkt 1 in einen Datenpuffer, sondern direkt vor ihrer Ausgabe am Bildschirm gelesen.

```c
/***********************************************************************/
void bios_lesen(void)
{
int iSeite,iTaste_low_byte,iTaste_word,iWiederholen;
```

Wie üblich, gibt die Funktion zu Beginn einige notwendige Fenster
und Textpassagen am Bildschirm aus.

```c
window(1,25,80,25);
textbackground(LIGHTGRAY);
textcolor(BLACK);
clrscr();
cprintf(" ESC-MENÜ    F1-Seite vor    F2-Seite zurück");
textcolor(RED);
gotoxy(2,1);
cprintf("ESC");
gotoxy(13,1);
cprintf("F1");
gotoxy(28,1);
cprintf("F2");
iSeite=1;
```

Innerhalb der folgenden „DO-WHILE"-Schleife werden alle BIOS-
Statusinformationen auf 5 verschiedenen Bildseiten ausgegeben.
Durch Drücken von [Esc] erfolgt der Rücksprung zum Hauptmenü.

```c
/* beendet werden.                                              */
do
{
textbackground(BLUE);
textcolor(LIGHTCYAN);
window(6,7,76,21);
clrscr();
/* ES FOLGT DIE AUSGABE DER VGA-INFORMATIONEN; DIE AUSSCHLIESSLICH AUS */
/* DEM BIOS-DATENBEREICH DES PC-RAM GELESEN WERDEN.                    */
if(iSeite == 1)
{
gotoxy(1,2);
cprintf(" VGA-DATENBEREICH IM RAM-BIOS                          SEITE
1\n\n\r");
cprintf(" * Adresse: 0000:0449H; Aktueller Video-Modus:
%4i\n\r",(unsigned int)peekb(0x0000,0x0449));
cprintf(" * Adresse: 0000:044AH; Bildschirm-Textspalten:
%4i\n\r",peek(0x0000,0x044A));
...
...
}
if(iSeite == 2)
{
 /******************* Ausgabe der Seite 2 ****************************/
 ...
 ...
}
if(iSeite == 3)
{
 /******************* Ausgabe der Seite 3 ****************************/
 ...
 ...
}
if(iSeite == 4)
{
 /******************* Ausgabe der Seite 4 ****************************/
```

```
    ...
    ...
  }
  if(iSeite == 5)
  {
   /******************** Ausgabe der Seite 5 ****************************/
   ...
   ...
  }
  /* Tastaturabfrage auf Seitenauswahl oder zurück zum Menü           */
  iWiederholen=WIEDERHOLEN;
  tastatur_loeschen(); /* Tastaturspeicher löschen                    */
  iTaste_word=bioskey(0); /* auf Tastendruck warten                   */
  iTaste_low_byte=iTaste_word & 0x00FF; /* LOW-Anteil abspalten       */
  /* Beim Drücken der ESC-Taste, die Schleifenvariable auf ABBRUCH setzen */
  if(iTaste_low_byte == TASTE_ESC) iWiederholen=ABBRUCH;
  /* Berechnung der auszugebenden Bildschirm-Informationsseite        */
  else if (iTaste_word == TASTE_F1)
      {
       /* Taste F1 wurde gedrückt                                     */
       ++iSeite;
       if(iSeite > 5) iSeite=1;
      }
      else if(iTaste_word == TASTE_F2)
    {
     /* Taste F2 wurde gedrückt                                       */
     --iSeite;
     if(iSeite < 1) iSeite=5;
    }
   else {
  /* eine nichtzulässige Taste wurde gedrückt -> Warnsignal           */
  sound(1000);
  delay(1000);
  nosound();
 }
}
while(iWiederholen == WIEDERHOLEN);
/************************* Ende der DO-WHILE-Schleife ******************/
}
/**********************************************************************/
```

Funktion: menu()

Die Funktion „menu()" steuert und verwaltet den gesamten Programmablauf. Nach der Ausgabe des obligatorischen Programmkopfes und des Hauptmenüfensters aktiviert die Funktion, anhand
der vom Anwender gedrückten Tasten, die gewünschten Menüpunkte.

```
/**********************************************************************/
void menu(void)
{
int iTaste_word,iTaste_low_byte;

/* Ausgabe einiger notwendiger Fenster                              */
...
...
```

```
cprintf(" +-------------------------------------------------------+");
gotoxy(1,2);
cprintf(" |     V G A  -  S T A T U S I N F O R M A T I O N E N     |");
gotoxy(1,3);
cprintf(" |          Copyright (C) 1993 by Arno Damberger          |");
gotoxy(1,4);
cprintf(" +-------------------------------------------------------+");
do
{
 /* Wiederholen bis Taste-ESC gedrückt wird                         */
 window(1,25,80,25);
 textbackground(LIGHTGRAY);
 textcolor(BLACK);
 clrscr();
 cprintf(" ESC-Abbruch   1-Info-BIOS-CALL   2-INFO-RAM-BIOS");
 textcolor(RED);
 gotoxy(2,1);
 cprintf("ESC");
 gotoxy(16,1);
 cprintf("1");
 gotoxy(35,1);
 cprintf("2");
 window(6,7,76,21);
 textbackground(BLUE);
 textcolor(LIGHTCYAN);
 clrscr();
 gotoxy(7,2);
 cprintf("A U S W A H L M E N Ü    V G A - I N F O R M A T I O N E N");
 gotoxy(1,6);
 cprintf("        VGA-Informationen über BIOS-CALL...............(1)\n\n\r");
 cprintf("        VGA-Informationen über RAM-BIOS................(2)");
 /* Tastatur abfragen                                               */
 tastatur_loeschen();
 iTaste_word=bioskey(0);
 iTaste_low_byte=iTaste_word & 0x00FF;
 /* Auswerten des eingegebenen Menüpunktes                          */
 switch(iTaste_low_byte)
 {
  case TASTE_ESC: ende(); break;
  case TASTE_1:   config_lesen();break;
  case TASTE_2:   bios_lesen();break;
  default:        sound(1000); delay(1000);nosound();break;
 }
}
/* Wiederholen bis Taste ESC gedrückt wird                          */
while(1);
}
/********************************************************************/
```

3.12.4   Mehrere Bildseiten im Textmodus in klassischer „C"-Konvention

Wie in Tabelle 3.35 dargestellt wurde, ermöglicht die VGA-Grafik-Karte im Textmodus die Verwaltung von 8 unterschiedlichen Textseiten (Seite 0 bis 7). Alle 8 Bildseiten liegen physikalisch in den Speicherebenen 0 und 1 im VGA-Bildspeicher. Auf den Textseiten 1 bis 7 können vorbereitende Informationen abgelegt werden, die durch einen anschließenden Kopiervorgang schlagartig auf die sichtbare Textseite 0 kopiert werden können. Diese Möglichkeit, mit mehreren Textseiten zu operieren, wird jedoch nicht von „BORLAND C/C++" unterstützt. Innerhalb der „BORLAND-Entwicklungsumgebung" befindet man sich immer auf der Standard-Textseite 0. Das in diesem Kapitel vorgestellte Programm „vga4.c" demonstriert die Bearbeitung und Verwaltung mehrerer Bildseiten.

Programminhalt

Das Programm „vga4.c" baut auf der Standard-Textseite 0 hintereinander 6 verschiedene Bildschirmausgaben auf. Nach jedem neuen Aufbau kopiert die Funktion die entsprechenden Bilddaten der aktiven Bildseite 0 in eine der Bildseiten 1 bis 6. Anschließend hat der Anwender die Möglichkeit, durch Drücken der Tasten ① oder ② die beschriebenen Textseiten 1 bis 6 auf die sichtbare Textseite 0 zu kopieren. Die Darstellung im Bild 3.91 zeigt das Titelbild nach dem Beschreiben der Textseiten 1 bis 6 auf.

Bild 3.91:
Titelbild zum
Programm
„vga4"

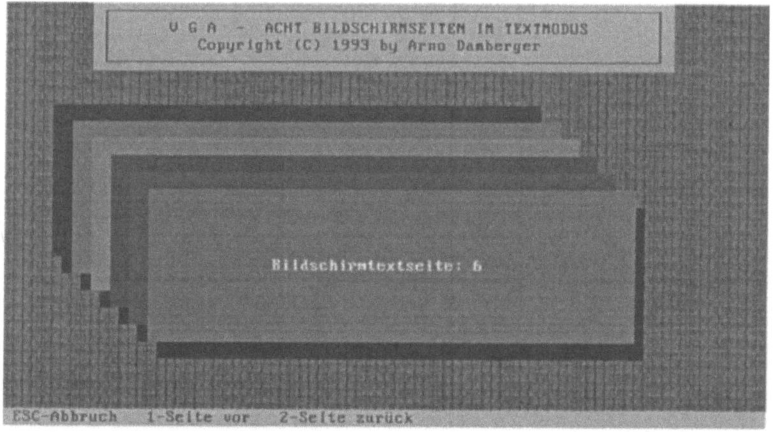

Im Flußdiagramm in Bild 3.92 wird der gesamte Programmverlauf aufgezeigt.

Bild 3.92:
Flußdiagramm
zum Programm
„vga4.c"

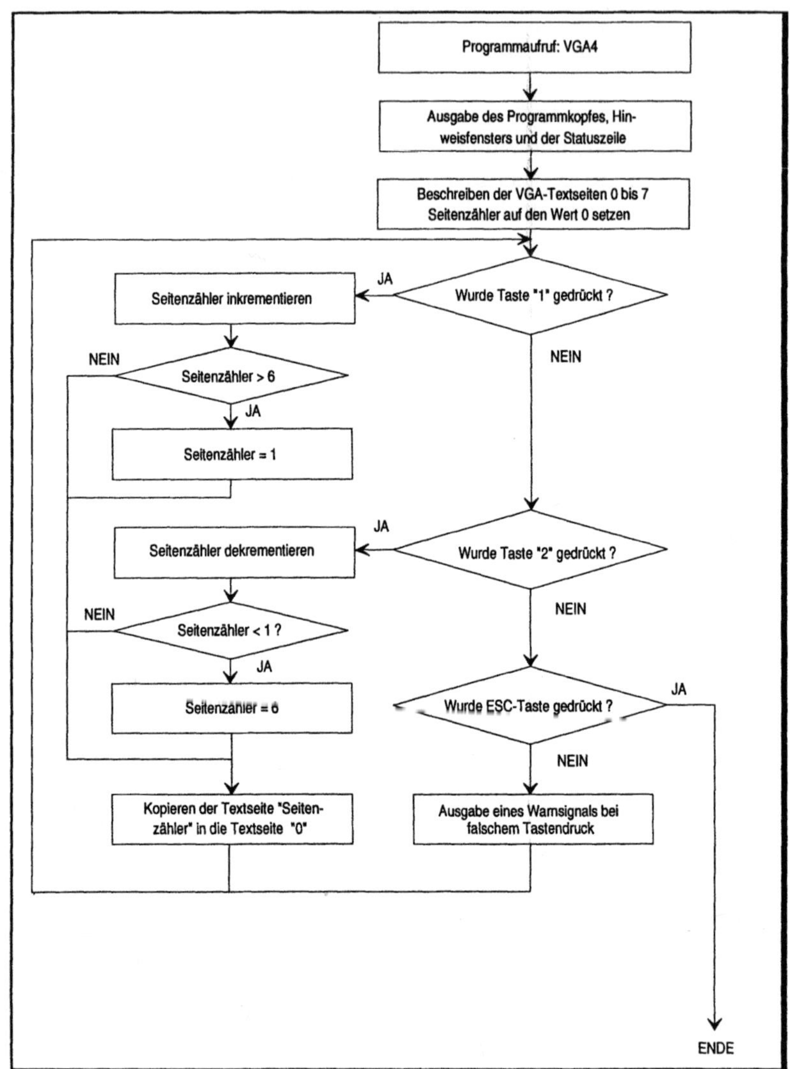

Programmdiskussion

In das Programm „vga4.c" werden die beiden selbstdeklarierten Headerdateien „buch.h" und "vga.h" eingebunden. Alle einbezogenen Funktionen werden weiter unten aufgeführt.

```
/*****************************************************************************/
/* INCLUDE-DATEIEN                                                          */
#include "buch.h"
#include "vga.h"
/*****************************************************************************/
```

Funktion: main()

Im Hauptprogramm erfolgt lediglich der Funktionsaufruf von
„menu()". Das Modul „menu()" verwaltet den gesamten Programmablauf

```
/*****************************************************************************/
/* HAUPTPROGRAMM                                                           */
void main()
{
menu();
}
/*****************************************************************************/
```

Funktionen aus der Headerdatei: buch.h

Die Headerdatei „buch.h" stellt dem Programm „vga4.c" die Funk-
tionen tastatur_loeschen(), cursor_aus(), fuellen() und ende() zur
Verfügung. Alle genannten Funktionen wurden bereits an anderer
Stelle diskutiert.

Funktionen aus der Headerdatei: vga.h

Die Headerdatei „vga.h" stellt dem Programm „vga4.c" die Funktionen bildschirm_seite0_nach_seitex() und bildschirm_seitex_-
nach_seite0 bereit.

Funktion: bildschirm_seite0_nach_seitex()

Die Funktion „bildschirm_seite0_nach_seitex()" kopiert den Bildspeicherinhalt der sichtbaren Textseite 0 auf die im Übergabeparameter angegebenen Textseite.

```
/*****************************************************************************/
void bildschirm_seite0_nach_seitex(int iSeite)
{
int iSeitengroesse,iCrtc_port;
unsigned int uiOffset_seite0,uiSegment_seite0,uiOffset_seitex;
```

An der VGA-BIOS-Adresse „0000:044C" erhält man die Information
über die notwendige Byteanzahl zur Darstellung einer Textseite

```
iSeitengroesse=peek(0x0000,0x044C); /* Bytes pro Bildschirmseite     */
```

Über die VGA-BIOS-Adresse „0000:03B4" wird indirekt die Segmentadresse des Bildspeicherbereiches bestimmt.

```
/* Bestimmen ob Farb- oder Monobildschirm                          */
iCrtc_port=peek(0x0000,0x0463);
/* Die Segmentadresse der Seite 0 ist vom Textmodus abhängig       */
if(iCrtc_port == 0x03B4) uiSegment_seite0=0xB000; /* Monochrom     */
else uiSegment_seite0=0xB800; /* Farbe                             */
```

Die Offsetadresse der Textseite 0 liegt immer bei „0H".

```
uiOffset_seite0=0;
```

Durch die Byteanzahl pro Textseite und die übergebene Textseiten-Nummer kann die Offsetadresse der gewünschten Textseite bestimmt werden.

```
uiOffset_seitex=iSeite*iSeitengroesse;
```

Mit Hilfe des „movedata()"-Befehls wird der Bildspeicherinhalt der Textseite 0 in die Textseite mit der Nummer „iSeite" kopiert.

```
movedata(uiSegment_seite0,uiOffset_seite0,uiSegment_seite0,
  uiOffset_seitex,iSeitengroesse);
}
/*****************************************************************************/
```

Funktion: bildschirm_seitex_nach_seite0()

Die Funktion „bildschirm_seitex_nach_seite0()" kopiert den Bildspeicherinhalt der im Übergabeparameter angegebenen Textseite auf die sichtbare Textseite 0.

```
/*****************************************************************************/
void bildschirm_seitex_nach_seite0(int iSeite)
{
int iSeitengroesse,iCrtc_port;
unsigned int uiOffset_seite0,uiSegment_seite0,uiOffset_seitex;
```

Feststellen der erforderlichen Byteanzahl zur Darstellung einer Textseite.

```
iSeitengroesse=peek(0x0000,0x044C); /* Bytes pro Bildschirmseite    */
```

Bestimmung der Bildspeicher-Segmentadresse in Abhängigkeit vom installierten Video-Textmodus.

```
    iCrtc_port=peek(0x0000,0x0463);
    /* Die Segmentadresse der Seite 0 ist vom Textmodus abhängig     */
    if(iCrtc_port == 0x03B4) uiSegment_seite0=0xB000; /* Monochrom    */
    else uiSegment_seite0=0xB800; /* Farbe                           */
    /* Anfangs-Offsetadresse der Bildseite 0                         */
```

Die Offsetadresse der Textseite 0 liegt immer bei „0H".

```
    uiOffset_seite0=0;
```

Durch die Byteanzahl pro Textseite und die übergebene Textseiten-Nummer kann die Offsetadresse der gewünschten Textseite bestimmt werden.

```
    uiOffset_seitex=iSeite*iSeitengroesse;
```

Mit Hilfe des „movedata()"-Befehls wird der Bildspeicherinhalt der Textseite mit der Nummer „iSeite" auf die sichtbare Textseite 0 kopiert.

```
    movedata(uiSegment_seite0,uiOffset_seitex,uiSegment_seite0,
      uiOffset_seite0,iSeitengroesse);
    }
    /*****************************************************************/
```

Funktion: bildseiten anlegen

Die Funktion „bildseiten_ausgeben()" erzeugt auf der sichtbaren Textseite 0 sechs verschiedene Fenster. Jeweils vor dem Aufbau eines neuen Fensters wird der aktuelle Bildspeicherinhalt der Textseite 0, der Reihe nach, auf eine der Textseiten 1 bis 6 kopiert.

```
    /*****************************************************************/
    void bildseiten_anlegen(void)
    {
    int iX,iY,iZaehler;
```

In der folgenden „FOR"-Schleife werden 6 Fenster nacheinander in unterschiedlichen Farben und Textpassagen auf der sichtbaren Textseite 0 ausgegeben.

```
    iX=7,iY=8;
    for(iZaehler=0;iZaehler <= 5;++iZaehler)
    {
     /* Fenster-Schatten                                             */
    window(iX,iY,iX+50,iY+8);
    textbackground(BLACK);
    clrscr();
```

```
                                                                            */
/* eigentliches Fenster
window(iX-1,iY-1,iX+49,iY+7);
textbackground(iZaehler+1);
clrscr();
/* Text im Fenster ausgeben                                                  */
textcolor(WHITE);
gotoxy(14,5);
cprintf("Bildschirmtextseite: %i",iZaehler+1);
iX=iX+2;
iY=iY+1;
```

Vor dem Aufbau eines neuen Fensters auf der Textseite 0 werden
die aktuellen Bilddaten auf die in der Zählvariablen enthaltene
Textseite kopiert.

```
bildschirm_seite0_nach_seitex(iZaehler+1);
}
}
/*******************************************************************/
```

Funktion: menu()

Die Funktion „menu()“ verwaltet den gesamten Programmablauf.
Nach der Ausgabe eines Programmkopfes und der Statuszeile kann
der Anwender durch Drücken der Tasten 1 oder 2 die Bildspeicherinhalte der Textseiten 1 bis 6 auf der sichtbaren Textseite 0
ausgeben.

```
/*******************************************************************/
void menu(void)
{
int iTaste_word,iTaste_low_byte,iSeite;
```

Es folgt die Ausgabe des Programmkopfes und der Statuszeile.

```
cursor_aus();
gotoxy(1,1);
fuellen(177,23,2000);
window(10,1,70,4);
textbackground(LIGHTGRAY);
textcolor(BLACK);
clrscr();
cprintf(" +-------------------------------------------------+");
gotoxy(1,2);
cprintf(" |       V G A  -  ACHT BILDSCHIRMSEITEN IM TEXTMODUS      |");
gotoxy(1,3);
cprintf(" |          Copyright (C) 1993 by Arno Damberger          |");
gotoxy(1,4);
cprintf(" +-------------------------------------------------+");
/* Ausgabe und abspeichern von 7 unterschiedlichen Bildseiten        */
bildseiten_anlegen();
/* Aufbau der Statuszeile                                            */
window(1,25,80,25);
textbackground(LIGHTGRAY);
```

```c
textcolor(BLACK);
clrscr();
cprintf(" ESC-Abbruch    1-Seite vor    2-Seite zurück");
textcolor(RED);
gotoxy(2,1);
cprintf("ESC");
gotoxy(16,1);
cprintf("1");
gotoxy(30,1);
cprintf("2");
iSeite=0; /* Hilfsvariable zum Verwalten der Textseiten-Nummern       */
```

In der folgenden Endlosschleife können die entsprechenden
Menüpunkte bearbeitet werden. Die Endlosschleife kann nur durch
Drücken von (Esc) beendet werden.

```c
/***************************** Endlosschleife **************************/
do
{
 /* Tastatur abfragen                                               */
 tastatur_loeschen(); /* Tastaturspeicher löschen                   */
 iTaste_word=bioskey(0); /* auf Tastendruck warten                  */
 iTaste_low_byte=iTaste_word & 0x00FF; /* LOW-Anteil abspalten      */
 /* Auswerten des eingegebenen Menüpunktes                          */
 switch(iTaste_low_byte)
  {
  /* Beim Drücken der ESC-Taste -> Programmabbruch                  */
  case TASTE_ESC: ende(); break;
  /* Beim Drücken der Taste "1" -> Seitenvariable iSeite inkrementieren */
  case TASTE_1:    ++iSeite;if(iSeite > 6) iSeite=1;break;
  /* Beim Drücken der Taste "2" -> Seitenvariable iSeite dekrementieren */
  case TASTE_2:    --iSeite; if(iSeite < 1) iSeite=6;break;
  /* Beim Drücken einer falschen Taste -> Warnsignal ausgeben       */
  default:         sound(1000); delay(1000);nosound();break;
  }
```

Das Programm kopiert den Bildspeicherinhalt der Textseite mit der
Nummer „iSeite" auf die sichtbare Textseite 0.

```c
bildschirm_seitex_nach_seite0(iSeite);
```

Die Funktion erneuert die zerstörte Statuszeile.

```c
window(1,25,80,25);
textbackground(LIGHTGRAY);
textcolor(BLACK);
clrscr();
cprintf(" ESC-Abbruch    1-Seite vor    2-Seite zurück");
textcolor(RED);
gotoxy(2,1);
cprintf("ESC");
gotoxy(16,1);
cprintf("1");
gotoxy(30,1);
cprintf("2");
```

```
}
while(1);
/*********************Ende der Endlosschleife **************************/
}
/*********************************************************************/
```

3.12.5   Farbbearbeitung in objektorientierter Konvention

Das objektorientiert ausgerichtete Programm „vga5.cpp" ist im Aufbau und im Funktionsablauf identisch zum klassisch realisierten Programm „vga1.c" aus dem Kapitel 3.12.1. Die beiden Programme ermöglichen dem interessierten Programmierer den direkten Vergleich der unterschiedlichen Programmiertechniken.

Programminhalt

Auf Grund der identischen Funktionsinhalte der beiden Programme „vga5.cpp" und „vga1.c" wird auf eine erneute Erläuterung zum Programminhalt verzichtet. Lesen Sie bei Bedarf im Kapitel 3.12.1 an entsprechender Stelle nach.

Programmdiskussion

Das Programm „vga5.cpp" bindet die beiden selbstdeklarierten Headerdateien „buch_cpp.h" und „vga_cpp.h" in den Quellcode ein. Dem Programm „vga5.cpp" werden aus der Datei „buch.h" die Klasse „DIVERS" und aus dem File „vga_cpp.h" die Klasse „GRAPHIK" bereitgestellt. Die entsprechenden Methoden werden weiter unten aufgeführt.

```
/*********************************************************************/
/* INCLUDE-DATEIEN                                                  */
#include "buch_cpp.h"
#include "vga_cpp.h"
/*********************************************************************/
```

Klassen und Methoden aus der Headerdatei buch_cpp.h

Die in das Programm eingebundene Klasse „DIVERS" stellt nur die Methode „tastatur_loeschen()" zur Verfügung. Diese wurde bereits an anderer Stelle diskutiert.

Klassen und Methoden aus der Headerdatei: vga_cpp.h

Die integrierte Klasse „GRAPHIK" stellt die Methoden string_eingeben(), fenster(), video_mode_640_480_16farben(), vga-_palettenregister_lesen() und farbregister_laden() zur Verfügung. Alle genannten Methoden sind in ihrer Namensgebung und im Programmablauf identisch zu den gleichnamigen Funktionen aus dem Programm „vga1.c".

Klassendeklaration im Programm

Der im Programm „vga5.cpp" deklarierten Klasse „MENU" werden durch die Anweisung:

```
class menue : virtual private divers, private graphik
```

alle Eigenschaften der Klasse „GRAPHK" private und alle Eigenschaften der Klasse „DIVERS" virtual-private vererbt. Die Klassenübersicht im Bild 3.93 zeigt die gesamte Vererbungshirarchie von Programm „vga5.cpp" auf.

Bild 3.93:
Klassenhierarchie zum Programm „vga5"

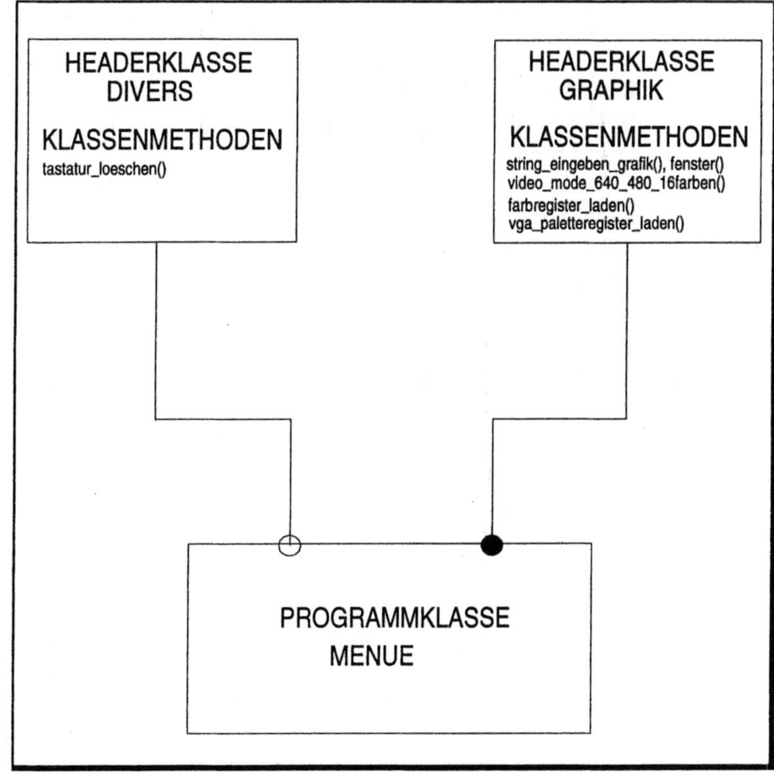

```c
/******************************************************************/
class menue : virtual private divers, private graphik {
private:
 union REGS Register;
 struct SREGS Sregister;
 int iTaste_low_byte,iTaste_word,iWiederholen,iZaehler,iX,iFarb_register;
 int iWieder,iRot,iGruen,iBlau,iPaletten_register,iFarbseite,iAusblenden;
 unsigned int iOffset,iSegment;
 char acAusgabe[3],acEingabe[3],acZeichen[2],cFarbtabelle[192];
 public:
menue(void){;};
~menue(void){;};
 void ablauf(void);
 void standard_palette_16(void);
 void standard_palette_64(void);
 void farbanteile_lesen(void);
 void farbanteile_setzen(void);
 void farbseiten_umschaltung(void);
 void graustufen(void);
 void ausblenden(void);
};
/******************************************************************/
```

Konstruktoren und Destruktoren

Wie im Klassendeklarationsteil ersichtlich, besitzt das Programm
keine Konstruktor- bzw. Destruktoranweisungen.

Klassenmethoden

Alle Klassenmethoden sind in Programmaufbau und -ausführung
identisch zu den gleichnamigen Funktionen aus dem Programm
„vga1.c". Die Klassenmethode „programm.ablauf()" ist mit der
Funktion „menu()" aus dem Programm „vga1.c" gleichzusetzen. Lesen Sie bei Bedarf im Kapitel 3.12.1 an entsprechender Stelle nach.

Hauptprogramm

Im Variablendeklarationsteil des Hauptprogramms erfolgt die Inkarnation der Klassenvariablen „programm" vom Objekttyp „ME-
NUE". Im Anschluß wird durch den Methodenaufruf von „pro-
gramm.ablauf()" das eigentliche Hauptprogramm aktiviert und verwaltet.

```c
/******************************************************************/
/* HAUPTPROGRAMM                                                */
void main()
{
menue programm;

programm.ablauf();
}
/******************************************************************/
```

3.13 Maus-Bearbeitung

Die Maus ist heutzutage neben der Tastatur das wichtigste Eingabegerät auf dem PC-Sektor. Spätestens nach dem Einzug der grafischen Benutzeroberflächen, wie beispielsweise WINDOWS, ist die Maus vom PC nicht mehr wegzudenken. Aber auch die meisten professionellen DOS-Anwendungen können auf den Einsatz einer Maus nicht verzichten.

Maus-Funktionsinterface: Als Schnittstelle zwischen der Maus und dem PC dient das von der Firma MICROSOFT bereits im Jahre 1983 eingeführte Funktionsinterface über den Maus-Interrupt 33H. Das Funktionsinterface kann als speicherresidentes Programm (z.B. mouse.com) oder als Gerätetreiber (z.B. mouse.sys) auf DOS-Ebene installiert werden. Das Funktionsinterface wird von zahlreichen Herstellern in kompatibler Form angeboten. Wie bei den BIOS-Interruptaufrufen wird dem Maus-Interrupt 33H aus einer Funktionssammlung eine gewünschte Funktion über das AX-Register und entsprechende Funktionsparameter über weitere Prozessor-Register übergeben.

Mausabfrage im Programm: Für die Mausabfrage stehen die folgenden zwei grundsätzlich verschiedenen Abfragevarianten zur Verfügung:

⇨ Polling

⇨ Interrupt-Verfahren

Polling: Bei der Polling-Variante erfolgt innerhalb einer Programmschleife eine ständige Mausabfrage. Die Schleife wird erst verlassen, sobald ein gewünschtes Mausereignis eingetreten ist. Innerhalb der Schleife können keine anderen Programmabläufe stattfinden.

Interrupt-Verfahren: Beim Interrupt-Verfahren wird vom Maustreiber ein zur Mausabfrage installierter Maushandler nur dann aufgerufen, falls das gewünschte Mausereignis eingetreten ist. In der Zwischenzeit kann das Programm nach Belieben ablaufen. Die beiden in diesem Kapitel diskutierten Programme „maus1.c" und „maus2.cpp" verwenden alle das weitaus bessere, aber auch komplexere Interrupt-Verfahren.

Maus-Interrupt-Handler: Der prinzipielle Funktionsablauf der Mausabfrage nach dem Interrupt-Verfahren ist im Bild 3.94 aufgezeigt. Bei der Installation erhält der Maus-Handler die im Bild 3.95 dargestellte Ereignismaske übergeben. Die entsprechenden Bits der

Ereignismaske legen fest, durch welches Mausereignis der Handler aufgerufen werden soll. Jede Mausbewegung und jedes Drücken bzw. Loslassen eines Mauskopfes aktivieren den Maustreiber (1). Lokalisiert der Maustreiber eine in der Ereignismaske definierte Aktion, so ruft dieser den vorher installierten Maus-Handler auf (2).

Bild 3.94:
Mausabfrage nach dem Interrupt-Verfahren

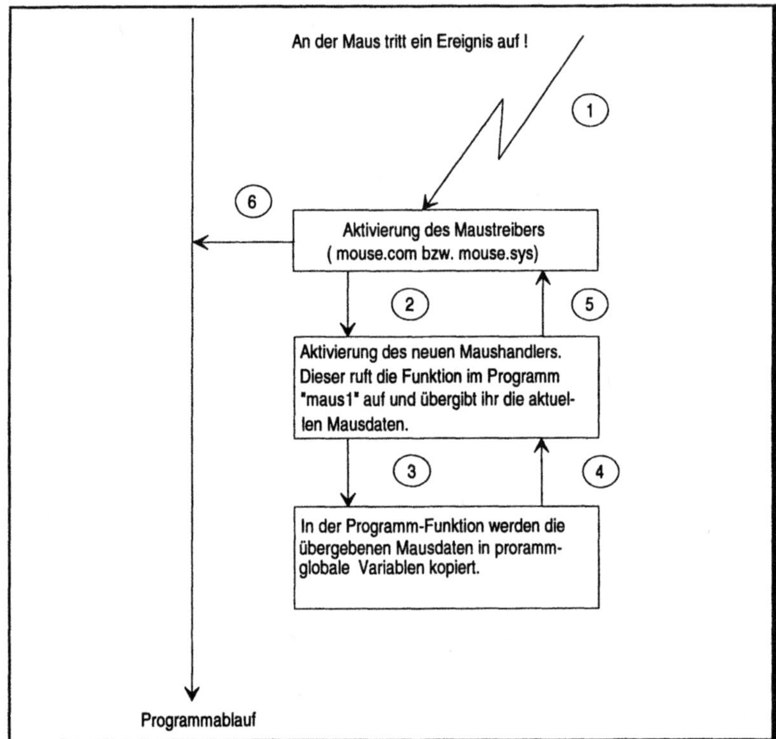

Der Maus-Handler bekommt vom Maustreiber in den entsprechenden Prozessor-Registern die Mauskoordinaten, den Status der Mausknöpfe, sowie das eingetretene Ereignis übergeben. In den Textmodi müssen die übergebenen X/Y-Koordinaten im Maus-Handler jeweils durch 8 geteilt werden, da der Maustreiber mit einem virtuellen Mausbildschirm arbeitet. Nach der Übernahme und Abänderung der entsprechenden Mausdaten ruft der neue Handler im „C"-Modul eine entsprechende Funktion auf. Dieser Funktion werden alle aktuellen Mausdaten übergeben. Somit befinden sich die neuen Werte im „C"-Modul (3). Nachdem die Funktion im „C"-

Modul abgearbeitet wurde, erfolgt der Rücksprung zum Maus-Handler (4). Der Maus-Handler erledigt noch einige Aufräumarbeiten (Stack restaurieren) , bevor der Rücksprung zum Maustreiber stattfindet. Der Maustreiber übergibt im Anschluß wieder die Kontrolle an das Programm (6). Während der Abarbeitung im Maus-Handler wird eine logische Variable auf den Wert 1 gesetzt. Sollte in dieser Zeit ein erneutes Mausereignis (1) durchdringen, wird die notwendige Bearbeitung nicht durchgeführt. Erst nach der gesamten Abarbeitung eines Mausereignisses (logische Variable besitzt den Wert 0) können neue Mausereignisse bearbeitet werden.

Bild 3.95:
Kodierung der
Ereignismaske
(Event-Mask)

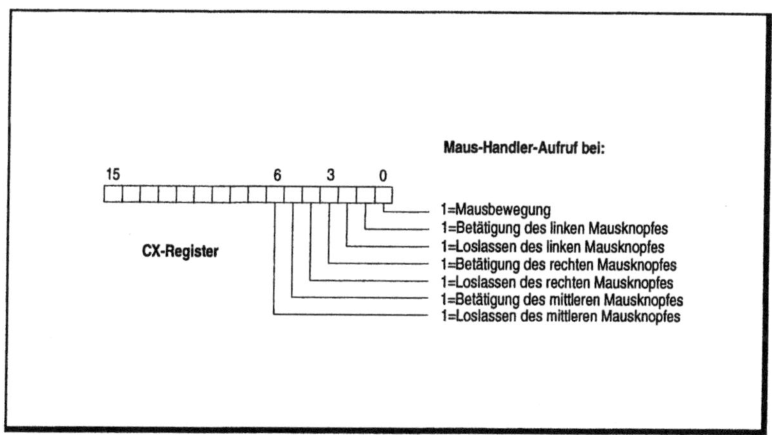

Im Programm „maus1.c" werden für die drei Menüpunkte die drei unterschiedlichen Maus-Handler „maus()", „mausc()" und „mausgraf()" eingesetzt. Alle Maus-Handler werden in Form von bereits kompilierten Assemblermodulen zum Programm „maus1.c" gebunden. Die Ausführung eines Maus-Handlers als Hochsprachenmodul ist eine nicht ganz einfache Angelegenheit. Eine ausführliche Beschreibung würde den Rahmen des Buches an dieser Stelle sprengen. Die kompilierten Assemblermodule sind so aufgebaut, daß sie in eigenen Anwendungen ohne Probleme übernommen werden können. Die Tabelle 3.39 gibt einen Überblick über die Programmintegration der drei Maus-Handler.

Maus-Handler	Menüpunkt im Programm „MAUS1"	Programminhalt
maus()	Menüpunkt 1	Umwandlung der Mauskoordinaten in Textkoordinaten. Aufruf der Funktion „uebergabe". Dieser Funktion werden alle Mausdaten über den Stack übergeben.
mausc()	Menüpunkt 2	Umwandlung der Mauskoordinaten in Textkoordinaten. Aufruf der Funktion „uebergabe1". Dieser Funktion werden alle Mausdaten über den Stack übergeben.
mausgraf()	Menüpunkt 3	Aufruf der Funktion „uebergabe". Übergabe aller Mausdaten über den Stack an die Funktion „uebergabe".

Die Parameterübergabe der aktuellen Mausdaten erfolgt bei den drei Maus-Handlern über den Stack. Dabei werden der im Maus-Handler aufgerufenen Funktion „uebergabe" bzw „uebergabe1" die Parameter nach folgender Konvention übergeben:

<Funktionsname>(int X1, int X2, int X3, int X4)

Bedeutung der Funktionsparameter:

X1=Mausereignis, bei dem der Maus-Händler aktiviert wurde

　　(s. Tabelle 3.39)

X2=Status der Mausknöpfe

　　1=linker Mausknopf gedrückt

　　2=rechter Mausknopf gedrückt

　　4=mittlerer Mausknopf gedrückt

X3=Horizontale Mauskoordinate

X4=Vertikale Mauskoordinate

3.13.1 Mausbearbeitung in klassischer „C"-Konvention

Das in diesem Kapitel diskutierte Programmprojekt „maus1.exe" setzt sich aus dem „C"-Modul „maus1.c", sowie den drei kompilierten Assemblermodulen „maus.obj", „mausc.obj" und „mausgraf.obj" zusammen. Dabei enthalten die drei Assemblermodule die drei unterschiedlichen Maus-Handler zum Bearbeiten der drei Menüpunk-te aus dem Programm „maus1,c",. Alle zur Mausbearbeitung notwendigen Funktionen für die Kommunikation über den Maus-Interrupt 33H sind in der Headerdatei „maus.h" enthalten. Das Programm „maus1.exe" demonstriert die wichtigsten Mausabhandlungen im Text- und Grafikmodus. Die notwendige Projektdatei ist entsprechend den eingesetzten Entwicklungswerkzeugen von „BORLAND" anzulegen (s. Kapitel 1).

Programminhalt

Wie im Bild 3.96 aufgezeigt, stehen dem Anwender die drei nachfolgend aufgeführten Menüpunkte zur Verfügung:

⇨ Maustest

⇨ Mausdemo im Textmodus

⇨ Mausdemo im Grafikmodus

Maustest: Durch diesen Menüpunkt werden die wichtigsten Funktionen des Maus-Funktionsinterface aufgezeigt. Im Textmodus werden am Bildschirm die aktuellen Mausereignisse in Form von Mauskoordinaten, Status der Mausknöpfe und dem zuletzt eingetretenen Mausereignis ständig aufgezeigt. Nachdem sich der Mauscursor in der untersten Bildschirmzeile befindet, kann der Menüpunkt durch Drücken der linken Maustaste beendet werden.

Mausdemo im Textmode: Dieser Menüpunkt zeigt eine Fülle unterschiedlicher Mausoperationen auf:

⇨ Installation und Integration eines Maus-Handlers zum Verwalten des Mausabfragesystems nach dem Interrupt-Verfahren

⇨ Bearbeitung der Maus im Textmodus

⇨ Ändern der Farbe und des Aussehens des Mauscursors

⇨ Verwaltung mehrerer Mausbereiche, in denen der Mauscursor seine Farbe und das Aussehen ändert

⇨ Verwaltung von Ausschlußbereichen

⇨ Aktivierung von Programmabläufen nach dem gezielten Abfragen von Mauspositionen und Mausknöpfen

⇨ Verstecken und Sichtbarmachen des Mauscursors

Bild 3.96:
Titelbild zum
Programm
„MAUS1"

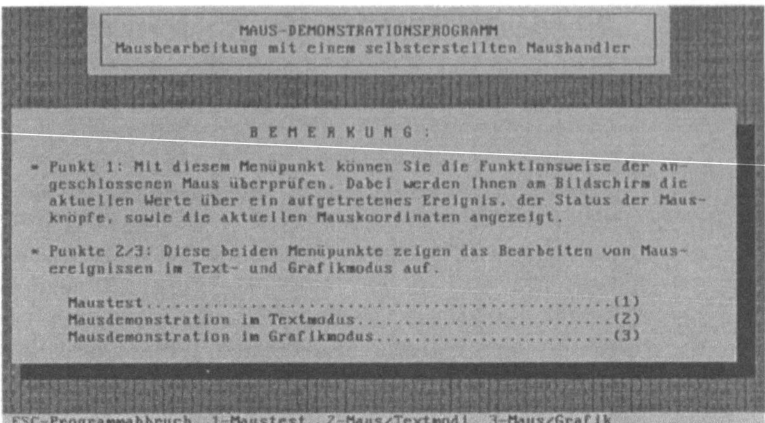

Mausdemo im Grafikmodus: Mit Hilfe dieses Menüpunkts wird
die grundlegende Mausabhandlung im Grafikmodus diskutiert. Neben vielen bereits weiter oben aufgeführten Punkten werden dem
Leser das Erzeugen eines selbstdeklarierten Mauscursors in Form
eines Fadenkreuzes, sowie die gezielte Abfrage von Mauskoordinaten und Mausknöpfen näher gebracht. Desweiteren zeigt das Modul
die bidirektionale Veränderung der Mausgeschwindigkeit auf.

Der Funktionsablauf zum Programm „maus1.c" ist im Flußdiagramm
im Bild 3.97 aufgezeigt. Die im Bild aufgeführten Funktionen der
Menüpunkte „maus_test()", „maus_text_demo()", „maus_grafik_de-
mo()" werden weiter unten in separaten Diagrammen aufgeführt.

Programmdiskussion

In das Programm „maus1.c" werden die selbstdeklarierten Headerdateien „buch.h", „vga.h" und „maus.h" eingebunden. Alle integrierten Funktionen werden weiter unten beschrieben.

```
/**********************************************************************/
/* INCLUDE-DATEIEN                                                    */
#include "buch.h"
#include "vga.h"
#include "maus.h"
/**********************************************************************/
```

Externe Assemblerfunkionen:

Das Programm „maus1.c" verwendet die drei externen Assemblerfunktionen „maus()", „mausc()" und „mausgraf()". Diese Module repräsentieren, wie bereits erläutert, die drei selbsterzeugten Maus-
Handler.

```
extern void far maus(void);
extern void far mausc(void);
extern void far mausgraf(void);
```

Funktion: main()

Die Funktion aktiviert dss Moduls „menu()". Innerhalb der Funktion
„menu()" findet der gesamte Programmablauf statt.

Bild 3.97:
Flußdiagramm
zum Programm
„MAUS1"

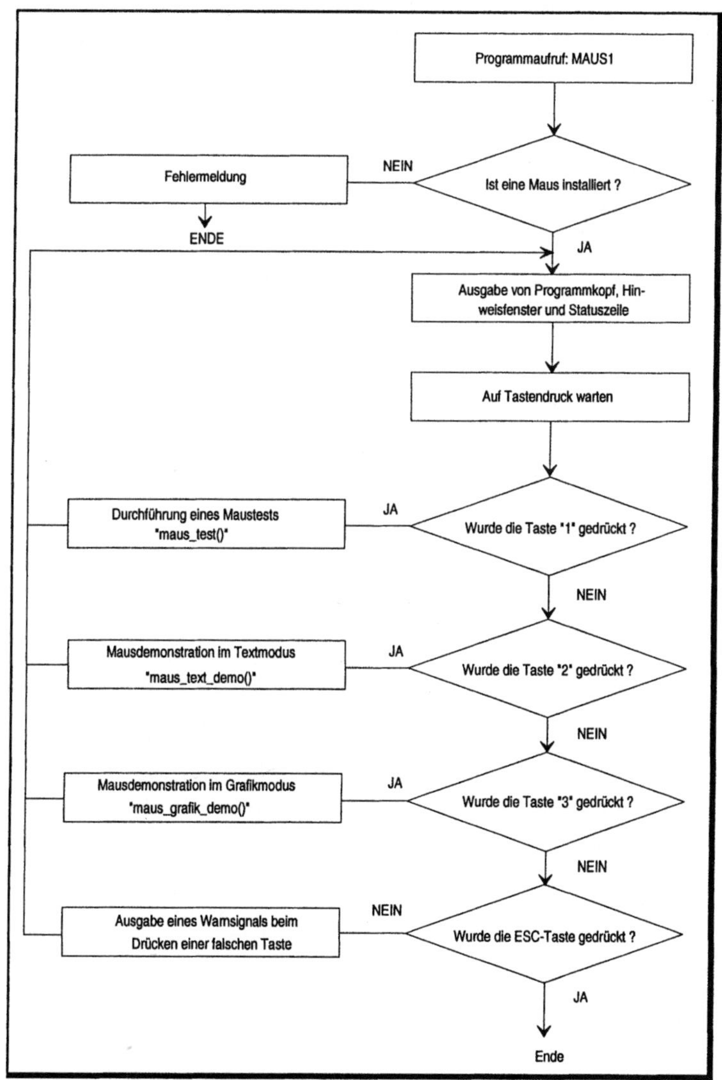

```
/*********************************************************************/
/* H A U P T P R O G R A M M                                       */
void main()
{
menue();
}
/*********************************************************************/
```

Funktionen aus der Headerdatei: buch.h

Die Headerdatei „buch.h" stellt dem Programm „maus1.c" die Funktionen cursor_aus(), tastatur_loeschen(), fuellen(), ende() und fehler_ende() zur Verfügung. Alle genannten Funktionen wurden bereits an anderer Stelle diskutiert.

Funktionen aus der Headerdatei: vga.h

Aus der Headerdatei „vga.h" werden die Funktionen video_mode(), fenster(), bildschirm_seite0_nach_seitex() und bildschirm_seitex_nach_seite0 bereitgestellt. Auch diese Funktionen wurden bereits weiter oben erläutert.

Funktionen aus der Headerdatei: maus.h

Die Headerdatei „maus.h" stellt neben wichtigen Datenvariablen alle erforderlichen Funktionen zur Kommunikation mit dem Mausinterface 33H zur Verfügung. Werden bei den einzelnen Funktionsaufrufen Koordinatenangaben gefordert, so kann der Programmierer im Textmodus die üblichen Spalten- und Zeilenangaben und im Grafikmodus die entsprechenden Pixelangaben verwenden. Die betreffenden Funktionen können die für die Mausbearbeitung erforderlichen Mauskoordinaten, durch Angabe des Videomodes, selbst berechnen. Durch Integration dieser Headerdatei ist es dem Programmierer möglich, in eigenen Anwendungen komfortable Mausoperationen zu realisieren. Alle bereitgestellten Module werden im Anschluß der Reihe nach diskutiert. Vor den eigentlichen Funktionen beinhaltet die Header-datei „maus.h" einige nützliche Konstantenanweisungen, selbstdeklarierte Datentypen und wichtige Programmvariablen, die an den entsprechenden Programmstellen erläutert werden.

Alle Funktionen aus der Headerdatei „maus.h" sind als wichtig einzustufen.

```c
/**************************************************************************/
/* SELBSTDEFINIERTE DATENTYPEN                                          */
/* Zeiger auf eine Funktion. Wird benötigt um den Maus-Handler instal- */
/* lieren zu können                                                     */
typedef void (far * maus_funktionszeiger) (void);
/* Struktur zur Aufnahme der verschiedenen Mausbereichen mit den dazuge-*/
/* hörigen Mauscursor-Beschreibungen                                    */
typedef struct {
unsigned int iXo;                /* linke obere Ecke des Mausbereiches   */
unsigned int iYo;                /* linke obere Ecke des Mausbereiches   */
unsigned int iXu;                /* rechte obere Ecke des Mausbereiches  */
unsigned int iYu;                /* rechte obere Ecke des Mausbereiches  */
unsigned int  uiZeichen;         /* SCREEN-Maske Zeichen                 */
unsigned int  uiAttribut;        /* SCREEN-Maske Attribut                */
unsigned char ucZeichen;         /* CURSOR-Maske Zeichen                 */
unsigned char ucFarbe;           /* CURSOR-Maske Attribut                */
} FENSTER;
/**************************************************************************/
```

Die nachfolgenden programmglobalen Variablen sind in allen Funktionsebenen des Programms „maus1.c" beschreib- und lesbar.

```c
/**************************************************************************/
/* PROGRAMMGLOBALE VARIABLE                                            */
union REGS Register;
struct REGPACK Aregister;
struct SREGS Sregister;
unsigned int uiScreen_maske; /* Zeichen und Attribut der SCREN-Maske   */
unsigned int uiCursor_maske; /* Zeichen und Attribut der CURSOR-Maske  */
int iEreignis_maske;/* Ereignisse bei denen Maushandler aufgerufen wird */
int iEreignis;          /* Aufgetretenes Mausereignis                  */
int iTasten_zahl;    /* Anzahl der Maustasten                          */
int iKnoepfe=0;      /* Status der Maustasten                          */
int iX,iY;              /* Mauskoordinaten                             */
/* Definition der einzelnen Mausfensterbereiche mit den dazugehörigen   */
/* Mauscursor-Beschreibungen                                            */
FENSTER maus_bereiche[FENSTER_ANZAHL]={
4,17,24,22,NEUES_ZEICHEN,NEUE_FARBE,'_',((RED << 4) | YELLOW),
30,17,50,22,NEUES_ZEICHEN,NEUE_FARBE,'+',((GREEN << 4) | WHITE),
57,17,77,22,NEUES_ZEICHEN,INVERSE_FARBE,'_',((RED << 4) | YELLOW),
1,25,80,25,GLEICHES_ZEICHEN,NEUE_FARBE,' ',((BLUE << 4) | WHITE)
};
/* Virtueller Bildschirm, in diesen wird der Index der Mausbereiche ein-*/
/* getragen, somit kann mit den aktuellen Mauskoordinaten schnell auf   */
/* die Mauscursor-Beschreibung zugegriffen werden                       */
unsigned char virtuell_bildschirm[25][80];
unsigned char ucIndex; /* Index im Feld: virtuell_bildschirm           */
/**************************************************************************/
```

Funktion: maus_reset()

Die Funktion „maus_reset()" überprüft, ob ein Maustreiber (mouse.com bzw. mouse.sys) und damit eine Maus im Rechnersystem installiert ist. Wurde ein Maustreiber gefunden, gibt die Funktion den bereits beschriebenen Status der Mausknöpfe in der programmglobalen Variablen „iKnoepfe" zurück.

```
/**********************************************************************/
int maus_reset(void)
{
unsigned int iTest;
int iMaus;

Register.x.ax=0; /* Funktionsnummer für Mausreset                     */
int86(0x33,&Register,&Register);
iTest=Register.x.ax;
/* bestimmen ob Maus im System vorhanden ist                         */
if(iTest==0xFFFF) iMaus=TRUE;
else iMaus=FALSE;
/* Bestimmen der Anzahl der Mausknöpfe                               */
iKnoepfe=Register.x.bx;
return(iMaus);
}
/**********************************************************************/
```

Funktion: maus_sichtbar()

Mit Hilfe dieser Funktion wird der Maus-Cursor am Bildschirm
sichtbar gemacht.

```
/**********************************************************************/
void maus_sichtbar(void)
{
Register.x.ax=1;   /* Funktionsnummer für sichtbar Machen der Maus    */
int86(0x33,&Register,&Register);
}
/**********************************************************************/
```

Funktion: maus_unsichtbar()

Die Funktion „maus_unsichtbar()" ist das Gegenstück zur Funktion
„maus_sichtbar()". Der Maus-Cursor verschwindet vom Bildschirm.
Der Aufruf der beiden Funktionen muß ausgeglichen sein. Aktiviert
man beispielsweise zweimal die Funktion „maus_sichtbar()", so
muß auch zweimal die Funktion „maus_unsichtbar()" aufgerufen
werden.

```
/**********************************************************************/
void maus_unsichtbar(void)
{
Register.x.ax=2;   /* Funktionsnummer zum Verstecken der Maus         */
int86(0x33,&Register,&Register);
}
/**********************************************************************/
```

Funktion: maus_verschieben()

Die Funktion „maus_verschieben()" ermöglicht die Verschiebung
des Maus-Cursors an eine gewünschte Position. Die Übergabeparameter sind folgendermaßen zu interpretieren:

X1: Angabe über Grafik bzw. Textmodus

    GRAFIK=Grafikmodus

    TEXT=Textmodus

X2: Horizontale Mauskoordinate

X3: Vertikale Mauskoordinate

```
/*******************************************************************/
void maus_verschieben(int X1, int X2, int X3)
{
if(X1==TEXT)
{
 /* Anpassen der virtuellen Mausbildschirm-Koordinaten, an die Textmodi-*/
 /* Koordinaten. Dazu die virtuellen Mausbildschirm-Koordinaten mit    */
 /* 8 multiplizieren (entspricht einen Linksverschieben um 3 Stellen)   */
 X2=(X2 << 3);
 X3=(X3 << 3);
}
Register.x.ax=4; /* Funktionsnummer zum Bewegen des Maus-Cursors      */
Register.x.cx=X2-1;
Register.x.dx=X3-1;
int86(0x33,&Register,&Register);
}
/*******************************************************************/
```

Funktion: maus_bereich()

Mit dieser Funktion kann der Bewegungsbereich der Maus definiert werden. Für den Anwender gibt es im Anschluß keine Möglichkeit mehr, diesen Bereich mit dem Mauscursor zu verlassen. Die Übergabeparameter setzen sich folgendermaßen zusammen:

X1: Angabe über Grafik- bzw. Textmodus

    GRAFIK=Grafikmodus

    TEXT=Textmodus

X2: Linke horizontale Bereichskoordinate (links oben)

X3: Obere vertikale Bereichskoordinate (rechts oben)

X3: Rechte horizontale Bereichskoordinate (rechts unten)

X4: Untere vertikale Bereichskoordinate (links unten)

```
/*******************************************************************/
void maus_bereich(int X1, int X2, int X3, int X4, int X5)
{
if(X1==TEXT)
{
 /* Anpassen der virtuellen Mausbildschirm-Koordinaten, an die Textmodi-*/
 /* Koordinaten. Dazu die virtuellen Mausbildschirm-Koordinaten mit    */
 /* 8 multiplizieren (entspricht einen Linksverschieben um 3 Stellen)   */
 X2=(X2 << 3);
```

```
  X3=(X3 << 3);
  X4=(X4 << 3);
  X5=(X5 << 3);
 }
Register.x.ax=7; /* Funktionsnummer für horizontalen Bewegungsbereich   */
Register.x.cx=X2-1; /* Handler arbeitet immer mit Wert -1               */
Register.x.dx=X4-1;
int86(0x33,&Register,&Register);
Register.x.ax=8; /* Funktionsnummer für vertikalen Bewegungsbereich     */
Register.x.cx=X3-1;
Register.x.dx=X5-1;
int86(0x33,&Register,&Register);
}
/*****************************************************************/
```

Funktion: maus_ausschliessen()

Mit Hilfe dieser Funktion wird ein Maus-Ausschlußbereich definiert.
Tritt der Maus-Cursor in diesen Bereich, wird er unsichtbar gemacht.
Die Parameterübergabe ist identisch zur vorherigen Funktion.

```
/************************************************************************/
void maus_ausschliessen(int X1, int X2, int X3, int X4, int X5)
{
if(X1==TEXT)
{
 /* Anpassen der virtuellen Mausbildschirm-Koordinaten, an die Textmodi-*/
 /* Koordinaten. Dazu die virtuellen Mausbildschirm-Koordinaten mit     */
 /* 8 multiplizieren (entspricht einen Linksverschieben um 3 Stellen)   */
 X2=(X2 << 3);
 X3=(X3 << 3);
 X4=(X4 << 3);
 X5=(X5 << 3);
}
Aregister.r_ax=0X10; /* Funktionsnummer für Ausschlußbereich definieren */
Aregister.r_cx=X2-1; /* X-links oben                                    */
Aregister.r_dx=X3-1; /* Y-links oben                                    */
Aregister.r_si=X4-1; /* X-rechts unten                                  */
Aregister.r_di=X5-1; /* Y-rechts unten                                  */
intr(0x33,&Aregister);
}
/************************************************************************/
```

Funktion: maus_geschwindigkeit()

Die Funktion „maus_geschwindigkeit()" ermöglicht die Einstellung
der Geschwindigkeit, mit der sich der Maus-Cursor über den Bildschirm bewegt. Darunter versteht man das Verhältnis zwischen der
Länge einer Mausbewegung und den dabei zurückgelegten Pixeln
im virtuellen Mausbildschirm. Bei der Maus hat sich die Längeneinheit „Mickey" eingebürgert. Unter 1 Mickey versteht man eine mit
der Maus zurückgelegte Längeneinheit von 1/200 Zoll (0,127 mm).
Über die Parameter X1 und X2 kann die Anzahl der Mickeys, die im

virtuellen Mausbildschirm in horizontaler und vertikaler Richtung 8 Pixeln entsprechen, eingestellt werden.

```
/*****************************************************************/
void maus_geschwindigkeit(int X1, int X2)
{
Register.x.ax=0XF; /* Funktionsnummer für Mausgeschwindigkeit einstellen*/
Register.x.cx=X1;  /* Anzahl der horizontalen Mickeys              */
Register.x.dx=X2;  /* Anzahl der vertikalen Mickeys               */
int86(0x33,&Register,&Register);
}
/*****************************************************************/
```

Funktion: maus_cursor_art()

Im Textmodus kann der Mauscursor entweder als blinkender Hardware-Cursor oder als selbstdefinierter Maus-Cursor dargestellt werden. Im ersten Fall kann der Maus-Cursor nur durch die Start- und Endzeile innerhalb der Zeichenbox festgelegt werden. Weitaus interessanter ist die zweite Variante. Hier ist es möglich, über zwei 16-Bit Werte, die sogannte SCREEN-MASK und CURSOR-MASK, das Erscheinungsbild des Cursors in Farbe und Form festzulegen. Wie weiter unten aufgeführt, wird der Maus-Cursor im Grafikmodus ganz anders behandelt. Die Übergabeparameter zur Funktion „maus_cursor_art()" werden folgendermaßen interpretiert:

X1: Art des Mauscursors; 1=Hardware-, 2=Softwarecursor

X2: SCREEN-MASK bei selbstdefiniertem Maus-Cursor

Startzeile bei Hardware-Cursor

X3: CURSOR-MASK bei selbstdefiniertem Maus-Cursor

Endzeile bei Hardware-Cursor

```
/*****************************************************************/
void maus_cursor_art(int X1, unsigned int X2, unsigned int X3)
{
Register.x.ax=0XA; /* Funktionsnummer für Einstellen der Maus-Cursor-Art*/
Register.x.bx=X1;  /* Art des Maus-Cursor (0=Software-;1=Hardware-Cursor*/
/* SCREEN-Maske bei Software- bzw. Startzeile bei Hardwarecursor      */
Register.x.cx=X2;
/* CURSOR-Maske bei Software- bzw. Endzeile bei Hardwarecursor        */
Register.x.dx=X3;
int86(0x33,&Register,&Register);
}
/*****************************************************************/
```

Funktion: mauscursor_kreieren()

Das Erscheinungsbild des selbstdefinierten Maus-Cursors wird vom Maustreiber bei jeder Mausposition neu bestimmt. Dabei werden die

SCREEN- und CURSOR-MASK jeweils mit dem Zeichen- und Attributbyte des unter dem Maus-Cursor am Bildschirm befindlichen Zeichens verknüpft. Die logische Verknüpfung erfolgt in zwei Schritten:

⇨ Die Zeichen- und Attributbyte im Bildspeicher werden mit der SCREEN-MASK durch ein binäres UND verknüpft.

⇨ Das Ergebnis dieser logischen Verknüpfung wird mit der CURSOR-MASK durch ein EXKLUSIVES-ODER binär verknüpft. Das daraus resultierende Ergebnis wandert an die entsprechende Position im Bildspeicher und stellt den gewünschten Maus-Cursor dar.

In den Tabellen 3.40 bis 3.43 werden nur vier der möglichen Kombinationen zur Neugestaltung des Cursors in Darstellung und Farbe aufgezeigt. Dabei wird die oben aufgeführte logische Verknüpfung, getrennt für das Zeichen- und Attributbyte, mit den entsprechenden Low- und Highanteilen der SCREEN- und CURSOR-MASK aufgezeigt.

Tabelle 3.40: Der Mauscursor bekommt eine neue Zeichendarstellung (Ω)

Zeichen	Bitwertigkeit	Bedeutung
A	00100001	Zeichen an Maus-Cursor-Position
	00000000	**Low-Byte der SCREEN-MASK**
	00000000	Ergebnis der UND-Verknüpfung
Ω	11101010	**Low-Byte der CURSOR-MASK (ASCII-Wert des neuen Zeichens)**
Ω	11101010	Ergebnis der EXKLUSIV-ODER-Verknüpf. Dieses Zeichen ist der neue Maus-Cursor

Tabelle 3.41: Der Mauscursor nimmt das Erscheinungsbild des unter ihm befindlichen Zeichens an

Zeichen	Bitwertigkeit	Bedeutung
A	00100001	Zeichen an Maus-Cursor-Position
	11111111	**Low-Byte der SCREEN-MASK**
	00100001	Ergebnis der UND-Verknüpfung
	00000000	**Low-Byte der CURSOR-MASK**
A	00100001	Ergebnis der EXKLUSIV-ODER-Verknüpf. Dieses Zeichen ist der neue Maus-Cursor

Im Textmodus wird die Farbe eines Zeichens durch das Attributbyte bestimmt. Dabei repräsentieren die Bits 0 bis 3 den Wert der Vordergrundfarbe und die Bits 4 bis 6 den Wert der Hintergrundfarbe. Ist das Bit 7 auf den Wert 1 gesetzt, erfolgt die Zeichenausgabe in blinkender Darstellung. Die zum jeweiligen Farbwert gehörende Farbe ist in der Tabelle 3.32 im Kapitel 3.12 aufgeführt.

Tabelle 3.42:
Der Mauscursor bekommt neue Farbattribute

Bitwertigkeit	Bedeutung
0000 1110	Hintergrundfarbe = schwarz (0000B=0) Vordergrundfarbe = gelb (1110B=14)
0000 0000	**Low-Byte der SCREEN-MASK**
0000 0000	Ergebnis der UND-Verknüpfung
0010 0100	**Low-Byte der CURSOR-MASK** **(neue Farben)**
0010 0100	Ergebnis der EXKLUSIV-ODER-Verknüpf. Hintergrundfarbe = grün (0010B=2) Vordergrundfarbe = rot (0100B=8)

Tabelle 3.43:
Der Mauscursor nimmt die Farbattribute des unter ihm befindlichen Zeichens an

Bitwertigkeit	Bedeutung
0000 1110	Hintergrundfarbe = schwarz (0000B=0) Vordergrundfarbe = gelb (1110B=14)
1111 1111	**Low-Byte der SCREEN-MASK**
0000 1110	Ergebnis der UND-Verknüpfung
0000 0000	**Low-Byte der CURSOR-MASK**
0000 1110	Ergebnis der EXKLUSIV-ODER-Verknüpf. Hintergrundfarbe = schwarz (0000B=0) Vordergrundfarbe = gelb (1110B=14)

Die Funktion „mauscursor_kreieren()" erzeugt aus den übergebenen Parametern, wie in den Tabellen 3.40 bis 3.43 aufgezeigt, die erforderliche SCREEN- und CURSOR-MASK.

X1: Bit 0-7 = Low-Byte der SCREEN-MASK (Zeicheninformation)

     Bit 8-15 = Low-Byte der CURSOR-MASK (Zeicheninformation)

X2: Bit 0-7 = High-Byte der SCREEN-MASK (Farbinformation)

     Bit 8-15 = High-Byte der CURSOR-MASK (Farbinformation)

X3: ASCII-Wert des neuen Zeichens für den Mauscursor

X4: Neue Farbe des Mauscursors

```
/*****************************************************************/
void mauscursor_kreieren(unsigned int uiZeichen, unsigned int uiAttribut,
             unsigned char ucZeichen, unsigned char ucFarbe)
{
/* Filtern der LOW- und HIGH-Bytes der SCREEN- und CURSOR-Masken    */
Register.x.ax=uiZeichen;
Register.x.bx=uiAttribut;
Register.h.cl=Register.h.ah; /* Screen-Mask-Low-Byte              */
Register.h.dl=Register.h.al; /* Cursor-Mask-Low-Byte              */
Register.h.ch=Register.h.bh; /* Screen-Mask-High-Byte             */
Register.h.dh=Register.h.bl; /* Cursor-Mask-High-Byte             */
if(uiZeichen == NEUES_ZEICHEN) Register.h.dl=ucZeichen;
if(uiAttribut == NEUE_FARBE)
 Register.h.dh=ucFarbe;
Register.h.dh=Register.h.dh & 0x7F; /* Blinken vermeiden          */
uiScreen_maske=Register.x.cx;
uiCursor_maske=Register.x.dx;
}
/*****************************************************************/
```

Funktion: maus_event_handler_installieren()

Diese Funktion installiert einen der drei Maus-Handler „maus()",
„mausc()" bzw. „mausgraf()".

```
/*****************************************************************/
void maus_event_handler_installieren(int iX1, maus_funktionszeiger X2)
{
Register.x.ax=0x000C;       /* Funktionsnummer: Event-Handler Installation*/
Register.x.cx=iX1;          /* Eventmaske                         */
Register.x.dx=FP_OFF(X2); /* Offsetadresse des Event-Handlers     */
Sregister.es=FP_SEG(X2);  /* Segmentadresse des Event-Handlers    */
int86x(0x33,&Register,&Register,&Sregister);
}
/*****************************************************************/
```

Funktion: uebergabe()

Die Funktion „uebergabe" wird von den Maus-Handlern „maus()"
und „mausgraf()" aufgerufen. Aufgabe dieser Funktion ist es, die
vom Handler übergebenen aktuellen Mausdaten in programmglobale Variablen zu kopieren. Ab diesem Zeitpunkt sind die neuen
Mausdaten im Programm bekannt.

```
/*****************************************************************/
void uebergabe(int iEvent, int iButton, int iX_maus, int iY_maus)
{
iEreignis=iEvent; /* Kodiert nach Tabelle 3.39                    */
iKnoepfe=iButton; /* 1=linke-, 2=rechte, 3=mittlere Maustaste gedrückt */
```

```
iX=iX_maus; /* horizontale Mauskoordinaten                             */
iY=iY_maus; /* vertikale Mauskoordinaten                              */
}
/*****************************************************************************/
```

Die nächsten drei Funktionen werden nur für den Menüpunkt 2 „Mausdemo im Textmodus“ eingesetzt. Arbeitet man im Textmodus mit mehreren Mausbereichen, indem der Maus-Cursor verschiedene Farben und Zeichendarstellungen annehmen kann, so ist der Einsatz eines virtuellen Maus-Bildschirmes eine nützliche Sache. Dieser virtuelle Bildschirm spiegelt die richtige Bildschirmaufteilung mit dessen Zeilen und Spalten wieder. Im Textmodus mit 25 Spalten und 80 Zeilen wird der virtuelle Maus-Bildschirm durch ein zweidimensionales Feld „<Feldname>[25][80]“ realisiert. Die verschiedenen Mausbereiche erhalten aufsteigende Nummern. Innerhalb der einzelnen Mausbereichskoordinaten werden im virtuellen Mausbildschirm die Mausbereichsnummern eingetragen. In einem weiteren Feld werden die gewünschten SCREEN- und CURSOR-MASK-Informationen abgelegt. Der Index dieses Feldes spiegelt die Mausbereichsnummern wieder. Die aktuellen Mauskoordinaten repräsentieren nun den Index des virtuellen Bildschirms und liefern die Mausbereichsnummer. Diese Bereichsnummer wiederum spiegelt den Index des Feldes, in dem die zugehörige SCREEN- und CURSOR-MASK abgelegt ist, wieder. Durch diesen Ablauf ist es innerhalb kürzester Zeit möglich, eine neue, zum entsprechenden Mausbereich gehörende Mauscharakteristik, zu installieren.

Funktion: virt_bild_fuellen()

Diese Funktion trägt die zu den Mausbereichen gehörenden Bereichsnummern in den virtuellen Mausbildschirm „virtuell_bildschirm[ ][ ]“, anhand der globalen Variablen „maus_bereiche[ ]“ ein.

```
/*****************************************************************************/
void virt_bild_fuellen(int iAnzahl)
{
int iX1,iY1,iX2,iY2,iZaehler_x,iZaehler_y,iSchleife;

/* Wiederholen bis alle Mausbereiche verwaltet sind                    */
for(iSchleife=0; iSchleife <= (iAnzahl-1);++iSchleife)
{
/* virtuellen Bildschirm mit Index des Strukturfeldes: maus_fenster   */
/* füllen. Dabei wird bei jeder Koordinate der Wert 1 abgezogen, da die*/
/* vom Handler übergebenen Mauskoordinaten aktuelle Koordinate-1 sind  */
iX1=maus_bereiche[iSchleife].iXo-1;
iY1=maus_bereiche[iSchleife].iYo-1;
iX2=maus_bereiche[iSchleife].iXu-1;
```

```
  iY2=maus_bereiche[iSchleife].iYu-1;
  for(iZaehler_y=iY1; iZaehler_y <= iY2;++iZaehler_y)
   for (iZaehler_x=iX1;iZaehler_x <= iX2;++iZaehler_x)
    /* Eintragung der Bereichsnummer, die durch die Schleifenvariable    */
    /* iSchleife" repräsentiert wird über den gesamten Mausbereich       */
    virtuell_bildschirm[iZaehler_y][iZaehler_x]=iSchleife;
  }
}
/**********************************************************************/
```

Funktion: mauscursor_aktuell()

Die Funktion „mauscursor_aktuell()" überprüft, ob die aktuellen
Mauskoordinaten (iX,iY) in einem neuen Mausbereich liegen. Wenn
ja, wird der neue Maus-Cursor installiert.

```
/**********************************************************************/
void mauscursor_aktuell(void)
{
unsigned char ucTest;
```

Über die aktuellen Mauskoordinaten „iX" und „iY" wird aus dem
virtuellen Mausbildschirm die momentane Bereichsnummer gelesen.

```
ucTest=virtuell_bildschirm[iY][iX];
```

Die so bestimmte Bereichsnummer „ucTest" wird mit der bisherigen
Bereichsnummer „ucIndex" verglichen.

```
if(ucTest != ucIndex)
{
```

Sind die beiden Werte verschieden, ist die Maus in einem neuen
Mausbereich. Der gelesene Wert wird zur gültigen Bereichsnummer
„ucIndex" deklariert.

```
ucIndex=ucTest;
```

Im Menüpunkt 2 gibt es vier spezielle Mausbereiche; der Rest des
Bildschirms wird als Standardbereich deklariert. Alle Koordinaten
des Standard-Mausbereiches werden im virtuellen Bildschirm mit
dem Wert „FFH" gekennzeichnet. Wird dieser Bereich als aktueller
Mausbereich gelesen, so wird in der nachfolgenden „IF"-An-
weisung ein roter Block-Maus-Cursor installiert.

```
if(ucIndex == 0xFF)
{
 mauscursor_kreieren(NEUES_ZEICHEN,NEUE_FARBE,'█',((RED << 4) | RED));
}
else
{
```

Ist einer der vier speziellen Mausbereiche lokalisiert worden, so wird über die vorher bestimmte Maus-Bereichsnummer „ucIndex" aus der globalen Feldvariablen „maus_bereich[ ][ ]", die zugehörige Maus-Cursor-Charakteristik gelesen und die entsprechende SCREEN und CURSOR-MASK bestimmt.

```
      mauscursor_kreieren(maus_bereiche[ucIndex].uiZeichen,maus_bereiche[ucIndex].uiAtt
      ribut,maus_bereiche[ucIndex].ucZeichen,maus_bereiche[ucIndex].ucFarbe);
       }
```

Aus dieser bestimmten SCREEN- und CURSOR-MASK wird zum Schluß der neue Maus-Cursor installiert.

```
      maus_cursor_art(SOFTWARECURSOR,uiScreen_maske,uiCursor_maske);
      }
      }
      /*******************************************************************************/
```

Funktion: uebergabe1()

Die Funktion „uebergabe1" wird vom Maus-Handler „mausc()" auf-gerufen. Aufgabe dieser Funktion ist es, die vom Handler über-gebenen, aktuellen Mausdaten in programmglobale Variablen zu kopieren. Ab diesem Zeitpunkt sind die neuen Mausdaten im Pro-gramm bekannt. Desweiteren überprüft das Modul über die Funk-tion „maus_cursor_aktuell()", ob sich der Maus-Cursor in einem neuen Mausbereich befindet. Ist dies der Fall, wird der Maus-Cursor entsprechend in der Farbe bzw. im Erscheinungsbild abgeändert.

```
      /********************************************************************************/
      void uebergabe1(int iEvent, int iButton, int iX_maus, int iY_maus)
      {
      iEreignis=iEvent; /* Kodiert nach Tabelle 3.39                        */
      iKnoepfe=iButton; /* 1=linke-, 2=rechte, 3=mittlere Maustaste gedrückt */
      iX=iX_maus; /* horizontale Mauskoordinaten                            */
      iY=iY_maus; /* vertikale Mauskoordinaten                              */
      /* Falls die Maus einen neuen Mausbereich erreicht hat, wird das Er-  */
      /* scheinungsbild des Mauscursors abgeändert                          */
      mauscursor_aktuell();
      }/*******************************************************************************/
```

Funktion: grafik_cursor_installieren()

Im Grafikmodus wird der Maus-Cursor durch ein 16*16 Bit großes Pixelfeld (32 Byte) bestimmt. Das Erscheinungsbild des Maus-Cur-sors kann, wie in der Tabelle 3.44 dargestellt, durch eine 64 Byte große Tabelle frei definiert werden. Die ersten dieser 32 Byte füh-ren mit dem aktuellen Punktmuster im Grafikbildspeicher eine UND-Verknüpfung und die restlichen 32 Byte eine ODER-Verknüp-fung durch.

Tabelle 3.44:
UND- und ODER-Maske zur Bestimmung des Mauscursors im Grafikmodus

UND-MASKE		ODER-MASKE	
Byte 1	Byte 0	Byte 33	Byte 32
Byte 3	Byte 2	Byte 35	Byte 34
.....	.....	.....	.....
Byte 31	Byte 30	Byte 63	Byte 62

Jedes einzelne Bit der UND- und ODER-Maske wirkt sich, wie nach der in der Tabelle 3.45 aufgezeigten logischen Verknüpfung, auf den aktuellen Bildschirminhalt unter dem Maus-Cursor aus.

Tabelle 3.45:
Farbkodierung des Maus-Cursors im Grafikmodus

Pixeldarstellung am Bildschirm	weiß	bestehende Farbe	schwarz	inverse Farbe
ODER-Maske	1	0	0	1
UND-Maske	0	1	0	1

Bei der letzten Funktion aus der Headerdatei „maus.h" werden als Übergabeparameter die Segment- und Offsetadresse der 64 Byte großen Tabelle übergeben. Desweiteren müssen der Funktion Angaben zum sogenannten „HOT-SPOT" übergeben werden. Unter diesem Punkt wird im Grafik-Modus die aktuelle Maus-Cursor-Koordinate verwaltet.

```
/*********************************************************************/
void grafik_cursor_installieren(unsigned int uiSegment, unsigned int uiOffset,
 int iHot_x, int iHot_y)
{
Register.x.ax=0x0009; /* Mausfunktionsnummer                        */
/* Es folgen die Angaben zum HOT-SPOT                               */
/* Entfernung des Bezugspunkt vom linken Rand des 16*16 Bit Cursor-Felds*/
Register.x.bx=iHot_x;
/* Entfernung des Bezugspunkt vom oberen Rand des 16*16 Bit Cursor-Felds*/
Register.x.cx=iHot_y;
/* Offset- und Segmentadresse des 64-Bit großen Cursor-Feldes übergeben */
Register.x.dx=uiOffset;
Sregister.es=uiSegment;
int86x(0x33,&Register,&Register,&Sregister);
}
/*********************************************************************/
```

Funktion: menu()

Wie üblich, verwaltet die Funktion „menu()" den gesamten Programmablauf. Nach der Ausgabe von Programmkopf, Hinweisfenster und Statuszeile, werden, je nach gedrückter Taste, die entsprechenden Menüpunkte aktiviert.

```c
/*******************************************************************/
void menue(void)
{
int iTaste_word, iTaste_low_byte;
/* Test ob Maustreiber installiert ist                           */
if(maus_reset() == FALSE)
 fehler_ende("Es ist kein  Maustreiber installiert -> Programmabbruch");
/* Die folgende Schleife kann nur durch Drücken von ESC beendet werden  */
do
{
  /* Ausgabe von Titelbilde, Hinweisfenster und Statuszeile        */
  ...
  /* Es folgt die Auswahl des entsprechenden Menüpunktes           */
  tastatur_loeschen(); /* Löschen des Tastaturspeichers            */
  iTaste_word=bioskey(0); /* Auf Tastendruck warten                */
  iTaste_low_byte=iTaste_word & 0x00FF;
  /* Auswahl des gewünschten Menüpunktes                           */
  switch(iTaste_low_byte)
  {
  case TASTE_ESC: ende(); break;       /* Programmabbruch           */
  case TASTE_1:    maus_test();break; /* Anzeige der Mausereignisse  */
  case TASTE_2:    maus_text_demo();break;   /* Mausdemo im TEXT-Modus */
  case TASTE_3:    maus_grafik_demo(); break; /* Mausdemo im Grfaikmodus */
  default:         sound(1000); delay(500);   /* falsche Taste gedrückt */
                   nosound(); break;
  }
}
while(1);
/*************** Ende der Endlosschleife ****************************/
}/*******************************************************************/
```

Funktion: maus_test()

Die Funktion „maus_test()" realisiert den ersten Menüpunkt. Im
Textmodus wird ein Maus-Handler installiert. Die aktuellen Mausdaten, wie Maus-Koordinaten, Status der Mausknöpfe und das eingetretene Mausereignis, werden am Bildschirm, wie in Bild 3.98 dargestellt, in komfortabler Form ausgegeben. Der gesamte Funktionsablauf ist dem Flußdiagramm in Bild 3.100 zu entnehmen. Nachdem
der Maus-Cursor sichtbar geschalten wurde, erfolgt die Ausgabe der
aktuellen Mausdaten. Die Mausdaten werden dabei, wie im Bild
3.99 dargestellt, über den neuen Maus-Handler ins Programm eingeladen.

Bild 3.98:
Menüpunkt 1

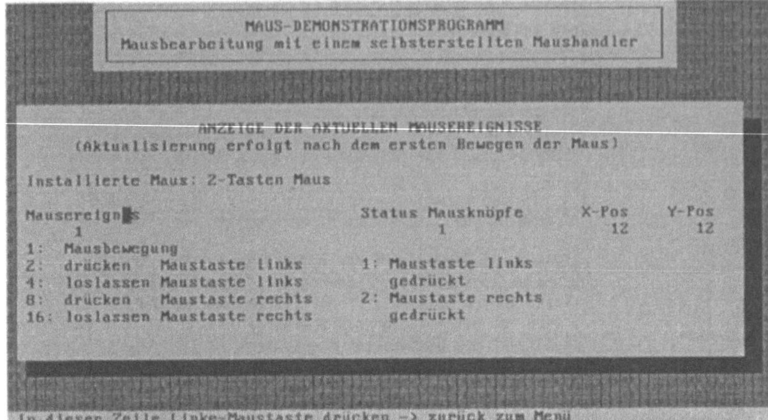

Bild 3.99:
Funktionsablauf
des Maus-
Handlers

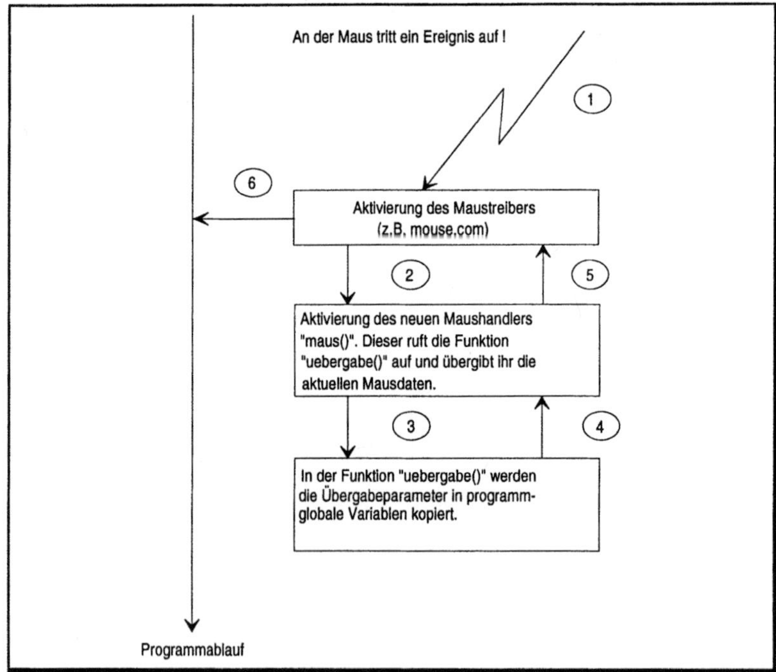


```
/**********************************************************************/
void maus_test(void)
{
int iEnde;
```

Es werden die Mausereignisse festgelegt, bei denen der neue Maus-Handler „maus()" aktiviert werden soll. Die Mausereignisse sind, gemäß Bild 3.95, bitweise in Konstanten abgelegt. Diese aus der Headerdatei „maus.h" stammenden Konstanten, können durch einfaches Addieren kombiniert werden.

Bild 3.100:
Flußdiagramm
zur Funktion
„maus_test()"

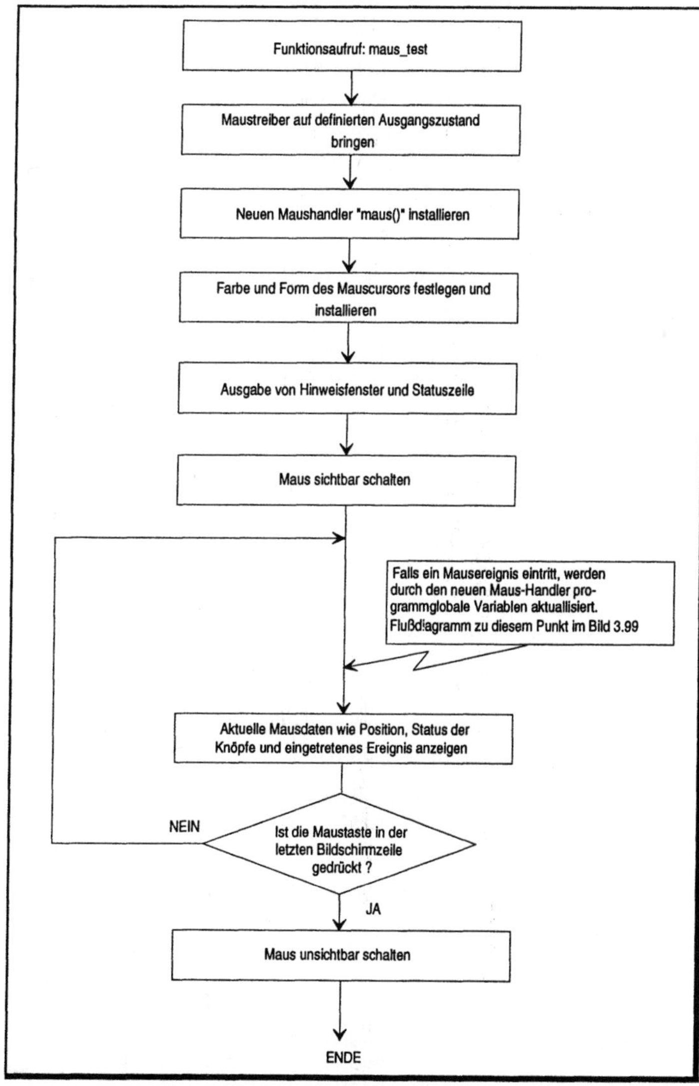

```
iEreignis_maske=EVENT_MAUSBEWEGUNG + EVENT_LINKS_PRESS + EVENT_LINKS_ENDE
        + EVENT_RECHTS_PRESS + EVENT_RECHTS_ENDE;
```

Am Maustreiber (mouse.com bzw. mouse.sys) wird ein Reset durchgeführt. Damit ist ein definierter Grundzustand eingestellt.

```
maus_reset();
```

Es folgt die Installation des Maus-Handlers „maus()". Dazu wird der Installations-Funktion die Ereignismaske und über den Funktionszeiger „maus_funktionszeiger()" die FAR-Adresse des zu installierenden Maus-Handlers übergeben.

```
maus_event_handler_installieren(iEreignis_maske,(maus_funktionszeiger)maus);
```

Die nächsten beiden Funktionen installieren einen Block-Maus-Cursor in roter Farbe.

```
/* Bilden der Screen- und Cursormaske                              */
mauscursor_kreieren(NEUES_ZEICHEN,NEUE_FARBE,'█',((RED << 4) | RED));
/* Mauscursor installieren                                         */
maus_cursor_art(SOFTWARECURSOR,uiScreen_maske,uiCursor_maske);
```

Im Anschluß realisiert die Funktion einige Text-Ausgabefunktionen.

```
/* Aufbau des Arbeitsfensters                                      */
window(1,25,80,25);
textbackground(LIGHTGRAY);
textcolor(BLACK);
clrscr();
cprintf(" In dieser Zeile Linke-Maustaste drücken -> zurück zum Menü");
...
```

Über die globale Variable „iTasten_zahl" kann eine 2- oder 3-Tasten-Maus lokalisiert werden.

```
if(iTasten_zahl <= 2) cprintf("2-Tasten Maus");
if(iTasten_zahl == 3) cprintf("3-Taste Maus");
```

Es folgen weitere Text-Ausgabefunktionen.

```
textcolor(LIGHTCYAN);
gotoxy(2,7);
cprintf("Mausereignis              Status Mausknöpfe      X-Pos    Y-Pos");
gotoxy(1,9);
cprintf(" 1:   Mausbewegung\n\r");
cprintf(" 2:  drücken   Maustaste links      1: Maustaste links\n\r");
cprintf(" 4:  loslassen Maustaste links         gedrückt\n\r");
cprintf(" 8:  drücken   Maustaste rechts     2: Maustaste rechts\n\r");
```

```
     cprintf(" 16: loslassen Maustaste rechts        gedrückt\n\r");
     /* Bei 3-Tasten Maus anzeigen von zusätlichen Informationen        */
     if(iTasten_zahl == 3)
     {
      cprintf(" 32: drücken   Maustaste mitte       3: Maustaste mitten\r");
      cprintf(" 64: loslassen Maustaste mitte        gedrückt\n\r");
     }
     /* Grundwerte für Mauskoordinten. Da die aktuellen Werte erst bei be-  */
     /* tätigen der Maus angezeigt werden                                   */
     iX=0; iY=0;
     textcolor(WHITE);
     iEnde=FALSE;
```

Mit Hilfe der Funktion „maus_sichtbar()" wird der Maus-Cursor sichtbar geschalten.

```
     maus_sichtbar();
```

Die anschließende Schleife kann nur durch Drücken der linken Maustaste, während sich der Maus-Cursor in der untersten Bildschirmzeile befindet, beendet werden.

```
     /*************************** DO-WHILE-Schleife ***************************/
     do
     {
```

Es folgt die Anzeige der über den Maus-Handler „maus()" ständig aktuallisierten Mausdaten. Die Mausdaten sind in den programm-globalen Variablen „iEreignis", „iKnöpfe", „iX" und „iY" enthalten.

```
      gotoxy(6,8);
      cprintf("%2i",iEreignis);
      gotoxy(44,8);
      cprintf("%2i",iKnoepfe);
      gotoxy(62,8);
      cprintf("%3i",iX);
      gotoxy(71,8);
      cprintf("%3i",iY);
```

Es wird überprüft, ob die Abbruchbedingung erfüllt ist. Dabei ist der Wert der linken Maustaste in der Konstanten „LINKS-GEDRÜCKT" binär kodiert.

```
      if((iY == 24) & (iKnoepfe == LINKS_GEDRUECKT)) iEnde=TRUE;
     }
     while(iEnde == FALSE);
```

Nachdem die Abbruchbedingung erfüllt ist, versteckt die Funktion den Maus-Cursor, bevor der Rücksprung zum Hauptmenü erfolgt.

```
     maus_unsichtbar();
     }
     /*********************************************************************/
```

Funktion: fenster_nachricht()

Mit Hilfe dieser Funktion wird im zweiten Menüpunkt durch Betätigung einer entsprechenden Maustaste ein zugehöriges Hinweisfenster aufgebaut. Die gewünschte Textausgabe wird durch den Übergabeparameter „iFenster" selektiert.

```c
/***********************************************************************/
void fenster_nachricht(int iFenster)
{
maus_unsichtbar(); /* Maus-Cursor unsichtbar schalten                  */
/* Bildschirminhalt der Textseite 0 auf Seite 1 sichern               */
bildschirm_seite0_nach_seitex(1);
/* Aufbau des Arbeitsfensters                                         */
window(1,25,80,25);
textbackground(LIGHTGRAY);
textcolor(BLACK);
clrscr();
window(2,7,79,23);
textbackground(BLACK);
clrscr();
window(3,6,78,22);
textbackground(GREEN);
textcolor(WHITE);
clrscr();
gotoxy(20,2);
cprintf("F E N S T E R I N F O R M A T I O N");
gotoxy(15,7);
/*Je nach aktivierten Mausbereich erfolgt eine entsprechende Textausgabe*/
switch(iFenster)
{
case 0: cprintf("Sie haben das Fenster 1 ausgewählt !\n\r");break;
case 1: cprintf("Sie haben das Fenster 2 ausgewählt !\n\r");break;
case 2: cprintf("Sie haben das Fenster 3 ausgewählt !\n\r");break;
}
cprintf("    Bitte warten Sie einen Augenblick, dann geht es zurück zum Titel-
bild");
delay(4000);
/* Überschriebene Textseite wieder restaurieren                       */
bildschirm_seitex_nach_seite0(1);
maus_sichtbar(); /* Maus wieder sichtbar schalten                     */
}
/***********************************************************************/
```

Funktion: maus_text_demo()

Die Funktion „maus_text_demo()" realisiert den zweiten Menüpunkt. Wird dieser Menüpunkt im Hauptmenü selektiert, erscheint das in Bild 3.101 dargestellte Titelbild. Diese Funktion verwaltet vier Mausbereiche, in denen der Maus-Cursor jeweils eine andere Farbe und ein anderes Erscheinungsbild annimmt. Die vier Mausbereiche sind im Bild 3.101 ersichtlich. Dabei handelt es sich um die drei verschiedenen Fenster im unteren Bildbereich und die Statuszeile am unteren Bildschirmrand. Die Farbe und das Erscheinungsbild

des Cursors ist jeweils in den drei Mausfenstern angegeben. In der
untersten Bildschirmzeile nimmt der Maus-Cursor jeweils das Erscheinungsbild des überdeckten Zeichens, jedoch in der Zeichenfarbe weiß und der Hintergrundfarbe blau, an. Das Fenster mit dem
Titel „Bemerkung" stellt einen Ausschlußbereich für den Maus-Cursor dar. Drückt der Anwender in einem der drei Mausbereiche die
angegebene Taste, so wird ein entsprechendes Hinweisfenster ausgegeben. Der Rücksprung zum Hauptmenü erfolgt durch Drücken
der linken Maustaste, nachdem sich der Maus-Cursor in der untersten Bildschirmzeile befindet. Dieses Programmbeispiel sollte als
Basis für weitere Entwicklungen im Textmodus keine Wünsche offen lassen. Die Funktion arbeitet, wie bereits weiter oben beschrieben, mit einem virtuellen Maus-Bildschirm. Über diesen virtuellen
Maus-Bildschirm können über die aktuellen Maus-Koordinaten, in
den unterschiedlichen Maus-Berei chen, mit nur wenigen Befehlen,
die Farbe und das Aussehen des Maus-Cursors neu gesetzt werden.
Wie in Bild 3.102 ersichtlich, werden all diese Aktionen über den
neuen Maus-Handler und die dadurch aufgerufene Funktion
„uebergabe1()" automatisch, per Maus-Interruptaufruf, realisiert.
Nach dem Auftreten eines Mausereignisses wird der Maustreiber
(mouse.com bzw. mouse.sys) aufgerufen. Ist ein bestimmtes Mausereignis eingetreten, aktiviert dieser wiederum den neuen Maus-
Handler „mausc()". Der Maus-Handler übergibt über den Funktionsaufruf von „uebergabe1()" die aktuellen Mausdaten an das Programm und setzt bei einem Mausbereichswechsel die neue Farbe
und das gewünschte Aussehen des Maus-Cursors. Es sei noch einmal darauf hingewiesen, daß alle diese Aktionen interruptgesteuert
und selbständig im Hintergrund ablaufen. Der Programmierer kann
sich auf die Mausereignisse, wie Status der Maus-Knöpfe bzw.
Maus-Koordinaten, konzentrieren. Der gesamte Programmablauf zur
Funktion „maus_text_de-mo()" ist im Flußdiagramm in Bild 3.103
dargestellt.

Bild 3.101:
Titelbild zum
Menüpunkt 2

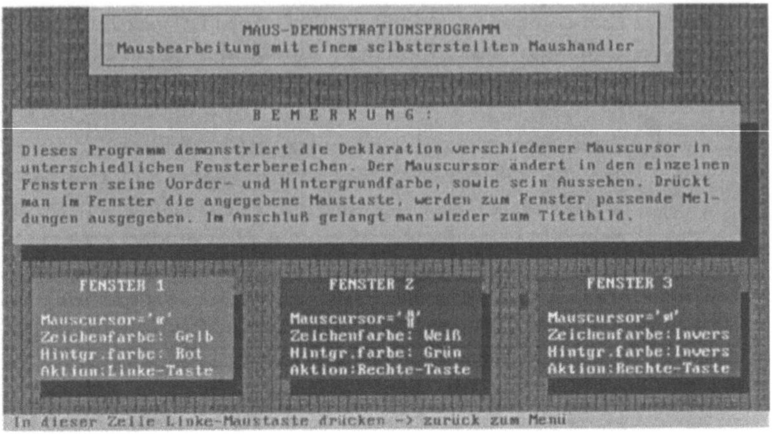

```c
/*************************************************************************/
void maus_text_demo(void)
{
int iEnde;

cursor_aus(); /* Text-Cursor ausschalten                             */
ucIndex=KEIN_FENSTER; /*Standard-Bereichs-Kennung im visuellen M.-Bilds.*/
window(1,6,80,25);
gotoxy(1,1);
fuellen(177,23,2000);
```

Der gesamte virtuelle Bildschirm wird mit der Standardbereichs-
kennung aufgefüllt.

```c
memset(virtuell_bildschirm,KEIN_FENSTER,VIRTUEL_ANZAHL);
```

Bild 3.102:
Funktionsablauf
des Maus-
Handlers
„mausc()"

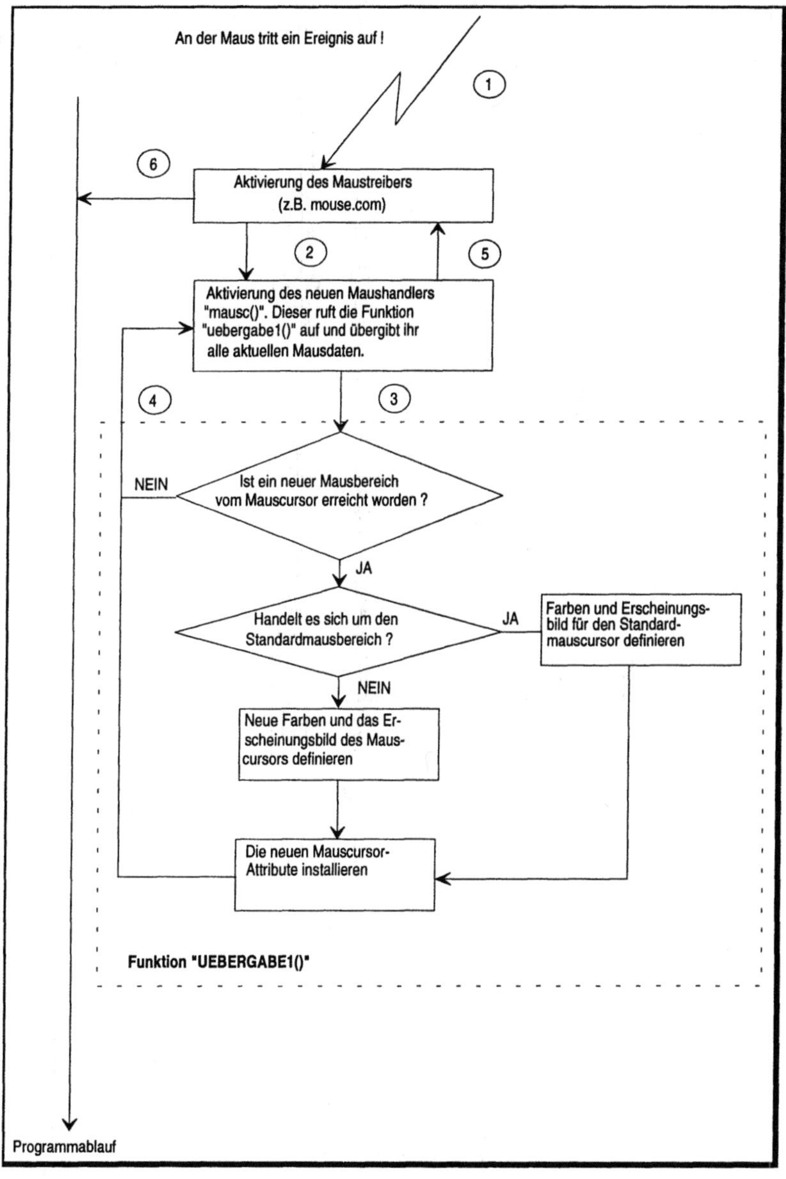

Bild 3.103:
Flußdiagramm
zur Funktion
„maus_text_-
demo()"

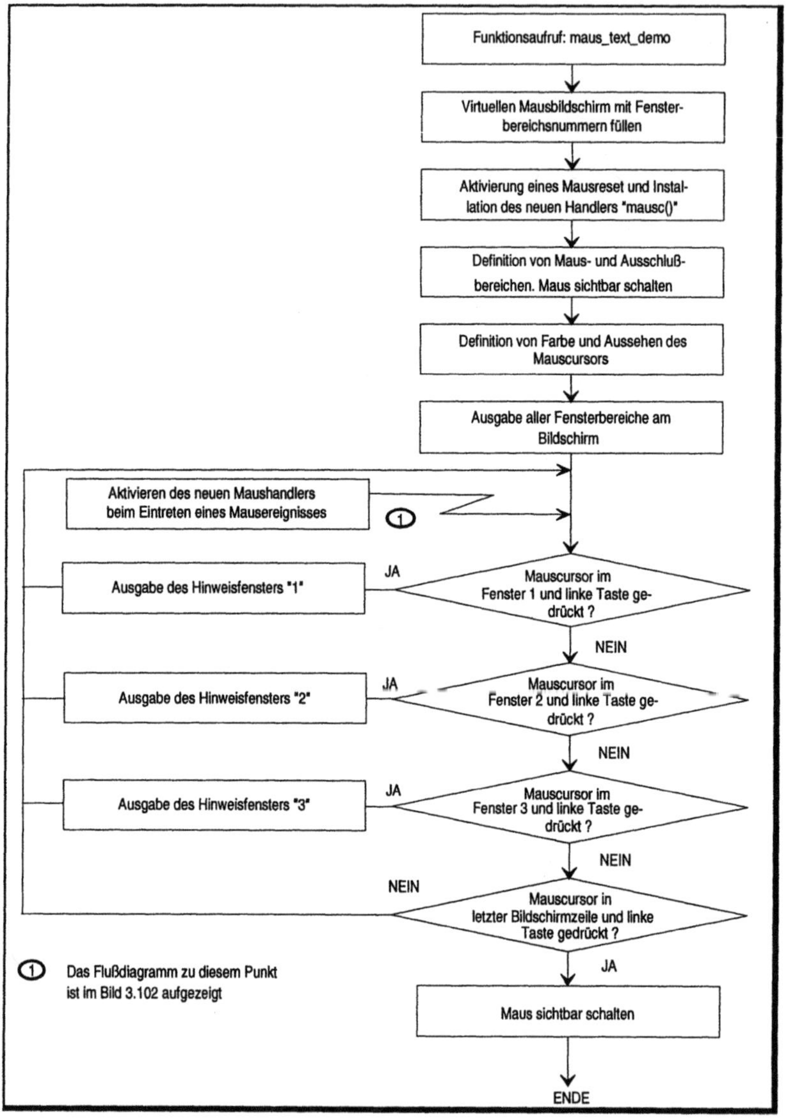

Innerhalb der entsprechenden Mausbereichs-Koordinaten werden
die vier verschiedenen Bereichsnummern (0-3) in den virtuellen
Maus-Bildschirm eingetragen.

```
virt_bild_fuellen(FENSTER_ANZAHL);
```

Es werden die Mausereignisse festgelegt, bei denen der neue Maus-Handler aufgerufen werden soll. Die eingesetzten Konstanten mit den entsprechenden Bit-Kodierungen sind in der Headerdatei „maus.h" enthalten.

```
iEreignis_maske=EVENT_MAUSBEWEGUNG + EVENT_LINKS_PRESS + EVENT_LINKS_ENDE
             + EVENT_RECHTS_PRESS + EVENT_RECHTS_ENDE;
```

Im Maustreiber (mouse.com bzw. mouse.sys) wird ein Reset durchgeführt. Dadurch wird der Grundzustand des Treibers festgelegt.

```
maus_reset();
```

Der anschließende Funktionsaufruf installiert den neuen Maus-Handler „mausc()".

```
maus_event_handler_installieren(iEreignis_maske,(maus_funktionszeiger)mausc);
```

Der Maus-Cursor wird sichtbar geschalten.

```
maus_sichtbar();
```

Der Mausbereich wird im Textmodus innerhalb der angegebenen Koordinaten festgelegt. Nur innerhalb dieses Bereichs ist der Maus-Cursor verschiebbar.

```
maus_bereich(TEXT,1,5,80,25);
```

Der Maus-Cursor wird an die angegebenen Text-Koordinaten verschoben.

```
maus_verschieben(TEXT,1,24);
```

Es folgt die Definition der SCREEN- und CURSOR-MASK.

```
mauscursor_kreieren(NEUES_ZEICHEN,NEUE_FARBE,'_',((RED << 4) | RED));
```

Der Maus-Cursor wird anhand der SCREEN- und CURSOR-MASK installiert.

```
maus_cursor_art(SOFTWARECURSOR,uiScreen_maske,uiCursor_maske);
```

Im Anschluß werden alle Bildschirminformationen, wie im Titelbild in Bild 3.99 dargestellt, ausgegeben.

```
.....
.....
```

In der nachfolgenden „DO-WHILE"-Schleife erfolgt die Auswertung der aktuellen Mausdaten. Die Mausdaten werden, wie bereits erläutert, interruptgesteuert über dem Maus-Handler „mausc()" ins Programm eingeladen. Werden mit dem Maus-Cursor neue Mausbereiche überschritten, erfolgt ebenfalls über den Handler das automatische Installieren der entsprechenden Maus-Cursor-Charakteristik.

```
iEnde=FALSE;
/******************* DO-WHILE-Schleife ********************************/
do
{
```

Die nächsten Programmzeilen demonstrieren die Mausdaten-Abfrage und die daraus resultierende Aktivierung von Programmabläufen.

```
/* Falls sich der Maus-Cursor im Maus-Fenster 1 befindet und die linke */
/* Maustaste gedrückt wurde, dann das Infofenster 1 anzeigen           */
if((ucIndex == 0) & (iKnoepfe == LINKS_GEDRUECKT))
  fenster_nachricht(0);
/* Falls sich der Maus-Cursor im Maus-Fenster 2 befindet und die linke */
/* Maustaste gedrückt wurde, dann das Infofenster 2 anzeigen           */
if((ucIndex == 1) & (iKnoepfe == RECHTS_GEDRUECKT))
  fenster_nachricht(1);
/* Falls sich der Maus-Cursor im Maus-Fenster 3 befindet und die linke */
/* Maustaste gedrückt wurde, dann das Infofenster 3 anzeigen           */
if((ucIndex == 2) & (iKnoepfe == RECHTS_GEDRUECKT))
  fenster_nachricht(2);
/* Falls sich der Maus-Cursor im Maus-Fenster 4 (Statuszeile) befindet */
/* und die linke Maustaste gedrückt wurde, dann die Schleife beenden.  */
if((ucIndex == 3) & (iKnoepfe == LINKS_GEDRUECKT))
  iEnde=TRUE;
}
while(iEnde == FALSE);
/******************* Ende der DO-WHILE-Schleife ********************/

maus_unsichtbar(); /* Maus-Cursor unsichtbar schalten.              */
}
/****************************************************************************/
```

Funktion: maus_grafik_demo()

Die Funktion „maus_grafik_demo()" verkörpert den dritten Menüpunkt. Es werden die grundlegenden Mausoperationen im Grafikmodus aufgezeigt. Um eine Wiederholung von Programmstrukturen zu vermeiden, verzichtet das Modul auf die Abhandlung verschiedener Mausbereiche. Wurde der Menüpunkt 3 vom Anwender ausgewählt, so erscheint das in Bild 3.104 aufgezeigte Titelbild.

Bild 3.104:
Titelbild zum
Menüpunkt 3

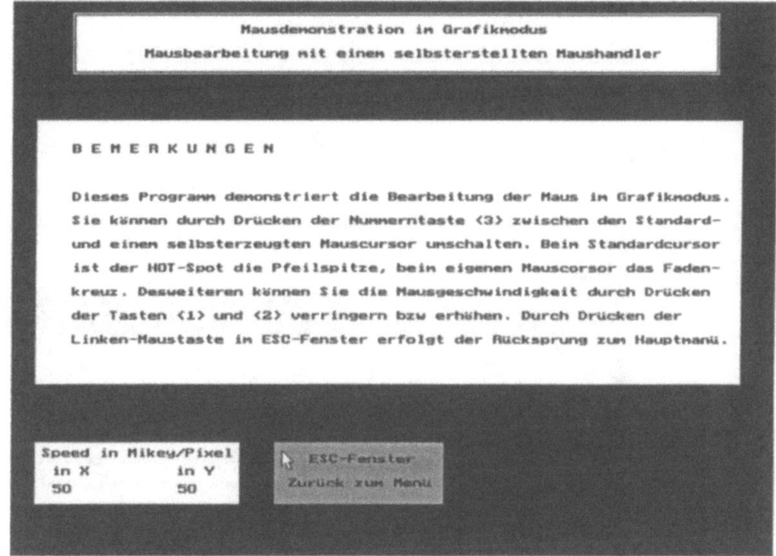

In diesem Bild hat man die Auswahl zwischen:

⇨ ①: Maustempo langsamer

⇨ ②: Maustempo schneller

⇨ ③: Mausdarstellung ändern

Über die ersten beiden Punkte kann man den MausCursor langsamer bzw. schneller über den Bildschirm zu steuern. Bei jedem Tastendruck wird das Maustempo eine Schrittweite langsamer oder schneller geschaltet. Wie in Bild 3.104 ersichtlich, nimmt der Standard-Maus-Cursor im Grafikmodus eine Pfeilform an. Die Pfeilspitze stellt dabei den „HOT-SPOT", d.h die aktuellen Mauskoordinaten, dar. Drückt man die Taste ③, so erfolgt die Installation eines selbstdefinierten Maus-Cursors. Am Bildschirm erscheint (Bild 3.105) ein Maus-Cursor in Form eines Fadenkreuzes. Die Mitte des Fadenkreuzes ist durchsichtig und repräsentiert den „HOT-SPOT" des neuen Maus-Cursors. Ein erneutes Drücken der Taste ③ wechselt wieder zum Standard-Maus-Cursor. Im Grafikmodus erfolgt die Erzeugung eines neuen Maus-Cursors völlig verschieden zum Textmodus. Der Rücksprung zum Hauptmenü wird durch ein Drücken der linken Maustaste durchgeführt, während sich der „HOT-SPOT" des betreffenden Maus-Cursors im „ESC-Fenster" befindet. Der gesamte Programmablauf zur Funktion „maus_gra-fik_demo()" ist im Flußdiagramm im Bild 3.106 aufgezeigt. Dabei ist der Funktionsablauf beim Eintreten eines Mausereignisses identisch zum Ablauf im Bild 3.99. Allerdings muß in der Abbildung der Name des Maus-Handlers „maus()" durch „mausgraf()" abgeändert werden. Im Gegensatz zum Textmodus werden beim Maus-Handler „maus-graf()" die Mauskoordinaten nicht durch den Wert 8 geteilt.

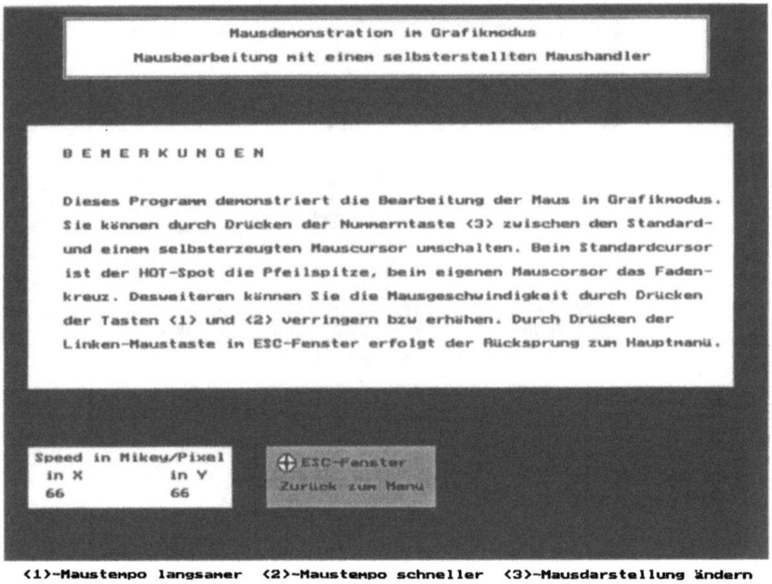

Bild 3.105:
Darstellung des neuen Maus-Cursors im Grafikmode.


```
/**************************************************************************/
void maus_grafik_demo(void)
{
int iEnde,iX_speed,iY_speed,iCursor_art;
unsigned char ucTaste;
char acX_ausgabe[10]="",acY_ausgabe[10]="";
```

Die Variable „ucEigner_cursor" realisiert das weiter oben beschriebene 64-Byte Feld zur Erzeugung eines Maus-Cursors im Grafikmode. Das 64 Bit-Feld wird, wie in den Tabellen 3.44 und 3.45 aufgezeigt, mit dem Inhalt des betreffenden Grafikbildspeichers pixelweise verknüpft.

```
unsigned char ucEigner_cursor[64]={
31 ,248,15 ,240,7  ,224,3  ,192,1  ,128 ,0  ,0  ,0  ,128,1  ,
0  ,0  ,0  ,0  ,0  ,0  ,1  ,128,3  ,192 ,7  ,224,15 ,240,31 ,248,
0  ,0  ,64 ,2  ,96 ,6  ,112,14 ,120,30 ,124,62 ,62 ,124,0  ,0  ,
0  ,0  ,62 ,124,124,62 ,120,30 ,112,14 ,96 ,6  ,64 ,2  ,0  ,0 };
```

Durch den folgenden Maus-Interruptaufruf wird die aktuelle Mausgeschwindigkeit für die horizontale und vertikale Mausbewegung bestimmt. Die entsprechenden Werte werden in den funktionsglobalen Variablen „iX_speed" und „iY_speed" abgelegt.

```
Register.x.ax=0x001B;
int86(0x33,&Register,&Register);
iX_speed=Register.x.bx; iY_speed=Register.x.cx;
```

Bild 3.106:
Flußdiagramm
zum Menü-
punkt 3

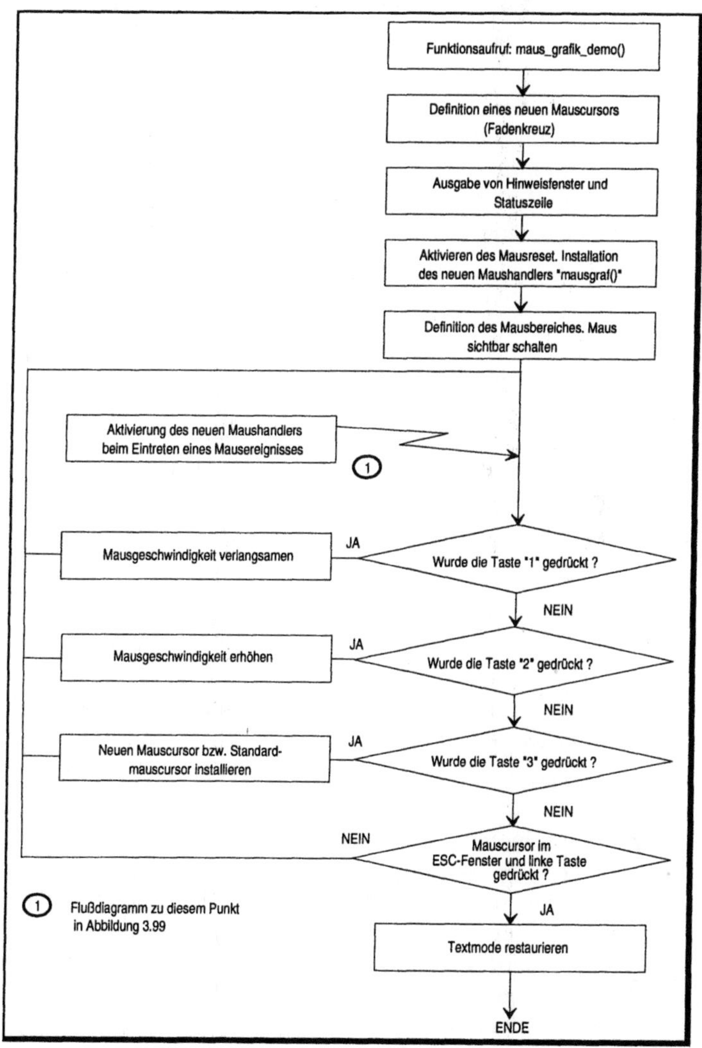

Es folgt die Installation des Grafikmode 12H mit einer Auflösung von 640*480 Pixeln und 16 gleichzeitig darstellbaren Farben.

```
video_mode();
```

Die nächsten Programmzeilen installieren notwendige Fenster und Textausgaben zur Darstellung des in Bild 3.104 aufgezeigten Titelbildes. Sehen Sie bei Bedarf im Original-Listing nach.

```
....
....
```

In der anschließenden Anweisung wird festgelegt, bei welchem Maus-Ereignis der neue Handler aufgerufen werden soll. Die entsprechenden Konstanten für Drücken und Loslassen der linken Maustaste sind wiederum in der Headerdatei „maus.h" abgelegt.

```
iEreignis_maske=EVENT_LINKS_PRESS + EVENT_LINKS_ENDE;
```

Der Maustreiber (mouse.com bzw. mouse.sys) wird auf einen definierten Ausgangszustand gebracht.

```
maus_reset();
```

Es folgt die Installation des neuen Maus-Handlers „mausgraf()".

```
maus_event_handler_installieren(iEreignis_maske,(maus_funktionszeiger)mausgraf);
```

Der Maus-Cursor wird sichtbar geschalten.

```
maus_sichtbar();
```

Nur innerhalb des definierten Maus-Bereichs kann der Maus-Cursor bewegt werden.

```
maus_bereich(GRAFIK,1,70,632,449);
```

In der folgenden „DO-WHILE"-Schleife folgt die eigentliche Mausabfrage. Die Mausinformationen erhält das Programm automatisch durch den neuen Maushandler, welcher über die Funktion „uebergabe(..)" die aktuellen Mausdaten ins Programm übergibt. Die Schleife wird solange wiederholt, bis die Abbruchbedingung (linke Maustaste gedrückt und Mauskoordinaten innerhalb des ESC-Fensters) erfüllt sind.

```
iEnde=FALSE;
setcolor(WHITE);
iCursor_art=1; /* Wert für Standard-Grafikcursor                       */
/*************************** DO-WHILE-Schleife ***************************/
do
{
```

Falls die Abbruchbedingung erfüllt ist, wird die Schleifenvariable „iEnde" auf den Abbruchwert „TRUE" gesetzt.

```
if ( (iKnoepfe == LINKS_GEDRUECKT) && ((iX >= 220) && (iX <= 360)) &&
                     ((iY >= 370) && (iY <= 420)) )
   iEnde=TRUE;
```

Es wird überprüft, ob eine Taste gedrückt wurde.

```
if(bioskey(1) != 0)
{
 /* Ja, eine Taste wurde gedrückt                                      */
```

Einlesen der Tasteninformation in die Variable „ucTaste".

```
ucTaste=bioskey(0);
```

Die aktuelle Mausgeschwindigkeit wird mit Hilfe der beiden Variablen „iX_speed" und „iY_speed" im entsprechenden Fenster ausgegeben.

```
fenster(25,400,185,415,BLUE,FALSE,FALSE);
itoa(iX_speed,acX_ausgabe,10);
itoa(iY_speed,acY_ausgabe,10);
outtextxy(35,405,acX_ausgabe);
outtextxy(140,405,acY_ausgabe);
```

Auswerten der gedrückten Taste und Aktivierung des notwendigen Programmablaufs.

```
switch(ucTaste)
{
```

Die Tasten ①︎ und ②︎ bearbeiten das Maustempo.

```
case TASTE_1: /* Taste-1; Maustempo langsammer                        */
   /* Die Werte sind umgekehrt proportinal zur Geschwindigkeit         */
   ++iX_speed; /* verringern der horizontalen Mausgeschwindigkeit      */
   ++iY_speed; /* verringern der vertikalen Mausgeschwindigkeit        */
   if(iX_speed > 1000) iX_speed=1000; /* Maximalwert 1000 zulassen     */
   if(iY_speed > 1000) iY_speed=1000; /* Maximalwert 1000 zulassen     */
   /* neue Geschwindigkeitswerte installieren                          */
   maus_geschwindigkeit(iX_speed,iY_speed);
   break;
```

```
case TASTE_2: /* Taste-2; Maustempo schneller                   */
    /* Die Werte sind umgekehrt proportinal zur Geschwindigkeit  */
    --iX_speed; /* erhöhen der horizontalen Mausgeschwindigkeit  */
    --iY_speed; /* erhöhen der vertikalen Mausgeschwindigkeit    */
    if(iX_speed <= 0) iX_speed=1; /* Minimalwert 1 zulassen       */
    if(iY_speed <= 0) iY_speed=1; /* Minimalwert 1 zulassen       */
    /* neue Geschwindigkeitswerte installieren                    */
    maus_geschwindigkeit(iX_speed,iY_speed);
    break;
```

Durch Drücken der Taste ③ wird die Maus-Cursor-Darstellung verändert. Bei einem aktuellen Standard-Cursor wechselt man zum neuen Fadenkreuz-Cursor und umgekehrt. Im Programm wird die Maus-Cursor-Darstellung durch die Variable „iCursor_art" verwaltet. Der Wert „1" repräsentiert den Standard-Cursor, der Wert „2" den neuen Fadenkreuz-Cursor.

```
case TASTE_3: /* Taste-3; Mauscursordarstellung                 */
++iCursor_art;
if(iCursor_art == 3) iCursor_art=1;
```

Der Standard-Mauscursor kann durch einen „RESET" des Maustreibers (mouse.com bzw. mouse.sys) aktiviert werden. Nach einem „Maus-RESET" muß jedoch erneut der Maus-Handler „mausgraf()" installiert, der Maus-Cursor sichtbar gemacht und der gewünschte Mausbereich definiert werden.

```
if(iCursor_art == 1)
{
maus_reset();
maus_event_handler_installieren(iEreignis_maske,(maus_funktionszeiger)
                                mausgraf);
maus_sichtbar();
maus_bereich(GRAFIK,1,70,632,449);
}
```

Der neu definierte Maus-Cursor kann durch die selbstdeklarierte Funktion „grafik_cursor_installieren()" aktiviert werden.

```
if(iCursor_art == 2)
{
grafik_cursor_installieren(FP_SEG(ucEigner_cursor),
                           FP_OFF(ucEigner_cursor),7,7);
}
break;
```

Drückt der Anwender eine falsche Taste, so gibt die Funktion ein akustisches Warnsignal über den PC-Lautsprecher aus.

```
default:     /* falsche Taste gedrückt                          */
```

```
    sound(1000); delay(500); nosound();
    break;
  }
 }
}
while(iEnde == FALSE);
/*******************Ende der DO-WHILE-Schleife ************************/
```

Bevor der Rücksprung zum Hauptmenü erfolgt, restauriert die Funktion den zuletzt installierten Textmodus.

```
textmode(LASTMODE);
}
/*******************************************************************/
```

3.13.2   Mausbearbeitung in objektorientierter Konvention

Wie bereits beim klassischen Ansatz setzt sich auch das objektorientierte Programm „maus2.exe" aus dem „C"-Modul „maus2.cpp", sowie den drei kompilierten Assemblermodulen „maus.obj", „mausc.obj" und „mausgraf.obj" zusammen. Die notwendige Projektdatei ist entsprechend den eingesetzten Entwicklungswerkzeugen von „BORLAND" anzulegen (s. Kapitel 1).

Programminhalt

Auf Grund der identischen Programminhalte der beiden Programme „maus1.c" und „maus2.cpp" wird an dieser Stelle auf eine erneute Beschreibung verzichtet. Lesen Sie bei Bedarf im Kapitel 3.13.1 an entsprechender Stelle nach.

Programmdiskussion

In das Programm „maus2.cpp" werden die drei selbstdeklarierten Headerdateien „buch_cpp.h", „vga_cpp.h" und „maus_cpp.h" eingebunden. Dabei stellen die Header-Klassen-Dateien „buch_cpp.h" die Klasse „DIVERS" und „vga_cpp.h" die Klasse „GRAPHIK" bereit. In der Datei „maus_cpp.h" sind nur klassische Funktionen enthalten. Durch den Bezeichner „extern" wird beim Einbinden der Datei „buch_cpp.h" auf eine Namensergänzung der Funktionsargumente verzichtet. Wie bereits im Kapitel 1 beschrieben, ist diese Maßnahme notwendig, um „C"- und „C++"-Module miteinander verbinden zu können. Alle Assembler-Module sind nach klassischer „C"-Konvention erstellt worden.

```
/*****************************************************************************/
/* INCLUDE-DATEIEN und FUNKTIONSPROTOTYPEN                                 */
#include "buch_cpp.h"
#include "vga_cpp.h"
extern "C"
{
#include "maus_cpp.h"
void far maus(void);
void far mausc(void);
void far mausgraf(void);
}
/*****************************************************************************/
```

Klassen und Methoden aus der Headerdatei: buch_cpp.h

Die aus der Headerklasse „buch_cpp.h" eingebundene Klasse „DIVERS" stellt die Methoden cursor_aus(), tastatur_loeschen(), fuellen(), ende() und fehler_ende() bereit.

Klassen und Methoden aus der Headerdatei: vga_cpp.h

Die Klasse „GRAPHIK" stellt die Methoden video_mode(), bildschirm_seite0_nach_seitex(), bildschirm_seitex_nach_seite und fenster() zur Verfügung.

Funktionen aus der Headerdatei: maus_cpp.h

Die Headerdatei „maus_cpp.h" stellt alle für das Maus-Funktionsinterface realisierten Funktionen bereit. Die Datei spiegelt praktisch die Headerdatei „buch.h" aus dem klassischen Ansatz wieder. Auf eine erneute Aufzählung aller Funktionen wird verzichtet. Dieses File enthält keine objektorientierten Module. Bei der Assembler- und Interruptverarbeitung wäre es nur durch den Einsatz vieler programmtechnischer Tricks möglich, auch Klassenobjekte einzusetzen.

Klassendeklaration im Programm

Der im Deklarationsteil definierten Klasse werden durch die Anweisung:

```
class menue : private divers , private graphik
```

alle Eigenschaften der Klassen „DIVERS" und „GRAPHIK" private vererbt. Im Klassendiagramm in Bild 3.107 werden neben den Headerdateien auch die beim Linkprozess hinzugefügten Maus-Handler „maus()", „mausc()" und „mausgraf()" aufgezeigt.

```
/*********************************************************************/
class menue : private divers , private graphik {
private:
 constream window1,window2,window3,window4,window5,window6,window7,window8,
 window9, window10,window11,window12;
 union REGS Register;
 struct SREGS Sregister;
 int iEnde, iTaste_word, iTaste_low_byte, iX_speed,iY_speed,iCursor_art;
 unsigned char ucTaste;
 char acX_ausgabe[10],acY_ausgabe[10];
public:
 menue(void){;};
 ~menue(void){;};
void ablauf(void);
void maus_test(void);
void fenster_nachricht(int iFenster);
void maus_text_demo(void);
void maus_grafik_demo(void);
};/*******************************************************************/
```

Bild 3.107: Klassenhierarchie zum Programm „MAUS2"

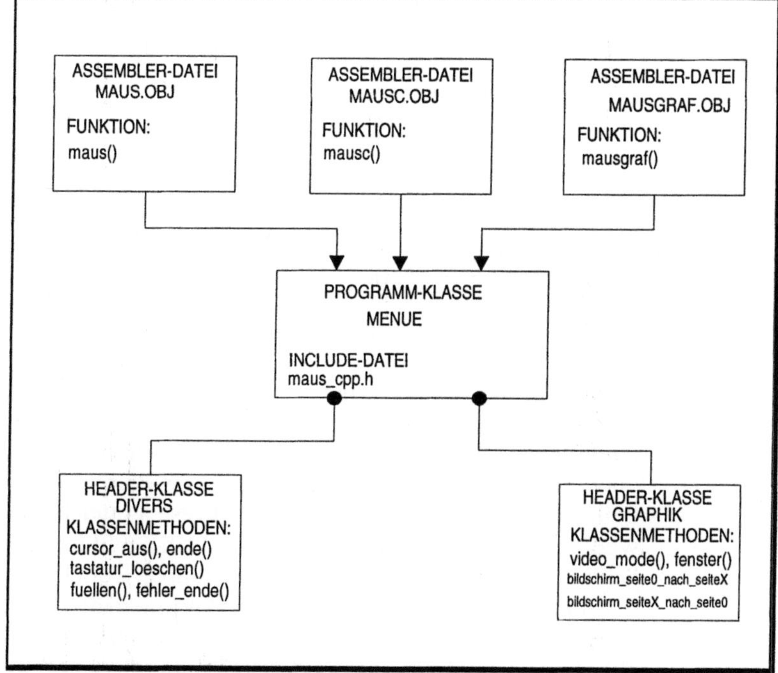

Konstruktoren und Destruktoren

Wie im Klassendeklarationsteil ersichtlich, sind keine Konstruktor- und Destruktoranweisungen deklariert.

Klassenmethoden

Alle Klassenmethoden und Funktionen aus dem Programm „maus2.cpp" sind in Aufbau und Ausführung identisch zu den gleichnamigen Funktionen aus dem klassischen Programmansatz „maus1.c". Die Klassenmethode programm.ablauf()" spiegelt die Funktion „menue()" aus dem Programm „maus1.c" wieder.

Hauptprogramm

Im Deklarationsteil des Hauptprogramms erfolgt die Inkarnation der Klassenvariablen „programm" vom Objekttyp „MENUE". Im Anschluß aktiviert das Hauptprogramm die Methode „pro-gramm.ablauf". Diese Methode installiert das Hauptmenü, indem der weitere Programmablauf, wie beschrieben, vom Anwender bestimmt wird.

```
/*******************************************************************************/
/* H A U P T P R O G R A M M                                                  */
void main()
{
menue programm;

programm.ablauf();
}
/****************************************************************************/
```

3.14 PCX-Grafiken

Fast jedem PC-Benutzer ist das PCX-Format ein geläufiger Begriff. Und wer möchte nicht in seine Anwendungen die hochauflösenden Grafiken in voller Farbenpracht integrieren. Es gibt kaum ein Grafik- oder Malprogramm, welches dieses Format nicht unterstützt. Anfang der 80ger Jahre wurde dieses Grafikformat zur Speicherung der von Paintbrush erzeugten Dateien von der Firma ZSoft-Corporation entwickelt. Seit dieser Zeit hält das PCX-Format Einzug auf allen heute etablierten Rechnersystemen. Diese Entwicklung ergab sich, weil Z-Soft-Corporation das interne PCX-Grafikformat der Öffentlichkeit zugänglich machte. Niemand ahnte jedoch damals, wieviel verschiedene Grafikkarten und Grafiknormen die Zukunft bringen würde. Dies ist auch die Ursache für die komplizierte, grafikkartenabhängige Umsetzung der PCX-Dateien auf die verschiedenen Hard- und Softwaresysteme. Um die Funktionalität dieses Dateiformates vernünftig beschreiben zu können, befaßt sich das folgende Kapitel ausschließlich mit den 16-Farbenmodi (s. Kapitel 2) der VGA-Karte. Diese Videomodi benützen alle eine einheitliche Bildspeicherorganisation der VGA-Karte und können somit gleich behandelt werden.

3.14.1   Allgemein

Bildspeicher in den 16-Farben-Grafikmodi: Wie bereits im Kapitel 2 beschrieben, verwaltet die VGA-Grafikkarte in den 16 Farbenmodi, wie im Bild 3.108 dargestellt, vier 64 KByte große Farbebenen. Alle Farbebenen liegen im gemeinsamen Adreßbereich von A0000H bis AFFFFH. Jede Farbebene trägt ein Bit (0-3 => 16 Farben) zur Farbnummer eines entsprechenden Pixels bei. Da nun alle 4 Farbebenen-Adressen eines Pixels an der selben Adresse liegen, muß vor dem Schreiben eines neuen Wertes über das „MAP-MASK-REGISTER" (s. Tabelle 3.46) die betreffende Farbebene selektiert werden. Jedes Byte im Bildspeicher verwaltet 8 horizontal benachbarte Pixel pro Farbebene. Bei einer horizontalen Auflösung von 640 Pixeln sind demnach 80 Bytes (640Pixel/8Bit) pro Farbebene für eine Bildschirm-Pixelzeile notwendig. Wobei das Byte 0 die ersten 8 Pixel und Byte 79 die letzten 8 Pixel der Bildschirm-Pixelzeile repräsentieren. Bei vier Farbebenen kommen damit 320 Bytes zusammen (80Bytes*4Farbebenen) . Mit diesen 320 Bytes kann eine komplette Bildschirmzeile im 16 Farbenmodus dargestellt werden.

Bild 3.108:
Farbseitenregelung über das MAP-MASK-REGISTER

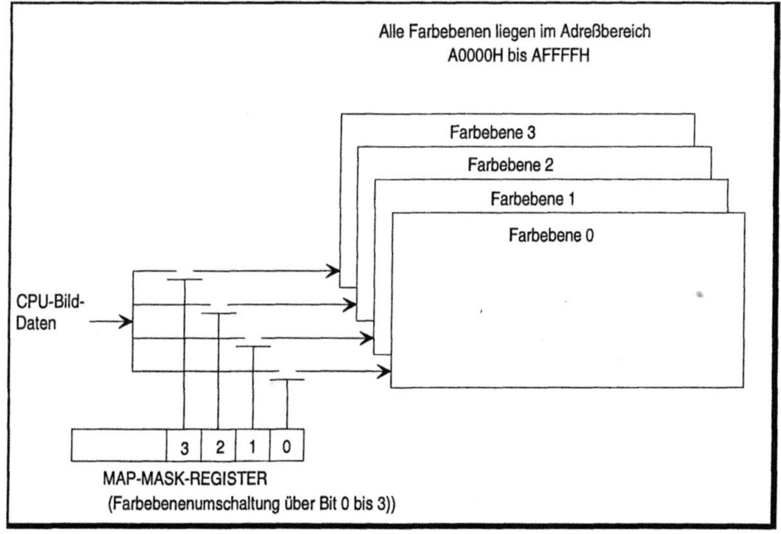

Tabelle 3.46:
Zusammen-
hang zwischen
MAP-MASK-
REGISTER und
Farbnummer

Bit-Position im MAP-MASK-REGISTER	Selektierte Farbebene	Bitposition der Farbnummer (4 Bit -> 16 Farben)
0	0	0
1	1	1
2	2	2
3	3	3
4 bis 7	Nicht belegt	Nicht belegt

Zusammenfassung:

⇨ 80 Bytes pro Bildschirmzeile und Farbebene

⇨ 320 Bytes für eine gesamte Bildschirmzeile (4 Farbebenen)

⇨ 1 Byte beherbergt 8 horizontal benachbarte Bildpunkte pro Farbebene

⇨ Für die farbige Darstellung von 8 Pixeln sind 4 Bytes (4 Farbebenen) notwendig. Die 4 Bytes werden alle unter der gleichen Adresse, jedoch über das MAP-MASK-REGISTER, auf verschiedene Farbebenen abgelegt.

Der Aufbau einer PCX-Grafikdatei:
Auf den nächsten Seiten wird der grundsätzliche Aufbau einer PCX-Grafikdatei näher erläutert. Eine PCX-Datei besteht im Wesentlichen aus den beiden Komponenten:

⇨ PCX-HEADER

⇨ PCX-Datenbereich

PCX-HEADER
Alle PCX-Dateien beginnen mit einem 128 Byte langen Vorspann, der auch „PCX-HEADER" genannt wird. Von diesen 128 Bytes finden derzeit nur die ersten 70 Bytes Verwendung. Die restlichen 58 Bytes dienen nur als Füller zwischen PCX-HEADER und den Bilddaten. Alle Informationen des PCX-HEADER können der Tabelle 3.47 entnommen werden.

Tabelle 3.47:
Aufbau eines
PCX-
HEADERS

Byte	Bezeichner	Erläuterung
0	Identifikation	Enthält immer den Wert 10 Damit wird eine PCX-Datei deklariert
1	Version	PCX-Version: Inhalt von Byte 1 ist in der Tabelle 3.48 dargestellt
2	Komprimierung	Ist immer "1" (= Runlength-Kodierung)
3	Bits pro Pixel	Anzahl der Bits pro Pixel einschließlich zugehöriger Farbe
4-7	X1,Y1	Bild-Koordinaten (linke obere Ecke)
8-11	X2,Y2	Bild-Koordinaten (rechte untere Ecke)
12-13	H-Auflösung	Horizontale Auflösung des Bilderzeugers
14-15	V-Auflösung	Vertikale Auflösung des Bilderzeugers
16-63	Farbpalette	Falls die PCX-Version eine Farbpalette enthält, wird diese hier abgespeichert
64	Paintbrush- V-Mode	Dieses Byte hat nur in Paintbrush-Anwendungen eine Bedeutung
65	Farbebenen	Anzahl der Farbebenen. In den 16-Farbenmodi der VGA-Karte enthält dieses Byte immer den Wert 4
66-67	Bytes pro Zeile	Anzahl der notwendigen Bytes pro Bildschirmzeile und pro Farbebene
68-69	Farbpalettenart	Farbpalette 1: Farben 2: Graustufen
70-128	Füller	Dieser Bereich ist für künftige Anwendungen reserviert

Byte "0" (Identifikationsbyte): Mit diesem Byte wird das Vorhandensein einer PCX-Datei kenntlich gemacht. Zur Zeit wird nur der Wert 10 unterstützt.

Byte "1" (Version der PCX-Datei): Dieses Byte gibt Auskunft über die PCX-Version. Momentan sind vier Versionen im Einsatz, wobei die Versionen V2.8 und V3.0 eine eigene Farbpalette mit 16 möglichen Farben in der PCX-Datei mitführen (s. Byte 16 bis Byte 63 im PCX-HEADER). Die Tabelle 3.48 enthält weitere Informationen.

Tabelle 3.48:
Die unterschiedlichen PCX-Versionen

Wert von Byte 1 im PCX-HEADER	PCX-Version
0	Version 2.5 ohne Farbpalette
2	Version 2.8 ohne Farbpalette
3	Version 2.8 mit Farbpalette
5	Version 3.0 mit Farbpalette

Byte "2" (Komprimierungsart): Zur Zeit wird nur der Wert "1" unterstützt. Die Bilddaten werden nach dem Prinzip der Runlength-Kodierung komprimiert. Grafikbilder bestehen oft aus großen, gleichfarbigen Flächen, die durch identische Datenbytes dargestellt werden. Diese Tatsache nutzt das Runlength-Kodierungs-Prinzip, welches speziell für Bytewiederholungen ausgelegt ist. Dabei werden die sich wiederholenden Bytes in zwei Datenbytes gepackt. Das erste Byte stellt einen Wiederholungsfaktor und das zweite Byte das eigentliche Datenbyte dar. Das Zählbyte unterscheidet sich vom Datenbyte dadurch, daß die oberen beiden Bits (Bit-6 und Bit-7) gesetzt sind. In den verbleibenden sechs Bits (Bit 0 bis Bit 5) kann demnach ein Wiederholungsfaktor vom Wert 0 bis zum Wert 63 untergebracht werden. Bei einmal vorkommenden Datenbytes, deren obere beiden Bits gesetzt sind, ist ein Zählbyte mit dem Wiederholungsfaktor "1" voranzustellen.

Nach dieser Theorie kurz ein kleines Beispiel. Die folgende, nach der Runlength-Kodierung komprimierte, hexadezimale Bytefolge ist zu entkomprimieren.

komprimierte Bytefolge: C9 04 03 C1 FF

entkomprimierte Bytefolge: 04 04 04 04 04 04 04 04 04 03 FF

Bei dem Byte "C9" handelt es sich um ein Zählbyte mit dem Wiederholungsfaktor "9". Dies wird durch die Darstellung in binärer Form sofort ersichtlich: C9H=11001001B. Die oberen beiden Bits "11" sind gesetzt. Die restlichen sechs Bits "001001" stellen den Wiederholungsfaktor mit dem Wert "9" dar. Das nächste Byte "04" ist das zugehörige Datenbyte zum Wiederholungsfaktor "9". Das dritte Byte "03" stellt ein einmal vorkommendes Datenbyte mit dem Wert

"3" dar. Bei dem nächsten Byte "C1" handelt es sich wieder um ein Zählbyte, aber diesmal mit dem Wiederholungsfaktor "1". Die Kodierung wird ebenfalls durch die binäre Schreibweise C1H=11000001B ersichtlich. Der Wiederholungsfaktor von "1" ist notwendig, da die beiden oberen Bits des folgenden Datenbytes gesetzt sind. Hätte man kein Zählbyte vorangestellt, würde dieses Datenbyte "FF" als Zählbyte ausgewertet werden.

Byte 3 (Bits): Dieses Byte gibt Auskunft über Anzahl der Bits pro Farbebene, die zur Darstellung eines Pixels notwendig sind. Bei Monochrombildern ist ein Bit, bei Vier-Farben sind zwei Bit und bei 16-Farben 4 Bit notwendig. In den 16 Farben-Modi der VGA-Karte ist pro Farbebene genau ein Bit erforderlich.

Bytes 4-11 (PCX-Koordinaten): Die Bytes 4-7 geben die linke obere Ecke und die Bytes 8-11 die rechte untere Ecke des PCX-Bildes an. Das PCX-Format ist somit in der Lage, auch Teilbereiche des Bildschirmes zu füllen. Bei diesen Koordinatenangaben handelt es sich um 2-Byte Werte.

Byte 4 = X1-Lowanteil

Byte 5 = X1-Highanteil

....

Byte 10 = Y2-Lowanteil

Byte 11 = Y2-Highanteil

Bytes 12-15 (Bilderzeuger-Auflösung): Diese Bytes stellen die X- und Y-Auflösung des Bilderzeugers dar. Sie werden hauptsächlich bei gescannten Bildern benützt. Für die Programme dieses Kapitels sind sie jedoch ohne Bedeutung. Auch bei diesen Bytes handelt es sich wieder um 2-Byte Werte.

Byte 12 = X-Auflösung Lowanteil

Byte 13 = X-Auflösung Highanteil

Byte 14 = Y-Auflösung Lowanteil

Byte 15 = Y-Auflösung Highanteil

Bytes 16-63 (Farbpalette): Die PCX-Dateien der Versionen 2.8 und 3.0 enthalten neben den Bilddaten eine zusätzliche Farbpalette mit 16 Farbeinträgen. Jede Farbe wird aus den drei Farbanteilen ROT, GRÜN, sowie BLAU gebildet. Die 48 Farbpalettenbytes sind wie folgt abgelegt: Byte 16 = Farbnummer "0" (ROT-Anteil), Byte 17 = Farbnummer "0" (GRÜN-Anteil), Byte 18 = Farbnummer "0" (BLAU-Anteil), Byte 19 = Farbnummer "1" (ROT-Anteil),.........., Byte 61 =

Farbnummer "15" (ROT-Anteil), Byte 62 = Farbnummer "15" (GRÜN-Anteil) und Byte 63 = Farbnummer "15" (BLAU-Anteil). Da bei der Entwicklung des PCX-Formates in den achtziger Jahren noch nicht an VGA-Karten mit 256 und mehr Farben zu denken war, reservierte man nur 48 Bytes zur Darstellung von 16 Farben. Heutzutage wird bei PCX-Bildern mit 256 Farben eine Zusatzfarbpalette mit 768 Bytes an das Ende, hinter den Datenbytes, angefügt. Aus der Entwicklungsphase der PCX-Formate stammt auch die Wertigkeit der Farbanteile einer Farbe. Die ROT-, GRÜN- und BLAU-Anteile liegen bei der PCX-Datei im Wertebereich von 0 bis 255. Auf den heutzutage üblichen VGA-Karten können aber nur Farbanteile mit einem Wertebereich von 0-63 dargestellt werden.

Tabelle 3.49:
Farbwerte-
Vergleich zwi-
schen VGA-
(16-Farben)
und PCX-
Dateien

PCX-Wertebereiche	VGA-Wertebereiche
0..63	0..15
64..127	16..31
128..191	32..47
192..255	48..63

Die Software zur Anzeige von PCX-Grafikdateien muß eine Konvertierung vornehmen. Tabelle 3.49 gibt einen Überblick über diese Konvertierungsmaßnahme.

Byte 64 (Reserviert): Dieses Byte dient nur für interne Paintbrush-Aufgaben und hat deshalb für die nachfolgenden Programme keine Bedeutung.

Byte 65 (Farbebenen): Dieses Byte repräsentiert die Anzahl der Farbebenen, welche für den Farbton des Pixels zuständig sind. Bei den 16 Farbenmodi der VGA-Karte werden immer vier Farbebenen benötigt. Für die Anzahl von 16 Farben werden 4 Bits benötigt. Der mathematische Zusammenhang setzt sich folgendermaßen zusammen:

Anzahl der Farben = $2^{\text{Bits pro Pixel}}$

Diese notwendigen vier Bits werden durch die vier Farbebenen realisiert.

Bytes 66-67 (Bytes pro Bildschirmzeile): Der Inhalt dieser beiden Bytes repräsentiert die Anzahl der Bytes, die für eine unkomprimierte Zeile einer Farbebene im Bildschirmspeicher notwendig sind. In den 16 Farbenmodi der VGA-Karte beträgt der Inhalt dieser

Bytes immer 80. Bei diesem Wert handelt es sich um einen 2-Byte Wert.

Byte 66 = Lowanteil

Byte 67 = Highanteil

Bytes 68-69 (Paletteninformation): Der Zahlenwert dieser Bytes gibt Auskunft über den Farbpaletteninhalt. Der Wert 1 steht für eine Farben- und der Wert 2 für eine Graustufenpalette. An dieser Stelle ist zu erwähnen, daß diese Information in vielen PCX-Dateien nicht unterstützt und deshalb auch nicht ausgewertet werden kann. Auch bei diesem Wert handelt es sich um einen 2-Byte Wert.

Byte 68 = Lowanteil

Byte 69 = Highanteil

Bytes 70-128 (Füller): Diese Bytes werden in den derzeitgen PCX-Versionen nicht benützt und können für zukünftige Erweiterungen genutzt werden. Sie dienen momentan als Füller zwischen dem PCX-Header und den eigentlichen Grafikdaten.

PCX-DATENBEREICH

Der Datenbereich der PCX-Datei beginnt direkt hinter dem PCX-Header ab Byteposition 129. Die Grafik-Werte einer kompletten Bildschirmzeile sind innerhalb der PCX-Datei jeweils beginnend für die Farbebene 0, der Reihe nach, bis zur Farbebene 3, hintereinander abgelegt. Wie bereits weiter oben erwähnt, sind die Grafikdaten einer PCX-Datei nach dem Prinzip der Runlength-Kodierung in komprimierter Form abgelegt. Die Daten setzen sich aus Zähl- und Datenbytes zusammen. Dabei arbeitet die Runlength-Kodierung zeilenüberschreitend. Darunter ist zu verstehen, daß sowohl ein Wechsel der Bildschirmzeile und auch ein Wechsel der Farbebene innerhalb einer Datenbyte-Wiederholung durchaus möglich ist und auch öfters vorkommt.

Die vorangegangenen Ausführungen verdeutlichen, wie komplex eine Software sein muß, um alle Informationen des PCX-Formates korrekt auszuwerten, damit dann die Grafikdaten und die eventuell vorhandenen Farbinformationen richtig in den Bildschirmspeicher der VGA-Karte kopiert werden können. Aber alle Mühe lohnt sich, wenn danach die hochauflösenden Grafiken in den eigenen Anwendungen mit allen möglichen Tricks den erstaunten Freunden und Kollegen vorgeführt werden können. Die beiden Programme „pcx1.c" und „pcx3.cpp" ermöglichen die komfortable Ausgabe von

PCX-Dateien für die 16-Farbenmodi in einer klassischen und einer objektorientierten Programm-Variante. Die auszugebende PCX-Grafik kann dabei nach Belieben in den Bildabmessungen und in der Farbgebung abgeändert werden. Das klassisch realisierte Programm „pcx2.c" verwirklicht die Ausgabe mehrerer PCX-Grafikdateien in Form einer DIA-Show. Dabei kann jedes Bild mit einer Soundausgabe über den SOUND-BLASTER oder über den PC-Lautsprecher kombiniert werden. Alle drei Programme zusammen sollten dem erfahrenen Programmierer für zukünftige DOS-Applikationen keine Wünsche offen lassen. Zumal die Erstellung von PCX-Grafiken mit dem Einsatz moderner Techniken, wie Video-Camcorder, Framegrabber-Karten und Bildverarbeitungs-Software, auch dem Laien alle Möglichkeiten bieten.

3.14.2 PCX-Grafikausgabe in klassischer „C"-Konvention

Programminhalt

Das Programm „pcx1" ermöglicht die komfortable Ausgabe von PCX-Dateien in den 16-Farbenmodi der VGA-Karte. Die PCX-Datei kann eine maximale Auflösung von 640*480 Pixeln und 16 unterschiedliche Farben enthalten. Das Programm ist mit der nachfolgenden Befehlszeile auf der DOS-Ebene aufzurufen:

pcx1 X1 X2 [X3] [X4] [X5] [X6] [X7] [X8] [X9] [X10] [X11]

Die Übergabeparameter X3 bis X11 sind optional und müssen nicht zwingend angegeben werden. Dabei repräsentieren die Übergabeparameter die folgenden Programmoptionen:

X1: Name der PCX-Datei (z.B. ramona.pcx)

X2: Auf der VGA-Karte zu installierender 16-Farben-Grafikmode

Folgende Angaben sind zulässig:

E: 16 Farben; 640*200 Pixel

10: 16 Farben; 640*350 Pixel

12: 16 Farben; 640*480 Pixel (Standard)

X3: Es können neue Anfangskoordinaten gesetzt werden

TRUE: Neue Koordinaten

FALSE: Koordinaten aus der PCX-Datei

X4: Es können neue Bildabmessungen gesetzt werden
TRUE: Neue Bildabmessungen
FALSE: Koordinaten aus der PCX-Datei

X5: Es kann eine neue Farbtabelle (16 Farben) installiert werden
TRUE: Neue Farbtabelle
FALSE: Farben der PCX-Datei (bei PCX-Version 2.8 und 3.0)
Aktuelle Farben der VGA-Karte (Version 2.5 und 2.8)

X6: Neue X-Anfangskoordinate

X7: Neue Y-Anfangskoordinate

X8: X-Offset links (8 Pixel * eingegebenen Wert)

X9: X-Offset rechts (8 Pixel * eingegebenen Wert)

X10: X-Offset oben (8 Pixel * eingegebenen Wert)

X11: X-Offset unten (8 Pixel * eingegebenen Wert)

Ruft der Anwender das Programm mit falschen Parametern auf, so erfolgt das sofortige Programmende mit der im Bild 3.109 aufgezeigten Fehlermeldung.

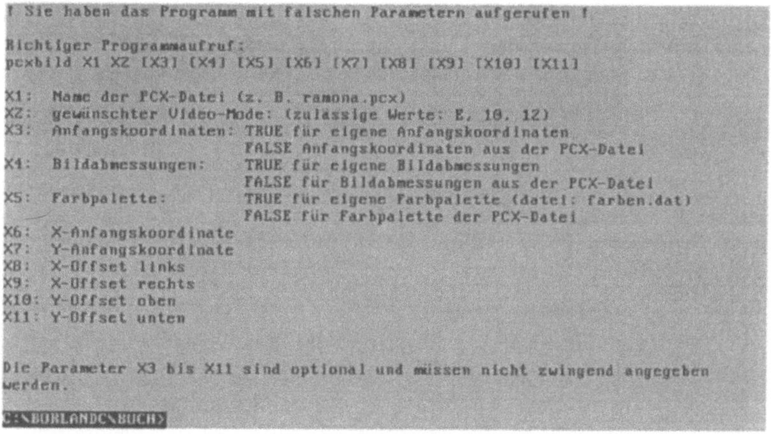

Bild 3.109:
Fehler-Bildschirm nach Programmaufruf mit falschen Parametern

```
! Sie haben das Programm mit falschen Parametern aufgerufen !

Richtiger Programmaufruf:
pcxbild X1 X2 [X3] [X4] [X5] [X6] [X7] [X8] [X9] [X10] [X11]

X1:   Name der PCX-Datei (z. B. ramona.pcx)
X2:   gewünschter Video-Mode: (zulässige Werte: 8, 10, 12)
X3:   Anfangskoordinaten: TRUE für eigene Anfangskoordinaten
                          FALSE Anfangskoordinaten aus der PCX-Datei
X4:   Bildabmessungen:    TRUE für eigene Bildabmessungen
                          FALSE für Bildabmessungen aus der PCX-Datei
X5:   Farbpalette:        TRUE für eigene Farbpalette (datei: farben.dat)
                          FALSE für Farbpalette der PCX-Datei
X6:   X-Anfangskoordinate
X7:   Y-Anfangskoordinate
X8:   X-Offset links
X9:   X-Offset rechts
X10:  Y-Offset oben
X11:  Y-Offset unten


Die Parameter X3 bis X11 sind optional und müssen nicht zwingend angegeben
werden.

C:\BORLANDC\BUCH>
```

Auf der dem Buch beiliegenden CD-ROM finden sie im Unterverzeichnis „MULTIMED" eine umfangreiche Sammlung von PCX-Grafikdateien. Nach der PCX-Programminstallation finden Sie auf Ihrem Rechner im entsprechenden Unterverzeichnis sieben unterschiedliche PCX-Grafiken wieder. Bild 3.110 zeigt die Ausgabe der PCX-Grafikdatei „bild1.pcx". Der entsprechende Programmaufruf lautet:

pcx1 bild1.pcx 12

Programmdiskussion

In das Programm „pcx1.c" wird die Headerdatei „pcx.h" eingebunden. Alle integrierten Funktionen werden weiter unten aufgeführt.

Bild 3.110:
Ausgabe der
PCX-
Grafikdatei
„bild1.pcx" im
Grafikmode
„12H"

```
/***********************************************************************/
/* INCLUDE-DATEIEN                                                    */
#include "pcx.h"
/***********************************************************************/
```

Funktion_ main()

Als erste Aktion überprüft die MAIN-Funktion die richtige Übergabe aller Programmaufrufparameter. Im nächsten Schritt erfolgt die eigentliche Ausgabe der beim Programmstart angegebenen PCX-Grafikdatei. Im Anschluß demonstriert das Programm eine mögliche Nachbearbeitung der am Bildschirm angezeigten Grafik. Vor dem Programmende wird das Bild jeweils zweimal nach oben und unten gescrollt. Das Flußdiagramm in Bild 3.111 zeigt den gesamten Programmablauf.

Bild 3.111:
Flußdiagramm
zum Programm
„PCX1"

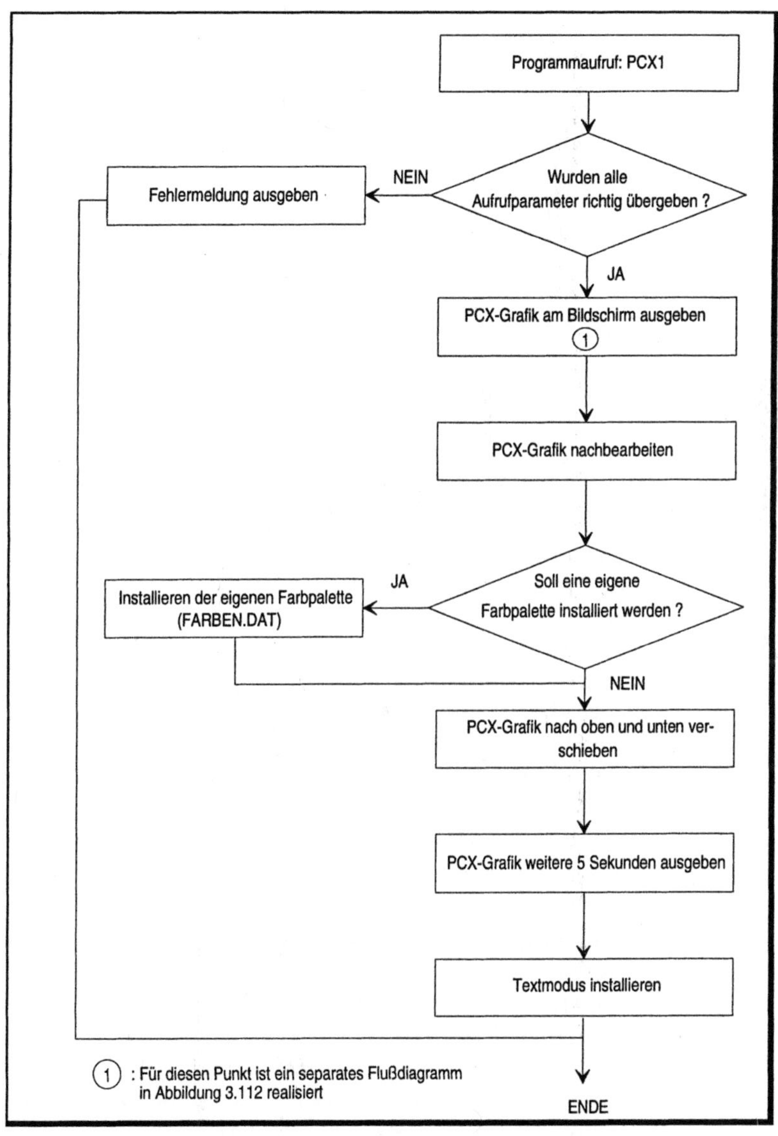

```
/************************************************************************/
/* Hauptprogramm                                                      */
int main(int argc, char *argv[])
{
/* Test ob alle Übergabeparameter beim Programmaufruf richtig angegeben */
/* wurden                                                             */
if(argumente(argc, argv) != 0) return(-1);
/* Ausgabe des PCX-Bildes                                             */
pcxbild();
/* Falls gewünscht kann das Bild im Programm nachgearbeitet werden    */
bild_nachbearbeitung();
/* Falls eigenen Farbpalette (Übergabeparameter bei Programmaufruf)   */
/* gewünscht, wird diese nun installiert                              */
if(iEigene_farbe==TRUE) eigene_farbpalette();
/* Softscrolling des PCX-Bildes                                       */
verschieben_oben(300,2);
/* Das Meisterwerk noch 5 Sekunden betrachten                         */
delay(5000);
/* Zurück zum Betriebssystem und zum Textmodus                        */
textmode(C80);
return(0);
}
/************************************************************************/
```

Funktionen aus der Headerdatei: pcx.h

Die Headerdatei „pcx.h" stellt alle zur PCX-Dateiausgabe notwendigen Funktionen zur Verfügung. Das Modul kann ohne Probleme in eigene Anwendungen einbezogen werden. Für das Programm „pcx1.c" werden die Funktionen pcxbild(), argumente(), verschieben_oben() und eigene farbpalette() zur Verfügung gestellt. Die Funktion „pcxbild()" realisiert die eigentliche PCX-Dateiausgabe. Die Funktion selbst besteht aus vielen einzelnen lokalen Funktionsaufrufen. Bevor die Funktion „pcxbild()" selbst diskutiert wird, werden zum besseren Verständnis im Vorfeld alle notwendigen, lokalen Funktionen und Datentypen erläutert.

Konstanten, Datentypen und Variablen aus der Headerdatei „pcx.h"

Die Headerdatei „pcx.h" enthält zu Beginn einige vordefinierte Konstanten, welche die Lesbarkeit des Programmes erleichtern. Die Bezeichner „TRUE" und „FALSE" werden bei logischen Operationen eingesetzt (z. B. if (Ausdruck == TRUE) then {....} else {...}). Die Konstante „BYTEPROZEILE" aus dem PCX-HEADER mit dem zugeordneten Wert 80 repräsentiert die Bytes 66 und 67, welche eine Aussage über die Bytes pro Bildschirmzeile treffen. Wie oben erwähnt, ist dieser Wert in den 16 Farbemodi der VGA-Karte immer 80.

```
/******************************************************************/
/* DEFINE-ANWEISUNGEN                                             */
#define TRUE            1 /* Konstruktion einer BOOLSCHEN Variablen */
#define FALSE           0 /* Konstruktion einer BOOLSCHEN Variablen */
#define BYTESPROZEILE  80 /* Anzahl der Bytes pro Bildschirmzeile   */
/******************************************************************/
```

Der anschließende Programmteil enthält neu definierte Datentypen. Wie auch in anderen Programmiersprachen, hat man in „C" die Möglichkeit, neue, anwenderbezogene Datentypen zu kreieren. Sinn dieses Vorhabens ist zum einen eine leichtere Lesbarkeit des Quellcodes und zum anderen eine vereinfachte Handhabung komplizierter Daten- und Funktionsoperationen. Dabei fallen die neuen Datentypen „BYTE" und „WORD" zur ersten und der Datentyp „pcx_kopf" zur zweiten Kategorie. Besonders dieser letzte Datentyp „pcx_kopf" verdeutlicht im weiteren Programmlisting eine einfache Handhabung dieses sonst so komplexen Datenbereiches. Dieser Datentyp stellt den Speicherbereich zur Aufnahme des gesamten PCX-HEADERS dar. Eine Vielzahl an zusammengehörenden Programmvariablen kann somit durch den Strukturaufbau dieses Datentyps unter einem gemeinsamen Variablennamen angesprochen werden.

```
/******************************************************************/
/* SELBSTDEFINIERTE-DATENTYPEN                                     */
typedef unsigned char BYTE; /* Konstruktion eines 8-Bit Datentyp's */
typedef unsigned int  WORD; /* Konstruktion eines 16-Bit Datentyp's */
/* Struktur zur Aufnahme des PCX-Headers                           */
typedef struct
{
BYTE kennung;           /* Ersteller: OAH = 10D = ZSoft PCX-Format    */
BYTE version;           /* PCX-Version: 0=Version 2.5                  */
/*                                   2=Version 2.8 mit Farbpallette    */
/*                                   3=Version 2.8 ohne Farbpalette    */
/*                                   5=Version 3.0 mit Farbpalette     */
BYTE kodierung;         /* Komprimierung: 0=unkomprimiert             */
/*                                   1=run length encoding             */
BYTE bits_pro_pixel;    /* Bits/Pixel: bei CGA 2 Bits/Pixel (1 Farbebene)*/
/*                        bei EGA/mono 1 Bit/Pixel (2 Farbebenen)      */
/*                        bei EGA/VGA 16 Farben 1 Bit/Pixel (4 Farbebenen) */
/*                        bei VGA 256 Farben 8 Bit/Pixel (Eine Farbebene) */
WORD x1;                /* Bildschirmkoordinaten linke obere Ecke     */
WORD y1;                /* Bildschirmkoordinaten linke obere Ecke     */
WORD x2;                /* Bildschirmkoordinaten rechte untere Ecke   */
WORD y2;                /* Bildschirmkoordinaten rechte untere Ecke   */
WORD ax;                /* horizontale Auflösung des Erzeugers        */
WORD ay;                /* vertikale Auflösung des Erzeugers          */
BYTE pal[48];           /* Farbpalette 16*3 Bytes (Rot,Grün,Blau)     */
BYTE reserviert;        /* nur für interne Paintbrush-Verwendung      */
BYTE ebene;             /* Anzahl der Farbebenen                      */
WORD bytes_pro_zeile;   /* Anzahl der gespeicherten Bytes/Bildzeile,  */
```

```
/*                       wobei nur eine Farbebene gerechnet wird       */
 WORD paletten_art;/* Interpretation der Farben: 1=Farbe (schwarz-weiss)*/
/*                                      2=Graustufen                   */
 BYTE fueller_128[58]; /* Füller auf 128 Byte PCX-Kopf:                */
} pcx_kopf;            /* Ende der Struktur                            */
/*****************************************************************************/
```

Der nächste Programmabschnitt enthält alle programmglobalen Variablen. Alle hier aufgeführten Variablen können nach dem Einbinden der Headerdatei „pcx.h" in allen Funktionsebenen des entsprechenden Programms gelesen und abgeändert werden. Die Verwendung der einzelnen Variablen ist aus der jeweiligen Programmbeschreibung zu entnehmen. Es folgt eine Beschreibung der wichtigsten Variablen:

⇨ „pcx_kopf *pcx_kopf_zeiger": Hier handelt es sich um einen Zeiger, welcher auf den PCX-Header weist.

⇨ „BYTE *bBildschirmzeile:" Diese Variable nimmt später eine Bildschirmzeile in einer Farbebene auf (80 Bytes).

⇨ „unsigned int uiVideo_segment=0XA000": In dieser Variablen wird die Segmentadresse des Bildspeichers auf der VGA-Karte geschrieben, die bei allen 16 Farbenmodi gleich ist.

⇨ „unsigned int uiVideo_offset": Diese Variable verwaltet die zur Segmentadresse gehörende Offsetadresse im Bildspeicher.

⇨ „iGraphmode=2; iGraphdriver=9:" Mit Hilfe dieser Variablen wird beim späteren Funktionsaufruf initgraph (&iGraphdriver, &iGraphmode, ...) der Videomode 12H (640*480 Bildauflösung, 16 Farben) auf der VGA-Karte installiert.

```
/*****************************************************************************/
/* PROGRAMM-GLOBALE VARIABLEN                                             */
union REGS Register;            /* C-interner Datentyp                    */
FILE *dateiname;                /* FILE-Stream der PCX-Datei              */
pcx_kopf *pcx_kopf_zeiger;      /* Zeiger auf PCX-Header-Struktur         */
BYTE *bBildschirmzeile;         /*Speicherplatz für eine Bildschirmzeile */
/* Segmentadresse VGA-Karte im Videomode 12H (640*480 Pixel, 16 Farben) */
unsigned int uiVideo_segment=0xA000;

unsigned int uiVideo_offset;    /* Offsetadresse im Bildspeicher          */
int iVideomode;                 /* Übergebener Videomode                  */
/* Variable für Funktion: initgraph(...); 9=VGA-Karte                    */
int iGraphdriver=9;
/* Variable für Funktion: initgraph(...); 2=640*480; 16 Farben           */
int iGraphmode=2;
int iEigene_farbe=FALSE;        /* Variable für eigene Farbpalette        */
int iEigene_Anfangskoordinaten=FALSE;/*Variable für eigene Anfangskoord.*/
int iEigene_Bildkoordinaten=FALSE;/*Variable für eigene Bildkoordinaten */
int iX1_offset_eigen=0;         /* Notwendige Variable, falls mit eigenen */
```

```
    int iX2_offset_eigen=0;          /* Bildkoordinaten gearbeitet werden soll */
    int iY1_offset_eigen=0;          /* ----------------"--------------------- */
    int iY2_offset_eigen=0;          /* ----------------"--------------------- */
    int iX1_anfang_eigen=0;          /* notwendige Variable, falls eigene An-   */
    int iY1_anfang_eigen=0;          /* fangskoordinaten verwendet werden       */
    char cPcx_name[13]="";           /* Name der PCX-Datei                      */
    /********************************************************************************/
```

Funktion: pcx_kopf_lesen()

Die erste Prozedur „pcx_kopf_lesen()“ trägt den PCX-HEADER der
im Aufrufparameter „X1“ übergebenen PCX-Datei in den vorher reservierten Speicherbereich der Variablen „pcx_kopf_zeiger“ ein. Bei
der Variablen „pcx_kopf_zeiger“ handelt es sich, wie oben beschrieben, um eine Strukturvariable, welche alle 128 Bytes des PCX-
HEADERS aufnehmen kann. Dabei werden die einzelnen Elemente
des PCX-HEADERS durch die Strukturelemente in übersichtlicher
Form im Programm verwaltet.

```
/********************************************************************************/
void pcx_kopf_lesen(void)
{
```

Für die Aufnahme der ersten 128 Byte der PCX-Datei, dem PCX-
HEADER, wird ein Speicherbereich in der Struktur-Variablen
„pcx_kopf_zeiger“ reserviert. Ist kein freier Speicher verfügbar,
bricht das Programm mit einer entsprechenden Fehlermeldung ab.

```
if ((pcx_kopf_zeiger=(pcx_kopf *)malloc(sizeof(pcx_kopf)))==NULL)
{
printf("Zu wenig Speicher vorhanden");
exit(0);
}
```

Der PCX-HEADER wird in den allokierten Speicher kopiert. Kann
der PCX-HEADER nicht kopiert werden, bricht das Programm mit
einer Fehlermeldung ab.

```
if (fread(pcx_kopf_zeiger,1,sizeof(pcx_kopf),dateiname)==NULL)
{
printf("PCX-Kopf konnte nicht geladen werden");
exit(0);
}
}
/********************************************************************************/
```

Funktion: zeile_auslesen()

Durch die Prozedur „zeile_auslesen()“ wird eine komplette Bildschirmzeile über alle vier Farbebenen aus der PCX-Datei ausgelesen

und in den reservierten Speicherbereich der Variablen „bBildschirmzeile" kopiert. Dabei werden die nach der Runlength-Kodierung komprimierten Daten entkomprimiert. In dem PCX-HEADER-Strukturelement „pcx_kopf_zeiger->ebene" ist die Anzahl der Farbebenen und im Strukturelement „pcx_kopf_zeiger->bytes_pro_zeile die Anzahl der Bytes pro Bildschirmzeile einer Farbebene abgelegt. In den 16 Farbenmodi enthalten die Strukturelemente somit den Wert 4 für die Farbebenen und den Wert 80 für die Byteanzahl pro Zeile. Innerhalb der Schleife findet die Entkomprimierung der Runlength-Kodierung statt. Den Programmalgorithmus verdeutlicht das Flußdiagramm in Bild 3.112.

```
/*******************************************************************/
int zeile_auslesen(void)
{
int iZaehler,iWiederholung;
BYTE bWert;
```

In der „FOR"-Schleife wird eine gesamte Bildschirmzeile über alle vier Farbebenen eingelesen (iZaehler=0; iZaehler < 4*80).

```
/********************** FOR-Schleife ********************************/
for (iZaehler=0;iZaehler < (pcx_kopf_zeiger->ebene* \
pcx_kopf_zeiger->bytes_pro_zeile);)
{
 bWert=getc(dateiname); /* Auslesen eines Bytes aus der PCX-Datei    */
 if ((int)bWert == EOF) return(1); /* Fals Dateiende erreicht -> Abbruch*/
 if ((bWert & 0xC0) == 0xC0)    /* Byte war Zählbyte                  */
 {
  /* Bit 0-5 entsprechen den Wiederholungsfaktor                      */
```

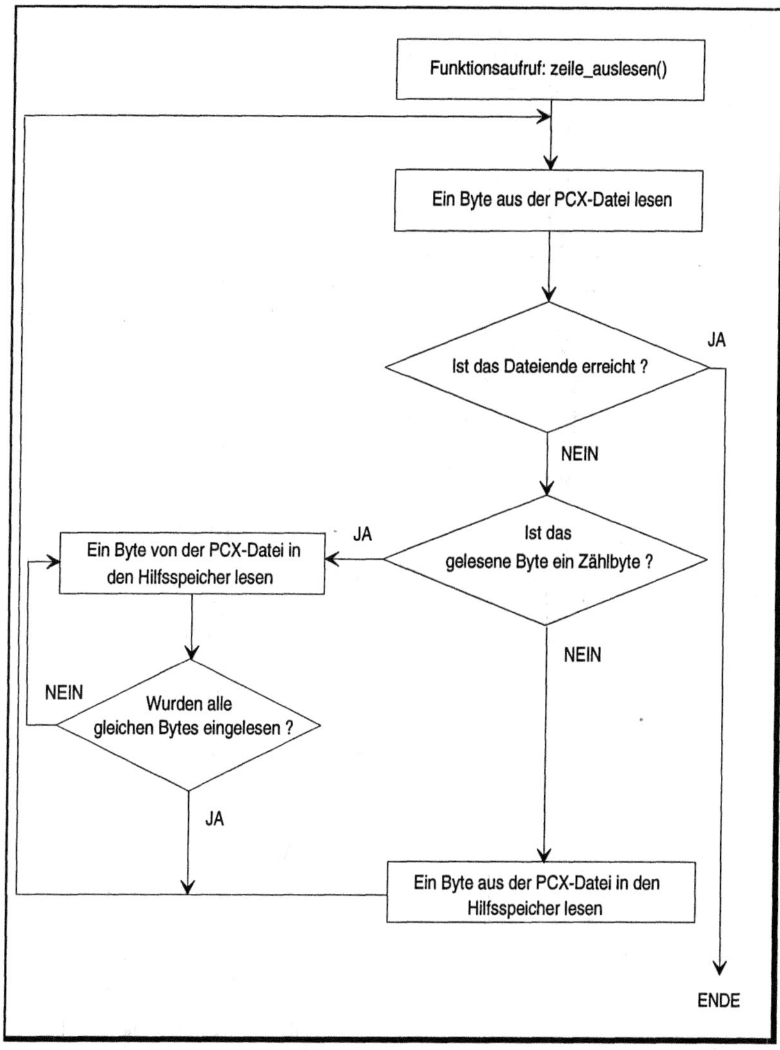

Bild 3.112:
Flußdiagramm zur Funktion „zeile_auslesen()"

```
iWiederholung=(bWert & 0x3F);
bWert=getc(dateiname); /* Nun wird das eigentliche Datenbyte geholt     */
/* Die Datenbytes werden anhand des Wiederholungsfaktors in den        */
/* Speicherbereich "bBildschirmzeile" an die entsprechende Position    */
/* kopiert                                                             */
memset(bBildschirmzeile+iZaehler,bWert,iWiederholung);
iZaehler=iZaehler+iWiederholung; /* Wiederholungsfaktor erhöhen        */
}
else /* gelesenes Byte war eine Datenbyte                              */
{
```

```
    bBildschirmzeile[iZaehler]=bWert; /* Kopieren des Datenbytes in den   */
    /*                              Speicher: "bBildschirmzeile        */
    ++iZaehler; /* Speicherposition um den Wert 1 erhoehen             */
  }
}
/****************Ende der FOR-Schleife ********************************/
return(0); /* Dummy Befehl um Warnungsmeldung des Compiler zu verhindern*/
}
/********************************************************************/
```

Funktion: pcx_ausgeben()

Mit Hilfe der Funktion „pcx_ausgeben()" ist es möglich, eine gesamte PCX-Datei am Bildschirm auszugeben. Im ersten Teil dieser Prozedur werden bestimmte Anfangswerte der Bildkoordinaten definiert. Wie bereits weiter oben erläutert, kann die PCX-Grafik mit neuen Bildkoordinaten oder den in der PCX-Datei enthaltenen Koordinaten ausgegeben werden. Der gesamte Funktionsablauf zur Bildausgabe ist im Flußdiagramm in Bild 3.113 dargestellt.

```
/********************************************************************/
void pcx_ausgeben(void)
{
int iZaehler_y,iZaehler_ebene, iZaehler_zeile;
int iY1,iX1;
int iX1_e,iX2_e,iY1_e,iY2_e;
unsigned char ucHilfe;
unsigned int uiOffset_merken;
```

Die Funktion prüft, ob neue Bildanfangs-Koordinaten oder die Koordinaten innerhalb der PCX-Datei Verwendung finden.

Bild 3.113:
Flußdiagramm zur Funktion „pcx_ausgeben()"

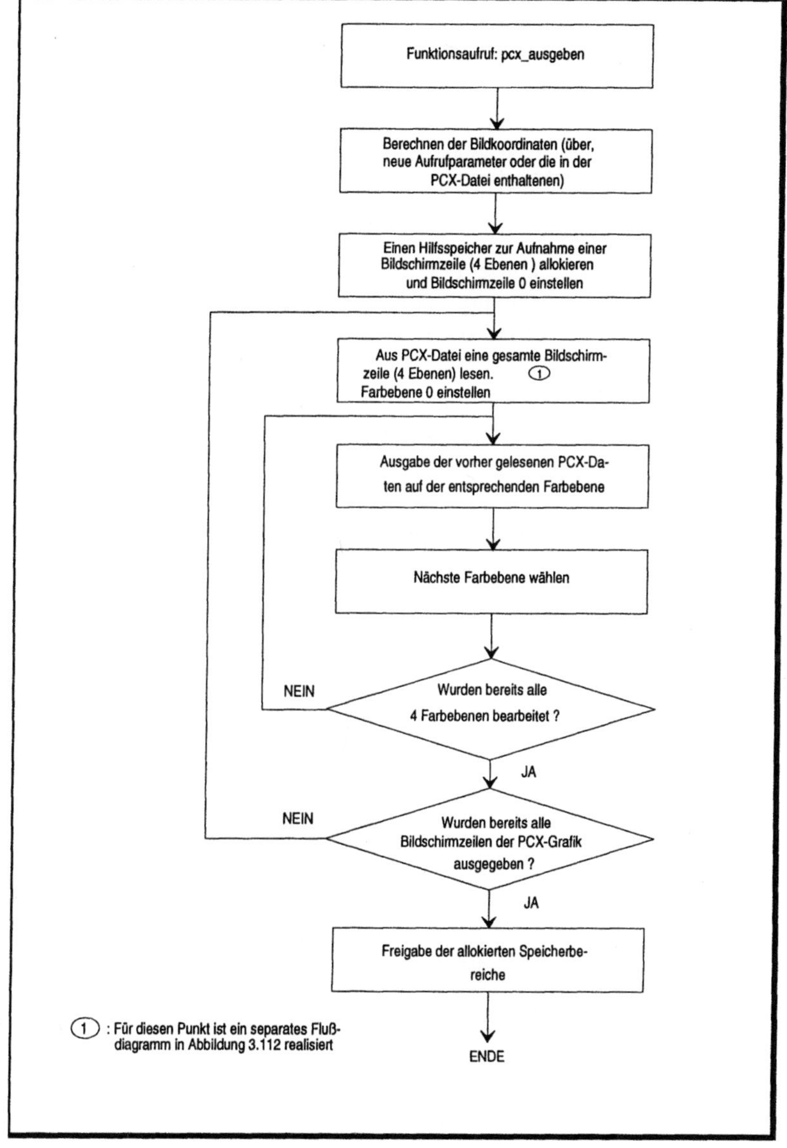

Bei neuen Bildanfangs-Koordinaten werden die in den Programm-
übergabeparametern „X6" und „X7" angegebenen Werte übernommen.

```
if (iEigene_Anfangskoordinaten == TRUE)
{
 iX1=iX1_anfang_eigen; /* Der X-Anfangswert wurden vorher zugewiesen    */
 iY1=iY1_anfang_eigen; /* Der Y-Anfangswert wurden vorher zugewiesen    */
}
```

Werden keine neuen Koordinaten gefordert, so werden die Anfangskoordinaten der PCX-Datei eingesetzt. Diese Werte befinden
sich in der HEADER-Strukturvariablen „pcx_kopf_zeiger".

```
else
{
 iX1=pcx_kopf_zeiger->x1; /* Der X-Anfangswert folgt aus dem PCX-Haeder */
 iY1=pcx_kopf_zeiger->y1; /* Der Y-Anfangswert folgt aus dem PCX-Haeder */
}
```

Die Funktion überprüft, ob die Bildabmaße verändert werden sollen. Bei einer Veränderung der Bildabmaße werden die in den Pro-
grammübergabe-Parametern „X8 bis X11" enthaltenen neuen Ko-
ordinatenabmaße eingesetzt.

```
if (iEigene_Bildkoordinaten == TRUE) /* Eigene Bildabmaße verwenden     */
{ /* Ja */
 iX1_e=iX1_offset_eigen; /* Wert wurde vorher zugwiesen                 */
 /* Falls X1-Offset größer als die Byteanzahl/Zeile ist -> X1_e auf 0   */
 /* setzen                                                              */
 if (iX1_e > pcx_kopf_zeiger->bytes_pro_zeile) iX1_e=0;
 iX2_e=(pcx_kopf_zeiger->bytes_pro_zeile-iX2_offset_eigen);
 /* Falls X2-Offset größer als Byteanzahl/Zeile ist -> X2_e=Bytes/Zeile */
 if(iX2_e>pcx_kopf_zeiger->bytes_pro_zeile)iX2_e= \
 pcx_kopf_zeiger->bytes_pro_zeile;
 /* Falls X-Ende kleiner als X-Anfang ist                               */
 if(iX2_e <= iX1_e) iX2_e=iX1_e+2; /* minimale Bildbreite von 2 Byte    */
 iY1_e=iY1_offset_eigen; /* Der Y1-Wert wurde vorher zugewiesen         */
 /* Falls Y1-Offset größer als die PCX-Zeilenanzahl ist -> Y1-Offset = 0*/
 if(iY1_e > pcx_kopf_zeiger->y2) iY1_e=0;
 iY2_e=(pcx_kopf_zeiger->y2-iY2_offset_eigen);
 /* Falls Y2-Offset größer als die PCX-Zeilenanzahl ist -> Y2-Offset auf*/
 /* PCX-Zeilenanzahl setzen                                             */
 if(iY2_e > pcx_kopf_zeiger->y2) iY2_e=pcx_kopf_zeiger->y2;
 /* Falls y-Ende kleiner als Y-Anfang wird                              */
 if(iY2_e <= iY1_e) iY2_e=iY1_e+2;
}
```

Werden die Bildabmaße nicht verändert, so übernimmt die Funktion die entsprechenden Werte der PCX-Datei. Alle Bildabmaße befinden sich in der HEADER-Strukturvariablen „pcx_kopf_zeiger".

```
else
{ /* Es werden Bildabmaße aus dem PCX-Haeder genommen              */
 iX1_e=0;
 iX2_e=pcx_kopf_zeiger->bytes_pro_zeile;
 iY1_e=0;
 iY2_e=(pcx_kopf_zeiger->y2 - pcx_kopf_zeiger->y1);
}
```

Es wird die Anfangs-Offset-Adresse des Bildes im Bildspeicher berechnet. Diese Adresse wird in der Variablen „uiOffset_merken" gespeichert, da diese für die Bearbeitung aller vier Farbebenen bekannt sein muß. Die Segment-Adresse des Bildspeichers wurde in der Variablendeklaration in der Variablen „uiVideo_segment" abgelegt.

```
uiVideo_offset=(BYTESPROZEILE * iY1) + (iX1/8);
uiOffset_merken=uiVideo_offset;
```

Durch die nächste Anweisung wird auf der VGA-Karte der Index für die weiter unten notwendige Bearbeitung des MAP-MASK-REGISTERS geladen. Ein Index ist notwendig, da an der Adresse „0X3C5" nicht nur das MAP-MASK-REGISTER, sondern weitere Register der VGA-Karte angesprochen werden können.

```
outportb(0x3C4,2);
```

Der Variablen „bBildschirmzeile" wird ein dynamischer Speicherbereich von 320 Byte (4*80) zugewiesen. In diesen Speicherabschnitt wird aus der PCX-Datei jeweils eine komplette Bildschirmzeile (4 Farbebenen) eingelesen.

```
bBildschirmzeile=(BYTE *)malloc(pcx_kopf_zeiger->ebene* \
pcx_kopf_zeiger->bytes_pro_zeile);
```

In der „FOR-Schleife-1" werden alle Bildschirmzeilen aus der PCX-Datei gelesen und am Bildschirm angezeigt. Der Ausdruck „iY2_e-iY1_e" repräsentiert die Anzahl der Bildschirmzeilen.

```
/********************** FOR-Schleife-1 ********************************/
for (iZaehler_y=0; iZaehler_y <= (iY2_e - iY1_e); ++iZaehler_y)
{
```

Mit Hilfe der bereits diskutierten Funktion „zeile_auslesen()" wird eine gesamte Bildschirmzeile der PCX-Datei in den Hilfspeicher „bBildschirm" kopiert.

```
zeile_auslesen();
```

Die folgende „FOR-Schleife-2" kopiert die vorher in den Hilfsspeicher „bBildschirmzeile" eingelesene Bildschirmzeile in die vier Farbebenen der VGA-Karte.

```
/********************** FOR-Schleife-2 ***************************/
for(iZaehler_ebene=0;iZaehler_ebene < pcx_kopf_zeiger->ebene; ++iZaeh-
    ler_ebe-ne)
    {
```

In der „FOR-Schleife-3" werden für eine Farbebene alle Bytes aus dem Hilfsspeicher „bBildschirm" in die betreffende Farbebene kopiert. Das Kopieren erfolgt Byte für Byte.

```
/*********************** FOR-Schleife-3 **************************/
for (iZaehler_zeile=iX1_e; iZaehler_zeile < iX2_e; ++ iZaehler_zeile)
    {
```

Es wird die aktuelle Farbebene berechnet und über das MAP-MASK-REGISTER selektiert.

```
ucHilfe=1 << iZaehler_ebene; /* aktuelle Farbebene berechnen        */
outportb(0x3C5,ucHilfe);
```

In die Pseudoregister-Variable „Register.h.al" wird das entsprechende Datenbyte kopiert. Der Ausdruck „iZaehler_zeile+ (pcx_kopf_zeiger->bytes_pro_zeile*iZaehler_ebene)" repräsentiert den jeweiligen Farbseitenoffset

```
Register.h.al=bBildschirmzeile[iZaehler_zeile+(pcx_kopf_zeiger->bytes_pro_
                    zeile*iZaehler_ebene)];
```

Das aus dem Hilfsspeicher gelesene Byte wird nun in den Bildspeicher kopiert.

```
pokeb(uiVideo_segment,uiVideo_offset,Register.h.al);
```

Die Bildspeicher-Offsetadresse wird für die nächste Byteausgabe inkrementiert.

```
++uiVideo_offset;
    }
/******************** Ende der  FOR-Schleife-3 ********************/
```

Da alle vier Farbebenen an der gleichen Bildspeicher-Anfangsadresse beginnen, muß die abgeänderte Bildspeicher-Offsetadresse für die nächste Farbebenenausgabe wieder auf ihren ursprünglichen Anfangswert gebracht werden.

```
uiVideo_offset=uiOffset_merken;
    }
/*********************** Ende der FOR-Schleife-2 ********************/
```

Nach dem Beschreiben einer gesamten Bildschirmzeile (alle 4 Farbebenen) muß der Bildoffset um die Anzahl der Bytes einer Bildschirmzeile (hier 80 Bytes) inkrementiert werden.

```
    uiVideo_offset=uiVideo_offset+BYTESPROZEILE;
    /* Diesen Adress-Wert wieder merken                            */
    uiOffset_merken=uiVideo_offset;
  }
  /**************** Ende der FOR-Schleife-1 ***************************/
```

Nach der Ausgabe der gesamten PCX-Datei sind einige Aufräumarbeiten erforderlich. Zuerst werden über das MAP-MASK-REGISTER wieder alle vier Farbebenen aktiviert (bei der PCX-Dateiausgabe wurde immer nur eine Farbebene selektiert). Im Anschluß gibt die Funktion den dynamisch allokierten Speicherbereich wieder frei.

```
    outportb(0x3C4,2);     /* Index für das Map-Mask-Register       */
    outportb(0x3C5,0x0F); /* alle vier Farbebenen aktivieren        */
    free(bBildschirmzeile); /* allokierten Speicher wieder frei geben */
  }
  /*********************************************************************/
```

Die nächsten fünf Prozeduren werden für die Installation einer neuen Farbpalette benötigt, welche bei den PCX-Versionen 2.8 und 3.0 Verwendung finden. Wie bereits im Kapitel 3.12 „VGA-Grafikkarten-Bearbeitung" beschrieben, müssen bei einer Farbpaletten- Änderung zuerst die Adressen der Farbregister aus dem entsprechenden Palettenregister (Farbnummern) gelesen werden. Die neuen Farben mit den entsprechenden Farbanteilen werden anschließend aus dem PCX-HEADER gelesen und in die betreffenden Farbregister eingetragen.

Funktion: pal_register_lesen()

Diese Funktion liest aus einem Palettenregister (Farbnummer) die zugehörige Farbregisternummer. Als Übergabeparameter erhält die Funktion die gewünschte Palettenregister-Nummer (Farbnummer). Der Rückgabewert repräsentiert die entsprechende Farbregisternummer.

```
  /*********************************************************************/
  int pal_register_lesen(int pal_register)
  {
  Register.h.ah=0x10;            /* Funktionsnummer                 */
  Register.h.al=7;               /* Unterfunktionsnummer            */
  Register.h.bl=pal_register;    /* Nummer Palettenregister (Farbnummer)*/
  int86(0x10,&Register,&Register); /* Video-Interrupt-Aufruf         */
  return(Register.h.bh);         /* Rückgabewert: Nummer des Farbregisters*/
  }
  /*********************************************************************/
```

Funktion: farb_register_schreiben()

Die Funktion „farb_register_schreiben()" ermöglicht das Abändern der drei Farbanteile ROT, GRÜN und BLAU der gewünschten Farbregisternummer. Alle Farbanteile und die zu ändernde Farbregisternummer werden der Funktion per Übergabeparameter mitgeteilt.

```
/*************************************************************************/
void farb_register_schreiben(int farb_register, int rot, int gruen, int blau)
{
Register.h.ah=0x10;              /* Funktionsnummer                      */
Register.h.al=0x10;              /* Unterfunktionsnummer                 */
Register.x.bx=farb_register;     /* Nummer Farbregister                  */
Register.h.ch=gruen;             /* Grüner Farbanteil (0..63)            */
Register.h.cl=blau;              /* Blauer Farbanteil (0..63)            */
Register.h.dh=rot;               /* Roter Farbanteil  (0..63)            */
int86(0x10,&Register,&Register); /* Interruptaufruf                      */
}
/*************************************************************************/
```

Funktion: farb_umwandlung()

Wie bereits im Kapitel 3.14.1 beschrieben, ist eine Umwandlung des Wertebereiches der PCX-Farbanteile in die VGA-Farbanteile erforderlich. Die Funktion „farb_umwandlung()" realisiert die in Tabelle 3.49 aufgezeigte Konvertierung der Farbanteile. Die Prozedur erhält durch den Übergabeparameter „iFarbanteil" den Farbanteil im PCX-Format. Nach den Konvertierungsoperationen gibt die Prozedur den umgerechneten VGA-Farbanteil als Funktionsergebnis an das aufrufende Programm zurück.

```
/*************************************************************************/
int farb_umwandlung(int ifarbanteil)
{
div_t x;

/* Division des Dividenden: "iFarbanteil" durch den Divisor 4            */
x=div(ifarbanteil,4);
/* Geradzahliger Anteil der Division entspricht dem neuen Farbanteil     */
ifarbanteil=x.quot;
/* Rückgabe des neuen Farbanteiles                                       */
return(ifarbanteil);
}
/*************************************************************************/
```

Funktion: neue_palette()

Die Funktion „neue_palette()" überträgt alle 16 Farbwerte mit den entsprechenden Farbanteilen vom PCX-HEADER in die Farbregister der VGA-Karte. In der Schleifenanweisung werden alle 16 Palettenregister (Farbnummern) von Palettenregister 0 beginnend bis zum

Palettenregister 15 bearbeitet. Dabei wird zuerst immer aus dem entsprechenden Palettenregister die Adresse des zugehörigen Farbregisters gelesen. Anschließend werden aus dem PCX-HEADER die zum aktuellen Farbregister gehörenden drei Farbanteile ROT, GRÜN und BLAU aus dem Strukturelement „pcx_kopf_zeiger->pal[pal_index]" gelesen und in das betreffende Farbregister auf der VGA-Karte kopiert.

```c
/**********************************************************************/
void neue_palette(void)
{
int iZaehler,iZaehler1,farbregister_adresse,pal_index;
int iRot,iGruen,iBlau;

pal_index=0;
/* Alle 16 Farbnummern (Palettenregister) bearbeiten              */
for (iZaehler=0;iZaehler <= 15;++iZaehler)
{
/* Farbregister-Adresse aus den entsprechenden Plettenregister lesen   */
farbregister_adresse=pal_register_lesen(iZaehler);
/* Umwandeln des Rotanteils aus PCX-Farbpalette in einen Wert von 0..63*/
iRot=farb_umwandlung(pcx_kopf_zeiger->pal[pal_index]);
++pal_index; /* Index für nächsten Farbanteil um den Wert: 1 erhöhen   */
/* Umwandeln des Grünanteils aus PCX-Farbpalette in einen Wert von 0.63*/
iGruen=farb_umwandlung(pcx_kopf_zeiger->pal[pal_index]);
++pal_index; /* Index für nächsten Farbanteil um den Wert: 1 erhöhen   */
/* Umwandeln des Blauanteils aus PCX-Farbpalette in einen Wert von 0.63*/
iBlau=farb_umwandlung(pcx_kopf_zeiger->pal[pal_index]);
++pal_index; /* Index für nächsten Farbanteil um den Wert: 1 erhöhen   */
/* VGA-Farbregister mit den neuen Farbanteilen beschreiben             */
farb_register_schreiben(farbregister_adresse,iRot,iGruen,iBlau);
}
}
/**********************************************************************/
```

Funktion: farbpalette()

Die Funktion „farbpalette()" prüft im PCX-HEADER, ob eine Farbpalette in der PCX-Datei vorhanden ist. Aus der Tabelle 3.48 ist zu entnehmen, daß bei den Versionen 2.8 und 3.0 eine Farbpalette vorhanden ist. Diese Versionen werden durch den Wert 2 und den Wert 5 im Byte „1" des PCX-HEADERS gekennzeichnet. Im Programm wird dieses Byte „1" durch das PCX-HEADER-Strukturelement „pcx_kopf_zeiger->version" repräsentiert. Wurde eine Farbpalette in der PCX-Datei erkannt, wird diese unmittelbar auf der VGA-Karte installiert.

```c
/**********************************************************************/
void farbpalette(void)
{
/* Die PCX-Version 2.8 und 3.0 beinhalten eine neue Farbpalette.       */
```

```c
/* Abfrage ob eine der oben genannten Versionen vorhanden ist        */
if ((pcx_kopf_zeiger->version == 2) || (pcx_kopf_zeiger->version == 5))
{ /* Ja */
 neue_palette(); /* neue Farbpalette auf VGA-Karte installieren       */
}
}/******************************************************************/
```

Um die PCX-Datei am Bildschirm ausgeben zu können, müssen zu Beginn einige Vorbereitungen getroffen werden. Diese Aufgaben übernimmt die Funktion „vorbereiten()". Zuerst wird durch Aufruf des Video-Interrupt 10H festgestellt, ob das System die benötigte VGA-Karte besitzt. Dazu muß vor dem Interruptaufruf das AH-Register mit dem hexadezimalen Wert 1A und das AL-Register mit dem Wert 0 gefüllt werden. Nach dem Interruptaufruf kann aus dem BL-Register der vorhandene Video-Adapter bestimmt werden. Anschließend testet ein weiterer Programmteil, ob die PCX-Datei im aktuellen Verzeichnis vorhanden ist. Zum Schluß wird der benötigte Grafiktreiber für eine Auflösung von 640*480 Pixeln in 16 Farben aktiviert. Sollte während einer dieser Aktionen ein Fehler festgestellt werden, bricht das Programm mit einer entsprechenden Fehlermeldung ab.

```c
/********************************************************************/
void vorbereiten(void)
{
int iErrorcode,iFehlerflag,iFehler=TRUE;

/* Abfrage des Grafikadapters                                       */
Register.h.ah=0x1A;                     /* Funktionsnummer          */
Register.h.al=0;                        /* Unterfunktionsnummer     */
int86(0x10,&Register,&Register);        /* Interruptaufruf          */
if(Register.h.al == 0x1A) iFehler=FALSE; /* Interruptaufruf war o.k. */
/* Auswertung des Grafikkarten-Tests                                */
if(iFehler==FALSE)
{
 switch(Register.h.bl)
 {
 case 7:  iFehler=FALSE;break; /* VGA-Karte mit Analog-Monochrom-Monitor*/
 case 8:  iFehler=FALSE;break; /* VGA-Karte mit Analog-Farbmonitor    */
 default: iFehler=TRUE;break;  /* keine VGA-Karte installiert         */
 }
}
if(iFehler==TRUE) /* Keine VGA-Karte im System ?                     */
{
 /* Keine VGA-Karte                                                  */
 printf("Ihr Rechner besitzt keine 100% kompatible VGA-KARTE\n");
 exit(0); /* Programmabbruch                                         */
}
/* Abfrage ob PCX-Datei vorhanden ist                               */
if ((dateiname=fopen(cPcx_name,"rb")) == NULL)
{ /* Datei ist nicht vorhanden -> Fehlermeldung und Programmabbruch  */
 printf("Die PCX-Datei ist nicht im aktuellen Verzeichnis vorhanden\n");
 exit(0);
}
```

Das Modul installiert den Grafikmode 12H (640*480 Pixel, 16 Farben). Wie bereits im Kapitel 1 beschrieben, gibt es dazu zwei Möglichkeiten. Dazu muß der BGI-Treiber: "egavga.bgi" im Verzeichnis: "c:\borlandc\bgi" extern vorhanden sein oder über die LIBRARY „graphics.lib" direkt zum Programm gelinkt werden.

```
iFehlerflag |=registerfarbgidriver(EGAVGA_driver_far);
initgraph(&iGraphdriver,&iGraphmode,"c:\\borlandc\\bgi");


/* Überprüfen ob der Grafikmode installiert wurde                       */
iErrorcode=graphresult();
if(iErrorcode < 0)
{ /* Nein -> Fehlermeldung und Programmabbruch                          */
 printf("Das Programm findet den nötigen BGI-Treiber nicht\n");
 exit(-1);
}
}
/***********************************************************************/
```

Funktion: pcxbild()

Die Funktion „pcxbild()" stellt die eigentliche Ausgabefunktion für PCX-Grafikdateien dar. Sie ruft alle bereits diskutierten Programmmodule in der richtigen Reihenfolge auf. Dadurch ist im Hauptprogramm bei der Ausgabe des PCX-Bildes nur noch ein Funktionsaufruf notwendig. Der gesamte Funktionsablauf ist dem Flußdiagramm im Bild 3.114 zu entnehmen.

```
/***********************************************************************/
void pcxbild(void)
{
/* Einige Vorbereitungen werden getroffen                       */
vorbereiten();
/* Der PCX-Header wird in das Programm eingeladen               */
pcx_kopf_lesen();
/* Falls die PCX-Datei eine eigene Farbpalette besitzt wird diese auf */
/* der VGA-Karte installiert                                    */
farbpalette();
/* Endlich wird das Bild in voller Farbenpracht am Monitor ausgegeben */
pcx_ausgeben();
/* allokierten Speicher wieder frei geben                       */
free(pcx_kopf_zeiger);
/* geöffnete PCX-Datei wieder schließen                         */
fclose(dateiname);
}
/***********************************************************************/
```

Bild 3.114:
Flußdiagramm
zur Funktion
„pcxbild()

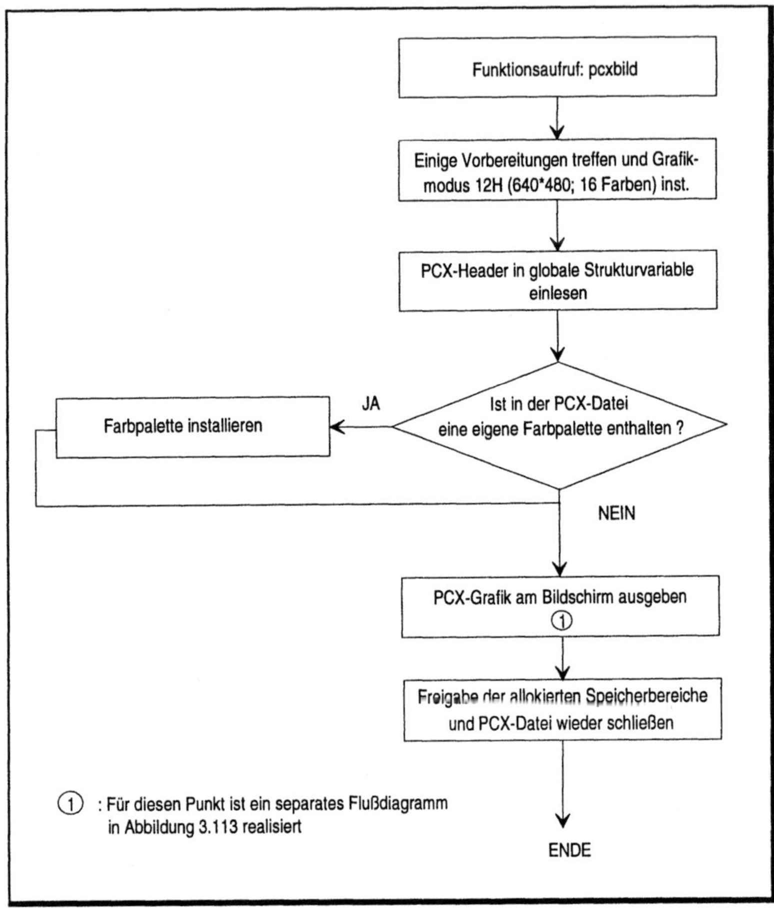

Funktion: argumente()

Die Funktion „argumente()" überprüft die richtige Angabe der Programmaufrufparameter. Tritt ein Fehler bei der Parameterübergabe auf, so wird mit Hilfe der Funktion „falsche_argumente()" eine entsprechende Fehlermeldung am Bildschirm ausgegeben.

```
/*********************************************************************/
int argumente(int argc, char *argv[])
{
FILE *datei;

argc=argc;  /* Dummy Anweisung                                   */
```

Es müssen mindestens die ersten drei Aufrufparameter angegeben
werden. Ist dies nicht der Fall, wird eine Fehlermeldung ausgegeben.

```
if(argc < 3)
{
 /* Fehler aufgetreten -> Fehlermeldung                      */
 falsche_argumente();
 return(-1);
}
```

Die Funktion kopiert den im zweiten Übergabeparameter „argv[1]"
enthaltenen Namen der PCX-Datei in die globale Variable
„cPcx_name". Im ersten Übergabeparameter „argv[0]" ist der Programmname enthalten.

```
strcpy(cPcx_name,argv[1]);
```

Der im dritten Übergabeparameter „argv[2]" enthaltene Videomode
wird in die entsprechenden globalen Variablen kopiert. Es sind nur
die Angaben „E", „10" und „12" zulässig. Bei anderen Angaben wird
eine Fehlermeldung ausgegeben.

```
if(strcmp(argv[2],"E") == 0) {iGraphmode=0;iVideomode=0x0E;}
 else if(strcmp(argv[2],"10") == 0) {iGraphmode=1;iVideomode=0x10;}
  else if(strcmp(argv[2],"12") == 0) {iGraphmode=2;iVideomode=0x12;}
   else
   {
    /* falscher Videomode wurde übergeben -> Fehlermeldung      */
    falsche_argumente();
    return(-1);
   }
```

Wird im vierten Übergabeparameter „argv[3]" der Bezeichner
„TRUE" übergeben, so kopiert die Funktion die in den Übergabeparametern „argv[6]" und „argv[7]" enthaltenen neuen Bildanfangs-
koordinaten in entsprechende programmglobale Variablen.

```
if(strcmp(argv[3],"TRUE") == 0)
{
 iEigene_Anfangskoordinaten=TRUE;
 iX1_anfang_eigen=atoi(argv[6]);
 iY1_anfang_eigen=atoi(argv[7]);
}
```

Enthält der fünfte Übergabeparameter „argv[4]" den Bezeichner
„TRUE", so kopiert die Funktion die in den Übergabeparametern
„argv[8]" bis „argv[11]" enthaltenen neuen Bildabmaße in entsprechende programmglobale Variablen.

```
/* Abfrage ob eigene Bildabmessungen gewünscht sind                     */
if(strcmp(argv[4],"TRUE") == 0)
{
 iEigene_Bildkoordinaten=TRUE;
 iX1_offset_eigen=atoi(argv[8]);
 iX2_offset_eigen=atoi(argv[9]);
 iY1_offset_eigen=atoi(argv[10]);
 iY2_offset_eigen=atoi(argv[11]);
}
```

Übergibt der Anwender im sechsten Übergabeparameter „argv[5]"
den Bezeichner „TRUE", so wird im weiteren Programmablauf die in
der Datei „FARBEN.DAT" enthaltene neue Farbtabelle auf der VGA-
Karte installiert. Die Funktion überprüft an dieser Stelle lediglich das
Vorhandensein der Datei „FARBEN.DAT" im aktuellen Programmverzeichnis. Ist dies nicht der Fall, wird eine Fehler-meldung ausgegeben.

```
if(strcmp(argv[5],"TRUE") == 0)
{
 iEigene_farbe=TRUE;
 /* Nachsehen ob die benötigte Datei: "farben.dat" vorhanden ist       */
 if( (datei=fopen("farben.dat","r")) == NULL)
  {
  /* Nein, Datei ist nicht vorhanden -> Fehlermeldung und Programmabbruch*/
   printf("Die Datei: 'farben.dat' ist nicht vorhanden\n");
   return(-1);
  }
 /* falls Datei vorhanden ist, Datei wieder schließen                   */
 fclose(datei);
}
/* Funktion beenden                                                     */
return(0);
}
/*************************************************************************/
```

Funktion: falsche_argumente()

Werden beim Programmaufruf falsche Übergabeparameter lokalisiert, so gibt die Funktion „falsche_argumente" die im Bild 3.109
aufgezeigte Fehlermeldung am Bildschirm aus.

```
/*************************************************************************/
void falsche_argumente(void)
{
clrscr();
textcolor(BLACK);
textbackground(WHITE);
clrscr();
cprintf("! Sie haben das Programm mit falschen Parametern aufgerufen !\n\n\r");
cprintf("Richtiger Programmaufruf:\n\r");
cprintf("pcxbild X1 X2 [X3] [X4] [X5] [X6] [X7] [X8] [X9] [X10] [X11]\n\n\r");
cprintf("X1:  Name der PCX-Datei (z. B. ramona.pcx)\n\r");
```

```c
cprintf("X2:   gewünschter Video-Mode: (zulässige Werte: E, 10, 12)\n\r");
cprintf("X3:   Anfangskoordinaten: TRUE für eigene Anfangskoordinaten\n\r");
cprintf("                          FALSE Anfangskoordinaten aus der \
PCX-Datei\n\r");
cprintf("X4:   Bildabmessungen:    TRUE für eigene Bildabmessungen\n\r");
cprintf("                          FALSE für Bildabmessungen aus der \
PCX-Datei\n\r");
cprintf("X5:   Farbpalette:        TRUE für eigene Farbpalette (datei: \
farben.dat)\n\r");
cprintf("                          FALSE für Farbpalette der PCX-Datei\n\r");
cprintf("X6:   X-Anfangskoordinate\n\r");
cprintf("X7:   Y-Anfangskoordinate\n\r");
cprintf("X8:   X-Offset links\n\r");
cprintf("X9:   X-Offset rechts\n\r");
cprintf("X10: Y-Offset oben\n\r");
cprintf("X11: Y-Offset unten\n\n\n\r");
cprintf("Die Parameter X3 bis X11 sind optional und müssen nicht \
zwingend angegeben \n\r");
cprintf("werden.\n\r");
}
/********************************************************************/
```

Funktion: warten()

Die Funktion „warten()" stellt ein Hilfsmittel für ein flimmerfreies
Softscrolling der weiter unten aufgeführten Funktion „verschie-
ben_oben()" sicher. Das Softscrolling wird über das Abändern der
Bildspeicher-Startadresse, die beim Aufbau des Monitorbildes aus-
gelesen wird, realisiert. Die Änderung dieser Startadresse wird über
den CRTC (Cathode-Ray-Tube-Controller) verwaltet. Addiert oder
subtrahiert man jeweils diese Startadresse um eine Zeilenbreite (80-
Bytes), so scrollt das Bild um eine Pixelbreite nach oben bzw. nach
unten. Der Funktion wird die neue Bildschirm-Startadresse und die
Adresse des CRTC (Cathode-Ray-Tube-Controller) übergeben. Ein
Beschreiben des Bildspeichers bzw. Änderung der Bildspeicherstart-
Adresse sollte nur in der „RETRACE"-Periode (Strahlenrücklauf)
stattfinden. Unter der „RETRACE"-Periode versteht man den Zeitpunkt, bei dem der Elektronenstrahl des Monitors nach der zuletzt
ausgegebenen Bildschirmzeile zurück zur oberen linken Ecke
kehrt. Über Bit-Nummer 3 des sogenannten „INPUT-STATUS-#1"-
Registers kann festgestellt werden, ob eine Bildausgabe- oder
Strahlenrücklaufperiode stattfindet. Die Funktion wartet eine Strah-
lenrücklauf- und eine gesamte Displayperiode ab. Damit wird sichergestellt, daß bei dem darauffolgenden Strahlen-rücklauf die gesamte Rücklaufzeit für die Scroll-Operation bereit-steht.

```c
/********************************************************************/
void warten(int iAdresse, int iCRTC)
{
unsigned char ucStatus_1;
```

Es wird auf das Ende einer „RETRACE"-Periode gewartet.

```
do
{
 /* INPUT-Status-Register auslesen                                   */
 ucStatus_1=inportb(iCRTC+6);
 /* Hat Status-Registers an der Bit-Position "3" den Wert "1" so er- */
 /* folgt ein vertikaler Strahlenrücklauf                            */
 ucStatus_1=(ucStatus_1 & 8);
}
while(ucStatus_1 <= 0);
```

Nun wartet die Funktion auf das Ende einer Bildausgabeperiode. Nachdem das Ende dieser Periode erreicht ist, steht die gesamte Strahlenrücklaufzeit für die anschließende Bildspeicheroperation bereit.

```
do
{
 /* INPUT-Status-Register auslesen                                       */
 ucStatus_1=inportb(iCRTC+6);
 /* Hat der Inhalt diese Status-Registers an der Bit-Position "4" den    */
 /* Wert ungleich "0" so erfolgt eine Display-Periode                    */
 ucStatus_1=(ucStatus_1 & 8);
}
while(ucStatus_1 != 0);
```

In den CRTC wird die neue Bildschirm-Startadresse geschrieben. Da sich die Bildspeicher-Startadresse auf 16 Bit verteilt, sind zwei CRTC-Register notwendig. Zuerst wird jeweils über die Portadresse „CRTC" der High- und Lowanteil per Index „0xC" bzw. „0xD" festgelegt, bevor über die Portadresse „CRTC+1" der entsprechende Adressanteil in den CRTC geschrieben wird.

```
Register.x.ax=iAdresse;        /* Register AX mit 16-Bit Adresse laden  */
outportb(iCRTC,0xC);           /* Index für High-Byte der Adresse laden */
/* High-Byte an das Daten-Register ausgeben                             */
outportb(iCRTC+1,Register.h.ah);
outportb(iCRTC,0xD);           /* Index für LOW-Byte der Adresse laden  */
/* Low-Byte an das Datenregister ausgeben                               */
outportb(iCRTC+1,Register.h.al);
}
/******************************************************************************/
```

Funktion: verschieben_oben()

Mit Hilfe der Funktion „verschieben_oben()" kann eine am Bildschirm ausgegebene PCX-Grafikdatei über eine gewünschte Pixelzeilenanzahl („iZeilen") nach oben und wieder zurück gescrollt werden. Der Scrollvorgang ist über den Wert des Übergabeparameters „iWiederholen" wiederholbar. Die Scrolloperation wird nach dem bereits erläuterten Schema realisiert.

```
/*********************************************************************/
void verschieben_oben( int iZeilen, int iWiederholung)
{
int iZaehler,iZaehler1;
int iCRTC,iBytes_pro_zeile,iBildschirm_start_adresse;
```

Der BIOS-Variablenbereich liefert an der Adresse „0000H:0463H" die Adresse des CRTC (Cathode-Ray-Tube-Controller) zurück.

```
iCRTC=peek(0x0000,0x0463);
```

Im BIOS-Variablenbereich ist unter der Adresse „0000H:044AH" die Anzahl der Bytes pro Bildschirmseite abgelegt.

```
iBytes_pro_zeile=peek(0x0000,0x044A);
```

Die aktuelle Bildspeicher-Startadresse ist unter der Adresse „0000H:044EH" enthalten.

```
iBildschirm_start_adresse=peek(0x0000,0x044E);
```

In der „FOR-Schleife-1" findet die gewünschte Anzahl der Scroll-Wiederholungen statt.

```
/*************************** FOR-Schleife- ****************************/
for(iZaehler1=1;iZaehler1 <= iWiederholung;++iZaehler1)
{
```

In der „FOR-Schleife-2" wird das Scrollen des Bildes nach oben realisiert.

```
/*************************** FOR-Schleife-2 ***************************/
for(iZaehler=1;iZaehler >= -iZeilen;--iZaehler)
{
 /* Neue Bildschirmstartadresse berechnen                          */
 iBildschirm_start_adresse=iBildschirm_start_adresse+iBytes_pro_zeile;
 /* Strahlenrücklauf des Monitors abwarten                         */
 warten(iBildschirm_start_adresse,iCRTC);
}
/******************** Ende der FOR-Schleife-2 ********************/
```

Mit Hilfe der „FOR-Schleife-3" wird das Bild nach unten in die ursprüngliche Position gescrollt.

```
/*************************** FOR-Schleife-3 ***************************/
for(iZaehler=1;iZaehler <= iZeilen;++iZaehler)
{
 /* Neue Bildschirmstartadresse berechnen                          */
 iBildschirm_start_adresse=iBildschirm_start_adresse-iBytes_pro_zeile;
 /* Strahlenrücklauf des Monitors abwarten                         */
 warten(iBildschirm_start_adresse,iCRTC);
}
/******************** Ende der FOR-Schleife-3 ********************/
```

```
}
/********************** Ende der FOR-Schleife-1 ***************************/
}
/***********************************************************************/
```

Funktion: eigene_farbpalette()

Die Funktion „eigene_farbpalette()" aus der Headerdatei „pcx.h"
ermöglicht eine neue Farbgebung für das auszugebende PCX-Bild.
Dabei spielt es keine Rolle, ob die PCX-Grafikdatei eine Farbtabelle
enthält oder nicht. Die neuen Farben müssen in der Datei
„FARBEN.DAT" enthalten sein. Bild 3.15 zeigt den zwingend notwendigen Aufbau dieser Datei. Außer bei den Farbanteilswerten
dürfen keine Änderungen im Dateiaufbau vorgenommen werden.
Diese Datei enthält der Reihe nach für alle 16 Farbnummern jeweils
in einer Zeile die gewünschten drei Farbanteile ROT, GRÜN und
BLAU. Es ist darauf zu achten, daß die Wertebereiche der Farbanteile nach der PCX-Norm im Bereich von 0-255 liegen (s. Tabelle
3.49). Zur besseren Orientierung werden vor den Farbanteilen einer
Farbnummer die entsprechenden Werte der 16 Standardfarben aufgezeigt.

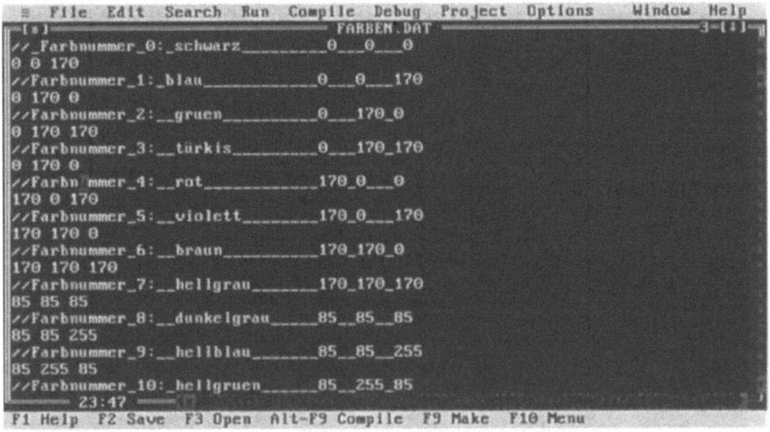

Bild 3.115:
Farbdatei
„farben.dat"

```
≡  File  Edit  Search  Run  Compile  Debug  Project  Options      Window Help
┌─[■]────────────────────────── FARBEN.DAT ─────────────────────3─[↓]─┐
│//_Farbnummer_0:_schwarz___________0___0___0                         │
│0 0 170                                                              │
│//Farbnummer_1:_blau_______________0___0___170                      │
│0 170 0                                                              │
│//Farbnummer_2:__gruen_____________0___170_0                        │
│0 170 170                                                            │
│//Farbnummer_3:__türkis____________0___170_170                      │
│0 170 0                                                              │
│//Farbn mmer_4:__rot_______________170_0___0                        │
│170 0 170                                                            │
│//Farbnummer_5:__violett___________170_0___170                      │
│170 170 0                                                            │
│//Farbnummer_6:__braun_____________170_170_0                        │
│170 170 170                                                          │
│//Farbnummer_7:__hellgrau__________170_170_170                      │
│85 85 85                                                             │
│//Farbnummer_8:__dunkelgrau________85__85__85                       │
│85 85 255                                                            │
│//Farbnummer_9:__hellblau__________85__85__255                      │
│85 255 85                                                            │
│//Farbnummer_10:_hellgruen_________85__255_85                        │
│──── 23:47 ────                                                      │
F1 Help  F2 Save  F3 Open  Alt-F9 Compile  F9 Make  F10 Menu
```

```
/***********************************************************************/
void eigene_farbpalette(void)
{
int iZaehler,farbregister_adresse,pal_index,iRot,iGruen,iBlau;

FILE *datei;
char hilfe[200]="";
```

Die Farbendatei „FARBEN.DAT" wird geöffnet. Die ersten drei Hilfstextzeilen werden eingelesen und verworfen.

```
datei=fopen("farben.dat","r");/* Öffnen der Farbpalettendatei      */
fscanf(datei,"%s\n",hilfe);   /* Hilfstext einlesen                */
strcpy(hilfe,"");             /* und verwerfen                     */
fscanf(datei,"%s\n",hilfe);   /* Hilfstext einlesen                */
strcpy(hilfe,"");             /* und verwerfen                     */
fscanf(datei,"%s\n",hilfe);   /* Hilfstext einlesen                */
```

In der nachfolgenden „FOR-Schleife" werden für alle 16 Farbnummern die drei Farbanteile ROT, GRÜN und BLAU in das bereits vorhandene Strukturelement „pcx_kopf_zeiger->pal[]" eingelesen.

```
pal_index=0;
for (iZaehler=0;iZaehler <= 15; ++iZaehler)
{
fscanf(datei,"%s\n",hilfe); /* Hilfstext einlesen                  */
strcpy(hilfe,"");           /* und verwerfen                       */
/* Farbanteil ROT lesen                                            */
fscanf(datei,"%i ",&pcx_kopf_zeiger->pal[pal_index]);
++pal_index;
/* Farbanteil GRÜN lesen                                           */
fscanf(datei,"%i ",&pcx_kopf_zeiger->pal[pal_index]);
++pal_index;
/* Farbanteil BLAU lesen                                           */
fscanf(datei,"%i\n",&pcx_kopf_zeiger->pal[pal_index]);
++pal_index;
}
```

Die Farbendatei „FARBEN.DAT" wird wieder geschlossen.

```
fclose(datei);
```

In der anschließenden „FOR-Schleife" werden alle neuen Farben mit ihren Farbanteilen in den zugehörigen Farbregistern auf der VGA-Garfikkarte installiert.

```
pal_index=0;
for (iZaehler=0;iZaehler <= 15;++iZaehler)
{
```

Zuerst wird aus dem entsprechenden Palettenregister (Farbnummer) die Farbregisternummer bestimmt.

```
farbregister_adresse=pal_register_lesen(iZaehler);
```

Im Folgenden werden jeweils die drei PCX-Farbanteilswerte einer Farbnummer auf den zulässigen VGA-Farbanteils-Wertebereich gemäß der Tabelle 3.49 konvertiert.

```
   /* Umwandeln des Rotanteils in einen Wert von 0..63              */
   iRot=farb_umwandlung(pcx_kopf_zeiger->pal[pal_index]);
   ++pal_index;
    /* Umwandeln des Grünanteils in einen Wert von 0..63            */
   iGruen=farb_umwandlung(pcx_kopf_zeiger->pal[pal_index]);
   ++pal_index;
    /* Umwandeln des Blauanteils in einen Wert von 0..63            */
   iBlau=farb_umwandlung(pcx_kopf_zeiger->pal[pal_index]);
   ++pal_index;
```

Die drei angepaßten Farbanteile werden im entsprechenden Farbregister abgelegt.

```
   farb_register_schreiben(farbregister_adresse,iRot,iGruen,iBlau);
   }
 }
/*************************************************************************/
```

Funktion: bild_nachbearbeiten()

Innerhalb des Programms „pcx1.c" ist nur die Funktion „bild_nachbearbeiten()" deklariert. Die Funktion zeigt die Möglichkeit, ein am Bildschirm ausgegebenes PCX-Bild mit den üblichen „BORLAND C/C^{++}"-Grafikbefehlen nachzubearbeiten. In diesem Beispiel wird im unteren Bildbereich ein dreidimensionaler Balken mit dem Schriftzug „Meine Kinder Ramona und Tobias" ausgegeben. An dieser Stelle ist zu berücksichtigen, daß die Farbnummern nicht mehr die 16 Standardfarben, sondern die Farben aus der PCX-Datei bzw. die neuen Farben aus der Farbdatei „farben.dat" repräsentieren.

```
/*************************************************************************/
void bild_nachbearbeitung(void)
{
/* Ausgabe eines dreidimensionalen Balkens. Falls die PCX-Datei eine   */
/* eigene Farbpalette besitzt, ist diese zu berücksichtigen            */
setfillstyle(SOLID_FILL,7);
bar(145,413,505,433);
setcolor(7);
rectangle(140,410,500,430);
setfillstyle(SOLID_FILL,9);
bar(141,411,499,429);
/* Ausgabe eines Schriftzuges                                          */
setcolor(5);
settextstyle(SMALL_FONT,HORIZ_DIR,6);
outtextxy(170,413,"Meine Kinder Ramona und Tobias");
}
/*************************************************************************/
```

3.14.3   PCX-SHOW in klassischer „C"-Konvention

Das Programmprojekt „pcx2" setzt sich aus dem „C"-Modul „pcx2.c" und dem kompilierten Assemblermodul „sprache.obj" zusammen.

Das Assemblermodul ist für die Sprachausgabe der über die selbsterstellte Sprachhardware aufgenommenen Sounddateien „<name.spr>" notwendig. Die notwendige Projektdatei ist entsprechend dem eingesetzten Enwicklungswerkzeug von „BORLAND" anzulegen (s. Kapitel 1).

Programminhalt

Das klassisch realisierte Programm „pcx2.c" verwirklicht die Ausgabe mehrerer PCX-Grafikdateien in Form einer Diashow. Dabei kann jedes Bild mit einer Soundausgabe über den SOUND-BLA-STER-PRO oder über den PC-Lautsprecher kombiniert werden. Bei der Soundausgabe über den PC-Lautsprecher handelt es sich um eine im Kapitel 3.10 beschriebene Sounddatei. Das Programm „pcx2.c" benötigt für die Progammausführung eine im Bild 3.116 aufgezeigte Konfigurationsdatei „<name.dat>". Der vorgegebene Aufbau dieser Datei ist für die fehlerfreie Programmausführung zwingend notwendig. Die Datei muß die nachfolgenden Bezeichner mit den entsprechenden Angaben (fette Darstellung) beinhalten:

Bild 3.116: Konfigurationsdatei „show.dat"

```
  ≡  File  Edit  Search  Run  Compile  Debug  Project  Options      Window  Help
 ┌─[■]──────────────────────────── SHOW.DAT ───────────────────────────3─[↕]─┐
 │/****************************************************************************
 │/* Datei: SHOW.DAT:                                                        *
 │/* Autor: Arno Damberger                                                   *
 │/* Datum: 26.09.1993                                                       *
 │/****************************************************************************
 │
 │/* CONFIGURATION                                                           *
 │VIDEOMODE:                             18
 │NAECHSTES_BILD_UEBER:                  TASTE
 │AUSGABESPEED:                          30
 │AUSGABEPORT:                           97
 │
 │/* Grafikdateien                       Sounddateien                        *
 │DATEIEN:             .
 │bild1.pcx                              keine
 │bild2.pcx                              ton1.spr
 │bild3.pcx                              ton2.voc
 │bild4.pcx                              keine
 │bild5.pcx                              ton5.spr
 │bild6.pcx                              ton6.voc
 │ENDE:
 └─── 1:1 ────────────────────────────────────────────────────────────────────
  F1 Help  F2 Save  F3 Open  Alt-F9 Compile  F9 Make  F10 Menu
```

⇨ **VIDEOMODE:** Angabe des Grafikmodus

    14 (640*200 Pixel; 16 Farben)

    16 (640*350 Pixel; 16 Farben)

    18 (640*480 Pixel; 16 Farben)

⇨ **NAECHSTES_BILD_UEBER:** Bei der Diashow kann zum nächsten Bild über einen Tastendruck oder über eine Zeitschleife geschalten werden

    TASTE   (über Tastendruck)

    XXXXX (über Zeitschleife; Wert in Millisekunden)

⇨ **AUSGABESPEED:** Ausgabegeschwindigkeit über den PC-Lautsprecher

    XXXXX (Integerwert)

⇨ **AUSGABEPORT:** Adresse des Ausgabeports der Sounddatei „<name.spr>"

    97   (interner PC-Lautsprecher)

    623, 888, 956   (selbstgefertigte Sprachhardware an der entsprechenden Parallelen-Schnittstellen)

⇨ **DATEIEN:** Es folgen bis zu 10 Grafik- und Sounddatei-Angaben. Dabei werden jeweils in einer Zeile auf der rechten Seite die Grafik- und auf der linken Seite die zugehörige Sounddatei eingetragen. Bei den Sounddateien besitzen die BLASTER-Dateien die Endung „.VOC" und die PC-Lautsprecherdateien die Endung „.SPR". Möchte man zur entsprechenden Grafikdatei keine Sounddatei ausgeben, ist anstelle der Sounddatei der Bezeichner „KEINE" einzutragen.

Startet der Anwender die PCX-Show mit der Konfigurationsdatei „show.dat", so ist das Programm auf DOS-Ebene mit folgendem Aufruf zu starten:

pcx2 show.dat

Kann das Programm keine entsprechende Konfigurationsdatei oder nicht alle Grafik- bzw. Sounddateien im aktuellen Verzeichnis lokalisieren, so erfolgt der Programmabbruch mit der Ausgabe einer entsprechenden Fehlermeldung. Der gesamte Programmablauf ist im Flußdiagramm in Bild 3.117 dargestellt.

Bild 3.117:
Flußdiagramm zum Programm „PCX2"

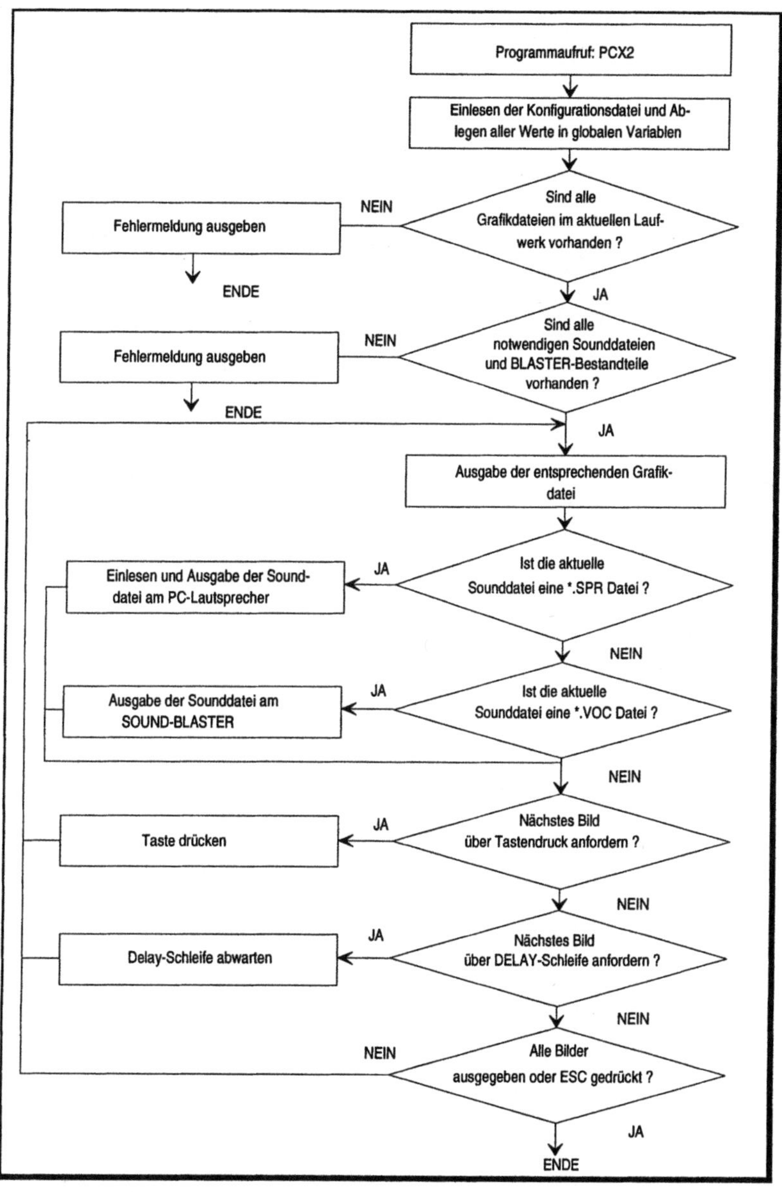

Programmdiskussion

In das Programm „pcx2.c" werden neben der „BORLAND"-Datei
„dir.h" die beiden selbstdeklarierten Headerdateien „buch.h" und
„pcx.h" eingebunden. Alle integrierten Funktionen werden weiter
unten aufgeführt.

```
/******************************************************************/
/* INCLUDE-DATEIEN                                              */
#include <dir.h>
#include "buch.h"
#include "pcx.h"
/******************************************************************/
```

Im „DEFINE"-Block werden einige symbolische Konstanten erzeugt.
Durch den Einsatz derartiger Konstanten wird das Lesen des Quellcodes wesentlich vereinfacht.

```
/******************************************************************/
/* PROGRAMMGLOBALE DEFINE-ANWEISUNGEN                           */
#define TASTE          1
#define DELAY          2
#define MAXLAENGE      30000
/******************************************************************/
```

Der Variablenblock enthält wichtige programmglobale Variablen.
Diese Variablen sind in allen Funktionsebenen beschreib- und lesbar.

```
/******************************************************************/
/* PROGRAMMGLOBALE VARIABLE                                     */
int iNaechstes_bild; /* Wert wird aus Konfigurationsdatei gelesen    */
int iDelay; /* Wert wird aus Konfigurationsdatei gelesen            */
int iAnzahl; /* Anzahl der Grafik- und Sounddateien in Kofigur.-Datei */
int iAusgabe_port; /* Wert wird aus Konfigurationsdatei gelesen      */
int iAusgabe_speed; /* Wert wird aus Konfigurationsdatei gelesen     */
unsigned char acBuffer[MAXLAENGE]; /* Nimmt Sounddateiwerte *.spr auf */
char acTreiber[60]; /* PATH des SOUNDBLASTER-Treibers: VPLAY.EXE      */
char acBlaster_befehl[60]; /* Befehl zur Ausgabe der SOUNDBLASTER-Datei */
char acGrafiktabelle[15][13]; /* Liste der Grafikdateien              */
char acSoundtabelle[15][13]; /* Liste der Sounddateien                */
/* Wichtige Variable aus dem Header PCX.H                             */
/* iVideomode; Videomode für PCX-Ausgabe                             */
/* cPcx_name[13]; Name der PCX-Datei                                  */
/* iEigene_Anfangskoordinaten; wird auf FALSE gesetzt                 */
/* iEigene_Bildkoordinaten; wird auf FALSE gesetzt                    */
/* iEigene_farbe; wird auf FALSE gestzt                               */
/* int blaster_test(void)                                             */
/******************************************************************/
```

Funktion: main()

Als erste Aktion wertet das Hauptprogramm über den Funktionsaufruf „konfig_datei_lesen()" die beim Programmstart angegebene Konfigurationsdatei aus. Alle gelesenen Werte werden in die dafür vorgesehenen globalen Variablen kopiert. Durch die Funktion „datei_test()" überprüft das Programm im aktuellen Verzeichnis, ob alle auszugebenden PCX-Dateien vorhanden sind. Der Funktionsaufruf von „sound_test()" überprüft alle angegebenen Sounddateien und bei Bedarf die Installation einer SOUND-BLASTER-Karte im System. Nach allen Kontrollfunktionen erfolgt durch Aktivierung der Funktion „show()" die eigentliche PCX-Vorstellung.

```
/********************************************************************/
/* Hauptprogramm                                                  */
void main(int argc, char *argv[])
{
konfig_datei_lesen(argc,argv[1]);
datei_test();
sound_test();
show();
}
/********************************************************************/
```

Funktionen aus der Headerdatei: buch.h

Die Headerdatei „buch.h" stellt dem Programm „pcx2.c" die Funktionen fehler_ende(), file_lesen() und blaster_test() zur Verfügung. Die Funktionen „fehler_ende()" und file_lesen() wurden bereits an anderer Stelle diskutiert. Die Funktion „blaster_test()" ist mit dem Modul „hardware_test()" aus dem Kapitel 3.11 identisch. Die Funktion „hardware_test()" gibt lediglich als Zusatz die Portadresse der SOUND-BLASTER-Karte am Bildschirm aus.

Funktionen aus der Headerdatei: pcx.h

Aus der Headerdatei „pcx.h" wird die für die PCX-Grafikausgabe notwendige Funktion „pcxbild()" eingebunden. Dieses Modul wurde bereits weiter oben diskutiert.

Funktion: konfig_datei_lesen()

Mit Hilfe der Funktion „konfig_datei_lesen()" wird der Inhalt der beim Programmaufruf angegegebenen Konfigurationsdatei gelesen. Das Modul kopiert die so bestimmten Angaben in programmglobale Variablen.

```
/*****************************************************************************/
void konfig_datei_lesen(int argc, char * datei)
{
FILE *FDatei;
char acUebergabe[90];
char acDummy[80];
int iLesen,iEnde;
```

Zuerst werden einige wichtige Variablen für den Funktionsaufruf
von „pcxbild()" mit den Standardwerten vorbelegt.

```
iEigene_Bildkoordinaten=FALSE;
iEigene_Anfangskoordinaten=FALSE;
iEigene_farbe=FALSE;
```

Es wird überprüft, ob das Programm mit einem Aufrufparameter
gestartet wurde. Im Fehlerfall bricht das Programm mit einer entsprechenden Meldung ab.

```
/* Überprüfen der Aufrufparameter.                           */
if((argc < 2) || (argc > 2))
  fehler_ende("falscher Programmaufruf: pcx2 <dateiname.dat>  -> Abbruch\n\r");
```

Innerhalb der nächsten Programmzeilen wird aus der Konfigurationsdatei der Videomode gelesen und auf dessen Richtigkeit überprüft. Tritt ein Fehler auf, bricht das Programm mit der Ausgabe einer Fehlermeldung ab. Das Programm verwaltet den Videomodus in
der globalen Variablen „iVideomode".

```
strncpy(acUebergabe,"",20);
/* Lesen des Videomode aus der Konfigurationsdatei           */
strcpy(acUebergabe,file_lesen("VIDEOMODE:",datei));
if(strcmp(acUebergabe,"") == 0)
 /* Tritt ein Fehler auf -> Progamm mit Meldung abrechen      */
 fehler_ende("VIDEOMDE in Konfigurationsdatei konnte nicht gelesen\
 werden -> Abbruch\n\r");
iLesen=atoi(acUebergabe);
/* Überprüfen ob ein zulässiger Videomodus angegeben wurde    */
switch(iLesen)
{
case 0X0E: iVideomode=iLesen;break;
case 0X10: iVideomode=iLesen;break;
case 0X12: iVideomode=iLesen;break;
default:   fehler_ende("falscher VIDEOMDE in Konfigurationsdatei (nur \
14,16,18) -> Abbruch\n\r");
}
```

Die einzelnen Bilder der PCX-Show können über einen Tastendruck
oder eine Zeitschleife weitergeschalten werden. Im folgenden Abschnitt wird die Option zum Bildweiterschalten aus der Konfigurationsdatei gelesen. Innerhalb des Programms wird diese Option in
der globalen Variablen „iNaechstes_bild" geführt. Beim Weiterschal-

ten über eine Zeitschleife bekommt die globale Variable „iDelay"
den entsprechenden Wert zugewiesen.

```c
strncpy(acUebergabe,"",20);
/* Lesen der Option zum Bildweiterschalten                           */
strcpy(acUebergabe,file_lesen("NAECHSTES_BILD_UEBER:",datei));
if(strcmp(acUebergabe,"") == 0)
  /* Tritt ein Fehler auf -> Progamm mit Meldung abbrechen           */
  fehler_ende("Konfigurationsdatei konnte nicht ausgewertet werden ->\
  Abbruch\n\r");
iNaechstes_bild=0;
/* Testen ob durch Tastendruck zum nächsten Bild weitergeschalten wird  */
if(strcmp(acUebergabe,"TASTE") == 0) iNaechstes_bild=TASTE;
/* Testen ob durch Zeitschleife (delay(X) zum nächsten geschalten wird  */
if(iNaechstes_bild != TASTE)
{
  iLesen=atoi(acUebergabe);
  if(iLesen == 0)
    fehler_ende("falscher Wert in Konfigurationsdatei (nächstes Bild über)\
    -> Abbruch\n\r");
  iDelay=iLesen; /* Wert der Zeitschleife in Millisekunden             */
  iNaechstes_bild=DELAY;
}
```

Werden in der PCX-Show Soundausgaben über den PC-Lautsprecher bzw. die selbstgefertigte Sprachhardware realisiert, so sind
die Werte für die Sprach-Ausgabegeschwindigkeit und die Adresse
des Ausgabemediums notwendig. Im nächsten Programmabschnitt
werden die benötigten Daten aus der Konfigurationsdatei gelesen.
Die beiden eingelesenen Werte werden in den globalen Variablen
„iAusgabe_speed" und „iAusgabe_port" verwaltet.

```c
/* Lesen der Ausgabegeschwindigkeit bei eigener Soundhardware        */
strncpy(acUebergabe,"",20);
strcpy(acUebergabe,file_lesen("AUSGABESPEED:",datei));
if(strcmp(acUebergabe,"") == 0)
  /* Tritt ein Fehler auf -> Progamm mit Meldung abbrechen           */
  fehler_ende("AUSGABESPEED in Konfigurationsdatei konnte nicht gelesen\
  werden -> Abbruch\n\r");
iAusgabe_speed=atoi(acUebergabe);
if(iLesen == 0)
  fehler_ende("falscher Wert in Konfigurationsdatei (AUSGABESPEED) ->\
  Abbruch\n\r");
/* Lesen der Adresse des Ausgabeports bei eigener Soundhardware      */
strncpy(acUebergabe,"",20);
strcpy(acUebergabe,file_lesen("AUSGABEPORT:",datei));
if(strcmp(acUebergabe,"") == 0)
  /* Tritt ein Fehler auf -> Progamm mit Meldung abbrechen           */
  fehler_ende("AUSGABEPORT in Konfigurationsdatei konnte nicht gelesen\
  werden -> Abbruch\n\r");
iAusgabe_port=atoi(acUebergabe);
if(iLesen == 0)
  fehler_ende("falscher Wert in Konfigurationsdatei (AUSGABEPORT) ->\
  Abbruch\n\r");
```

Im letzten Funktionsabschnitt werden alle in der Konfigurationsdatei enthaltenen PCX- und Sounddateien in die globalen Feldvariablen „acGrafiktabelle[ ]" und „acSoundtabelle[ ]" eingetragen. Die DO-WHILE-Schleife-1 sucht in der Konfigurationsdatei über den Bezeichner DATEIEN: den Beginn der PCX- und Sounddateiaufzählung.

```c
/* Öffnen der Konfigurationsdatei                                        */
if((FDatei=fopen(datei,"r")) == NULL)
 /* Tritt ein Fehler auf -> Programmabbruch                              */
 fehler_ende("Konfigurationsdatei konnte nicht gelesen werden ->\
Abbruch\n\r");
iEnde=FALSE;
/******************** DO-WHILE-Schleife-1 ***************************/
do
{
 fscanf(FDatei,"%s",&acUebergabe);
 if(strcmp(acUebergabe,"DATEIEN:") == 0)
  {
```

Nachdem der Bezeichner „DATEIEN:" lokalisiert wurde, beginnt in der „DO_WHILE-Schleife-2" das Einlesen aller PCX- und Sounddateinamen in die entsprechenden globalen Feldvariablen.

```c
 iAnzahl=0;
 /************************ DO-WHILE-Schleife-2 *********************/
 do
 {
  if(iAnzahl < 10)
  {
   /* Nur 10 Grafik- und 10 Sounddateien einlesen; mehr gehr nicht      */
   fscanf(FDatei,"%s",acGrafiktabelle[iAnzahl]);
   fscanf(FDatei,"%s",acSoundtabelle[iAnzahl]);
  }
  ++iAnzahl;
  if(iAnzahl >= 10)
  {
   /* Falls mehr als 10 Grafik-/Sounddateien in Konfigurationsdatei     */
   /* vorhanden sind -> weiterlesen bis Dateiende und verwerfen dieser  */
   /* Dateien                                                           */
   iAnzahl=10;
   fscanf(FDatei,"%s",acGrafiktabelle[iAnzahl]);
   fscanf(FDatei,"%s",acSoundtabelle[iAnzahl]);
   --iAnzahl;
  }
 }
 while(feof(FDatei) == 0);
 /***************** Ende der DO-WHILE-Schleife-2 ******************/
 iEnde=TRUE;
 }
}
while(iEnde == FALSE);
/**************** Ende der DO-WHILE-Schleife-1 ********************/

iAnzahl=iAnzahl-2; /* Festlegen der Anzahl der gelesenen Dateien        */
fclose(FDatei); /* Schließen der Konfigurationsdatei                    */
}
/*****************************************************************/
```

Funktion: datei_test()

Die Funktion datei_test()" überprüft auf dem aktuellen Laufwerk das Vorhandensein der aus der Konfigurationsdatei gelesenen PCX-und Sounddateien.

```c
/**********************************************************************/
void datei_test(void)
{
struct ffblk FInfo_block;
int iZaehler,iVorhanden;
```

Innerhalb der „FOR"-Schleife werden alle Dateien überprüft. Kann auch nur eine Datei nicht lokalisiert werden, so bricht das Programm mit einer Fehlermeldung ab.

```c
/***************************** FOR-Schleife ************************/
for(iZaehler=0;iZaehler<=iAnzahl;++iZaehler)
{
/* Test der entsprechenden PCX-Datei                              */
iVorhanden=findfirst(acGrafiktabelle[iZaehler],&FInfo_block,0);
if(iVorhanden != 0)
 fehler_ende("Grafikdatei ist nicht vorhanden -> Programmabbruch !\n\r");
if(strcmp(acSoundtabelle[iZaehler],"keine") != 0)
{
 /* Test der entsprechenden Sound-Datei                           */
 iVorhanden=findfirst(acSoundtabelle[iZaehler],&FInfo_block,0);
 if(iVorhanden != 0)
  fehler_ende("Sounddatei ist nicht vorhanden -> Programmabbruch !\n\r");
}
}
/******************** Ende der FOR-Schleife *************************/
}
/**********************************************************************/
```

Datei: sound_test()

Die Funktion „sound_test()" überprüft, ob die SOUND-BLASTER-Dateien vorhanden sind. Werden SOUND-BLASTER-Dateien lokalisiert, so überprüft die Funktion, ob die notwendige BLASTER-Hardware im PC installiert ist. Wie schon im Kapitel 3.11 erläutert, erstrecken sich die Hardware-Tests ausschließlich auf den SOUND-BLASTER-PRO.

```c
/**********************************************************************/
void sound_test(void)
{
struct ffblk Dateiinfo;
int iZaehler,iBlaster,iTest,iTreiber;
```

Die „FOR"-Schleife testet anhand der Endung „.VOC" alle in der
Feldvariablen „acSoundtabelle[ ]" eingetragenen Sounddateien auf
die BLASTER-Konvention. Wurde auch nur eine BLASTER-Datei lokalisiert, so wird die logische Variable „iBlaster" auf den symbolischen Wert „TRUE" gesetzt.

```
iBlaster=FALSE;
/*************************** FOR-Schleife ****************************/
for(iZaehler=0;iZaehler <= iAnzahl;++iZaehler)
{
 /* Test auf: Keine Sounddatei eingetragen
 /********************** IF-Anweisung-1 *****************************/
 if(strcmp(acSoundtabelle[iZaehler],"keine") != 0)
 {
  /* Test auf: selbsterstellte Sounddatei                          */
  /********************** IF-Anweisung-2 ***************************/
  if(strstr(acSoundtabelle[iZaehler],".spr") == NULL)
  {
   /* Test auf: SOUNBLASTER-Datei                                  */
   if(strstr(acSoundtabelle[iZaehler],".voc") == NULL)
    /* falsche Sounddatei-Konvention ist vorhanden                 */
    fehler_ende("Falsche Sounddateien -> Abbruch\n\r");
   else iBlaster=TRUE;
  }
  /***************** Ende der IF-Anweisung-2 ***********************/
 }
 /***************** Ende der IF-Anweisung-1 ************************/
}
/******************* Ende der  FOR-Schleife *************************/
```

Es wird überprüft, ob eine SOUND-BLASTER-Karte im PC installiert
ist. Ist dies nicht der Fall, erfolgt der Programmabbruch mit der
Ausgabe einer Fehlermeldung.

```
if(iBlaster == TRUE)
{
 iTest=blaster_test();
 if(iTest != 0) fehler_ende("Soundblaster-Karte nicht im PC ->\
 Programmabbruch\n\r");
}
```

Konnte ein SOUND-BLASER-PRO lokalisiert werden, testet die
Funktion, ob der zur Soundausgabe notwendige Treiber VPLAY.EXE
vorhanden ist. Der Treiber muß im aktuellen Programmverzeichnis
oder im SOUND-BLASTER-Standardverzeichnis „C:\SBPRO\VEDIT"
vorhanden sein. Kann kein Treiber gefunden werden, so erfolgt das
Programmende mit der Ausgabe einer Fehlermeldung.

```
iTreiber=FALSE;
strncpy(acTreiber,"",60);
/* Treibertest im aktuellen Programmverzeichnis                    */
iTest=findfirst("c:vplay.exe",&Dateiinfo,FA_DIREC);
if(iTest == 0)
```

```
      {
       /* Soundtreiber im aktuellen Verzeichnis vorhanden            */
       strcpy(acTreiber,"c:vplay.exe /q ");
       iTreiber=TRUE;
      }
      if(iTreiber == FALSE)
      {
       /* Treibertest im Standard-Blaster-Verzeichnis               */
       iTest=findfirst("c:\\sbpro\\vedit2\\vplay.exe",&Dateiinfo,FA_DIREC);
       if(iTest == 0)
       {
        strcpy(acTreiber,"c:\\sbpro\\vedit2\\vplay.exe \q ");
        iTreiber=TRUE;
       }
      } /* Ende von Treibertest im Standard-Blaster-Verzeichnis       */
      if(iTreiber == FALSE)
       /* Kein Soundtreiber vorhanden                               */
       fehler_ende("kein Blastertreiber (vplay.exe) gefunden -> Abbruch\n\r");
      }
      /*****************************************************************************/
```

Funktion: show()

Die Funktion „show()" realisiert die eigentliche PCX-Show. Innerhalb einer Schleife werden der Reihe nach zuerst immer die PCX-Grafiken und im Anschluß die zugehörige Sounddatei ausgegeben. Die Sounddateien werden, gemäß den Ausführungen in den Kapiteln 3.10 und 3.11, realisiert. Danach wird über einen Tastendruck bzw. eine Delay-Schleife zum nächsten Bild weitergeschalten. Der automatische Programmablauf kann durch Drücken von [Esc] beendet werden.

```
      /*****************************************************************************/
      void show(void)
      {
      FILE *FDatei;
      int iZaehler,iZaehler1;
      unsigned char ucTaste;
```

In der „FOR-"-Schleife erfolgt der gesamte Ablauf der PCX-Show. Die Schleife kann während des Programmablaufs durch Drücken von [Esc] beendet werden.

```
      for (iZaehler=0;iZaehler <= iAnzahl;++iZaehler)
      {
       /* Ausgabe der PCX-Grafik am Bildschirm                      */
       strncpy(cPcx_name,"",13);
       strcpy(cPcx_name,acGrafiktabelle[iZaehler]);
       pcxbild(); /* Ausgabe Grafik mit einbinden BGI-Treiber        */
       /* Ausgabe der Sounddatei                                    */
       if(strcmp(acSoundtabelle[iZaehler],"keine") != 0)
       {
        /* Sprachdatei erstellt auf eigener Soundhardware            */
        if(strstr(acSoundtabelle[iZaehler],".spr") != NULL)
        {
```

```
 /* Einlesen der Sounddateiwerte in Puffervariable "acBuffer[]"       */
 FDatei=fopen(acSoundtabelle[iZaehler],"r");
 for(iZaehler1=0;iZaehler1 <= MAXLAENGE;++iZaehler1)
  acBuffer[iZaehler1]=getc(FDatei);
 fclose(FDatei);
 /* Ausgabe der Sounddatei über externes Assemblermodul              */
 LAUT_AUS(iAusgabe_speed,acBuffer,MAXLAENGE,iAusgabe_port);
 }/* Ende von Einlesen der Sounddateiwerte in Puffervariable          */
 /* Soundblaster Sprachdatei                                          */
 if(strstr(acSoundtabelle[iZaehler],".voc") != NULL)
 {
 /* Zusammensetzen des Befehls zur Sprachausgabe über den BLASTER     */
 /* "<Pfad>\vplay.exe q sound.voc > papkorb.txt"                      */
 strncpy(acBlaster_befehl,"",60);
 strcpy(acBlaster_befehl,acTreiber);
 strcat(acBlaster_befehl,acSoundtabelle[iZaehler]);
 strcat(acBlaster_befehl," > papkorb.txt");
 system(acBlaster_befehl);
 }
 }
```

Das nächste Bild wird über einen Tastendruck bzw. eine Delay-Schleife angefordert. Drückt der Anwender an dieser Stelle die Taste Esc, so erfolgt der Programmabbruch.

```
 if(iNaechstes_bild == TASTE)
 {
 /*Das nächste Bild wird über einen Tastendruck (nicht ESC) angefordert*/
 ucTaste=getch();
 if(ucTaste == TASTE_ESC)
 {
 /* Nach der Drücken von ESC erfolgt der Programmabbruch             */
 textmode(C80); /* Textmode installieren                            */
 exit(0);
 }
 }
 else
 {
 /*Das Weiterschalten zum nächsten Bild erfolgt über eine Zeitschleife */
 delay(iDelay);
 /* Falls in dieser Zeit ESC gedrückt wurde wird das Programm beendet  */
 ucTaste=bioskey(1);
 if(ucTaste == TASTE_ESC)
 {
 textmode(C80); /* Textmode installieren                            */

 exit(0);
 }
 }
 }
```

Nachdem alle Dateien ausgegeben wurden, installiert die Funktion den zuletzt eingestellten Textmodi.

```
 textmode(LASTMODE);
 }
 /**********************************************************************/
```

3.14.4   PCX-Grafikausgabe in objektorientierter Konvention

Das objektorientiert aufgebaute Programm „pcx3.cpp" ist im Aufbau
und im Programmablauf identisch zum klassisch realisierten Programm „pcx1.c" Alle Funktionsbeschreibungen und Flußdiagramme
aus dem Kapitel 3.14.2 sind auch auf dieses Programm übertragbar.

Programminhalt

Aufgrund der gleichen Programminhalte wird an dieser Stelle auf
eine erneute Beschreibung verzichtet. Lesen Sie bitte bei Bedarf im
Kapitel 3.14.2 an entsprechender Stelle nach.

Programmdiskussion

Das Programm „pcx3.cpp" bindet die selbstdeklarierte Klassen-
Headerdatei „pcx_cpp.h" in den Quellcode ein. Aus der Headerdatei wird die Klasse „PCX_BILD" bereitgestellt.

```
/***************************************************************************/
/* INCLUDE-DATEIEN                                                        */
#include "pcx_cpp.h"
/***************************************************************************/
```

Klassen und Methoden aus der Headerdatei: pcx_cpp.h

Die in der Headerdatei enthaltene Klasse „PCX_BILD" stellt dem
Programm „pcx3.cpp" die Methoden argumente(), pcxbild(), eige-
ne_farbpalette() und verschieben_oben() zur Verfügung. Alle aufgeführten Methoden sind in ihrer Namensgebung und im Programmaufbau identisch zu den gleichnamigen Funktionen aus dem
Kapitel 3.14.2.

Klassendeklaration im Programm

Der im Programm deklarierten Klasse „MENUE" werden durch die
Anweisung:

```
class menue : public pcx_bild
```

alle Eigenschaften der Headerklasse „PCX_BILD" public vererbt. In
der Klassenübersicht im Bild 3.118 ist die gesamte Vererbungshirarchie von Programm „pcx3.cpp" aufgezeigt.

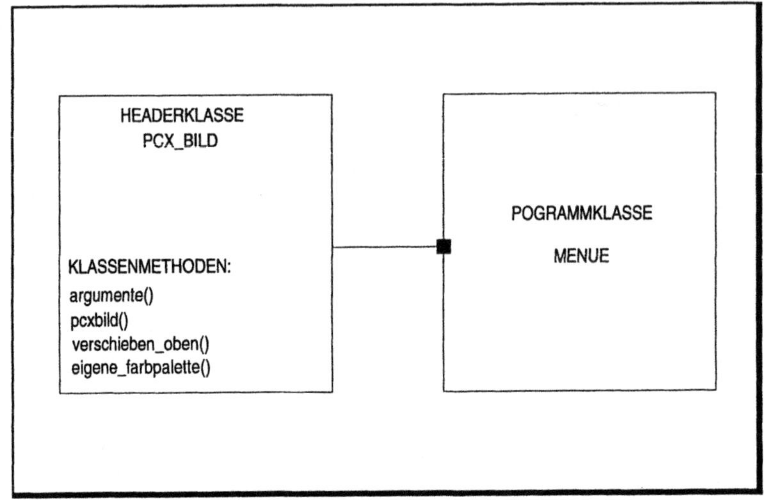


```
/************************************************************************/
class menue : public pcx_bild {
private:
public:
 menue(void){;};
 ~menue(void){;};
 void bild(void);
 void bild_nachbearbeitung(void);
};
/************************************************************************/
```

Konstruktoren und Destruktoren

Wie aus dem Deklarationsteil ersichtlich, besitzt die Klasse „MENUE"
keinerlei Konstruktor- und Destruktoranweisungen.

Klassenmethoden

Die in der Klasse „MENU" deklarierte Methode „bild_nachbe-
arbeiten()" ist im Aufbau identisch zur gleichnamigen Funktion aus
dem Kapitel 3.14.2. Die Methode „bild()" spiegelt sich in der
„main()"-Funktion des klassisch aufgebauten Programms „pcx1.C"
wieder.

Hauptprogramm

Im Hauptprogramm erfolgt zuerst die Inkarnation der Klassenvariablen „programm" vom Objekttyp „MENU". Im Anschluß überprüft die Methode „programm.argumente()" die fehlerfreie Angabe aller Programmaufrufparameter. Lokalisiert das Programm bei dieser Aktion einen Fehler, so erfolgt der sofortige Programmabbruch mit der Ausgabe einer Fehlermeldung. Der Aufruf der Methode „program.bild()" gibt die beim Programmaufruf angegebene PCX-Grafik am Bildschirm, entsprechend den in den Programmaufrufparametern enthaltenen Optionen, aus.

```
/*************************************************************************/
/* HAUPTPROGRAMM                                                       */
void main(int argc, char *argv[])
{
menue programm;

/* Test ob alle Übergabeparameter beim Programmaufruf richtig angegeben */
/* wurden                                                              */
programm.argumente(argc, argv);
programm.bild();
}
/*************************************************************************/
```

3.15   TSR-Programme

TSR-Programme (Terminate and Stay Resident) verbleiben nach ihrer Aktivierung, ohne eine Aktion auszuführen, im RAM-Speicher des PCs. Erst durch Drücken einer entsprechenden Tastenkombination oder nach Erreichen eines bestimmten Zeitpunkts erfolgt die Programmausführung. Dabei wird das aktuell im Vordergrund laufende Programm unterbrochen und das TSR-Programm ausgeführt. Nach der Beendigung des TSR-Programms erfolgt das Fortfahren im unterbrochenen Programm. Unter MS-DOS werden TSR-Programme dazu benützt, dem Anwender Utilities wie Taschenrechner, Kalender oder Notizbuch anzubieten, ohne dazu das aktuell im Vordergrund laufende Programm beenden zu müssen. Aber auch das Betriebssystem MS-DOS setzt TSR-Programme, wie z. B. „KEYBGR", „ASSIGN", „SHARE", „PRINT", usw. für spezielle Aufgabenbereiche ein.

Bei TSR-Programmen handelt es sich um komplexe Funktionsstrukturen, deren Verständnis ein umfangreiches Hard- und Softwarewissen voraussetzt. Dieser Umstand liegt nicht zuletzt daran, daß dieser Themenbereich in der Literatur fast nicht zu finden ist, bzw. nur dürftig angerissen wird.

3.15.1   Allgemein

Die Funktionsweise eines TSR-Programms widerspricht der Konzeption von MS-DOS als Single-Task-Betriebssystem. Bei einem Singletask-Betriebssystem werden üblicherweise nur einem Programm die Systemressourcen bereitgestellt. Beim Einsatz von TSR-Programmen ist dies nicht der Fall, da hier das aktuell im Vordergrund laufende Programm und das im Hintergrund aktivierte TSR-Programm gemeinsam im RAM-Speicher vorhanden sind. Um ein im RAM-Speicher installiertes TSR-Programm aktivieren zu können, sind auf DOS- und BIOS-Ebene zur Programmlaufzeit die nachfolgend aufgeführten Tests notwendig. All diese Überprüfungen sind nur auf unterster Maschinenebene, d.h. mittels Assemblerprogrammierung, zu realisieren.

„REENTRANCE"-Test: Unter „REENTRANCE" versteht man die Möglichkeit, innerhalb eines Betriebssystems eine Systemfunktion von mehreren Programmen gleichzeitig ausführen zu können. Dies ist bei MS-DOS nicht der Fall. Wird ein DOS-Funktionsaufruf von einem TSR-Programm unterbrochen und im TSR-Programm eine weitere DOS-Funktion aktiviert, ist ein Systemabsturz vorprogrammiert. Um das „REENTRANCE"-Problem zu umgehen, stellt das Betriebssystem MS-DOS dem Programmierer das „INDOS-Flag" zur Verfügung. Besitzt dieses Flag den Wert "0", so wird gerade keine DOS-Funktion ausgeführt. Dadurch ist der erste Schritt zur Aktivierung eines TSR-Programms erfüllt.

Befehlsinterpreter-Test: Eine Abfrage des „INDOS-Flag" auf den Wert "0" reicht noch nicht zur sicheren Aktivierung eines TSR-Programms aus. Der Befehlsinterpreter „COMMAND.COM" installiert bei der „Prompt"-Ausgabe und bei der Befehlseingabe einige DOS-Funktionen , somit enthält das „INDOS-Flag" ständig den Wert „1". Würde man nur das „INDOS-Flag" abfragen, wäre eine Aktivierung des TSR-Programms auf Befehlsinterpreter-Ebene somit nicht möglich. Die Lösung des Problems ermöglicht an dieser Stelle der Interrupt-28H. Wartet der Befehlsinterpreter auf eine Befehlseingabe, so wird in periodischen Abständen der Interrupt-28H aufgerufen. Durch diesen BIOS-CALL werden Hintergrundprozesse, wie beispielsweise das Druckerspooling (PRINT-Befehl), abgearbeitet. Beim Eintreten dieses Interrupts ist es relativ sicher, ein TSR-Programm zu starten, da DOS zu dieser Zeit unbeschäftigt ist.

Zeitkritische Aktionen: Hierunter fallen besonders Zugriffe auf Disketten- und Festplattenlaufwerke, die normalerweise über den

Interrupt-13H durchgeführt werden. Derartige Programmabläufe müssen in relativ kurzer Zeit abgeschlossen sein und dürfen auf keinen Fall durch die Aktivierung eines TSR-Programms unterbrochen werden. Ein Datenverlust bzw. der Systemabsturz wären die Folge.

Rekursions-Test: Ist das TSR-Programm bereits installiert, so darf es nicht erneut (rekursiv) aufgerufen werden.

Kontextwechsel: Wurden zur Programmlaufzeit alle oben genannten Tests durchgeführt, so kann das aktuell im Vordergrund laufende Programm unterbrochen und das TSR-Programm aktiviert werden. Bei der Aktivierung des TSR-Programms ist jedoch noch der sogenannte „Kontextwechsel" durchzuführen. Unter dem Programmkontext versteht der Informatiker alle erforderlichen Informationen die zum Betrieb eines Programms nötig sind. Bei DOS-Programmen sind hierunter zu verstehen:

⇨ Prozessor-Register

⇨ Programmspeicher

⇨ PSP (Programm-Segment-Prefix)

⇨ DTA (Disk-Transfer-Area)

⇨ Video-Informationen

All diese Informationen müssen für das zu unterbrechende Programm vor der Aktivierung des TSR-Programms in Variablen gesichert werden. Dadurch kann nach der Beendigung des TSR-Programms der Kontext zum unterbrochenen Programm restauriert werden.

Die vorhergehenden elementaren Bearbeitungsregeln verdeutlichen die Komplexität der TSR-Programmverwaltung. Eine ausführliche Diskussion der dafür notwendigen Assembler-Routinen würde den Inhalt eines weiteren Buches füllen. Auf der dem Buch beiliegenden CD-ROM befinden sich die drei kompilierten Assemblermodule „TSR_1MIN.OBJ", TSR_1MAL.OBJ" und „TSR_HOT.OBJ". Diese Module ermöglichen dem Programmierer, durch den Einsatz einer Projektdatei die einfache Erstellung komfortabler TSR-Programme. Die drei Assembler-Module verwalten jeweils die gesamte TSR-Bearbeitung eines C-Programms, wobei die einzelnen Module die in Tabelle 3.50 aufgeführten, unterschiedlichen TSR-Aktivierungseigenschaften ermöglichen. Der Programmierer kann sich in seinem „C-/C^{++}"-Programm auf den eigentlichen Inhalt des TSR-Programms konzentrieren und muß sich nicht mit der komplizierten TSR-

Verwaltung befassen. Die Tabelle 3.51 zeigt eine Aufzählung der in den Assemblermodulen enthaltenen Funktionen.

Tabelle 3.50:
Die TSR-Aktivierungseigenschaften der unterschiedlichen Assemblermodule

Assemblermodul	TSR-Aufrufeigenschaften
TSR_1Min.OBJ	Nachdem ein Aktivierungszeitpunkt erreicht wurde, wird das TSR-Programm jeweils nach einer Minute erneut aufgerufen.
TSR_1MAL.OBJ	Das TSR-Programm wird nach dem Erreichen eines Aktivierungszeitpunktes einmalig aufgerufen.
TSR_HOT.OBJ	Das TSR-Programm kann über eine HOT-KEY-Kombination aufgerufen werden.

Tabelle 3.51:
Funktionen der TSR-Assemblermodule

Assemblermodul	TSR-Bearbeitungs-Funktionen
TSR_1MIN.OBJ	tsr_installieren() tsr_schon_installiert() tsr_deinstallieren() aufrufadresse_in_tsr() kann_tsr_deinstalliert_werden()
TSR_1MAL.OBJ	tsr_installieren() tsr_schon_installiert() tsr_deinstallieren() aufrufadresse_in_tsr() kann_tsr_deinstalliert_werden()
TSR_HOT.OBJ	tsr_installieren() tsr_schon_installiert_hot() tsr_deinstallieren() aufrufadresse_in_tsr() kann_tsr_deinstalliert_werden() tsr_hotkey_mitteilen()

Wie aus der Tabelle 3.51 ersichtlich, besitzen die drei Assemblermodule zum großen Teil gleiche Funktionen. Die Module beinhalten neben den aufgeführten Funktionen eine Vielzahl neuer Interrupt-Handler, welche die unterschiedlichen TSR-Aktivierungseigenschaften realisieren. Im folgenden werden die aufgeführten Assemblermodule näher erläutert:

Funktion: void tsr_installieren(X1,X2)

Die Funktion „tsr_installieren(X1,X2)" installiert das TSR-Programm. Der Funktion werden die Parameter X1 und X2 übergeben. Der Übergabeparameter X1 beinhaltet die Adresse der Funktion, die bei Erreichen des Aktivierungszeitpunkts aufgerufen wird. Der Übergabeparameter X2 gibt den für das TSR-Programm zu reservierenden Variablen-Speicherplatz im RAM an. Innerhalb der Funktion werden die benötigten neuen Interrupthandler adressiert und der Kontext des TSR-Programms im reservierten Speicherplatz, in globalen Variablen, abgelegt. Nachdem alle TSR-Installationsaufgaben erledigt wurden, wird das Programm beendet und zu DOS zurückgekehrt.

Funktion: un. char tsr_schon_installiert X1, X2, X3, X4, X5)

Durch diese Funktion kann festgestellt werden, ob sich bereits eine Kopie des TSR-Programms im Arbeitsspeicher befindet. Im Übergabeparameter X1 wird eine Programm-Kennung übergeben. Anhand dieser Kennung ist es möglich, eine bereits installierte Kopie des TSR-Programms zu lokalisieren. Ist dies der Fall, gibt die Funktion als Rückgabeparameter den Wert der symbolischen Konstanten „TRUE" zurück. Kann keine Kopie des TSR-Programms lokalisiert werden, wird die symbolische Konstante „FALSE" zurückgegeben. Über die Übergabeparameter X2 bis X5 kann das nach der Installation im RAM-Speicher befindliche TSR-Programm über einen Aktivierungszeitpunkt gestartet werden. Die Übergabeparameter X2 bis X4 repräsentieren den vom Anwender gewünschten Aktivierungszeitpunkt. Der Aktivierungszeitpunkt ist folgendermaßen kodiert:

⇨ X1:   Monat

⇨ X2:   Tag

⇨ X3:   Stunde

⇨ X4:   Minute

Funktion: un. char tsr_schon_installiert_hot (X1)

Wie bei der Funktion „tsr_schon_installiert()" kann mit Hilfe dieser Funktion festgestellt werden, ob sich bereits eine Kopie des TSR-Programms im Arbeitsspeicher befindet. Im Gegensatz zur Funktion „tsr_schon_installiert()" bekommt die Funktion jedoch keinen Aktivierungszeitpunkt übergeben, da das TSR-Programm über eine HOTKEY-Kombination gestartet wird. Die entsprechenden HOT-

KEYS können dem TSR-Programm über die weiter unten beschriebene Funktion „tsr_hotkey_mitteilen()" übermittelt werden.

Funktion: void tsr_deinstallieren()

Mit Hilfe der Funktion „tsr_deinstallieren()" wird das TSR-Programm deinstalliert. Dabei werden alle alten Interrupthandler installiert, der vom TSR-Programm allokierte Speicher an DOS zurückgegeben und der vom unterbrochenen Programm gesicherte Kontext restauriert. Ab diesem Zeitpunkt ist das unterbrochene Programm wieder aktiv.

Funktion: aufrufadresse_in_tsr(X1)

Über die Funktion „aufrufadresse_in_tsr()" kann eine Funktion innerhalb einer bereits installierten Kopie des TSR-Programms aufgerufen werden. Diese Möglichkeit wird spätestens bei der Reinstallation des TSR-Programms benötigt, um etwa allokierte Speicherbereiche, Interruptvektoren, usw. wieder an das Betriebssystem zurückzugeben. Als Übergabeparameter X1 bekommt die Funktion „aufrufadresse_in_tsr()" den Funktionsnamen der innerhalb des TSR-Programms aufzurufenden Funktion übergeben. Als Rückgabeparameter wird die Adresse dieser TSR-Funktion übergeben, was einen direkten Funktionsaufruf zur Folge hat.

Funktion: un. char kann_tsr_deinstalliert_werden()

Mit Hilfe der Funktion „kann_tsr_deinstalliert_werden()" wird überprüft, ob das bereits installierte TSR-Programm reinstalliert werden kann. Dabei untersucht die Funktion, ob in der Zwischenzeit keiner der Interruptvektoren auf neue Interrupt-Handler umgeleitet wurde. Wären in der Zwischenzeit neue Handler installiert worden, so gingen bei einer Deinstallation des TSR-Programms wichtige Adressangaben verloren und dadurch wäre ein Systemabsturz vorprogrammiert. Gibt die Funktion den Wert „0" zurück, ist eine Deinstallation des TSR-Programms nicht möglich. Ein Rückgabewert „ungleich 0" repräsentiert die Deinstallationsmöglichkeit.

Die vier in diesem Kapitel diskutierten TSR-Programme stellen Virensimulationen dar. Die Programme sind völlig ungefährlich und dienen zur Aufheiterung des monotonen PC-Alltags. Die Programme teilen sich in zwei Hauptanwendungen auf. Bei der ersten Programmkategorie wird das im Vordergrund laufende Programm derartig unterbrochen, indem ein neuer Bildschirminhalt mosaikförmig aufgebaut wird; nach einer kurzen Pause erfolgt der Rücksprung zum unterbrochenen Programm. Die zweite Programmkategorie erzeugt eine Virensimulation des bekannten „MICHELANGELO-VIRUS". Wie in Tabelle 3.52 ersichtlich, unterscheiden sich die TSR-Programme in der Art der Programmaktivierung und in der Programmiertechnik.

Alle aufgeführten TSR-Programme werden nach ihrer Installation und dem Erreichen des Aktivierungszeitpunktes bzw. über den HOTKEY nur gestartet, falls sich das aktuell im Vordergrund laufende Programm im Textmodus befindet. Wie bereits weiter oben erläutert, ist vor der Aktivierung des TSR-Programms ein Kontextwechsel, der auch eine Sicherung des Bildschirmspeichers zur Folge hat, erforderlich. Im Textmodus sind zur Speicherung einer Bildseite nur 4096 Bytes, im Grafikmodus aber bis zu 512 KByte und noch mehr erforderlich. Durch diesen Umstand würde ein TSR-Programm, das den Bildspeicher im Grafikmodus sichert, fast den gesamten RAM-Speicher benötigen.

Die vier TSR-Programme werden, jeweils ohne Aufrufparameter, auf der DOS-Ebene gestartet. Nach der Installation kehrt das Programm ohne Aktion zu DOS zurück. Betrachtet man über den „MEM"-Befehl die Größe des freien RAM-Speichers, so stellt man fest, daß dieser durch das installierte TSR-Programm verringert wurde. Nach Erreichen des Aktivierungszeitpunktes, bzw. durch Betätigung eines HOTKEYS, wird das aktuelle Programm unterbrochen und die entsprechende TSR-Funktion ausgeführt. Im Anschluß gibt das TSR-Programm die Kontrolle an das unterbrochene Programm zurück. Nach erneutem Aufruf des TSR-Programms auf DOS-Ebene wird es aus dem Speicher entfernt. Wurden mehrere TSR-Programme hintereinander installiert, so müssen diese in der umgekehrten Installationsreihenfolge deinstalliert werden.

Tabelle: 3.52:
Programm-
übersicht

Programm	Programminhalt	Aktivierung	Programmierung
TSR1.C	Neues Bild	Aktivierungszeitpunkt	„C"
TSR2.C	Neues Bild	HOT-KEY	„C++"
TSR3.C	MICHELANGELO	Aktivierungszeitpunkt	„C"
TSR4.C	Neues Bild	Aktivierungszeitpunkt	„C"

3.15.2   Erster TSR-Virenspaß in klassischer „C"-Konvention

Programminhalt

Das im klassischen „C" realisierte Programmprojekt „tsr1.exe" setzt sich aus dem „C"-Modul „tsr1.c" und dem kompilierten Assemblermodul „tsr_1min.obj" zusammen. Die dazu erforderliche Projektdatei ist entsprechend dem eingesetzten Entwicklungswerkzeug von „BORLAND" anzulegen (s. Kapitel 1). Das Programmprojekt repräsentiert ein TSR-Progamm, welches beim Erreichen eines Aktivierungszeitpunkts, jeweils nach einer Minute, periodisch aufgerufen wird. Die Installation erfolgt auf der DOS-Befehlsebene durch die Eingabe von „tsr1 ⏎". Befindet sich ein im Vordergrund laufendes Programm im Textmodus, oder wartet DOS, wie im Bild 3.119 dargestellt, auf eine Befehlseingabe, so wird dieser Prozeß unterbrochen und das TSR-Programm aktiviert. Wie in Bild 3.120 ersichtlich, baut das TSR-Programm das im Bild 3.121 aufgezeigte Spaßbild mosaikförmig auf. Nach einer kurzen Zeitschleife von ca. 7 Sekunden wird das TSR-Programm mit der Restauration des vorher zerstörten Bildinhaltes beendet. Ab diesem Zeitpunkt befindet sich der Anwender wieder auf der im Bild 3.119 aufgezeigten DOS-Eingabeebene, bzw. im unterbrochenen Programm. Dieser Vorgang wiederholt sich jeweils nach einer Minute. Der gewünschte Aktivierungszeitpunkt muß vom Anwender in die Datei „READMEE.TXT" eingetragen werden. Diese Datei stellt eine gewöhnliche ASCII-Textdatei mit vier Zahleneinträgen (siehe S. 531) dar:

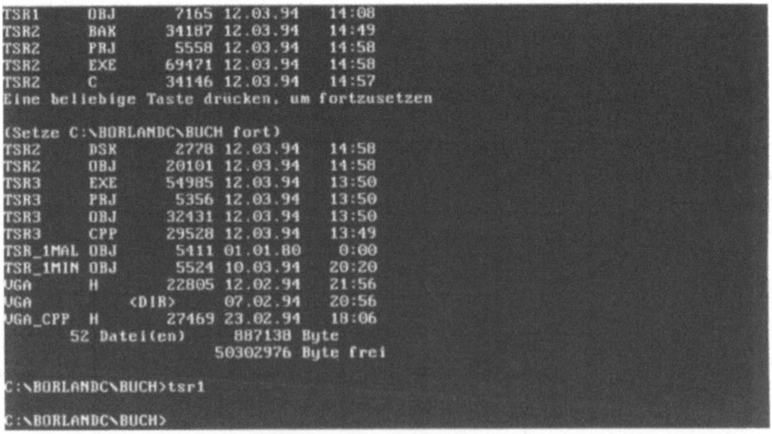

Bild 3.119:
DOS-
Befehlsebene

```
TSR1        OBJ        7165 12.03.94     14:08
TSR2        BAK       34187 12.03.94     14:49
TSR2        PRJ        5558 12.03.94     14:58
TSR2        EXE       69471 12.03.94     14:58
TSR2        C         34146 12.03.94     14:57
Eine beliebige Taste drücken, um fortzusetzen

(Setze C:\BORLANDC\BUCH fort)
TSR2        DSK        2778 12.03.94     14:58
TSR2        OBJ       20101 12.03.94     14:58
TSR3        EXE       54985 12.03.94     13:50
TSR3        PRJ        5356 12.03.94     13:50
TSR3        OBJ       32431 12.03.94     13:50
TSR3        CPP       29528 12.03.94     13:49
TSR_1MAL OBJ          5411 01.01.80      0:00
TSR_1MIN OBJ          5524 10.03.94     20:20
VGA         H         22805 12.02.94     21:56
VGA              <DIR>       07.02.94     20:56
VGA_CPP     H         27469 23.02.94     18:06
        52 Datei(en)      887138 Byte
                        50302976 Byte frei

C:\BORLANDC\BUCH>tsr1

C:\BORLANDC\BUCH>
```

Bild 3.120:
Mosaikförmiger
Aufbau des
Spaßbildes aus
dem Programm
„tsr1.c"

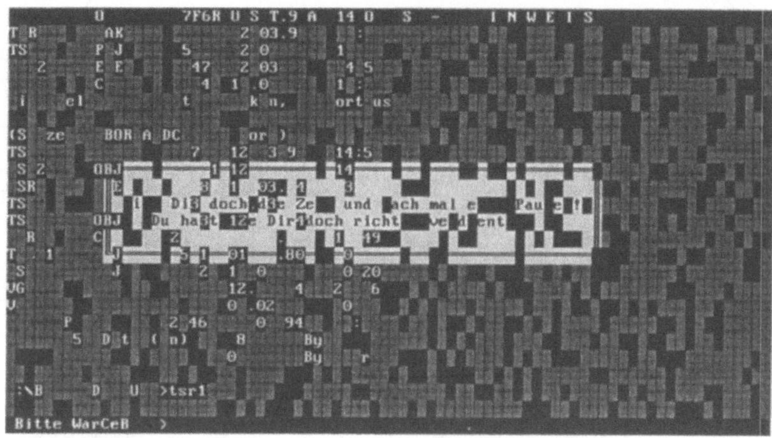

Beispiel: **5 20 23 8**

⇨ 5: Monat

⇨ 20: Tag

⇨ 23: Stunde

⇨ 8: Minute

Bei den Dateieinträgen ist zu beachten, daß einstellige Zahlenwerte ohne vorangestellte „0" einzutragen sind. Der Dateiname „READ-MEE.TXT wurde bewußt so gewählt, um die Datei unauffälliger im jeweiligen MS-DOS Verzeichnis verstecken zu können.

Bild 3.121:
Spaßbild aus
dem Programm
„tsr1.c"

Das Flußdiagramm in Bild 3.122 zeigt den gesamten Funktionsablauf von „TSR1". Die im Diagramm genannte TSR-Funktion „starten()" wird gesondert in Bild 3.123, weiter unten aufgezeigt.

Bild 3.122:
Flußdiagramm
zum Progamm
„TSR1"

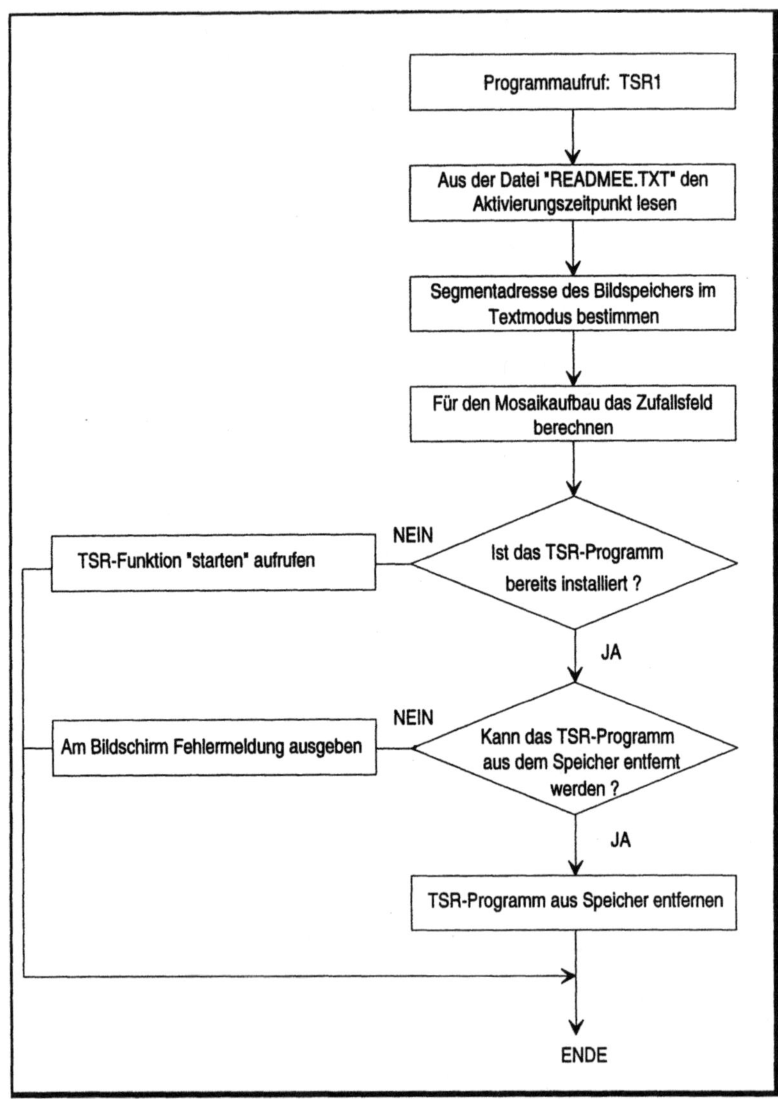

Programmdiskussion

Um den für TSR-Programme notwendigen RAM-Speicherbedarf so
gering wie möglich zu halten, werden in das Programm „tsr1.c" nur
die erforderlichen „BORLAND"-Headerdateien integriert. Viele der
bereits in den selbstdeklarierten Headerdateien („buch.h",...) enthaltenen Funktionen werden direkt im Programm deklariert.

```
/*********************************************************************/
/* INCLUDE-DATEIEN                                                   */
#include <dos.h>
#include <stdio.h>
#include <stdlib.h>
#include <string.h>
#include <conio.h>
#include <alloc.h>
#include <time.h>
/*********************************************************************/
```

Um die Lesbarkeit des Quelltextes zu erleichtern, werden im
„DEFINE"-Block wichtige Werte als symbolische Konstanten deklariert. Durch die Konstante „I2F_CODE" wird das TSR-Programm
unter DOS verwaltet. Mit Hilfe der Konstanten „HEAP_FREI" kann
der für die TSR-Programmverwaltung erforderliche, minimale Speicherbedarf angegeben werden. Dadurch werden für die Daten des
TSR-Programms nicht die beim Speichermodell SMALL vorhanden
64 KByte, sondern nur der benötigte Speicherplatz benützt.

```
/*********************************************************************/
/* DEFINE-KONSTANTEN                                                 */
#define TRUE            1
#define FALSE           0
/* Funktionsnummer des neuen INT 2F (Multiplexer)                    */
#define I2F_CODE        0XC4
/* Freier Heap für TSR-Programm.                                     */
#define HEAP_FREI       1024
/*********************************************************************/
```

Der nachfolgende Programmblock verwaltet wichtige programmglobale Variablen. Diese Variablen sind in allen Funktionsebenen
des TSR-Programms beschreib- und lesbar.

```
/*********************************************************************/
/* VARIABLEN-Deklaration                                             */
unsigned char ucMonat,ucTag,ucStunde,ucMinute;
unsigned int uiVideo_text_segment;
unsigned int uiVideo_text_offset;
unsigned int uiVideo_offset_ziel;
```

```
int zufall_feld[25][80];
int iX,iY;
int iModus;
int iTextspalten;
int iSeitengroesse;
/*******************************************************************/
```

Externe Assemblerfunktionen

Zur Verwaltung aller TSR-Abläufe werden in das Programm „tsr1.c"
die bereits diskutierten Assemblerfunktionen tsr_installieren(),
tsr_schon_installiert(), tsr_deinstallieren() und kann_tsr_deinstal-
liert_werden() eingebunden.

```
/*********************************************************************/
/* FUNKTIONPROTOTYPEN                                              */
/* Die folgenden Externen-Funktionen sind im kompilierten Assemblermo-  */
/* dul "TSR_1MIN.OBJ" deklariert.                                  */
extern void tsr_installieren (void (*FUNKTION) (void), unsigned int uiHeap);
extern unsigned char tsr_schon_installiert(int iMux_nummer,unsigned char ucMo-
nat,unsigned char ucTag,unsigned char ucStunde,unsigned char ucMinute);
extern void tsr_deinstallieren(void);
extern unsigned char kann_tsr_deinstalliert_werden(void);
/*********************************************************************/
```

Funktion: main()

Das Hauptprogramm „main()" ist für die Installation bzw. Deinstallation des TSR-Programms „tsr1.exe" zuständig. Wird das Programm
zum ersten Mal auf DOS-Ebene gestartet, so erfolgt die Installation
im RAM-Speicher. Im Anschluß übergibt das TSR-Programm bis zum
Erreichen des Aktivierungszeitpunkts die Kontrolle an das Betriebssystem. Erfolgt auf DOS-Ebene ein erneuter Programmstart von
„tsr1.exe", so prüft das Hauptprogramm, ob eine Deinstallation
möglich ist. Treten bei diesem Test keine Fehler auf, wird das TSR-
Programm „tsr1.exe" vollständig aus dem RAM-Speicher entfernt.

```
/*********************************************************************/
/* H A U P T P R O G R A M M                                       */
void main()
{
```

Aus der Datei „READMEE.TXT" wird der Aktivierungszeitpunkt gelesen und in die programmglobalen Variablen ucMonat, ucTag,
ucStunde und ucMinute übertragen.

```
gewuenschte_daten_lesen();
```

Das Programm ermittelt die Segmentadresse des Bildspeichers im
Textmodus.

```
textsegment_adresse();
```

Der Funktionsaufruf „zufall()" erzeugt ein Zufallsfeld für den späteren mosaikförmigen Bildaufbau.

```
zufall();
```

Mit Hilfe der Assemblerfunktion „tsr_schon_installiert()" wird überprüft, ob sich bereits eine Kopie des TSR-Programms „tsr1.exe" im RAM-Speicher befindet. Der Test erfolgt über die TSR-Kennung „I2F_CODE". Ist das Programm noch nicht installiert, so wird für den anschließenden Installationsprozeß der Aktivierungszeitpunkt in den RAM-Speicher übertragen.

```
/***************************** IF-Schleife-1 **************************/
if ( ! tsr_schon_installiert(I2F_CODE,ucMonat,ucTag,ucStunde,ucMinute))
{
```

Da noch keine Kopie des TSR-Programms im RAM lokalisiert wurde, erfolgt die Programminstallation. Im ersten Übergabeparameter der Funktion „tsr_installieren()" ist die Adresse der Funktion „starten()" enthalten. Diese Funktion wird beim Erreichen des Aktivierungszeitpunktes gestartet. Der zweite Übergabeparameter „HEAP_FREI" enthält den für die TSR-Variablen benötigten RAM-Speicherplatz.

```
tsr_installieren(starten,HEAP_FREI);
}
else
{
/************************** IF-Schleife-2 *************************/
if ( kann_tsr_deinstalliert_werden()) /* Deinstallation versuchen     */
{
```

Wurde über den Funktionsaufruf „tsr_schon_installiert()" im RAM-Speicher bereits eine installierte Kopie des TSR-Programms tsr1.exe lokalisiert, so erfolgt mit Hilfe der Funktion „tsr_deinstallieren()" die gesamte Programm-Deinstallation. Damit werden alle allokierten Speicherbereiche und Betriebsmittel an DOS zurückgegeben. Beim Auftreten eines Fehlers wird eine Fehlermeldung ausgegeben.

```
tsr_deinstallieren();
printf("Das Programm wurde erfolgreich reinstalliert\n\n");
}
else
{
/* Nein, das Programm kann nicht deinstalliert werden          */
printf("Das Programm kann nicht reinstalliert werden\n\n");
}
/********************** Ende der IF-Schleife-2 **********************/
}
/********************** Ende der IF-Schleife-1 **********************/
}
/*******************************************************************/
```

Funktion: heap_ermitteln()

In „C"-Programmen liegt der „STACK" direkt hinter dem „HEAP"-Bereich (dynamischer Speicherbereich). Da das TSR-Programm, wie bereits weiter oben erwähnt, bezüglich einer Speicherplatz-Minimierung nicht mit dem gesamten zur Verfügung stehenden Heap-Speicherbereich arbeitet, muß der „STACK"- und „HEAP"-Bereich neu berechnet werden. Mit Hilfe der Funktion „sbrk(0)" ist es innerhalb des TSR-Programms möglich, die letzte Adresse des „HEAP"-Bereiches zu bestimmen. Aus diesem Wert können alle weiteren Bereichsangaben abgeleitet werden.

```
/*******************************************************************/
void far *heap_ende_ermitteln(void)
{
return (void far *) sbrk(0);
}
/*******************************************************************/
```

Funktion: cursor_aus()

Die Funktion schaltet den Bildschirmcursor unsichtbar.

```
/*******************************************************************/
void cursor_aus(void)
{
union REGS Register;

Register.h.ah=1;     /* Funktionsnummer                          */
Register.h.ch=32;    /* Startzeile in Zeichenbox                 */
Register.h.cl=7;     /* Endzeile in Zeichenbox                   */
int86(0x10,&Register,&Register); /* Videointerrupt               */
}
/*******************************************************************/
```

Funktion: cursor_ein()

Mit Hilfe der Funktion „cursor_ein()" kann ein unsichtbar geschalteter Bildschirmcursor wieder sichtbar gemacht werden.

```
/*******************************************************************/
void cursor_ein(void)
{
union REGS Register;

Register.h.ah=1;     /* Funktionsnummer                          */
Register.h.ch=12;    /* Startzeile in Zeichenbox                 */
Register.h.cl=13;    /* Endzeile in Zeichenbox                   */
int86(0x10,&Register,&Register); /* Videointerrupt               */
}
/*******************************************************************/
```

Funktion: int_bcd()

Innerhalb des Assemblermoduls „tsr_1min.obj" werden die Datums- und Zeitangaben bezüglich des Aktivierungszeitpunktes mit „BCD"-kodierten (Binary-Coded-Decimal) Werten bearbeitet. Beim „BCD"-Format unterteilt man jedes Byte in zwei Halb-Bytes. In jedem Halb-Byte, das aus vier Bits besteht, können die Dezimalziffern 0 bis 9 dargestellt werden. Dadurch kann in einem Byte ein dezimaler Wert im Bereich von 0 bis 99 dargestellt werden. Die Tabelle 3.53 zeigt den genauen Zusammenhang. Innerhalb der Datei „READMEE.TXT" erfolgt die Datums- und Zeitangabe jedoch in dezimaler Form. Vor der Übergabe der Aktivierungszeit an das TSR-Programm ist dadurch eine „BCD"-Kodierung" dieser Dateiinhalte notwendig. Mit Hilfe der Funktion „int_bcd()" können ein- und zweistellige dezimale Zahlen in „BCD"-Werte konvertiert werden. Der Funktion wird als Übergabeparameter die dezimale Zahl übertragen. Als Funktionsergebnis wird dem aufrufenden Modul der „BCD"-konvertierte Wert zurückgegeben.

Tabelle 3.53:
BCD-Format

Dezimal	Halb-Byte	Dezimal	Halb-Byte
0	0000	5	0101
1	0001	6	0110
2	0010	7	0111
3	0011	8	1000
4	0100	9	1001

Beispiel: Die dezimale Zahl 75 ist in einen „BCD"-Wert umzurechnen. Dazu werden wie in Tabelle 3.54 aufgezeigt, zuerst die Zehner- und Einerstelle der dezimalen Zahl 75 in die zwei Halb-Bytes „0111" und „0101" in binärer Form aufgespalten. Im Anschluß bildet man aus den binären Größen die hexadezimalen Stellenwertigkeiten „$7 * 16^1$" und „$5 * 16^0$". Diese hexadezimale Zahl „75H" entspricht dem gewünschten dezimalen Wert „117". Dieser dezimale Wert „117" repräsentiert den „BCD"-kodierten Wert „75"

Tabelle 3.54:
Umrechnung
vom Dezimalen
ins „BCD"-
Format

Zahlensystem	Zehnerstelle	Einerstelle	Gesamte Zahl
Dezimal	$7 * 10^1$	$5 * 10^0$	75 Dezimal
BCD-Format	0111	0101	01110101
Hexadezimal	$7 * 16^1$	$5 * 16^0$	75 Hexadezimal 117 Dezimal

```
/*****************************************************************/
int int_bcd(int iZahl)
{
char acZahl[3]="";
char acZahl_1[2]=" ";
char acZahl_2[2]=" ";
int iZahl_1,iZahl_2;

itoa(iZahl,acZahl,10);
/* Bearbeitung bei einstelligen Zahlen bleibt die Zahl gleich, da nur   */
/* Werte von 0-9 (BCD-Ziffern) möglich sind                             */
if(strlen(acZahl) == 1)
{
 acZahl_1[0]=acZahl[0];
 iZahl_1=atoi(acZahl_1);
 return(iZahl_1);
}
/* Bearbeitung bei einstelligen Zahlen muß in Stellen aufgespalten wer- */
/* den. Die Einerstelle bleibt gleich. Die Zehnerstelle muß mit 16 mul- */
/* tipliziert werden um die BCD-Ziffer der Zehnerstelle in den oberen   */
/* 4 Bit unterzubringen                                                 */
if(strlen(acZahl) == 2)
{
 acZahl_1[0]=acZahl[0];
 acZahl_2[0]=acZahl[1];
 iZahl_1=atoi(acZahl_1);
 iZahl_2=atoi(acZahl_2);
 iZahl_1=(iZahl_1*16)+iZahl_2;
 return(iZahl_1);
}
return(-1);
}
/*****************************************************************/
```

Funktion: gewuenschte_daten_lesen()

Die Funktion „gewuenschte_daten_lesen()" liest aus der Datei
„READMEE.TXT" den vom Anwender gewünschten Aktivierungszeitpunkt des TSR-Programms. Innerhalb der Datei „README.TXT"
ist der Aktivierungszeitpunkt in der Form „Monat, Tag, Stunde, Minute" in dezimaler Form abgelegt. Nach dem Lesen der dezimalen
Werte erfolgt die „BCD"-Konvertierung und die Übertragung der
abgeänderten Werte in programmglobale Variablen.

```
/*****************************************************************/
void gewuenschte_daten_lesen(void)
{
FILE *datei;
char hilfe[50];
int iMonat,iTag,iStunde,iMinute;
```

Die Datei „READMEE.TXT" wird geöffnet. Bei Auftreten eines Fehlers erfolgt am Bildschirm die Ausgabe einer Fehlermeldung. Nach

einer fehlerfreien Dateiöffnung werden die eingelesenen Datums-
und Zeitangaben in den lokalen Variablen iMonat, iTag, iStunde
und iMinute kopiert.

```c
if ((datei=fopen("readmee.txt","r")) == NULL)
{
 printf("\n\n\Datei kann nicht geöffnet werden -> Abbruch\n\n");
 exit(0);
}
else
{
 /* Einlesen der vier Werte in lokale Variable                  */
 fscanf(datei,"%i %i %i %i\n",&iMonat,&iTag,&iStunde,&iMinute);
```

Die Datei „READMEE.TXT" wird geschlossen.

```c
fclose(datei);
```

Alle eingelesenen dezimalen Werte werden „BCD"-kodiert und in
die programmglobalen Variablen ucMonat, ucTag, ucStunde und
ucMinute kopiert.

```c
ucMonat=int_bcd(iMonat);
ucTag=int_bcd(iTag);
ucStunde=int_bcd(iStunde);
ucMinute=int_bcd(iMinute);
}
}
/*******************************************************************/
```

Funktion: textsegment_adresse()

Mit Hilfe dieser Funktion kann die Segmentadresse des Bildspeichers im Textmodus und die Anzahl der Bytes pro Bildseite bestimmt werden.

```c
/*******************************************************************/
void textsegment_adresse(void)
{
unsigned int uiTest;
/* Anzahl der Bytes pro Bildschirmseite aus dem VGA-BIOS bestimmen   */
iSeitengroesse=peek(0x000,0x044C);
/* Anzahl der Textspalten wird aus dem VGA-BIOS bestimmen            */
iTextspalten=peek(0x000,0x044A);
/* Segmentadresse der VGA-Karte anhand des Monitors bestimmen        */
/* CRTC-Port bei 3B4H->MONO-Bildschirm, bei 3D4H->FARB-Bildschirm    */
uiTest=peek(0x0000,0x0463);
if(uiTest == 0x03B4)
/* Segmentadresse des Bildspeichers                                  */
 uiVideo_text_segment=0xB000; /* Monochrom-Bildschirm               */
else
 uiVideo_text_segment=0xB800; /* Farb-Bildschirm                    */
}/******************************************************************/
```

Funktion: schreibe_string_text()

Über die Funktion „schreibe_string_text()" ist es möglich, ein Zeichenfeld direkt in den Bildspeicher zu kopieren. Dadurch kann der Anwender nicht nur die unter „BORLAND C/C++" ansprechbare Textseite 0, sondern alle auf der VGA-Karte vorhandenen 7 Textseiten benützen. Der Funktion werden die nachfolgend aufgezählten Funktionsparameter übertragen:

⇨ cString: Zu kopierender String

⇨ ucAttribut: Zeichenattribut aller Zeichen im String

⇨ iX, iY: Anfangskoordinaten im Bildspeicher

⇨ iSeitennummer: Nummer der Textseite im Bildspeicher

```c
/*********************************************************************/
void schreibe_string_text(char *cString, unsigned char ucAttribut, int iX,
                          int iY, int iSeitennummer)
{
unsigned int uiOffset;
int iZaehler;

/* Berechnung der Offsetadresse der gewünschten Bildspeicherposition   */
uiOffset=(iSeitengroesse*iSeitennummer+(iTextspalten*iY+iX)*2);
/* Ausgabe aller im Übergabeparameter "cString[]" enthaltenen Zeichen  */
for(iZaehler=0;iZaehler < strlen(cString);++iZaehler)
{
 /* Kopieren des Zeichens in Bildspeicher                              */
 pokeb(uiVideo_text_segment,uiOffset,cString[iZaehler]);
 ++uiOffset;
 /* kopieren des Attributes in Bildspeicher                            */
 pokeb(uiVideo_text_segment,uiOffset,ucAttribut);
 ++uiOffset;
}
}
/*********************************************************************/
```

Funktion: zufall()

Mit Hilfe der Funktion „zufall()" wird der mosaikförmige Bildaufbau des Spaßbildes im TSR-Programm realisiert. Dazu verwaltet die Funktion eine Feldvariable deren Aufbau der Organisation des Bildschirms mit 80 Spalten und 25 Zeilen entspricht. Innerhalb einer Zeile werden die 80 Spaltennummern nicht der Reihe nach, sondern über Zufallswerte eingetragen. Diese Zufallswerte bestimmen im weiteren Programmablauf den Aufbau des Spaßbildes.

```c
/*********************************************************************/
void zufall(void)
{
int zaehler,zaehler1,zaehler2,zahl,neue_zahl,max;

max=80; /* Größte Zahl des Zufallsgenerator                          */
```

Die Funktion „randomize()" aktiviert den Zufallsgenerator unter „BORLAND C/C^{++}".

```
randomize();
```

Die „FOR-Schleife-1" bearbeitet alle 25 Zeilen des Zufallfeldes „zufall_feld[ ][ ]".

```
/*********************** FOR-Schleife-1 *******************************/
for(zaehler=0;zaehler <= 24;++zaehler)
{
```

Die nächste Anweisung bestimmt die erste Zufallszahl einer jeden Zeile.

```
zufall_feld[zaehler][0]=random(max);
```

Die „FOR-Schleife-2" füllt jeweils eine gesamte Zeile mit den Zufallszahlen von 1 bis 80 auf.

```
/*********************** FOR-Schleife-2 *******************************/
for(zaehler1=0;zaehler1 <= (max-2);++zaehler1)
{
```

In der folgenden „DO-WHILE"-Schleife wird ein neuer Zufallswert bestimmt. Im Anschluß überprüft die Funktion innerhalb der „FOR-Schleife-3", ob dieser neue Zufallswert bereits in den aufgefüllten Spaltenwerten der gerade bearbeiteten Zeile vorhanden ist. Ist der neue Zufallswert bereits vorhanden, wird die „DO-WHILE"-Schleife solange wiederholt, bis ein noch nicht vorhandener Zufallswert bestimmt wurde.

```
/*************************** DO-WHILE-Schleife *********************/
do
{
 zahl=random(max); /* Neuen Zufallswert bestimmen              */
 neue_zahl=TRUE;
/********************* FOR-Schleife-3 ****************************/
for(zaehler2=0;zaehler2 <= zaehler1;++zaehler2)
 {
  /* Test ob die erzeugte Zahl schon vorhanden ist              */
  if(zahl == zufall_feld[zaehler][zaehler2])
  {
   /* Ja, die Zahl ist schon vorhanden                          */
   neue_zahl=FALSE;
   break;
  }
 }
/****************** Ende der FOR-Schleife-3 *********************/
```

```
        }
        while(neue_zahl != TRUE);
        /********************* Ende der DO-WHILE-Schleife ********************/
        /* Nein, die Zahl ist noch nicht vorhanden. Die Zahl wird ins Feld   */
        /* an der entsprechenden Stelle aufgenommen                          */
        zufall_feld[zaehler][zaehler2]=zahl;
      }
      /****************** Ende der FOR-Schleife-2 ************************/
    }
    /****************** Ende der FOR-Schleife-1 ************************/
  }
  /*******************************************************************/
```

Funktion: anzeigen()

Die Funktion „anzeigen()" kopiert im mosaikförmigen Aufbau die
Textseite „iSeite" auf die sichtbare Textseite 0. Dabei werden innerhalb zweier „FOR"-Schleifen anhand des Zufall-Feldes „zu-
fall_feld[ ][ ]", für alle 25 Textzeilen, Spalte für Spalte, jeweils ein
Zeichen von der Textseite „iSeite" auf die sichtbare Textseite 0 kopiert.

```
/*******************************************************************/
void anzeigen(int iSeite)
{
int zaehler1,zaehler2,zahl;
```

Die „FOR-Schleife-1" bearbeitet alle 80 Textspalten.

```
/*************************** FOR-Schleife-1 ***********************/
for(zaehler1=0;zaehler1 <= 79;++zaehler1)
{
```

Die „FOR-Schleife-2" bearbeitet alle 25 Textzeilen.

```
/*************************** FOR-Schleife-2 ***********************/
for(zaehler2=0;zaehler2 <= 24;++zaehler2)
{
```

Aus dem Zufallsfeld „zufall_feld[ ][ ]" wird die entsprechende Offsetadresse im Bildspeicher gelesen.

```
zahl=zufall_feld[zaehler2][zaehler1];
```

Die nächsten drei Befehle kopieren ein Zeichen von der Textseite
„iSeite" auf die sichtbare Textseite 0. Dabei werden zuerst anhand
des aus dem Zufallsfeld gelesenen Werts „zahl" die Ofssetadressen
der Textseite 0 und der Textseite „iSeite" berechnet. Die notwendige

Segmentadresse im Bildspeicher wurde bereits durch die weiter oben beschriebene Funktion „textsegment_adresse()" bestimmt.

```c
/******************** Zeichenbearbeitung ***************************/
/* Zieladresse im Bildspeicher berechnen                          */
uiVideo_offset_ziel=(zahl+zaehler2*iTextspalten)*2;
/* Quelladresse im Bildspeicher berechnen                         */
uiVideo_text_offset=uiVideo_offset_ziel+(iSeitengroesse*iSeite);
/* 1 Zeichenbyte von Bildseite "iSeite" auf Bildseite 0 verschieben */
movedata(uiVideo_text_segment,uiVideo_text_offset,uiVideo_text_segment,
  uiVideo_offset_ziel,1); /* 1 Byte kopieren                      */
/*************** Ende der Zeichenbearbeitung ***********************/
```

Die folgenden drei Befehle kopieren, wie bei der Zeichenbearbeitung beschrieben, das zum Zeichen gehörende Attribut von der Textseite „iSeite" auf die sichtbare Textseite 0.

```c
/******************* Attributbearbeitung **************************/
++uiVideo_text_offset; /* Zielspeicher inkrementieren             */
++uiVideo_offset_ziel; /* Quellspeicher inkrementieren            */
/* 1 Attributbyte von Bildseite "iSeite" auf Bildseite 0 verschieben */
movedata(uiVideo_text_segment,uiVideo_text_offset,uiVideo_text_segment,
  uiVideo_offset_ziel,1);
/*****************Ende der Attributbearbeitung *********************/
delay(1); /* Verzögerung (bessere optischer Eindruck)             */
}
/********************** Ende der FOR-Schleife-2 *******************/
}
/********************** Ende der FOR-Schleife-1 *******************/
}
/*****************************************************************/
```

Funktion: starten()

Die Funktion „starten()" repräsentiert das eigentliche TSR-Programm. Nachdem der Aktivierungszeitpunkt erreicht ist und der gesamte Kontextwechsel des unterbrochenen Programms gesichert wurde, erfolgt über diese Funktion, jeweils nach einer Minute, der Aufbau des Spaßbildes. Der gesamte Programmablauf ist im Flußdiagramm in Bild 3.123 aufgezeigt.

```c
/*****************************************************************/
void starten(void)
{
union REGS Register;
```

Als erste Aktion überprüft die Funktion den Videomode des aktuell im Vordergrund laufenden Programms. Nur bei einem Textmodi (Videomode 0, 1, 2, 3 oder 7) erfolgt eine Ausgabe des Spaßbildes.

Kann nur ein Grafikmodus lokalisiert werden, erfolgt der sofortige Rücksprung zum unterbrochenen Programm.

```
iModus=peek(0x0000,0x0449);
iModus=iModus & 0x7F; /* Videomodus mit Bildschirmlöschen               */
/* Programm nur bei TEXTMODI 3 oder 1 aufrufen, da nur für diese Modi    */
/* der Bildschirmkontext gesichert wird                                  */
/******************************** IF-Schleife **************************/
if ((iModus <= 3) || (iModus==7))
{
```

Die beiden folgenden Befehle schalten den Bildschirmcursor unsichtbar und sichern dessen aktuelle Position.

```
cursor_aus(); /* Cursor unsichtbar schalten                             */
/* Aktuelle Cursorposition sichern                                       */
iX=wherex();
iY=wherey();
```

Im Anschluß wird der Bildschirminhalt des unterbrochenen Programms auf der Textseite 3 gesichert.

```
uiVideo_text_offset=iSeitengroesse*3; /* Offsetadresse berechnen        */
movedata(uiVideo_text_segment,0x0000,uiVideo_text_segment,
         uiVideo_text_offset,iSeitengroesse);
```

Bild 3.123:
Flußdiagramm
zur Funktion
„starten()

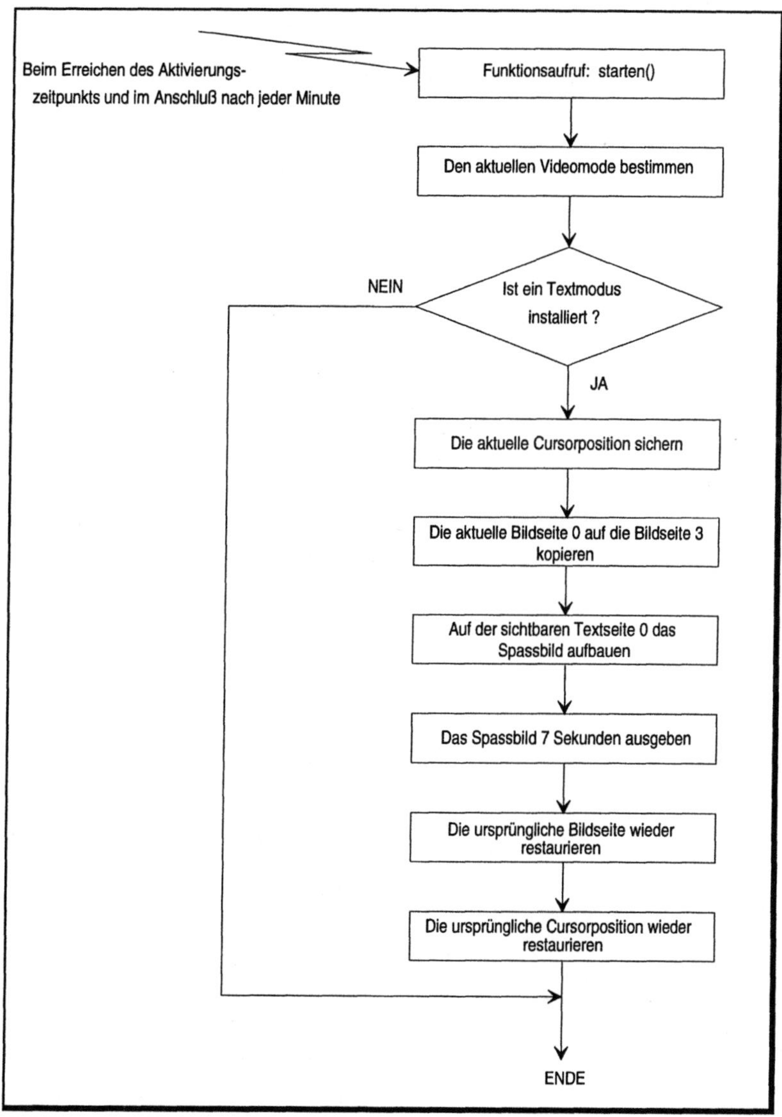

Die Funktion baut zuerst auf der nicht sichtbaren Textseite 2 den Spaßbildschirm auf.

```
gotoxy(0,0); /* Cursor auf Bildseitenanfang positionieren       */
/* gesamten Bildschirm mit Hintergrundmuster "_" füllen         */
Register.h.ah=9;   /* Funktionsnummer                           */
```

```
Register.h.al=177; /* Hintergrund-Zeichen                          */
Register.h.bh=2;   /* Bildseite                                    */
Register.h.bl=23;  /* Attribut                                     */
Register.x.cx=2000;/* Wiederholungsfaktor der Zeichenausgabe       */
int86(0x10,&Register,&Register); /* Videointerrupt                 */
/* Ausgabe der Spass-Textes auf Bildschirmseite 2                  */
schreibe_string_text("               F R U S T R A T I O N S  - \
H I N W E I S               ",31,0,0,2);
schreibe_string_text(" Bitte Warten                              \
.                          ",31,0,24,2);
schreibe_string_text("+--------------------------------------------+"
         ,116,10,9,2);
schreibe_string_text("¦                                            ¦"
         ,116,10,10,2);
schreibe_string_text("¦ Nimm Dir doch die Zeit und mach mal eine Pause ! ¦"
         ,116,10,11,2);
schreibe_string_text("¦    Du hast sie Dir doch richtig verdient ?!    ¦"
         ,116,10,12,2);
schreibe_string_text("¦                                            ¦"
         ,116,10,13,2);
schreibe_string_text("+--------------------------------------------+"
         ,116,10,14,2);
```

Über die Funktion „anzeigen()" erfolgt der mosaikförmige Aufbau des Spaßbildes auf der sichtbaren Textseite 0.

```
uiVideo_text_offset=iSeitengroesse*2; /* Offsetadresse der Textseite 2 */
/* Spassbild von Bilseite 2 mosaikmäßig auf sichtbare Bildseite 0   */
/* kopieren                                                         */
anzeigen(2);
delay(7000); /* 7 Sekunden anzeigen                                 */
```

Nachdem das Spaßbild für ca. 7 Sekunden ausgegeben wurde, restauriert die Funktion den auf Textseite 3 gesicherten Bildinhalt des unterbrochenen Programms.

```
anzeigen(3);
```

Zu guterletzt wird der Cursor an seiner ursprünglichen Position sichtbar geschalten.

```
gotoxy(iX,iY); /* Alte Cursor-Position zurückschreiben             */
cursor_ein(); /* Cursor sichtbar schalten                          */
}
/********************** Ende der IF-Schleife **********************/
}
/****************************************************************************/
```

Der Kontextwechsel zum unterbrochenen Programm erfolgt automatisch durch diverse neue Interrupthandler in Assemblerroutinen. Ab diesem Zeitpunkt übernimmt das unterbrochene Programm die volle Kontrolle für die weitere Programmausführung.

3.15.3 Zweiter TSR-Virenspaß in klassischer „C"-Konvention

Programminhalt

Das im klassischen „C" realisierte Programmprojekt „tsr2.exe" setzt sich aus dem „C"-Modul „tsr2.c" und dem kompilierten Assemblermodul „tsr_1mal.obj" zusammen. Die benötigte Projektdatei ist gemäß dem eingesetzten Entwicklungswerkzeug von „BORLAND" anzulegen (s. Kapitel 1). Das Programm „tsr2.c" ist bis auf die Aktivierungsart des TSR-Programms identisch zum Programm „tsr1.c". Der Aktivierungszeitpunkt wird durch Drücken einer einstellbaren HOTKEY-Kombination ermöglicht. Drückt der Anwender nach der Programminstallation die richtigen HOTKEYS, so erfolgt der gleiche, einmalige, mosaikförmige Aufbau des Spaßbildes aus dem Programm „tsr1.c". Durch erneuten Programmstart wird das TSR-Programm restlos aus dem RAM-Speicher entfernt. Das Flußdiagramm in Bild 3.124 zeigt den gesamten Programmablauf der eigentlichen TSR-Funktion „starten()". Auch in diesem Diagramm ist bis auf den TSR-Aktivierungszeitpunkt der gleiche Programmablauf zur Funktion „starten()" aus dem Programm „tsr1.exe" (s. Bild 3.123) zu ersehen.

Programmdiskussion

Auf Grund des identischen Programmaufbaus werden im Folgenden nur die Unterschiede zum Programm „tsr1.c" diskutiert.

Bild 3.124:
Flußdiagramm
zur Funktion
„starten()"

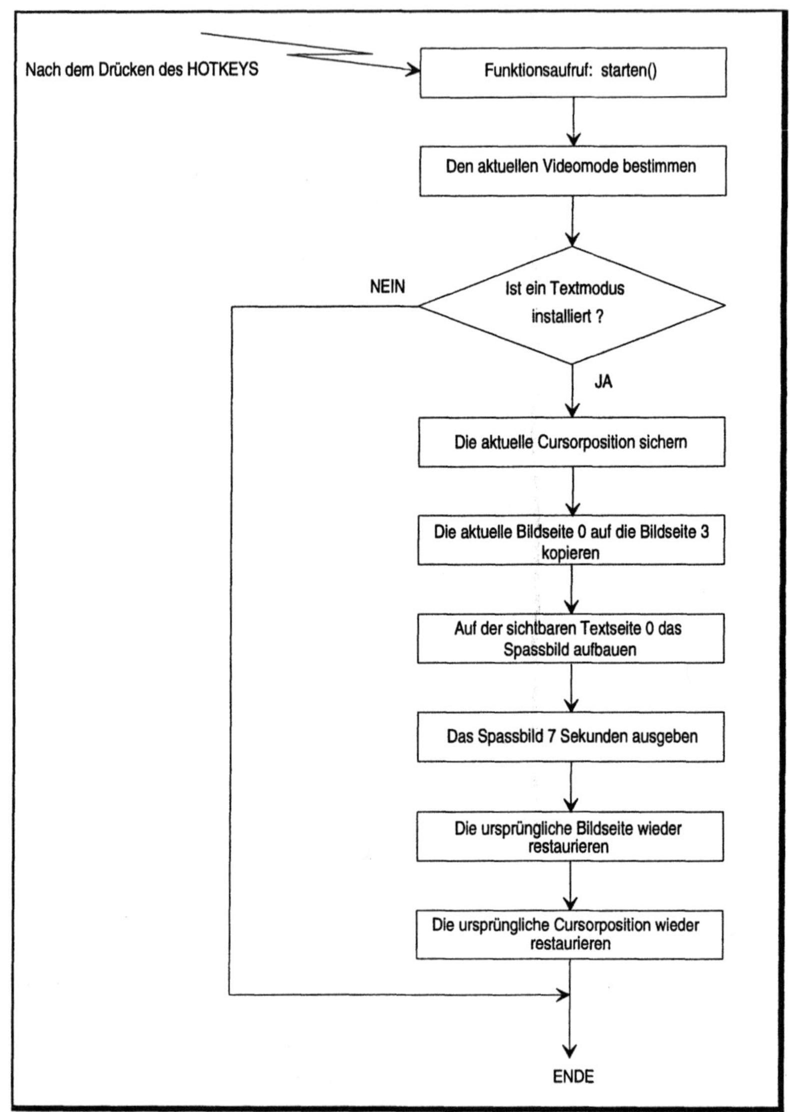

Innerhalb des „DEFINE"-Blocks sind drei Änderungen zum Programm „tsr1.c" vorhanden. Die Konstante „I2F_CODE" besitzt eine neue Kennung. Dadurch ist es möglich, die beiden Programme „tsr1.exe" und „tsr2.exe" zum gleichen Zeitpunkt im RAM-Speicher zu verwalten. Die Konstante „HOTKEY_1" beinhaltet den wie in Tabelle 3.55 aufgeführten Status der gewünschten Umschalttaste. In der Konstanten „HOTKEY_2" ist die eigentliche Taste der HOTKEY-Kombination als „SCAN"-Code (s. Kapitel 1) anzugeben.

Tabelle: 3.55:
Status der Umschalttasten

Statuswert	Umschalttaste	Statuswert	Umschalttaste
1	⇧ : Shift-Rechts	16	⇩ : Rollen
2	⇧ : Shift-Links	32	⇩ : Num
4	Strg	64	⇩
8	Alt	128	Einfg

```
/*****************************************************************/
/* DEFINE-KONSTANTEN                                             */
...
#define I2F_CODE        0XC5
#define HOTKEY_1        2       /* Status der Umschalttaste-"SHIFT"-links*/
#define HOTKEY_2        0X0E    /* SCAN-Code der zweiten Taste        */
/*****************************************************************/
```

Externe Assemblerfunktionen:

Zur Verwaltung aller TSR-Abläufe werden aus dem kompilierten Assemblermodul „tsr_hot.obj" die bereits diskutierten Assemblerfunktionen tsr_installieren(), tsr_schon_installiert(), tsr_deinstallie-ren(), tsr_hotkey_mitteilen() und kann_tsr_deinstalliert_werden() eingebunden.

```
/*****************************************************************/
/* FUNKTIONPROTOTYPEN                                           */
/* Die folgenden Externen-Funktionen sind im kompilierten Assemblermo-  */
/* dul "TSR_HOT.OBJ" deklariert.                                */
extern void tsr_installieren(void(* FUNKTION)(void), unsigned int heap);
extern unsigned char tsr_schon_installiert_hot(unsigned char iMux_nummer);
extern void tsr_deinstallieren(void);
extern unsigned int kann_tsr_deinstalliert_werden(void);
extern void far tsr_hotkey_mitteilen(unsigned int uiHotkey_1, unsigned int uiHotkey_2);
/*****************************************************************/
```

Funktion: main()

Auch das Hauptprogramm ist nahezu identisch zur „main()"-Funktion aus dem Programm „tsr1.c". Lediglich die Übergabe der HOTKEYS wird als neuer Funktionsaufruf in den Quellcode aufgenommen.

```
/*********************************************************************/
/* H A U P T P R O G R A M M                                         */
void main()
{
/* Ermitteln der Bildspeicher-Segmentadresse im Textmodus           */
textsegment_adresse();
zufall(); /* Zufallsfeld berechnen                                   */
/* Test ob Programm bereits installiert wurde                        */
if( ! tsr_schon_installiert_hot(I2F_CODE))
{
 /* NEIN -> dann wird TSR-Programm jetzt installiert                 */
```

Das Programm gibt am Bildschirm die zur Aktivierung des TSR-Programms zu drückenden HOTKEYS aus.

```
printf("Das TSR-Programm wird durch Drücken der HOTKEYS\n");
printf("<SHIFT-links>+<BACKSPACE> aktiviert\n\n");
```

Über die Funktion „tsr_hotkey_mitteilen()" werden dem TSR-Programm die gewünschten HOTKEY-Informationen übergeben.

```
tsr_hotkey_mitteilen(HOTKEY_1,HOTKEY_2);
```

Das TSR-Programm wird installiert. Im ersten Übergabeparameter der Funktion „tsr_installieren()" ist die Adresse der Funktion „starten()" enthalten. Diese Funktion wird beim Erreichen des Aktivierungszeitpunktes gestartet. Der zweite Übergabeparameter „HEAP_FREI" enthält den für die TSR-Variablen benötigten RAM-Speicherplatz.

```
tsr_installieren(starten,HEAP_FREI);
}
else
{
 /* Ja, Programm ist bereits installiert                            */
 if ( kann_tsr_deinstalliert_werden()) /* Deinstallation versuchen  */
 {
  /* Ja, das Programm kann deinstalliert werden                     */
  tsr_deinstallieren();
  printf("Das Programm wurde erfolgreich reinstalliert\n\n");
 }
 else
 {
  /* Nein, das Programm kann nicht deinstalliert werden             */
  printf("Das Programm kann nicht reinstalliert werden\n\n");
 }
}
}
/*********************************************************************/
```

3.15.4 Dritter TSR-Virenspaß in klassischer „C"-Konvention

Programminhalt

Das im klassischen „C" realisierte Programmprojekt „tsr3.exe" setzt sich aus dem „C"-Modul „tsr3.c" und dem kompilierten Assemblermodul „tsr_1mal.obj" zusammen. Das Programm demonstriert (Bild 3.125) eine Virensimulation des „MICHELANGELO-VIRUS". Nachdem der Aktivierungszeitpunkt erreicht ist, wird das TSR-Programm einmalig aufgerufen. Der Aktivierungszeitpunkt wird, wie beim Programm „tsr1.c", in der Datei „READMEE.TXT" in der Form „Monat, Tag, Stunde, Minute" abgelegt. Die Simulation kann durch Drücken der Taste ⓘ⌗ beendet werden. Die Deinstallation erfolgt, wie bei TSR-Programmen üblich, über den erneuten Programmaufruf von „tsr3 ⏎". Das Flußdiagramm in Bild 3.126 zeigt den Programmablauf.

Programmdiskussion

Es wird neben den unten aufgeführten „BORLAND"-Headerdateien auch die selbstdeklarierte Datei „pcx.h" eingebunden, deren Funktionen weiter unten diskutiert werden.

```
/*************************************************************************/
/* INCLUDE-DATEIEN                                                     */
#include <alloc.h>
#include <bios.h>
#include <conio.h>
#include "pcx.h"
/*************************************************************************/
```

Bild 3.125: Simulation des „MICHELAN-GELO-Virus" im Programm „TSR3"

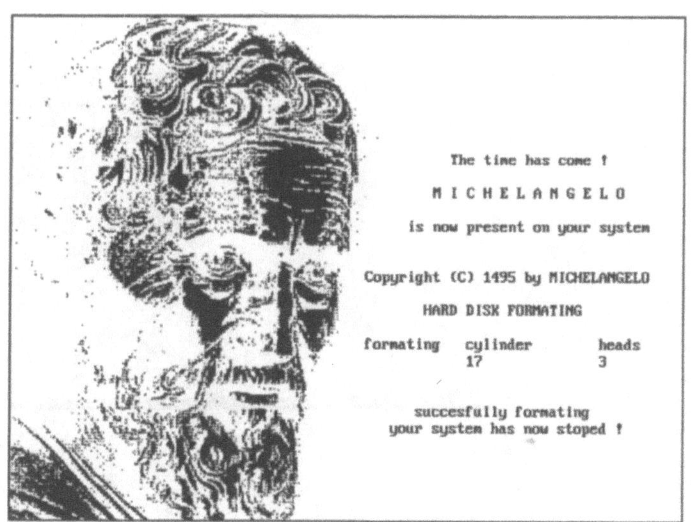

Bild 3.126:
Flußdiagramm zum Programm „TSR3"

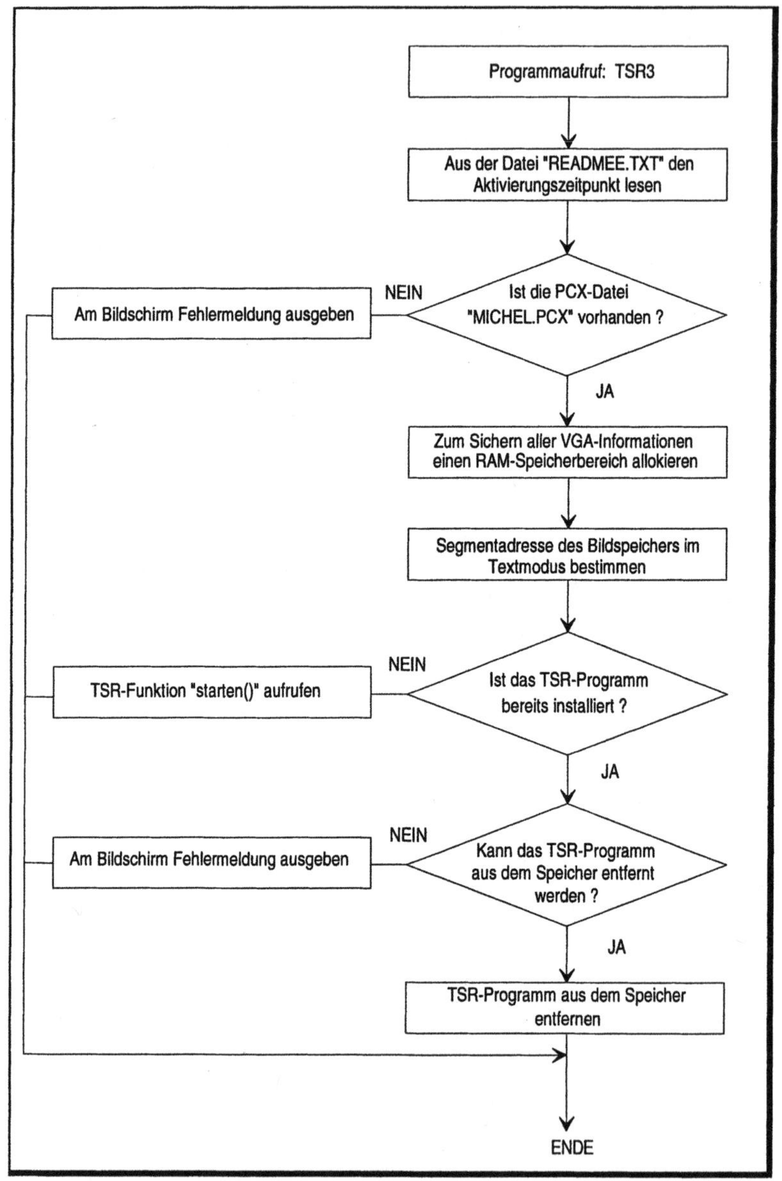

Wie beim Programm „tsr1.c" werden auch beim Programm „tsr3.c" symbolische Konstanten deklariert.

```
/*****************************************************************/
/* DEFINE-KONSTANTEN                                           */
/* Funktionsnummer des neuen INT 2F (Multiplexer)             */
#define I2F_CODE      0XC6
/* Freier Heap für TSR-Programm. Für die Daten des TSR-Programms werden */
/* nicht die beim Speichermodell SMALL vorhanden 64 KByte für Daten son-*/
/* dern nur der für die Daten benötigte Speicherplatz benützt.       */
#define HEAP_FREI     3072
/*****************************************************************/
```

Mit Hilfe des nachfolgenden, selbstdeklarierten Datentyps „ZEIGER_AUF_FUNKTION" ist es möglich, einen Funktionsaufruf innerhalb einer installierten Kopie eines TSR-Programms durchzuführen.

```
/*****************************************************************/
/* SELBSTDEFINIERTE-DATENTYPEN                                */
/* Mit diesem Datentyp kann innerhalb des installierten TSR-Programm   */
/* eine Funktion aufgerufen werden.                           */
typedef void(* ZEIGER_AUF_FUNKTION)(void);
/*****************************************************************/
```

Wie üblich, enthält der Variablen-Block wichtige, programmglobale Variablen.

```
/*****************************************************************/
/* VARIABLEN-Deklaration                                      */
struct SREGS Sregister;
struct REGPACK Aregister;
unsigned char ucMonat,ucTag,ucStunde,ucMinute;
int iTextspalten;
int iSeitengroesse;
int iShareware=FALSE;
unsigned int uiVideo_text_segment;
unsigned int uiVideo_text_offset;
unsigned int uiBild_segment;
unsigned int uiBild_offset;
unsigned char far bild[4096];
unsigned char *acSpeicher;
unsigned int iSpeicher_64;
char acPcx_pfad[80]="";
/*****************************************************************/
```

Funktionen aus der Headerdatei: pcx.h

Die Headerdatei „pcx.h()" stellt dem Programm „tsr3.c" die Funktion „pcxbild1()" zur Verfügung. Mit Hilfe dieser Funktion ist es möglich, eine PCX-Grafikdatei mit einer maximalen Auflösung von 640*480 Pixeln in 16 Farben am Bildschirm darzustellen. Die Funktion „pcxbild1()" ist nahezu identisch mit der bereits weiter oben diskutierten Funktion „pcxbild()". Der Unterschied liegt in der Installation des 16-Farben-Videomodus. Aus programmstrategischen Gründen kann innerhalb des TSR-Programms der Videomodus nicht über die „BORLAND"-Funktion „initgraph()" installiert werden. Die Funktion „pcxbild1()" installiert den Videomodi über einen BIOS-CALL.

Externe Assemblerfunktionen

Zur Verwaltung aller TSR-Abläufe werden aus dem kompilierten Assemblermodul „tsr_1mal.obj" die bereits diskutierten Assemblerfunktionen tsr_installieren(), tsr_schon_installiert(), tsr_deinstallieren(), kann_tsr_deinstalliert_werden() und aufrufadresse_in_tsr() eingebunden.

```
/***********************************************************************/
/* FUNKTIONPROTOTYPEN                                                  */
extern void tsr_installieren (void (*FUNKTION) (void), unsigned int uiHeap);
extern unsigned char tsr_schon_installiert(int iMux_nummer,unsigned char ucMo-
nat,unsigned char ucTag,unsigned char ucStunde,unsigned char ucMinute);
extern void tsr_deinstallieren(void);
extern ZEIGER_AUF_FUNKTION aufrufadresse_in_tsr(void far *FUNKTION);
extern unsigned char kann_tsr_deinstalliert_werden(void);
/***********************************************************************/
```

Funktion: main()

Das Hauptprogramm „main()" ist für die Installation bzw. Deinstallation des TSR-Programms „tsr3.exe" zuständig. Wird das Programm zum ersten Mal auf DOS-Ebene gestartet, so erfolgt die Installation im RAM-Speicher. Im Anschluß übergibt das TSR-Programm, bis zum Erreichen des Aktivierungszeitpunkts, die Kontrolle an das Betriebssystem. Erfolgt auf DOS-Ebene ein erneuter Programmstart von „tsr3.exe", so prüft das Hauptprogramm, ob eine Deinstallation möglich ist. Treten bei diesem Test keine Fehler auf, so wird durch die Assemblerfunktion „tsr_deinstallieren()" das TSR-Programm „tsr3.exe" vollständig aus dem RAM-Speicher entfernt.

```
/***********************************************************************/
/* H A U P T P R O G R A M M                                           */
void main()
{
```

Aus der Datei „READMEE.TXT" wird der Aktivierungszeitpunkt gelesen und in die betreffenden programmglobalen Variablen kopiert.

```
gewuenschte_daten_lesen();
```

Die beiden nächsten Befehle überprüfen, ob die PCX-Grafikdatei „MICHEL.PCX" auf dem Laufwerk vorhanden ist. Kann die Grafikdatei nicht lokalisiert werden, erfolgt der Programmabbruch mit der Ausgabe einer Fehlermeldung.

```
/* Name der auszugebenden PCX-Datei in entsprechenden Variable kopieren */
strcpy(cPcx_name,"michel.pcx");
/* Nachsehen on diese PCX-Datei auf dem Laufwerk vorhanden ist        */
_searchenv(cPcx_name,"PATH",acPcx_pfad);
if(acPcx_pfad[0]=='\0')
{
 /* Nein Datei ist nicht vorhanden -> Fehlermeldung und Programmabbruch */
 printf("PCX-Datei ist nicht vorhanden\n");
 exit(-1);
}
```

Der nächste Programmabschnitt berechnet und allokiert einen RAM-Speicherbereich zur Aufnahme der Video-Textinformationen (VGA-Register und VGA-BIOS-Variablen).

```
/* notwendigen Speicher zum Sichern der Videoinformationen berechnen.  */
/* Der Wert 7 repräsentiert die abzuspeichernden Videoinformationen.   */
iSpeicher_64=speicher_groesse(7);
/* Die berechnete Speichergröße wird in der Einheit „64-Byte" übergeben*/
iSpeicher_64=iSpeicher_64*64; /* tatsächlichen Speicherbedarf berechnen*/
/* Diesen Speicher reservieren                                         */
if ((acSpeicher=(unsigned char far *)malloc(iSpeicher_64))==NULL)
{
 /* Speicher konnte nicht bereitgestellt werden                       */
 printf("Zu wenig Speicher vorhanden\n");
 exit(-1);
}
```

Die Funktion „textsegment_adresse()" bestimmt die Segment-adresse des Bildspeichers im Textmodus.

```
textsegment_adresse();
```

Wie bei den TSR-Programmen üblich, erfolgt im Anschluß die Installation bzw. Deinstallation des TSR-Programms.

```
/* TSR-Programm Bearbeitung                                          */
/* Ist das TSR-Programm bereits installiert ?                        */
if ( ! tsr_schon_installiert(I2F_CODE,ucMonat,ucTag,ucStunde,ucMinute))
```

```
{
 /* Nein, das Programm ist noch nicht installiert; wird nun installiert */
 tsr_installieren(starten,HEAP_FREI);
}
else
{
 /* das Programm ist bereits installiert. Deinstallation versuchen     */
 if ( kann_tsr_deinstalliert_werden())
 {
  /* Ja, das Programm kann deinstalliert werden.                       */
  /* ende_funktion() im residenten Teil des bereits installierten Pro- */
  /* grammes aufrufen.                                                  */
```

Innerhalb der installierten Kopie des TSR-Programms wird die Funktion „ende_funktion()" aufgerufen. Dabei werden alle allokierten Speicherbereiche an DOS zurückgegeben. Im Anschluß erfolgt die Deinstallation des TSR-Programms aus dem Speicher.

```
  (*(ZEIGER_AUF_FUNKTION) aufrufadresse_in_tsr(ende_funktion))();
  tsr_deinstallieren();
  printf("Das Programm wurde erfolgreich reinstalliert\n\n");
 }
 else
 {
  /* Nein, das Programm kann nicht deinstalliert werden               */
  printf("Das Programm kann nicht reinstalliert werden\n\n");
 }
}
}
/***********************************************************************/
```

Funktion: ende_funktion()

Diese Funktion wird bei der Deinstallation des TSR-Programms aufgerufen. Alle allokierten Speicherbereiche werden an das Betriebssystem zurückgegeben. Zu erwähnen sei hierbei, daß diese Funktion in der installierten Kopie des TSR-Programms aufgerufen wird.

```
/***********************************************************************/
void far ende_funktion(void)
{
free(acSpeicher);
}
/***********************************************************************/
```

Funktion: heap_ende_ermitteln()

Die Funktion „heap_ende_ermitteln()" wurde bereits bei der Diskussion des Programms „tsr1.c" erläutert.

```
/*********************************************************************/
void far *heap_ende_ermitteln( void )
{
return (void far *) sbrk(0);
}
/*********************************************************************/
```

Funktion: textsegment_adresse()

Auch diese Funktion wurde bereits im Kapitel 3.15.2 beschrieben. Als Zusatz erzeugt die Funktion einen FAR-Zeiger zur Verwaltung eines virtuellen RAM-Bildschirms. In diesem RAM-Speicherbereich wird im weiteren Programmablauf der Bildspeicher des unterbrochenen Programms gesichert, da dieser bei der Installation des Grafikmodus zerstört wird.

```
/*********************************************************************/
void textsegment_adresse(void)
{
....
/* Offsetadresse des virtuellen RAM-Bildschirms               */
uiBild_offet=FP_OFF(bild);
/* Segmentadresse des virtuellen RAM-Bildschirms              */
uiBild_segment=FP_SEG(bild);
}
/*********************************************************************/
```

Funktion: speicher_groesse()

Mit Hilfe dieser Funktion wird die zum Abspeichern der VGA-Textinformation notwendige Speichergröße in „64-Byte"-Blöcken ermittelt. Wie in der Tabelle 3.56 dargestellt, werden im Übergabeparameter „iAuswahl" die zu speichernden Textinformationen selektiert.

Tabelle 3.56: Auswahl der zu speichernden VGA-Textinformationen

Wert von „iAuswahl"	Zu sichernder VGA-Bereich
1	Video-Register
2	VGA-BIOS-Datenbereich
4	Farb- und DAC-Register

```
/*********************************************************************/
unsigned int speicher_groesse(int iAuswahl)
{
Register.h.ah=0x1C;        /* Funktionsnummer                    */
Register.h.al=0;           /* Unterfunktionsnummer               */
Register.x.cx=iAuswahl;    /* zu sichernder Bereich              */
int86(0x10,&Register,&Register); /* Videointerrupt               */
return(Register.x.bx); /* erfoderliche Puffergröße in 64-Byte Blöcken */
}
/*********************************************************************/
```

Funktion: status_speichern()

Die Funktion „status_speichern()" sichert die im Übergabeparameter „iAuswahl" selektierten VGA-Textinformationen. Die Kodierung des Übergabeparameters „iAuswahl" ist identisch zur Tabelle 3.56. Alle gesicherten Informationen werden in den vorher allokierten RAM-Speicher „acSpeicher" abgelegt. Bei einer fehlerfreien Bearbeitung übergibt die Funktion den hexadezimalen Wert „1CH".

```
/************************************************************************/
int video_status_speichern(int iAuswahl)
{
Register.x.ax=0x1C01;               /* Funktions- und Unterfunktionsnummer */
Register.x.cx=iAuswahl;             /* zu sichernde Bereiche               */
Sregister.es=FP_SEG(acSpeicher); /* Segmentadresse des RAM-Speicherotrs */
Register.x.bx=FP_OFF(acSpeicher);/* Offsetadresse des RAM-Speicherorts  */
int86x(0x10,&Register,&Register,&Sregister); /* Videointerrupt          */
return(Register.h.al); /* AL-Register 1C -> richtige Bearbeitung         */
}
/************************************************************************/
```

Funktion: video_status_lesen()

Die Funktion „video_status_lesen()" stellt das Gegenstück zur Funktion „video_status_speichern()" dar. Über die Funktion können die vorher gesicherten VGA-Textinformationen auf der VGA-Karte restauriert werden. Mit den dem Funktionsübergabeparameter ist wiederum die Selektion der gewünschten VGA-Bereiche möglich. Bei einer fehlerfreien Berbeitung übergibt die Funktion ebenfalls den hexadezimalen Wert „1CH".

```
/************************************************************************/
int video_status_lesen(int iAuswahl)
{
Register.x.ax=0x1C02;               /* Funktions- und Unterfunktionsnummer */
Register.x.cx=iAuswahl;             /* zu restaurierende Bereiche          */
Sregister.es=FP_SEG(acSpeicher);/* Segmentadresse des Speicherbereiches */
Register.x.bx=FP_OFF(acSpeicher);/* Offsetadresse des Speicherbereiches */
int86x(0x10,&Register,&Register,&Sregister); /* Videointerrupt          */
return(Register.h.al);/* AL-Register 1C -> richtige Bearbeitung          */
}
/************************************************************************/
```

Funktion: ton()

Diese Funktion erzeugt die Ausgabe spezieller Tonfrequenzen über den PC-Lautsprecher.

```c
/***************************************************************************/
void ton(int frequenz_a,int frequenz_e,int schritt,int zeitdauer)
{
int iZaehler,iZaehler1;

/* Schleife von Anfangs- bis Endfrequenz                                  */
for (iZaehler=frequenz_a;iZaehler <= frequenz_e;iZaehler=iZaehler+schritt)
{
 sound(iZaehler);
 delay(zeitdauer);
 nosound();
}
}
/***************************************************************************/
```

Funktion: zeichen_grafik()

Die Funktion „zeichen_grafik()" ermöglicht im Grafikmodus die
Ausgabe eines Zeichens in einer gewünschten Farbe an eine entsprechende Position. Dabei werden die Koordinaten wie im Textmodus mit 80 Spalten und 25 Zeilen verwaltet. Die Funktion erwartet folgende Übergabeparameter:

⇨ cZeichen: Auszugebendes Zeichen

⇨ iFarbe: Gewünschte Zeichenfarbe

⇨ iReihe: Spaltenposition (1-80)

⇨ iSpalte: Zeilenposition (1-25)

```c
/***************************************************************************/
void zeichen_grafik(char cZeichen, int iFarbe, int iReihe, int iSpalte)
{
/* Cursor auf die gewünschte Koordinaten-Position setzen              */
Register.h.ah=2;         /* Funktionsnummer                           */
Register.h.bh=0;         /* Bildseite                                 */
Register.h.dh=iReihe;    /* Spaltenposition                           */
Register.h.dl=iSpalte;   /* Zeilenposition                            */
int86(0x10,&Register,&Register); /* Videointerrupt                    */
/* Zeichen an der aktuellen Cursorposition ausgeben                   */
Register.h.ah=9;         /* Funktionsnummer                           */
Register.h.al=cZeichen;  /* ASCII-Zeichencode                         */
Register.h.bh=0;         /* Bildseite                                 */
Register.h.bl=iFarbe;    /* Farbnummer für Zeichenfarbe               */
Register.x.cx=1;         /* Wiederholungsfaktor für Zeichenausgabe    */
int86(0x10,&Register,&Register); /* Videointerrupt                    */
}
/***************************************************************************/
```

Funktion: string_grafik()

Die Funktion „string_grafik()" stellt eine Erweiterung zur Funktion
„zeichen_grafik()" dar. Über die Funktion ist die direkte Ausgabe
eines Zeichenstrings in den Grafikspeicher möglich. Dabei werden

auch hier die Koordinaten nach dem Textmodus verwaltet. Die Übergabeparameter setzen sich wie folgt zusammen:

⇨ acString: Auszugebender Zeichenstring

⇨ iLaenge: Anzahl der Zeichen im Zeichenstring

⇨ iFarbe: Gewünschte Zeichenfarbe

⇨ iReihe: Spaltenposition (1-80)

⇨ iSpalte: Zeilenposition (1-25)

```c
/*********************************************************************/
void string_grafik(char *acString,int iLaenge,int iFarbe,int iReihe,int iSpalte)
{
/* Schreiben eines zeichenstrings mit Cursorbewegung                */
Register.h.ah=0x13;              /* Funktionsnummer                 */
Register.h.al=1;                 /* Unterfunktionsnummer            */
Aregister.r_ax=Register.x.ax;
Register.h.bh=0;                 /* Bildseite                       */
Register.h.bl=iFarbe;            /* Farbnummer des Zeichenstrings   */
Aregister.r_bx=Register.x.bx;
Aregister.r_cx=iLaenge;          /* Länge des Zeichenstrings        */
Register.h.dh=iReihe;            /* Ausgabezeile                    */
Register.h.dl=iSpalte;           /* Spaltenposition des ersten Zeichens */
Aregister.r_dx=Register.x.dx;
Aregister.r_es=FP_SEG(acString); /* Segmentadresse des Zeichenstrings */
Aregister.r_bp=FP_OFF(acString); /* Offsetadresse des Zeichenstrings  */
intr(0x10,&Aregister); /* Videointerrupt                           */
}
/*********************************************************************/
```

Funktion: spass()

Neben der Ausgabe der PCX-Grafik werden im eigentlichen TSR-Programm „starten()" auch einige Textpassagen am Bildschirm benötigt. Alle auszugebenden Texte werden über die Funktion „spass()" realisiert.

```c
/*********************************************************************/
void spass(void)
{
int taste,iZaehler,zaehler1,iZaehler2;
char zahl1[10]="";
char zahl2[10]="";
char acTest[13]="MICHELANGELO";

delay(5);
string_grafik("The time has come !",20,15,8,52);
ton(100,5000,110,15);
delay(200);
/* Zeichenweise Ausgabe von "MICHELANGELO"                        */
for(iZaehler=0;iZaehler <= 11;++iZaehler)
{
  zeichen_grafik(acTest[iZaehler],15,10,(50+iZaehler*2));
  ton(100,500,101,25); /* dazwischen etwas Sound                  */
  delay(200);
}
```

```c
string_grafik("is now present on your system",30,15,12,47);
ton(100,5000,110,15);
string_grafik("Michelangelo formates your hard disk",37,15,15,42);
delay(500);
string_grafik("! ATTENTION !",13,15,16,42);
delay(500);
string_grafik("don't break up this program, because",37,15,17,42);
delay(500);
string_grafik("a hardware failure is possible",30,15,18,42);
delay(500);
string_grafik("destruction-time: ",17,12,20,42);
/* Die Zahlen von 9 bis 0 der Reihe nach am Monitor ausgeben          */
for(iZaehler=9;iZaehler >= 0;--iZaehler)
{
 itoa(iZaehler,zahl1,10);
 string_grafik(zahl1,1,12,20,60);
 ton(100,500,101,25);
 delay(500);
}
string_grafik("                      ",20,0,20,42);
string_grafik("Copyright (C) 1495 by MICHELANGELO ",36,15,15,42);
string_grafik("                                   ",36,15,16,42);
string_grafik("        HARD DISK FORMATING        ",36,15,17,42);
string_grafik("                                   ",36,15,18,42);
string_grafik("formating   cylinder       heads   ",36,15,19,42);
/* Die Zahle von 1 bis 17 der Reihe nach am Monitor ausgeben          */
for(zaehler1=1;zaehler1 <= 17;++zaehler1)
{
 itoa(zaehler1,zahl1,10);
 string_grafik(zahl1,2,12,20,54);
 /* Die Zahlen von 0 bis 3 der Reihe nach am Monitor ausgeben         */
 for(iZaehler2=0;iZaehler2<=3;++iZaehler2)
 {
  strcpy(zahl2,"");
  itoa(iZaehler2,zahl2,10);
  string_grafik(zahl2,1,12,20,70);
  delay(200);
 }
}
string_grafik("  succesfully formating",23,15,23,46);
string_grafik("your system has now stoped !",28,15,24,45);
/* Die folgende Endlosschleife kann nur durch Drücken der Taste-"#"   */
/* beendet werden                                                     */
while(1)
{
 taste=bioskey(0); /* auf einen Tastendruck warten                    */
 taste=taste & 0x00FF; /* LOW-Byte der Tasteninformation auswerten    */
 /* Falls die Taste-"#" gedrückt wurde, die Schleife abbrechen        */
 if(taste==35)
  break;
}
}
/**********************************************************************/
```

Funktion: int_bcd()

Die Funktion „int_bcd()" wurde bereits weiter oben im Kapitel
3.15.2 diskutiert.

```
/*******************************************************************/
int int_bcd(int iZahl)
{
....
}
/*******************************************************************/
```

Funktion: gewuenschte_daten_lesen()

Auch die Funktion „gewuenschte_daten_lesen()" wurde bereits im Kapitel 3.15.2 diskutiert.

```
/*******************************************************************/
void gewuenschte_daten_lesen(void)
{
....
}/*****************************************************************/
```

Funktion: starten()

Die Funktion „starten()" verkörpert das eigentliche TSR-Programm. Nachdem der Aktivierungszeitpunkt erreicht ist, und der gesamte Kontextwechsel des unterbrochenen Programms gesichert wurde, erfolgt über diese Funktion der Aufruf der TSR-Funktion „starten()". Die Funktion installiert zuerst den 16-Farben-Grafikmodus. Im Anschluß wird die „MICHELANGELO"-Grafik und ein Spaßtext mit Soundunterstützung ausgegeben. Der Rücksprung und die Programmfortsetzung des unterbrochenen Programms sind durch Drücken der Taste ⊞ möglich. Der gesamte Programmablauf ist im Flußdiagramm in Bild 3.127 aufgezeigt.

```
/*******************************************************************/
void starten(void)
{
int iHilfsmode,iX,iY,iDummy;
```

Die Funktion bestimmt den Videomodus des aktuell im Vordergrund laufenden Programms. Nur bei Lokalisierung eines Textmodus (0, 1, 2, 3 oder 7) erfolgt die Virensimulation. Tritt ein Fehler auf, wird die Kontrolle an das unterbrochene Programm zurückgegeben.

```
/* Aktuellen Videomode abfragen und in Variable speichern       */
iHilfsmode=peekb(0x0000,0x0449);
iHilfsmode=iHilfsmode & 0x7F; /* Videomode mit Bildschirm löschen   */
/* Programm nur bei TEXTMODI 3 oder 1 aufrufen, da nur für diese Modi  */
/* der Bildschirmkontext gesichert wird                        */
/******************** IF-Schleife ********************************/
if((iHilfsmode <= 3) || (iHilfsmode == 7))
{
```

Die aktuellen Bildschirmcursor-Koordinaten werden gesichert.

```
iX=wherex();
iY=wherey();
```

Die Funktion sichert alle VGA-Textinformationen des unterbrochenen Programms.

```
video_status_speichern(7);
```

Der gesamte aktuelle Bildinhalt der Textseite 0 wird im virtuellen RAM-Bildschirm „bild[ ]" gesichert.

```
movedata(uiVideo_text_segment,0x0000,uiBild_segment,uiBild_offset, \
iSeitengroesse);
```

Die beiden folgenden Funktionen generieren die Virensimulation.

```
/* Das PCX-Bild aufbauen. ! Es wird in den Grafikmode umgeschalten, es */
/* werden alle Informationen des Textmodus gelöscht                   */
pcxbild1();
/* Grafikbild mit Text ergänzen und auf den Tastendruck von "#" warten */
spass();
```

Nachdem in der Funktion „starten()" die Taste #️ gedrückt wurde, erfolgt die Restauration der durch den Grafikmodus zerstörten VGA-Textinformationen. Zuerst installiert die Funktion den ursprünglichen Textmodus.

```
Register.h.ah=0;
Register.h.al=iHilfsmode;
int86(0x10,&Register,&Register);
```

Im zweiten Schritt wird der im virtuellen RAM-Bildspeicher gesicherte Bildschirm-Textinhalt in den VGA-Bildspeicher kopiert.

```
movedata(uiBild_segment,uiBild_offset,uiVideo_text_segment,0x0000, \
iSeitengroesse);
```

Danach restauriert die Funktion „video_status_lesen()" alle gesicherten VGA-Textinformationen auf der VGA-Karte.

```
video_status_lesen(7);
```

Zu guterletzt wird der Bildschirmcursor an den alten Koordinaten positioniert.

```
gotoxy(iX,iY);
}
/*************** Ende der IF-Schleife ********************************/
}
/*****************************************************************/
```

Bild 3.127:
Flußdiagramm
zur Funktion
„starten()" aus
dem Programm
„tsr3.c"

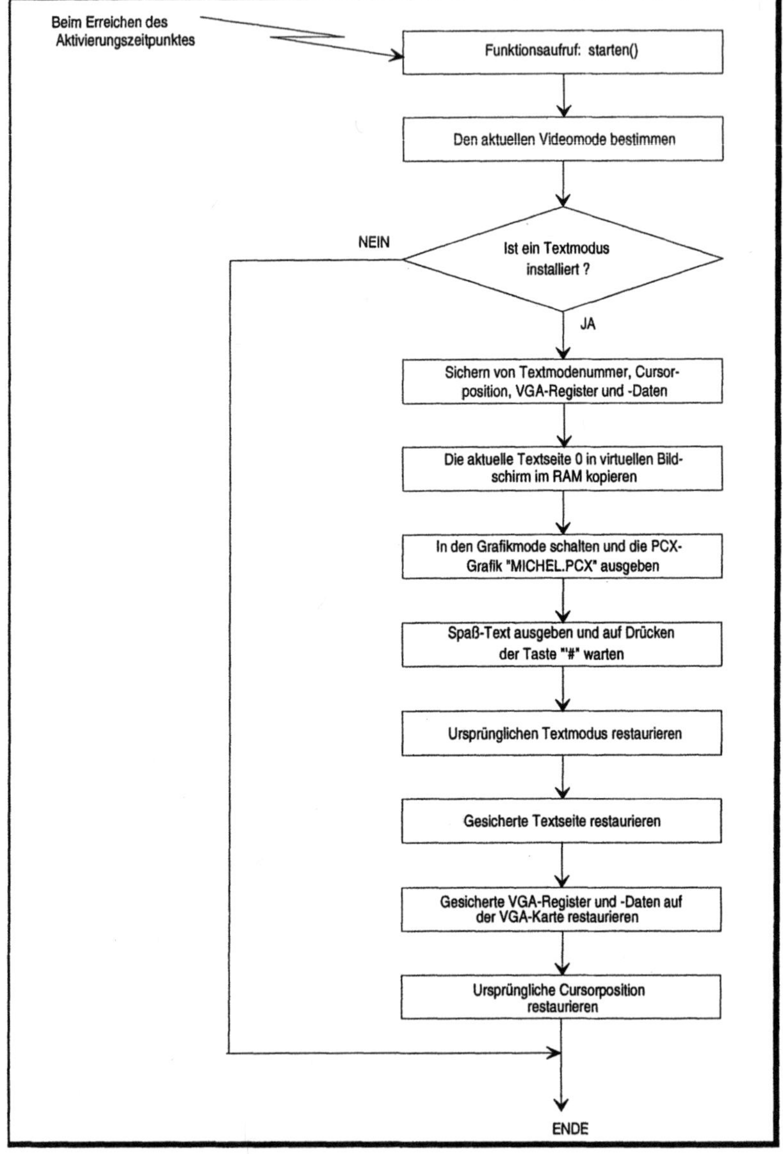

3.15.5 TSR-Virenspaß in objektorientierter Konvention

Das Programmprojekt „tsr4.exe" setzt sich aus dem objektorientierten „C^{++}"-Modul „tsr4.cpp" und dem Assemblermodul „tsr_1-min.obj" zusammen. Der gesamte Programmablauf ist identisch zum klassisch realisierten Programm „tsr1.exe". Alle Funktionsbeschreibungen und Flußdiagramme aus dem Kapitel 3.15.2 sind auch auf dieses Programmprojekt übertragbar. Die Kombination aus TSR-Programmen und objektorientierten „C^{++}"-Modulen zeichnet sich als schwieriges Unterfangen ab. Aus diesem Grund kann auch an diversen Stellen, innerhalb des Quellcodes, auf softwaretechnische Tricks nicht verzichtet werden. Die Programmprojekte „tsr1.exe" und „tsr4.exe" ermöglichen dem Programmierer den direkten Vergleich der unterschiedlichen Programmiertechniken.

Programminhalt

Aufgrund der gleichen Programminhalte wird an dieser Stelle auf eine erneute Programmbeschreibung verzichtet. Lesen Sie bitte bei Bedarf im Kapitel 3.15.2 an entsprechender Stelle nach.

Programmdiskussion

Im folgenden werden nur die Abweichungen zum Programm „tsr1.exe", sowie die objektorientierten Elemente des Programms „tsr4.cpp" diskutiert.

Innerhalb des Funktionsprototypen-Blocks werden die benötigten Assemblerfunktionen über den Bezeichner „extern" dem Programm „tsr4.cpp" bekannt gegeben. Durch den Bezeichner „extern" wird beim späteren Einbinden der Assemblermodule auf eine Namensergänzung der Funktionsargumente verzichtet. Wie bereits im Kapitel 1 erläutert, ist diese Maßnahme notwendig, um „C++"-Module und im klassischen „C" erstellte Module zu verbinden. Die beiden Funktionen „heap_ende_ermitteln()" und „starten()" werden ausserhalb der Programmklasse „TSR_DIVERS" deklariert. Diese Maßnahme ist notwendig, da die beiden Funktionen bei der später installierten Kopie des TSR-Programms im Assemblermodul aufgerufen werden. Würde man an dieser Stelle Objekte deklarieren, hätte man auch im Assemblermodul Probleme mit der weiter oben beschriebenen Namensergänzung der Funktionsargumente.

```
/*************************************************************************/
/* FUNKTIONS-PROTOTYPEN                                                 */
extern "C"
{
/* Die folgenden Externen-Funktionen sind im kompilierten Assemblermo- */
/* dul "TSR_1MIN.OBJ" deklariert.                                       */
void tsr_installieren (void(*FUNKTION)(void) , unsigned int uiHeap);
unsigned char tsr_schon_installiert(int iMux_nummer,unsigned char ucMonat,
 unsigned char ucTag,unsigned char ucStunde,unsigned char ucMinute);
void tsr_deinstallieren(void);
unsigned char kann_tsr_deinstalliert_werden(void);

/* Programminterne Funktion                                            */
void far *heap_ende_ermitteln(void);
void starten(void);
}
/*************************************************************************/
```

Klassendeklaration im Programm

Die im Deklarationsteil definierte Klasse „TSR_DIVERS" besitzt keine
Vererbungshirarchie. Lediglich beim Linkprozeß werden die im Bild
3.128 aufgezeigten Assemblerfunktionen dem Programmprojekt
„tsr4.exe" hinzugefügt.

Bild 3.128:
Programm-
projekt
„TSR4.EXE"

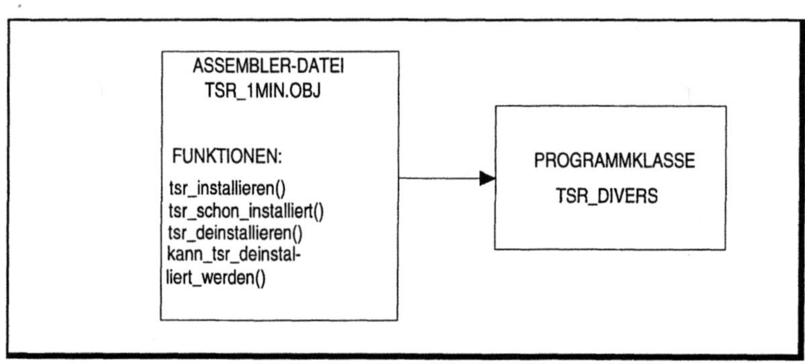


```
/*************************************************************************/
class tsr_divers {
public:
#define TRUE          1
#define FALSE         0
/* Funktionsnummer des neuen INT 2F (Multiplexer)                      */
#define I2F_CODE      0XC7
/* Freier Heap für TSR-Programm. Für die Daten des TSR-Programms werden */
/* nicht die beim Speichermodell SMALL vorhanden 64 KByte für Daten son-*/
/* dern nur der für die Daten benötigte Speicherplatz benützt.         */
#define HEAP_FREI     1024
union REGS Register;
unsigned char ucMonat,ucTag,ucStunde,ucMinute;
unsigned int uiVideo_text_segment;
unsigned int uiVideo_text_offset;
unsigned int uiVideo_offset_ziel;
```

```
int zufall_feld[25][80];
int iTextspalten,iSeitengroesse,iZaehler,iZaehler1,iZaehler2;
public:
tsr_divers(void){;};
~tsr_divers(void){;};
void cursor_aus(void);
void cursor_ein(void);
int int_bcd(int iZahl);
void gewuenschte_daten_lesen(void);
void textsegment_adresse(void);
void schreibe_string_text(char *cString, unsigned char ucAttribut,
                          int iX, int iY, int iSeitennummer);
void anzeigen(int iSeite);
void zufall(void);
};
/*******************************************************************/
```

Konstruktoren und Destruktoren

Wie im Deklarationsteil ersichtlich, werden im Programmprojekt
keinerlei Konstruktor- bzw. Destruktor-Anweisungen benötigt.

Klassenmethoden

Alle Klassenmethoden und Variablen aus dem Programm „tsr4.cpp"
sind im Aufbau und in der Ausführung identisch zu den gleichnamigen Funktionen und Variablen aus dem Programm „tsr1.c". Die
Inkarnation der Klassenvariablen „tsr" vom Objektyp „tsr_divers"
erfolgt außerhalb des Hauptprogramms. Dadurch erzielt man eine
programmglobale Klassenvariable, die sowohl im Hauptprogramm
wie auch innerhalb der Funktionen bekannt ist.

```
/*******************************************************************/
/* Erzeugen einer globalen Instanz der Klasse TSR_DIVERS. Diese Instanz */
/* ist sowohl im Hauptprogramm wie auch in den Funktionen bekannt.    */
tsr_divers tsr;
/*******************************************************************/
```

Hauptprogramm

Auch das Hauptprogramm ist im Ablauf identisch zur „main()"-
Funktion aus dem Programm „tsr1.c". Nach dem Lesen des Aktivierungszeitpunkts aus der Datei „READMEE.TXT" und der Erzeugung
des Zufallfeldes für den mosaikförmigen Aufbau des Spaßbildes
erfolgt die Programminstallation des TSR-Programms. Ist bereits eine
Kopie des TSR-Programms im Arbeitsspeicher vorhanden, wird beim
Programmaufruf die installierte Kopie restlos aus dem RAM-Speicher
entfernt.

```cpp
/*********************** H A U P T P R O G R A M M ********************/
void main()
{
/* Aktivierungszeitpunkt (Monat,Tag,Stunde,Minute) lesen              */
tsr.gewuenschte_daten_lesen();
tsr.textsegment_adresse();/* Bildspeicher-Segmentadresse lesen        */
tsr.zufall(); /* Zufallsfeld berechnen                                */
/* Test ob Programm bereits installiert wurde                         */
if ( ! tsr_schon_installiert(I2F_CODE,tsr.ucMonat,tsr.ucTag,
    tsr.ucStunde,tsr.ucMinute))
{
 /* Nein, Programm ist noch nicht installiert. Es wird nun installiert */
 tsr_installieren(starten,HEAP_FREI);
}
else
{
 /* Ja, Programm ist bereits installiert                              */
 if ( kann_tsr_deinstalliert_werden()) /* Deinstallation versuchen    */
 { /* Ja, das Programm kann deinstalliert werden                      */
  tsr_deinstallieren();
  cout << "Das Programm wurde erfolgreich reinstalliert\n\n";
 }
 else
  {
  /* Nein, das Programm kann nicht deinstalliert werden               */
  cout << "Das Programm kann nicht reinstalliert werden\n\n";
  }
 }
}
/*******************************************************************/
```

4 Das professionelle Spielprogramm

Da Du Dich im Buch bis zu dieser Stelle durchgearbeitet hast, sei Dir ein kleines Spielchen gegönnt.

Allgemein

Bei dem im Buch bereitgestellten Spielprogramm handelt es sich aus rechtlichen Gründen um die „SHAREWARE"-Version des Originalprogramms. Diese Maßnahme wurde notwendig, da der Autor bereits seine Rechte bezüglich der Originalversion vergeben hat. Dem Inhaber des vorliegenden Buches ist es jedoch erlaubt, für den privaten Gebrauch Kopien sowie Programmänderungen durchzuführen. Nachdem Sie das Programm gestartet haben, folgen nach dem Konfigurationstest, wie in Bild 4.0 dargestellt, einige Sharewarehinweise.

Bild 4.0:
Shareware-
Hinweis im
Programm-
ablauf

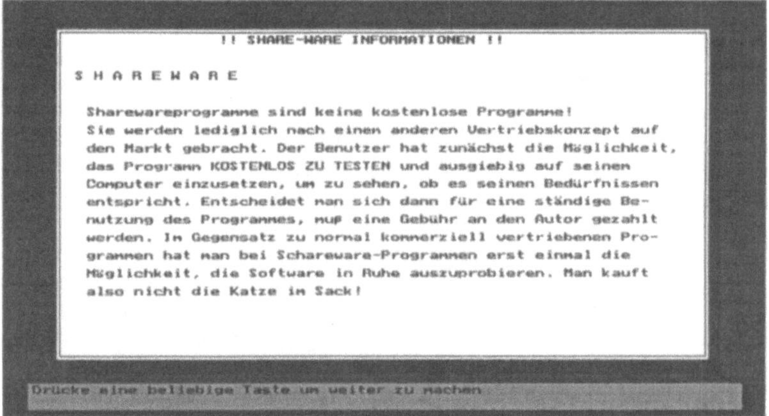

Was bedeutet Shareware ? Sharewareprogramme sind keine kostenlose Programme. Sie werden lediglich nach einem anderen Vertriebskonzept auf den Markt gebracht. Im Gegensatz zu kommerziell vertriebenen Programmen hat der Anwender bei Shareware-Programmen zuerst die Möglichkeit, das Programm gegen eine geringe Sharewaregebühr zu testen, bevor er sich entschließt, das Programm zu kaufen. Man kauft also nicht die Katze im Sack.

4.1 Die Spielidee

Das in diesem Kapitel vorgestellte Programm zeigt dem Leser den Aufbau und die Verwaltung eines umfangreichen Softwareprojekts in Form eines unterhaltsamen Computerspiels auf. Der gesamte Quellcode, einschließlich aller benötigten externen Dateien, befinden sich auf der dem Buch beiliegenden CD-ROM. Im Quellcode befinden sich viele der im dritten Kapitel „Software-Anwendungen" erläuterten Funktionen und Programmstrukturen. Die Zielsetzung dieses Kapitels richtet sich nicht nach der Programmdiskussion, sondern vielmehr nach dem Spielspaß aus. Wer sich im Buch bis zu diesem Kapitel tapfer durchgeschlagen hat, dem seien ein paar unterhaltsame Stunden bei einem netten Computerspiel gegönnt. Das vorgestellte Spielprogramm setzt sich aus einer Vielzahl von Einzelmodulen zusammen, die in Form einer Projektdatei verwaltet werden. Auf der beiliegenden CD-ROM befindet sich für alle nachfolgend aufgeführten „BORLAND"-Entwicklungswerkzeuge die entsprechende Projektdatei zum Spiel:

⇨ TURBO C 2.0

⇨ BORLAND C^{++} 3.1

⇨ BORLAND C^{++} 4.0

Der CD-ROM-Datenträger beinhaltet neben den genannten Projektdateien weiterhin alle zum Programmprojekt gehörenden Quellcode-Module. Der interessierte Leser hat somit die Möglichkeit, das Programmprojekt auf Quellcode-Ebene zu analysieren bzw. nach Belieben abzuändern. Auf eine ausführliche Programmbeschreibung wurde absichtlich verzichtet. Die Programmdiskussion würde den Rahmen des Buches an dieser Stelle sprengen.

Die gewerbliche Nutzung einzelner bzw. aller Programmodule und ausführbaren Dateien liegt allein beim Verfasser des Buches. Die Benutzung und Abänderungen des Programmprojekts beziehen sich lediglich auf den privaten Bereich.

Spielbeschreibung

Das in diesem Kapitel vorgestellte Programm „LABY.EXE" ist in die Kategorie der Labyrinthspiele einzustufen. Das Spiel realisiert eine Kombination aus Merk- und Wissensspiel. Während der Spieler versucht, durch das Labyrinth zu gelangen, muß er in bestimmten Zeitabständen allgemeine Fragen beantworten. Da sowohl Fragen für Erwachsene als auch für Kinder eingestellt werden können und der Labyrinthaufbau drei verschiedene Größen berücksichtigt, ist das Programm für nahezu jede Altersgruppe geeignet.

Nachdem der Anwender das Programm „LABY.EXE" gestartet, seinen Namen eingegeben und diverse Optionen selektiert hat, wird per Zufallsgenerator ein zweidimensionales Labyrinth aufgebaut. In diesem Labyrinth gibt es allerdings nur einen Lösungsweg. Der Spieler hat, je nach Schwierigkeitsgrad, 30 bis 60 Sek. Zeit, sich diesen Weg einzuprägen. Ist die Zeit abgelaufen, befindet man sich innerhalb des dreidimensional dargestellten Labyrinths.

Nun hat man die Aufgabe, vom Eingang des Labyrinths durch die verwinkelten Gänge zum Ausgang des Irrgartens zu gelangen. Zu Spielbeginn bekommt der Spieler, abhängig vom Schwierigkeitsgrad, einen bestimmten Luftvorrat zugewiesen. Jede Bewegung im Labyrinth verringert diesen Luftvorrat, so daß der Spieler versuchen muß, mit möglichst wenig Bewegungsaufwand den Ausgang zu finden. Sollte man sich einmal im Irrgarten verlaufen, so hat man die Möglichkeit, von oben, in einer Art Vogelperspektive, auf das Labyrinth zu blicken, um seine aktuelle Position ausfindig zu machen. Bei diesem Vorhaben verringert einem jedoch der Rechner einen großen Teil des zur Verfügung stehenden Luftvorrates, so daß man diese Möglichkeit nur in Notfällen einsetzen sollte.

Wie bereits weiter oben erwähnt, werden während des Spielablaufs allgemeinbildende Fragen gestellt, die im „Multiple-Choice"-Verfahren beantwortet werden müssen. Hat der Spieler 10 Fragen richtig beantwortet, erhält er einen Gratisblick auf das Labyrinth, und vom Luftvorrat wird nichts abgezogen. Desweiteren erbringt jede richtig beantwortete Frage, je nach Schwierigkeitsgrad, zwischen 100 und 300 Punkte.

Während des Spielablaufs kann der Spieler im Informationsfenster des Spiels einen kleinen Ausschnitt (aktuelle Position) des zweidimensionalen Labyrinths sehen. Nachdem drei Fragen falsch beantwortet wurden, wird dieses zweidimensionale Ausschnittsfenster für eine bestimmte Zeitspanne geschlossen.

Im Spielablauf können, wie weiter unten beschrieben, diverse Optionen aktiviert werden. Desweiteren zeichnet sich das Programm durch folgende Besonderheiten aus:

⇨ Sprachausgabe über den normalen PC-Lautsprecher

⇨ Beim plötzlichen Auftauchen ungebetener Gäste kann durch Drücken der Paniktaste eine Softwaresimulation aktiviert werden

⇨ Durchführung eines Rechnerkonfigurations-Tests. Fehlt eine für den Programmablauf notwendige Hardware-Komponente, wird der Programmablauf abgebrochen und eine Fehlermeldung am Bildschirm ausgegeben

⇨ Dreidimensionale Menügestaltung

⇨ Im Spiel ist eine Kurzform der Spielanleitung integriert

⇨ In einer Statuszeile werden alle zum momentanen Zeitpunkt anwählbaren Tasten angezeigt

⇨ Online-Hilfen

⇨ Übersichtliche Darstellung aller erforderlichen Spielinformationen

⇨ Abspeichern und Laden von Spielständen

⇨ Verwaltung einer Bestenliste

4.2   Hardwarevoraussetzung und Programminstallation

Systemvoraussetzungen

Die Ausführung des Programms „LABY.EXE" benötigt einen AT-
komaptiblen Rechner mit einer Mindestkonfiguration der nachfolgend aufgeführten Hard- und Softwarekomponenten:

⇨ AT-kompatibler Rechner

⇨ Mindestens 350KByte freier Arbeitsspeicher

⇨ Festplattenlaufwerk

⇨ 3½-Zoll (1,44 MByte) oder 5¼-Zoll (1,2 MByte) Diskettenlaufwerk (auf der Diskette befinden sich nur das Programm
und die Hilfsdateien; kein Quellcode)

⇨ EGA- oder VGA-Grafikkarte

⇨ EGA- oder VGA-Bildschirm

⇨ MS-DOS 3.2 oder höher

Programminstallation

Alle auf der CD-ROM befindlichen Dateien zum Labyrinthspiel können prinzipiell über die nachfolgend aufgeführten Installationswei-
sen auf der Festplatte Ihres Rechners installiert werden:

⇨ Programminstallation über DOS-Kopierbefehl

⇨ Programminstallation über Installationsprogramm

Programminstallation über DOS-Befehl: Alle zum Labyrinthspiel gehörenden Dateien befinden sich auf der dem Buch beiliegenden CD-ROM im Unterverzeichnis „LABY". Im Folgenden wird angenommen, Sie haben auf Ihrer Festplatte „C:" zur Aufnahme der Programmdateien ein Unterverzeichnis „LABYRINT" eingerichtet.   Die dem Buch beiliegende CD-ROM wurde ins betriebsbereite CD-ROM-Laufwerk „D:" eingelegt. Gehen Sie nun wie folgt vor:

⇨ Wechseln Sie über den nachfolgenden Befehl ins Unterverzeichnis „LABYRINT"

CD\LABYRINT [↵]

⇨ Kopieren Sie mit dem folgenden Befehl alle Programmdateien aus dem Quellaufwerk „D:\LABY" ins Ziellaufwerk „C:\LABYRINT"

COPY D:\LABY*.* C:\LABYRINT [↵]

Nachdem alle Dateien auf das Ziellaufwerk „C:\LABYRINT" kopiert wurden, können Sie durch den nachfolgenden Programmaufruf das Labyrinthspiel starten:

LABY [↵]

Programminstallation über das Installationsprogramm: Auf der dem Buch beiliegenden CD-ROM befindet sich ein komfortables Installationsprogramm zur Installation aller im Buch diskutierten Programme und Dateien. Mit Hilfe dieses Installationsprogrammes ist es auch möglich, das Labyrinthspiel auf Ihren Rechner zu kopieren. Im Folgenden wird angenommen, auf Ihrem Rechner befindet sich eine Festplatte „C:" und ein CD-ROM-Laufwerk „D:". Sie befinden sich auf der Befehlseingabe-Ebene; am Bildschirm erscheint der Prompt „C:>" (oder ähnlich). Gehen Sie nun wie folgt vor:

⇨ Starten Sie das auf der CD-ROM befindliche Installationsprogramm durch Eingabe von:

D:INSTALL [↵]

⇨ Geben Sie im Installationsprogramm als Quellaufwerk den Laufwerksbuchstaben (im Beispiel „D:") ein

⇨ Wählen Sie im Installationsprogramm auf dem Ziellaufwerk (im Beispiel „C:") das Unterverzeichnis. Sie übernehmen das als Vorgabe angegebene Unterverzeichnis „BUCH"

⇨ Wie in Bild 4.1 dargestellt, wählen Sie im Menü „PROGRAMM-AUSWAHL" den Punkt „LABYRINTH Spiel"

Bild 4.1:
Programm-
installation über
Installations-
programm

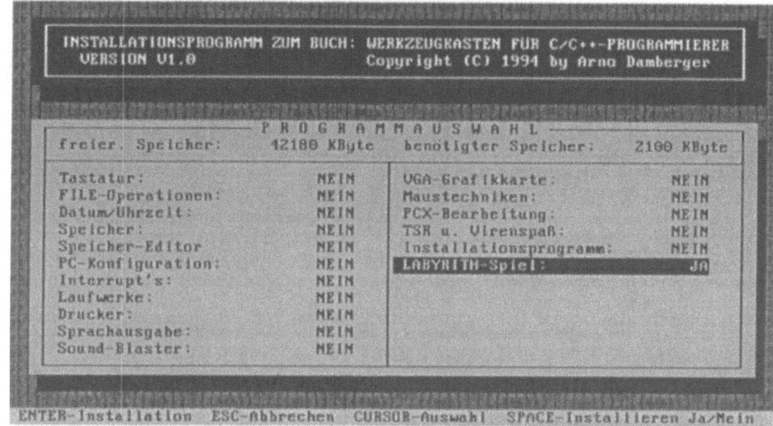

⇨ Nach der Bestätigung und Überprüfung aller Eingaben kopiert das Installationsprogramm alle zum Labyrinthspiel gehörenden Dateien auf das Ziellaufwerk „C:" in das Unterverzeichnis „C:\BUCH\LABYRINT"

4.3   Der Spielablauf

Der Punkt 4.3 beschreibt den gesamten Spielablauf und die Anwenderschnittstelle des Labyrinth-Programms. Es werden, gemäß dem Programmablauf, der Reihe nach, alle Eingabemasken, Fensterbereiche und Anzeigenelemente kurz erläutert. So weit als möglich werden die Programmbeschreibungen mit den zugehörigen Bildschirmausgaben ergänzt.

Programmstart

Nachdem das Programm „LABY.EXE" gestartet wurde, wird die Rechnerhardware auf alle zum Programm erforderlichen Hardware-Komponenten überprüft. Am Bildschirm erscheint die in Bild 4.2 dargestellte Hinweismeldung.

Bild 4.2:
Hinweismel-
dung

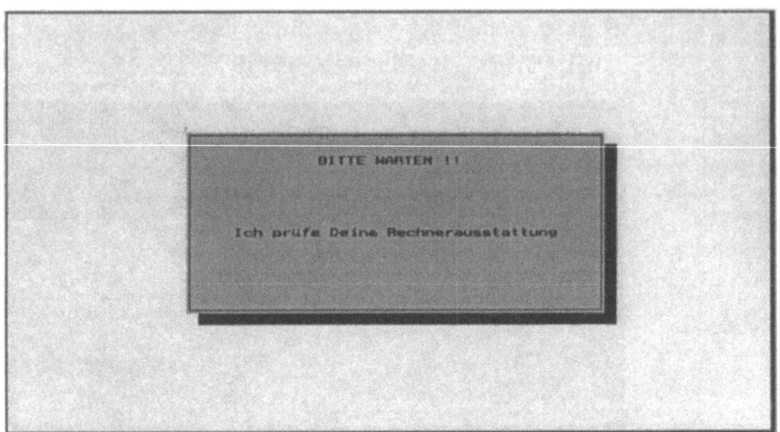

Bei der Überprüfung werden die nachfolgend aufgeführten Komponenten berücksichtigt:

⇨ Diskettenlaufwerk 3½-Zoll (1,44MB)

⇨ Diskettenlaufwerk 5¼-Zoll (1,2 MB)

⇨ VGA-Karte mit analogem Monochrom-Monitor

⇨ VGA-Karte mit analogem Farb-Monitor

⇨ EGA-Karte mit EGA-Monitor

⇨ Programmstart von Festplatten- oder Diskettenlaufwerk

Nachdem alle Überprüfungen stattgefunden haben, wird, wie im Bild 4.3 ersichtlich, ein Hinweisfenster mit der lokalisierten Rechnerkonfiguration ausgegeben. Konnte beim Test eine erforderliche Hardware-Komponente nicht geortet werden, erfolgt der Programmabbruch mit der Ausgabe einer Fehlermeldung. Nachdem das Hinweisfenster für ca. 5 Sekunden ausgegeben wurde, erscheint am Monitor das in Bild 4.4 dargestellte Programm-Titelbild.

Übrigens erhielt das Spiel seinen Namen „RAMONA´S LABYRINTH" von meiner heute sechsjährigen Tochter RAMONA.

Bild 4.3:
Lokalisierte
Rechner-
konfiguration

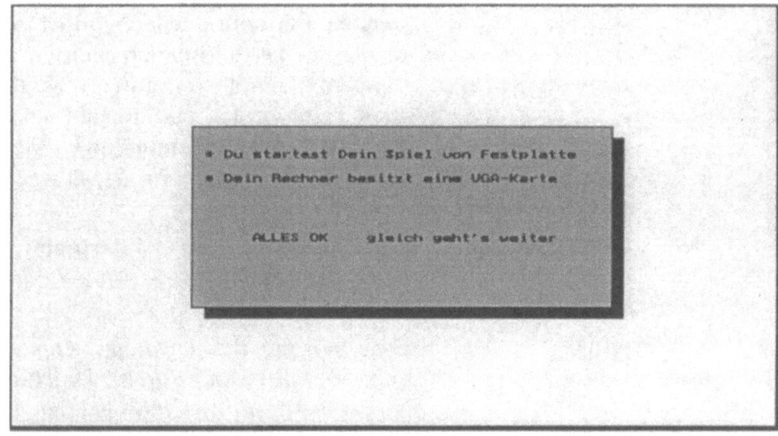

Bild 4.4:
Programm-
Titelbild

Während der Titelbilddarstellung simuliert das Programm ein Gewitter in Form von heftigen Blitzen im Hintergrund des dargestellten Schloßes. Dieser Vorgang kann durch Drücken einer beliebigen Taste abgebrochen werden.

Namenseingabe

Nach dem Titelbild fordert Sie das Programm, wie in Bild 4.5 dargestellt, auf, Ihren Namen einzugeben. Für die Namenseingabe können alle Buchstaben des deutschen Alphabets, die Nummerntasten 1 bis 9, der Unterstrich ⊡, sowie die Leertaste ⬭ benutzt

werden.   In der untersten Bildschirmzeile befindet sich die sogenannte Statuszeile. In diesem Fensterbereich werden alle zum momentanen Zeitpunkt anwählbaren Tasten aufgezeigt. Bei der Betätigung einer unzulässigen Taste erfolgt, wie im Bild 4.6 ersichtlich, in
der Statuszeile die Ausgabe einer Fehlermeldung. Wie aus der Statuszeile zur Namenseingabe zu entnehmen ist, können Sie bei der
Namenseingabe folgende Taste betätigen:

⇨ Buchstaben-   Zur Namenseingabe stehen Ihnen die oben ge
   Tasten: genannten Buchstaben- und Zahlen-Tasten zur
                        Verfügung

⇨ [↵]:   Nachdem Sie Ihren Namen eingegeben haben,
                  können Sie ihn durch Drücken von [↵]
                  abspeichern. Im Anschluß gelangen Sie zum
                  Menü „Neue Standardeinstellungen"

⇨ [Esc]:   Durch Drücken dieser Taste können Sie das Labyrinthspiel verlassen und zum Betriebssystem zurückkehren

⇨ [F1]:   Durch Betätigung dieser Taste aktivieren Sie die ONLINE-
           Hilfe zur Namenseingabe. In einem Hilfefenster werden
           Ihnen wichtige Informationen zum aktuellen Punkt angeboten.

⇨ [F2]:   Haben Sie bei der Namenseingabe falsche Zeichen eingegegeben, so können Sie die eingegebenen Zeichen durch
           Drücken von [F2] wieder löschen und die Namenseingabe
           wiederholen

Bild 4.5:
Eingabe des
Spielernamens

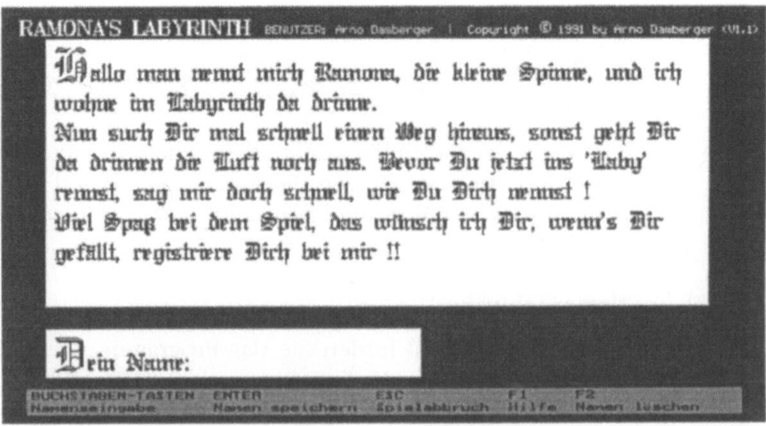

Bild 4.6:
Fehlermeldung
in der Status-
zeile

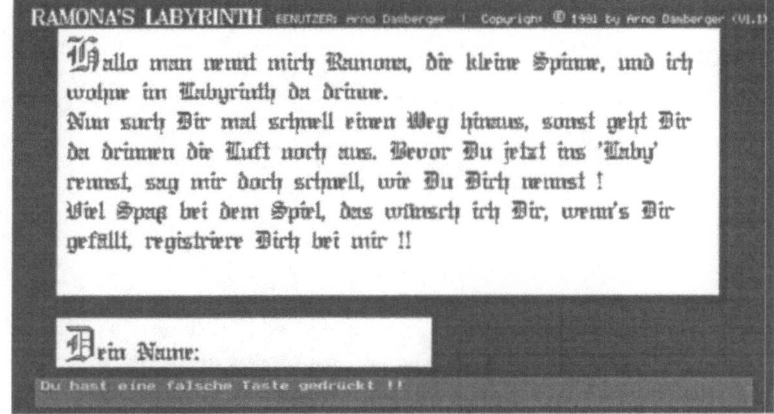

Menü „Standardeinstellungen"

Nach der Namenseingabe folgt im Programmablauf das in Bild 4.7 dargestellte Menü „STANDARDEINSTELLUNGEN". In diesem Menü werden die Vorbelegungen der im Spiel vorhandenen Konfigurationsparameter angezeigt. Die Konfigurationsparameter setzen sich wie folgt zusammen:

⇨ Schwierigkeitsgrad

⇨ Lösungsweg

⇨ Art der Fragen

⇨ Panik-Bild

⇨ Sprache

⇨ Sprachrate

Bild 4.7:
Menü
„STANDARD-
EINSTELLUN-
GEN"

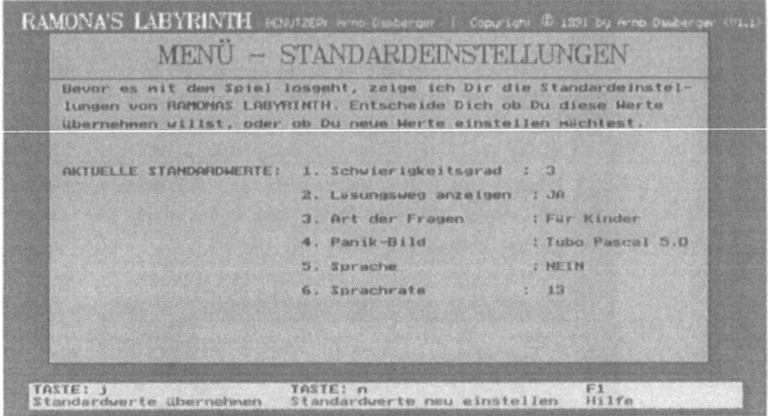

Schwierigkeitsgrad: Im Spiel können drei verschiedene Labyrinthgrößen (Levels) aufgebaut und verwaltet werden. Die Labyrinthgrößen unterscheiden sich in der Zellenzahl. Die Tabelle 4.1 zeigt die
Organisation der unterschiedlichen Labyrinthgrößen auf.

Tabelle 4.1:
Die unter-
schiedlichen
Labyrinth-
Levels

Level	Zellenaufbau im Labyrinth
1	Labyrinth mit 45 waagrechten * 22 senkrechten Zellen
2	Labyrinth mit 30 waagrechten * 14 senkrechten Zellen
3	Labyrinth mit 22 waagrechten * 11 senkrechten Zellen

Lösungsweg: Zu Beginn eines neuen Spiels wird das Labyrinth per
Zufallsgenerator erzeugt und für eine kurze Zeitspanne in Form einer zweidimensionalen Darstellung am Bildschirm ausgegeben. Innerhalb dieser Zeitspanne muß der Spieler versuchen, den Weg
durchs Labyrinth herauszufinden und sich diesen gut im Gedächtnis
einzuprägen. Über den Konfigurationsparameter „Lösungsweg" können Sie sich in der zweidimensionalen Darstellung den Lösungsweg
einblenden lassen. Allerdings wird dann der zur Verfügung stehende Luftvorrat verringert. Die Tabelle 4.2 zeigt die entsprechenden
Zusammenhänge.

<table>
<tr><td rowspan="4">Tabelle 4.2:
Luftvorrat mit
und ohne An-
zeige des Lö-
sungswegs</td><td>Level</td><td>Luftvorrat ohne Anzeige des Lösungswegs</td><td>Luftvorrat mit Anzeige des Lösungswegs</td></tr>
<tr><td>1</td><td>5000 Liter</td><td>4000 Liter</td></tr>
<tr><td>2</td><td>4000 Liter</td><td>3000 Liter</td></tr>
<tr><td>3</td><td>2500 Liter</td><td>2000 Liter</td></tr>
</table>

Art der Fragen: Wie bereits weiter oben erwähnt, werden während des Spielablaufs, in bestimmten Zeitabständen, allgemeine Fragen gestellt. Das Level der gestellten Fragen kann mit dem Konfigurationsparameter „Art der Fragen" auf einfach (für Kinder) und gehoben (für Erwachsene) eingestellt werden.

Panik-Bild: Taucht während der Programmanwendung eine ungebetene Person auf, die vom Spielen nichts bemerken soll, so hat man die Möglichkeit, eine Softwaresimulation zu aktivieren. Über den Konfigurationsparameter „Panik-Bild" kann eine aus drei im Programm bereitgestellten Softwaresimulationen gestartet werden. Zur Auswahl stehen die Simulationen der Anwendungen „DOS-Betriebssystem", „WORD-Textverarbeitung" und „TURBO-PASCAL-Programmierwerkzeug". Im Programm kann das Panik-Bild durch Drücken von P aktiviert werden. Aus der Softwaresimulation kehrt man durch Betätigung von Esc zurück zum aktuellen Spielablauf.

Sprache: Über den Konfigurationsparameter „Sprache" ist es im Spiel möglich, eine Sprachausgabe vieler Programmeldungen über den internen PC-Lautsprecher zu realisieren. Bei Auswahl der Sprachausgabe müssen Sie, wie weiter unten beschrieben, mit dem Konfigurationsparameter „Sprachrate" die Sprachausgabe an Ihre Rechnerfrequenz anpassen.

Sprachrate: Mit dem Konfigurationsparameter „Sprachrate" wird die Geschwindigkeit der Sprachausgabe an Ihre Rechnerfrequenz angepaßt. Beim weiter unten beschriebenen Anpassungsprozeß kann über eine Test-Sprachausgabe die beste Sprachqualität individuell eingestellt werden.

Wie aus der Statuszeile in Bild 4.7 ersichtlich, können im Menü „STANDARDEINSTELLUNGEN" die nachfolgenden Tasten mit den aufgezeigten Programmaktionen aktiviert werden:

⇨ J: Die im Menü „STANDARDEINSTELLUNGEN" aufgeführten Konfigurationsparameter werden übernommen

⇨ Ⓝ:   Sprung zum Menü „NEUE STANDARDEINSTELLUNGEN".
         In diesem Menü können alle Konfigurationsparameter
         individuell eingestellt werden

⇨ Ⓕ⓵: Am Bildschirm wird ein Hilfefenster aufgebaut, in dem
         aktuelle Informationen zur momentanen Bearbeitung an-
         gezeigt werden

Menü „NEUE STANDARDEINSTELLUNGEN"

Haben Sie im Menü „STANDARDEINSTELLUNGEN" die Taste Ⓝ
gedrückt und sich damit für eine neue Auswahl der Konfigurationsparameter entschieden, erscheint am Monitor das im Bild 4.8
dargestellte Menü „NEUE STANDARDEINSTELLUNGEN". In diesem
Menü können Sie über die in der Statuszeile aufgeführten Tasten
alle genannten Konfigurationsparameter abändern. Die Tasten der
Statuszeile sind für die nachfolgend aufgeführten Bearbeitungsabläufe zuständig:

Bild 4.8:
Menü „NEUE
STANDARD-
EINSTELLUN-
GEN"

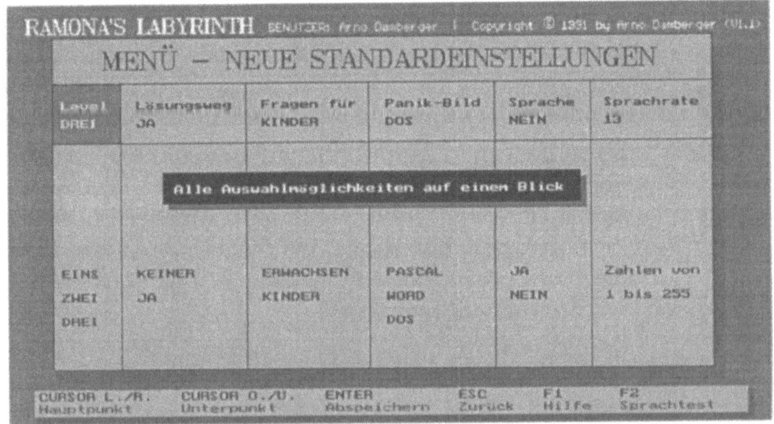

⇨ ⓪, ⓪: Mit Cursor-Links und Cursor-Rechts wählen Sie den
         abzuändernden Konfigurationsparameter aus. Der Pa-
         rameter wird dabei grün unterlegt

⇨ ⓪, ⓪: Mit Cursor-Unten und Cursor-Oben wählen Sie die
         neue Einstellung des entsprechenden Konfigurations-
         Parameters aus

⇨ ⏎ : Mit dieser Taste können Sie alle abgeänderten Konfigurationsparameter abspeichern. Im Anschluß gelangen Sie wieder zum Menü „STANDARDEIN-STELLUNGEN"

⇨ Esc : Durch die Betätigung der Esc-Taste springen Sie ohne eine Änderung der Konfigurationsparameter zurück zum Menü „STANDARDEINSTELLUNGEN"

⇨ F1 : Am Bildschirm wird ein Hifefenster aufgebaut, in dem aktuelle Informationen zur momentanen Bearbeitung an-angezeigt werden

⇨ F2 : Nachdem Sie den Konfigurationsparameter „Sprache" auf „JA" gesetzt haben, müssen Sie mit Hilfe des Konfigurationsparameters „Sprachrate" die Sprachausgabe-Geschwindigkeit an Ihre Rechnerfrequenz anpassen. Durch Drücken der Taste F2 müssen Sie über den internen PC-Lautsprecher den Satz „Dies ist Ramona´s Sprachtest" klar und deutlich verstehen. An dieser Stelle ist zu berücksichtigen, daß eine Veränderung der Sprachrate erst durch Ausführung des Sprachtests über die Taste F2 abgespeichert wird.

Anpassung der Sprachausgabe-Geschwindigkeit

Starten Sie das Programm „RAMONA´S LABYRINTH" zum ersten Mal und möchten es mit einer Sprachausgabe versehen, so befolgen Sie die nachfolgend aufgeführten Ablaufschritte:

⇨ Setzen Sie im Menü „NEUE STANDARDEINSTELLUNGEN" den Konfigurationsparameter „Sprache" auf „JA"

⇨ Führen Sie durch Betätigung der Taste F2 den Sprachausgabetest durch. Über den internen PC-Lautsprecher muß der Satz „Dies ist Ramona´s Sprachtest" deutlich zu verstehen sein

⇨ Wählen sie über die Taste ← bzw. → den Konfigurationsparameter „Sprachrate" an

⇨ Ist die Sprachausgabegeschwindigkeit zu schnell, erhöhen Sie den Wert der Sprachrate durch Drücken von ↓. Testen Sie im Anschluß die Sprachrate über den Sprachtest durch Betätigung der Taste F2. Wiederholen Sie diesen Ablauf, bis beim Sprachtest der ausgegebene Satz klar und deutlich zu verstehen ist.

⇨ Ist die Sprachausgabegeschwindigkeit zu langsam, verkleinern Sie den Wert der Sprachrate durch Drücken von ↑. Testen Sie im Anschluß die Sprachrate über den Sprachtest durch Betätigung der Taste F2. Wiederholen Sie diesen Ablauf, bis beim Sprachtest der ausgegebene Satz deutlich zu verstehen ist.

⇨ Nachdem Sie die Sprachausgabe-Geschwindigkeit angepaßt haben, werden die Werte durch Betätigung der Taste ⏎ abgespeichert und Sie gelangen zurück zum Menü „STANDARDEINSTELLUNGEN"

Labyrinthaufbau per Zufallsgenerator

Nachdem Sie im Menü „STANDARDEINSTELLUNGEN" die Taste J gedrückt und dadurch alle aufgeführten Konfigurationsparameter bestätigt haben, wird das Labyrinth per Zufallsgenerator aufgebaut. Der so erzeugte Irrgarten wird, wie im Bild 4.9, versehen mit einem Ein- und Ausgang am Bildschirm ausgegeben. Bei dem in der Abbildung aufgezeigten Labyrinth wurde der Konfigurationsparameter „Lösungsweg" auf „JA" gesetzt, da der Lösungsweg in der zweidimensionalen Labyrinthabbildung dargestellt wird. Prägen Sie sich den aufgezeigten Lösungsweg genau ein, handeln Sie schnell, denn die Zeit ist knapp. Je nach Schwierigkeitsgrad stehen Ihnen 30 bis 60 Sekunden Betrachtungszeit zur Verfügung. Bitte versuchen Sie nicht, die Betrachtungszeit durch Drücken der Pause-Taste zu verlängern; es könnten unangenehme Folgen eintreten.

Bild 4.9:
Zweidimensionaler Labyrinthaufbau

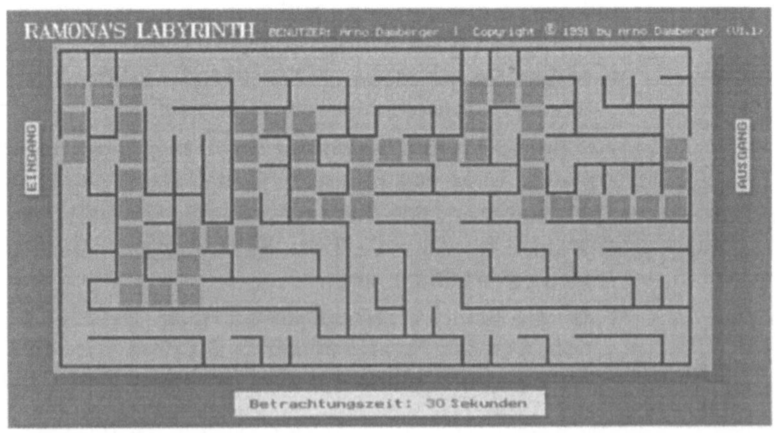

Der Spielbildschirm

Ist die Betrachtungszeit abgelaufen, so erscheint am Bildschirm ein Begrüßungsfenster mit der Eingangstür zum Labyrinth. Drücken Sie an dieser Stelle die Leertaste, so wird am Monitor der in Bild 4.10 dargestellte Spielbildschirm vom Labyrinthspiel ausgegeben. Sie befinden sich direkt hinter der Eingangstür im dreidimensionalen Labyrinth. Der Spielbildschirm setzt sich aus den drei folgen-den Hauptbestandteilen zusammen:

Bild 4.10:
Der Spielbild-
schirm des La-
byrinthspiels

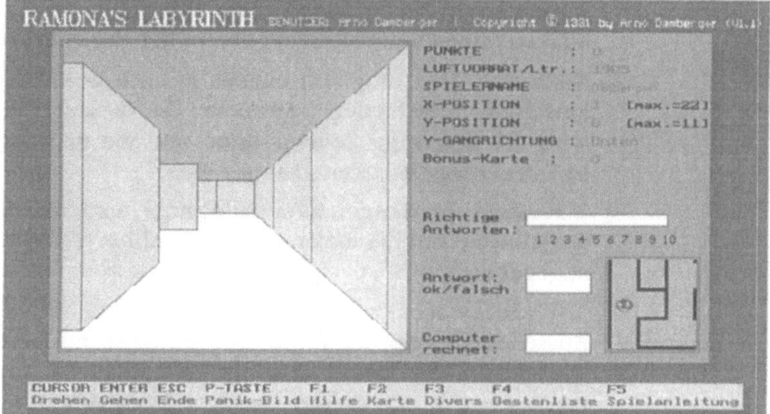

⇨ Dreidimensionales Labyrinth

⇨ Informationsfenster

⇨ Statuszeile

Dreidimensionales Labyrinth: Über die dreidimensionale Labyrinthdarstellung wird Ihnen der Eindruck vermittelt, wirklich im Labyrinth zu stehen und alle Wände räumlich wahrzunehmen. In dieser Darstellung können Sie maximal fünf Elemente weit sehen. Danach verlaufen die Labyrinthgänge quasi im Nichts. Im dreidimensionalen Labyrinthfenster werden auch die im Spiel gestellten Fragen angezeigt.

Informationsfenster: Im Informationsfenster werden alle für den Spieler wichtigen Spielinformationen angezeigt. Im Folgenden werden alle angezeigten Informationen aufgeführt und kurz erläutert.

⇨ Punkte: Während Sie durchs Labyrinth laufen, werden Ihnen von
    Zeit zu Zeit Fragen gestellt. Bei jeder richtig beantworteten Frage

erhalten Sie, je nach gewähltem Schwierigkeitsgrad, zwischen 100 und 300 Punkte. Sollte es Ihnen gelingen, den Ausgang zu finden, werden die bis dahin angesammelten Punkte mit einem vom Schwierigkeitsgrad abhängigen Wert multipliziert.

⇨ Luftvorrat: Zu Beginn eines neuen Spieles erhalten Sie in Abhängigkeit vom gewählten Schwierigkeitsgrad einen bestimmten Luftvorrat zugewiesen. Mit jeder Drehung bzw. Bewegung innerhalb des Labyrinths verbrauchen Sie einen Teil Ihres Luft-vorrats.

⇨ Spielername: In diesem Feld wird der bei der Namenseingabe eingetragene Name ausgegeben. Unter diesem Namen werden alle wichtigen Spielinformationen in der Bestenliste eingetragen.

⇨ X-Position: Das Labyrinth enthält, je nach gewähltem Schwierigkeitsgrad, verschiedene Ausmaße. In diesem Informationsfeld wird die derzeitige Zellenposition und die maximale Zellenzahl in X-Richtung (horizontal) angegeben.

⇨ Y-Position: In diesem Informationsfeld wird die derzeitige Zellenposition und die maximale Zellenzahl in Y-Richtung (vertikal) angegeben.

⇨ Zweidimensionales Ausschnittsfenster: Im zweidimensionalen Ausschnittsfenster wird um Ihre aktuelle Position ein kleiner Teilbereich des zweidimensionalen Labyrinths angezeigt. Desweiteren zeigt der Smiley durch sein Gesicht Ihre momentane Bewegungsrichtung an. Durch das zweidimensionale Ausschnittsfenster wird Ihnen der Weg durchs Labyrinth ein wenig vereinfacht. Aber Vorsicht, durch drei falsch beantwortete Fragen wird dieser Fensterbereich für eine bestimmte Zeitspanne geschlossen.

⇨ Y-Gangrichtung: Dieses Informationsfeld gibt Ihnen Ihre derzeitige Y-Blickrichtung (vertikal) an. Diese Information ist besonders bei der Betrachtung des zweidimensionalen Ausschnittsfensters von Bedeutung. Ihre horizontalen Cursorbewegungen (Links/Rechts) beziehen sich immer auf die dreidimensionale Darstellung, in der Sie nicht wissen, ob Sie sich nach oben bzw. unten bewegen. Bewegen Sie sich beispielsweise nach oben, so entspricht eine Drehung im dreidimensionalen Labyrinth nach links bzw. rechts auch einer Drehung nach links bzw. im zweidimensionalen Ausschnittsfenster. Ist Ihre Bewegungsrichtung jedoch nach unten, so entspricht in der dreidimensionalen Darstellung eine Drehung nach links im zweidimensionalen Ausschnittsfenster einer Drehung nach rechts. Die Tabelle 4.3 verdeutlicht alle Zusammenhänge zwischen der drei- und zweidimensionalen Darstellung.

Tabelle 4.3:
Betrachtungen zum Informationsfeld „Y-Gangrichtung"

Cursortaste	zweidimens. Fenster Drehung nach	dreidimens. Fenster Drehung nach	Y-Gang-richtung
→	Rechts	Rechts	Oben
←	Links	Links	Oben
→	Links	Rechts	Unten
←	Rechts	Links	Unten

⇨ Bonuskarte: Nachdem Sie 10 Fragen richtig beantwortet haben, erhalten Sie eine sogenannte Bonuskarte. Im Informationsfeld „Bonuskarte" wird die Anzahl der gesammelten Bonuskarten dargestellt. Mit Hilfe einer Bonuskarte ist es Ihnen möglich, einmal von oben aus der Vogelperspektive auf das Labyrinth zu sehen, um Ihre aktuelle Position ausfindig zu machen. Dieses Vorhaben kann, wie weiter unten beschrieben, durch die Betätigung der Taste F2 aktiviert werden, ohne daß Ihnen dafür etwas vom Luftvorrat abgezogen wird.

⇨ Richtige Antworten: Im Informationsfenster „Richtige Antworten" wird die Anzahl der bereits richtig beantworteten Fragen angezeigt. Nach jeweils 10 richtig beantworteten Fragen erhalten Sie im Informationsfeld „Bonuskarte" einen Eintrag, gleichzeitig wird die Anzahl der richtig beantworteten Fragen auf den Wert 0 gesetzt.

⇨ Antwort ok/falsch: Im diesem Fenster wird eine richtig beantwortete Frage durch einen grün dargestellten Balken gekennzeichnet. Im Gegensatz dazu werden falsch beantwortete Fragen durch einen roten Balken angezeigt.

⇨ Computer rechnet: Während des Programmablaufs muß der Rechner bei jeder Drehung oder Bewegung ein neues dreidimensionales Bild im Hintergrund (auf einer nicht sichtbaren Bildseite) aufbauen. Dieser Vorgang geht bei einem 80486-AT natürlich schneller von statten als bei einem PC-XT. Ein roter Balken im Informationsfenster „Computer rechnet" signalisiert dem Anwender den Aufbau der neuen dreidimensionalen Darstellung.

Statuszeile: Die in Bild 4.10 dargestellte Statuszeile zeigt alle im Spielbild aktivierbaren Tasten auf. Die nachfolgende Aufzählung zeigt die Tasten mit einer kurzen Erläuterung auf:

⇨   ⬅, ➡,   Im Labyrinth eine Drehung ausführen
    ⬆, ⬇:

⇨   ⏎:   Im Labyrinth eine Zelle weit gehen

⇨   Esc: Programm beenden und Rückkehr zu MS-DOS

⇨   P: Aktivieren des Panik-Bildes

⇨   F1:   Hilfefenster anfordern

⇨   F2:   Zweidimensionale Karte anfordern

⇨   F3:   Menü „DIVERS" aktivieren

⇨   F4:   Bestenliste anfordern

⇨   F5:   Spielanleitung anfordern

Die Bearbeitungsroutinen der Statuszeilen-Tasten

Es folgt eine ausführliche Beschreibung aller durch die Statuszeilen-Tasten aktivierbaren Prozesse.

Programmabbruch: Durch Drücken der Taste Esc beenden Sie das aktuelle Programm und gelangen zurück zum Betriebssystem. Vor dem Programmende wird Ihnen am Bildschirm die aktuelle Bestenliste angezeigt.

Drehung im Labyrinth: Durch die Betätigung einer der Cursortasten ⬅, ➡, ⬆ oder ⬇ wird eine entsprechende Drehung an der aktuellen Position durchgeführt. Für jedes Drehen im Labyrinth wird Ihnen eine kleine Menge Ihres Luftvorrats abgezogen. Beachten Sie hierzu bitte auch, wie weiter oben erläutert, das Informationsfeld „Y-Gangrichtung".

Bewegung im Labyrinth: Durch Betätigung der Taste ⏎ führen Sie, abhängig von der aktuellen Bewegungsrichtung, einen Schritt zur nächsten Labyrinthzelle durch. Auch bei einer Bewegung wird Ihnen ein Teil des Luftvorrats abgezogen.

Panik-Bild: Durch Betätigung der Taste P wird die über den Konfigurationsparameter „Panik-Bild" eingestellte Softwaresimulation gestartet. Wie bereits weiter oben erwähnt, kann im Menü „NEUE STANDARDEINSTELLUNGEN" eine Simulation aus den drei Anwendungen „WORD-Textverarbeitung", „DOS-Betriebssystem" oder das im Bild 4.11 aufgezeigte „TURBO-PASCAL-Programmierwerkzeug" ausgewählt werden. Die Softwaresimulation kann durch Drücken der Taste [Esc] wieder verlassen werden.

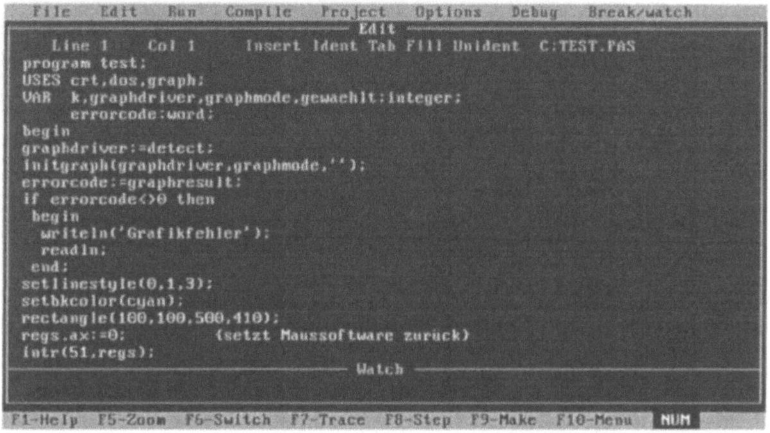

Bild 4.11:
Panik-Bild

```
  File   Edit   Run   Compile   Project   Options   Debug   Break/watch
─────────────────────────────────── Edit ──────────────────────────────
    Line 1      Col 1        Insert Ident Tab Fill Unident   C:TEST.PAS
program test;
USES crt,dos,graph;
VAR  k,graphdriver,graphmode,gewaehlt:integer;
     errorcode:word;
begin
graphdriver:=detect;
initgraph(graphdriver,graphmode,'');
errorcode:=graphresult;
if errorcode<>0 then
  begin
   writeln('Grafikfehler');
    readln;
  end;
setlinestyle(0,1,3);
setbkcolor(cyan);
rectangle(100,100,500,410);
regs.ax:=0;            {setzt Maussoftware zurück}
intr(51,regs);
─────────────────────────────────── Watch ─────────────────────────────

F1-Help  F5-Zoom  F6-Switch  F7-Trace  F8-Step  F9-Make  F10-Menu   NUM
```

Hilfe-Fenster: Durch Betätigung der Funktionstaste [F1] aktivieren Sie das in Bild 4.12 dargestellte Hilfefenster. Hier werden Ihnen wichtige Informationen zum Spielbildschirm angezeigt. Innerhalb des Hilfefensters können Sie die nachfolgend aufgeführten Tasten betätigen:

⇨ [↑]:   Nächste Seite im Hilfefenster anfordern

⇨ [↓]:   Vorherige Seite im Hilfefenster anfordern

⇨ [Esc]:   Rücksprung zum aktuellen Spiel

Bild 4.12:
Hilfefenster

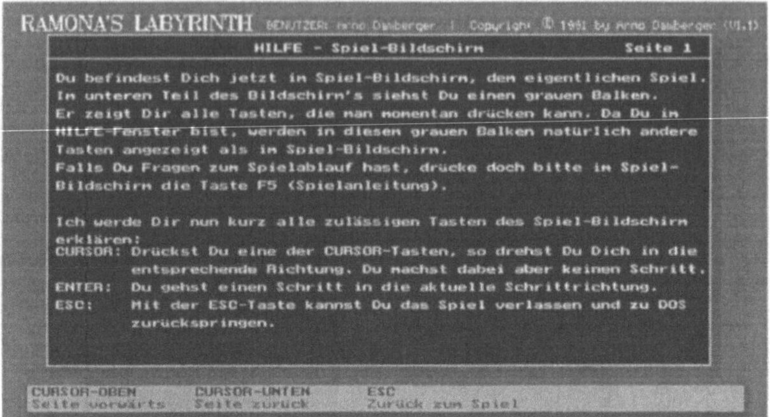

Labyrinthblick aus der Vogelperspektive: Sollten Sie sich im Labyrinth verlaufen, so haben Sie durch Betätigung der Funktionstaste F2 die Möglichkeit, von oben auf das zweidimensionale Labyrinth zu blicken, um Ihre aktuelle Position ausfindig machen zu können. Für dieses Vorhaben wird Ihnen allerdings, je nach gewähltem Schwierigkeitsgrad, eine Luftmenge von 500 bis 1000 Litern abgezogen. Sind Sie im Besitz eines Kartenbonus (10 richtig beantwortete Fragen), so bleibt Ihr gesamter Luftvorrat erhalten. Die Bild 4.13 zeigt den Spielbildschirm in Form der zweidimensionalen Labyrinthdarstellung nach Betätigung der Taste F2.

Bild 4.13:
Labyrinthblick
aus der Vogel-
perspektive

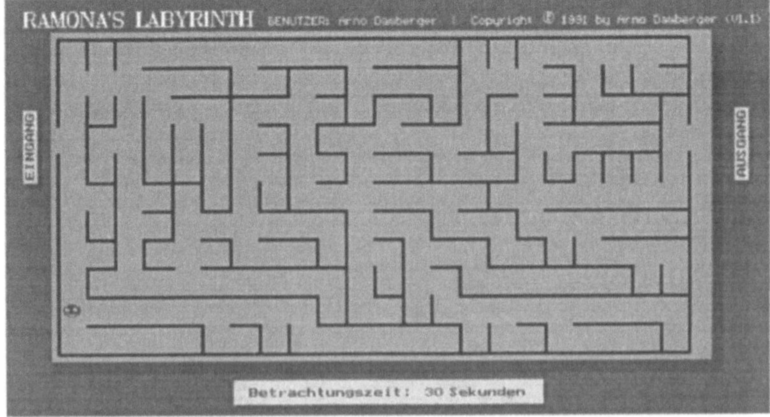

Die Bestenliste: Im Spiel wird eine Bestenliste verwaltet, in der die besten 10 Spieler aufgenommen werden. Die Aktualisierung der Bestenliste erfolgt während des Spielablaufs. Besitzt der aktuelle Spieler einen besseren Punktestand als der letzte Spieler der Bestenliste, erfolgt automatisch die Aufnahme in die Bestenliste. Die Bild 4.14 zeigt die am Bildschirm ausgegebene Bestenliste.

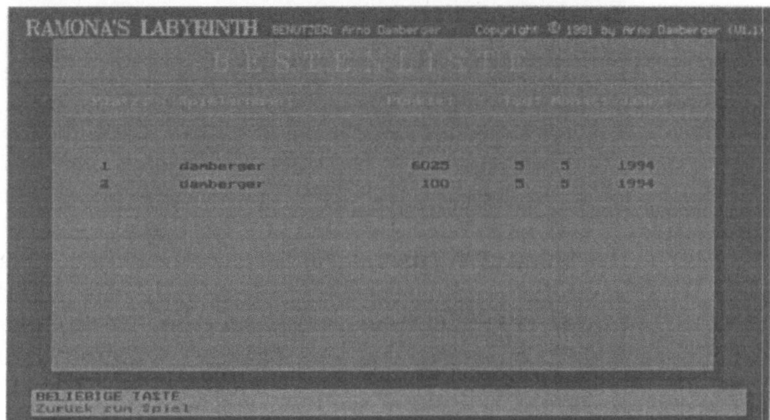

Bild 4.14:
Bestenliste

Spielanleitung: Innerhalb der Programmanwendung wird eine Kurzform der gesamten Spielanleitung angeboten. Der Inhalt dieser Spielanleitung beschränkt sich auf eine kurze, prägnante Diskussion der wichtigsten Programmpunkte. Durch Betätigung der Taste F5 erscheint am Monitor das im Bild 4.15 dargestellte Spielanleitungsfenster. Innerhalb des Spielanleitungsfensters können Sie die nachfolgend aufgeführten Tasten betätigen:

⇨ ↑:   Nächste Seite im Hilfefenster anfordern

⇨ ↓:   Vorherige Seite im Hilfefenster anfordern

⇨ Esc: Rücksprung zum aktuellen Spiel

Bild 4.15:
Die im Spiel
integrierte
Spielanleitung

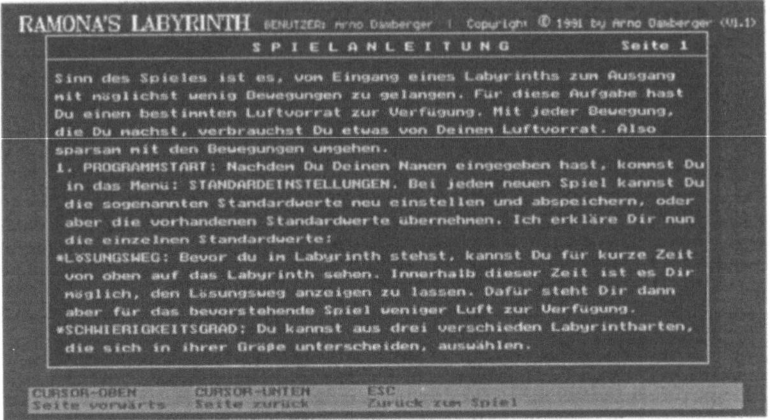

Das Menü „DIVERS": Durch Betätigung der Taste F3 aktivieren Sie das in Bild 4.16 dargestellte Menü „DIVERS". Mit Hilfe dieses Menüs können Sie Spielstände abspeichern und wieder einladen. Somit sind Sie in der Lage, ein aktuelles Spiel abzubrechen und zu einem späteren Zeitpunkt wieder aufzunehmen. Im Menü „DIVERS" können Sie die nachfolgend aufgeführten Tasten betätigen:

⇨ 1:   Aufruf von Menü „Spielstand abspeichern"

⇨ 2:   Aufruf von Menü „Spielstand laden"

⇨ 3:   Aktuelles Spiel beenden und ein neues Spiel beginnen

⇨ Esc: Rücksprung zum aktuellen Spiel

⇨ F1:   Aufruf des Hilfefensters zum Menü „DIVERS"

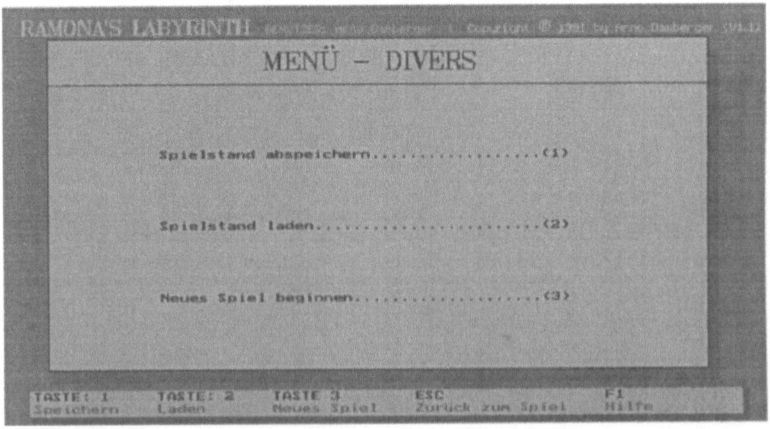

Bild 4.16:
Menü „DIVERS"

Menü „Spielstand abspeichern":

Das im Bild 4.17 dagestellte Menü „Spielstand abspeichern" ermöglicht auf dem aktuellen Laufwerk die Speicherung aller zum Spiel notwendiger Informationen. Im Menü ist die Verwaltung von 10 Spielständen vorgesehen. Wie in der Statuszeile im Bild 4.17 ersichtlich, stehen im Menü „Spielstand abspeichern" die nachfolgend aufgeführten Tasten zur Verfügung:

⇨ ⬆,⬇: Auswahl der Nummer, unter der ein aktueller Spielstand abgespeichert wird

⇨ ⏎:   Abspeichern des aktuellen Spielstands

⇨ Esc: Verlassen des Menüs und zurück zum Spiel

⇨ F1:   Anfordern des Hilfefensters

Zum Abspeichern wählen Sie im Menü über die Cursortasten ⬆ und ⬇ eine Nummer von 1 bis 10. Im Anschluß wird durch Betätigung der Taste ⏎ der Spielstand auf dem als Standard gesetzten Laufwerk gesichert und Sie springen sofort zurück ins aktuelle Spiel. Über die Taste F1 erhalten sie wichtige Informationen zum Menü „Spielstand abspeichern". Durch Drücken der Taste Esc verlassen Sie ohne eine Programmaktion das Menü und kehren zurück zum aktuellen Spiel.

Bild 4.17:
Menü
„Spielstand
abspeichern"

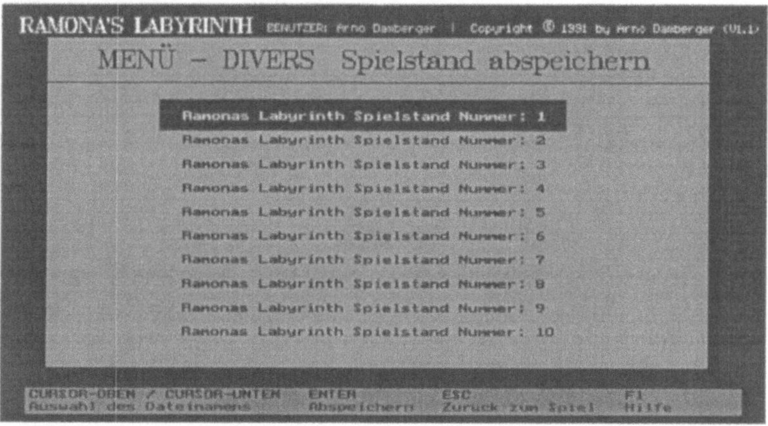

Menü „Spielstand laden":

Mit Hilfe des in Bild 4.18 dagestellten Menüs „Spielstand laden" kann ein vorher abgespeicherter Spielstand wieder als aktuelles Spiel aufgenommen werden. Wie in der Statuszeile im Bild 4.18 er-

sichtlich, stehen im Menü „Spielstand laden" die nachfolgend aufgeführten Tasten zur Verfügung:

⇨ ⬆,⬇:   Auswahl der Nummer, unter der ein gewünschter Spiel-
          stand abgespeichert wurde

⇨ ⏎:   Laden des selektierten Spielstands

⇨ Esc: Verlassen des Menüs und zurück zum Spiel

⇨ F1:   Anfordern des Hilfefensters

Zum Einladen des Spielstands wählen Sie im Menü über die Cursortasten ⬆ und ⬇ die Nummer (1 bis 10) des gewünschten Spielstands. Im Anschluß wird durch Betätigung der Taste ⏎ der selektierte Spielstand als aktuelles Spiel eingeladen. Im Anschluß wird
Ihnen für eine kurze Zeitspanne das gesamte Labyrinth aus der Vogelperspektive mit Ihrer aktuellen Position angezeigt, bevor Sie sich
im dreidimensionalen Irrgarten wiederfinden. Über die Taste F1 erhalten sie wichtige Informationen zum Menü „Spielstand abspeichern". Durch Drücken der Taste Esc verlassen Sie ohne eine Programmaktion das Menü und springen zurück zum aktuellen Spiel.

Bild 4.18:
Menü
„Spielstand
laden"

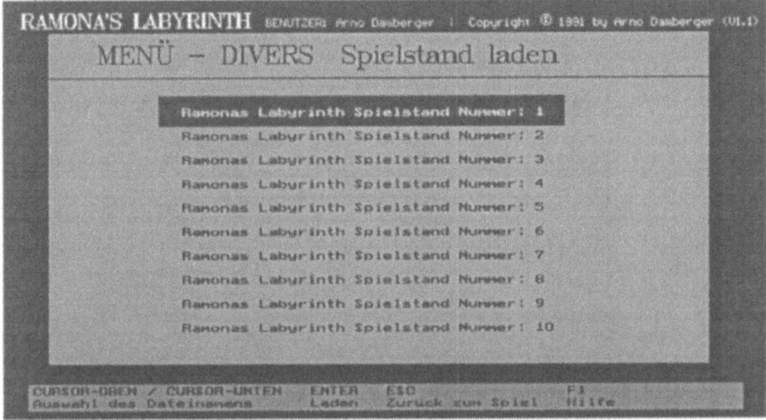

Besonderheiten beim Programmablauf

Im folgenden Abschnitt werden einige Bildschirmmeldungen erläutert, welche sich während des Spielablaufs einstellen können.
Dabei ist die Aufzählung der Meldungen an keine bestimmte Reihenfolge gebunden.

Fragen im Spiel: Die im Spiel gestellten Fragen werden, wie in Bild 4.19 dargestellt, innerhalb der dreidimensionalen Labyrinthdarstellung ausgegeben. Während der Fragestellung ändert sich auch die Statuszeile des Spielbildschirms. Die Beantwortung der Fragen ist nach dem sogenannten „Multiple-Choice"-Verfahren ausgerichtet. Zu der gestellten Frage werden immer drei Antworten bereitgestellt, von denen nur eine richtig ist. Drücken Sie bitte die Nummer der richtigen Antwort. Die richtige oder falsche Beantwortung der Frage wird im Informationsfenster unter dem Punkt „Antwort" als grüner bzw. roter Balken signalisiert. Bei einer richtig beantworteten Frage wandert im Informationsfenster die Balkenanzeige des Punkts „Richtige Antworten" um eine Position weiter.

Bild 4.19:
Im Spiel gestellte Fragen

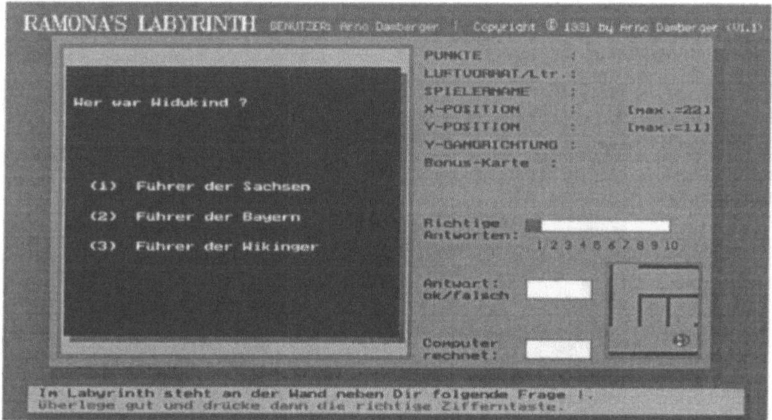

Haben Sie drei Fragen falsch beantwortet, so erscheint am Bildschirm eine Meldung nach Bild 4.20. Über diese Meldung wird Ihnen mitgeteilt, daß für die nächste Zeit das zweidimensionale Ausschnittsfenster im Informationsbildschirm geschlossen wird. Das Ausschnittsfenster wird sich erst wieder öffnen, nachdem die nächsten Fragen richtig beantwortet werden. Bild 4.21 zeigt den Spielbildschirm mit geschlossenem zweidimensionalen Ausschnittsfenster.

Bild 4.20:
Meldung nach drei falsch beantworteten Fragen

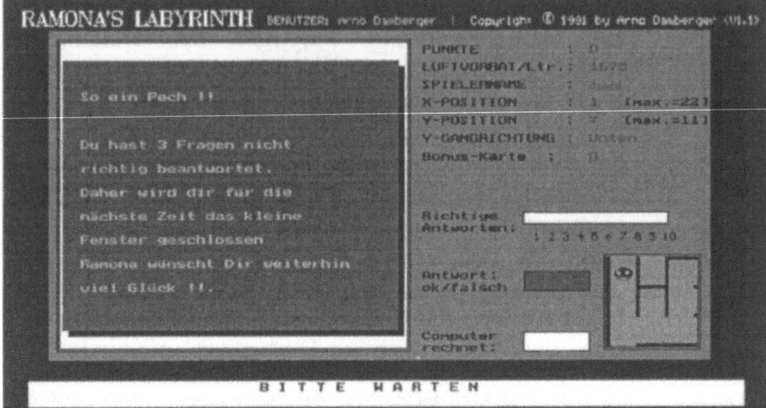

Bild 4.21:
Geschlossenes zweidimensionales Ausschnittsfenster

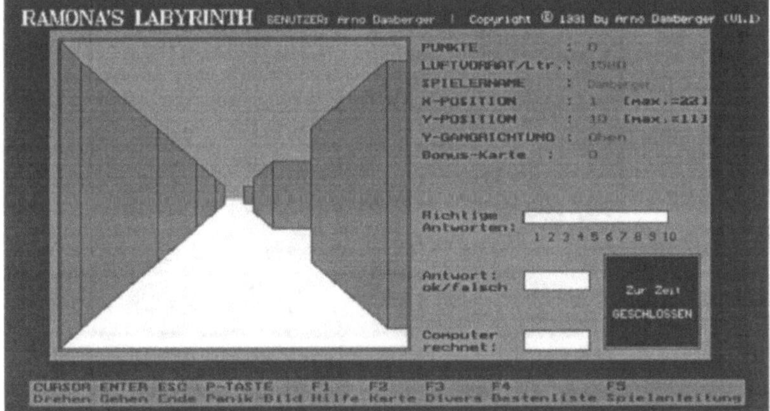

An eine Wand laufen: Falls Sie die Kontrolle über sich selbst verlieren und an eine Mauer im Labyrinth laufen, erscheint am Bildschirm die Hinweismeldung im Bild 4.22. Für diese Aktion werden Ihnen 100 Liter Ihres Luftvorrats abgezogen.

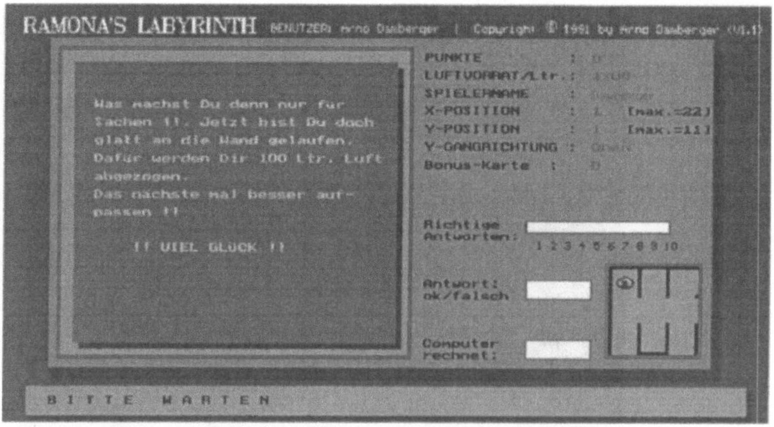

Bild 4.22: Hinweismeldung für 100 Liter Luftabzug

Der Ausgang ist gefunden: Sollte Ihnen dennoch das Unmögliche gelingen und Sie finden den Ausgang, so erscheint am Monitor das im Bild 4.23 aufgezeigte Ausgangsbild. Da es wirklich nicht einfach ist, den Weg durchs Labyrinth zu finden, zählen Sie ab diesem Zeitpunkt zu den absoluten Labyrinthexperten.

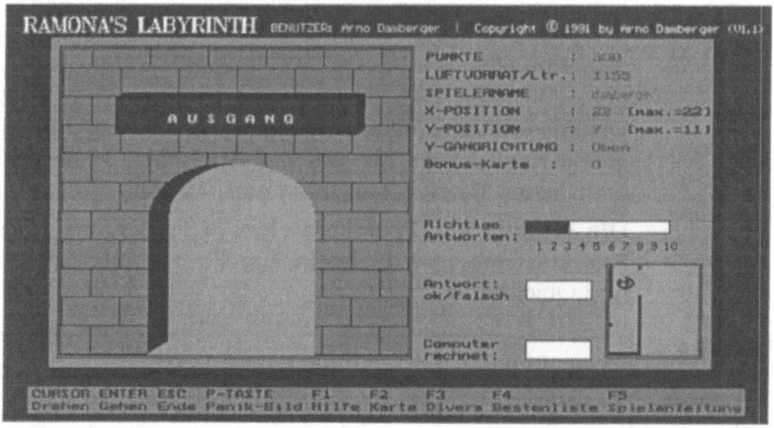

Bild 4.23: Der Labyrinth-Ausgang

Endemeldung: Nachdem Sie das Spiel über Betätigung der Taste Esc im Spielbildschirm verlassen, wird Ihnen nach dem Aufzeigen der Bestenliste die in Bild 4.24 dargestellte Endemeldung aufgezeigt. Durch Drücken einer beliebigen Taste bzw. nach einer kurzen Zeitspanne springen Sie zurück zum Betriebssystem.

Bild 4.24:
Die Ende-
meldung

4.4   Die Programmdateien

Das Labyrinthspiel wird durch ein Programmprojekt mit mehreren
Modulen repräsentiert. Für das Labyrinthspiel stehen drei unterschiedliche Projektdateien für den Einsatz unter den „BORLAND"-
Entwicklungswerkzeugen „TURBO C 2.0", „BORLAND C^{++} 3.1" und
der neuen Version „BORLAND C^{++} 4.0" zur Verfügung. Jede einzelne Projektdatei erzeugt das gleiche ausführbare Labyrinthpro-
gramm. Neben dem ausführbaren Programm „LABY.EXE" werden
weitere Hilfsdateien zur Programmausführung benötigt. Das folgende Kapitel zeigt alle auf der dem Buch beiliegenden CD-ROM
enthaltenen Dateien zum Labyrinthspiel auf.

Die Module der Projektdateien: Jede der drei oben erwähnten
Projektdateien enthält die in Tabelle 4.4 aufgeführten Quellcode-
und Objektmodule:

Tabelle 4.4:
Programmodule
der Projektda-
teien

Programmodul	Bedeutung
LABY.C	Hauptprogramm
L1.C	Verwaltung der Software-Simulationen
L2.C	Verwaltung der Bestenliste
L3.C	Erzeugung der Anfangs- und Endemeldung
L4.C	Verwaltung der Hilfefenster
L5.C	Konfigurationsbearbeitung

Tabelle 4.4:
Programmodule
der Projektda-
teien
(Fortsetzung)

Programmodul	Bedeutung
L6.C	Sharewarehinweise im Programmablauf
RECHNER. H	Rechner-Hardwaretest
NOTWENDI.H	Verwaltung der Statuszeilen
DIVERS.H	Bearbeitung des Menüs „DIVERS"
DREIDIM.H	Dreidimensionale Labyrintherzeugung
SPIELER.H	Verwaltung der Bestenliste
VARILABY.H	Programmvariablen
SPRACHE.OBJ	Sprachausgabe über den internen PC-Lautsprecher

Ausführbares Programm: Das ausführbare Programm des Laby-rinthspiels wird durch die Programmdatei „LABY.EXE" repräsen-tiert.

Sprachausgabedateien: Wählen Sie im Menü „STANDARDEIN-STELLUNGEN" den Konfigurationsparameter „SPRACHE"=„JA", so erfolgt die Sprachausgabe über die Sprachdateien. Diese Dateien besitzen, wie in Tabelle 4.5 ersichtlich, die gemeinsame Dateien-dung „.SPR".

Tabelle 4.5:
Die Sprachda-
teien des Laby-
rinthspiels

AUSGANG.SPR	MOGELN.SPR
BONUS.SPR	NAME.SPR
EINGANG1.SPR	OK_A.SPR
EINGANG2.SPR	REGI.SPR
EIN_NEIN.SPR	SCHADE.SPR
FALSCH_A.SPR	SERVUS.SPR
FALSCH_T.SPR	TEST.SPR
FENSTER.SP	WAND.SPR

Spiel-Verwaltungsdateien: Unter der Gruppierung Spielver-waltungsdateien sind die in der Tabelle 4.6 dargestellten Dateien zu verstehen. Alle aufgeführten Dateien stellen ASCII-Zeichen-Dateien dar, die mit Hilfe eines gewöhnlichen Zeicheneditors abgeändert werden können. Die Spielverwaltungsdateien sind in folgende vier Hauptbereiche zu unterteilen:

⇨ Konfigurations-Datei

⇨ Bestenliste

⇨ Fragen-Dateien

⇨ Spielstands-Dateien

Innerhalb der Konfigurations-Datei werden die weiter oben erläuterten Konfigurations-Parameter verwaltet. Mit Hilfe der Bestenliste werden die 10 besten Spieler mit den entsprechenden Spielparametern abgelegt. Die Fragen-Dateien beinhalten alle im Spiel gestellten Fragen. Die Spielstands-Dateien verwalten die maximal 10 speicherbaren Spielstände des Menüs „DIVERS". Dabei setzt sich jeder zu verwaltende Spielstand aus zwei unterschiedlichen Dateien zusammen. In den Dateien „FELDER0.DAT" bis FELDER9.DAT" werden die kodierten, zweidimensionalen Irrgärten abgespeichert. Die Dateien „INF0.DAT" bis „INFO9.DAT" enthalten die zugehörigen Spielparameter, wie Name des Spielers, Punkte, usw.

Tabelle 4.6:
Die Spiel-
Verwaltungs-
dateien

Dateiname	Bedeutung
CONFIG.DAT	Verwaltung der Konfigurations-Parameter
BESTEN.DAT	Verwaltung der Bestenliste
ERWACHS.DAT	Enthält 100 Erwachsenen-Fragen
KINDER.DAT	Enthält 100 Kinder-Fragen
INFO0.DAT FELDER0.DAT	Abgespeicherter Spielstand Nummer „1"
INFO1.DAT FELDER1.DAT	Abgespeicherter Spielstand Nummer „2"
INFO2.DAT FELDER2.DAT	Abgespeicherter Spielstand Nummer „3"
INFO3.DAT FELDER3.DAT	Abgespeicherter Spielstand Nummer „4"
INFO4.DAT FELDER4.DAT	Abgespeicherter Spielstand Nummer „5"
INFO5.DAT FELDER5.DAT	Abgespeicherter Spielstand Nummer „6"
INFO6.DAT FELDER6.DAT	Abgespeicherter Spielstand Nummer „7"

<table>
<tr><td rowspan="4">Tabelle 4.6:
Die Spiel-
Verwaltungs-
dateien
(Fortsetzung)</td><td>Dateiname</td><td>Bedeutung</td></tr>
<tr><td>INFO7.DAT
FELDER7.DAT</td><td>Abgespeicherter Spielstand Nummer „8"</td></tr>
<tr><td>INFO8.DAT
FELDER8.DAT</td><td>Abgespeicherter Spielstand Nummer „9"</td></tr>
<tr><td>INFO9.DAT
FELDER9.DAT</td><td>Abgespeicherter Spielstand Nummer „10"</td></tr>
</table>

Projektdateien: Wie bereits weiter oben erläutert, werden neben den zum Programm erforderlichen Dateien drei unterschiedliche Projektdateien bereitgestellt. Mit Hilfe dieser Projektdateien können Sie das Programmprojekt auf den „BORLAND"-Entwicklungswerkzeugen „TURBO C 2.0", „BORLAND C 3.1++" und „BORLAND C++ 4.0" bearbeiten. Alle drei Projektdateien setzen voraus, daß sich die Header-Dateien des Programms im aktuellen Programmverzeichnis befinden und die BGI-Treiber „EGAVGAF.OBJ"", „LITTF.OBJ", „TRIPF.OBJ" und „GOTHF.OBJ" bereits in die Grafiklibrary „GRAPHICS.LIB" eingebunden wurden (S. Kapitel 1, „Grafikbearbeitung").

Turbo C 2.0: In Bild 4.25 ist die Projektdatei „LA-BY_TUC.BAT" dargestellt. Die Projektdatei wird durch ein „BATCH"-File repräsentiert. Über das „BATCH"-File wird der Kommandozeilen-Compiler „TCC.EXE" von „TURBO C 2.0" aufgerufen, der im Anschluß die einzelnen Programmodule bearbeitet. Der Einsatz des Kommandozeilen-Compilers ist notwendig, da in der Entwicklungsumgebung unter „TURBO C 2.0" die Programmgrößen des Labyrinthspiels nicht mehr verwaltet werden können. Die über den Compiler und Linker erzeugte ausführbare Programmdatei erhält den Programmnamen „LABY_TC.EXE".

Bild 4.25:
Projektdatei
unter
„TURBO C 2.0"

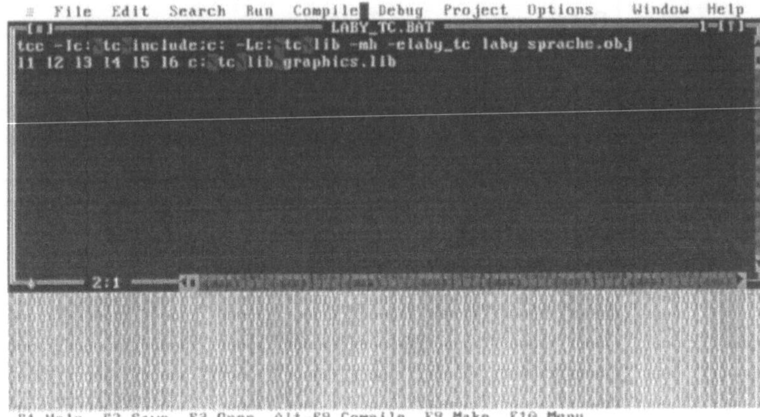

„BORLAND C++ 3.1":   Die in Bild 4.26 dargestellte Projektdatei
„LABY_BC3.PRJ" wurde innerhalb der Entwicklungs-umgebung
„BORLAND C++ 3.1" mit dem Menüpunkt „PROJEKT" erstellt (siehe
Kapitel 1, „Unterschiede zwischen C und C++"). Das daraus resultie-
rende, ausführbare Programm erhält den Namen „LABY_BC.EXE".

Bild 4.26:
Projekdatei
unter
„BORLAND
C++ 3.1"

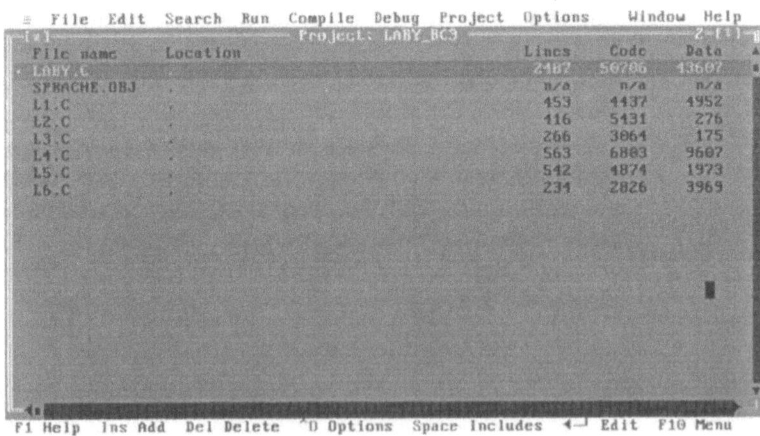

„BORLAND C++ 4.0":   Im Bild 4.27 ist die Projektdatei
LABY_BC4.IDE dargestellt. Die Erstellung von Projektdateien erfolgt
unter dem Programmierwerkzeug „BORLAND C++ 4.0", interaktiv
über die Maussteuerung, innerhalb der Entwicklungsumgebung. Die
nach dem Compilieren und Linken erstellte ausführbare Datei erhält

den Programmnamen „LABY_BC4.EXE ". Hinweise zur Erzeugung und Verwaltung von Projektdateien unter „BORLAND C^{++} 4.0" erhalten Sie im Kapitel 1 „Die neue Version BORLAND C^{++} 4.0").

Bild 4.27:
Projektdatei
unter
„BORLAND
C++ 4.0"

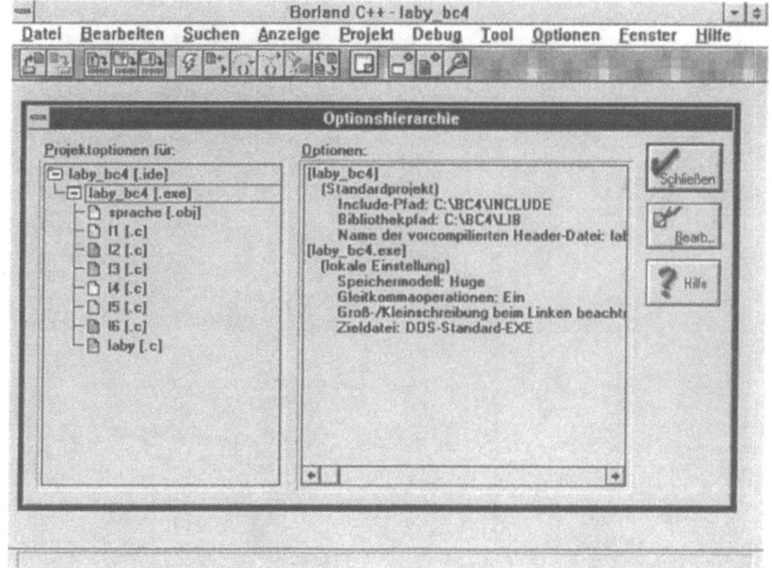

5   ANHANG

Im Anhang findest Du viele wichtige Informationen

A ANHANG A - Die CD-ROM zum Buch

Alle im Buch diskutierten Programme und Hilfsdateien sind auf der dem Buch „Werkzeugkasten für C/C^{++}- Programmierer" beiliegenden CD-ROM enthalten. Neben den entsprechenden Quellcodes befinden sich weiterhin alle kompilierten Pogramme auf diesem Datenträger. Die Abbildung 1 zeigt die auf der CD-ROM vorhandene Verzeichnisstruktur auf.

Bild 5.1:
Verzeichnis-
struktur der
CD-ROM

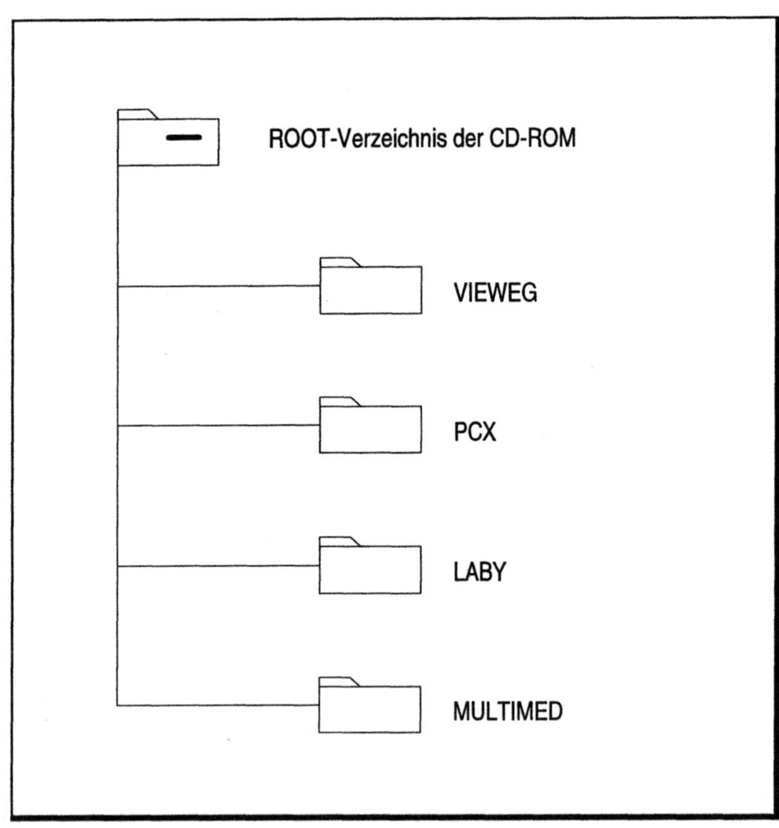

Dabei enthalten die in Bild 5.1 dargestellten Unterverzeichnisse die nachfolgend aufgeführten Programme und Hilfsdateien.

„ROOT-Verzeichnis der CD-ROM"

Das „ROOT-Verzeichnis" der CD-ROM enthält das Installationsprogramm „INSTALLI.EXE" einschließlich der dazu benötigten Sprachausgabedateien. Das Programm „LESEN.COM" stellt dem Anwender einige Hilfsinformationen zur Verfügung.

INSTALLI.EXE	INSTFE8.VOV
LESEN.COM	INST1.VOC
INSTFE1.VOC	INST2.VOC
INSTFE2.VOC	INST3.VOC
INSTFE3.VOC	INST4.VOC
INSTFE4.VOC	INST5.VOC
INSTFE5.VOC	INST6.VOC
INSTFE6.VOC	INST7.VOC
INSTFE7.VOC	INST8.VOC

Dateien des „ROOT-Verzeichnisses" der CD-ROM

Unterverzeichnis „VIEWEG"

Im Unterverzeichnis „VIEWEG" sind alle Dateien zu den Programmen aus dem Kapitel 3 „Software-Anwendungen" enthalten. Es folgt eine Auflistung der Programme, geordnet nach der Reihenfolge der Buchkapitel.

BUCH.H	MAUS.H
BUCH_CPP.H	MAUS_CPP.H
VGA.H	PCX.H
VGA_CPP.H	PCX_CPP.H

Die Header-Dateien der Programmanwendungen

TAST1.C	TAST2.EXE
TAST1.EXE	TAST3.CPP
TAST2.C	TAST3.EXE

Die Programme zum Kapitel 3.1 „Tastatur-Bearbeitung"

| FILE1.C | FILE2.CPP |
| FILE1.EXE | FILE2.EXE |

Die Programme zum Kapitel 3.2 „Dateioperationen"

| DATUM1.C | DATUM2.CPP |
| DATUM1.EXE | DATUM2.EXE |

Die Programme zum Kapitel 3.3 „Datum und Uhrzeit"

| SPEICH1.C | SPEICH2.CPP |
| SPEICH1.EXE | SPEICH2.EXE |

Die Programme zum Kapitel 3.4 „Speicher-Bearbeitung"

| MEMEDIT1.C | MEMEDIT2.CPP |
| MEMEDIT1.EXE | MEMEDIT2.EXE |

Die Programme zum Kapitel 3.5 „Speichereditor"

| CONFIG1.C | CONFIG2.CPP |
| CONFIG1.EXE | CONFIG2.EXE |

Die Programme zum Kapitel 3.6 „Rechnerkonfiguration"

INTERRU1.C	INTERRU2.EXE
INTERRU1.EXE	INTERRU3.CPP
INTERRU2.C	INTERRU3.EXE

Die Programme zum Kapitel 3.7 „Interruptbehandlung"

| LAUFWER1.C | LAUFWER2.CPP |
| LAUFWER1.EXE | LAUFWER2.EXE |

Die Programme zum Kapitel 3.8 „Laufwerksbearbeitung"

| DRUCKER1.C | DRUCKER2.CPP |
| DRUCKER1.EXE | DRUCKER2.EXE |

Die Programme zum Kapitel 3.9 „Druckertest"

SPRACHE1.PRJ	SPRACHE2.PRJ
SPRACHE1.C	SPRACHE2.CPP
SPRACHE1.EXE	SPRACHE2.EXE
SPRACHE.OBJ	SOUND.SPR

Die Programme zum Kapitel 3.10 „Sprachausgabe über den PC-Lautsprecher"

BLASTER1.C	BLASTER2.EXE
BLASTER1.EXE	BLASTER.VOC
BLASTER2.CPP	

Die Programme zum Kapitel 3.11 „Sprachausgabe über den SOUND-BLASTER"

VGA1.C	VGA3.EXE
VGA1.EXE	VGA4.C
VGA2.C	VGA4.EXE
VGA2.EXE	VGA5.CPP
VGA3.c	VGA5.EXE

Die Programme zum Kapitel 3.12 „VGA-Grafikkarten-Bearbeitung"

MAUS1.PRJ	MAUS2.EXE
MAUS1.C	MAUS.OBJ
MAUS1.EXE	MAUSC.OBJ
MAUS2.PRJ	MAUSGRAF.OBJ
MAUS2.CPP	

Die Programme zum Kapitel 3.13 „Die Mausbearbeitung"

TSR1.PRJ	TSR4.PRJ
TSR1.C	TSR4.CPP
TSR1.EXE	TSR4.EXE
TSR2.PRJ	TSR_1MAL.OBJ
TSR2.C	TSR_1MIN.OBJ
TSR2.EXE	TSR_HOT.PRJ
TSR3.PRJ	READMEE.TXT
TSR3.C	MICHEL.PCX
TSR3.EXE	

Die Programme zum Kapitel 3.15 „TSR-Programme"

Verzeichnis „PCX"

Im Unterverzeichnis „PCX" befinden sich alle Programme und Hilfsdateien für die Programmdiskussionen im Kapitel 3.14 „PCX-Grafiken". Die Dateien wurden wegen der Vielzahl unterschiedlicher
Programmnamen in einem separaten Unterverzeichnis abgelegt.

PCX1.C	SPRACHE.OBJ	BILD1.PCX
PCX1.EXE	SHOW.DAT	BILD2.PCX
PCX2.PRJ	FARBEN.DAT	BILD3.PCX
PCX2.C	TON1.VOC	BILD4.PCX
PCX2.EXE	TON6.VOC	BILD5.PCX
PCX3.CPP	TON2.SPR	BILD6.PCX
PCX3.EXE	TON5.SPR	RAMONA.PCX

Die Programme zum Kapitel 3.14 „PCX-Grafiken"

Unterverzeichnis „LABY"

Das Unterverzeichnis „LABY" enthält alle Dateien und Programme
zum Labyrinthspiel aus Kapitel 4 „Das professionelle Spielprogramm".

LABY.C	CONFIG.DAT	INFO7.DAT
L1.C	ERWACHS.DAT	INFO8.DAT
L2.C	KINDER.DAT	INFO9.DAT
L3.C	BESTEN.DAT	AUSGANG.SPR
L4.C	FELDER0.DAT	BONUS.SPR
L5.C	FELDER1.DAT	EINGANG1.SPR
L6.C	FELDER2.DAT	EINGANG2.SPR
DIVERS.H	FELDER3.DAT	EIN_NEIN.SPR
DREIDIM.H	FELDER4.DAT	FALSCH_A.SPR
NOTWENDI.H	FELDER5.DAT	FALSCH_T.SPR
RECHNER.H	FELDER6.DAT	FENSTER.SPR
SPIELER.H	FELDER7.DAT	GRUSS.SPR
VARILABY.H	FELDER8.DAT	MOGELN.SPR
SPRACHE.OBJ	FELDER9.DAT	NAME.SPR

LABY.EXE	INFO0.DAT	OK_A.SPR
LABY_TUC.BAT	INFO1.DAT	REGI.SPR
LABY_TC.EXE	INFO2.DAT	SCHADE.SPR
LABY_BC3.PRJ	INFO3.DAT	SERVUS.SPR
LABY_BC3.EXE	INFO4.DAT	TEST.SPR
LABY_BC4.IDE	INFO5.DAT	WAND.SPR
LABY_BC4.EXE	INFO6.DAT	

Die Programme zum Labyrinthspiel aus Kapitel 4

Unterverzeichnis „MULTIMED"

Das Unterverzeichnis „MULTIMED" enthält eine Vielzahl von Sounddateien in den „VOC"- und „SPR"-Formaten, sowie viele Grafiken im „PCX"-Format. Mit Hilfe dieser Dateien können Sie die Programme aus dem dritten Kapitel bzw. selbsterstellte Programmanwendungen austesten. Desweiteren enthält dieses Unterverzeichnis den Quellcode des auf der CD-ROM vorhandenen Installationsprogramms. Auf eine Aufzählung der umfangreichen Programmsammlung wird bewußt verzichtet.

B ANHANG B - Das Installationsprogramm

Mit Hilfe des auf der CD-ROM enthaltenen Installationsprogramms „INSTALLI.EXE" ist eine einfache und komfortable Installation aller auf der CD-ROM enthaltenen Programme möglich. Vor der Installation ist eine Selektion der zu kopierenden Programme möglich. Besitzer einer „SOUND-BLASTER-PRO"-Karte können das Installationsprogramm per Sprachausgabe ausführen. Dabei erkennt das Programm automatisch eine installierte SOUND-BLASTER-PRO"-Karte. Für die Sprachausgabe wird vorausgesetzt, daß sich der Sprachtreiber „VPLAY.EXE" im Standard-„SOUND-BLASTER"-Verzeichnis „C:\SBPRO\VEDIT2" befindet.

Legen Sie die CD-ROM in Ihr betriebsbereites CD-ROM-Laufwerk ein. Starten Sie das Programm auf der Betriebssystemebene durch Eingabe von:

<CD-ROM-Laufwerksbuchstabe>:INSTALLI ⏎

Nachdem Sie das Programm ordnungsgemäß gestartet haben, meldet sich das Installationsprogramm, wie in Bild 5.2 dargestellt, mit einer Begrüßungsmeldung.

Bild 5.2:
Begrüßung im
Installations-
programm

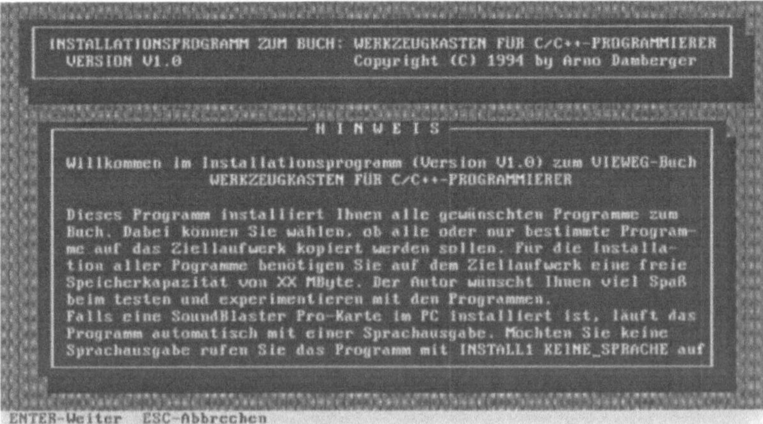

Drücken Sie während einer Sprachausgabe nicht die Leertaste, da dadurch die Sprachausgabe unterbrochen wird. Eine unterbrochene Sprachausgabe kann durch Betätigung einer beliebigen Taste fortgesetzt werden. Besitzer einer „SOUND-BLASTER-PRO"-Karte können durch die Angabe des Programmaufrufparameters „KEINE_SPRACHE" auf eine Sprachausgabe verzichten.

Durch Betätigung der Taste ⏎ im Begrüßungsbildschirm erscheint die in Bild 5.3 dargestellte Eingabeaufforderung des Quellaufwerks. Geben Sie den Laufwerksbuchstaben Ihres CD-ROM-Laufwerks ein und drücken Sie im Anschluß erneut die Taste ⏎.

Bild 5.3:
Eingabe des
Quellaufwerks

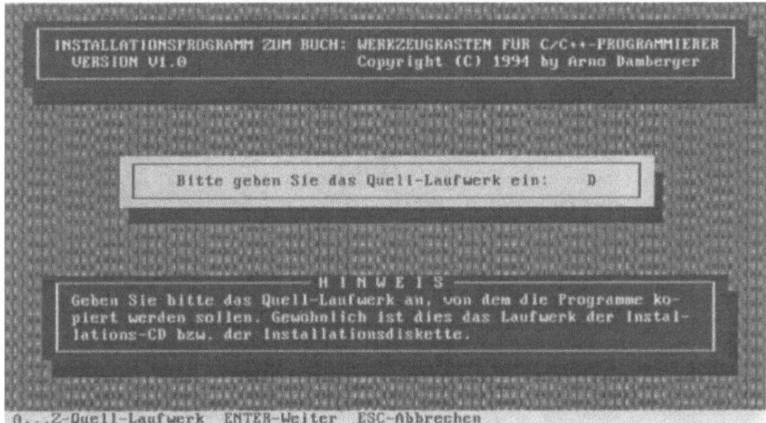

Nach der Angabe des Quellaufwerks fordert Sie das Programm zur Eingabe des Ziellaufwerks ein. Wie in Bild 5.4 ersichtlich, können Sie die bereitgestellte Zielpfadangabe „C:\BUCH" übernehmen, oder über die Taste F2 eine neue Eingabe durchführen. Bestätigen Sie Ihre Angaben zum Ziellaufwerk durch Betätigung der Taste ⏎.

Bild 5.4:
Eingabe des
Ziellaufwerks

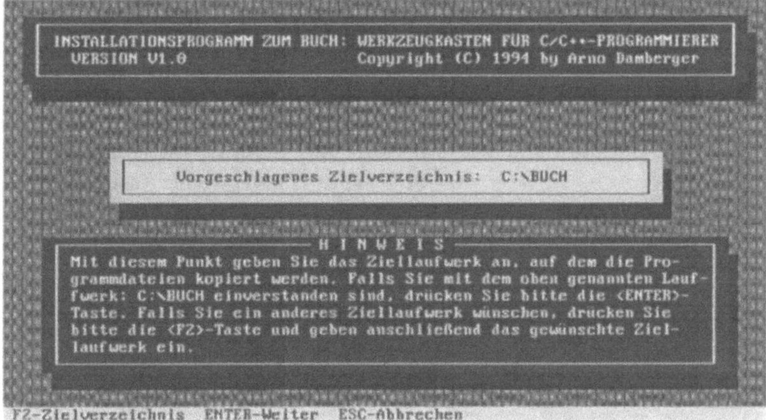

Haben Sie die beiden Angaben zum Quell- und Ziellaufwerk eingegegeben, so werden Ihnen, wie im Bild 5.5 dargestellt, die Laufwerksangaben zu einer letzten Kontrolle am Bildschirm ausgegeben. Über die Taste ⏎ werden die angezeigten Laufwerksangaben übernommen; durch Betätigung der Taste Ⓦ können Sie die Eingaben wiederholen.

Bild 5.5:
Überprüfung
der Quell- und
Ziellaufwerks-
angaben

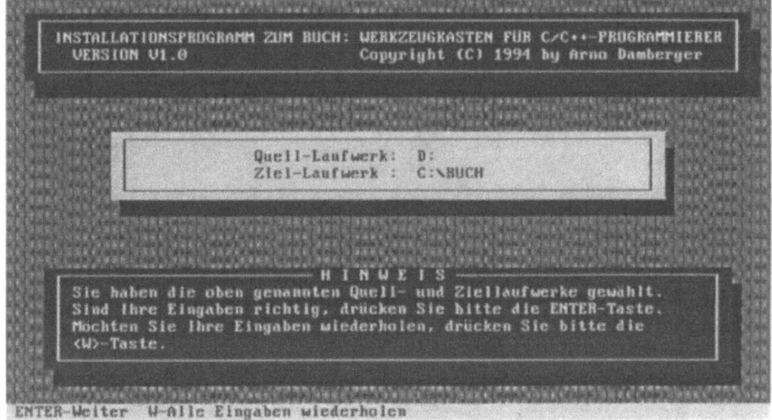

Im folgenden Bildschirm des Installationsprogramms können Sie die zu installierenden Programme individuell selektieren. Über die Cursortasten ⬆, ⬇, ⬅ und ➡ wählen Sie den zu selektierenden Programmabschnitt aus (Inverse Darstellung). Mit Hilfe der Taste ⬚ (Leertaste) nehmen Sie den Punkt in den anschließenden Kopiervorgang auf („JA") oder schließen ihn aus („NEIN"). Durch Betätigung der Taste ⏎ wird die Programmauswahl abgeschlossen. Bild 5.6 zeigt ein Programmauswahlfenster, in dem alle Programmteile bis auf den „MULTIMED"-Programmteil selektiert wurden. In der oberen rechten Spalte wird Ihnen immer der für den Kopiervorgang erforderliche Speicherbereich auf Ihrem Ziellaufwerk angezeigt.

Bild 5.6:
Programm-
auswahlfenster

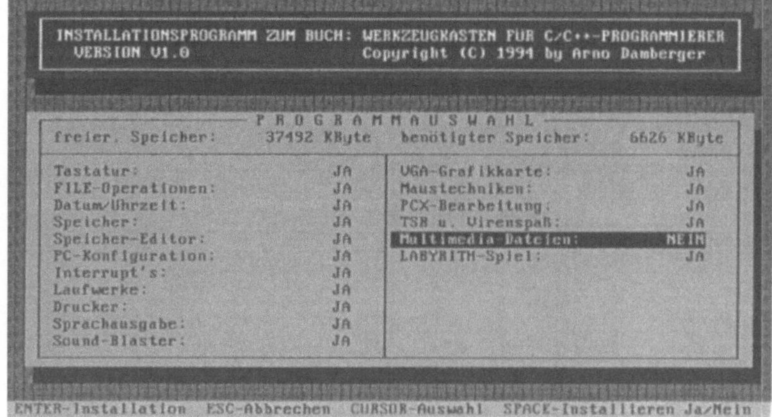

Bevor das Installationsprogramm den eigentlichen Kopiervorgang
der selektierten Bereiche beginnt, werden einige Tests bezüglich
des Quell- und Ziellaufwerks, sowie des erforderlichen, freien Spei-
cherbereichs auf dem Ziellaufwerk durchgeführt. Während der
Testphase erscheint das in Bild 5.7 dargestellte Hinweisfenster.

Bild 5.7:
Laufwerks-Test

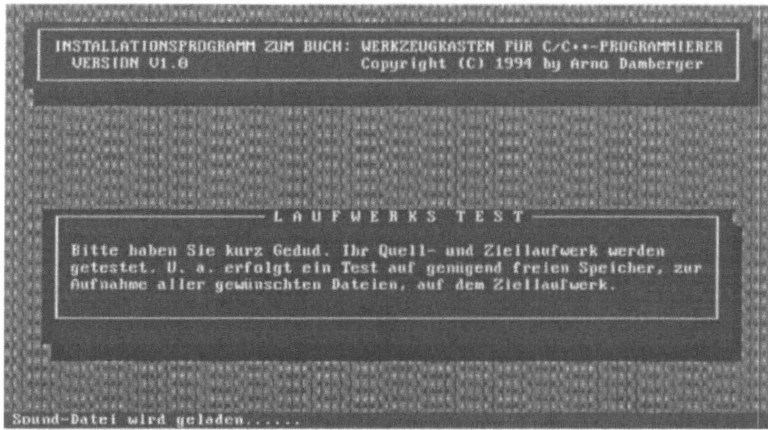

Traten beim Laufwerkstest keine Fehler auf, so beginnt der Kopiervorgang der selektierten Programmbereiche. Während des Kopier-
vorgangs werden Ihnen am Bildschirm entsprechende Hinweis-
meldungen über den aktuellen Installationsverlauf ausgegeben.
Nachdem die Installation abgeschlossen ist, erscheint am Bildschirm

die in Bild 5.8 dargestellte Endemeldung. Durch Betätigung einer
beliebigen Taste wird das Installationsprogramm beendet.

Bild 5.8:
Endemeldung

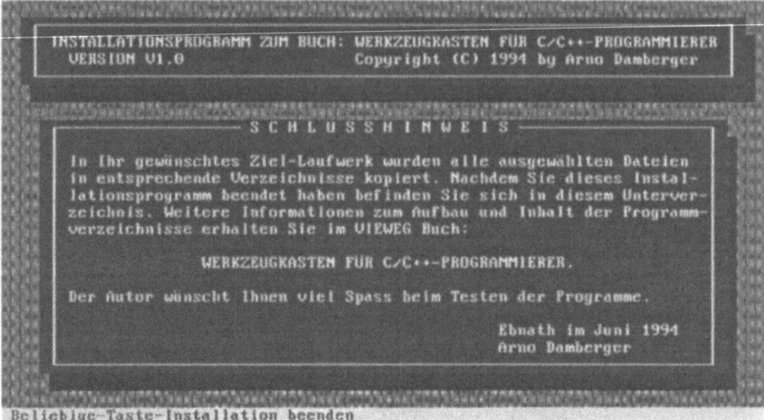

Nach einer kompletten Programminstallation befindet sich auf Ihrem
Ziellaufwerk die in Bild 5.9 dargestellte Unterverzeichnis-Struktur.

Bild 5.9:
Verzeichnis-
struktur auf
dem Ziellauf-
werk

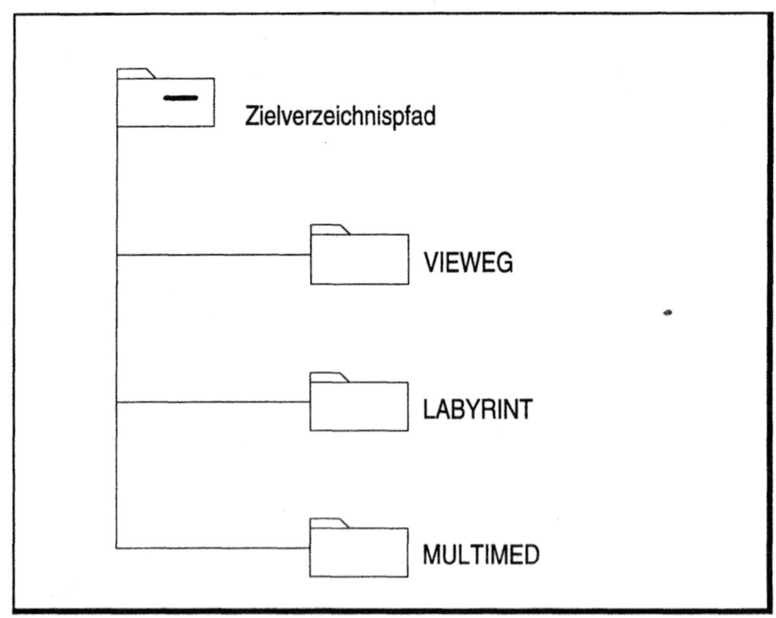

„Zielverzeichnispfad": Enthält keine Dateien

Unterverzeichnis „VIEWEG": Enthält alle selektierten Programmteile zum Kapitel 3 „Software-Anwendungen"

Unterverzeichnis „LABYRINT": Beinhaltet alle Programme und Dateien zum Labyrinthspiel aus Kapitel 4 „Das professionelle Spielprogramm"

Unterverzeichnis „MULTIMED": Enthält „PCX"-Grafiken und Sounddateien.

C   ANHANG C - Funktionen und Klassen der Headerdateien

Funktionen aus den klassischen „C"-Headerdateien

Die folgenden Auflistungen zeigen Ihnen die Seitenzahlen im Buch
auf, an denen die entsprechenden Funktionen der Headerdateien
diskutiert werden.

Headerdatei „BUCH.H"

Tabelle 5.1:
Seitenverweis
aller Funktionen
aus der Hea-
derdatei
„BUCH.H"

Funktionsname	Seite im Buch
cursor_aus()	126
cursor_ein()	127
tastatur_loeschen()	137
fuellen()	137
ende()	137
fehler_ende()	162
string_eingeben()	138
file_lesen()	162
file_schreiben()	164
datum_lesen()	185
uhrzeit_lesen()	186
uhr()	187
handler()	266
critical_fehler_anzeige()	266
blaster_test()	560

Headerdatei „MAUS.H"

Tabelle 5.2:
Seitenverweis
aller Funktionen
aus der
Headerdatei
„MAUS.H"

Funktionsname	Seite im Buch
maus_reset()	480
maus_sichtbar()	480
maus_unsichtbar()	480
maus_verschieben()	481
maus_bereich()	481
maus_ausschliessen()	482
maus_geschwindigkeit()	483
maus_cursor_art()	483
mauscursor_kreieren()	484
maus_event_handler_installieren()	487
mauscursor_aktuell()	489
uebergabe()	487
uebergabe1()	490
virt_bild_fuellen(l)	488
grafik_cursor_installieren()	491

Headerdatei „PCX.H"

Tabelle 5.3:
Seitenverweis
der Funktionen
aus der
Headerdatei
„PCX.H"

Funktionsname	Seite im Buch
pcx_kopf_lesen()	532
zeile_auslesen()	533
pcx_ausgeben()	535
pal_register_lesen()	541
farb_register_schreiben()	541
farb_umwandlung()	542
neue_palette()	542
farbpalette()	543
vorbereiten()	544

Tabelle 5.3:
Seitenverweis
der Funktionen
aus der
Headerdatei
„PCX.H"

Funktionsname	Seite im Buch
pcxbild()	545
pcxbild1()	605
falsche_argumente()	549
argumente()	546
warten()	549
verschieben_oben()	551
eigene_farbpalette()	552

Headerdatei „VGA.H"

Tabelle 5.4:
Seitenverweis
aller Funktionen
aus der
Headerdatei
„VGA.H"

Funktionsname	Seite im Buch
string_eingeben_grafik()	387
video_mode()	388
fenster()	389
vga_palettenregister_lesen()	389
farbregister_laden()	390
zeichensatz_installieren()	428
speicherblock_waehlen()	429
bildschirm_seite0_nach_seitex()	461
bildschirm_seitex_nach_seite0()	462

Klassen aus den objektorientierten Headerdateien

Die nachfolgend aufgeführten Übersichten zeigen Ihnen die im Buch enthaltenen, objektorientiert aufgebauten Headerdateien mit einem Verweis auf die Programmintegrationen im dritten Kapitel „Software-Anwendungen". Die Methoden der objektorientiert aufgebauten Klassen entsprechen exakt dem Aufbau und der Funktionalität der gleichnamigen Funktionen der im klassischen-„C" realisierten Headerdateien.

Headerdatei „BUCH_CPP.H"

Tabelle 5.5:
Kapitelverweis aller Klassenvererbungen der Headerdatei „BUCH_CPP.H"

Klassenname	Verwendung in Kapitel
DIVERS	3.1 / 3.2 / 3.3 / 3.4 / 3.5 / 3.6 / 3.7 / 3.8 / 3.9 / 3.10 / 3.11 / 3.12 / 3.13
STRING_EINGEBEN	3.1 / 3.2
FILE	3.2
DATUM_UHRZEIT	3.3
INT_HANDLER	3.7 / 3.8 / 3.9

Headerdatei „MAUS_CPP.H"

Die Headerdatei „MAUS_CPP.H" besitzt keine Klassendeklarationen. Die Datei ist identisch zum File „MAUS.H".

Headerdatei „PCX_CPP.H"

Tabelle 5.6:
Kapitelverweis der Klassenvererbung der Headerdatei „PCX_CPP.H"

Klassenname	Verwendung in Kapitel
PCX_BILD	3.14

Headerdatei „VGA_CPP.H"

Tabelle 5.7:
Kapitelverweis aller Klassenvererbungen der Headerdatei „VGA_CPP.H"

Klassenname	Verwendung in Kapitel
GRAPHIK	3.12 / 3.13

ANHANG D - Die ASCII-Zeichensatztabelle

Tabelle 5.8:
ASCII-Tabelle

Dez.	Hex.	Char	Dez.	Hex.	Char	Dez.	Hex.	Char	Dez.	Hex.	Char
0	0	NUL	32	20	SP	64	40	@	96	60	`
1	1	SOH	33	21	!	65	41	A	97	61	a
2	2	SRX	34	22	"	66	42	B	98	62	b
3	3	ETX	35	23	#	67	43	C	99	63	c
4	4	EOT	36	24	$	68	44	D	100	64	d
5	5	ENO	37	25	%	69	45	E	101	65	e
6	6	ACK	38	26	&	70	46	F	102	66	f
7	7	BEL	39	27	'	71	47	G	103	67	g
8	8	BS	40	28	(	72	48	H	104	68	h
9	9	HT	41	29	)	73	49	I	105	69	i
10	A	LF	42	2A	*	74	4A	I	106	6A	i
11	B	VT	43	2B	+	75	4B	K	107	6B	k
12	C	FF	44	2C	,	76	4C	L	108	6C	l
13	D	CR	45	2D	-	77	4D	M	109	6D	m
14	E	SO	46	2E	.	78	4E	N	110	6E	n
15	F	SI	47	2F	/	79	4F	O	111	6F	o
16	10	DLE	48	30	0	80	50	P	112	70	p
17	11	DC1	49	31	1	81	51	O	113	71	q
18	12	DC2	50	32	2	82	52	R	114	72	r
19	13	DC3	51	33	3	83	53	S	115	73	s
20	14	DC4	52	34	4	84	54	T	116	74	t
21	15	NAK	53	35	5	85	55	U	117	75	u
22	16	SYN	54	36	6	86	56	V	118	76	v
23	17	ETB	55	37	7	87	57	W	119	77	w
24	18	CAN	56	38	8	88	58	X	120	78	x
25	19	EM	57	39	9	89	59	Y	121	79	v
26	1A	SUB	58	3A	:	90	5A	Z	122	7A	z
27	1B	ESC	59	3B	:	91	5B	[	123	7B	{
28	1C	FS	60	3C	<	92	5C	\	124	7C		
29	1D	GS	61	3D	=	93	5D	]	125	7D	}
30	1E	RS	62	3E	>	94	5E	^	126	7E	~
31	1F	US	63	3F	?	95	5F	_	127	7F	DEL

Tabelle 5.8:
ASCII-Tabelle

Dez.	Hex.	Char	Dez.	Hex.	Char	Dez.	Hex.	Char	Dez.	Hex.	Char
128	80	Ç	160	A0	á	192	C0	∟	224	E0	α
129	81	ü	161	A1	í	193	C1	⊥	225	E1	β
130	82	é	162	A2	ó	194	C2	⊤	226	E2	Γ
131	83	â	163	A3	ú	195	C3	⊦	227	E3	Π
132	84	ä	164	A4	ñ	196	C4	—	228	E4	Σ
133	85	à	165	A5	Ñ	197	C5	+	229	E5	σ
134	86	å	166	A5	ª	198	C6	⊧	230	E6	γ
135	87	ç	167	A7	º	199	C7	⊪	231	E7	τ
136	88	ê	168	A8	¿	200	C8	╚	232	E8	Φ
137	89	ë	169	A9	¬	201	C9	╔	233	E9	θ
138	8A	è	170	AA	~	202	CA	╩	234	EA	Ω
139	8B	ï	171	AB	½	203	CB	╦	235	EB	δ
140	8C	î	172	AC	¼	204	CC	╠	236	EC	∞
141	8D	ì	173	AD	¡	205	CD	=	237	ED	Ø
142	8E	Ä	174	AE	<<	206	CE	╬	238	EE	∈
143	8F	Å	175	AF	>>	207	CF	⊥	239	EF	∩
144	90	É	176	B3	░	208	D0	╨	240	F0	≡
145	91	æ	177	B1	▒	209	D1	╤	241	F1	±
146	92	Æ	178	B2	▓	210	D2	╥	242	F2	≥
147	93	ô	179	B3	│	211	D3	╙	243	F3	≤
148	94	ö	180	B4	┤	212	D4	╘	244	F4	⌠
149	95	ò	181	B5	╡	213	D5	╒	245	F5	⌡
150	96	û	182	B6	╢	214	D6	╓	246	F6	÷
151	97	ù	183	B7	╖	215	D7	╫	247	F7	≈
152	98	ÿ	184	B8	╕	216	D8	╪	248	F8	°
153	99	Ö	185	B9	╣	217	D9	┘	249	F9	●
154	9A	Ü	186	BA	║	218	DA	┌	250	FA	·
155	9B	¢	187	BB	╗	219	DB	█	251	FB	√
156	9C	£	188	BC	╝	220	DC	▄	252	FC	η
157	9D	¥	189	BD	╜	221	DD	▌	253	FD	2
158	9E	₧	190	BE	╛	222	DE	▐	254	FE	■
159	9F	ƒ	191	BF	┐	223	DF	▀	255	FF	

Die ersten 33 Zeichen und die Zeichenposition 127 der ASCII-Tabelle repräsentieren, wie in der Tabelle 5.9 dargestellt, nicht darstellbare Steuerzeichen.

Tabelle 5.9:
Steuerzeichen
der ASCII-
Tabelle

Dez.	Hex.	Char	Bedeutung des Steuerzeichens
1	1	SOH	Kopfzeilenbeginn
2	2	SRX	Textanfangszeichen
3	3	ETX	Textendezeichen
4	4	EOT	Ende der Übertragung
5	5	ENO	Aufforderung zur DUE
6	6	ACK	Positive Rückmeldung
7	7	BEL	Klingelzeichen
8	8	BS	Rückwärtsschritt
9	9	HT	Horizontaler Tabulator
10	A	LF	Zeilenvorschub
11	B	VT	Vertikaler Tabulator
12	C	FF	Seitenvorschub
13	D	CR	Wagenrücklauf
14	E	SO	Dauerumschaltungszeichen
15	F	SI	Rückschaltungszeichen
16	10	DLE	DUE-Umschaltung
17	11	DC1	Gerätesteuerzeichen 1
18	12	DC2	Gerätesteuerzeichen 2
19	13	DC3	Gerätesteuerzeichen 3
20	14	DC4	Gerätesteuerzeichen 4
21	15	NAK	Negative Rückmeldung
22	16	SYN	Synchronisierung
23	17	ETB	Ende des DUE-Blocks
24	18	CAN	Ungültig
25	19	EM	Ende der Aufzeichnung
26	1A	SUB	Substitution
27	1B	ESC	Umschaltung
28	1C	FS	Hauptgruppentrennzeichen
29	1D	GS	Gruppentrennzeichen
30	1E	RS	Untergruppentrennzeichen
31	1F	US	Teilgruppentrennzeichen
32	20	SP	Leerzeichen
127	7F	DEL	Loeschen

E   ANHANG E - Die Interruptvektor-Tabelle

Tabelle 5.10:
Interruptvektor-
Tabelle

INT-NR:	Adresse	Bedeutung
00	000 - 003	CPU: Division durch Null
01	004 - 007	CPU: Einzelschritt
02	008 - 00B	CPU: NMI
03	00C - 00F	CPU: Erreichen eines Break-Points
04	010 - 013	CPU: Numerischer Überlauf
05	014 - 017	Bildschirmhardcopy
06	018 - 01B	Nur beim 80286 (Befehl nicht bekannt)
07	01C - 01F	RESERVIERT
08	020 -023	IRQ0: Timer-Interrupt
09	024 - 027	IRQ1: Tastatur-Interrupt
0A	028 - 02B	IRQ2: Nur beim AT (2. Interruptcontroller)
0B	02C - 02F	IRQ3: Zweite serielle Schnittstelle
0C	030 - 033	IRQ4: Erste serielle Schnittstelle
0D	034 - 037	IRQ5: Festplatte
0E	038 - 03B	IRQ6: Diskettenlaufwerk
0F	03C - 03F	IRQ7: Drucker-Interrupt
10	040 - 043	BIOS: Video-Interrupt
11	044 - 047	BIOS: Rechnerkonfiguration ermitteln
12	048 - 04B	BIOS: RAM-Speichergröße ermitteln
13	04C - 04F	BIOS: Festplatten-/Diskettenlaufwerke
14	050 - 053	BIOS: serielle Schnittstelle
15	054 - 057	BIOS: Kassetten-/erweiterte Funktionen
16	058 - 05B	BIOS: Tastaturbearbeitung
17	05C - 05F	BIOS: parallele Schnittstelle (Drucker)

Tabelle 5.10:
Interruptvektor-
Tabelle
(Fortsetzung)

INT-NR:	Adresse	Bedeutung
18	060 - 063	ROM-BASIC-Aufruf
19	064 - 067	BIOS: Warmstart ([Alt]+[Strg]+[Entf])
1A	068 - 06B	BIOS: Zeit-Datumsbearbeitung
1B	06C - 06F	Break-Taste betätigt
1C	070 - 073	periodischer Aufruf durch INT 08
1D	074 - 077	Adresse der Video-Parameter-Tabelle
1E	078 - 07B	Adresse der Disketten-Parameter-Tabelle
1F	07C - 07F	Adresse des 8*8-Grafikzeichensatzes
20	080 -083	DOS: Programmabbruch
21	084 - 087	DOS: DOS-Funktion aktivieren
22	088 - 028	Adresse der DOS-Programmende-Funktion
23	08C - 08F	Adresse der DOS-Ctrl-Break-Funktion
24	090 - 093	Adresse der DOS-Fehler-Funktion
25	094 - 097	DOS: Festplatte-/Diskette lesen
26	098 - 09B	DOS: Festplatte-/Diskette schreiben
27	09C - 09F	DOS: Programm resident (TSR) beenden
28	0A0 - 0A3	DOS: Programm ist beschäftigt (IDLE)
29 -	0A4 -	RESERVIERT
2E	0BB	
2F	0BC - 0BF	DOS-Mulitplexer-Interrupt
30 -	0C0 -	RESERVIERT
32	0CF	
33	0CC - 0CF	Maus-Interrupt
34 -	0D0 -	RESERVIERT
40	0FF	
41	104 - 107	Adresse der ersten Festplatten-Tabelle
42 -	108 -	RESERVIERT
45	117	

Tabelle 5.10:
Interruptvektor-
Tabelle
(Fortsetzung)

INT-NR:	Adresse	Bedeutung
46	118 - 11B	Adresse der zweiten Festplatten-Tabelle
47 -	11C -	Frei für Anwenderprogramme
49	127	
4A	128 - 12B	Nur beim AT (Alarmzeit erreicht)
4B -	12C -	Frei für Anwenderprogramme
5B	16F	
5C	170 - 173	NETBIOS-Interrupt
5D -	174 -	Frei für Anwenderprogramme
66	19B	
67	19C - 19F	EMS-Speichermanager-Interrupt
68 -	1A0 -	Frei für Anwenderprogramme
6F	1BF	
70	1C0 - 1C3	IRQ8: Nur beim AT (Echtzeituhr)
71	1C4 - 1C7	IRQ9: Nur beim AT (XT-I/O-BUS)
72	1C8 - 1CB	IRQ10: Nur beim AT (COM3)
73	1CC - 1CF	IRQ11: Nur beim AT (COM4)
74	1D0 - 1D3	IRQ12: Nur beim AT (AT-I/O-BUS)
75 -	1D4 - 1D7	IRQ13: Nur beim AT (Numeric Prozessor)
76	1D8 - 1DB	IRQ14: Nur beim AT (Festplatte)
77	1DC - 1DF	IRQ15: Nur beim AT (AT-I/O-BUS)
78 -	1E0 -	NICHT BELEGT
7F	1FF	
80 -	200 -	RESERVIERT für BASIC-Interpreter
F0	3C3	
F1 -	3C4 -	NICHT BELEGT
FF	3CF	

F   ## ANHANG F - Der VGA-BIOS-Variablenbereich

Tabelle 5.11:
VGA-BIOS-
Variablen-
bereich im
RAM-Speicher

Adresse im RAM (hexadezimal)	Typ	Bedeutung
0000:0449	Byte	Aktueller Videomodus
0000:044A	Word	Bildschirm-Textspalten
0000:044C	Word	Speicherbedarf einer Bildschirmseite
0000:044E	Word	Offsetadresse der aktiven Bildseite
0000:0450	Byte	Textseite 0 / Cursorspalte
0000:0451	Byte	Textseite 0 / Cursorzeile
0000:0452	Byte	Textseite 1 / Cursorspalte
0000:0453	Byte	Textseite 1 / Cursorzeile
0000:0454	Byte	Textseite 2 / Cursorspalte
0000:0455	Byte	Textseite 2 / Cursorzeile
0000:0456	Byte	Textseite 3 / Cursorspalte
0000:0457	Byte	Textseite 3 / Cursorzeile
0000:0458	Byte	Textseite 4 / Cursorspalte
0000:0459	Byte	Textseite 4 / Cursorzeile
0000:045A	Byte	Textseite 5 / Cursorspalte
0000:045B	Byte	Textseite 5 / Cursorzeile
0000:045C	Byte	Textseite 6 / Cursorspalte
0000:045D	Byte	Textseite 6 / Cursorzeile
0000:045E	Byte	Textseite 7 / Cursorspalte
0000:045F	Byte	Textseite 7 / Cursorzeile
0000:0460	Byte	Cursorstart (obere Rasterzeile)
0000:0461	Byte	Cursorende (untere Rasterzeile)

Tabelle 5.11:
VGA-BIOS-
Variablen-
bereich im
RAM-Speicher
(Fortsetzung)

Adresse im RAM (hexadezimal)	Typ	Bedeutung
0000:0462	Byte	Nummer der aktiven Bildseite
0000:0463	Word	CRTC-Portadresse (3B4H Mono, 3D4H Farbe)
0000:0465	Byte	Inhalt des Mode-Control-Registers
0000:0466	Byte	Inhalt des Color-Select-Registers
0000:0484	Byte	Anzahl der „Bild-Textzeilen-1"
0000:0485	Word	Höhe des Zeichens in Pixelzeilen

0000:0487	Byte	Diverse Statusinformationen
		Bei gesetztem Bit gilt:
		0: CGA; Cursor abgeschalten
		1: EGA mit Monochrom-Monitor
		2: Auf vertikalen Strahlenrücklauf warten
		3: EGA ist nicht der aktive Adapter
		4: FREI
		5-6: Bildspeicher
		    00=64 KByte, 01=128KByte,
		    10=192 KByte, 11=256 KByte

0000:0488	Byte	Konfigurationsbits: 0-3: DIP-Schalterstellung 4-7: Features Control-Bits (nur EGA)
0000:04A8	Double-Word	Adresse der „SAVE-TABLE-POINTER" Tabelle

G ANHANG G - Die im Buch eingesetzten BIOS-CALLS

BIOS-VIDEO-Interrupt 10H

Tabelle 5.12:
BIOS-CALLS
zum Videointer-
rupt 10H

Nummer	Funktionsbeschreibung
AH=00H	Videomodus initialisieren IN: AL=Videomode OUT: Ohne
AH=01H	Cursorcharakteristik einstellen IN: CH=Erste Pixelzeile CL =Letzte Pixelzeile OUT: Ohne

AH=09H	Schreibe Zeichen an Cursor-Position
	IN: AL =ASCII-Zeichencode
	          BH=Textseite
	          BL =Zeichenattribut
	          CX=Zähler für wiederholte Ausgabe
	OUT: Ohne

AH=10H AL =00H	Einzelnes Palettenregister laden IN: BH=Palettenregisternummer (Farbwert) BL =00..0F: Palettenregister OUT: Ohne
AH=10H AL =07H	Einzelnes Palettenregister lesen IN: BL =Palettenregisternummer (Farbnummer) OUT: Registerinhalt

AH=10H
AL =10H
	Einzelnes Farbregister laden
	IN: BX=Farbregisternummer (0..255)
	          CH=Grünanteil (0..63)
	          CL =Blauanteil (0..63)
	          DH=Rotanteil (0..63)
	OUT: Ohne

Tabelle 5.12:
BIOS-CALLS
zum Videointer-
rupt 10H
(Fortsetzung)

Nummer	Funktionsbeschreibung

AH=10H
AL =12H
	Farbregisterblock laden. Die einzelnen Werte müssen in einer Tabelle im RAM stehen. Jeder Tabelleneintrag besteht aus 3 Bytes (Rot-, Grün und Blauanteil)
	IN: BX=Nummer des ersten Farbregisters
	        CX=Anzahl der zu ändernden Farbregister
	        ES =Segmentadresse der Tabelle
	        DX=Offsetadresse der Tabelle
	OUT: Ohne

AH=10H
AL =13H
	Farbseite und Seitenmodus wählen
	IN: BL =Seitenmodus wählen
	        BH=0: 4 Seiten mit je 64 Farbregistern
	        BH=1: 16 Seiten mit je 16 Farbregistern
	        BL =1: Farbseite wählen
	        BH=Farbseite (0..3/Modus 0; 0..15/Modus 1)
	OUT: Ohne

AH=10H
AL =15H
	Einzelnes Farbregister lesen
	IN: BX=Farbregisternummer (0..255)
	OUT: CH=Grünanteil (0..63)
	        CL =Blauanteil (0..63)
	        DH=Rotanteil (0..63)

AH=10H
AL =17H
	Farbregisterblock lesen. Die einzelnen Werte werden in eine Tabelle im RAM geschrieben. Jeder Tabelleneintrag besteht aus 3 Bytes (Rot-, Grün- und Blauanteil)
	IN: BX=Nummer des ersten Farbregisters
	        CX=Anzahl der zu lesenden Farbregister
	        ES =Segmentadresse der Tabelle
	        DX=Offsetadresse der Tabelle
	OUT: Tabelle enthält die Farbanteile

AH=10H AL =1BH	Farbregisterinhalte in Graustufen umwandeln IN: BX=Nummer des ersten Farbregisters CX=Anzahl der umzuwandelnden Farbregister OUT: Ohne

Tabelle 5.12: BIOS-CALLS zum Videointerrupt 10H (Fortsetzung)	Nummer	Funktionsbeschreibung

	AH=11H	ROM-Zeichensatz im Textmodus installieren
		IN: AL=01H: 8*14 ohne Zeilenanpassung
		       AL=02H: 8*8 ohne Zeilenanpassung
		       AL=04H: 8*16 ohne Zeilenanpassung
		       AL=11H: 8*14 mit Zeilenanpassung
		       AL=12H: 8*8 mit Zeilenanpassung
		       AL=14H: 8*16 mit Zeilenanpassung
		       BL=Blocknummer (0..7)
		OUT: OHNE

	AH=11H
	AL =10H
		Installation eines selbsterstellten Zeichensatzes mit Zeilenanpassung. Die Zeichen müssen in einer Zei - chensatztabelle im RAM vorhanden sein
		IN: BH=Bytes pro Zeichen (1..32)
		       BL =Speicherblock (0..7)
		       CX=Anzahl der Zeichen im Zeichensatz
		       DX=ASCII-Nummer des ersten Zeichens
		       ES =Segmentadresse der Zeichensatztabelle
		       DX=Offsetadresse der Zeichensatztabelle
		OUT: OHNE

	AH=11H
	AL =30H
		Zeichensatzinformationen der VGA-Karte abfragen
		IN: BH=Nummer des Zeichensatzes
		       0: INT 1FH-Vektor (CGA-Zeichensatz)
		       1: INT 43H-Vektor (Aktueller Zeichensatz)
		       2: ROM 8*14 Zeichensatz
		       3: ROM 8*8 Zeichensatz
		       4: ROM 8*8 Zeichensatz (2. Hälfte)
		       5: ROM zusätzliche Monochrom-Zeichen 9*14
		       6: ROM 8*16 Zeichensatz
		       7: zusätzliche Monochrom-Zeichen 9*16
		OUT: Angaben über den aktuellen Zeichensatz
		       CX=Bytes pro Zeichen
		       DL=Anzahl der „Bildschirmtextzeilen-1"
		       Angaben über den in BH selektierten Font
		       ES =Segmentadresse Zeichensatzinfo
		       DX=Offsetadresse Zeichensatzinfo

	Nummer	Funktionsbeschreibung

Tabelle 5.12: BIOS-CALLS zum Videointerrupt 10H (Fortsetzung)	AH=13H AL =01H	Zeichenstring schreiben mit Cursorbewegung
		IN: BH=Textseite
		        BL =Zeichenattribut
		        CX=Anzahl der zu schreibenden Zeichen
		        DH=Zeilenanfangsposition
		        DL =Spaltenanfangsposition
		        ES =Segmentadresse des Strings
		        DX=Offsetadresse des Strings
		OUT: Ohne

	AH=1AH AL =00H	Display-Kombinationsmode lesen
		IN: Ohne
		OUT: AL =1AH bei fehlerfreiem Funktionsaufruf
		        BH=Display-Code inaktive Karte
		        BL =Display-Code aktive Karte
		        Display-Code:
		         0: Keine Karte
		         1: MDA-Karte
		         2: CGA-Karte
		         4: EGA-Karte mit Farbmonitor
		         5: EGA-Karte mit Monochrom-Monitor
		         6: PGA-Karte
		         7: VGA-Karte mit Analog-Monochrom-Monitor
		         8: VGA-Karte mit Analog-Farbmonitor
		        11: MGCA-Karte mit Analog-Mono-Monitor
		        12: MGCA-Karte mit Analog-Farbmonitor

	AH=1BH	Statusinformationen lesen. Die Daten werden in einer 64-Byte großen Tabelle im RAM abgelegt.
		IN: BX=0 (zur Zeit immer 0)
		        ES =Segmentadresse der Tabelle
		        DI =Offsetadresse der Tabelle
		OUT: AL=1BH bei fehlerfreiem Funktionsaufruf
		        Statusinformationen werden in der Tabelle abgelegt

BIOS-Interrupt 11H (Rechnerkonfiguration)

Tabelle 5.13:
BIOS-INT-11H

Nummer	Funktionsbeschreibung

AH=11H	Rechnerkonfiguration feststellen
	IN: Ohne
	OUT: AL =Ausstattung Teil 1
	   0=1: Diskettenlaufwerk ist installiert
	   1=1: Coprozessor ist installiert
	   2=1: Nur bei PS/2 (Zeigergerät installiert)
	   2-3: Nur bei IBM-PC (Speicherkapazität)
	   4-5: Bildschirmmodus
	     00 RESERVIERT
	     01 40/25 Text in Farbe
	     10 80/25 Text in Farbe
	     11 80/25 Text Monochrom
	  6-7: Anzahl der Diskettenlaufwerke
	     00 1 Laufwerk
	     01 2 Laufwerke
	     10 3 Laufwerke
	     11 4 Laufwerke
	  AH=Ausstattung Teil 2
	  0 RESERVIERT
	  1-3: Anzahl der seriellen Schnittstelle
	  4=1: Gameport ist installiert
	  5=1: Internes Modem ist installiert
	  6-7: Anzahl der angeschlossenen Drucker

BIOS-Interrupt 12H (RAM-Speicherkapazität)

Tabelle 5.14:
BIOS-INT-12H

Nummer	Funktionsbeschreibung
AH=12H	Speicherkapazität des konventionellen RAM-Speichers. Der zurückgegebene Wert gibt keine Auskunft über den erweiterten Speicherbereich über 640 KByte. IN: Ohne OUT: AX=Speicherkapazität in KByte

BIOS-LAUFWERKS-Interrupt 13H

Tabelle 5.15:
BIOS-CALLS
zum Laufwerks-
Interrupt 13H

Nummer	Funktionsbeschreibung

AH=01H	Statusbyte eines Laufwerks lesen
	IN: DL=Laufwerk
	         00H-7FH Floppy-Laufwerk
	         80H-FFH Festplatte
	OUT: AH=00H
	       AL =Statusbyte
	       00H Kein Fehler
	       01H Kommando ungültig
	       02H Sektorkennung nicht gefunden
	       03H Diskette schreibgeschützt
	       04H Sektor nicht gefunden
	       05H Fehler beim Zurücksetzen
	       06H Keine Diskette im Laufwerk
	       07H Fehlerhafte Parametertabelle
	       08H DMA-Überlauf
	       09H Überschreitung der DMA-Grenze
	       0AH Flag für fehlerhaften Sektor
	       0BH Flag für fehlerhaften Track
	       0CH Diskettentyp nicht gefunden
	       0DH Anzahl der Sektoren beim Formatieren
	            ungültig
	       0EH Adreßmarkierung für Kontrolldaten ge-
	            funden
	       0FH DMA-Zugriffsebene außerhalb des er-
	            laubten Bereichs
	       10H nicht behebbarer CRC- oder ECC-Fehler
	       11H ECC-Fehler, Daten wurden korrigiert
	       20H Controller defekt
	       40H Anfahren der Spur nicht möglich
	       80H TIME-OUT; Laufwerk nicht bereit
	       AAH Laufwerk nicht bereit
	       BBH nicht definierter Fehler
	       CCH Fehler beim Schreiben
	       E0H Fehler im Statusregister
	       FFH Fehler in Prüfoperation

Tabelle 5.15:
BIOS-CALLS
zum Laufwerks-
Interrupt 13H
(Fortsetzung)

Nummer	Funktionsbeschreibung

AH=02H	Sektor lesen. Die Daten des gelesenen Sektors werden in einen RAM-Puffer kopiert.
	IN: AL =Anzahl der Sektoren
	         CH=Zylinder
	         CL =Anfangs-Sektor
	         DH=Kopf
	         DL =Laufwerk
	           00H-7FH Floppy-Laufwerk
	           80H-FFH Festplatte
	         ES=Segmentadresse des Puffers
	         BX=Offsetadresse des Puffers
	OUT: Bei fehlerfreier Übertragung
	         AH=00H
	         AL =Anzahl der gelesenen Sektoren
	         Bei fehlerhaftem Funktionsaufruf
	         AH=Statusbyte (s. INT-13H Funktion 01H)

AH=03H	Sektor schreiben. Die Daten der zu schreibenden Sektoren müssen vor dem Kopieren in einem RAM-Puffer abgelegt werden.
	IN: AL =Anzahl der Sektoren
	         CH=Zylinder
	         CL =Anfangs-Sektor
	         DH=Kopfnummer
	         DL =Laufwerk
	           00H-7FH Floppy-Laufwerk
	           80H-FFH Festplatte
	         ES=Segmentadresse des Puffers
	         BX=Offsetadresse des Puffers
	OUT: Bei fehlerfreier Übertragung
	         AH=00H
	         AL =Anzahl der beschriebenen Sektoren
	         Bei fehlerhaftem Funktionsaufruf
	         AH=Statusbyte (s. INT-13H Funktion 01H)

Tabelle 5.15:
BIOS-CALLS
zum Laufwerks-
Interrupt 13H
(Fortsetzung)

Nummer	Funktionsbeschreibung

AH=08H	Laufwerksparameter feststellen
	
	DL =Laufwerk
	   00H-7FH Floppy-Laufwerk
	   80H-FFH Festplatte
	BL =Laufwerkstyp
	   01H 360 KByte, 40 Spuren, 5.25"
	   02H 1.2 MByte, 80 Spuren, 5.25"
	   03H 720 KByte, 80 Spuren, 3.5"
	   04H 1.44 MByte, 80 Spuren, 3.5"
	CH=untere 8 Bits der max. Zylindernummer
	CL =Bit 6-7 die zwei höchsten Bits der Zyl.Nr.
	CL =Bit 0-5 max. Sektorennummer
	DH=max. Kopfnummer
	DL =Anzahl der Laufwerke
	OUT: AH=Statusbyte (s. INT-13H Funktion 01H)

BIOS-Interrupt 15H

Tabelle 5.16:
BIOS-CALLS
zum Laufwerks-
Interrupt 15H

Nummer	Funktionsbeschreibung
AH=C0H	Systemumgebung feststellen. Die Informationen werden in einer Tabelle im RAM abgelegt. IN: Ohne OUT: ES =Segmentadresse der Tabelle BX=Offsetadresse der Tabelle Fortsetzung nächste Seite

Tabelle 5.16:
BIOS-CALLS
zum Laufwerks-
Interrupt 15H

Nummer	Funktionsbeschreibung
	Tabelleneinträge:
	Byte 00H-01H: Länge der Tabelle in Bytes
	Byte 02H — Modell des Systems (s. unten)
	Byte 03H — Untermodell des Systems
	Byte 04H — BIOS-Versionsnummer
	Byte 05H — Konfigurationsbits
	Bit 7: DMA-Kanal 3 benutzt
	Bit 6: 8259 vorhanden
	Bit 5: Echtzeituhr vorhanden
	Bit 4: Tastaturabfrage über IRQ5 möglich
	Bit 3: Warteroutine für externes Ereignis möglich
	Bit 2: Erweiterter BIOS-Datenbereich
	Bit 1: Mikrokanal implementiert
	Bit 0: RESERVIERT

Modelltyp:	Modell-Byte	Untermodell-Byte
PC	FFH	
PC/XT	FEH	
PC/XT	FBH	00H o. 01H
PCjr	FDH	
PC/AT	FCH	00H o. 01H
PC/XT-286	FCH	02H
PC Convertible	F9H	
PS/2 Modell 30	FAH	00H
PS/2 Modell 50	FCH	04H
PS/2 Modell 60	FCH	05H
PS/2 Modell 80	F8H	00H o. 01H

BIOS-TASTATUR-Interrupt 16H

Tabelle 5.17:
BIOS-CALLS
zum Tastaturin-
terrupt 16H

Nummer	Funktionsbeschreibung
AH=00H (MF-I)	Ein Zeichen von der Tastatur lesen. Das Zeichen wird aus dem Tastaturpuffer gelöscht. IN: Ohne OUT: AH=SCAN-Tastencode AL =ASCII-Zeichencode
AH=01H (MF-I)	Feststellen, ob ein Zeichen bereitsteht. Das Zeichen bleibt im Tastaturpuffer enthalten. IN: Ohne OUT: Zero-Flag=1: Kein Zeichen im Tastaturpuffer Zero-Flag=0: Zeichen im Tastaturpuffer; in diesem Fall: AH=SCAN-Tastencode AL =ASCII-Zeichencode
AH=02H (MF-I)	Tastatur-Statusbyte lesen IN: Ohne OUT: AH=Status-Byte Bit 7=1: Einfügen ein Bit 6=1: Caps-Lock ein Bit 5=1: Num-Lock ein Bit 4=1: Scroll-Lock ein Bit 3=1: Alt-Taste gedrückt Bit 2=1: Ctrl-Taste gedrückt Bit 1=1: Linke Shift-Taste gedrückt Bit 0=1: Rechte Shift-Taste gedrückt
AH=10H (MF-II)	Spezielle Funktion für die MF-II-Tastatur mit 101 bzw. 102 Tasten. Ein Zeichen von der Tastatur lesen. Das Zeichen wird aus dem Tastaturpuffer gelöscht. IN: Ohne OUT: AH=SCAN-Tastencode AL =ASCII-Zeichencode

Tabelle 5.17:
BIOS-CALLS
zum Tastaturin-
terrupt 16H
(Fortsetzung)

Nummer	Funktionsbeschreibung

AH=11H (MF-II)	Spezielle Funktion für die MF-II-Tastatur mit 101 bzw. 102 Tasten. Feststellen, ob ein Zeichen bereitsteht. Das Zeichen bleibt im Tastaturpuffer enthalten.
	IN: Ohne
	OUT: Zero-Flag=1: Kein Zeichen im Tastaturpuffer
	       Zero-Flag=0: Zeichen im Tastaturpuffer; in diesem Fall:
	       AH=SCAN-Tastencode
	       AL =ASCII-Zeichencode

BIOS-DRUCKER-Interrupt 17H

Tabelle 5.18:
BIOS-CALL
zum Druckerin-
terrupt 17H

Nummer	Funktionsbeschreibung

AH=02H	Lesen des Druckerstatus
	IN: Ohne
	OUT: AH=Druckerstatus
	       Bit 7=1: Drucker bereit
	       Bit 6=1: Rückmeldung des Druckers
	       Bit 5=1: Kein Papier vorhanden
	       Bit 4=1: Printer ONLINE
	       Bit 3=1: I/O-Fehler
	       Bit 2=X: FREI
	       Bit 1=X: FREI
	       Bit 0=1: Drucker antwortet nicht (TIME-OUT)

BIOS-MAUS-Interrupt 33H

Tabelle 5.19:
BIOS-CALLS
zum Mausinter-
rupt 33H

Nummer	Funktionsbeschreibung

AH=00H
AL =00H
	Maustreiber initialisieren und Status lesen
	IN: Ohne
	OUT: AX=FFFFH: Maustreiber ist installiert
	           BX=Anzahl der Mausknöpfe
	           AX=0000H: Kein Maustreiber installiert

AH=00H AL =01H	Mauscursor sichtbar machen IN: Ohne OUT: Ohne
AH=00H AL =02H	Mauscursor unsichtbar machen IN: Ohne OUT: Ohne
AH=00H AL =04H	Mauscursor an neue Position setzen IN: CX=Horizontale (X) Position DX=Vertikale (Y) Position OUT: Ohne
AH=00H AL =07H	Horizontalen (X) Bewegungsbereich festlegen IN: CX=Minimale horizontale Mausposition DX=Maximale horizontale Mausposition OUT: Ohne
AH=00H AL =08H	Vertikalen (Y) Bewegungsbereich der Maus festlegen IN: CX=Minimale vertikale Mausposition DX=Maximale vertikale Mausposition OUT: Ohne

AH=00H
AL =09H
	Definition des Maus-Cursors im Grafikmodus. Die Cursordaten sind in einem 64 Byte-Feld im Speicher abgelegt. Die ersten 32 Bytes gehen eine UND- und die letzten 32 Bytes eine ODER-Verknüpfung mit dem aktuellen Punktmuster am Bildschirm ein.
	IN: BX=X-Wert des „HOT-SPOTs"
	           CX=Y-Wert des „HOT-SPOTs"
	           ES =Segmentadresse des Bitfelds im Speicher
	           DX=Offsetadresse des Bitfelds im Speicher
	OUT: Ohne

Tabelle 5.19:
BIOS-CALLS
zum Mausinter-
rupt 33H
(Fortsetzung)

Nummer	Funktionsbeschreibung

AH=00H
AL =0AH
	Definition des Maus-Cursors im Textmodus
	IN: BX=Art des Maus-Cursors
	       0=Software-Cursor
	       1=Hardware-Cursor
	       CX=UND-Maske für den Software-Cursor oder
	         Startzeile für den Hardware-Cursor
	       DX=XOR-Maske für den Software-Cursor oder
	         Endzeile für den Hardware-Cursor
	OUT: Ohne

AH=00H
AL =0CH
	Maus-Eventhandler installieren
	IN: CX=Ereignismaske des Handlers
	       Bit 0=1: Maus wurde bewegt
	       Bit 1=1: Linker Mausknopf niedergedrückt
	       Bit 2=1: Linker Mausknopf losgelassen
	       Bit 3=1: Rechter Mausknopf niedergedrückt
	       Bit 4=1: Rechter Mausknopf losgelassen
	       Bit 5=1: Mittlerer Mausknopf niedergedrückt
	       Bit 6=1: Mittlerer Mausknopf losgelassen
	       Bit 7=X: FREI
	       ES =Segmentadresse des Handlers
	       DX=Offsetadresse des Handlers
	OUT: Ohne

AH=00H
AL =0FH
	Empfindlichkeit der Maus (Mickeys) einstellen
	IN: CX=Anzahl der horizontalen Mickeys, die acht
	         Pixel am Bildschirm entsprechen
	       DX=Anzahl vertikaler Mickeys, die acht Pixel
	         am Bildschirm entsprechen
	OUT: Ohne

AH=00H
AL =1BH
	Empfindlichkeit der Maus (Mickeys) einstellen
	IN: BX=Anzahl der horizontalen Mickeys, die acht
	         Pixel am Bildschirm entsprechen
	       CX=Anzahl vertikaler Mickeys, die acht Pixel
	         am Bildschirm entsprechen
	       DX=Schwelle für die Verdoppelung der Maus-
	         geschwindigkeit
	OUT: Ohne

6 Sachwortverzeichnis

#define 13
16-Farbenmodi 27

—A—

Abstrakte-Datentypen 38
Abtasttheorem 91
Aktivierungszeitpunkt 530; 537;
   547; 551; 562
Allokieren 43
ANHANG 605
Arbeitsregister 22
Arbeitsspeicher 68
argc 17
argumente() 500
argv[ ] 17
ASCII-Code 113
ASCII-Zeichen 120
ASCII-Zeichencode 55; 56; 63
ASCII-Zeichencodes 27
ASCII-Zeichensatz 119
ASCII-Zeichensatztabelle 56; 622
Assemblermodul 526
AT-kompatibel 21
AT-Tastaturen 54
Attributbyte 27; 394
Aufnahmeschaltung 296
aufrufadresse_in_tsr() 528
Automatic-Variablen 14

—B—

Basisklasse 30; 34
BCD-Format 537
BCD-Konvertierung 538
BCD-Wert 537
Befehlsinterpreter 524

Bestenliste 573; 591
Bestimmen von Tastaturcodes 113
Betriebssystem 24
Betriebssystemkern 67
Bewegung im Labyrinth 588
BGI-Grafiktreiber 353
BGIOBJ.EXE 28
Bibliotheken 12
Bildausgabe-Streams 44
Bildbearbeitung 27
bildschirm_seite0_nach_seitex()
   423
bildschirm_seitex_nach_seite0()
   424
Bildschirmspeicher 99
Bildseiten im Textmodus 420
Bildspeicher 27; 197; 473
Bildspeicher im Grafikmodus 103
Bildspeicher im Textmodus 100; 102
Bildspeicher-Segmentadresse 187
BIOS 24
BIOS-Aufrufe 214
BIOS-CALL 10H 227
BIOS-CALL 11H 221
BIOS-CALL 12H 228
BIOS-CALL 13H 225; 259; 265; 268;
   272
BIOS-CALL 15H 221
BIOS-CALL 17H 284
BIOS-CALL 24H 242
BIOS-CALL 33H 229
BIOS-CALLS 67
BIOS-Datensegment 67
BIOS-DRUCKER-Interrupt 17H 640
BIOS-Funktionsnummer 25
BIOS-Interrupt 11H 634
BIOS-Interrupt 12H 634

BIOS-Interrupt 15H 637
BIOS-Interruptaufrufe 24; 45
bioskey() 112
BIOS-LAUFWERKS-Interrupt 13H
  635
BIOS-MAUS-Interrupt 33H 641
biosmemory() 186
BIOS-Tastaturinterrupt 54
BIOS-TASTATUR-Interrupt 16H
  639
BIOS-Variablen 215
BIOS-Version 218
BIOS-VIDEO-Interrupt 10H 630
Bit-Planes 99
blaster_test() 513; 518
BRAKE-Code 63
Break-Code 53
buch.h 12; 126; 149; 170; 185; 203;
  220; 239; 245; 262; 289; 306; 331;
  355; 392; 414; 423; 438; 513; 618
buch_cpp.h 12; 138; 161; 177; 193;
  211; 231; 254; 280; 319; 344; 428;
  470; 621
BYTEREGISTER 22

—C—

CD-ROM 571; 606; 607; 612
Centronics-Schnittstelle 75
CGA 99
CGA-Karte 349; 387; 388
chdir() 135
cin 210
close() 160
COM1 82
COM2 82
COMMAND.COM 68; 524
Computerspiel 570
CONFIG1.C 214; 217
CONFIG2.CPP 214
constream 44
constream.h 44
cprintf() 198; 199
critical_fehler_anzeige() 246
CRITICAL-ERROR 241; 284
CRITICAL-ERROR-Handler 241; 253;
  261
CRTC 503; 504
cscanf() 197; 198; 209

cursor_aus() 117
cursor_ein() 117

—D—

Dateibearbeitung 41
Dateioperation 166
Dateioperationen 142; 159
Datenkapselung 30; 32
Datenregister 78
Datenströme 41; 142
Datum 166
Datum- und Zeitbearbeitung 167;
  176
datum_lesen() 171
DATUM1.C 167
DATUM2.C 167
DATUM2.CPP 167; 176
DEFINE-Anweisungen 13
Deklarationsteil 10
delete 43
delete [ ] 192
Deltamodulation 90
Destruktor 32
Diashow 509
Digital Sound Prozessor 326
DOS-Datensegment 67
DOS-Interrupt 21H 225; 274
DOS-Version 218
DO-WHILE-Schleife 4
Drehung im Labyrinth 588
Dreidimensionales Labyrinth 585
DRUCKER1.C 285
DRUCKER2.CPP 293
Druckerbearbeitung 283
Drucker-Datenregister 300
Druckerstatus 81
Drucker-Statusregister 300
Druckertest 284; 293
DSP 326; 336
DTA 525
Dummy-Anweisungen 21
Dynamischer Speicherbereich 181

—E—

EGA-Karte 349; 387
eigene_farbpalette() 506
Ein-/Ausgabefunktionen 40

Eingabe einer Pfad-Angabe 122; 136
EMM386.EXE 68; 72; 179
EMS 74
EMS-Speicher 71
ende() 127
Environment-Tabelle 17
envp[ ] 17
Ereignismaske 431; 433
ERRORLEVEL 307; 332
Erweiterten-ASCII-Code 54
Erweiterter Tastatur-Code 59; 63
Erweitertes-Tastatur-Statusbyte 61
Expanded Memory Specification 71
Expansionsspeicher 71
Extended Memory Specification 71
extern 14
extern "C" 40
Externe und Interne Funktionsproto-
typen 14
Externe-Funktionen 39

—F—

fail() 161
falsche_argumente() 502
farb_register_schreiben() 496
farb_umwandlung() 496
Farbanteile 352; 358; 364; 367; 379;
386; 496; 506
Farbanteile Aus- und Einblenden
383
Farbbearbeitung 349; 428
Farbdarstellung 29
Farbebene 473
Farbenzahl 27
Farbnummer 29; 473; 506
Farbnummern 105
farbpalette() 497
Farbregister 105; 350; 357; 358; 361;
374; 496
farbregister_laden() 358
Farbregister-Nummer 374
Farbregister-Operationen 351
Farbseiten 374
Farbseitenumschaltung 352
Farbwert 358; 367
Farbwerte 105
FAR-Zeigervariablen 198
fclose() 144

Feature 30
fehler_ende() 150
Fenster 43
fenster() 357
FILE 144
file\:\:file_lesen() 161
file\:\:file_schreiben() 162
file_lesen() 150
file_schreiben() 151
FILE1.C 143
FILE2.CPP 159
findfirst() 135; 277; 278
Flußdiagramme 3
FM-Chip 326
fopen() 144
Formatierungs-Flags 40
FOR-Schleife 4
fprintf() 144; 284
Fragen 581
free() 180; 182
fscanf() 144
fstream 160
fuellen() 127
Funktion 7
Funktion\: Drucker-RESET 80
Funktionen 618
Funktionsdeklaration 18
Funktionskopf 14
Funktionslibrary 8
Funktionsnamen 39
Funktionsprototypen 12
Funktionsteil 11
Funktionszeiger 235

—G—

getdate() 166; 171
getdisk() 264; 268; 272; 275; 278
gettextinfo() 171; 172
gettime() 166; 167
getvect() 234; 239
grafik_cursor_installieren() 449
Grafikbearbeitung 27
Grafikkarte 218
Grafikmodi 473
Grafikmodus 27
Grafikmodus-Installation 353
Grafiktreiber 28
GRAPHICS.LIB 28
Graustufen 352; 379

—H—

handler() 245
harderr () 243
hardret () 243
Hardware-Grundlagen 51
Hardware-Interrupt 233
Hauptprogramm 17
Headerdatei 8
Headerdateien 618
HEADER-Dateien. 12
Heap 43; 536
Hercules-Grafikkarte 99
High Memory Area 70
HIGH-Anteil 21
Hilfe-Fenster 589
Hilfsvariable 21
HIMEM.SYS 71; 179
Hintergrundfarbe 27; 29
HMA 74
HMA-Speicher 70
Hoher-Speicherbereich 74
HOTKEY 529; 547; 550
HOT-SPOT 463

—I—

I/O-Adressen 78; 79
IBM-Grafikzeichensatz 120
IF-Schleife 4
INCLUDE-Dateien 12
INDOS-Flag 524
Information-Hiding 31
Informationsfenster 585
initgraph() 353
Inkarnation 30
Installationsprogramm 612
INSTALLI.EXE 607; 612
Instanz 30
INT 21H 215
int86 () 216
int86() 25; 215
int86x () 217
int86x() 25; 215
INTERRU1.C 235
INTERRU2.C 243
INTERRU3.CPP 254
Interrupt 24
interrupt () 235
Interrupt 13H 525

interrupt() 45; 234
Interruptbehandlung 233
Interrupt-Handler 233; 235
Interruptvektor-Tabelle 625
Interrupt-Vektortabelle 233
Interruptvektortabelle 67
Interrupt-Verfahren 24
intr() 25
IO.SYS 67
ios\:\:in 162
IRQ1 54

—K—

kann_tsr_deinstalliert_werden() 528;
    534; 549
Kapselung 31
KEYB.COM 54; 60
Klasse 30
Klassen 618; 620
Klassendeklarationen 15
Klassenmethoden 16
Kommandoprozessor 68
Kommentare im Quellcode 38
Konfigurationselemente 218
Konstanten 12
Konstruktor 32
Kontextwechsel 525; 529
Konventioneller Arbeitsspeicher 180
Konventioneller Speicher 65

—L—

LABY.EXE 571; 573; 575
LABY_BC3.PRJ 602
LABY_BC4.IDE 602
LABY_TUC.BAT 601
Labyrinth 572; 584
Labyrinthaufbau 571; 584
Labyrinthblick 590
Labyrinthspiel 573
Lastenheft 2
LAUFERK1.C 257
LAUFWER2.CPP 280
Laufwerke 218
Laufwerksbearbeitung 257; 280
Laufwerkstatus 259
LAUT_ AUS() 297
LAUT_AUS() 304; 315; 317; 318

LAUT_EIN() 297; 304; 309; 312; 317;
318
LESEN.CO 607
LIM-Standard 71
LINK-Prozeß 12
Lokalen-Variablen 14
Lösungsweg 580
LOW-Anteil 21
LPT1 78
Luftvorrat 581; 586

—M—

Main-Funktion 17
MAKE-Code 53; 63
malloc() 43; 180; 181
Manipulatoren 40
MAP-MASK-REGISTER 473; 493
maus() 433
maus.h 12; 438; 619
maus_ausschliessen() 442
maus_bereich() 441
maus_cpp.h 12; 470; 621
maus_cursor_art() 443
**maus_event_handler_installieren(
) 446**
maus_geschwindigkeit() 442
maus_reset() 439
maus_sichtbar() 440
maus_unsichtbar() 440
maus_verschieben() 440
MAUS1.C 433; 435
MAUS2.CPP 469
Mausabfrage 431
Maus-Bearbeitung 431
Mausbearbeitung 435; 469
Maus-Bildschirm 460
mausc() 433
Mauscursor 443; 445; 464
mauscursor_aktuell() 448
mauscursor_kreieren() 443
Mausdarstellung 463
Mausdemo im Grafikmodus 436
Mausdemo im Textmode 435
Mausereignis 457
Maus-Funktionsinterface 431
mausgraf() 433
Maus-Handler 434; 435; 451; 452;
459

Maus-Interrupt 33H 431
Maus-Interrupt-Handler 431
Maus-Knöpfe 457
Maustempo 463
Maustest 435
Maustreiber 454; 457; 461; 466; 468
MDA 99
MDA-Karte 387; 388
Member 30
Memberfunktionen 16
MEMEDIT1.C 196; 199
MEMEDIT2.CPP 196; 211
Methode 30
MICHELANGELO-VIRUS 551
MK_FP() 198; 206; 209
Modul 7
Modulkopf 7
Modultest 9
Monochrom-Bildschirm 379
MOUSE.COM 431
MOUSE.SYS 431
movedata() 180; 181; 192
MS-DOS 24
MS-DOS Interruptaufrufe 24
MSDOS.SYS 24; 67
MS-DOS-Aufrufe 215

—N—

Nachricht 30
Namenseingabe 577
Namensergänzung 40
neue_palette() 496
new 43; 192
NULL-Modem 86
Null-String 150
NULL-Zeiger 181

—O—

Oberer Speicherbereich 74
Objekt 30
Objektcode 12
Objektorientierten-Programmierung
30
Offsetadresse 187
OOP-Begriffe 30
open() 160

—P—

pal_register_lesen() 495
Palettenregister 105; 350; 357; 496
Palettenregister-Operationen 351
Palettenregister-Standardwerte 350
Panik-Bild 579; 581; 588
Paniktaste 572
Parallele Schnittstelle 74
Paritätsbit 82
PC-Konfiguration 214
PC-Lautsprecher 296; 509
PC-Maus 106
PC-RAM 179
PC-Speicherverwaltung 63
pcx.h 12; 484; 513; 553; 619
pcx_ausgeben() 490
pcx_cpp.h 12; 521; 621
pcx_kopf_lesen() 487
PCX1.C 480
PCX2.C 508
PCX3.CPP 521
PCX-Bild 506; 508
pcxbild(); 484
pcxbild1() 554
PCX-Datei 487; 490; 492; 493; 495;
    498; 501; 513
PCX-Datenbereich 474; 479
PCX-Farbanteilswerte 507
PCX-Format 472
PCX-Grafik 560
PCX-Grafikausgabe 480; 521
PCX-Grafikdatei 474
PCX-Grafiken 472
PCX-HEADER 474; 485; 487; 495;
    496; 497
PCX-SHOW 508; 514
Pflichtenheft 2
Pixel 27
private 31
Programmabbruch 588
Programmablauf 594
Programmaufbau 10
Programmdateien 598
Programme 606
Programmerstellung 2; 3
Programmglobale-Variablen 13
Programminstallation 573; 574; 616
Programmkopf 11

Programmstart 575
Programmteil 11
Programmtest 2; 8
Projektdateien 46
protected 31
Prozessor 21
Pseudo-Registervariablen 21
PSP 525
public 31
Punkte 585
Punktmuster 27

—Q—

Quellaufwerk 614
Quelltext 10

—R—

RAM-Arbeitsspeicher 65
RAMONA´S LABYRINTH 576
READMEE.TXT 530; 537; 538; 551
Rechnerkonfiguration 214; 230; 572
Rechnersystem 218
REENTRANCE 524
Register 21
registerbgidriver() 28
registerbgifont() 28
REGPACK 22
REGS 22
Rekursion 525
RETRACE-Periode 503
Review 2; 10
ROM-BIOS 67; 70
ROM-Standard-Zeichensatz 396
ROM-Zeichensätze 101; 390
RS232C 81

—S—

sbrk() 536
SCAN 549
SCAN-Code 53; 56; 63; 113
SCAN-Code-Tabelle 54
Schnittstellen 218
Schwierigkeitsgrad 572; 579; 580
Seiteneffekte 14
Selbstdefinierte Zeichen 390
Serielle Schnittstelle 81
setdisk() 279

setvect () 235
setvect() 234; 254
SHAREWARE 570
Single-Task-Betriebssystem 524
Softscrolling 503
Softwareanforderungen 2
Software-Anwendungen 111
Software-Elemente 20
Software-Erstellungsprozeß 2
Software-Interrupt 233
Softwarekomponenten 573
Software-Konventionen 20
Softwareprojekt 570
Softwaresimulation 572; 581
Sonderzeichen 120
Sound-Blaster-Komponenten 326
Sound-Blaster-Pro Grundlagen
    322
Sound-Blaster-Pro Karte 323
Soundtreiber VPLAY.EXE 327
SPEICH1.C 179; 180
SPEICH2.CPP 179; 192
Speicher editieren 201
Speicheranzeige 199
Speicher-Bearbeitung 179
Speicherbearbeitung 43; 180; 192
speicherblock_waehlen() 393
Speicherblockauswahl 395
Speicherebene 393
Speicherebenen 99
Speichereditor 196; 197; 210
Speichererweiterung 74
Speichermodell 20
Speicherverschiebe-Operationen 196
Spielablauf 575
Spielanleitung 573; 591
Spielbildschirm 585
Spielername 586
Spielidee 570
Spielprogramm 569
Spielstand abspeichern 593
Spielstand laden 593
Sprachaufnahme 92; 307
Sprachaufnahmehardware 89
Sprachausgabe 296; 297; 328; 343;
    572
Sprachausgabe über Sound-Blaster
    322
Sprachausgabedateien 599

Sprachausgabe-Geschwindigkeit
    583
Sprachbearbeitung 90; 300; 316
Sprache 579; 581
SPRACHE1.C 296; 297
SPRACHE1.EXE 300
SPRACHE2.CPP 296; 297; 316
Spracheingabe 297
Sprachrate 580; 581
Sprachwiedergabe 93; 307
Standardeinstellungen 579
Standardfarben 351; 352; 359; 361;
    367
Standardperipherie 40
Startbit 82
Static-Variablen 14
Statusregister 78
Statuszeile 588
Steuerregister 79
Steuerzeichen 58; 624
Stopbit 82
Strahlenrücklauf 503
strcpy() 133
Streamoperatoren 42
Streams 41; 142
string_eingeben() 128
string_eingeben_grafik() 355
Super-VGA-Karten 348
SWITCH-Anweisung 4
Symbolischen-Konstanten 13
system() 340
Systemtest 9
Systemvoraussetzungen 573
Systemzeit 167

—T—

TAST1.EXE 113
TAST2.EXE 113; 122
TAST3.EXE 113; 137
tastatur_loeschen() 126
Tastaturanpassung 54
Tastatur-Bearbeitung 112
Tastaturbearbeitung 52
Tastatur-Interruptanforderung 54
Tastaturkontroller 52
Tastaturpuffer 54
Tastatur-Puffer 61
Tastaturstatus 60

Tastatur-Statusbyte 60
Tastaturstecker 52
Tasten-Kodierung 55
Testphasen 9
Testplan 9
Testprotokoll 9
textattr() 171
Textmodi 102; 389
Textspeicher 70
TIME-OUT-Fehler 269; 273
TLIB.EXE 28
TSR_1MAL.OBJ 525
TSR_1MIN.OBJ 525
tsr_deinstallieren() 528; 534; 549
TSR_HOT.OBJ 525
tsr_hotkey_mitteilen() 549
tsr_installieren() 527; 534; 549
tsr_schon_installiert() 534; 535; 549
tsr_schon_installiert_hot () 527
TSR1.C 530
TSR2.C 547
TSR3.C 551
TSR4.CPP 565
TSR-Aktivierungseigenschaften 525
TSR-Aufrufeigenschaften 526
TSR-Bearbeitung 526
TSR-Kennung 535; 548
TSR-Programm 543; 553
TSR-Programme 523
TSR-Virenspaß 530; 547; 551; 565

—Ü—

Überladene-Funktionen 40

—U—

uebergabe() 446
uebergabe1() 449
uhr() 173
Uhrzeit 166
uhrzeit_lesen() 172
UMB 74
UMB-Bereich 68
UMB-Speicher 68
Umleiten von Interruptadressen
   233
Umleitungsoperator 340
Umlenken des TIMER-Interrupts 234

Umschalttasten 60
Umschalttasten-Kodierung 122
Unkodierte Tasten 59
Unterschiede zwischen C und C++
   37
Upper Memory Block 68

—V—

V.24 81
Variablen 12
Vererbung 30
Vererbungshirarchie 37
verschieben_oben() 504
vga.h 12; 355; 392; 423; 438; 620
vga_cpp.h 12; 428; 470; 621
vga_palettenregister_lesen() 357
VGA1.C 348; 351
VGA2.C 348; 389
VGA3.C 348; 411
VGA4.C 348; 421
VGA5.CPP 348; 428
VGA-Bildspeicher 69
VGA-Bildspeicheraufteilung 100
VGA-BIOS 27; 70
VGA-BIOS-Variablenbereich 628
VGA-Farbanteile 496
VGA-Farbbehandlung 105
VGA-Grafikkarte 98; 346
VGA-Karte 349
VGA-Statusinformationen 410
VGA-Textinformationen 558
video_mode() 356
Video-Bearbeitung 27
Video-Interrupt 10H 348; 353; 378;
   414
VIDEO-RAM 99
virt_bild_fuellen() 447
virtuel 37
Virtuelle-Basisklasse 37
vol 273
VPLAY.EXE 341

—W—

warten() 503
WORDREGISTER 22

—X—

XMS 74
XMS-Speicher 71

—Z—

Zeichenbits 82
Zeichenbox 27
Zeichenfarbe 27; 29
Zeichen-Font 101

Zeichengenerator 387
Zeichengeneratorbearbeitung 387
zeichensatz_installieren() 392
Zeichensatztreiber 28
Zeiger-Variable 181; 192
zeile_auslesen() 487
Zeitkritische Aktionen 524
Ziellaufwerk 614
Zugriffsmode 150; 152
Zusatzspeicher 74